Entscheidungen des Reichsgerichts in Zivilsachen

Sammlung der noch wichtigen Entscheidungen nach Fachgebieten geordnet

Herausgegeben

von

Professor Dr. **L. Auerbach**, Berlin,
Präsident des Patentamtes Berlin **Johannes Eylau**, Rechtsanwältin **Charlotte Graf**, Berlin, Ministerialdirektor z. D. Dr. **Ernst Knoll**, Berlin, Rechtsanwalt **Erich Kummerow**, Berlin, Rechtsanwalt **Hermann Reuss**, Berlin, Rechtsanwalt Dr. **Walter Schmidt**, Düsseldorf, Landgerichtsdirektor **Alexander Swarzenski**, Berlin, Rechtsanwalt Dr. **Werner Vahldiek**, Berlin

Gruppe I Bürgerliches Recht

Einführungsgesetz, Preuß. Ausführungsgesetz

Landesrecht

Allgemeiner Teil

Teil 1

Berlin 1951

Walter de Gruyter & Co.

vormals G. J. Göschen'sche Verlagshandlung / J. Guttentag, Verlagsbuchhandlung / Georg Reimer / Karl J. Trübner / Veit & Comp.

Einführungsgesetz und Preuß. Ausführungsgesetz zum Bürgerlichen Gesetzbuch Landesrecht

Allgemeiner Teil des Bürgerlichen Gesetzbuches

Teil 1

Herausgegeben

von

Alexander Swarzenski
Landgerichtsdirektor in Berlin

Berlin 1951

Walter de Gruyter & Co.

vormals G. J. Göschen'sche Verlagshandlung / J. Guttentag, Verlagsbuchhandlung / Georg Reimer / Karl J. Trübner / Veit & Comp.

Druck: A. W. Hayn's Erben, Berlin SO 36 (VIII/99)

Vorwort

Die vorliegende gekürzte Ausgabe der amtlichen Sammlung der Entscheidungen des Reichsgerichts in Zivilsachen Band 1—171 umfaßt alle diejenigen Entscheidungen, die noch besonders wichtig und von Bedeutung sind, d. h. die weder durch spätere Entscheidungen oder den Zeitablauf oder infolge Gesetzesänderungen überholt sind noch auf nationalsozialistischer Rechtsanschauung beruhen.

Bei der großen Menge der gleichwohl noch verwertbaren Entscheidungen mußte, wenn das Werk sich in gewissen Grenzen halten sollte, eine strenge Auswahl getroffen werden. Hierbei konnte aus den Bänden 1—50 für den Allgemeinen Teil naturgemäß kaum noch etwas Verwendung finden, einiges noch für das Einführungsgesetz und das Ausführungsgesetz.

Alexander Swarzenski

Inhaltsverzeichnis

Verzeichnis

der aufgenommenen Entscheidungen aus der alten Sammlung

Die Entscheidungen sind grundsätzlich — von unwesentlichen Streichungen abgesehen — ungekürzt gebracht worden. Ausnahmsweis gekürzte Entscheidungen sind mit einem † gekennzeichnet.

Soweit eine Entscheidung mehrere Fachgebiete betrifft, ist sie nur in einem Fachgebiet aufgenommen worden. Die anderen Gebiete enthalten nur den Leitsatz der betreffenden Entscheidung mit einem Hinweis, wo der vollständige Abdruck erfolgt ist.

Um das Auffinden der Entscheidungen zu erleichtern, wird am Schluß der Sammlung ein Gesamt-Fundstellenregister erscheinen, in dem alle Entscheidungen der amtlichen Sammlung verzeichnet sind. Die in der Sammlung abgedruckten Entscheidungen sind nach der Fundstelle der alten und der neuen Sammlung zitiert; bei den nicht aufgenommenen findet sich ein Hinweis über den Grund des Ausscheidens.

Einführungsgesetz und Preuß. Ausführungsgesetz zum Bürgerlichen Gesetzbuch

Landesrecht

Einführungsgesetz zum Bürgerlichen Gesetzbuch

Allgemeine Vorschriften, Internationales Privatrecht

RGZ. 51, 218

Nach welchem Rechte bestimmen sich, wenn Gläubiger und Schuldner verschiedenen Rechtsgebieten angehören, die Folgen des Verzuges des Schuldners? Ist nach dem Rechte des letzteren zu entscheiden, ob der Gläubiger vom Vertrage abgehen kann?

Artt. 11, 12 EG. BGB.

VI. Zivilsenat. Urt. v. 21. April 1902.

I. Landgericht Hamburg. II. Oberlandesgericht daselbst.

Von den Parteien hatte die Verkäuferin, die Beklagte, ihre Handelsniederlassung in Dänemark, die Käuferin, die Klägerin, in Hamburg. Zwischen ihnen war in Beziehung auf das im Oktober 1899 brieflich abgeschlossene Kaufgeschäft unter anderem streitig geworden, ob die Käuferin an dem von der Verkäuferin für die Lieferung des Monats Mai 1900 geforderten Preise einen Abzug von 120 Kronen habe machen dürfen, oder mit der Zahlung dieses Betrages in Verzug geraten sei, und ob dieser teilweise Zahlungsverzug der Verkäuferin das Recht gegeben habe, die nach dem Vertrage später fälligen Lieferungen zu verweigern. Das Berufungsgericht nahm an, daß die Frage, ob die Klägerin wegen der 120 Kronen in Verzug gewesen sei, nach deutschem Rechte zu beantworten sei; es sah aber von einer Entscheidung dieser Frage ab, weil, wenn die Klägerin die 120 Kronen schuldig gewesen sein sollte, doch der Verzug mit einem so geringfügigen Betrage nach dem zur Anwendung kommenden dänischen Rechte der Beklagten nicht das Recht gebe, vom Vertrage abzugehen.

Die Revision griff diese Ausführung als rechtsirrig an. Aus dem richtigen Satze, daß die Erfüllungspflicht der Parteien nach dem am Erfüllungsorte geltenden Rechte zu beurteilen sei, folge, daß auch die Frage nach den Folgen des Verzuges nach deutschem Rechte zu beantworten sei. Es sei unrichtig, hier das dänische Recht anzuwenden und nach ihm der Beklagten die Befugnis zur Einbehaltung der Lieferungen zu versagen. Die Beschwerde ist zurückgewiesen aus nachstehenden

Gründen:

. . . „Die rechtlichen Folgen eines der Klägerin als Käuferin etwa zur Last fallenden Verzuges ergeben sich nicht ausschließlich aus dem Rechte des Ortes, wo sie zu erfüllen hat. Man hat vielmehr zu unterscheiden zwischen den Wirkungen, die der Verzug der Käuferin für deren Leistungspflicht hat, und der Rückwirkung des Verzuges auf die Leistungspflicht der Verkäuferin. Nach dem Rechte der Käuferin ist zu entscheiden, inwiefern deren Leistungspflicht sich durch den Verzug ändert oder erweitert, ob sie zu Schadensersatz, zur Zinszahlung u. dgl. verpflichtet ist. Aber für die Abmessung der Verpflichtungen der Verkäuferin bleibt nach wie vor das dänische Recht maßgebend; nach ihm ist darum die Frage zu beantworten, inwiefern ihre Erfüllungspflicht durch den Verzug der Käuferin eingeschränkt oder erloschen ist." . . .

RGZ. 55, 345

Kann von deutschen Gerichten in einem Eheprozesse unter Eheleuten fremder Staatsangehörigkeit auf beständige Trennung von Tisch und Bett erkannt werden, wenn nach deutschem Rechte die Scheidung der Ehe gerechtfertigt, nach dem heimischen Rechte der Eheleute aber nur beständige Trennung von Tisch und Bett zulässig sein würde?

Art. 17 EG. BGB.

Vereinigte Zivilsenate. Beschl. v. 12. Oktober 1903.

I. Landgericht Leipzig. II. Oberlandesgericht Dresden.

Die vereinigten Zivilsenate haben eine zwischen dem IV. und dem VI. Zivilsenate des Reichsgerichtes streitig gewordene Rechtsfrage wie folgt entschieden:

„Deutsche Gerichte dürfen auch dann nicht auf beständige Trennung von Tisch und Bett erkennen, wenn nach deutschem Rechte die Scheidung der Ehe gerechtfertigt, nach dem Rechte des Staates aber, dem der Ehemann zur Zeit der Erhebung der Klage angehört, nur beständige Trennung von Tisch und Bett zulässig sein würde."

Gründe:

„Die Parteien haben am 12. Mai 1890 zu Böhmisch-Trübau die Ehe geschlossen. Sie sind und waren zur Zeit der Eheschließung katholischer Konfession und österreichische Staatsangehörige. Die Ehefrau hat gegen den Ehemann bei dem Landgericht zu Leipzig, in dessen Bezirk dieser zur Zeit seinen Wohnsitz hatte, Klage auf Scheidung wegen von dem Beklagten verübten Ehebruchs erhoben. Das Landgericht hat . . . die Klage abgewiesen, da das hier maßgebende österreichische Recht eine Scheidung der Ehe dem Bande nach nicht zulasse. Auf die Berufung der Klägerin hat einem von dieser gestellten Eventualantrag entsprechend das Oberlandesgericht zu Dresden . . . erkannt: „Die Ehe der Parteien wird wegen Ehebruchs des Beklagten mit der X. im Sinne des allgemeinen bürgerlichen Gesetzbuches für das Kaisertum Oesterreich von Tisch und Bett geschieden. Der Beklagte trägt die Schuld an der Scheidung von Tisch und Bett." Soweit die Klage auf Scheidung der Ehe vom Bande gerichtet ist, verblieb es bei der in erster Instanz verfügten Klagabweisung. Gegen dieses Urteil hat der Beklagte Revision mit dem Antrag eingelegt, unter insoweitiger Aufhebung des angefochtenen Urteils die Berufung der Klägerin gegen das landgerichtliche Urteil in vollem Umfange zurückzuweisen. Der VI. Zivilsenat erachtet es unter der bestehenden Gesetzgebung für unzulässig, daß der deutsche Richter in einem Eheprozesse fremder Staatsangehöriger (an Stelle der nach dem maßgebenden ausländischen Recht ausgeschlossenen Scheidung vom Bande) die beständige Trennung von Tisch und Bett ausspricht, und will deshalb der Revision stattgeben. Er sieht sich jedoch hieran gehindert durch ein am 17. November 1902 verkündetes Urteil des IV. Zivilsenates in Sachen H. w. H., das in einem gleichartigen Falle den Ausspruch der beständigen Trennung von Tisch und Bett für zulässig erklärt hat; er hat daher durch Beschluß vom 18. Dezember 1902 die Frage:

> „Kann von deutschen Gerichten in einem Eheprozesse unter Eheleuten fremder Staatsangehörigkeit auf beständige Trennung von Tisch und Bett erkannt werden, wenn nach deutschem Rechte die Scheidung der Ehe gerechtfertigt, nach dem heimischen Rechte der Eheleute aber nur beständige Trennung von Tisch und Bett zulässig sein würde?"

der Entscheidung der vereinigten Zivilsenate des Reichsgerichtes unterbreitet. Diese haben angenommen, daß ein Fall des § 137 GVG. gegeben sei, und die gestellte Frage verneint.

Die Antwort auf die zur Entscheidung stehende Frage ist durch Auslegung des Art. 17 Einf.-Ges. zum BGB. zu gewinnen; der § 77 des Personenstandsgesetzes vom 6. Februar 1875 kommt dabei nicht in Betracht; es braucht daher nicht untersucht zu werden, ob diese Vorschrift aufgehoben ist, oder nicht.

Betrachtet man den Wortlaut des Art. 17, und versteht man unter „Scheidung" das, was das Bürgerliche Gesetzbuch darunter verstanden wissen will, nämlich die Scheidung vom Bande, so muß die Frage verneint werden. Der Abs. 1 stellt das Nationalitätsprinzip als Regel auf: der deutsche Richter hat für die Scheidung vom Bande die Gesetze des Staates anzuwenden, dem der Ehemann zur Zeit der Erhebung der Klage angehörte; der Abs. 4 enthält eine Einschränkung dieser Regel: ist nach dem Abs. 1 ein ausländisches Gesetz anzuwenden, und wäre nach diesem die Scheidung vom Bande gerechtfertigt, so soll gleichwohl nur unter der weiteren Voraussetzung auf Scheidung von Bande (oder auf Aufhebung der ehelichen Gemeinschaft) erkannt werden können, daß auch nach den deutschen Gesetzen die Scheidung vom Bande zulässig sein würde. Bei dieser Auffassung des Wortes „Scheidung" enthält Art. 17 eine ausdrückliche Vorschrift darüber, ob der deutsche Richter befugt sei, unter Umständen auch auf Trennung von Tisch und Bett zu erkennen, oder nicht, nicht, und es muß aus dem Umstande, daß Art. 17 die Anwendung des ausländischen Rechtes nur für die Scheidung vom Bande zuläßt, in Verbindung damit, daß das deutsche Recht eine Trennung von Tisch und Bett nicht kennt, die Folgerung abgeleitet werden, daß jene Frage zu verneinen ist.

Demgegenüber wird geltend gemacht, daß das Wort „Scheidung" im Abs. 1 (und das Wort „Scheidungsgrund" im Abs. 2) nicht in jenem engeren Sinne zu verstehen sei, den das Bürgerliche Gesetzbuch damit verbindet; Abs. 1 rede nicht vom deutschen Recht, sondern von dem Recht des (deutschen oder ausländischen) Staates, dem der Ehemann zur Zeit der Klagerhebung angehöre. „Scheidung" nach Abs. 1 sei also nicht Scheidung im (engeren) Sinne des deutschen Rechtes, sondern Scheidung im Sinne der Gesetzgebung der Kulturstaaten, die das Scheidungsrecht verschieden gestaltet hätten. In diesem Sinne umfasse „Scheidung" auch die Trennung von Tisch und Bett. Der Abs. 1 habe daher das Scheidungsrecht im weiteren Sinne im Auge; dasselbe gelte vom Abs. 2; dagegen ergebe Abs. 4 klar, daß hier unter „Scheidung" nur die deutschrechtliche Scheidung vom Bande zu verstehen sei.

Diesen Ausführungen kann nicht beigetreten werden. Die Frage, welche Bedeutung dem Ausdruck „Scheidung" „im Sinne der Gesetzgebung der Kulturstaaten" beizumessen ist, bedarf keiner Erörterung. Es mag aber darauf hingewiesen werden, daß die in den Jahren 1893, 1894 (und 1900) im Haag abgehaltenen internationalen Konferenzen für internationales Privatrecht, an denen die Hauptvertreter der internationalen Privatrechtswissenschaft teilnahmen, in ihren Beschlüssen „divorce" und „séparation de corps" scharf getrennt gehalten haben, und daß sowohl die Kommission für die erste, wie die Kommission für die zweite Lesung des Entwurfes des Bürgerlichen Gesetzbuches unter „Scheidung" lediglich die Scheidung vom Bande verstanden hat, da § 10 des Entwurfes eines Gesetzes über die räumliche Herrschaft der Rechtsnormen im Abs. 1 von der „Auflösung der Ehe", in den folgenden Absätzen von „Scheidung" und von „Trennung von Tisch und Bett" spricht, und die zweite Kommission dies dahin aufgefaßt hat, daß im Abs. 1 von der Auflösung der Ehe im allgemeinen, worunter die Auflösung durch Scheidung oder Trennung oder infolge Todeserklärung einbegriffen sei, gehandelt werde, während in den folgenden Absätzen besondere Bestimmungen für die Scheidung und für die Trennung der Ehe getroffen worden seien (Protokolle der zweiten Kommission Bd. 6 S. 52); ein Sprachgebrauch, den die Kommission auch in den §§ 2247, 2249 des Entwurfes zweiter Lesung beibehalten hat. Denn gerade der Umstand, daß in verschiedenen Gesetzgebungen der Ausdruck „Scheidung von Tisch und Bett" gebraucht wird, daß in Oesterreich unter „Trennung der Ehe" die Scheidung vom Bande verstanden, in anderen Staaten wieder scharf unterschieden wird zwischen „Scheidung" („divorce") und „Trennung von Tisch und Bett" („séparation de corps"), hätte dem deutschen Gesetzgeber Veranlassung geben müssen, dann, wenn er in den Abss. 1 und 2 des Art. 17 nicht bloß die Scheidung vom Bande, sondern auch die Trennung von Tisch und Bett hätte treffen wollen, dies in anderer Weise, als nur durch Gebrauch des Wortes „Scheidung" zum Ausdruck zu bringen; besonders die Terminologie der zweiten Kommission und die der Haager Konferenzen hätten ihn gerade dazu zwingen müssen, und nichts hätte näher gelegen, sich alsdann des von der zweiten Kommission gebrauchten Ausdruckes „Auflösung der Ehe" zu bedienen.

Es ist aber auch der Gedanke abzuweisen, daß der Gesetzgeber mit dem Worte „Scheidung" in Art. 17 einen anderen Sinn habe verbinden wollen, als den, den er sonst damit verbunden wissen will, und daran vermag in keiner Weise etwas zu ändern, daß die Abss. 1 und 2 nicht speziell vom deutschen Recht, sondern von diesem oder dem eines ausländischen Staates sprechen. Daraus ergibt sich nur, daß die Gesetze des fremden Staates, soweit sie zu einer Scheidung im deutschrechtlichen Sinne führen können, Anwendung finden sollen, nicht aber, daß auch andere Bestimmungen des ausländischen Rechtes, die nicht auf eine „Scheidung", sondern auf eine weitere, dem deutschen Recht nicht bekannte Rechtsinstitution Bezug haben, zur Anwendung zu bringen seien. Die Rechtssätze des internationalen Privatrechtes sind nicht Sätze des Völkerrechtes, sondern integrierender Bestandteil des betreffenden bürgerlichen Rechtes. Das Bürgerliche Gesetzbuch versteht unter „Scheidung" der Ehe die Scheidung vom Bande; es kann nicht angenommen werden, daß in dem Einführungsgesetze zu demselben Gesetzbuch das Wort „Scheidung" in einem anderen Sinne gemeint sein soll, noch dazu in einem Sinne, der die Anerkennung einer Institution enthalten würde, die vom Bürgerlichen Gesetzbuch ausdrücklich reprobiert wird. Es würde aber auch jeder Gesetzestechnik widersprechen, in demselben Paragraphen denselben technischen Ausdruck in völlig verschiedenem Sinne zu gebrauchen; daß im Abs. 4 das Wort „Scheidung" lediglich die Scheidung vom Bande bedeutet, wird von keiner Seite bezweifelt.

Aber auch der Abs. 2 des Art. 17, in dem zwischen Scheidungsgrund und Trennungsgrund unterschieden wird, steht der Annahme entgegen, daß im Abs. 1 das Wort „Scheidung" auch die Trennung von Tisch und Bett umfasse. Die Anhänger dieser letzteren Meinung geben zunächst zu, daß bei der nahen äußeren und inneren Verbindung, in der jene beiden Absätze zueinander stehen, das in beiden vorkommende Wort „Scheidung", bzw. „Scheidungsgrund" nicht in einem verschiedenen Sinne genommen werden könne; sie gehen daher davon aus, daß unter „„Scheidungsgrund" im Abs. 2 ein Grund zu verstehen sei, der sowohl zu dem Antrag auf Scheidung wie zu dem auf Trennung von Tisch und Bett berechtige. Dem steht jedoch entgegen, daß Abs. 2 „ein Scheidungsgrund oder ein Trennungsgrund" sagt, und um diesem Einwande zu begegnen, wird geltend gemacht, teils daß die Worte „oder ein Trennungsgrund" nur aus einem Redaktionsversehen auf seiten des Bundesrates stehen gelassen worden seien, teils daß durch diese Worte nur noch besonders, wiewohl unnötigerweise, hervorgehoben habe werden sollen, daß eine Ehe auch dann zu scheiden sei, wenn der Scheidungsgrund, der entstanden ist, während der Ehemann einem anderen Staate angehörte, nach den Gesetzen dieses Staates nur die Trennung von Tisch und Bett, nach den Gesetzen des Heimatstaates zur Zeit der Klagerhebung aber nur die Scheidung vom Bande rechtfertigt. Allein für das Vorliegen eines Redaktionsversehens ist nicht der geringste Anhalt gegeben, so daß man, wenn man der Meinung der Gegner folgt, zu dem Ergebnis gelangt, daß in demselben Satze das Wort „Scheidungsgrund" zunächst in einem weiteren Sinne und wenige Worte darauf in einem engeren Sinne gebraucht wäre. Wollte man aber dieses Wort auch an letzterer Stelle in dem weiteren Sinne auffassen, so würden die Worte „oder ein Trennungsgrund" völlig überflüssig sein, da sie in dem Worte „Scheidungsgrund" bereits enthalten wären, und ihre Existenzberechtigung auch nicht durch das Bedürfnis einer besonderen Hervorhebung der vorerwähnten Art gerechtfertigt werden können. Denn es ließe sich wohl fragen, warum ein solches Bedürfnis sich nicht bereits bezüglich des im Abs. 2 zuerst gebrauchten Wortes „Scheidungsgrund", besonders aber bezüglich des Wortes „Scheidung" im Abs. 1 fühlbar gemacht haben sollte. Es würde aber auch wiederum jeder Gesetzestechnik widersprechen und nur geeignet sein, irrezuführen, wenn das Gesetz als Voraussetzung eines Anspruchs entweder eine so, oder eine so qualifizierte Tatsache erfordert und in unmittelbarem Anschluß hieran nochmals die auf die eine Weise qualifizierte Tatsache zuläßt.

Aber auch die Entstehungsgeschichte des Art. 17 spricht nicht für, sondern gegen die Zulässigkeit einer Trennung von Tisch und Bett. Daß sich die Verfasser des ersten Entwurfes ebenso wie die zweite Kommission für die Zulässigkeit erklärt haben, und daß dies auch im Entwurfe zweiter Lesung zum Ausdrucke gelangt ist, kann allerdings keinem Zweifel unterliegen. Insbesondere hat sich die zweite Kommission in ihrer Majorität dafür entschieden, daß der Ansicht des Reichsgerichts von der Tragweite des § 77 Abs. 1 des Personenstandsgesetzes vom Standpunkte des Gesetzgebers aus nicht beizupflichten sei, es daher für zulässig erklärt, daß die deutschen Gerichte bei Ehen von Ausländern auf beständige Trennung von Tisch und Bett erkennen, auch den Satz, daß das maßgebende Recht sich nach der Staatsangehörigkeit des Ehemannes zur Zeit der Erhebung der Klage auf Scheidung oder auf Trennung bestimme, gebilligt (Protokolle Bd. 6 S. 51 flg.). Demgemäß ist § 10 des Entwurfes eines Gesetzes über die räumliche Herrschaft der Rechtsnormen (abgedruckt in den Protokollen Bd. 6 S. 8 flg.) in das von der „Anwendung ausländischer Gesetze" handelnde 6. Buch des Entwurfes in folgender Fassung aufgenommen worden:

§ 2247.

Abs. 1 (= Rev. Entw. § 2374). Die Auflösung der Ehe wird nach den Gesetzen des Staates beurteilt, welchem der Mann zur Zeit der Verwirklichung des für die Auflösung in Betracht kommenden Tatbestandes angehört hat.

Abs. 2 (= Rev. Entw. § 2375 Abs. 1). Für die Ehescheidung und für die beständige oder zeitweilige Trennung der Ehegatten von Tisch und Bett sind die Gesetze des Staates maßgebend, welchem der Mann zur Zeit der Erhebung der Klage auf Scheidung oder auf Trennung angehört.

Abs. 3 (= Rev. Entw. § 2375 Abs. 2). Eine Tatsache, die sich ereignet hat, während der Mann einem anderen Staate angehörte, kann als Scheidungsgrund oder als Trennungsgrund nur geltend gemacht werden, wenn die Tatsache auch nach den Gesetzen dieses Staates ein Scheidungsgrund oder ein Trennungsgrund ist.

§ 2249 (= Rev. Entw. § 2375 Abs. 3). Auf Scheidung, sowie auf beständige oder zeitweilige Trennung von Tisch und Bett kann auf Grund eines ausländischen Gesetzes im Inlande nur erkannt werden, wenn zugleich nach den deutschen Gesetzen die Scheidung zulässig sein würde.

Allein der Verwertung dieser Vorgänge für die Auslegung des Art. 17 steht entgegen, daß der Bundesrat Aenderungen an dem Entwurfe zweiter Lesung vorgenommen hat, die nicht anders zu erklären sind, als daß er die Trennung von Tisch und Bett auch bei Ausländerehen hat ausschließen wollen. Er hat jene §§ 2247, 2249 im Art. 16 des *Entwurfes eines Einführungsgesetzes in der Fassung der dem Reichstage* gemachten Vorlage dahin abgeändert:

Abs. 1. Für die Scheidung der Ehe sind die Gesetze des Staates maßgebend, dem der Ehemann zur Zeit der Erhebung der Klage angehört.

Abs. 2. Eine Tatsache, die sich ereignet hat, während der Mann einem anderen Staate angehörte, kann als Scheidungsgrund nur geltend gemacht werden, wenn die Tatsache auch nach den Gesetzen dieses Staates ein Scheidungsgrund oder ein Trennungsgrund ist.

Abs. 3. . . .

Abs. 4. Auf Scheidung kann auf Grund eines ausländischen Gesetzes im Inlande nur erkannt werden, wenn sowohl nach dem ausländischen Gesetze als nach den deutschen Gesetzen die Scheidung zulässig sein würde.

Bei unbefangener Betrachtung dieser Abänderungen erscheint die Annahme als die nächstliegende, daß der Bundesrat, indem er die Worte „Trennung von Tisch und Bett" beseitigte und im übrigen die Bestimmungen des Entwurfes annahm, den Ausdruck „Scheidung" in dem Sinne verstanden hat, wie dies von seiten der zweiten Kommission geschehen war, daß er durch jene Aenderungen den Entwurf des Einführungsgesetzes mit den Bestimmungen des Entwurfes des Bürgerlichen Gesetzbuches in Einklang bringen wollte. Daß er nur in diesem Sinne die Streichungen vorgenommen haben kann, beweist ferner, daß er im Abs. 2 des Art. 16 des Entwurfes die Worte „oder ein Trennungsgrund" stehen gelassen hat.

Auch der Hinweis darauf, es könne nicht angenommen werden, daß die gesetzgebenden Faktoren eine durchgreifende und ganz fundamentale Aenderung der für Ausländerehen bis dahin in dem Gesetzentwurfe vorgesehenen Rechtsnormen, eine schwerwiegende Abwendung von dem bis dahin angenommenen Prinzip stillschweigend und ohne jede Begründung vollzogen hätten, ist schon an sich nicht gerechtfertigt. Denn der Bundesrat hat auch im übrigen an den im 6. Buch enthaltenen Bestimmungen, soweit er sie in den Entwurf eines

Einführungsgesetzes übernommen hat, wesentliche Aenderungen vorgenommen, ohne eine Begründung dafür zu geben. Es kann aber auch der Meinung,

vgl. Frantz, in der Zeitschr. für internat. Privat- und Strafrecht Bd. 11 S. 355,

nicht gefolgt werden, daß der Entwurf eines Gesetzes über die räumliche Herrschaft der Rechtsnormen den Anschauungen des Bundesrates entsprochen habe, und daß der dem Art. 6 des ersten Entwurfes eines Einführungsgesetzes zugrunde liegende Gedanke der Zulässigkeit einer Trennung von Tisch und Bett bei Ausländerehen vom Bundesrat gebilligt worden sei, daß es daher zunächst auffällig gefunden werden müsse, daß sich der Bundesrat auf einen ganz anderen, diesem direkt entgegengesetzten Standpunkt gestellt habe. Denn es ist eine durch nichts begründete Annahme, daß der Bundesrat zu den hier einschlagenden Fragen früher Stellung genommen habe, als nachdem ihm der Entwurf der zweiten Kommission durch den Reichskanzler überreicht worden war; es ist insbesondere unbegründet, daß der Entwurf eines Gesetzes über die räumliche Herrschaft der Rechtsnormen den Anschauungen des Bundesrates entsprochen, daß dieser ferner den erwähnten Art. 6 gebilligt habe. Beide Entwürfe, wie auch die Entwürfe des Bürgerlichen Gesetzbuches selbst, sind lediglich Arbeiten der betreffenden Kommissionen, die die Ansicht der Majorität der Kommissionsmitglieder, nicht aber die des Bundesrates zum Ausdruck bringen, und den Entwurf eines Gesetzes über die räumliche Herrschaft der Rechtsnormen wies — offenbar wegen des darin zum Ausdrucke gebrachten kosmopolitischen Standpunktes — der Reichskanzler zurück, so daß er sogar jede Veröffentlichung schlechthin untersagte.

Vgl. Dernburg, Die allgemeinen Lehren des bürgerlichen Rechts des Deutschen Reichs § 34 S. 91; Niemeyer, Das internationale Privatrecht des Bürgerlichen Gesetzbuches S. 9.

Indessen darf der Grund, den Frantz, a. a. O. S. 356, für die „plötzliche Schwenkung" des Bundesrates angibt, bei Beantwortung der Frage verwertet werden, was die von diesem vorgenommenen Aenderungen bedeuten. In der Zeit vom 25. Juni bis zum 13. Juli 1894 hatte im Haag der zweite internationale Kongreß für internationales Privatrecht getagt. Dieser Kongreß, an dem auch Delegierte des Deutschen Reiches teilgenommen hatten, hatte u. a. auch den Satz vertreten, daß Ehegatten, deren Recht nur die Trennung von Tisch und Bett kennt, in einem Lande, dem nur die Scheidung bekannt ist, weder vom Bande geschieden, noch von Tisch und Bett getrennt werden können. In dem, auch von den deutschen

Delegierten unterzeichneten und den beteiligten Regierungen unterbreiteten, Protocole final des Kongresses von 1894 heißt es:

„I c. Divorce et séparation de corps.

art. 1. Les époux ne sont admis à former une demande en divorce que si leur loi nationale et la loi du lieu où la demande est formée les y autorisent.

art. 3. La séparation de corps peut être demandée: 1. si la loi nationale des époux et la loi du lieu ou l'action est intentée l'admettent également."

Die zweite Kommission lehnte nun zwar ausdrücklich ab, sich diesem Vorgang anzuschließen, da bei einer solchen Gestaltung Ausländer, deren Heimatstaat eine Scheidung von Tisch und Bett nicht kenne, in Deutschland rechtlos sein würden (Protokolle Bd. 6 S. 53); allein es darf angenommen werden, daß der Bundesrat die von den Delegierten aller beteiligten Staaten empfohlenen Grundsätze gebilligt und dies durch die Streichungen in den §§ 2247, 2249 hat zum Ausdruck bringen wollen. Einen Rückschluß hierauf gestattet auch der Verlauf, den die Verhandlungen der Haager Konferenzen genommen haben. In der Zeit vom 29. Mai bis zum 18. Juni 1900 hat die dritte Staatenkonferenz für internationales Privatrecht im Haag getagt. Sie hat die obigen Beschlüsse der zweiten Staatenkonferenz in folgende Artikel gefaßt:

art. 1. Les époux ne peuvent former une demande en divorce que si leur loi nationale et la loi du lieu où la demande est formée admettent le divorce l'une et l'autre.

Il en est de même de la séparation de corps.

art. 2. Le divorce ne peut être demandé que si, dans le cas dont il s'agit, le divorce est admis à la fois par la loi nationale des époux et par la loi du lieu où la demande est formée.

Il en est de même de la séparation de corps.

art. 3. Nonobstant les dispositions des articles 1 et 2 la loi nationale sera seule observée, si la loi du lieu où la demande est formée le prescrit ou le permet."

Am 12. Juni 1902 sind dann die drei Haager Konferenzen durch die abschließende Einigung der Mehrzahl der beteiligten Staaten — nämlich von Deutschland, Belgien, Frankreich, Italien, Luxemburg, Holland, Oesterreich-Ungarn, Portugal, Rumänien, Schweden, Spanien und der Schweiz, wogegen Rußland, Dänemark und Norwegen ihren Beitritt noch nicht erklärt haben — über die drei Konventionen: Heirat, Scheidung und Trennung von Tisch und Bett, Vormundschaft, zu einem Ergebnis gebracht worden. Der Text weicht von der vorstehenden Fassung nur insoweit ab, als Art. 2 Abs. 1 den Zusatz erhalten hat: „encore que ce soit pour des causes différentes".

Der Art. 16 des Entwurfes eines Einführungsgesetzes in der Fassung der dem Reichstag gemachten Vorlage ist Gesetz (Art. 17) geworden; nur Abs. 4 hat eine Aenderung dahin erfahren:

„Auf Scheidung, sowie auf Aufhebung der ehelichen Gemeinschaft kann auf Grund eines ausländischen Gesetzes im Inlande nur erkannt werden, *wenn sowohl nach dem ausländischen Gesetze* als nach den deutschen Gesetzen die Scheidung zulässig sein würde."

Diese Aenderung ist auf Vorschlag der Reichstagskommission erfolgt, als „eine andere Redaktion zur größeren Klarstellung seines Gedankens und zugleich zur Berücksichtigung der neben der Scheidung der Ehe nach den Beschlüssen der Kommission zugelassenen Aufhebung der ehelichen Gemeinschaft".

Vgl. Kommissionsbericht zum Einführungsgesetze zu Art. 16, bei Mugdan, Materialien Bd. 1 S. 311.

Da weder in der Reichstagskommission noch bei der Beratung im Reichstag selbst irgendwelche Bedenken oder Widersprüche gegen die vom Bundesrat vorgenommenen Streichungen erhoben worden sind, darf davon ausgegangen werden, daß der Reichstag die Bestimmungen im Art. 16 des Entwurfes in demselben Sinne aufgefaßt hat, in dem sie nach dem Ausgeführten der Bundesrat verstanden wissen wollte.

Für die Unzulässigkeit einer Trennung von Tisch und Bett spricht auch die Regelung, die das Verfahren in Ehesachen durch die Novelle zur Zivilprozeßordnung erhalten hat. Der § 568 (a. F.) begriff unter Ehesachen „die Rechtsstreitigkeiten, welche die Trennung, Ungültigkeit oder Nichtigkeit einer Ehe oder die Herstellung des ehelichen Lebens zum Gegenstande haben", und der § 592 (a. F.) enthielt die Bestimmung, daß im Sinne des betreffenden Abschnitts unter Ehescheidungsklage zu verstehen sei „die Klage auf Auflösung des Bandes der Ehe oder auf zeitweilige Trennung von Tisch und Bett". Die zweite Kommission war der Ansicht, daß gegenüber der nach den internationalprivatrechtlichen Vorschriften der §§ 2247, 2249 zulässigen beständigen Trennung ausländischer Ehegatten von Tisch und Bett ein Mangel vorhanden sein würde, weil die Zivilprozeßordnung weder den Gerichtsstand noch das Verfahren für Klagen auf eine solche Trennung geordnet habe, daß sich diesem Mangel aber leicht abhelfen lasse entweder durch die Aufnahme eines die entsprechende Anwendung der Scheidungsvorschriften anerkennenden Zusatzes, oder auch schon durch die Streichung des Wortes „zeitweilige" im § 592 (Protokolle Bd. 6 S. 53). Im letzteren Sinne wurde auch von der Kommission beschlossen, und, nachdem im § 568 das

Wort „Trennung" durch das Wort „Scheidung" ersetzt worden war, dem § 592 die bereits im Art. 11 des von der ersten Kommission ausgearbeiteten Entwurfes eines Einführungsgesetzes zum Bürgerlichen Gesetzbuche enthaltene Fassung: „Im Sinne dieses Abschnitts ist unter Scheidung auch die Trennung der Ehegatten von Tisch und Bett zu verstehen", gegeben (Protokolle Bd. 6 S. 682, 683). In der Zusammenstellung der aus Anlaß des Bürgerlichen Gesetzbuches in Aussicht genommenen Aenderungen und Ergänzungen der Zivilprozeßordnung und Konkursordnung (als Anlage II beigefügt der dem Reichstag überreichten Denkschrift zum Entwurf eines Bürgerlichen Gesetzbuches) wurde aber der § 592 als künftig wegfallend bezeichnet, und in dem nach Verabschiedung des Bürgerlichen Gesetzbuches dem Reichstag vorgelegten Entwurfe eines Gesetzes, betr. Aenderungen der Zivilprozeßordnung, mit Rücksicht auf das erst auf Vorschlag des Reichstages angenommene Institut der Aufhebung der ehelichen Gemeinschaft dem § 592 folgende, nachmals auch in das Gesetz (§ 639) übergegangene Fassung gegeben: „Im Sinne dieses Abschnitts ist unter Scheidung auch die Aufhebung der ehelichen Gemeinschaft zu verstehen". Die Zivilprozeßordnung enthält hiernach, und da auch der an die Stelle des § 568 getretene § 606 nicht mehr von „Trennung", sondern von „Scheidung" spricht, keine Vorschriften, die für eine Klage auf — beständige oder zeitweilige — Trennung von Tisch und Bett einen Gerichtsstand statuierten oder ein besonderes Verfahren regelten; es ist aber auch die Annahme völlig ausgeschlossen und von keiner Seite vertreten, daß über derartige Klagen im gewöhnlichen Prozeßverfahren verhandelt werden könnte.

> Vgl. Planck, Kommentar zum Einführungsgesetze des Bürgerlichen Gesetzbuches Bem. 7 zu Art. 17, der aus jenem Mangel allein schon auf die Unzulässigkeit einer Klage auf Trennung von Tisch und Bett in Deutschland schließt.

Demgegenüber wird geltend gemacht, das Prozeßrecht müsse sich dem materiellen Recht „akkommodieren"; das für die Scheidung vorgeschriebene Verfahren müsse auch auf die Trennung von Tisch und Bett analog angewendet werden.

> Vgl. die Kommentare zur Zivilprozeßordung von Gaupp-Stein, 4. Aufl., Vorbem. zu den §§ 606 flg. Bem. II. 2a, und von Seuffert, 8. Aufl. Bem. II. 2b zu § 606; ferner Mariolle, in der Zeitschr. für internat. Privat- und Strafrecht Bd. 8 S. 458.

Dieser Ausweg würde vielleicht eingeschlagen werden können, wenn feststände, daß das materielle Recht eine Klage auf Trennung von Tisch und Bett zuläßt. Sind aber auch nur erhebliche Zweifel in dieser Beziehung vorhanden, so darf jene Lücke als ein Beweismoment für die Unzulässigkeit einer solchen Klage um so gewisser verwertet werden, als die zweite Kommision ihre Ausfüllung als nötig bezeichnet hatte, um die von ihr angenommene Zulässigkeit einer Klage auf Trennung von Tisch und Bett durchführen zu können, und als namentlich das Reichsgericht (vgl. Entsch. dess. in Zivils. Bd. 11 S. 32) für seine Ansicht, daß sich aus § 77 Abs. 1 des Personenstandsgesetzes die Unzulässigkeit einer beständigen Trennung von Tisch und Bett auch bei Ehen von Ausländern ergebe, dem Umstande mit ausschlaggebendes Gewicht beigelegt hatte, daß die Zivilprozeßordnung nach den §§ 568, 592 für auf solche gerichtete Klagen weder einen Gerichtsstand gegeben, noch das Verfahren geregelt habe. Unter diesen Umständen darf ohne weiteres angenommen werden, daß der Gesetzgeber, wenn er durch Art. 17 Einf.-Ges. zum BGB. eine Klage auf Trennung von Tisch und Bett bei Ehen von Ausländern hätte zulassen wollen, zum Ausdrucke gebracht haben würde, daß unter Scheidung der Ehe im Sinne des betreffenden Abschnittes der Zivilprozeßordnung auch die Trennung von Tisch und Bett zu verstehen sei, oder daß die Vorschriften über das die Scheidung betreffende Verfahren auch auf das die Trennung von Tisch und Bett betreffende Verfahren anzuwenden seien.

Diesen aus der Auslegung und der Entstehungsgeschichte des Art. 17 und der Novelle zur Zivilprozeßordnung gewonnenen Ergebnissen gegenüber kann inneren Gründen, die für die Zulässigkeit einer Trennung von Tisch und Bett bei Ehen von Ausländern etwa sprechen würden, ausschlaggebende Bedeutung nicht beigelegt werden. Als ein solcher Grund wird besonders geltend gemacht, daß, da in Ehestreitigkeiten von Ausländern, deren Heimatsrecht nur eine Trennung von Tisch und Bett zuläßt, auch von deutschen Gerichten nicht auf Scheidung oder auf Aufhebung der ehelichen Gemeinschaft erkannt werden kann,

vgl. Entsch. des RG.'s in Zivils. Bd. 48 S. 144 flg.,

und weil die Zuständigkeit der Gerichte für Ehesachen sowohl in Deutschland wie in den meisten anderen Ländern durch den Wohnsitz bestimmt wird und eine ausschließliche ist, jene Ausländer völlig entrechtet sein würden, daß ihnen andrerseits innerhalb des Deutschen Reiches ein Freibrief zur Begehung der gröbsten Verfehlungen gegen die Ehe gegeben werden würde. Demgegenüber mag nur darauf hingewiesen werden, daß, wie der deutsche Gesetzgeber, um die Anwendung des deutschen Rechtes für die im Ausland wohnenden Reichsangehörigen und unter Umständen auch für frühere Reichsangehörige zu sichern, den Beteiligten im § 606 ZPO. für alle Ehesachen einen Gerichtsstand im Deutschen Reich eröffnet hat und damit dem Uebelstand begegnet ist, der sich daraus ergibt, daß durch die Gesetzgebung des Auslandes vielfach die Mitwirkung der dortigen Gerichte in Ehestreitigkeiten Deutscher, sei es überhaupt, sei es für gewisse Arten von Sachen, insbesondere für Scheidungsklagen, ausgeschlossen ist, so auch der österreichische Gesetzgeber in § 100 des Jurisdiktionsnormgesetzes vom 1. August 1895 eine gleiche Bestimmung getroffen hat. Auch den im Auslande lebenden Franzosen, Schweizern, Italienern usw. ist in Ehesachen ein Gerichtsstand in ihrem Heimatsstaat gegeben.

Vgl. Pillicier, Le divorce S. 85; Meili, Das internationale Zivil- und Handelsrecht Bd. 1 S. 305; Jung, Die Ehescheidung im internationalen Privatrecht S. 40.

Auch darf nicht außer Betracht bleiben, daß deutsche Ehegatten, die in Oesterreich ihren Wohnsitz haben, bei einem österreichischen Gericht eine Scheidung der Ehe nicht erlangen können, wenn sie der katholischen Kirche angehören, oder wenn auch nur ein Teil schon zur Zeit der Eheschließung ihr angehörte, und ebensowenig wird dies der Fall sein, wenn sie in einem Lande wohnen, das die Scheidung überhaupt nicht kennt, also in Italien, Spanien oder Portugal, bei einem Gerichte dieser Staaten. So konnten auch Ausländer, die in Frankreich wohnten, vor dem die Scheidung einführenden Gesetze vom 27. Juli 1884 in Frankreich nicht geschieden werden,

vgl. Pic, Mariage et divorce S. 215 flg., Pillicier, a. a. O. S. 45,

und andrerseits steht auch die Schweiz, die nur die Scheidung, nicht auch die Trennung von Tisch und Bett kennt, auf dem Standpunkte, daß in der Schweiz wohnende Ausländer, deren Heimatsstaat nur die Trennung von Tisch und Bett kennt, auf solche in der Schweiz nicht klagen können.

Vgl. Pillicier, a. a. O. S. 141 flg.; Meili, a. a. O. Bd. 1 S. 309.

Die Ansicht, daß Art. 17 Abs. 1 Einf.-Ges. zum BGB. auch auf die Trennung von Tisch und Bett sich beziehe, würde unter Beibehalt der Vorschrift in Abs. 4 zur notwendigen Folge haben, daß für die Trennung von Tisch und Bett lediglich das ausländische Recht maßgebend, der deutsche Richter also verpflichtet wäre, wegen jedes beliebigen Grundes, den irgendein Staat als Trennungsgrund statuiert, soweit nicht etwa die Vorschrift in Art. 30 Einf.-Ges. in Betracht käme, die Trennung auszusprechen, ohne Rücksicht darauf, ob dieser Grund nach deutschem Rechte die Scheidung rechtfertigen würde. Auch dies spricht gegen jene Ansicht. Es soll zwar nicht verkannt werden, daß der Staat an der Frage der Scheidung der Ehe ein größeres Interesse haben muß, als an der einer bloßen Trennung;

allein auch deren Wirkungen sind von so tiefgreifender, die Heiligkeit und soziale Bedeutung der Ehe umfassender Bedeutung, daß der Gesetzgeber schwerlich sein Recht außer acht lassen wird, wenn es sich auch nur um Trennung von Tisch und Bett bei Ehen von Ausländern handelt. Selbst die auf kosmopolitischem Standpunkte stehende erste Kommission wie die zweite Kommission haben sich zu einer solchen Auffassung nicht bekennen mögen. Bei den Beratungen der letzteren war vorgeschlagen worden, den Grundsatz des Abs. 4 ganz aufzugeben oder doch auf die Scheidung zu beschränken, dagegen für die beständige und für die zeitweilige Trennung von Tisch und Bett die ausschließliche Anwendbarkeit des ausländischen Rechtes zu fordern. Demgegenüber wurde jedoch mit Erfolg geltend gemacht, daß es sich bei der Scheidung sowohl wie bei der Trennung um einen konstitutiven Akt der Staatsgewalt, um einen Eingriff des Gerichtes in den durch die Ehe begründeten Rechtszustand handle, und daß sich hieraus die Notwendigkeit ergebe, sowohl bei der Scheidung wie auch bei der — beständigen und zeitweiligen — Trennung von Tisch und Bett, wohl nach dem Beispiel aller anderen Staaten, neben den Gesetzen des Staates, dem der Ehemann angehöre, auch das einheimische Recht zu berücksichtigen (Protokolle Bd. 6 S. 55).

Es mag endlich auch darauf hingewiesen werden, daß es nicht im Sinne des deutschen Gesetzgebers liegen kann, den Richter zur Trennung ausländischer Ehegatten von Tisch und Bett zu ermächtigen und zu verpflichten. Dagegen spricht der Standpunkt, den er einer solchen Trennung gegenüber eingenommen hat. Zwar ist der Gedanke ohne weiteres abzuweisen, daß eine Trennung von Tisch und Bett gegen die guten Sitten verstoßen würde; auch mag dahingestellt bleiben, ob eine solche etwa dem Zweck, den das Bürgerliche Gesetzbuch mit seinen Vorschriften über die Scheidung der Ehe verbunden hat, entgegenstehen würde (Einführungsgesetz Art. 30). Das kann nicht bestritten werden, daß der deutsche Gesetzgeber den durch eine Trennung von Tisch und Bett herbeigeführten Zustand, die Nachteile und die Gefahren, die das Verbot der Wiederverheiratung für den Hausstand, die Nahrungsverhältnisse, die Erziehung der Kinder und die Sittlichkeit mit sich bringt, schon seit dem Personenstandsgesetz als mit dem Wesen der Ehe nicht vereinbar angesehen, und daß er auch im Bürgerlichen Gesetzbuch jenem Institut die Anerkennung aus ethischen, sozialpolitischen und volkswirtschaftlichen Gründen versagt hat. Dieser Standpunkt trifft auch den Ausländern gegenüber zu, und es würde nicht der in der deutschen Gesetzgebung verkörperten Rechtsanschauung entsprechen, wenn die einheimischen Gerichte bei Begründung eines Rechtszustandes mitzuwirken hätten, den das deutsche Gesetz für unzulässig erachtet. Es würde dies auch eine durch nichts zu rechtfertigende Bevorzugung der Ausländer sein: der Gesetzgeber hat es abgelehnt, den Gewissensbedenken der deutschen Katholiken Rechnung zu tragen; er hat es besonders abgelehnt, daß die Scheidung für die der katholischen Kirche angehörenden Ehegatten nur die Auflösung der häuslichen und ehelichen Gemeinschaft unter Ausschluß des Rechtes zur Wiederverheiratung bei Lebzeiten des anderen Ehegatten bewirken solle. Es kann nicht angenommen werden, daß er auf die Ausländer mehr Rücksicht hat nehmen wollen, als auf die konfessionellen Bedürfnisse der eigenen Bevölkerung."

RGZ. 62, 379

1. Oertliches Recht für Vertragsobligationen nach dem Rechte des Bürgerlichen Gesetzbuchs.

2. Wo wird ein Vertragsschluß unter Abwesenden im Sinne des Art. 11 Abs. 1 Einf.-Ges. zum BGB. „vorgenommen", so daß die Einhaltung der durch die dortigen Gesetze vorgeschriebenen Form „genügt"?

3. Inwieweit muß nach § 766 BGB. in der die Bürgschaftserklärung enthaltenden Urkunde der Gläubiger bezeichnet sein?*)

Art. 11 EG. BGB.

VI. Zivilsenat. Urt. v. 12. Februar 1906.

I. Landgericht Ulm. II. Oberlandesgericht Stuttgart.

Die offene Handelsgesellschaft St. & Cie. zu Solothurn nahm auf Grund einer von dem zu Ulm wohnhaften Beklagten in Ulm ausgestellten, in ihren Händen befindlichen Urkunde diesen als Bürgen für die Firma W. & Co. zu Stuttgart in Anspruch. Die Klage wurde in beiden vorderen Instanzen abgewiesen. Die Revision der Klägerin ist zurückgewiesen worden aus folgenden

Gründen:

„Der Beklagte ist in diesem Prozeß in Anspruch genommen aus einem am 2. November 1903 zu Ulm von ihm unterschriebenen „Bürgschein", der so lautet:

„Ich Endesunterzeichneter, Kaufmann J. S. aus Ulm a./D., übernehme hiermit für die Firma W. & Co. in Stuttgart selbstschuldnerische Bürgschaft in Höhe von dreitausend Mark."

Zu bemerken ist dabei übrigens, daß der Beklagte, wie unter den Parteien feststeht, damals in Wirklichkeit nicht Kaufmann war. Die Klage ist in beiden vorigen Instanzen deshalb abgewiesen worden,

*) Vgl. RGZ. 82, 70; 145, 229 (232).

weil der Bürgschaftserklärung wegen Mangels jeder Bezeichnung des Gläubigers und, abgesehen vom Betrage, der Hauptschuld in der Urkunde die gesetzlich erforderliche Schriftform fehle, und sie deshalb rechtsunwirksam sei. In den Vorinstanzen hatte die Klägerin eventuell noch geltend gemacht, daß in der Urkunde auch ein Kreditauftrag zugunsten der Firma W. & Co. gefunden werden könne, welcher der Schriftform nicht bedurft haben würde; dieses Vorbringen ist mit Recht zurückgewiesen worden, da es hier in Wirklichkeit an jeder Voraussetzung eines Kreditauftrages fehlt, und die Klägerin ist in dieser Instanz darauf auch nicht zurückgekommen.

Auch was die Bürgschaft anlangt, ist dem Berufungsgerichte darin beizutreten, daß sie wegen Mangels der Schriftform keine Rechtswirkung haben kann, so daß es darauf, ob, wie die Klägerin behauptet, die Urkunde ihr mit dem Willen des Klägers von W. & Co. zur Sicherstellung des Kaufpreises für dieser Firma zu liefernde Waren übersandt worden ist, nicht ankommt. Die der Entscheidung gegebene Begründung kann freilich nicht in jedem Punkte gebilligt werden, vor allem nicht in Ansehung des hier maßgebenden örtlichen Rechtes. Unzweifelhaft ist, daß Art. 11 Abs. 1 Einf.-Ges. zum BGB. hier zur Anwendung zu kommen hat. Daraus ergibt sich allerdings zunächst, daß es jedenfalls genügen würde, wenn die Formvorschriften des deutschen Rechts hier beachtet sein sollten. Der erkennende Senat lehnt es freilich, wie er schon in einem Urteile vom 12. Oktober 1905 i. S. H. Ehefr. w. Prinz v. A., Rep. VI. 3/05[1], ausgeführt hat, ab, auch unter der Herrschaft des Bürgerlichen Gesetzbuchs die frühere Praxis, wonach Vertragsobligationen im Zweifel nach dem Rechte des Erfüllungsortes beurteilt wurden, als maßgebend anzusehen; aber er nimmt an, daß, wenn das solche Schuldverhältnisse beherrschende Recht nicht das des Erfüllungsortes ist, dann dem Personalstatute des Schuldners zur Zeit des Vertragsabschlusses, sei dieses nun hier das Recht des Wohnortes, oder das des Heimatsstaates, diese Rolle zukommt. Da nun der Beklagte nicht nur im Deutschen Reiche wohnte und wohnt, weshalb er auch nach § 269 Abs. 1 BGB. die Verbindlichkeit dort zu erfüllen haben würde, sondern auch ohne Zweifel ein Deutscher war und ist, so sind sicher hier die deutschen Gesetze die „für das den Gegenstand des Rechtsgeschäfts bildende Rechtsverhältnis maßgebenden". Aber mit Unrecht hat das Berufungsgericht, die Ausführungen des Landgerichts billigend, es verneint, daß es gleichfalls genügen würde, wenn nur die schweizerischen Formvorschriften eingehalten wären, von denen die Klägerin in erster Instanz behauptet hatte, daß nach ihnen die fragliche Bürgschaft jedenfalls gültig übernommen sein würde. Es

*) Bd. 61 S. 343.

genügt eben nach Art. 11 Abs. 1 Einf.-Ges. für die Form „die Beobachtung der Gesetze des Ortes, an dem das Rechtsgeschäft vorgenommen wird". Das Landgericht hat nun hier irrigerweise als das in Frage kommende Rechtsgeschäft die empfangsbedürftige Erklärung des Beklagten angesehen, welche ja allerdings in Ulm abgegeben ist. Der § 766 BGB. fordert aber, wenn auch nur die schriftliche Erteilung der Bürgschaftserklärung, nicht auch eine schriftliche Annahme der letzteren (vgl. Entsch. des RG.'s in Zivils. Bd. 57 S. 67), so doch jene Schriftlichkeit nicht für die Gültigkeit der einseitigen Erklärung als solcher, sondern für die Gültigkeit des Bürgschaftsvertrages, und dieser Vertrag würde im vorliegenden Falle in Solothurn abgeschlossen sein, da dort das Angebot des Beklagten von der Klägerin angenommen sein würde. Das Rechtsgeschäft des Vertragsschlusses wird nämlich dort „vorgenommen", wo die Willenseinigung zustande kommt, wo der Antrag des einen Teils von dem anderen angenommen, bzw. dessen Annahmeerklärung abgegeben wird, sowohl nach deutschem Recht (§ 151 BGB.), als auch nach schweizerischem (Art. 8 des Schweizer Obligationenrechts). Dem Art. 11 Abs. 1 Satz 2 gegenüber ist es nicht von Bedeutung, daß früher manche Schriftsteller den Satz „locus regit actum" bei Vertragschließungen unter Abwesenden dahin verstanden haben, daß die Form des Geschäfts den Gesetzen beider in Betracht kommenden Orte Genüge tun müsse. Das Gegenargument des Landgerichts, daß, wenn die Beobachtung der vom Gesetze des Empfangsortes der Erklärung vorgeschriebenen Form genügen sollte, die strengere Formvorschrift des Personalstatuts des die Erklärung Abgebenden „umgangen" werden könnte, ist ganz verfehlt. Vielmehr ist für einen solchen Fall diese strengere Formvorschrift nach Art. 11 Abs. 1 Satz 2 Einf.-Ges. von vornherein nicht gegeben, und von einer Umgehung kann daher gar nicht die Rede sein. Es wäre auch nicht abzusehen, weshalb es einen Unterschied machen sollte, ob der inländische Kontrahent sich persönlich ins Ausland begibt, um dort das Geschäft abzuschließen, oder ob er seinen Antrag durch Zusendung einer schriftlichen Erklärung dorthin gelangen läßt. Wenn auch jetzt noch bisweilen, z. B. von Planck (BGB. Bd. 6 [3. Aufl.] Bem. 4 zu Art. 11 S. 45 flg.), jene andere Ansicht vertreten wird, so ist das eben nicht zu billigen.

Was nun zunächst das deutsche Recht betrifft, so ist in der Tat nach dessen Vorschriften durch die obige Urkunde eine gültige Verbürgung keinesfalls zustande gekommen. Im wesentlichen ist in dieser Hinsicht den Ausführungen des Berufungsgerichts beizustimmen, wenngleich dessen Anforderungen an den Inhalt einer Bürgschaftsurkunde in abstracto etwas zu weit gehen mögen. Letzteres zeigt sich namentlich in der Billigung der bei Seuffert, Archiv Bd. 59 Nr. 80, abgedruckten Entscheidung des Oberlandesgerichts zu Karlsruhe, die inzwischen laut der Entsch. des RG.'s in Zivils. Bd. 59 S. 218 flg. von dem jetzt erkennenden Senate aufgehoben worden ist. Hier hat letzterer ausgeführt, daß eine Bürgschaftsurkunde nach denselben freien Grundsätzen auszulegen ist, wie irgendeine andere Vertragsurkunde, und daß daher zur Ermittlung des wahren Willens des Ausstellers außerhalb der urkundlichen Erklärungen liegende Umstände herangezogen werden dürfen. In jenem Falle ist eine Bürgschaft für gültig erklärt worden, obgleich in der Urkunde die Beschaffenheit der Hauptschuld nicht ganz richtig bezeichnet war, und dementsprechend möchte vielleicht hier an dem Mangel jeder Bezeichnung solcher Beschaffenheit neben der Angabe des Betrags, wenn nur der Gläubiger bezeichnet wäre, noch kein Anstoß zu nehmen sein. Immerhin muß es aber dabei bleiben, daß, wie das Reichsgericht laut der Entsch. in Zivils. Bd. 57 S. 260 flg. ausgesprochen hat, die nach § 765 BGB. wesentlichen Merkmale des Bürgschaftsvertrages sich aus der Urkunde selbst überhaupt irgendwie ergeben müssen. Insbesondere kann durch eine Urkunde, in der der Gläubiger nicht in irgendeiner Weise bezeichnet ist, niemals die in § 766 BGB. erforderte Schriftform hergestellt werden. Zwar ist trotz der jetzigen Formvorschrift grundsätzlich daran festzuhalten, daß, wie das Reichsgericht früher auf anderer gesetzlicher Grundlage wiederholt anerkannt hat, man als Bürge demjenigen haftbar wird, welchem der Bürgschein von dem Hauptschuldner oder einem anderen Dritten, dem der Aussteller die Urkunde zu diesem Zweck hingegeben hat, nach seiner Wahl ausgeliefert wird (vgl. Entsch. des RG.'s in Zivils. Bd. 11 S. 248 flg. und Bd. 31 S. 264 flg., auch Bd. 57 S. 66 flg.); aber jetzt muß dann eben diese Bezeichnung des zunächst noch unbestimmten Gläubigers in der Urkunde enthalten sein. Es mag auch sein, daß, wenn die Hauptschuld in der Urkunde im übrigen individuell hinlänglich bezeichnet ist, und die Person des Gläubigers dieses Forderungsrechts außerdem unter den Kontrahenten schon feststand, man darin zugleich auch schon eine genügende urkundliche Bezeichnung des Gläubigers finden könnte. Jedenfalls ist hier, wo der Gläubiger gar nicht, und auch im übrigen die Hauptverbindlichkeit nur dem Betrage nach in der Urkunde bezeichnet ist, vom Standpunkte des deutschen Bürgerlichen Gesetzbuchs aus keine gültige Verbürgung zustande gekommen. Eine ganz andere Frage ist es, ob es etwas schadet, wenn der notwendige Inhalt der Bürgschaftsurkunde oder ein Teil desselben sich zu der Zeit, als der Aussteller dieselbe mit seiner Unterschrift versehen aus der Hand gegeben hat, noch nicht auf der Urkunde befand, sondern dem Willen des Ausstellers gemäß erst nachträglich hingeschrieben worden ist. Auf diese Frage, die unbedenklich zu verneinen ist, bezieht sich das Reichsgerichtsurteil in den Entsch. in Zivils. Bd. 57 S. 66 flg., das daher mit Unrecht von der Klägerin in dieser Sache als Vorgang angezogen worden ist.

Die Klägerin hat aber auch mit Unrecht in der ersten Instanz behauptet, daß bei Anwendung des schweizerischen Rechts die gegenwärtig vorliegende Frage anders als nach deutschem zu entscheiden sein würde. Zuvörderst stimmt die Definition des Bürgschaftsvertrages in § 765 BGB. fast wörtlich mit der in Art. 489 des Schweizer Obligationenrechts enthaltenen überein. Nach Art. 491 des letzteren bedarf sodann die Bürgschaft zu ihrer Gültigkeit der schriftlichen „Vertragsform", zu welcher nach Art. 12 Abs. 1 daselbst die Unterschriften aller Personen gehören, die durch den Vertrag verpflichtet werden sollen; so daß sich für die Form der Bürgschaft dasselbe ergibt, was in § 766 BGB. bestimmt ist. Es ist kein Grund ersichtlich, weshalb dann nicht auch alles oben für das deutsche Recht Erörterte ebenso für das schweizer Recht zutreffen sollte. Freilich findet sich bei schweizer Schriftstellern öfters die Bemerkung, die Person des Gläubigers brauche in der Bürgschaftsurkunde nicht bezeichnet zu sein;

so Haberstich, Handb. des Schweiz. Obligationenrechts Bd. 2 S. 299; Schneider (u. Fick), Schweiz. Obligationenrecht, kleinere Ausg. (3. Aufl.) Bem. 4 zu Art. 491 S. 383, und größere Ausg. (2. Aufl.) Bd. 2 Bem. 4 zu Art. 491 S. 666; Hafner-Goll, Schweiz. Obligationenrecht (2. Aufl.) Anm. 3 zu Art. 491 S. 296;

und ähnliches findet sich in einem Urteil des schweizerischen Bundesgerichts vom Jahre 1897;

vgl. Revue der Gerichtspraxis im Gebiete des Bundeszivilrechts Bd. 15 Nr. 65 Ziff. 2.

Aber damit ist entweder nur gemeint, daß nicht gerade ein bestimmter Gläubiger in der Urkunde ausdrücklich genannt zu sein brauche, oder es kann die Ansicht eben auch nach schweizerischem Rechte nicht für richtig gehalten werden.

Aus diesen Gründen konnte die Revision keinen Erfolg haben." . . .

RGZ. 62, 400

Welches Recht ist maßgebend für die Unterhaltspflicht von Ehegatten, die ihren Wohnsitz in Deutschland haben, aber Ausländer sind und beide dem nämlichen fremden Staat angehören?

Art. 14 EG. BGB.

IV. Zivilsenat. Urt. v. 15. Februar 1906.

I. Landgericht Hamburg. II. Oberlandesgericht daselbst.

Die Parteien hatten am 23. Mai 1899 die Ehe miteinander geschlossen. Beklagter war portugiesischer Staatsangehöriger und katholischen Bekenntnisses, Klägerin die Tochter deutscher Eltern und jüdischen Glaubens; gewohnt hatten sie seit ihrer Eheschließung in Hamburg, wohin der Beklagte im Jahre 1890 gekommen war, und wo sich der Wohnsitz der Parteien auch derzeit noch befindet. Bald nach der Eheschließung kam es zwischen den Gatten zu Streitigkeiten, die dazu führten, daß die Klägerin auf Scheidung klagte. Durch rechtskräftig gewordenes Urteil des Landgerichts Hamburg wurde sie mit ihrer Klage abgewiesen und auf Widerklage des Beklagten zur Herstellung der häuslichen Gemeinschaft verurteilt. Die Klägerin war darauf bereit, diesem Urteile Folge zu leisten; Beklagter verweigerte ihr jedoch jetzt die Aufnahme. Die Klägerin erhob deshalb von neuem Klage und erwirkte ein ebenfalls rechtskräftig gewordenes Urteil des Landgerichts, durch das Beklagter schuldig erkannt wurde, die häusliche Gemeinschaft herzustellen. Hierzu wollte er sich indes seither nicht verstehen. Klägerin erhob nunmehr, indem sie geltend machte, daß Beklagter dem gegen ihn ergangenen Urteil zur Herstellung der häuslichen Gemeinschaft nicht Folge leiste, sie mithin den standesgemäßen Unterhalt außerhalb der ehelichen Wohnung fordern könne, und seinem Einkommen eine Zahlung von 3000 M. im Jahre entspreche, Klage mit dem Antrage auf Verurteilung des Beklagten zur Zahlung von monatlich 250 M. In erster Instanz wurde nach dem Klagantrage erkannt. Auf Berufung des Beklagten wurde das Urteil nur dahin geändert, daß der Betrag der Unterhaltsrente auf 200 M. im Monat herabgesetzt ward. Auf die Revision des Beklagten wurde das Berufungsurteil aufgehoben, und die Sache an das Berufungsgericht zurückverwiesen.

Aus den Gründen:

. . . „Bei der Beurteilung des Klaganspruchs kommt in Betracht, daß die Parteien beide portugiesische Staatsangehörige sind, da Klägerin durch ihre Heirat die hamburgische Staatsangehörigkeit verloren und die ihres Gatten erworben hat. Es folgt das aus § 13 Nr. 5 des Gesetzes über die Erwerbung und den Verlust der Bundes- und Staatsangehörigkeit vom 1. Juni 1870 (BGBl. S. 355) und Art. 18 Nr. 6 des portugiesischen Bürgerlichen Gesetzbuchs (Codigo Civil Portuguez) vom 1. Juli 1867. Hiervon sind auch das Landgericht wie das Berufungsgericht ausgegangen, obschon letzteres sich hierüber nicht ausgesprochen hat. Gleichwohl haben beide Instanzgerichte das deutsche Recht für maßgebend erachtet, jedoch aus verschiedenen Gründen. Das Landgericht hat angenommen, daß für die persönlichen Rechtsbeziehungen der Gatten zueinander und deshalb auch für die Unterhaltspflicht das Recht ihres Heimatsstaats bestimmend sei, im vorliegenden Falle also portugiesisches Recht; es hat aber ferner angenommen, daß nach portugiesischem Rechte in Ansehung der Unterhaltspflicht das Recht des Wohnsitzes zur Anwendung gelange, und daß deshalb der Rechtsstreit nach deutschem Rechte zu entscheiden sei. Das Berufungsgericht ist dagegen der Ansicht, daß das deutsche Recht von vornherein maßgebend sei, weil in dem einheimischen Rechte eine ausdrückliche Bestimmung fehle, es aber nicht nur der Natur der Sache, sondern auch dem öffentlichen Interesse entspreche, daß für ausländische Gatten, wenn sie in Deutschland getrennt leben, die Frage des Unterhalts ebenso geregelt werde wie für deutsche im Inlande voneinander getrennt lebende Gatten.

Die Erwägung des Berufungsgerichts steht im Einklange mit einem Urteile des Hanseatischen Oberlandesgerichts vom 28. Oktober 1904 (Hanseatische Gerichtszeitung 1904 Beibl. Nr. 184, auch mitgeteilt in der Rechtspr. der OLG. Bd. 9 S. 445), kann jedoch nicht gebilligt werden. Richtig ist es, daß gesetzliche Vorschriften über das in Fällen der vorliegenden Art maßgebende Recht fehlen, namentlich im Einführungsgesetze zum Bürgerlichen Gesetzbuche nicht enthalten sind. Während der Vorarbeiten zum Bürgerlichen Gesetzbuche wurde von der 1. Kommission das internationale Recht in ihre Entwürfe nicht aufgenommen, wohl aber ein vollständiger Entwurf ausgearbeitet. Die 2. Kommission beschloß seine Aufnahme in das Bürgerliche Gesetzbuch als 6. Buch und unterzog sich der Durchberatung; der Bundesrat dagegen ließ das 6. Buch fallen und nahm in die Reichstagsvorlage, und zwar in das Einführungsgesetz, nur einige Bestimmungen auf, die, neben einigen weitergehenden Ausnahmen, sich auf die Abgrenzung des deutschen Rechts beschränken. Die Vorschläge des Bundesrats sind im wesentlichen Gesetz geworden.

In dem Entwurfe der 1. Kommission (veröffentlicht in den Protokollen der 2. Kommission Bd. 6 S. 8—12) lautete

§ 9: „Die persönlichen Rechtsbeziehungen der Ehegatten zueinander werden nach den Gesetzen des Staates beurteilt, welchem der Ehemann angehört."

Diese Bestimmung wurde von der 2. Kommission unbeanstandet angenommen (Protokolle Bd. 6 S. 51) und ging in den sog. II. Entwurf als § 2246, in den sog. revidierten II. Entwurf (die Vorlage an den Bundesrat) als § 2371 des 6. Buchs wörtlich fast unverändert über. Der Bundesrat dagegen stellte in das Einführungsgesetz der Regierungsvorlage ein als

> Art. 13: „Die persönlichen Rechtsbeziehungen deutscher Ehegatten zueinander werden nach den deutschen Gesetzen beurteilt, auch wenn die Ehegatten ihren Wohnsitz im Auslande haben.
>
> Die deutschen Gesetze finden auch Anwendung, wenn der Mann die Reichsangehörigkeit verloren, die Frau sie aber behalten hat."

Damit stimmt Art. 14 Einf.-Ges. zum BGB. wörtlich überein.

Aus dieser Entstehungsgeschichte darf selbstverständlich nicht gefolgert werden, daß Art. 14 Einf.-Ges. zum BGB. in dem Sinne gelte, den die beiden Kommissionen mit ihren Vorschlägen verbanden; denn diese Vorschläge sind gefallen. Der Grund ist nicht veröffentlicht, aber wohl in politischen Bedenken zu suchen und in der Erwägung, daß die Entwicklung des internationalen Privatrechts sich im Fluß befindet. Allein wenn auch die Beweggründe andere gewesen sein sollten, dürfte aus der Tatsache, daß die Kommissionsvorschläge verworfen wurden, nicht entnommen werden, daß deshalb das Gegenteil gelte; denn hiervon enthält das Gesetz nichts. Es ist vielmehr dasjenige Recht anzuwenden, das den Grundsätzen des internationalen Rechts entspricht, und zwar den nach deutschem Rechte geltenden (vgl. Entsch. des RG.'s in Zivils. Bd. 55 S. 349). Bei der Ermittlung, was nach deutschem Rechte gilt, ist aber auf die allgemeine Rechtsüberzeugung Rücksicht zu nehmen; denn allgemein anerkannte Rechtssätze sind, wenn nicht besondere Gründe entgegenstehen, auch in Deutschland zu befolgen.

Im internationalen Privatrechte wurde das Personalstatut früher vielfach, und wird es noch jetzt in weiten Gebieten nach dem Wohnsitze bestimmt; u. a. geschah das von dem gemeinen Rechte (Entsch. des RG.'s in Zivils. Bd. 8 S. 146), zu dessen Bereiche der Wohnsitz der Parteien gehört hat. Gegenwärtig herrscht jedoch in der Lehre fast Einstimmigkeit, daß die Bestimmung des Personalstatuts nach der Staatsangehörigkeit die richtigere sei,

> vgl. v. Bar, Theorie und Praxis des internationalen Privatrechts Bd. 1 S. 271; Gierke, Deutsches Privatrecht Bd. 1 § 26 S. 221; Niemeyer, Vorschläge und Materialien zur Kodifikation des internationalen Privatrechts S. 115; Enneccerus, Lehrb. des bürgerlichen Rechts Bd. 1 3. Aufl. § 73 S. 181,

und es ist diese Ansicht auch in den drei im Haag am 12. Juni 1902 geschlossenen Abkommen über das internationale Privatrecht (RGBl. 1904 S. 221) zur Anerkennung gelangt. Vor allem aber wird das Einführungsgesetz zum Bürgerlichen Gesetzbuche durchaus von dem

Grundsatze beherrscht, daß das Personalstatut sich nach der Staatsangehörigkeit richtet, und namentlich gilt das von den persönlichen Rechtsbeziehungen der Ehegatten zueinander (Art. 14). Im Hinblick hierauf kann nicht in dem Art. 14 eine Sonderbestimmung gefunden werden, die zwar für deutsche, nicht aber für ausländische Ehegatten zu gelten hätte, zumal bedeutsame Aeußerungen vorliegen, daß Rechte und Pflichten der Gatten gegeneinander sich grundsätzlich nach den Gesetzen ihres Heimatsstaats richten müßten.

Vgl. *die Beschlüsse des Instituts für internationales* Recht bei v. Bar, a. a. O. S. 271 Anm. 20, und bei Jettel, Handbuch des internationalen Privat- und Strafrechts S. 24 Anm. 4, sowie der Haager Konferenz von 1894 bei Niemeyer, a. a. O. Materialien S. 74 Nr. 315.

Es muß vielmehr für zulässig und geboten erachtet werden, die in Art. 14 für Deutsche gegebene Bestimmung jedenfalls dann entsprechend auch auf ausländische Ehegatten anzuwenden, wenn, wie hier, beide Gatten dem nämlichen Staate angehören.

Zu diesen persönlichen Rechtsbeziehungen der Gatten zueinander, für die nach dem Vorstehenden das Recht ihres Heimatsstaats als maßgebend anzusehen ist, gehört die Unterhaltspflicht. Hiergegen kann nicht, wie es von dem Berufungsgericht geschieht, eingewendet werden, es habe die Allgemeinheit ein Interesse daran, daß in Ansehung des Unterhalts die auf dem allgemeinen Rechtsbewußtsein und der deutschen Auffassung vom Wesen der Ehe beruhenden Bestimmungen in Deutschland allgemein, für alle hier lebenden Gatten gleichmäßig, zur Anwendung gebracht werden. Es mag zuzugeben sein, daß für Notfälle zunächst durch einstweilige Verfügung unter Anwendung des deutschen Rechts gesorgt werden darf.

Vgl. v. Bar, Lehrb. des internationalen Privat- und Strafrechts § 21 Nr. 2; Barazetti, Das internationale Privatrecht im BGB. S. 72.

Aber wenn, wie im vorliegenden Falle, die endgültige Entscheidung über den Unterhalt in Frage steht, würde die Anwendung des an und für sich maßgebenden ausländischen Rechts zwar dann, aber auch nur dann, ausgeschlossen sein, wenn dieselbe dem Art. 30 Einf.-Ges. zum BGB. zuwiderliefe, also gegen die guten Sitten oder (vgl. Entsch. des RG.'s in Zivils. Bd. 60 S. 300) gegen den Zweck des deutschen Rechts verstoßen würde. Und ob das der Fall wäre, läßt sich, wie die Revision zutreffend hervorhebt, erst beurteilen, wenn zuvörderst der Inhalt des ausländischen Rechts festgestellt ist.

Im vorliegenden Falle ist danach das portugiesische Recht maßgebend, und seine materiellen Bestimmungen, über deren Inhalt der Beklagte Beweis angetreten hat, sind zu ermitteln. Jedes Eingehen hierauf würde sich indes erübrigen, und es würde ohne weiteres das deutsche Recht anzuwenden sein, wenn etwa das portugiesische Recht bestimmen sollte, daß die Unterhaltspflicht durch das Recht des Wohnsitzes geregelt wird; denn in diesem Falle, der von der Bestimmung des Art. 27 Einf.-Ges. zum BGB. nicht betroffen wird, würde das deutsche Recht Platz greifen, weil die Parteien in Hamburg wohnen, und von dem deutschen Gerichte das portugiesische Recht so angewendet werden müßte, wie es von den portugiesischen Gerichten zu geschehen hätte. Was in dieser Beziehung rechtens sei, ist noch nicht festgestellt; denn das Berufungsgericht hat sich hierüber nicht ausgesprochen, wird also noch zu prüfen haben, ob die Ansicht des Landgerichts zutreffend ist.

Sollte aber danach in der Tat deutsches Recht zur Anwendung zu kommen haben, so würde das Berufungsgericht den Sachverhalt noch näher aufklären müssen. Beklagter behauptet, er dürfe sich von der Klägerin fern halten, und hat zur Begründung in erster Instanz geltend gemacht, daß die Klägerin an einer ansteckenden Hautkrankheit leide, sowie daß sie in Ostende mit einem gewissen A. Ehebruch begangen habe. In zweiter Instanz hat er ihr daneben noch zum Vorwurfe gemacht, daß sie mit dem Kaufmann B. die Ehe gebrochen habe. Das Berufungsgericht ist auf diese Behauptungen nicht eingegangen, weil sie für die zu treffende Entscheidung unwesentlich seien. Letzteres würde zutreffend sein, wenn nur die Bestimmungen in den §§ 1353—1362 BGB. in Betracht zu ziehen wären. Denn wenn die Gatten getrennt leben, und der Mann es ist, der die Herstellung der häuslichen Gemeinschaft verweigert hat, so hat er, sofern nicht etwa § 1360 Abs. 2 BGB.Platz greift, der Frau Unterhalt durch Entrichtung einer Geldrente zu gewähren, und zwar wenn einer der Gatten, gleichviel welcher, das Recht hat, sich von dem anderen fern zu halten, infolge des § 1361 BGB., anderenfalls infolge davon, daß er seiner Verpflichtung gemäß § 1360 Abs. 1 nicht nachkommt. Insoweit würden mithin die oben wiedergegebenen Behauptungen des Beklagten in der Tat ohne Belang sein. Auch für die Bemessung der an die Klägerin zu entrichtenden Rente würden sie, sofern nur §§ 1360, 1361 BGB. zu berücksichtigen wären, ohne Einfluß sein, da die Bestimmung des § 1361 Abs. 2 nicht in Frage kommt. Für den Unterhalt der Ehegatten trifft jedoch auch § 1611 Abs. 2 BGB. eine Bestimmung, die dahin geht, daß der zum Unterhalte Berechtigte nur den notdürftigen Unterhalt verlangen kann, wenn er sich gegen den Unterhaltspflichtigen einer Verfehlung schuldig gemacht hat, die diesen berechtigen würde, ihm zufolge § 2335 Abs. 1 BGB. den Pflichtteil zu entziehen. Beklagter würde hiernach der Klägerin nach deutschem Rechte nur den notdürftigen

Unterhalt zu gewähren haben, wenn er gemäß §§ 1565—1568 BGB. auf Scheidung klagen könnte. Auch diese Bestimmung würde im vorliegenden Falle in Betracht zu ziehen sein, selbst wenn das portugiesische Recht die Scheidung einer Ehe vom Bande nicht kennt.

Vgl. Leske u. Löwenfeld, Das Eherecht der Europäischen Staaten S. 403.

Denn es kommt nicht in Frage, ob Beklagter die Scheidung erwirken könnte, sondern ob Klägerin sich einer Verfehlung schuldig gemacht hat, die ihren Anspruch gegen den Beklagten nach deutschem Rechte auf den notdürftigen Unterhalt beschränkt, und das muß, wenn überhaupt deutsches Recht zur Anwendung kommt, berücksichtigt werden. Das Berufungsgericht würde deshalb in diesem Falle, wenn auch die angebliche Hautkrankheit der Klägerin anscheinend ohne jede Bedeutung für den vorliegenden Rechtsstreit ist, darauf einzugehen haben, ob der Vorwurf des Ehebruchs, den Beklagter unter Beweis gestellt hat, der Wahrheit entspricht." . . .

RGZ. 63, 18

Findet die Formvorschrift des § 313 Satz 1 BGB. auch auf Verträge betr. die Uebertragung ausländischer Grundstücke Anwendung?

Art. 30 EG. BGB., § 313 BGB.

V. Zivilsenat. Urt. v. 3. März 1906.

I. Landgericht I Berlin. II. Kammergericht daselbst.

Die obige Frage ist vom Reichsgericht verneint, aus folgenden

Gründen:

. . . „Es könnte zunächst in Frage kommen, ob sich die Unanwendbarkeit der in Rede stehenden Formvorschrift auf ausländische Grundstücke nicht schon aus der Entstehungsgeschichte und dem Inhalt des § 313 BGB. ergibt, namentlich da im Satz 2 eine Heilung des Formmangels durch Auflassung und Grundbucheintragung, also durch Rechtsakte, die dem deutschen Rechte eigentümlich sind, zugelassen ist. Indessen braucht auf diesen Gesichtspunkt nicht weiter eingegangen zu werden, da jedenfalls die Bestimmungen des Einf.-Ges. zum BGB. über das sog. internationale Privatrecht zu demselben Ergebnis führen. Die Vorinstanzen sind hier freilich insofern abweichender Ansicht, als sie die Anwendung der ausländischen, für Grundstücksveräußerungsverträge geltenden Formvorschriften durch die Gerichte des Deutschen Reichs auf Grund des Art. 30 Einf.-Ges. zum BGB. für ausgeschlossen erachten. Dem kann jedoch nicht beigetreten werden.

Wie das Reichsgericht bereits in dem Urteile vom 21. März 1905 (Entsch. in Zivils. Bd. 60 S. 296) ausgesprochen hat, liegt ein Verstoß gegen den Zweck eines deutschen Gesetzes im Sinne des zitierten Art. 30 nur dann vor, wenn der Unterschied zwischen den staatspolitischen oder sozialen Anschauungen, auf denen das nach den Vorschriften des internationalen Privatrechts an sich maßgebende Recht des Auslandes und das davon abweichende deutsche Recht beruhen, so erheblich ist, daß die Anwendung des ausländischen Rechts direkt die Grundlagen des deutschen staatlichen oder wirtschaftlichen Lebens angreifen würde. Davon kann bei der Formvorschrift des § 313 BGB. nicht die Rede sein. Nach den Motiven (vgl. Bd. 1 S. 189 zu § 351 des Entw.) ist für die Erschwerung des Vertragsschlusses über Grundstücke durch Einführung der gerichtlichen oder notariellen Form in erster Linie die Rücksicht darauf bestimmend gewesen, daß der Grundbesitz die natürliche Grundlage für die Seßhaftigkeit der Bevölkerung bildet, und diese soziale Bedeutung ihm auch nicht durch die infolge der modernen wirtschaftlichen Entwicklung gestiegene Bedeutung des Mobiliarwertbesitzes verlorengegangen ist. In derselben Richtung bewegten sich die Erwägungen der zweiten Kommission, die, indem sie den erwähnten Formzwang beibehielt, dabei auch noch die Notwendigkeit betonte, die weniger gewandte bäuerliche Bevölkerung gegen übereilte Käufe und Verkäufe, namentlich soweit derartige Geschäfte im Wirtshause verhandelt zu werden pflegen, zu schützen und die Zersplitterung des Grund und Bodens durch parzellierende Güterschlächter zu verhüten.

Vgl. die von Achilles, Spahn und Gebhard herausgegebenen Protokolle der zweiten Kommission Bd. 1 S. 459, 461.

Es bedarf keiner Ausführung, daß man bei allen diesen Erörterungen nur die deutsche Bevölkerung im Auge hatte und nur deren Interessen zu wahren bedacht war, hingegen die zum Teil völlig verschieden gearteten Verhältnisse des Auslandes gänzlich außer Betracht ließ. Danach bietet die Vorschrift des Art. 30 Einf.-Ges. zum BGB. kein Hindernis für die Nichtanwendung des § 313 BGB. auf ausländische Grundstücke, und es fragt sich nur, ob die das internationale Privatrecht betreffenden reichsgesetzlichen Bestimmungen positiv die Anwendung des Rechts des Auslandes in dem in Frage kommenden Falle vorschreiben. Dies ist zu bejahen. Allerdings findet sich der Satz, daß bei Verträgen über ausländische Grundstücke das Erfordernis der Form nach den Gesetzen des Orts, wo das Grundstück gelegen ist, zu beurteilen sei, nirgends ausdrücklich ausgesprochen. Denn Abs. 2 des Art. 11 Einf.-Ges. zum BGB. bezieht sich nur auf die Form der dinglichen Rechtsgeschäfte und besagt in Verbindung mit der Vorschrift des Abs. 1 Satz 2 ebenda nichts weiter, als daß bei dinglichen Rechtsgeschäften, gleichviel wo sie vorgenommen werden, die Form stets denjenigen Gesetzen entsprechen muß, die für das dingliche Rechtsverhältnis maßgebend sind; es wird aber nicht gesagt, welche Gesetze dies sind. Gleichwohl läßt sich die Beantwortung der letzteren Frage aus Abs. 1 Satz 1 des Art. 11 entnehmen. Nach dessen allgemeiner Fassung unterliegt es keinem Bedenken, bei Rechtsgeschäften, deren Gegenstand ein Grundstück bildet, die örtlichen Gesetze als maßgebend anzusehen, und demgemäß diese Gesetze ohne Unterschied, ob es sich um dingliche oder persönliche Rechtsbeziehungen handelt, insbesondere also auch bei der Entscheidung der Frage, ob und welchem Formzwange obligatorische Veräußerungsverträge unterliegen, zur Anwendung zu bringen. Das erscheint um so mehr gerechtfertigt, als das frühere Recht auf dem gleichen Standpunkt stand (vgl. für das preuß. Recht § 115 ALR. I 5, für das gemeine Recht Dernburg, Pandekten Bd. 1 § 47, Windscheid, Pandektenrecht Bd. 1 § 35), und nicht ersichtlich ist, daß man bei der reichsgesetzlichen Kodifizierung der Rechtsmaterie von diesen Grundsätzen hat abweichen wollen." . . .

RGZ. 63, 356

Sind die deutschen Gesetze für die Beerbung eines im Inlande verstorbenen Ausländers dann, wenn ein Deutscher erbrechtliche Ansprüche nach den deutschen Gesetzen geltend macht, auch zugunsten von Ausländern maßgebend, die nach dem ausländischen Rechte nicht erbberechtigt sind?

Einf.-Ges. zum BGB. Art. 25.

IV. Zivilsenat. Urt. v. 31. Mai 1906.

I. Landgericht München II. II. Oberlandesgericht daselbst.

Im Jahre 1902 ist zu J. in Bayern die österreichische Staatsangehörige Witwe Marie Kr., geb. Sch., die daselbst ihren Wohnsitz hatte, gestorben. Der Nachlaß bestand aus einem in J. gelegenen Anwesen sowie aus Bargeld und Forderungen. Eine letztwillige Verfügung lag nicht vor. Nachkommen hat Witwe Kr. nicht hinterlassen. Sie war eine uneheliche Tochter von Elisabeth Sch., die sich später mit Joseph W. in St. in Tirol verehelichte. Ehefrau W. ist vor ihrer Tochter, der Erblasserin, gestorben. Aus der Ehe der Elisabeth W. sind fünf Kinder hervorgegangen. Die W.'schen Nachkommen, die Kläger, waren zur Zeit des Erbfalls sämtlich österreichische Staatsangehörige. Dagegen war die Tochter eines Bruders der Elisabeth Sch., die Beklagte, schon zur Zeit des Erbfalls deutsche Staatangehörige. Diese machte Erbansprüche geltend, während die Kläger behaupteten, sie seien als nähere Verwandte Erben. Das Landgericht wies die Beklagte, die Widerklage erhoben hatte, mit ihren Ansprüchen ab. Die Berufung der Beklagten hatte keinen Erfolg. Auf die Revision der Beklagten wurde das Berufungsurteil aufgehoben; zugleich wurde in der Sache selbst entschieden, daß die Beklagte Erbin sei, soweit nicht der Nachlaß aus unbeweglichen Sachen bestehe.

Aus den Gründen:

„Die Beklagte hat den von ihr geltend gemachten erbrechtlichen Anspruch auf die Bestimmung des Art. 25 des Einf.-Ges. zum BGB. gestützt. Nach Satz 1 des Art. 25 wird ein Ausländer, der zur Zeit seines Todes seinen Wohnsitz im Inlande hatte, nach den Gesetzen des Staates beerbt, dem er zur Zeit seines Todes angehörte. Mit Recht hat das Berufungsgericht angenommen, daß nach dieser Bestimmung die Erblasserin Witwe Kr., die zur Zeit ihres Todes ihren Wohnsitz in J. hatte, aber österreichische Staatsangehörige war, nach den österreichischen Gesetzen beerbt wurde.

Das Berufungsgericht hat sodann ausgeführt: da nach § 300 des österreichischen allgemeinen bürgerlichen Gesetzbuchs unbewegliche Sachen den Gesetzen des Bezirkes unterworfen seien, in welchem sie lägen, alle übrigen Sachen hingegen mit der Person ihres Eigentümers unter gleichen Gesetzen stünden, so richte sich danach die Erbfolge in die im Deutschen Reiche gelegenen unbeweglichen Sachen, nämlich in das Anwesen mit dem Inventar und der Brennereieinrichtung, nach den deutschen Gesetzen. Gemäß Art. 27 des Einf.-Ges. zum BGB. seien demnach auf das Anwesen mit Inventar und Brennereieinrichtung die deutschen Gesetze anzuwenden. Nach deutschem Recht habe das uneheliche Kind im Verhältnisse zu der Mutter und zu den Verwandten der Mutter die rechtliche Stellung eines ehelichen Kindes (§ 1705 BGB.). Die Beklagte sei ein Abkömmling der Großeltern der Erblasserin, gehöre also zu den gesetzlichen Erben der dritten Ordnung (§ 1926 BGB.). Da aber die Kläger, als Abkömmlinge der Mutter der Erblasserin, gesetzliche Erben der zweiten Ordnung seien (§ 1925), so sei die Beklagte nicht zur Erbschaft in die bezeichneten unbeweglichen Nachlaßsachen berufen (§ 1930 BGB.). Insoweit sei der Widerklageantrag unbegründet.

Die Revision hat hierzu keinen Angriff erhoben. Soweit es sich um die Anwendung deutschen Rechts handelt, sind die Ausführungen des Berufungsgerichts nicht zu beanstanden; die Anwendung des ausländischen Rechts unterliegt nicht der Nachprüfung des Revisionsgerichts.

Vgl. Entsch. des RG.'s in Zivils. Bd. 10 S. 115, 172, Bd. 38 S. 273, Bd. 57 S. 142 und S. 318 des vorliegenden Bandes; Jurist.

Wochenschr. 1896 S. 301 Nr. 7, 1897 S. 209 Nr. 18, 1900 S. 278 Nr. 18.

Was den übrigen Teil des Nachlasses — Bargeld und Forderungen — angeht, so hat das Berufungsgericht angenommen, daß nach dem gemäß Satz 1 des Art. 25 des Einf.-Ges. zur Anwendung kommenden österreichischen Recht (§ 756 des österreichischen allgemeinen bürgerlichen Gesetzbuchs) in das Vermögen eines unehelich gebliebenen Kindes nur der Mutter die Erbfolge gebührt, andere Verwandte, also auch die Kläger und die Beklagte, davon ausgeschlossen sind. Das Berufungsgericht hat weiter festgestellt, daß nach dem österreichischen Recht für die Beerbung eines Deutschen, der seinen Wohnsitz in Oesterreich hatte, die deutschen Gesetze nicht ausschließlich maßgebend sind (Art, 25 Satz 2 Halbsatz 2). Die erbrechtlichen Ansprüche, welche die Beklagte als Deutsche nach den deutschen Gesetzen gemäß Satz 2 des Art. 25 erhoben hat, sind von dem Berufungsgericht mit der Begründung zurückgewiesen worden: Art. 25 Satz 2 sei offenbar eine Kampfmaßregel und dazu bestimmt, der ausschließlichen Anwendung des Heimatrechts des Erblassers in den ausländischen Gesetzgebungen oder durch Staatsverträge zum Siege zu verhelfen. Diese Zweckbestimmung bringe es mit sich, daß sie, obwohl eine Ausnahmebestimmung, nicht einschränkend auszulegen sei. Allein die erste Voraussetzung sei, daß auch der Wortlaut eine ausdehnende Auslegung zulasse, oder doch zu Zweifeln in dieser Beziehung Anlaß gebe. Die Absicht des Gesetzgebers könne dahin gegangen sein, neben dem fremden Erbrecht auch das deutsche Erbrecht, sofern ein Deutscher Rechte daraus ableiten könne, zur Geltung zu bringen, während dem Gesetzgeber, wenn auch nach deutschem Recht einem Deutschen im einzelnen Falle Erbrechte nicht zukämen, das Schicksal der Erbschaft mehr oder minder gleichgültig sei. Andererseits könne allerdings ein Gesetzgeber auch wollen, daß ein Deutscher auch dann berücksichtigt werde, wenn er nach dem deutschen Erbrecht gleiche oder bessere Rechte habe, wie der nach dem Heimatrecht des Erblassers zur Erbschaft Berufene. Ersterenfalls stehe der Beklagten kein Erbrecht zu, da sie auch nach deutschem Recht nicht erbberechtigt sei, vielmehr durch die Kläger ausgeschlossen werde; letzterenfalls würde das Vorhandensein eines deutschen Erbberechtigten das fiskalische Erbrecht ausschließen, da nach deutschem Erbrecht die Verwandten dritter Ordnung jede fiskalische Berechtigung ausschlössen. Nach dem Wortlaute der Gesetzesbestimmung sei nur die erste Auslegung, nicht die zweite, zulässig. Aus der Wahl des gegebenen Wortlautes sei zu folgern, daß die Begünstigung des Deutschen nicht so weit gehen solle, als dies nach der zweiten Auffassung der Fall wäre. Eine Unterbringung der zweiten Auffassung unter den Wortlaut des Gesetzes wäre nur dann möglich, wenn davon ausgegangen würde, daß durch Art. 25 Satz 1 im Zusammenhange mit Satz 2 für den einzelnen Fall die den fremden Verwandten ungünstigen Vorschriften des fremden Rechts als in das deutsche Recht aufgenommen, als Bestandteil des deutschen Rechts zu gelten hätten; dann wären durch das nun besonders geartete deutsche Recht die österreichischen Verwandten der zweiten Ordnung als Erben ausgeschlossen, und die Verwandten dritter Ordnung erbberechtigt. Allein die Fassung der einzelnen Vorschriften der Artt. 7—31 des Einf.-Ges. zum BGB. verbiete eine derartige Auffassung. Der Richter habe in den einzelnen Fällen fremdes Recht als solches anzuwenden. Man könnte versucht sein anzunehmen, daß für den nach Art. 25 Satz 2 nicht unter das fremde Recht fallenden Deutschen die unter das fremde Recht fallenden fremden Erbberechtigten eben durch dieses fremde Recht als nicht vorhanden (§ 1930 BGB.) zu gelten hätten. Allein das internationale Privatrecht des Bürgerlichen Gesetzbuchs lasse zwar mitunter, wie z. B. in den Artt. 11, 16 Abs. 2, 24 Abs. 2, die wahlweise Anwendung deutschen oder fremden Rechts zu und fordere zuweilen, wie in den Artt. 12, 17, 21, die Anwendung der beiden Rechte; eine derartige Vermengung der beiden Rechte aber, wie sie bei der bezeichneten Annahme Platz greifen würde, sei ihm fremd. Gerade der Vergleich mit Art. 24 ergebe, daß in Art. 25 Satz 2 eine gleiche wahlweise Anwendung des deutschen oder des fremden Rechts in Frage sei; die Wahl gehe aber nur dahin, ob das fremde, oder das deutsche Recht schlechthin anzuwenden sei, nicht ein drittes Gemenge aus beiden.

Diese Ausführungen des Berufungsgerichts gehen fehl. Nach Art. 25 Satz 1 wird ein Ausländer, der zur Zeit seines Todes seinen Wohnsitz im Inlande hatte, nach den Gesetzen des Staates beerbt, dem er zur Zeit seines Todes angehörte. Ausländer, die nach den hiernach maßgebenden Gesetzen nicht zur Erbfolge berufen sind, kommen als gesetzliche Erben nicht in Betracht. Für Deutsche macht das Gesetz eine Ausnahme. Ein Deutscher kann erbrechtliche Ansprüche auch dann geltend machen, wenn sie nur nach den deutschen Gesetzen begründet sind (Art. 25 Satz 2). Der Art. 25 bestimmt nicht, daß, wenn ein Deutscher nach deutschem Gesetze einen erbrechtlichen Anspruch erhebt, der Erblasser nach den deutschen Gesetzen beerbt wird, so daß auch Ausländer Ansprüche nach den deutschen Gesetzen erheben könnten; Art. 25 behält vielmehr die Befugnis, im deutschen Rechte begründete Ansprüche zu erheben, den Deutschen vor. Wenn Ausländer nach den Gesetzen des Staates, dem der

Erblasser angehörte, nicht erbberechtigt sind, das deutsche Recht ihnen die Befugnis, auf die deutschen Gesetze Ansprüche zu gründen, nicht einräumt, so sind sie zur Erbfolge überhaupt nicht berufen. Der Berufungsrichter hat nicht dargelegt, in welchen Worten des Art. 25 er die Absicht des Gesetzgebers ausgedrückt finde, daß die Beerbung (auch zugunsten der Ausländer) nach dem deutschen Rechte sich richte, sofern ein Deutscher einen Anspruch nach den deutschen Gesetzen erhebe. Der Wortlaut: Ein Deutscher kann jedoch usw. spricht nicht für, sondern gegen die Auffassung des Berufungsgerichts. Da die Beerbung des Ausländers nicht nach den deutschen Gesetzen erfolgt, so bedarf es auch nicht, wie das Berufungsgericht geglaubt hat, der Annahme, daß die den fremden Verwandten ungünstigen Vorschriften des fremden Rechts als Bestandteile des deutschen Rechts zu gelten hätten. Ebensowenig ist dem Berufungsgericht darin beizutreten, daß es ein unzulässiges Gemenge des deutschen und des ausländischen Rechts sei, wenn angenommen werde, daß es für die durch das fremde Recht ausgeschlossenen Ausländer bei den Bestimmungen des fremden Rechts verbleibe, der Deutsche aber erbrechtliche Ansprüche auch dann geltend machen könne, wenn sie nur nach den deutschen Gesetzen begründet seien. Ob ähnliche Bestimmungen in den Artt. 7 flg. des Einf.-Ges. sich finden, kann dahingestellt bleiben; denn Art. 25 Satz 2 enthält, wie auch der Berufungsrichter anerkannt hat, eine Ausnahmebestimmung. Das Berufungsgericht hat übrigens selbst Vorschriften angeführt, durch welche die Anwendung des deutschen Rechts neben dem fremden Rechte gefordert wird.

Da die Beklagte als Deutsche erbrechtliche Ansprüche nach den deutschen Gesetzen erheben darf und nach diesen Gesetzen als gesetzliche Erbin der dritten Ordnung berufen ist, erbberechtigte Verwandte einer vorhergehenden Ordnung aber nicht vorhanden sind, so hätte das Berufungsgericht den von der Beklagten gestellten Anträgen, soweit sie sich auf den beweglichen Nachlaß beziehen, stattgeben sollen." . . .

RGZ. 65, 357

1. Nach welchem Rechte beurteilt sich die Uebertragung einer Forderung? Welche Grundsätze sind bei der Prüfung zu beachten, ob im Auslande unter dortigen Geschäftsleuten abgeschlossene Geschäfte die Uebertragung einer Forderung enthalten?

2. Tragweite der Klausel, daß die seewärts zu liefernde Ware durch Wechselakzept gegen Aushändigung der Verladungs- und Versicherungsdokumente einzulösen sei.

Art. 11 EG. BGB.

II. Zivilsenat. Urt. v. 19. März 1907.

I. Landgericht Düsseldorf. II. Oberlandesgericht Köln.

Nach dem Bestätigungsschreiben vom 4. Februar 1900 hatte die Beklagte von D.-B. zu Havre 100 Ballen Baumwolle zum vereinbarten Preise von 17 330,95 M. cif Antwerpen—Rotterdam, Zahlung in 90 Tagen durch „Acception contre remise des documents", gekauft. Am 14./15. Februar 1900 übergab D.-B. die Tratte über den Kaufpreis von 17 330,95 M. mit den angeschlossenen Dokumenten Konnossement und Versicherungspolice über 100 Ballen Baumwolle, verschifft durch den Dampfer „St. Barnabe" nach Antwerpen, dem Bankhause „La société générale" zu Havre mit Orderindossamenten auf das Bankhaus und erhielt von diesem den Gegenwert. Das Bankhaus forderte die Beklagte noch im Februar 1900 zur Apzeptierung der Tratte gegen die Dokumente auf; wegen Beanstandungen der Beklagten verzögerte sich deren Akzept bis nach dem 3. März 1900. Gegen Ausstellung ihres Akzeptes erhielt sie nach diesem Tage die Dokumente sowie die Ware ausgefolgt und löste die Tratte zur Verfallzeit ein.

Durch Pfändungsbeschluß vom 2. März 1900, der an demselben Tage zugestellt wurde, hatte die Klägerin in Vollzug eines Arrestes vom 24. Februar 1900 zur Sicherung einer Forderung gegen D.-B. zu Havre die angeblich diesem gegen die Beklagte aus Warenlieferung zustehende Forderung in Höhe von 5246,74 M. mit Zinsen gepfändet. Durch Gerichtsbeschluß vom 7. August 1900 wurde die gepfändete Forderung der Klägerin in Höhe von 5364,64 M. mit Zinsen zur Einziehung überwiesen. Mit der auf Vollstreckungshandlungen begründeten Klage ist beantragt, die Beklagte zur Zahlung von 5380,64 M. nebst Zinsen zu verurteilen.

Der erste Richter hat die Klage abgewiesen. Auf Berufung der Klägerin änderte das Oberlandesgericht das landgerichtliche Urteil dahin ab, daß es nach der Klage erkannte. Auf die Revision der Beklagten wurde das Berufungsurteil aufgehoben, und die Berufung der Klägerin gegen das erste Urteil zurückgewiesen aus folgenden

Gründen:

„1. Verkäufer in dem Abschlusse mit der Beklagten vom 4. Februar 1900 war D.-B., nicht die Société générale. Darin ist den Ausführungen des Berufungsgerichts beizutreten, die zu diesem Teile von der Revision nicht angegriffen sind. Danach war die Kaufpreisforderung an sich begründet als Forderung von D.-B. Auf die Kaufpreise findet ferner, da ihre Schuldnerin — die Beklagte — in

Deutschland ihren Wohnsitz hatte, das Recht des Bürgerlichen Gesetzbuchs Anwendung. Das für den Schuldner geltende Recht entscheidet auch über die Aenderung des Gläubigers durch Uebertragung — Zession —; insbesondere ist nach ihm zu beurteilen, ob die Forderung mit Wirkung gegen Dritte durch bloßen Uebertragungsvertrag übergehe oder ob zur Begründung dieser Wirkung noch eine Signifikation oder Denunziation erforderlich sei. Nach dem hiernach entscheidenden Rechte des Bürgerlichen Gesetzbuchs (§ 398) geht die Forderung durch bloßen Uebertragungsvertrag auch mit Wirkung gegen Dritte auf den Erwerber über. Das für den Schuldner geltende Recht — hier das Recht des Bürgerlichen Gesetzbuchs — ist gleichfalls entscheidend für Prüfung der Frage, ob ein Uebertragungsvertrag vorliegt. Soweit aber die Vorgänge, in denen ein Uebertragungsvertrag liegen soll, sich im Ausland unter dortigen Geschäftsleuten abgespielt haben, sind jene Vorgänge so zu beurteilen, wie die Beteiligten sie nach ihrer Rechts- und Verkehrsanschauung aufgefaßt haben nicht wie sie aufzufassen wären, wenn sie in Deutschland von deutschen Geschäftsleuten vorgenommen wären. Wenn daher nach deutschem Wechselrechte und nach deutscher Verkehrsauffassung die Indossierung eines Wechsels grundsätzlich keine stillschweigende Uebertragung der dem Wechsel zugrunde liegenden Forderung enthält, so ist das allein für die Frage entscheidend, ob nicht eine im Ausland vorgenommene und nach Auslandrecht zu beurteilende Indossierung eines Wechsels zugleich eine stillschweigende Vereinbarung der Uebertragung der dem Wechsel zugrunde liegende Kaufpreisforderung enthalte. Enthält jene im Ausland vollzogene Begebung des Wechsels nach Auffassung und Willen der Beteiligten zugleich eine stillschweigend vereinbarte Uebertragung der zugrunde liegenden, nach deutschem Rechte zu beurteilenden Kaufpreisforderung, so liegt der nach dem Rechte des Bürgerlichen Gesetzbuchs verlangte Uebertragungsvertrag vor, und ist auch nach deutschem Rechte die Kaufpreisforderung mit Wirkung gegen Dritte auf den Wechselnehmer übergegangen.

Die zuletzt dargelegten rechtlichen Grundsätze hat das Berufungsgericht verkannt, wenn es bei Ablehnung einer Uebertragung der Kaufpreisforderung auf die société générale lediglich erwägt, daß nach deutschem Recht die zugrunde liegende Forderung durch Indossierung des Wechsels für sich allein nicht übergehe. Infolge dieses Mangels im Berufungsurteil zerfällt die dort ausgesprochene Verneinung einer Uebertragung an die Société générale, und ist die Aufhebung des Berufungsurteils gerechtfertigt. Das festgestellte Sachverhältnis reicht indes zu, in der Sache dahin zu erkennen, daß die Kaufpreisforderung schon vor der Arrestpfändung der Klägerin auf die Société générale übergegangen war, und daher die Klage vom ersten Richter mit Recht zurückgewiesen worden ist.

D.-B., der damals zu Havre wohnte und dort sein Handelsgeschäft betrieb, hat am 14./15. Februar 1900 die auf die Beklagte gezogene Tratte, der die Kaufpreisforderung aus dem Abschlusse vom 4. Februar zugrunde lag, an die Société générale zu Havre indossiert. Nach französischem Wechselrecht enthält der durch Indossamente vollzogene Begebungsvertrag zugleich eine Uebertragung, und zwar eine stillschweigend vereinbarte Uebertragung der zugrunde liegenden Forderung, die übrigens nicht der Signifikation bedarf, da diese nach ständiger Rechtsprechung der französischen Gerichte durch das Indossament ersetzt wird. Danach hat die durch Indossament an die Société vollzogene Begebung des auf die Beklagte gezogenen Wechsels zugleich den nach dem Rechte des Bürgerlichen Gesetzbuchs erforderten und zur Wirkung gegen Dritte genügenden Vertrag über Uebertragung der Kaufpreisforderung enthalten, und hatte schon dadurch allein spätestens am 15. Februar 1900 die Société générale die Kaufpreisforderung gegen die Beklagte erworben. Die den gedachten Begehungsvertrag begleitenden Umstände, wie sie vom Berufungsgericht gewürdigt sind, bieten keinen Anhalt für den Willen von D.-B. und der Société générale, die Uebertragung der zugrunde liegenden Forderung auszuschließen; sie bestätigen vielmehr — es handelt sich um Begebung einer sog. traite documentaire mit Indossierung des Konnossements und der Versicherungspolice — das Vorliegen eines solchen Uebertragungswillens. Das gilt auch von den Aussagen des als Zeugen vernommenen Direktors der Société générale, die keinen Anhalt für einen anderen Willen der Beteiligten bieten.

War aber die Kaufpreisforderung bereits am 15. Februar 1900 auf die Société générale übergegangen so konnte die Klägerin jene Forderung am 2. März 1900 nicht als Forderung von D.-B. pfänden. Die auf diese Pfändung und die spätere Ueberweisung zur Einziehung gestützte Klage ist unbegründet.

2. Eine zweite Erwägung führt gleichfalls zur Abweisung der Klage. In dem Kaufabschlusse vom 4. Februar 1900 war vereinbart, daß der Kaufpreis durch Akzeptierung einer Dreimonattratte gegen die Verladungsdokumente zu begleichen sei. Danach hatte die Käuferin — die Beklagte — dem legitimierten Inhaber des vom Verkäufer über den Kaufpreis gezogenen Wechsels gegen Aushändigung der Verladungsdokumente das vereinbarte Akzept zu geben. D.-B. hatte am 14./15. Februar 1900 der Société générale mit dem Wechsel auch das Konnossoment und die Versicherungspolice über die an die Beklagte zu liefernden Ballen Baumwolle indossiert. Nach

der erwähnten Vertragsklausel war die Beklagte ermächtigt und verpflichtet, sich die Ware dadurch selbst zu verschaffen, daß sie durch ihr Akzept die Verladungsdokumente einlöste und sich auf Grund dieser die Ware vom Spediteur aushändigen ließ. Soweit sie aber auf diesem bereits durch den Kaufvertrag vereinbarten Wege, um die Verladungsdokumente und damit die Ware zu erhalten, ihr Akzept der Société générale gegeben und später eingelöst hat, steht ihr eine Einrede zu gegen die Kaufpreisforderung des Verkäufers und auch gegen den Anspruch des Vollstreckungsgläubigers auf die Kaufpreisforderung. Der Umstand, daß die Pfändung vor die Akzeptierung des Wechsels fällt, steht dieser Einrede jedenfalls dann nicht entgegen, wenn wie hier, bereits vor der Pfändung Wechsel und Verladungsdokumente an einen Dritten zu eigenem Rechte indossiert waren. Auch der Pfändungsgläubiger muß sich bei solcher Sachlage jene Einrede des Käufers aus der vertragsmäßigen Aufwendung zur Einlösung der Verladungsdokumente und damit der Ware gefallen lassen. Die Aufwendung entsprach hier dem Kaufpreise der Ware; deshalb wäre auch aus diesem Grunde die Klage nicht gerechtfertigt." . . .

RGZ. 68, 203

1. Entspricht es im internationalen Verkehre dem mutmaßlichen Willen der Kontrahenten eines gegenseitigen Vertrages, daß die Verpflichtungen jedes Kontrahenten nach seinem heimischen Recht beurteilt werden?

2. Gesichtspunkte für die Frage, nach welchem Recht Seefrachtverträge im internationalen Verkehre zu beurteilen sind.

3. . . .

I. Zivilsenat. Urt. v. 4. April 1907.

Die Entscheidung ist abgedruckt unter „Handelsrecht, Seerecht"

RGZ. 73, 379 †

1. Nach welchem örtlichen Rechte sind Kaufverträge zu beurteilen, die zwischen einem ausländischen Verkäufer und einem inländischen Käufer abgeschlossen und vom Verkäufer an seinem im Auslande gelegenen Niederlassungsort zu erfüllen sind?

2. Findet § 469 BGB. auch dann Anwendung, wenn der Käufer nach § 480 Abs. 2 BGB. Schadensersatz wegen Nichterfüllung verlangt?

3. Zum Begriff der Ablieferung im Sinne des § 377 Abs. 1 HGB. Art. 11 EG. BGB.

II. Zivilsenat. Urt. v. 19. April 1910.

I. Landgericht Lübeck. II. Oberlandesgericht Hamburg.

Die Klägerin, die in Lübeck ihre Handelsniederlassung hat, kaufte im März 1907 von dem in Abo in Finnland wohnenden Beklagten, bordfrei Abo, Abladung Mai/Juni 1907, 10 000 Stück gute, volltrockene Kalbfelle. Die Ware wurde am 1. Mai 1907 vom Beklagten an die Klägerin abgesandt, von dieser, nachdem ihr auf ihr Ersuchen das Konnossement vorläufig ausgehändigt worden war, am 8. Mai untersucht und am 13. Mai dem Beklagten zur Verfügung gestellt, weil die Sendung zuviel mangelhafte Felle enthalte. Am 16. Mai 1907 kündigte die Klägerin dem Beklagten einen Schadensersatzanspruch an. Erst nach dem 16. Mai wurde von der Bank das Konnossement, das diese nach der erwähnten Untersuchung der Ware wieder in den Händen gehabt hatte, der Klägerin endgültig ausgeliefert.

Nachträglich erklärte sich die Klägerin auf den Vorschlag des Beklagten mit der Sortierung der Ware und mit der Abnahme der guten Felle einverstanden. Da aber der Beklagte über die minderwertigen Felle keine Verfügung traf, so lehnte die Klägerin am 6. Juni 1907 die Abnahme der ganzen Sendung ab und begehrte Schadensersatz. Der Beklagte sandte am 29. Juni 1907 6400 Felle als Ersatz für die mangelhaften Felle an die Klägerin ab. Diese lehnte aber wiederholt deren Annahme ab und erhob gegen den Beklagten Klage auf Schadensersatz wegen mangelhafter Lieferung. Der Beklagte beantragte Abweisung der Klage und mittels Widerklage Verurteilung der Klägerin zum Schadensersatz, weil sie ihre Verpflichtung, den vertragsmäßigen Teil der ersten Fellsendung, sowie die innerhalb der vertraglichen Lieferfrist bewirkte Ersatzlieferung abzunehmen und den Kaufpreis zu bezahlen, trotz Fristsetzung, nicht nachgekommen sei. Er machte namentlich Verspätung der Mängelanzeige der Klägerin und Anwendbarkeit des finnländischen Rechts geltend. Die Klägerin beantragte Abweisung der Widerklage und behauptete, daß sie nach deutschem Rechte, das hier anzuwenden sei, nicht verpflichtet gewesen sei, die fragliche Ersatzlieferung anzunehmen.

Das Landgericht erklärte den Anspruch der Klägerin auf Schadensersatz für begründet und wies die Widerklage ab. Die vom Beklagten gegen dieses Urteil eingelegte Berufung wurde vom Oberlandesgericht zurückgewiesen. Auf die Revision des Beklagten wurde das Urteil des Oberlandesgerichts aufgehoben aus folgenden

Gründen:

. . .

Zwar ist die Frage, nach welchem örtlichen Rechte die streitige Schadensersatzpflicht des Verkäufers im vorliegenden Falle zu beurteilen ist, von den deutschen Gerichten nach den seit dem 1. Januar 1900 geltenden Grundsätzen des deutschen Rechts zu entscheiden, so daß die bis dahin in der deutschen Rechtsprechung für die Beurteilung derartiger Fälle anerkannten Grundsätze nur unter der Voraussetzung als auf den gegebenen Fall anwendbar zu erachten sind, daß deren Anwendung als dem jetzt geltenden Rechte entsprechend anzusehen ist (vgl. RGZ 61, 344). Dies trifft aber hier zu. Das Bürgerliche Gesetzbuch und das Einführungsgesetz hierzu enthalten nämlich, abgesehen von den hier nicht in Frage kommenden Vorschriften der Artt. 11 und 30 Einf.-Ges., keine Bestimmungen, aus welchen unmittelbar entnommen werden könnte, welches örtliche Recht auf derartige zwischen einem Inländer und einem Ausländer geschlossene, teilweise im Ausland zu erfüllende gegenseitige Verträge von den deutschen Gerichten anzuwenden ist.

Daraus, daß die Vorschriften des Bürgerlichen Gesetzbuchs über den Kauf auf zwischen Deutschen und Ausländern geschlossene Geschäfte ebensogut passen mögen wie auf Geschäfte zwischen Deutschen, ist nicht ohne weiteres zu folgern, daß der deutsche Gesetzgeber die ausschließliche Anwendung dieser Vorschriften auch auf die ersteren Geschäfte gewollt hat, ohne Rücksicht darauf, ob und inwieweit diese ihrer Natur und ihrem Inhalt nach der Herrschaft des deutschen Rechts unterstellt sind. Gegen eine solche Annahme spricht auch die Entstehungsgeschichte des Bürgerlichen Gesetzbuchs und des Einführungsgesetzes.

Ursprünglich war seitens der I. und der II. Kommission für das Bürgerliche Gesetzbuch beabsichtigt, „die örtlichen Grenzen der Rechtsnormen, beziehungsweise die Anwendung ausländischer Gesetze" durch besondere Vorschriften der neuen Gesetzgebung zu regeln. Die betreffenden Bestimmungen der Entwürfe haben aber, abgesehen von den die Materie des internationalen Privatrechts nicht erschöpfenden, vereinzelten Vorschriften der Artt. 7—31 Einf.-Ges. keine gesetzliche Geltung erlangt, indem der Bundesrat beschlossen hat, das die „Anwendung ausländischer Gesetze" betreffende VI. Buch des ihm überreichten Entwurfs des Bürgerlichen Gesetzbuchs fortfallen zu lassen. An dessen Stelle sind in dem dem Reichstag vorgelegten Entwurf die Artt. 6—30 Einf.-Ges. getreten, die mit geringen Abweichungen mit den Artt. 7—31 dieses Gesetzes übereinstimmen. Maßgebend für den Wegfall des Buchs VI war aber nicht etwa der Gesichtspunkt, daß der deutsche Richter auf Rechtsverhältnisse, die ihrer Natur nach ganz oder zum Teil der Herrschaft eines ausländischen Rechts unterstehen, ohne weiteres und grundsätzlich deutsches Recht anzuwenden habe, sondern andere, zum Teil politische Bedenken, sowie die Rücksicht, daß es bei der im Flusse befindlichen Entwicklung des internationalen Privatrechts wünschenswert sei, der Wissenschaft und Praxis einen freieren Spielraum zu gewähren, als es bei einer vollständigen gesetzlichen Regelung möglich sei" (vgl. Planck zu Artt. 7—31 Einf.-Ges. zum BGB. Bem. 1). Diese Entstehungsgeschichte weist aber darauf hin, daß der Gesetzgeber für die Entscheidung der unter der Herrschaft des Bürgerlichen Gesetzbuchs sich ergebenden Fälle der Kollision deutscher und ausländischer Rechtsnormen, soweit hierüber keine ausdrücklichen Bestimmungen im Einführungsgesetz erlassen sind, keineswegs die bis dahin in der Rechtslehre und der Rechtsprechung der deutschen Gerichte anerkannten Grundsätze des internationalen Privatrechts ausschalten, sondern daß er sie im allgemeinen auch für das neue deutsche Recht als grundsätzlich maßgebend angesehen wissen wollte, ohne daß damit die seither in Deutschland angewendeten Grundsätze des internationalen Privatrechts im einzelnen Gesetzeskraft erlangen sollten.

Dafür aber, daß in dieser Hinsicht gerade für die Rechtsmaterie des Kaufs nach dem Willen des Gesetzgebers etwas Abweichendes gelten, namentlich daß auf dieses Rechtsgeschäft auch dann, wenn es zwischen einem Deutschen und einem Ausländer abgeschlossen ist, dennoch nicht das gemäß den Grundsätzen des internationalen Privatrechts zu bestimmende örtliche Recht, sondern ohne weiteres unter allen Umständen ausschließlich die Bestimmungen des Bürgerlichen Gesetzbuchs über den Kauf maßgebend sein sollten, liegt kein Anhalt, jedenfalls kein zwingender Grund vor. Als solcher kann namentlich nicht die vom Berufungsgericht betonte Einheit der Bestimmungen des Bürgerlichen Gesetzbuchs über den Kauf angesehen werden, wenn auch zur Vermeidung der bei der teilweisen Anwendung zweier verschiedener Gesetze auf dasselbe Vertragsverhältnis sich ergebenden Schwierigkeiten die Anwendung eines einheitlichen Rechts in solchen Fällen wünschenswert sein mag. Da aber diese Schwierigkeiten nicht unüberwindlich sind, und der hervorgehobene Gesichtspunkt auch unter der Herrschaft des früheren deutschen Rechts nicht genügt hat, um in derartigen Fällen der örtlichen Statutenkollision von der Anwendung der Grundsätze des internationalen Privatrechts abzusehen, und da gerade bei Kaufgeschäften, die ja häufig zwischen Inländern und Ausländern abeschlossen zu werden pflegen, in solchen Fällen das Verkehrsbedürfnis und die Billigkeit vielfach auch die Berücksichtigung des ausländischen Rechts erheischen, so ist auch für die jetzt geltende Gesetzgebung aus jenem

Gesichtspunkt nicht die ausschließliche Anwendbarkeit des deutschen Rechts auf derartige Verträge zu folgern. In dieser Hinsicht hat das Berufungsgericht mit Unrecht die Urteile des erkennenden Senats (Entsch. Bd. 55 S. 105 flg., Bd. 66 S. 73 flg.) angeführt, die zwar in den damals entschiedenen, wesentlich anders liegenden Fällen die Anwendbarkeit des deutschen Rechts angenommen haben, aber aus Gründen, die von denen des Berufungsgerichts verschieden sind.

Aber auch der vom Berufungsgericht hervorgehobene Unterschied zwischen dem früheren und dem seit Einführung des Bürgerlichen Gesetzbuchs in ganz Deutschland bestehenden Rechtszustand in bezug auf die Häufigkeit derartiger örtlicher Statutenkollisionen kann nicht dazu führen, bei Entscheidung der sich hieraus ergebenden Fragen den unter der Herrschaft des früheren Rechts anerkannten Grundsätzen des internationalen Privatrechts die Anwendung für das jetzt geltende Recht überhaupt oder wenigstens insoweit zu versagen, als es sich um einen zwischen einem Deutschen und einem Ausländer geschlossenen Vertrag handelt. Denn nach der dargelegten Entstehungsgeschichte des Bürgerlichen Gesetzbuchs und des Einführungsgesetzes ist nicht anzunehmen, daß mit Rücksicht auf das für die Zeit nach dem Inkrafttreten des Bürgerlichen Gesetzbuchs zu erwartende seltenere Vorkommen örtlicher Statutenkollisionen, die von da an hauptsächlich nur bezüglich des deutschen Rechts einerseits und des nichtdeutschen Rechts andererseits in Aussicht standen, die gesetzgebenden Faktoren beabsichtigt haben sollten, daß künftig die Entscheidung solcher Konflikte nicht unter Anwendung der Grundsätze des internationalen Privatrechts, sondern gemäß dem Gesichtspunkt, daß der deutsche Richter deutsches Recht schlechthin anzuwenden habe, erfolgen sollte. Wenn dieser Gesichtspunkt überhaupt die ihm vom Berufungsgericht beigelegte durchschlagende Bedeutung hätte, so würde auch unter der Herrschaft des früheren Rechts seiner Anwendung, namentlich bei Statutenkollisionen der letzteren Art, nichts entgegengestanden haben. Die fragliche Ansicht galt aber schon zur Zeit des Zustandekommens des Bürgerlichen Gesetzbuchs als „ziemlich allgemein aufgegeben, da sie unvereinbar mit der Gleichberechtigung aller Kulturstaaten und den Bedürfnissen des modernen Verkehrs sei" (vgl. Planck, a. a. O.), und es erscheint daher als ausgeschlossen, daß die gesetzgebenden Faktoren ihr etwa stillschweigend durch den Erlaß der neuen Gesetze hätten wieder Eingang verschaffen wollen.

Wenn aber hiernach die erörterte Ansicht des Berufungsgerichts nicht als dem Willen des Gesetzes entsprechend zu erachten ist, so erscheint es als unbedenklich, auch für das jetzt geltende Recht trotz der abweichenden Meinung mehrerer neuerer Schriftsteller an dem in der herrschenden Rechtsprechung des Reichsgerichts für Fälle des alten und des neuen Rechts anerkannten Grundsatz des internationalen Privatrechts festzuhalten, wonach dann, wenn bei Schuldverhältnissen aus Verträgen die Anwendung örtlich verschiedener Rechte in Frage steht, im Zweifel, d. h. sofern sich kein gegenteiliger Vertragswille der Parteien ergibt, das Recht des für die streitige Verpflichtung gegebenen Erfüllungsorts — in dem die wichtigste örtliche Beziehung des Schuldverhältnisses liegt — als maßgebend anzusehen ist. (RGZ. 14, 239; 53, 108; 66, 75.)

. . .

Auf Grund dieser Rechtsansicht hätte aber das Berufungsgericht eingehender, namentlich unter Berücksichtigung der früheren geschäftlichen Beziehungen der Vertragschließenden und der zur Zeit des Vertragsschlusses gegebenen Sachlage prüfen sollen, ob die Parteien nicht das von ihnen begründete Vertragsverhältnis einem einheitlichen Rechte, eventuell welchem, haben unterwerfen wollen, namentlich was sie bei vernünftiger und billiger Berücksichtigung aller Umstände, wäre ihnen die Frage entgegengetreten, mutmaßlich über das anzuwendende Recht bestimmt haben würden. (RGZ. 68, 205.)

In dieser Hinsicht genügen die Erwägungen des Berufungsgerichts nicht, daß die Parteien keine ausdrückliche Vertragsbestimmung hierüber getroffen, und daß sie sich auch über das eventuell anzuwendende Recht keine Gedanken gemacht hätten, ebenso nicht die kurze Bezugnahme auf die Grundsätze von Treu und Glauben und die Verkehrssitte, indem diese Erwägungen nicht erkennen lassen, ob das Gericht hierbei die Umstände des vorliegenden Falls überhaupt berücksichtigt hat, aus denen sich vielleicht ein mutmaßlicher Vertragswille in bezug auf die Rechtsanwendung würde herleiten lassen.

Erst wenn die hiernach gebotene eingehendere Prüfung zu keinem Ergebnis geführt hätte, würde es nach obiger Darlegung auf die weitere Frage angekommen sein, welches örtliche Recht, als das des Erfüllungsorts, für die streitigen Verpflichtungen als maßgebend anzusehen sei, eine Frage, die auch hier der näheren Erörterung für den Fall bedarf, daß die nach Aufhebung des angefochtenen Urteils vom Berufungsgericht vorzunehmende nochmalige Prüfung der ersteren Frage keine genügende Feststellung zur Folge haben sollte. Für die erwähnte Erörterung kommt es aber vor allem darauf an, an welchem Orte die den unmittelbaren Gegenstand des Klaganspruchs bildende Schadensersatzpflicht des Verkäufers A. und dessen damit zusammenhängende Lieferungsverpflichtung, auf deren mangelhafte Erfüllung der Schadensersatzanspruch der Klägerin gestützt wird, zu erfüllen waren. Als Erfüllungsort für beide Verpflichtungen ist der damalige Wohn- und gewerbliche Niederlassungsort des A., Abo in Finnland, anzusehen, so daß die Frage hier keiner Entscheidung bedarf, welcher Ort dann, wenn beide Verpflichtungen an zwei in verschiedenen Rechtsgebieten liegenden Orten zu erfüllen wären, für die Bestimmung des anzuwendenden Rechts maßgebend sein würde. Aus dem bezeichneten Erfüllungsort folgt aber, daß für den sich auf diese Verpflichtungen stützenden Klaganspruch und die damit zusammenhängende Frage, ob der Verkäufer seiner Vertragspflicht vollständig dadurch genügt hat, daß er an Stelle der einen Teil seiner ersten Lieferung bildenden mangelhaften Felle vertragsmäßige Ersatzware anbot, das in Finnland geltende Recht maßgebend ist; denn es handelt sich hierbei im wesentlichen um die Lieferungs- und die damit zusammenhängende Schadensersatzpflicht des Verkäufers. Ist die erwähnte Frage zu dessen Gunsten zu bejahen, so ergibt sich hieraus ohne weiteres die Verpflichtung der Klägerin, diese Ersatzware anzunehmen, und es erscheint der von der Klägerin geltend gemachte Schadensersatzanspruch wegen Nichterfüllung als hinfällig.

Bei der erwähnten Annahmeverpflichtung der Klägerin handelt es sich auch, soweit der Klaganspruch in Frage steht — abweichend von dem durch die Entsch. des RG.'s in Zivils. Bd. 34 S. 391 entschiedenen Falle —, nicht um eine die Ersatzware betreffende S c h u l d n e r verpflichtung gemäß § 433 Abs. 2 BGB., namentlich nicht um die Verpflichtung, diese Ware zu bezahlen, sondern um einen Annahme- und Gläubigerverzug, der nach § 300 Abs. 2 BGB. für den Uebergang der Gefahr von Bedeutung ist. Hiernach ist aus dem Zusammenhang, in dem die Frage, ob A. durch nachträgliche Lieferung vertragsmäßiger Ersatzware seine vertragliche Lieferungspflicht erfüllt hat, mit der weiteren akzessorischen Frage steht, ob die Klägerin verpflichtet war, diese Ersatzware anzunehmen, nicht zu folgern, daß etwa diese b e i d e n Fragen nach dem für die Vertragserfüllung der Klägerin maßgebenden deutschen Rechte zu beurteilen seien. Vielmehr sind die beiden eng zusammenhängenden Fragen nach e i n e m örtlichen Rechte, und zwar im Hinblick auf das dargelegte Verhältnis der erwähnten beiderseitigen Verpflichtungen zueinander nach dem Rechte zu beurteilen, das auf die Lieferungs- und Schadensersatzpflicht des Verkäufers A. anzuwenden ist, also nach finnländischem Rechte. Daher würde, wenn A. nach finnländischem Rechte befugt gewesen sein sollte, durch die nachträgliche Lieferung mangelfreier Ersatzware seine gesamte Leistung zu einer vertragsmäßigen zu machen, was das Berufungsgericht unterstellt hat, jedenfalls ein Schadensersatzanspruch der Klägerin wegen Nichterfüllung des ganzen Vertrages gemäß § 480 Abs. 2 BGB. nicht begründet sein.

Alsdann würde aber auch § 469 BGB. in seiner Gesamtheit — dessen Anwendbarkeit im allgemeinen auch auf solche Fälle, in denen der Käufer Schadensersatz wegen Nichterfüllung gemäß § 480 Abs. 2 BGB. mit Recht beansprucht nach der zutreffenden Begründung des Berufungsgerichts anzunehmen ist — für den vorliegenden Fall nicht maßgebend sein, da dieser Paragraph nach der hier gegebenen Sachlage das Bestehen einer Verpflichtung des Verkäufers zum Schadensersatz wegen Nichterfüllung gemäß § 480 Abs. 2 zur Voraussetzung hat, eine solche Verpflichtung aber im Falle der Anwendbarkeit des finnländischen Rechts jedenfalls nicht durch diesen vom Berufungsgericht für anwendbar gehaltenen Paragraphen begründet werden könnte.

Uebrigens hat — was für den Fall in Betracht kommt, daß das Berufungsgericht dennoch auf Grund eingehender Prüfung des Vertragswillens der Parteien zur Anwendung des deutschen Rechts auf den Klaganspruch gelangen sollte — die Revisionsklägerin die Anwendung der Bestimmung des § 469 Satz 2 auf den vorliegenden Fall auch insoweit mit Recht beanstandet, als nicht auch das Vorliegen der darin bestimmten ersten Voraussetzung für die Erstreckung des fraglichen Rechts der Klägerin auf die ganze Warenmenge, daß nämlich die dazu gehörigen Felle als zusammengehörend verkauft seien, festgestellt ist (vgl. Entsch. des RG.'s in Zivils. Bd. 66 S. 156 flg.). . . .

Dagegen ist es auf Grund der obigen Ausführungen nicht zu beanstanden, daß das Berufungsgericht die Vorschrift des § 377 HGB., betreffend die rechtzeitige Mängelrüge, als im vorliegenden Falle maßgebend erachtet hat; denn die Anwendung dieser Bestimmung des deutschen Rechts auf den vorliegenden Fall unterliegt keinem Bedenken, da die Pflicht des Käufers zur rechtzeitigen Mängelrüge, obgleich ein Anlaß dazu nur beim wirklichen Vorhandensein von Mängeln gelieferter Waren vorliegt, doch eine wirkliche und selbständige Verpflichtung ist, für die im gegebenen Falle ein anderer Erfüllungsort als Lübeck, der Ort der gewerblichen Niederlassung der Klägerin, an dem überdies die Ware abzuliefern war und auch abgeliefert worden ist, nicht in Frage kommt.

Endlich erscheint auch die von den Revisionsklägern angefochtene Annahme des Berufungsgerichts als rechtlich einwandfrei, daß die Klägerin die erforderliche Mängelrüge am 13. Mai 1907 rechtzeitig erstattet habe, daß namentlich in der am 7. Mai „zu treuen Händen" erfolgten Aushändigung des die gelieferten Felle betreffenden Konnossements an die Klägerin nicht eine Ablieferung der Ware im Sinne des § 377 HGB. zu erblicken sei. Nach dem Urteil des erkennenden Senats vom 5. Mai 1908, II. 505/07, ist nämlich unter „Ablieferung" der Vorgang zu verstehen, durch den der Käufer in Erfüllung des Kaufvertrags in eine solche tatsächliche, räumliche Beziehung zur Kaufsache kommt, daß er sich durch einseitigen Akt sofort ihren tatsächlichen Gewahrsam verschaffen, sie untersuchen und über sie verfügen kann. In einem andern Urteil des erkennenden Senats („Recht" 1904 S. 83) ist ausgeführt, im Sinne des § 377 genüge zur Erfüllung des Erfordernisses der Ablieferung nicht, daß der Verkäufer dem Käufer die Möglichkeit gewähre, die Ware an sich zu nehmen; vielmehr müsse der Käufer tatsächlich in den körperlichen Besitz derselben gelangt sein. Denn nur dann, wenn er die unbeschränkte Verfügungsgewalt über die Ware selbst besitze, sei er in der Lage, die Ware in der Weise, die ihm geeignet und erforderlich erscheine, zu untersuchen und eine den gesetzlichen Erfordernissen entsprechende Mängelanzeige unverzüglich zu erstatten.

Diese Voraussetzungen für eine Ablieferung der Ware im Sinne des § 377 liegen aber bezüglich der am 7. Mai nur zu dem einen bestimmten Zweck, der Klägerin die Untersuchung der Ware zu ermöglichen, erfolgten zeitweiligen Ueberlassung des Konnossements an dieselbe nicht vor; denn dadurch hat die Klägerin jedenfalls noch nicht die unbeschränkte Verfügungsgewalt über die Ware erlangt; sondern dies ist erst geschehen, nachdem ihr nach dem 16. Mai von der den A. vertretenden Bank das Konnossement, das diese nach der am 8. Mai seitens der Klägerin erfolgten „Verwiegung und Durchsicht" der Ware wieder in Händen gehabt hatte, endgültig ausgeliefert worden war. Die am 7. Mai stattgehabte Aushändigung des Konnossements an die Klägerin war daher höchstens für ihre sonstigen rechtlichen Befugnisse dem Schiffer und auch dem Verkäufer gegenüber, nicht aber für ihre Verpflichtung zur Mängelrüge gemäß § 377 von Bedeutung.

Unerheblich ist auch die Tatsache, daß die Klägerin in der Zeit zwischen dem 7. und dem 16. Mai die Ware tatsächlich untersucht hat, da in der Gestattung dieser Untersuchung unter den hervorgehobenen Umständen noch keine Ablieferung der Ware an die Klägerin zu erblicken ist. Erst mit der tatsächlichen Ablieferung entsteht aber die Verpflichtung des Käufers zur unverzüglichen Mängelanzeige. Vorher braucht er sich nicht darüber schlüssig zu machen, ob er etwa schon zu seiner Kenntnis gelangte Mängel rügen will. Im Hinblick auf den in § 377 für den Fall der Unterlassung einer unverzüglichen Mängelanzeige dem Käufer angedrohten erheblichen Rechtsnachteil, daß die Ware bezüglich der erkennbaren Mängel als genehmigt zu gelten hat, ist im Interesse des Käufers an dem durch § 377 für die Entstehung der Anzeigepflicht bestimmten Erfordernis festzuhalten, daß eine wirkliche Ablieferung der Ware in dem dargelegten Sinne erfolgt sein muß, die nicht durch andere Umstände, namentlich nicht durch die dem Käufer auf andere Weise als durch Ablieferung gewährte Möglichkeit, die Ware zu untersuchen, und auch nicht durch die Vornahme einer solchen Untersuchung seinerseits, ersetzt werden kann." . . .

RGZ. 78, 48

Nach welchem Rechte bestimmt sich die Erbfolge in deutsche Liegenschaften, die ein in Frankreich verstorbener französischer Staatsangehöriger hinterlassen hat?

BGB. §§ 747, 1931. Einf.-Ges. zum BGB. Artt. 7 Abs. 2, 9 Abs. 2, 11 Abs. 2, 25 u. 27. ZPO. § 549.

V. Zivilsenat. Urt. v. 27. November 1911.

I. Landgericht Saargemünd. II. Oberlandesgericht Colmar.

Vier Geschwister K., zu denen die Ehefrau des französischen Hauptmanns B. gehörte, waren Eigentümer verschiedener in Elsaß-Lothringen belegener Grundstücke. Nachdem Frau B. im Jahre 1904 zu Nizza kinderlos und ohne Hinterlassung eines Testaments verstorben war, bestellten ihre Kinder und Erben, die Beklagten zu 2 bis 4, ohne Mitwirkung des Hauptmanns B. für die Beklagte zu 1 an den Grundstücken eine persönliche Dienstbarkeit, bestehend in dem Rechte der Anlage einer Drahtseilbahn unter Errichtung der für den Betrieb erforderlichen Baulichkeiten. Das Recht wurde auf Grund der von den Beklagten zu 2 bis 4 erklärten Bewilligung zum Eigentumsbuche eingetragen. B. trat im Jahre 1907 alle Erbansprüche auf den Nachlaß seiner Ehefrau an den jetzigen Kläger ab, der nunmehr die Verurteilung der Beklagten zur Aufhebung des Rechts und zur Einwilligung in dessen Löschung im Grundbuche begehrte. Der Kläger war der Ansicht, daß für die Vererbung der in Deutschland belegenen Grundstücke die Vorschriften des Bürgerlichen Gesetzbuchs maßgebend seien und daß, da hiernach der Ehemann B. Miterbe seiner Ehefrau geworden sei, die Bestellung und Bewilligung der Eintragung der Dienstbarkeit rechtswirksam von den Beklagten zu 2 bis 4 allein nicht habe erklärt werden können.

Das Landgericht trat dieser Rechtsauffassung bei und verurteilte die Beklagten nach dem Klagantrage. Die Berufung und die Revision der Beklagten zu 1 sind zurückgewiesen worden aus folgenden

Gründen:

„Nach § 747 BGB. können die mehreren Teilhaber über den gemeinschaftlichen Gegenstand nur gemeinschaftlich verfügen. Die Verfügung der Beklagten zu 2 bis 4 ist daher unwirksam, wenn auch der Ehemann B. zu den Erben seiner verstorbenen Ehefrau gehört. Das Berufungsgericht geht davon aus, daß für die Erbfolge das französische Recht maßgebend war, macht aber eine Ausnahme für die in Deutschland gelegenen Grundstücke, auf die es hinsichtlich der erbrechtlichen Verhältnisse die Vorschriften des deutschen Rechts, das dem überlebenden Ehegatten ein Erbrecht gewährt (§ 1931 BGB.), für anwendbar erklärt. Diese Ansicht wird von der Revision bekämpft, allein mit Unrecht.

Nach Art. 3 Code civil sind unbewegliche Güter, selbst die, welche Ausländer besitzen, den im Inlande geltenden Vorschriften unterworfen. Die Vorschrift mag sich ihrem Wortlaute nach nur auf französische Liegenschaften beziehen; das Berufungsgericht stellt aber fest, daß sie durch die Rechtslehre und einen festen Gerichtsgebrauch in Frankreich dahin ausgestaltet worden ist, daß sich Grundstücke allgemein nach dem Rechte des Landes vererben, in dem sie liegen. Dieser Auslegung kann in der Revisionsinstanz nicht entgegengetreten werden; sie hat das französische Recht nicht als in Elsaß-Lothringen geltendes Recht zum Gegenstande, sondern als Auslandsrecht und daher als irrevisible Rechtsnorm (ZPO. § 549, Entsch. des RG.'s in Zivils. Bd. 63 S. 318). Für die gegenwärtige Instanz steht hiernach fest, daß der französische Richter, wenn er zur Entscheidung des vorliegenden Falls berufen wäre, kraft des französischen Rechts hinsichtlich der Erbfolge in die deutschen Grundstücke das deutsche Recht zur Anwendung zu bringen hätte.

Die Streitfrage ist, ob die Rückverweisung des französischen Rechts auch von den deutschen Gerichten zu beachten ist, oder ob diese nach Maßgabe des deutschen Rechts das französische Recht, und zwar nicht in seinen internationalen Kollisionsnormen, sondern in den nationalen Normen anzuwenden haben. Das Berufungsgericht und ebenso das Oberlandesgericht zu Cöln haben in früheren ähnlich liegenden Fällen die Rückverweisung für unbeachtlich erklärt. Im vorliegenden Falle aber hat das Berufungsgericht gegenteilig entschieden, und zwar gestützt auf die Vorschriften der Artt. 25 und 27 EG. z. BGB. Nach Art. 25 wird der Ausländer, der zurzeit seines Todes den Wohnsitz im Inlande hatte, nach den Gesetzen des Staates beerbt, dem er bei seinem Tode angehörte. Jedoch sollen nach Art. 27 im Falle des Art. 25 (und in noch vier andern Fällen) dann die deutschen Gesetze anwendbar sein, wenn das fremde Recht sie für anwendbar erklärt (auf sie zurückverweist). Das Berufungsgericht hält diese Vorschriften für entsprechend anwendbar, indem es ausführt, ein Grund, von der in Art. 27 vorgesehenen „Rückverweisung" andere ähnliche Fälle auszuschließen, liege nicht vor, um so weniger, als durch die Rückverweisung dem deutschen Rechte ein weiteres Herrschaftsgebiet gesichert werde. Allein in Art. 25 handelt es sich um die Erbfolge nach dem Personalstatute, um die Erbfolge in den Nachlaß als Ganzes, bei der Erbfolge in die im Inlandsstaate belegenen Grundstücke dagegen um eine Sondererbfolge in einem bloßen Teil des Nachlasses. Die Zulässigkeit der entsprechenden Gesetzesanwendung kann daher Bedenken unterliegen. Es kommt hinzu, daß die sonstigen Fälle, in denen Art. 27 die Rückverweisung zuläßt, die Geschäftsfähigkeit, die Eingehung der Ehe, die Ehescheidung und das eheliche Güterrecht betreffen, mithin sämtlich Fälle, bei denen nach anerkannten Rechtsgrundsätzen das Personalstatut Platz greift.

Für den vorliegenden Fall bedarf es eines näheren Eingehens auf die Frage, ob dennoch Art. 27 für entsprechend anwendbar zu erachten ist, nicht; auch wenn man die Frage verneinen möchte, kann die Revision keinen Erfolg haben. Das Gesetz enthält eine vom Gesetzgeber, der von der Aufstellung erschöpfender Kollisionsnormen bewußt abgesehen hat, offen gelassene vollständige Lücke. Eine Regelung durch Staatsverträge hat nur vereinzelt stattgefunden, und insbesondere bestand und besteht ein Vertrag mit Frankreich nicht. Darüber herrscht Einverständnis, daß der Gesetzgeber es der Rechtsprechung überlassen hat und hat überlassen wollen, die Lücke auszufüllen, und zwar unter Beachtung der sonstigen gesetzlichen Vorschriften sowie auch der Grundsätze des internationalen Privatrechts. Nun gilt zwar im Bürgerlichen Gesetzbuch, wie im allgemeinen so auch für das Gebiet des Erbrechts, das sog. Personalstatut, jedoch keineswegs ausnahmslos. Daß das Sachstatut, die lex rei sitae, nicht ausgeschaltet ist, zeigen die Vorschriften der Art. 7 Abs. 2, Art. 9 Abs. 2 Satz 1, Art. 11 Abs. 2 und für das Erbrecht Art. 28 in Verbindung mit Art. 25. In allen diesen Fällen läßt das Gesetz das Personalstatut gegenüber dem Sachstatute zurücktreten. In weitem Umfange gilt dies auch für die Gesetzgebungen der bei weitem meisten ausländischen Staaten, und das deutsche Reich hat in Art. X des mit Rußland abgeschlossenen Staatsvertrags vom 31. Oktober/12. November 1874 für die Erbfolge in Grundstücke die Geltung der lex rei sitae vereinbart.

Nach alledem besteht vom Standpunkte des deutschen Rechts aus kein Grund, für den vorliegenden Fall die in dem ausländischen *Gesetze ausgesprochene Rückverweisung auf das deutsche Recht als* unbeachtlich abzulehnen. Hätte der Gesetzgeber der Rückverweisung im Umfange des Art. 3 Abs. 2 Code civil die Anerkennung versagen wollen, so würde gerade die Klarstellung der Rechtsverhältnisse für Elsaß-Lothringen die Einfügung einer weiteren Kollisionsnorm in das deutsche Gesetz erheischt haben. Daß, wie die Revision geltend macht, die Sonderrechtsnachfolge in die inländischen Grundstücke zu einer Durchbrechung des Grundsatzes der Untrennbarkeit der Erbschaft und damit zu manchen Schwierigkeiten führt (RGZ 20, 358), ist zuzugeben; allein dies Bedenken ist für sich allein nicht durchgreifend, vielmehr muß für alle Fälle der vorliegenden Art, wie auch in der Rechtslehre, wenngleich mit verschiedener Begründung, fast durchweg angenommen wird, an der Zulässigkeit der Rückverweisung und damit an der Anwendbarkeit des deutschen Rechts festgehalten werden."

RGZ. 78, 55

Welches örtliche Recht ist maßgebend für die Anfechtung eines Vertrages wegen Irrtums und die sich daraus ergebenden Folgen, sowie für die Wirkungen der Vollmacht und des Auftrags?

Art. 11, 12 EG. BGB.

II. Zivilsenat. Urt. v. 5. Dezember 1911.

I. Landgericht Düsseldorf. II. Oberlandesgericht daselbst.

Am 4. Oktober 1907 wurde die Gesellschaft mit beschränkter Haftung „Montan- und Industrie-Gesellschaft" mit dem Sitze in Wien gegründet. Der Gesellschaftsvertrag wurde von dem Bergwerksunternehmer R., dem Beklagten und vier anderen Personen geschlossen. Von dem 100 000 Kr. betragenden Stammkapitale übernahmen R. eine Stammeinlage von 20 000 Kr., die übrigen fünf Gesellschafter je eine solche von 16 000 Kr. Der Beklagte hatte nicht den Willen, sich für eigene Rechnung an der Gesellschaft zu beteiligen; er handelte nur für R. als vorgeschobene Person. Er leistete deshalb auch keine Einzahlung auf seine Stammeinlage. Damit bei der Anmeldung zum Handelsregister der Geschäftsführer die gesetzlich vorgeschriebene Erklärung abgeben könne, daß von jeder Stammeinlage ein Viertel eingezahlt sei, zahlte R. auf die Stammeinlage des Beklagten 4000 Kr. ein, ließ sich aber nach Eintragung der Gesellschaft ins Handelsregister diesen Betrag zurückzahlen.

Durch notariellen Vertrag vom 23. Mai 1908 trat der Hof- und Gerichtsadvokat H. in Wien auf Grund einer Vollmacht vom 17. März 1908 den Geschäftsanteil des in Düsseldorf wohnhaften Beklagten gegen eine Vergütung von 12 000 Kr. an den in Wien wohnhaften Kläger ab und zwar unter der Zusicherung, daß darauf 12 000 Kr. eingezahlt seien. Zugleich verpflichtete sich der Kläger gegenüber dem Beklagten, den noch nicht eingezahlten Teil des Geschäftsanteils zu zahlen und den Beklagten dieserhalb klaglos zu stellen. H. übergab die Vergütung dem Geschäftsführer der Gesellschaft, der sie als Einzahlung auf den abgetretenen Geschäftsanteil verwendete.

Die Vollmacht vom 17. März 1908 hatte der Beklagte auf den Namen H.'s als Bevollmächtigten ausgestellt und an die Gesellschaft — die sie ihm zufolge Schreibens ihres Geschäftsführers L. am 29. Februar 1908 zur Unterschrift zugesandt hatte, damit der zu Bevollmächtigende in der Lage sei, die Anteile auf R. oder dessen Rechtsnachfolger zu übertragen — zurückgesandt. Der Kläger, der nicht nur am 23. Mai 1908 die vereinbarte Vergütung von 12 000 Kr., sondern auch am 27. Januar 1909 die restliche Stammeinlage von 4000 Kr. eingezahlt hatte, behauptete, daß er durch arglistige Täuschung und durch Irreführung von seiten des Beklagten über die geleisteten Einzahlungen in Irrtum versetzt sei. Er erhob deshalb Klage mit dem Antrage, festzustellen, daß der Abtretungsvertrag nichtig sei, und den Beklagten zu verurteilen, an ihn 16 000 Kr. nebst Zinsen zu zahlen.

Durch Urteil des Landgerichts wurde die Klage abgewiesen. Das Oberlandesgericht erkannte gemäß dem zweiten Klagantrage. Auf die Revision des Beklagten hat das Reichsgericht das Berufungsurteil aus einem hier nicht interessierenden Grunde aufgehoben und die Sache zurückverwiesen. Ueber die Frage des anzuwendenden örtlichen Rechtes besagen die

Gründe:

„Der Entscheidung des Berufungsgerichts liegt die Annahme zugrunde, daß der wegen Betruges und Irreführung vom Kläger angefochtene Vertrag vom 23. Mai 1908, wodurch der Beklagte dem

Kläger seinen Geschäftsanteil gegen eine Vergütung von 12 000 Kr. und Uebernahme der Verpflichtung zur Einzahlung des Restes der Einlage abtrat, nichtig sei.

Das Berufungsgericht hat in dieser Beziehung festgestellt, daß unbestritten der Kläger über die Einzahlungen auf den abgetretenen Geschäftsanteil irregeführt sei und daß diese Irreführung zunächst durch den Bevollmächtigten des Beklagten, H., erfolgt sei. H. selbst sei gutgläubig gewesen, habe aber seine Weisungen vom Geschäftsführer der Gesellschaft m. b. H. erhalten, der wiederum zur Erteilung dieser Weisungen vom Beklagten bevollmächtigt gewesen sei. Der Geschäftsführer habe den Betrug verübt, H. als Werkzeug des Geschäftsführers den Irrtum des Beklagten hervorgerufen.

Das Berufungsgericht erachtet das österreichische Recht für maßgebend und nach diesem die Haftung des Machtgebers für Irrtum und Verschulden der Stellvertreter gegeben (§ 1017 österr. BGB.). Es nimmt ferner an, daß der Irrtum des Klägers über die Einzahlungen auf den ihm abgetretenen Geschäftsanteil mit Rücksicht auf die §§ 75, 82, 91 des österr. Gesetzes über die Gesellschaften mit beschränkter Haftung vom 6. März 1906 die Hauptsache und deren wesentliche Beschaffenheit betraf, und erachtet deshalb den § 871 österr. BGB. für anwendbar, wonach für den irregeführten Kläger keine Verbindlichkeit entstanden sei.

Unbegründet ist der von der Revision in erster Linie erhobene Angriff, daß das Berufungsgericht unter Verletzung der Grundsätze über das örtlich anzuwendende Recht, insbesondere des Art. 12 EG. zum BGB., nicht das deutsche, sondern das österreichische Recht angewendet habe.

Die Berufung auf Art. 12 geht fehl, weil das Berufungsgericht seiner Entscheidung nicht eine unerlaubte Handlung des Beklagten oder seines Bevollmächtigten L. zugrunde legt, sondern einen Irrtum des Klägers über die Hauptsache, der den Kläger zur Anfechtung des Rechtsgeschäfts berechtigt und dieses bei erfolgreicher Anfechtung als nichtig erscheinen läßt. Ansprüche, die infolge eines solchen Irrtums und der daraus folgenden Nichtigkeit des Vertrages lediglich auf Zurückgabe des zwecks Erfüllung des Vertrages Gezahlten oder Geleisteten gerichtet sind — und nur ein solcher Anspruch ist dem Kläger vom Berufungsgerichte zuerkannt —, gelten weder nach deutschem noch nach österreichischem Rechte als Ansprüche aus unerlaubten Handlungen. Dies auch dann nicht, wenn der Irrtum durch eine unerlaubte Handlung des Vertragsgegners oder seines Bevollmächtigten hervorgerufen ist. Denn die Rechtsfolgen werden nicht aus der unerlaubten Handlung, sondern aus dem Irrtume und der Nichtigkeit des Vertrages hergeleitet. Einige Wendungen in der Begründung des angegriffenen Urteils deuten zwar darauf hin, daß dem Berufungsgerichte eine unerlaubte Handlung als Grundlage des Klaganspruchs vorgeschwebt hat. So insbesondere der an die Spitze der Ausführungen gestellte Satz, daß für Verpflichtungen aus unerlaubten Handlungen der Ort ihrer Verübung maßgebend sei, die Feststellung, daß der Geschäftsführer vermittelst H.'s als Werkzeuges den Betrug verübt habe, und daß der Beklagte als Vollmachtgeber auch für das Verschulden seiner Stellvertreter hafte. Indes ist doch zum zweifellosen Ausdrucke gelangt, daß der Beklagte nur verurteilt ist, gemäß dem sich aus der bloßen Nichtigkeit des Vertrages ergebenden Anspruche des Klägers, das zurückzufordern, was er in der Annahme der Gültigkeit des Vertrages zu dessen Erfüllung geleistet hat, nicht aber wegen einer von ihm begangenen oder zu vertretenden unerlaubten Handlung. Zudem ist aus der Begründung zu entnehmen, daß die Nichtigkeit des Vertrages aus § 871 österr. BGB. hergeleitet wird, dessen sämtliche Tatbestandsmerkmale festgestellt sind und bezüglich dessen das Berufungsgericht ausdrücklich hervorhebt, daß unbeabsichtigte Irreführung des Vertragsgegners durch falsche Angaben genügt. Der Feststellung eines vom Beklagten zu vertretenden Betruges bedurfte es daher nicht. Es kam vielmehr nur darauf an, festzustellen, daß die irreführende falsche Angabe über die auf den abgetretenen Geschäftsanteil geleisteten Einzahlungen vom Beklagten oder von einer mit Wirkung für ihn handelnden Person gemacht ist. Nur zu diesem Zwecke führt das Berufungsgericht aus, daß H., der als Bevollmächtigter des Beklagten die Angabe unmittelbar machte, dies auf Weisung des Geschäftsführers tat und daß der Geschäftsführer zur Erteilung dieser Weisung vom Beklagten ermächtigt war. Und weil der Geschäftsführer die Unrichtigkeit der Angabe kannte, H. aber nicht, charakterisiert das Berufungsgericht die Handlungsweise des Geschäftsführers beiläufig als Betrug, bei dem H. als Werkzeug den Irrtum des Beklagten hervorrief.

Weiter nimmt das Berufungsgericht an, daß nach österreichischem Rechte Irreführung von seiten des Stellvertreters bei Anwendung des § 871 a. a. O. einer Irreführung von seiten des Machtgebers gleichstehe. Diese Annahme hat das Berufungsgericht ersichtlich aussprechen wollen durch seine ungenau gefaßte Ausführung, daß für Irrtum der Stellvertreter nach österreichischem Rechte der Machtgeber hafte, wie sich aus der angezogenen Note 2a zu § 871 aus v. Schev, das allg. bürgerl. Gesetzb. für das Kaisertum Oesterreich, ergibt. Mit Unrecht macht die Revision geltend, daß die Streitfrage, ob der Vertrag vom 23. Mai 1908 wegen Irrtums des Klägers nichtig sei, nach dem Rechte des Wohnsitzes des Beklagten als des Erfüllungsortes, also nach deutschem Rechte hätte beurteilt werden müssen. Allerdings ist die vom Berufungsgerichte für die Anwendbarkeit des österreichischen Rechts gegebene Begründung, daß für die in Wien vorgenommene Abtretung des Geschäftsanteils an einer österreichischen Gesellschaft mit beschränkter Haftung Wien der Erfüllungsort sei, nicht zutreffend. Zu beachten ist vielmehr, daß der Vertrag vom 23. Mai 1908 nicht lediglich die Abtretung des Geschäftsanteils enthält, sondern auch einen obligatorischen Vertrag, einen Kaufvertrag, in dem die Vergütung auf 12 000 Kr. und Uebernahme der Einzahlung des Restes der Einlage vereinbart ist. Indem der Kläger den Vertrag wegen Irrtums anficht, richtet er seine Klage gegen die von ihm als Käufer nach Inhalt des Vertrags übernommene obligatorische Verpflichtung, die er als nicht entstanden festgestellt haben will. Die Frage aber, ob diese Verpflichtung entstanden, oder wegen eines Willensmangels auf seiten des Klägers nicht entstanden ist, ist zu beurteilen nach demjenigen Rechte, welches für die obligatorische Verpflichtung des Klägers überhaupt maßgebend ist. Und dieses Recht ist das österreichische, weil maßgebend ist der Ort der Erfüllung,

vgl. Entsch. des RG.'s in Zivils. Bd. 66, S. 75, sowie Staub-Könige (8. Aufl.) Exk. zu § 372 Nr. 5, 7, 8, 9,

und der Kläger seine Verbindlichkeit aus dem Kaufvertrage sowohl nach deutschem Rechte (§ 269 BGB.) wegen seiner Wiener gewerblichen Niederlassung, als auch nach österreichischem Rechte (§ 905 österr. BGB.) in Wien zu erfüllen hatte.

Mit Unrecht rügt die Revision ferner, das Berufungsgericht habe keine Entscheidung darüber getroffen, nach welchem Rechte die Frage zu entscheiden sei, ob der Beklagte für das Verhalten seines Vertreters hafte. Wie bereits ausgeführt, hat das Berufungsgericht angenommen, daß bei Anwendung des § 871 österr. BGB. die Irreführung von seiten des Vertreters nach österreichischem Rechte einer Irreführung von seiten des Machtgebers gleichstehe. Es hat sich mit dieser Annahme innerhalb der Grenzen einer in der Revisionsinstanz nicht nachprüfbaren Auslegung des § 871 österr. BGB. gehalten. Aber auch abgesehen hiervon war die Frage, ob die falsche Angabe des nach Annahme des Berufungsgerichts vom Beklagten beauftragten und bevollmächtigten Geschäftsführers einer Angabe des Beklagten gleichzuachten sei, nach österreichischem Rechte zu beurteilen. Denn nach der Feststellung des Berufungsgerichts war der in Wien wohnende Geschäftsführer zur Erteilung von Weisungen zwecks Vollziehung des Abtretungsgeschäfts an den zur Vornahme des Geschäfts ermächtigten, gleichfalls in Wien wohnenden H. bevollmächtigt. Daraus ergibt sich, daß der Geschäftsführer seinen Auftrag auszuführen, auf Grund seiner Vollmacht zu handeln hatte in Wien. Sollten aber Auftrag und Vollmacht in Wien zur Wirksamkeit gelangen, so ist die Tragweite beider nach dem österreichischen Rechte zu beurteilen, mithin auch die Anwendbarkeit des vom Berufungsgerichte in Bezug genommenen § 1017 österr. BGB. gegeben.

Nach österreichischem Rechte war mit der Frage, ob der Vertrag vom 23. Mai 1908 nichtig sei, auch die Frage zu beantworten, welche Folgen diese Nichtigkeit für die Parteien nach sich zieht."

RGZ. 78, 234

In welchem Umfange hat der deutsche Richter ausländisches Recht anzuwenden, wenn es sich um Gültigkeit der von einem Ausländer in Deutschland geschlossenen Ehe handelt? Bedeutung des Art. 27 EinfGes. zum BGB.

EinfGes. zum BGB. Artt. 7, 13, 15, 17, 21, 25, 27.
Abkommen zur Regelung des Geltungsbereichs der Gesetze auf dem Gebiete der Eheschließung vom 12. Juni 1902 (RGBl. 1904 S. 221) Art. 1.

IV. Zivilsenat. Urt. v. 15. Februar 1912.

I. Landgericht Hamburg. II. Oberlandesgericht daselbst.

Der Kläger, ein österreichischer Staatsangehöriger katholischen Bekenntnisses, beantragte auf Grund österreichischen Rechtes, die Ehe für nichtig zu erklären, die er in Deutschland am 9. März 1908 mit der Beklagten, einer deutschen Protestantin, geschlossen hatte, deren früherer, von ihr geschiedener Ehemann noch am Leben war. Das Landgericht erklärte die Ehe für nichtig, dagegen wies das Oberlandesgericht die Klage ab. Die Revision des Klägers ist zurückgewiesen aus folgenden

Gründen:

„Beide Vorderrichter gehen auf Grund von Art. 13 EinfGes. zum BGB. mit Recht davon aus, daß die Ehe der Parteien nur dann gültig ist, wenn sie nach dem für einen jeden der Verlobten maßgebenden Rechte eingegangen werden durfte. Sie ist mithin nichtig, wenn sie, nach den Gesetzen des Staates beurteilt, dem der Mann angehörte, d. h. nach österreichischen Gesetzen, auch nur in Ansehung des Mannes verboten war. Ein solches Eheverbot ist nach dem österreichischen Hofdekrete vom 17. Juli 1835 an sich gegeben, weil der erste geschiedene Ehemann der Frau jetzt noch am Leben ist. Beide Vorderrichter ziehen aber zugleich § 4 des österreichischen Bürgerlichen Gesetzbuchs heran, den sie in Uebereinstimmung mit dem österreichischen obersten Gerichtshofe dahin auslegen, die österreichischen Gesetze seien für den österreichischen Mann bezüglich der Eheschließung dann nicht verbindlich gewesen, wenn seine Absicht nicht dahin gegangen sei, durch den Eheschließungsakt auch in Oesterreich rechtliche Folgen hervorzurufen. Das Landgericht hatte angenommen, der Mann habe diese Absicht gehabt, und hatte deshalb die Ehe für nichtig erklärt. Das Oberlandesgericht hat dagegen eine solche Absicht nicht für dargetan erachtet und die Klage abgewiesen.

Die Revision bescheidet sich, daß die etwaige Verletzung ausländischer Rechtsnormen in dieser Instanz nicht gerügt werden kann. . . . Wohl aber ist das Reichsgericht zur Nachprüfung befugt, soweit Verletzung der vom deutschen Gesetzgeber erlassenen sog. internationalen Rechtsnormen gerügt wird. Die Revision will in den Vorschriften des Einführungsgesetzes, durch die der deutsche Richter ausdrücklich zur Anwendung eines fremden, durch die Staatsangehörigkeit eines Beteiligten bestimmten Rechtes verpflichtet wird (den sog. vollkommenen Kollisionsvorschriften der Artt. 7, 13, 15, 17, 21, 25 EinfGes. zum BGB.), nur eine Verweisung auf die materiellrechtlichen, die Sachnormen des betreffenden fremden Rechts erblicken. Nach den Kollisionsnormen dieses Rechts habe der deutsche Richter grundsätzlich nicht zu forschen und deutsches Recht nur dann anzuwenden, wenn das fremde Recht ausdrücklich auf deutsches Recht zurückverweise (Art. 27).

Diese in der Rechtslehre allerdings mehrfach vertretene Meinung kann nicht gebilligt werden. Das Reichsgericht trägt vielmehr kein Bedenken, auszusprechen, daß der deutsche Richter, wenn er überhaupt zur Anwendung des fremden Rechts berufen wird, dieses fremde Recht grundsätzlich auch in vollem Umfange, mithin nicht bloß seine Sachnormen, sondern auch seine Kollisionsvorschriften anzuwenden hat. Da bei der eigenartigen Entstehungsgeschichte der dem Einführungsgesetze schließlich einverleibten internationalen Vorschriften die gewöhnlichen Hilfsmittel der Auslegung versagen, so kann die Entscheidung nur aus dem Wortlaute und dem vernünftigen Sinne des Gesetzes entnommen werden. Sind aber durch die Vorschriften der Artt. 7, 13, 15, 17, 21, 25 schlechthin „die Gesetze" des fremden Staates für maßgebend erklärt, so ist man nach einer altbewährten Auslegungsregel nicht berechtigt, Unterscheidungen hineinzutragen, den allen Kulturstaaten geläufigen, sehr allgemeinen Ausdruck „Gesetz" oder „Recht" in Gruppen zu spalten, je nachdem es sich um materielles Recht, um Sachnormen, oder um das auf den gegenseitigen Verkehr der Staaten bezügliche internationale Recht, die Kollisionsnormen, handelt, und demgemäß unter Gesetzen sprachwidrig nur die Sachnormen zu verstehen. Es kommt hinzu, daß die Unterscheidung zwischen beiden Gruppen von Normen inhaltlich meist sehr schwierig ist.

Endlich würde der Zweck der Vorschrift, dem betreffenden Staatsangehörigen auch in Deutschland die Beurteilung des Streitfalls nach seinem Personalstatute zu gewährleisten, geradezu vereitelt, wenn hierbei nur mehr oder minder lückenhafte Ausschnitte aus dem maßgebenden fremden Rechte anzuwenden wären. So käme man im Streitfalle zu dem unannehmbaren Ergebnisse, daß bei gleichen tatsächlichen Feststellungen der österreichische Richter die Nichtigkeitsklage seines eigenen Staatsangehörigen abzuweisen hätte, während der deutsche Richter auf Grund des erwähnten Hofdekrets gegen die deutsche Frau auf Nichtigerklärung der Ehe erkennen müßte.

Der Berufungsrichter hat deshalb Art. 13 Abs. 1 EinfGes. zum BGB nicht verletzt, wenn er schon hierin die sog. Gesamtverweisung auf das fremde, im Streitfalle das österreichische Recht erblickt und deshalb auch § 4 österr. BGB. anwendet. Dabei kann auf sich beruhen, ob mit dieser Vorschrift eine eigentliche Kollisionsnorm erteilt werden sollte. Jedenfalls ist durch den angezogenen § 4 nach der irrevisiblen Auslegung des Berufungsrichters die Anwendbarkeit des österreichischen Rechts auf den Streitfall verneint und damit der Nichtigkeitsklage ohne weiteres der Boden entzogen.

Die Rechtsansicht, daß jede Verweisung auf fremdes Recht im Zweifel und grundsätzlich als sog. Gesamtverweisung zu verstehen ist, liegt bereits den Urteilen des Senats in den Entsch. des RG.'s Bd. 62 S. 404 und in der Sache Rep. IV. 292/10 vom 29. Dezember 1910 zugrunde, obwohl es sich in beiden Fällen noch dazu um die sog. unvollkommenen Kollisionsvorschriften der Artt. 14 und 19 EinfGes. zum BGB. handelte.

Hält man hieran fest, so bedarf es nicht erst der Heranziehung des Art. 27, um das Berufungsurteil zu halten. Die Bedeutung des Art. 27 liegt darin, daß sie den deutschen Richter an das materielle deutsche Recht jedenfalls gebunden erklärt, wenn das betreffende ausländische Recht auf deutsches Recht zurückverweist. Er soll nicht weiter zu prüfen haben, ob ihn etwa Kollisionsnormen des deutschen Rechts von neuem auf fremdes Recht verweisen. Art. 27 enthält mithin keine Ausnahmevorschrift, die den deutschen Richter nur in den dort besonders hervorgehobenen Fällen zur Anwendung auch der fremden Kollisionsnormen ermächtigte, sondern im Gegenteil eine Bekräftigung der Regel, daß er das fremde Recht, wenn überhaupt, dann grundsätzlich auch in seiner Gesamtheit anzuwenden hat.

Uebrigens würde die Klagabweisung auch durch unmittelbare Anwendung des Art. 27 gerechtfertigt sein. Zwar enthält § 4 österr. BGB. keine ausdrückliche Vorschrift darüber, welches Recht maßgebend sein soll, wenn unter den dort gegebenen Voraussetzungen das österreichische Recht ausscheidet. Allein eine ausdrückliche Verweisung auf ein anderes Gesetz wird nur in Art. 1 des die Eheschließung regelnden Haager Abkommens vom 12. Juni 1902 gefordert, und diesem Abkommen ist Oesterreich-Ungarn nicht beigetreten. Es genügt mithin zur Anwendung von Art. 27, daß § 4 österr. BGB. stillschweigend auf die deutschen Gesetze verweist, indem er unverkennbar den Ort der Vornahme des Rechtsgeschäfts, im Streitfalle also Deutschland, in dessen Gebiet die Ehe geschlossen worden ist, als maßgebend betrachtet."

RGZ. 80, 262

1. Ist eine durch ein ausländisches Gericht ausgesprochene Entmündigung oder angeordnete Beistandsbestellung von dem inländischen Richter zu berücksichtigen?

2. Welche Bedeutung haben die Art. 7 Abs. 3 u. 156 Abs. 2 EinfGes. zum BGB.?

3. Zur Auslegung der §§ 139, 293 ZPO.

Art. 7 Abs. 3, 156 Abs. 2 EG. BGB.

VI. Zivilsenat. Urt. v. 24. Oktober 1912.

I. Landgericht I Berlin. II. Kammergericht daselbst.

Am 4. Januar 1911 erwirkte die Beklagte einen Arrestbefehl, wonach gegen den Ehemann der Klägerin zwecks Ableistung des Offenbarungseides wegen einer rechtskräftigen Wechselforderung der Beklagten in Höhe von 177 814,10 M. der persönliche Sicherheitsarrest verhängt wurde. Als dieser Arrest vollzogen werden sollte, übernahm die Klägerin, um die Verhaftung ihres Ehemanns abzuwenden, in der notariellen Urkunde vom 4. Januar 1911 gegenüber der Beklagten die selbstschuldnerische Bürgschaft für die Wechselschulden ihres Ehemanns im Gesamtbetrage von 424 335 M. und nahm gleichzeitig mit Genehmigung ihres Ehemanns einen auf sie gezogenen, am 1. April 1911 fälligen Wechsel an in Höhe von 400 335 M. Durch Urteil des tribunal civil du département de la Seine vom 31. Oktober 1900 war die Klägerin für eine Verschwenderin erklärt und G. J. G., der sie im gegenwärtigen Prozesse vertritt, ihr als Conseil judiciaire beigeordnet worden.

Die Klägerin behauptet nun, daß die von ihr ohne Genehmigung ihres Beistands abgeschlossenen Geschäfte nach dem hier maßgebenden französischen Rechte nichtig seien, übrigens auch als wucherische und erzwungene Rechtsgeschäfte der Rechtswirksamkeit entbehrten. Sie klagte auf Herausgabe des Wechsels und darauf, daß die Bürgschaft und das Akzept für nichtig erklärt würden. Die Beklagte beantragte die Abweisung der Klage und im Wege der Widerklage die Verurteilung der Klägerin zur Zahlung von 424 335 M. nebst Zinsen.

In den Vorinstanzen wurde dem Klagantrag entsprochen und die Widerklage abgewiesen. Auch die Revision der Beklagten blieb ohne Erfolg.

Aus den Gründen:

„Unbegründet ist die Rüge einer Verletzung der Art. 7, 156 EinfGes. zum BGB. Art. 7 Abs. 3 Satz 1, der zunächst hier in Frage kommt, bestimmt:

„Nimmt ein Ausländer im Inland ein Rechtsgeschäft vor, für das er geschäftsunfähig oder in der Geschäftsfähigkeit beschränkt ist, so gilt er für dieses Rechtsgeschäft insoweit als geschäftsfähig, als er nach den deutschen Gesetzen geschäftsfähig ein würde."

Daß die Klägerin eine Ausländerin, nämlich eine Französin ist, hat das Berufungsgericht in rechtsbedenkenfreier, von der Revision auch nicht angefochtener Weise festgestellt. Demnach kann die angeführte Vorschrift hier nur zur Anwendung kommen, wenn die Klägerin nach den deutschen Gesetzen geschäftsfähig sein würde. Die Anwendbarkeit des deutschen Rechtes ist aber dann ausgeschlossen, wenn die Klägerin unter Zugrundelegung des im Deutschen Reiche geltenden Rechtes in ihrer Geschäftsfähigkeit in größerem Umfange beschränkt sein würde, als dies nach dem in erster Linie maßgebenden Rechte ihres Heimatstaates der Fall ist. Denn von dem Regelgrundsatze des Art. 7 Abs. 1, wonach die Geschäftsfähigkeit einer Person in erster Linie nach den Gesetzen ihres Heimatsstaates zu beurteilen ist, läßt der Abs. 3 nur dann eine Ausnahme zu, wenn die Anwendung des deutschen Rechtes eine Erweiterung, nicht aber dann, wenn sie eine Verminderung der Geschäftsfähigkeit des Ausländers zur Folge haben würde. Um hierüber entscheiden zu können, hat das Berufungsgericht mit Recht untersucht, welche Bedeutung für die Frage der Geschäftsfähigkeit der Klägerin das gegen sie von dem französischen tribunal de première instance du département de la Seine am 31. Oktober 1900 erlassene Urteil hat.

Zwar war in der älteren Lehre und Rechtsprechung die Ansicht vertreten, daß eine im Ausland erfolgte „Prodigalitätserklärung" als polizeiliche Anordnung eines ausländischen Richters im Inlande keine Berücksichtigung finden könne, zumal dann, wenn sie in Gestalt eines Urteils ausgesprochen sei. Hierbei ging man teils von der

Ansicht aus, daß „ausländische Urteile" überhaupt im Inlande nicht ohne weiteres (insbesondere nicht ohne Verbürgung der Gegenseitigkeit und ohne Vollstreckbarkeitserklärung) berücksichtigt werden könnten, teils stellte man den Satz auf, daß eine solche Prodigalitätserklärung nur für den Verkehr in dem Staate, in dem sie ergangen, berechnet sei und ihre Wirkung ausüben könne.

Demgegenüber hat aber die neuere Rechtsprechung und Rechtslehre mit Recht die Ansicht vertreten, daß eine im Ausland erfolgte „Prodigalitätserklärung" auch vom inländischen Richter berücksichtigt werden muß. Denn sie ist ihrer Natur nach auch da, wo sie in den Formen des Prozeßverfahrens und durch Urteil ausgesprochen wird, im Grunde ein Akt der freiwilligen Gerichtsbarkeit, und sie ist auch keineswegs bloß für den Staat bestimmt, von dessen Gerichten sie erlassen ist, wenn sie ihren Zweck erreichen soll, dem Verschwender die Vergeudung seines Vermögens unmöglich zu machen. Bei der heutigen Ausgestaltung des Verkehrs würde es einem entmündigten Verschwender ein leichtes sein, durch Rechtsgeschäfte, die er im Auslande vornimmt, die wohltätige Anordnung der Entmündigungsbehörde zu vereiteln, wenn die ältere Rechtsansicht richtig wäre.

Sprechen schon diese allgemeinen Erwägungen für die Richtigkeit der neueren Auffassung von der Bedeutung und Wirkung einer im Auslande gegen einen Verschwender getroffenen obrigkeitlichen Anordnung, so kommt weiter in Betracht, daß die in der Neuzeit immer mehr anerkannte Kultur- und Rechtsgemeinschaft der zivilisierten Staaten, auf der überhaupt der Gedanke des internationalen Privatrechts beruht, auch in der Gesetzgebung des Deutschen Reichs und insbesondere in den grundlegenden Vorschriften der Art. 7 flg. EinfGes. zum BGB. ihre gesetzliche Anerkennung gefunden hat. Insbesondere läßt schon der im Abs. 1 des Art. 7 aufgestellte Regelgrundsatz, wonach sich die Rechtsfähigkeit einer Person in erster Linie nach den Gesetzen ihres Heimatstaates bestimmt, deutlich erkennen, daß der deutsche Gesetzgeber da, wo es sich um die Beurteilung der Geschäftsfähigkeit des Ausländers handelt, das ausländische Recht und dessen Rechtseinrichtungen als dem inländischen Rechte gleichwertig ansieht und demnach dessen Anwendung bei der Entscheidung jener Frage dem deutschen Richter zur Pflicht macht. Von diesem Standpunkt aus ist es aber auch gleichgültig, aus welchem Grunde das ausländische Recht seinen Staatsangehörigen im einzelnen Falle die Geschäftsfähigkeit ganz oder teilweise versagt, insbesondere, ob die mangelnde oder geminderte Geschäftsfähigkeit auf natürlichen

Anlagen der Person (Alter, Geschlecht, Geisteszustand) oder auf einer behördlichen Anordnung (Entmündigung, Beistandsbestellung) beruht.

Bei dieser Sach- und Rechtslage muß es ferner als ausgeschlossen gelten, daß der inländische Richter, wie dies vereinzelt behauptet worden ist, die Rechtmäßigkeit der Anordnung des ausländischen Richters einer Nachprüfung unterzieht; vielmehr muß für den deutschen Richter die bloße Tatsache genügen, daß überhaupt eine ordnungsmäßige Anordnung der zuständigen ausländischen Behörde vorliegt.

Jeder Zweifel an der Richtigkeit dieses Ergebnisses wird durch das „Abkommen über die Entmündigung und gleichartige Fürsorgemaßregeln" vom 17. Juli 1905 (RGBl. 1912 S. 463) beseitigt. Ist auch die Hinterlegung der Ratifikationsurkunden über dieses Abkommen im Haag laut Bekanntm. des Reichskanzlers vom 30. Juli 1912 (RGBl. S. 475) erst am 24. Juni 1912 erfolgt, und ist somit das Abkommen selbst gemäß Art. 15, 18 erst am 24. August 1912 in Kraft getreten und deshalb für den vorliegenden Rechtsstreit nicht ohne weiteres anwendbar, so wird doch dadurch bezeugt, daß insbesondere auch Deutschland und Frankreich, zwei der vertragschließenden Staaten, die Entmündigungsakte ihrer staatlichen Organe als für beide Staaten rechtsverbindlich ansehen und auch bisher schon angesehen haben. Denn jenes Abkommen stellt nur die Kodifikation einer bis dahin schon vorhandenen Rechtsüberzeugung dar und gibt der bereits durch die Praxis der Gerichte und die Rechtslehre in neuerer Zeit vertretenen Anschauung einen völkerrechtlich bindenden Ausdruck.

Im Art. 1 jenes Abkommens ist nun bestimmt, daß für die Entmündigung das Gesetz des Staates, dem der zu Entmündigende angehört, (das Gesetz des Heimatstaates) maßgebend ist, und im Art. 13 heißt es, daß alle in dem Abkommen aufgestellten Regeln auch für die Bestellung eines gerichtlichen Beistandes (à la nomination d'un conseil judiciaire, wie es in dem amtlichen französischen Texte heißt) Geltung haben. In welcher umfassenden Weise alle Entmündigungsakte der ausländischen Behörden der Vertragsstaaten von dem inländischen Richter zu beachten sind, das findet in den Art. 2, 8, 9, 10, 11 des Abkommens einen ganz unzweideutigen Ausdruck

Ist also das die Bestellung eines Beistandes für die Klägerin anordnende Urteil des Pariser Gerichts vom 31. Oktober 1900 auch von den deutschen Gerichten zu berücksichtigen, so ist dessen Tragweite und Wirkung in erster Linie nach den Grundsätzen des französichen Rechtes zu beurteilen. Gemäß Art. 7 Abs. 3 Satz 1 EinfGes. zum BGB. würde das deutsche Recht, wie schon hervorgehoben, in dieser Hinsicht nur dann zur Anwendung kommen können, wenn die Entmündigung nach deutschem Rechte die Geschäftsfähigkeit in geringerem Maße beschränken würde, als nach französischem Rechte. Dies ist aber nicht der Fall, da nach § 114 BGB. eine gerichtlich ausgesprochene Entmündigung wegen Verschwendung den Entmündigten in Ansehung der Geschäftsfähigkeit einem Minderjährigen gleichstellt, der das siebente Lebensjahr vollendet hat. Da nun aber das französische Recht der Entmündigung wegen Verschwendung eine derartig weitgehende Wirkung nicht beilegt, wie sich aus Art. 513 Code civil ergibt, auch von der Beklagten selbst behauptet wird, so kann die Anwendung des deutschen Rechtes im vorliegenden Falle nicht in Frage kommen.

Wenn das Berufungsgericht, um dies darzutun, auf die Vorschrift des Art. 156 Abs. 2 EinfGes. zum BGB. hingewiesen hat, so kann auch darin ein Rechtsverstoß nicht erblickt werden, wie ihn die Revision behauptet. Es ist zwar richtig, daß jene Vorschrift nur eine sog. „Uebergangsbestimmung" enthält, also eine unmittelbare Anwendung nur in denjenigen Fällen findet, in denen vor dem 1. Januar 1900 einer Person innerhalb des Deutschen Reichs auf Grund des Art. 513 Code civil oder der entsprechenden Vorschrift des badischen Landrechts ein Beistand zugeordnet war. Aber der Hinweis auf jene Vorschrift ist lediglich erfolgt, um darzutun, daß seit dem 1. Januar 1900 die Beistandsbestellung für einen Verschwender im ganzen Gebiete des Deutschen Reichs nicht mehr stattfindet, daß vielmehr mit diesem Tage auch für diejenigen Personen, für die im früheren Geltungsbereiche des französischen Rechtes ein Beistand ernannt worden war, mit dem Inkrafttreten des Bürgerlichen Gesetzbuchs dessen viel weitergehende Beschränkungen der Handlungsfähigkeit eingetreten sind. (Vgl. in dieser Hinsicht auch die ähnliche Wirkung des § 81 der preuß. VormundschO. vom 5. Juli 1875 für das Gebiet des rheinpreußisch-französischen Rechtes und dazu Stölzel im preuß. JMBl. 1878 S. 7 flg. und in Gruchots Beitr. Bd. 22 S. 280.) Die Vorschrift des Art. 156 Abs. 2 EinfGes. zum BGB. läßt aber auch weiter erkennen, daß der deutsche Gesetzgeber die auf Grund des französischen Rechtes (Art. 513 Code civil) erfolgte Bestellung eines Beistandes für einen Verschwender als einen „Entmündigungsakt" im Sinne der §§ 6, 114 BGB. ansieht, also einen solchen Verschwender als „entmündigt" betrachtet und demnach denselben Rechtsregeln unterwirft, wie eine unter der Herrschaft des Bürgerlichen Gesetzbuchs wegen Verschwendung entmündigte Person. Mit Recht hat deshalb das Berufungsgericht auf Grund der Art. 7, 156 EinfGes. zum BGB. die Frage, ob und in welchem Umfange die

Klägerin mit Rücksicht auf die von dem französischen Gericht ausgesprochene Beiordnung eines conseil judiciaire als geschäftsfähig anzusehen ist, ausschließlich nach französischem Rechte beurteilt. . . .

Soweit die Revision rügt, daß das Berufungsgericht nötigenfalls das Fragerecht hätte ausüben müssen, um sich darüber zu vergewissern, ob Art. 1310 Code civil im vorliegenden Falle mindestens entsprechend anzuwenden gewesen wäre, erscheint sie gleichfalls unbegründet. Daß insbesondere § 293 ZPO. verletzt wäre, dafür liegt nichts vor; vielmehr hat das Gericht das hier in Betracht kommende französische Recht zur Anwendung gebracht, wozu ihm außer dem Wortlaute des Gesetzes das von den Parteien überreichte ausgiebige Material an Rechtsgutachten zur Verfügung stand, die vom Berufungsgericht auch gewürdigt worden sind. Wenn aber anscheinend auch die Verletzung des § 139 ZPO. insofern hat gerügt werden sollen, als dem Gerichte zum Vorwurf gemacht wird, es hätte durch Befragen der Parteien noch auf die Herbeischaffung weiterer Gutachten oder sonstigen wissenschaftlichen Materials zwecks Erforschung der Bedeutung und Tragweite des Art. 1310 Code civil hinwirken müssen, so ist diese Rüge verfehlt. Denn in einem Falle, wie dem vorliegenden, ist für die Anwendung des § 139 ZPO. gar kein Raum, da es vielmehr lediglich Sache des pflichtmäßigen Ermessens des erkennenden Gerichts ist, darüber zu befinden, in welcher Weise es sich die Kenntnis von dem Inhalt und der Bedeutung des ausländischen Rechtes verschaffen will." . . .

RGZ. 81, 273

1. Wann darf bei gegenseitigen Verträgen, wenn jeder Teil im Gebiet eines anderen Rechtes zu erfüllen hat, eines dieser Rechte dem ganzen Vertrage zugrunde gelegt werden?

2. Nach welchem örtlichen Rechte bestimmt sich die Frage, was der Käufer tun muß, um sich die Rechte aus einer mangelhaften Beschaffenheit der Ware zu erhalten?

Art. 11, 12 EG. BGB.

II. Zivilsenat. Urt. v. 4. Februar 1913.

I. Landgericht Frankfurt a. M., Kammer für Handelssachen.
II. Oberlandesgericht daselbst.

Im März 1910 kaufte der in Stockholm wohnhafte Kläger von der Beklagten, einer offenen Handelsgesellschaft mit dem Sitze in Frankfurt a. M., 575 gesalzene Ochsenhäute näher bestimmter Qualität zu 67 Pf. das Pfund, fob Hamburg, amtliches Hamburger Gewicht, Kasse 1½ % Skonto gegen Dokumente, die bei seiner Bank in Stockholm einzulösen waren. Die Ware sollte in zwei Partien, die erste Partie zu 325 Häuten sofort, der Rest einen Monat später geliefert werden. Von der ersten Partie beorderte der Kläger 75 Stück nach Norrköping, 250 nach Engelholm. Beide Posten bezahlte er am 22. April 1910, stellte aber am 17. Mai desselben Jahres die 250 Häute, nachdem sie am 30 April von dem Engelholmer Abnehmer bemängelt worden waren, auch seinerseits der Beklagten zur Verfügung. Den über die restlichen 250 Stück gezogenen Wechsel löste er nicht ein. Die Beklagte, die jede Mangelhaftigkeit der Ware bestritt, ließ diese zweite Partie öffentlich versteigern.

Der Kläger erhob Klage auf Rückerstattung des Kaufpreises sowie auf Schadensersatz wegen schuldhaft schlechter Erfüllung des Vertrags. Die Beklagte forderte widerklagend Verurteilung zur Zahlung des Mindererlöses der Versteigerung. Während der erste Richter nach den Anträgen des Klägers erkannte, wies das Oberlandesgericht die Klage ab und erklärte die Widerklage dem Grunde nach für gerechtfertigt. Die Revision des Klägers führte zur Aufhebung des Berufungsurteils aus folgenden

Gründen:

„In der Sache selbst hat das Oberlandesgericht ausgeführt, der Kläger habe die angeblichen Mängel der ersten Partie Häute viel zu spät gerügt. Die Folge sei nach § 377 HGB. nicht nur die, daß ihm die mit der Klage geltend gemachten Ansprüche auf Wandlung und Schadensersatz aberkannt werden müßten. Vielmehr rechtfertige sich dem Grunde nach auch die Verurteilung des Klägers gemäß der Widerklage. Da nach § 377 Abs. 2 die erste Partie als genehmigt gelte, sei er nicht befugt gewesen, mit Rücksicht auf die Beschaffenheit dieser ersten die Vorausbezahlung der zweiten Partie zu verweigern

Das angefochtene Urteil beruht hiernach zur Klage und Widerklage auf der Auffassung, daß gegen den Kläger, der in Stockholm seinen Wohnsitz hat und dort seine Verpflichtungen erfüllen mußte, die Vorschrift des deutschen Rechtes über die unverzügliche Mängelrüge zur Anwendung zu bringen sei. Indes grundsätzlich wendet die reichsgerichtliche Rechtsprechung bei Schuldverhältnissen aus Verträgen das Recht des Erfüllungsorts an. Das Oberlandesgericht will für gegenseitige Verträge anders entscheiden, weil dadurch ein einheitliches Rechtsverhältnis begründet werde; im Zweifel seien beide Vertragsparteien einem und demselben Rechte zu unterstellen. Nun sind die Vorteile, die es mit sich bringt, wenn ein gegenseitiger Vertrag durchweg nach einem Rechte beurteilt werden kann, gewiß nicht zu unterschätzen. Der 1. Zivilsenat des Reichsgerichts (Entsch. in Zivils. Bd. 68 S. 203) hat deshalb auch nachdrücklich an die

Prüfung erinnert, ob nicht nach dem mutmaßlichen Willen der Vertragschließenden ein einheitliches Recht als vereinbart angesehen werden darf. Auch der jetzt erkennende Senat hat dem gleichen Gedanken wiederholt Ausdruck verliehen, vgl. Entsch. Bd. 73 S. 379, Jur. Wochenschr. 1909 S. 715 Nr. 2. Allein ein Parteiwille des bezeichneten Inhalts kann im Einzelfalle nur angenommen werden, wenn die Umstände danach angetan sind. Ist nicht ein gemeinschaftlicher Erfüllungsort verabredet oder geradezu über das anzuwendende Recht etwas bestimmt, so müssen die räumlichen Beziehungen des streitigen Verhältnisses so verschiedenes Gewicht haben, daß die eine davon allen anderen gegenüber erkennbar den Ausschlag gibt. Dagegen würde es z. B. nicht angängig sein, bei Kaufverträgen das Recht des Verkäufers einfach deshalb zum Einheitsrecht zu stempeln, weil die Sachleistungspflicht des Verkäufers gegenüber der Geldzahlungspflicht des Käufers die verwickeltere ist und leichter Anlaß zu Rechtsstreitigkeiten bietet. Nichts anderes aber tut das Oberlandesgericht, das den allgemeinen Satz aufstellt, der Käufer, der im Auslande Waren kaufe, unterwerfe sich, sofern der Verkäufer dort zu erfüllen habe, dem ausländischen Rechte.

Was es zur Stütze dieser Ansicht beizubringen weiß, erschöpft sich in der Bemerkung, mit der Frage, ob der Verkäufer durch Lieferung der Ware den Vertrag ordnungsmäßig erfüllt habe, hänge die Frage nach der Verpflichtung des Käufers zur Zahlung des Kaufpreises untrennbar zusammen. Ein Zusammenhang zwischen den einzelnen Verpflichtungen, der auf eine Rückwirkung der einen auf die andere hinausläuft, besteht natürlich begriffsmäßig bei jedem gegenseitigen Vertrage. Wie wenig aber für die Schwierigkeiten der Gesetzeskollision damit gewonnen ist, zeigt gerade die hier zu entscheidende Prozeßsache. Der deutsche Rechtssatz, daß bei Handelskäufen der Käufer, um Rechte aus der Mangelhaftigkeit der Ware herleiten zu können, den Mangel unverzüglich nach der Ablieferung rügen muß, hat unmittelbar mit den Pflichten des Verkäufers gar nichts zu tun, sondern betrifft allein das Verhalten des Käufers. Für die Frage, ob die unverzügliche Rüge einem ausländischen Käufer angesonnen werden darf, kann daher im Zweifel auch nur das Recht seines eigenen Erfüllungsorts maßgebend sein (vgl. Entsch. des RG.'s in Zivils. Bd. 46 S. 195, Bd. 73 S. 390, Jur. Wochenschr. 1899 S. 751 Nr. 27). Eine abweichende Vereinbarung, insbesondere eine Unterwerfung des Käufers unter das Recht des Verkäufers, bedarf konkreter Begründung. Im vorliegenden Falle sind Anhaltspunkte, die hierfür verwendbar wären, nicht ersichtlich. Die vom Oberlandesgericht hervorgehobenen Umstände, daß die Beklagte kraft der fob-Klausel die Frachtkosten bis zur Einladung in das Schiff in Hamburg zu tragen hatte und daß das Gewicht der Ware dort zu ermitteln war, haben mit der Sache schlechterdings nichts zu tun. In Betracht könnte höchstens kommen, was vom Oberlandesgerichte weiterhin erwähnt wird, die Verabredung des Preises in Markwährung. Daß aber hierdurch über das anzuwendende Recht nichts gesagt wurde, ergibt schon die Einflußlosigkeit der Preisbezeichnung auf den Erfüllungsort des Klägers. Der Vertrag bestimmt ausdrücklich die Einlösung der Dokumente bei der Bank des Klägers in Stockholm. Nur nebenbei mag denn auch bemerkt werden, daß Faktura und Wechsel tatsächlich in Kronen ausgestellt worden sind." . . .

RGZ. 83, 367

Genießt eine ausländische, nach den Gesetzen ihres Heimatstaates mit juristischer Persönlichkeit ausgestattete Handelsgesellschaft die Rechtsfähigkeit auch im Inlande?

Art. 10 EG. BGB.

II. Zivilsenat. Urt. v. 16. Dezember 1913.

I. Landgericht Stuttgart, Kammer für Handelssachen.

II. Oberlandesgericht daselbst.

Die Frage wurde in Uebereinstimmung mit den Vorinstanzen bejaht aus folgenden

Gründen:

„Nach den Feststellungen des Berufungsgerichts ist die Klägerin eine nach den Gesetzen ihres Heimatstaats Wisconsin gegründete, in Janesville domizilierte, mit juristischer Persönlichkeit ausgestattete, ihrem rechtlichen Wesen nach der deutschen Aktiengesellschaft oder der Gesellschaft mit beschränkter Haftung verwandte Handelsgesellschaft. Ihre Rechts-, Partei- und Prozeßfähigkeit sowie ihre gehörige Vertretung ist von dem Berufungsgerichte mit zutreffender Begründung bejaht worden. Zwar fehlt es an einer ausdrücklichen reichsgesetzlichen Vorschrift, die den ausländischen, mit juristischer Persönlichkeit ausgestatteten handelsrechtlichen Vereinigungen die Rechtsfähigkeit auch für das Inland verliehe. Die in den Entwürfen enthaltene allgemeine Bestimmung, wonach die juristische Persönlichkeit nach den Gesetzen des Ortes beurteilt werden sollte, wo sie ihren Sitz hat, ist vom Bundesrate gestrichen worden. Art. 7 EG. z. BGB. bezieht sich nur auf natürliche Personen. Art. 10 daselbst hat auf Handelsgesellschaften irgendwelcher Art überhaupt keinen Bezug, sondern nur auf solche Vereine, über deren Rechtsfähigkeit besondere reichsgesetzliche Vorschriften nicht erlassen sind. Er bestimmt nämlich, daß ein einem fremden Staate angehörender und nach dessen Gesetzen rechtsfähiger Verein, der die Rechtsfähigkeit im Inlande nur nach den Vorschriften der §§ 21, 22 BGB. erlangen könnte, als rechtsfähig gilt, wenn seine Rechtsfähigkeit durch Beschluß des Bundesrats anerkannt ist. Nach § 22 BGB. ist zur Erlangung der Rechtsfähigkeit eines inländischen Vereins, dessen Zweck auf einen wirtschaftlichen Geschäftsbetrieb gerichtet ist, die staatliche Verleihung nötig, jedoch nur in Ermangelung besonderer reichsgesetzlicher Vorschriften. Solche besondere Vorschriften über die Erlangung der Rechtsfähigkeit bestehen namentlich für die handelsrechtlichen Vereinigungen (Aktiengesellschaften, Gesellschaften m. b. H., Erwerbs- und Wirtschaftsgenossenschaften). Für sie kann daher das Erfordernis der staatlichen Verleihung der Rechtsfähigkeit keinesfalls in Betracht kommen.

Hiernach ist durch Streichung jener allgemeinen Bestimmung der Entwürfe in betreff der ausländischen mit juristischer Persönlichkeit bekleideten handelsrechtlichen Vereinigungen eine Lücke entstanden. Die Streichung hat jedoch nicht die Bedeutung, daß die Rechtsfähigkeit dieser Vereinigungen im Inlande nicht anerkannt werden sollte. Schon in der Kommission wurde die Streichung beantragt, weil die Bestimmung teils unnötig, teils unhaltbar sei. Inbetreff der handelsrechtlichen Vereinigungen wurde bemerkt, zu einer besonderen Vorschrift liege kein Bedürfnis vor; sowohl in der Literatur als in der Rechtsprechung werde ihnen schon jetzt die Rechtsfähigkeit im Inlande zugestanden, wenn sie nach den Gesetzen ihres ausländischen Sitzes solche besäßen. Die Kommission hat jedoch beschlossen, den § 1 beizubehalten mit dem Zusatze „Vereine, die nach deutschen Gesetzen die Rechtsfähigkeit nur durch Eintragung in das Vereinsregister oder durch staatliche Verleihung erlangen können, sind, wenn sie ihren Sitz nicht im Inlande haben, nur dann rechtsfähig, wenn sie die Rechtsfähigkeit durch Verleihung in einem Bundesstaate erlangt haben". Die Streichung der allgemeinen Bestimmung wurde abgelehnt mit folgender Begründung: „Da die Meinungen über das Prinzip geteilt seien und das ausländische Recht bezüglich der kommerziellen und industriellen Gesellschaften eine verschiedene Stellung einnehme, würde die Streichung Rechtsungewißheit zur Folge haben. In der Sache bestehe Einverständnis, daß die Rechtsfähigkeit der ausländischen öffentlich-rechtlichen Korporationen und ebenso die der handelsrechtlichen Erwerbsgesellschaften ohne weiteres anzuerkennen sei" (vgl. Prot. Bd. 6 S. 24 und 26). Die Meinung des Antragstellers, daß die Rechtsfähigkeit ausländischer handelsrechtlicher Vereinigungen im Inlande bereits in Rechtsprechung und Literatur anerkannt werde, hat von der Kommission keinen Widerspruch, sondern mehr eine Bestätigung erfahren. Ohne erkennbare Gründe ist der Bestimmung vom Bundesrate die Fassung des jetzigen Art. 10 EG. z. BGB. gegeben worden. Unter den festgestellten Umständen ist aus dem Stillschweigen des Gesetzes zu folgern, daß man es in Beziehung auf die ausländischen Erwerbgesellschaften bei dem bestehenden, auf einem Bedürfnisse des heutigen Weltverkehrs beruhenden Rechtszustande hat bewenden lassen wollen und eine besondere Vorschrift nicht für nötig gehalten hat.

Zur Unterstützung dieser Auffassung mag noch auf die Bestrebungen des Deutschen Reichs zum Schutze des internationalen Privatrechts hingewiesen werden, wie sie sich äußern in der Beteiligung an der Pariser Union vom 20. März 1883 zum Schutze des gewerblichen Eigentums und an dem Haager Abkommen vom 17. Juli 1905, in Kraft seit 27. April 1909 (RGBl. 1909 S. 409) usw. Denn wenn auch diese Verträge für den Rechtsstreit keine unmittelbare Bedeutung haben, so offenbart doch die Beteiligung hieran den Geist, mit dem die Rechtsentwickelung im Deutschen Reiche derartigen Fragen des internationalen Privatrechts gegenübersteht. Mit diesen Bestrebungen würde es nicht wohl zu vereinigen sein, wenn einer ausländischen, nach dem an ihrem Sitze geltenden Rechte rechtsfähigen Handelsgesellschaft im Inlande zum Schaden des internationalen Verkehrs die Rechtsfähigkeit versagt wäre. Daher ist die Rechts-, Partei- und Prozeßfähigkeit solcher auswärtiger Handelsgesellschaften auch im Inlande anzuerkennen, soweit sie nicht im Widerspruche mit Art. 30 EG. z. BGB. gegen die guten Sitten oder gegen den Zweck eines deutschen Gesetzes verstoßen.

Auf diesem Standpunkte stehen denn auch einstimmig Rechtsprechung und Rechtslehre. Insbesondere hat auch das Reichsgericht schon wiederholt die Rechtsfähigkeit solcher ausländischer Handelsgesellschaften anerkannt, so der I. Zivilsenat in den Entsch. des RG.'s in Zivils. Bd. 72 S 248, der erkennende Senat in dem Urteile vom 7. Oktober 1904 Rep. II. 13 04, abgedruckt in Niemeyers Zeitschr. f. Priv.- u. Oeffentl. Recht Bd. 15 S 293. Das Urteil des I. Zivilsenats I 457/03 steht dieser Auffassung nicht entgegen, weil es sich mit einer Gesellschaft befaßt, die nur dem Namen nach ihren Sitz im Auslande, in der Tat jedoch nach allen in Betracht kommenden Umständen ihren Verwaltungssitz und Geschäftsbetrieb in Hamburg hatte, derart, daß, wie es in dem Urteile heißt, der nominelle Sitz in Washington keine rechtliche Bedeutung habe.

Verschieden von der Rechtsfähigkeit einer ausländischen Erwerbsgesellschaft ist ihre Befugnis zum Gewerbebetrieb im Inlande, soweit hierzu eine Erlaubnis erforderlich ist. Die Notwendigkeit einer Erlaubnis für den gewerbsmäßigen inländischen Betrieb erstreckt sich jedoch keineswegs ohne weiteres auf den Abschluß einzelner Geschäfte. Ein Gewerbebetrieb der Klägerin in Deutschland steht nicht in Frage. Deshalb ist für die Anwendbarkeit des irrevisiblen Art. 282 des württembergischen AG. z. BGB. kein Raum."

RGZ. 88, 191

Sind Ehen gültig, die zwischen Deutschen und Ausländern im Auslande unter Beobachtung der Gesetze des Eheschließungsorts eingegangen werden?

EG. z. BGB. Art. *11*, *13*.

IV. Zivilsenat. Urt. v. 6. April 1916.

I. Landgericht Hamburg. II. Oberlandesgericht daselbst.

Der Kläger ist türkischer Staatsangehöriger und gehört der armenisch-katholischen Religion an. Er hat am 8. Juli 1908 in Rio de Janeiro vor dem dortigen Standesbeamten mit der Beklagten die Ehe geschlossen. Die Beklagte war früher preußische Staatsangehörige, soll diese Staatsangehörigkeit aber, wie der Kläger in der Berufungsinstanz behauptete, vor der Eheschließung durch Zeitablauf verloren und eine andere nicht erlangt haben. Feststellungen darüber hat das Berufungsgericht nicht getroffen. Der Kläger macht geltend, die Ehe der Parteien sei nichtig. Als Türke armenisch-katholischen Bekenntnisses könne er eine gültige Ehe nur vor dem armenischen Patriarchen in Konstantinopel schließen. Auch staatlich werde eine anderweit geschlossene Ehe in der Türkei als gültig nicht anerkannt. Infolge der Nichtigkeit der Ehe sei die Beklagte nicht berechtigt, seinen Namen zu führen. Er hat deshalb Klage auf Unterlassung der Führung dieses Namens erhoben.

Die Klage wurde in beiden Instanzen, aber aus verschiedenen Gründen, abgewiesen. Die Revision des Klägers hatte keinen Erfolg.

Gründe:

„Unstreitig haben die Parteien ihre Ehe in Brasilien unter Beobachtung der dort vorgeschriebenen Formen vor einem Standesbeamten geschlossen. Die Ehe ist also gültig, wenn Art. 11 Abs. 1 Satz 2 EG. z. BGB. anwendbar ist. An sich findet diese Vorschrift auch auf die Eheschließung Anwendung. Denn auch die Eheschließung ist vom Standpunkte des bürgerlichen Rechtes aus als ein Rechtsgeschäft anzusehen. Es kann sich nur fragen, ob jene Vorschrift etwa durch Art. 13 EG. eine Einschränkung erfahren hat. Der Abs. 3 dieses Artikels kommt hier nicht in Betracht. Aber der Art. 13 Abs. 1 unterwirft ganz allgemein „die Eingehung der Ehe" dem Personalstatut der Verlobten. Es ist dort zwar nur von dem Falle die Rede, daß einer der Eheschließenden ein Deutscher ist, und es steht im vorliegenden Falle nicht fest, daß die Beklagte zur Zeit der Heirat noch Deutsche war. Aber da sie jedenfalls keine andere Staatsangehörigkeit erlangt hatte, so ist Art. 13 nach Art. 29 EG. anwendbar. Nicht beigetreten werden kann nun zwar der in der Literatur vertretenen Ansicht, daß der Ausdruck „Eingehung der Ehe" überhaupt nicht die Form, sondern nur die materiellrechtlichen Erfordernisse der Eheschließung begreife. Das steht mit dem Wortsinne nicht im Einklang, und dagegen spricht der Abs. 3 dieses Artikels, der besondere Vorschriften für die Form einer Ehe trifft, die im Inlande geschlossen wird. Aber trotzdem läßt der Art. 13 Abs. 1 den Art. 11 Abs. 1 Satz 2 unberührt. Es läßt sich aus Art. 13 Abs. 1 nicht entnehmen, daß die Beobachtung der Gesetze des Ortes, an dem die Ehe geschlossen wird, nur dann genügen soll, wenn auch das ausländische Eherecht eine entsprechende Vorschrift enthält. Vielmehr hat Art. 13 Abs. 1, soweit sein Verhältnis zu Art. 11 Abs. 1 in Frage kommt, lediglich die Bedeutung, daß er die Gesetze bezeichnet, welche im Sinne des Art. 11 Abs. 1 Satz 1 für das Rechtsgeschäft der Eheschließung maßgebend sein sollen. Er ergänzt also den Art. 11 dahin, daß, wenn die Eheschließung nach Art. 11 Abs. 1 Satz 1 gültig sein soll, die Formerfordernisse des Heimatrechts beider Verlobten beobachtet werden müssen. Der Art. 11 Abs. 1 Satz 2 ist eine ganz selbständige, für alle Rechtsgeschäfte geltende Vorschrift, in deren Bereich der Art. 13 Abs. 1 nicht eingreift. Diese Auffassung findet ihre Bestätigung in der Entstehungsgeschichte des Gesetzes. Nach dem Berichte der Reichstagskommission vom 12. Juni 1896 (Nr. 440 d der Drucksachen S. 2) hat der Vertreter der Regierung, ohne Widerspruch zu finden, anerkannt, „daß bei einer im Auslande zwischen Deutschen oder zwischen Deutschen und Ausländern geschlossenen Ehe nach Art. 10 Abs. 1 Satz 2 (Art. 11 Abs. 1 Satz 2 des Gesetzes) die am Orte der Eheschließung geltenden Gesetze maßgebend" seien. Das entspricht auch der allgemein herrschenden Ansicht.

Auch das Berufungsgericht scheint diese Ansicht zu teilen, aber den Art. 11 Abs. 1 Satz 2 um deswillen nicht für anwendbar zu halten, weil es meint, daß die nach der Behauptung des Klägers maßgebenden Vorschriften des katholisch-armenischen Eherechts materiell-rechtlicher Natur seien und deshalb nach Art. 13 Abs. 1 EG. Anwendung hätten finden müssen. Ist dies der Sinn der nicht ganz klaren Ausführungen des Berufungsgerichts, so könnte ihm nicht beigetreten werden. Denn unter der Form der Eheschließung ist zu verstehen sowohl die äußere Gestaltung der von den Eheschließenden abzugebenden Willenserklärungen als auch die gesamte Mitwirkung des Beamten oder Geistlichen und etwaiger Hilfspersonen einschließlich des vorangehenden Aufgebots (vgl. Zitelmann, Internationales Privatrecht Bd. 2 S. 609, 611). Ob die Formen religiöser Natur sind, kann dabei keinen Unterschied machen. Daß dies die richtige Auffassung ist, ergibt sich auch aus Art. 5 des hier sonst nicht zur Anwendung kommenden Haager Eheschließungs-Abkommens. Denn wenn der Artikel im Abs. 1 bestimmt, daß in Ansehung der Form die Ehe überall als gültig anzuerkennen ist, wenn die Eheschließung dem Gesetze des Landes, in welchem sie erfolgt ist, entspricht, und im Abs. 2 davon zugunsten derjenigen Länder, deren Gesetzgebung eine religiöse Trauung vorschreibt, eine Ausnahme macht, so ist damit ausgesprochen, daß die Vorschriften über die religiöse Trauung Formvorschriften sind.

Die Ehe der Parteien ist daher, wie das Landgericht zutreffend angenommen hat, nach Art. 11 Abs. 1 Satz 2 EG. z. BGB. gültig. Die Revision mußte daher zurückgewiesen werden, ohne daß es eines Eingehens auf die rechtlich nicht unbedenklichen Erwägungen, auf Grund deren das Berufungsgericht zur Abweisung der Klage gelangt ist, bedurfte."

RGZ. 91, 139

Nach welchem Rechte werden Ausländer beerbt, die zur Zeit ihres Todes ihren Wohnsitz im Auslande hatten?

Art. 24—28 EG. BGB.

IV. Zivilsenat. Urt. v. 8. November 1917.

I. Landgericht Köln. II. Oberlandesgericht daselbst.

Am 9. November 1908 starb zu St. Petersburg, wo er seinen Wohnsitz hatte, A. F. G. R. ohne Hinterlassung eines Testaments. Er war verheiratet, hatte aber keine Kinder. Als seine Erben bezeichnete das Petersburger Bezirksgericht die Witwe und zwei Neffen, nämlich E. R. und O. R. Die Klägerinnen sind Schwestern von O. R. Sie machten geltend, daß sie Miterben seien, und trugen vor, der Erblasser sei belgischer Staatsangehöriger gewesen und darum nach belgischem Rechte beerbt worden; nach belgischem Rechte aber seien sie neben der Witwe und den Neffen des Erblassers Erben geworden. O. R. habe das auch anerkannt; nach seinem Tode habe sich aber die Beklagte, seine alleinige Erbin, auf einen anderen Standpunkt gestellt. Die Klägerinnen beantragten deshalb, es möge festgestellt werden, daß sie an dem Nachlaß als Miterben beteiligt seien. Das Landgericht entsprach diesem Antrag, indem es von der Maßgeblichkeit des belgischen Rechtes ausging. Dagegen wies das Oberlandesgericht die Klage ab. Die Revision führte zur Aufhebung des Berufungsurteils.

Aus den Gründen:

„Das Oberlandesgericht hält zwar für erwiesen, daß der Erblasser als belgischer Staatsangehöriger gestorben sei; es erkennt auch an, daß, wenn er infolgedessen nach belgischem Rechte beerbt worden wäre, das Miterbrecht der Klägerinnen nicht zweifelhaft sein könne. Es erklärt aber russisches Recht für maßgebend und stellt fest, daß nach russischem Rechte, wie es zur Zeit des Erbfalls galt, bei der gesetzlichen Erbfolge in der Seitenlinie Brüder die Schwestern und Neffen die Nichten des Erblassers ausschlossen. Ein gesetzliches Miterbrecht der Klägerinnen erachtet es darum nicht für gegeben.

Dieser Teil der Urteilsbegründung beruht in einem wesentlichen Punkte auf Rechtsirrtum.

Die Frage, welches Erbrecht im Streitfall anwendbar sei, bestimmt sich in erster Linie nach inländischem Rechte, also nach deutschem Rechte und den in Deutschland anerkannten Grundsätzen des internationalen Privatrechts. Richtig ist auch, daß das Einführungsgesetz zum Bürgerlichen Gesetzbuche, das nur Vorschriften über die Beerbung eines Deutschen und über die Beerbung eines im Inlande verstorbenen Ausländers gibt (Art. 24 bis 28), die Frage, nach welchem Rechte ein im Auslande verstorbener Ausländer beerbt wird, nicht unmittelbar beantwortet. Unrichtig aber ist die Ansicht des Oberlandesgerichts, daß eine entsprechende Anwendung der im Einführungsgesetz über die Beerbung eines im Inlande verstorbenen Ausländers enthaltenen Sätze höchstens in solchen Fällen denkbar sei, wo der Erblasser nur im Inlande befindliche Sachen hinterlassen habe, während sich im gegebenen Falle die gesamte Hinterlassenschaft, die bewegliche sowohl wie die unbewegliche, in Rußland befinde, dort der Erblasser auch verstorben sei und sich überdies bereits ein russisches Gericht mit der Prüfung und Festsetzung der Erbfolge unter Erlaß eines Urteils befaßt habe, und daß dies dazu zwinge, die Frage, welches Erbrecht hier anzuwenden sei, nach russischem Rechte zu entscheiden.

Bei der eigenartigen Entstehungsgeschichte der dem Einführungsgesetze zum Bürgerlichen Gesetzbuche schließlich einverleibten Sätze des internationalen Privatrechts ist es verständlich, daß über die Art, wie die Lücken auszufüllen sind, die das Einführungsgesetz bewußt gelassen hat, die Ansichten sehr auseinander gehen. Indessen darüber herrscht jetzt ziemlich allgemeines Einverständnis, daß da, wo das Einführungsgesetz keine vollständige Lücke zeigt sondern, wenn auch keine vollkommenen, so doch unvollkommene Kollisionsnormen aufstellt, namentlich wo es, wie auf dem Gebiete des Erbrechts, an die Staatsangehörigkeit anknüpft und nach ihr das sog. Personalstatut bestimmt, die Staatsangehörigkeit auch außerhalb des eigentlichen

Anwendungsbereichs der Vorschriften des Einführungsgesetzes als der von diesem gewollte Ausgangspunkt für die Bestimmung der zuständigen Rechtsordnung zu nehmen ist. Davon ist auch bereits das Reichsgericht in verschiedenen Fällen (vgl. z. B. RGZ. Bd. 62 S. 400 betr. Art. 14, Warneyer 1911 Nr. 126 und 1913 Nr. 53 betr. Art. 19) ausgegangen. Und was insbesondere die Beerbung von Ausländern betrifft, so hat auch der I. Zivilsenat des Kammergerichts in dem auf weitere Beschwerde ergangenen Beschlusse Jahrb. des Kammergerichts Bd. 42 S. 141 ausgesprochen, das im Art. 25 EG. anerkannte Staatsangehörigkeitsrecht greife nicht bloß bei inländischem Wohnsitze des ausländischen Erblassers, sondern auch und noch viel mehr dann Platz, wenn der ausländische und im Ausland wohnhaft gewesene Erblasser nur im Inlande befindliche Gegenstände hinterlassen habe. Diesen Ausspruch mißversteht das Oberlandesgericht, wenn es ihn dahin auslegt, daß die entsprechende Anwendung des Art. 25 Satz 1 auf Ausländer mit ausländischem Wohnsitze das Vorhandensein von Vermögen im Inlande zur notwendigen Voraussetzung habe, eine Voraussetzung, die in dem vom Kammergericht entschiedenen Falle ersichtlich gar nicht zutraf. Auch der Umstand, daß sich im Streitfalle das gesamte Vermögen des Erblassers in Rußland befand, könnte, wenn der Erblasser belgischer Staatsuntertan war, an der grundsätzlichen Anwendbarkeit des belgischen Rechtes auf seine Beerbung ebensowenig etwas ändern wie die Tatsache, daß sich nach seinem Tode ein russisches Gericht mit der Prüfung und Festsetzung der Erbfolge unter Erlaß eines Urteils (einer Art Erbschein) befaßt hat.

Muß hiernach mit Rücksicht auf die festgestellte Staatsangehörigkeit des Erblassers grundsätzlich vom belgischen Rechte ausgegangen werden, so ist doch das belgische Recht so anzuwenden, wie es der belgische Richter zur Anwendung gebracht haben würde, d. h. nicht nur in seinen Sachnormen, sondern regelmäßig auch in seinen Kollisionsnormen. Auch das entspricht der neueren Rechtsprechung des Reichsgerichts (vgl. außer den angeführten Entscheidungen noch RGZ. Bd. 78 S. 236). In bezug auf das unbewegliche Vermögen eines Belgiers läßt nun, wie das Oberlandesgericht feststellt, das belgisch-französische Recht (ebenso wie z. B. das österreichische, vgl. RGZ. Bd. 63 S. 356) das Recht, insbesondere das Erbrecht des Ortes gelten, wo sich die Grundstücke befinden, das Recht der belegenen Sache. Da zudem auch das russische Recht, wie das Oberlandesgericht gleichfalls feststellt, beides mit maßgeblicher Bedeutung für das Revisionsgericht (§ 562 ZPO.), in bezug auf den Grundbesitz, den Ausländer in Rußland haben, unbedingt seine eigenen Vorschriften für maßgebend erklärt, so besteht insoweit nicht einmal ein Gegensatz zwischen dem belgischen und dem russischen Rechte, vielmehr ist, soweit es sich um die Erbfolge in das unbewegliche Vermögen des Erblassers handelt, die Annahme des Oberlandesgerichts, daß russisches Recht anzuwenden sei, im Ergebnis unter allen Umständen zutreffend. Was dagegen das bewegliche Vermögen des Erblassers betrifft, das den Hauptbestandteil der Erbschaft ausmacht, so hätte das Oberlandesgericht vom Standpunkte der grundsätzlichen Maßgeblichkeit des belgischen Rechtes, den es nach der hier vertretenen Ansicht einzunehmen hatte, in eine Prüfung der Frage eintreten müssen, welche Bestimmungen dieses Recht, das belgische, über die Erbfolge in das bewegliche Vermögen von Belgiern trifft, die mit ausländischem Wohnsitz im Auslande sterben. Insbesondere hätte untersucht werden müssen, ob das belgisch-französische Recht insoweit das Recht des letzten Wohnsitzes oder, wie entsprechend der immer mehr zunehmenden Bedeutung der Staatsangehörigkeit im internationalen Rechte namentlich in neuerer Zeit vielfach angenommen wird, das Heimatrecht des Erblassers (la loi nationale) entscheiden läßt. Einer Entscheidung der Frage hätte es nicht bedurft, wenn sie in einem zwischen Belgien und Rußland geschlossenen Staatsvertrage geregelt wäre. Das ist jedoch nach der Feststellung des Oberlandesgerichts nicht der Fall, da danach eine Konvention der beiden Staaten zwar besteht, die streitige Frage aber darin nicht behandelt wird. In eine Prüfung der Streitfrage ist indessen das Oberlandesgericht nicht eingetreten; es hat sie vielmehr, von seinem Standpunkt aus mit Recht, ausdrücklich unerörtert gelassen. Sein Urteil unterliegt daher der Aufhebung." . . .

RGZ. 95, 164

Welches örtliche Recht findet Anwendung, wenn sich der Käufer gegenüber dem Anspruch auf den Kaufpreis darauf beruft, daß er den Vertrag wegen Irrtums angefochten habe?

§ 119 BGB. Art. 11, 12 EG. BGB.

II. Zivilsenat. Urt. v. 11. März 1919.

I. Landgericht Hamburg, Kammer für Handelssachen.

II. Oberlandesgericht daselbst.

Der Kläger hat seine Handelsniederlassung in Wien, der Beklagte in Hamburg. Unter Vermittlung einer Hamburger Firma kaufte dieser von jenem einen Waggon Haselnußkerne ab Budapest, zahlbar netto Kasse in Wien gegen Frachtbrief-Duplikat bei der Anglo-Oesterreichischen Bank in Wien, Ausfuhrgarantie nach Deutschland. Der Beklagte hat Abnahme und Zahlung der Ware verweigert. Er behauptet, nach dem Abschluß des Verkaufs am gleichen Tage sei ihm zu Ohren gekommen, daß die obrigkeitliche Beschlagnahme von Haselnußkernen in Aussicht stehe, was ihn veranlaßt habe, dem Kläger noch an demselben Tage zu telegraphieren, er widerrufe seinen Auftrag wegen Regierungsmaßnahmen. Daher sei er berechtigt gewesen, das Rechtsgeschäft nach § 119 BGB. anzufechten.

Beide Instanzen haben den Beklagten nach dem Klagantrage verurteilt. Die Revision ist zurückgewiesen worden.

Aus den G r ü n d e n :

„Der schlüssig begründeten Klage gegenüber hat der Beklagte sich in der Berufungsinstanz auf die Verteidigung beschränkt, daß er das Rechtsgeschäft wegen Irrtums nach § 119 Abs. 2 BGB. anfechte. Der Vorderrichter hat darüber nach österreichischem Rechte entschieden. Er hat ausgeführt, daß der Verkäufer seine gewerbliche Niederlassung in Wien habe, daß das Geschäft den Usancen der Wiener Warenbörse unterstellt worden, die Ware in Wien gegen Frachtbrief-Duplikat bei einer Wiener Bank zu zahlen gewesen sei; daß somit nach deutschem wie nach österreichischem Rechte der Beklagte als Käufer in Wien hätte erfüllen müssen.

Das ist rechtlich nicht zu beanstanden. . . . Ist aber Wien der Erfüllungsort und danach für die Verbindlichkeiten des Käufers das dort geltende Recht maßgeblich, so ist auch die Frage, ob seine Willenserklärung der Anfechtung unterliegt, nach österreichischem Rechte zu entscheiden (RGZ. Bd. 78 S. 59).

Die Revision stellt die Frage, ob in schuldrechtlichen Verhältnissen das Recht des Erfüllungsorts anzuwenden ist und nicht vielmehr das Personalstatut des Schuldners, zur Nachprüfung und beruft sich für die letztere Meinung auf Z i t e l m a n n , Intern. Privatrecht Bd. 2 S. 373. Die Frage ist in der Literatur bestritten. Die Rechtsprechung hat überwiegend an der von S a v i g n y begründeten Lehre festgehalten, daß das Recht des Erfüllungsortes maßgeblich sei, und namentlich hat das Reichsgericht sich ganz ständig auf diesen Boden gestellt. Wenn der VI. Senat sich in den Urteilen RGZ. Bd. 61 S. 343, Bd. 62 S. 379 für die Anwendbarkeit des Personalstatuts ausgesprochen hat, so ist doch der erkennende Senat bereits in RGZ. Bd. 73 S. 379 flg., bes. S. 387, bei der bisherigen Rechtsprechung verblieben, indem er zutreffend zugleich darauf hinwies, daß die Entscheidungen des VI. Senats in der Sache nicht auf der dort ausgesprochenen Rechtsauffassung beruhen, so daß es einer Anrufung der Vereinigten Zivilsenate nicht bedürfe.

An dieser Rechtsprechung ist festzuhalten. Am wenigsten vermag die Berufung auf Z i t e l m a n n eine selbständige Begründung der gegenteiligen Meinung zu ersetzen. Der Verfasser erhebt gar nicht den Anspruch, das internationale Privatrecht so darzustellen, wie es tatsächlich in Geltung ist. Er will zu wissenschaftlich unanfechtbaren Rechtssätzen dadurch gelangen, daß er, von unmittelbar einleuchtenden Postulaten ausgehend, auf deduktivem Wege das System aufbaut. Dabei geht er von Voraussetzungen aus, die, wie er selbst nicht verkennt, mit dem tatsächlich herrschenden Zustande nicht gegeben sind. Er unterstellt eine völkerrechtlich sichere Abgrenzung des Machtbereichs der Staaten in der vielfachen Verschlungenheit von Personal- und Gebietshoheit gegeneinander, von der das heutige Völkerrecht noch weit entfernt ist. Dazu kommt, daß Zitelmanns wichtigster Beweisgrund, daß man sich mit der Anwendung des Rechtes des Erfüllungsorts im Zirkel bewege, weil gerade auch die Frage nach dem Erfüllungsort eine Rechtsfrage sei, im gleichen, wenn nicht in noch höherem Maße die eigene Meinung trifft, die schon bei dem ersten Schritt, ob denn als Personalstatut das Recht des Wohnsitzes oder das Recht des Staates gilt, dem der Schuldner angehört, aber auch darüber hinaus vor Rechtsfragen gestellt wird. Für die herrschende Lehre bedarf es dagegen jedenfalls in den zahlreichen Fällen keiner Vorwegnahme, wo, wie hier, eine Reihe rein tatsächlicher Momente örtlicher Beziehung die sichere Entscheidung darüber an die Hand geben, wo die Leistung nach Absicht des Vertrags erfolgen soll. Und überhaupt besteht das Dilemma nicht für denjenigen, welcher annimmt, daß der Richter stets in Anwendung des eigenen Rechtes entscheidet, daß er sich in letzter Linie auch da, wo er fremdes Recht anwendet, in Anwendung des eigenen Rechtes insofern bewegt, als er damit die ausdrückliche oder immanente Kollisionsnorm, die Anweisung oder Ermächtigung seines Rechtes befolgt. Es erscheint dann die Frage nach dem Erfüllungsorte, sofern sie als Rechtsfrage auftritt, als eine nach der lex fori zu entscheidende Vorfrage. Dem entspricht im vorliegenden Falle, daß der Vorderrichter die Frage auch vom Standpunkte des deutschen Rechtes (§ 269 BGB.) aus geprüft und einwandfrei entschieden hat." . . .

RGZ. 105, 340

Zur Scheidung von Ehen schweizerischer Staatsangehöriger in Deutschland.

Art. 17 EG. BGB.

IV. Zivilsenat. Urt. v. 8. November 1922.

I. Landgericht Ratibor. II. Oberlandesgericht Breslau.

Der Kläger, der schweizerischer Staatsangehöriger ist, hat im Jahre 1909 in Ratibor die Ehe mit der Beklagten geschlossen. Im Jahre 1918 erhob er dort die Scheidungsklage. Das Landgericht wies die Klage ab, das Oberlandesgericht gab ihr statt. Die Revision der Beklagten führte zur Aufhebung des Berufungsurteils.

Aus den Gründen:

Daß die Klage vor dem Landgericht in Ratibor erhoben werden konnte und vom Kläger nicht in seiner Heimat angestellt zu werden brauchte, nimmt das Oberlandesgericht mit Recht an. Es ergibt sich aus Art. 5 Nr. 2 des Haager Ehescheidungsabkommens vom 12. Juni 1902 und Art. 7 g des schweizerischen Bundesgesetzes, betr. die zivilrechtlichen Verhältnisse der Niedergelassenen und Aufenthalter, vom 25. Juni 1891 in der Fassung des Art. 59 — früher 61 — des Schlußtitels des schweizerischen Zivilgesetzbuchs vom 10. Dezember 1907.

Rechtsirrig ist dagegen die Ansicht, die das Oberlandesgericht in sachlich-rechtlicher Hinsicht an erster Stelle vertritt, die Ansicht nämlich, daß insoweit hier ausschließlich das Recht des Bürgerlichen Gesetzbuchs zur Anwendung zu kommen habe. In dieser Hinsicht geht das Oberlandesgericht von Art. 17 Abs. 1 EG. z. BGB. aus, wonach für die Scheidung der Ehe die Gesetze des Staates maßgebend sind, dem der Ehemann zur Zeit der Erhebung der Klage angehört. Es beruft sich auf die Vorschrift in Art. 27 EG.: Sind nach dem Rechte eines fremden Staates, dessen Gesetze in dem . . . Art. 17 Abs. 1 . . . für maßgebend erklärt sind, die deutschen Gesetze anzuwenden, so finden diese Gesetze Anwendung. Es sucht darzulegen, daß nach dem — seines Erachtens in der vorhin erwähnten Vorschrift des Schweizer Rechts zur Anerkennung gelangten — sog. Domizilprinzipe der Schweiz eine solche Rückverweisung auf die deutschen Gesetze zu finden sei. Für die im Schrifttum allgemein angenommene Meinung (vgl. auch die Denkschrift in Bd. 207 der Reichstasgdrucksachen S. 1982 Abs. 2), daß die Rückverweisung des Art. 27 für den Geltungsbereich des Haager Ehescheidungsabkommens ausgeschlossen sei, findet es im Wortlaute des Abkommens keine Stütze.

Schon die Grundlage dieser Betrachtung ist unrichtig. Vertragsstaaten gegenüber ist nicht von den Vorschriften des EG. z. BGB., sondern von dem Abkommen selbst auszugehen. Nach Art. 1, 2 des Haager Ehescheidungsabkommens jedoch kann auf Scheidung nur dann geklagt werden, wenn sie im einzelnen Falle sowohl nach den Gesetzen des Heimatsstaats der Ehegatten als auch nach dem Gesetze des Ortes, wo geklagt wird, zulässig ist, sei es auch aus verschiedenen Gründen. Von diesem Grundsatz ist in Art. 3 eine Ausnahme nur zugunsten des Heimatsrechts anerkannt, indem das Gesetz des Heimatsstaats allein maßgebend sein soll, wenn das Gesetz des Ortes, wo geklagt wird, dies vorschreibt oder gestattet. Für die in Deutschland erhobenen Klagen ist aber der Art. 3 des Abkommens angesichts der Vorschrift des Art. 17 Abs. 4 EG. z. BGB. insofern gegenstandslos, als diese Gesetzesbestimmung die auschließliche Anwendung des Heimatsrechts nicht zuläßt, sondern die Scheidung sowie die Aufhebung der ehelichen Gemeinschaft auf Grund eines ausländischen Gesetzes im Inlande nur gestattet, wenn sowohl nach dem ausländischen Gesetz als nach den deutschen Gesetzen die Scheidung zulässig sein würde. Im Geltungsbereich der Art. 1 bis 3 des Abkommens ist daher für die Vorschrift in Art. 27 EG. z. BGB. gar kein Raum, in Deutschland muß vielmehr Vertragsstaaten gegenüber, soweit es sich wenigstens (Art. 10 Abs. 1) um die europäischen Gebiete handelt, neben dem deutschen Rechte stets auch das Heimatsrecht in Betracht gezogen werden. Das hat darum auch im Streitfalle zu geschehen, mag im Schweizer Rechte an sich das Domizilprinzip anerkannt sein oder nicht. Uebrigens hat der Senat bereits einmal ausgesprochen (Warneyer 1913 Nr. 37, vgl. auch 1919 Nr. 100), daß für die Ehescheidung der Schweizer Gesetzgeber nach Art. 59 Nr. 7 g des Schlußtitels des Zivilgesetzbuchs grundsätzlich jetzt sein Recht angewendet wissen will, obwohl er die Scheidung schweizerischer, im Auslande wohnender Ehegatten, die durch ein nach dortigem Rechte zuständiges Gericht ausgesprochen worden ist, auch dann anerkennt, wenn sie nach schweizerischem Rechte nicht begründet gewesen wäre.

Scheidung kann hiernach der Kläger nur verlangen, wenn sie sowohl nach schweizerischem als nach deutschem Rechte, sei es auch aus verschiedenen Gründen, zulässig ist. Für den Fall der Anwendbarkeit des schweizerischen Rechtes erwägt nun das Oberlandesgericht in zweiter Linie, daß sie die Entscheidung nicht beeinflussen würde, weil die nach dem Bürgerlichen Gesetzbuch im vorliegenden Falle in Betracht kommenden Klagegründe des Ehebruchs und der schuldhaften Ehezerrüttung auch in den Art. 137 bis 139 und in Art. 142 des schweizerischen Zivilgesetzbuches „vorgesehen" seien. Auch diese Hilfserwägung des Oberlandesgerichts ist jedoch rechtlich nicht einwandfrei. Nach Art. 2 des Haager Abkommens kommt es nicht darauf an, ob das Schweizer Recht einen den §§ 1565 und 1568 BGB. entsprechenden Scheidungsgrund kennt, sondern darauf, ob der Tatbestand so, wie er in dem zu beurteilenden Falle zur Zeit der Urteilsfällung vorliegt, unter Berücksichtigung aller erhobenen Einwendungen die Scheidung nach den in gleicher Weise zur Anwendung berufenen Gesetzen der beiden Staatsgebiete rechtfertigt (vgl. Warneyer 1920 Nr. 46). An einer derartigen Prüfung hat es das Oberlandesgericht fehlen lassen, mindestens bietet der mitgeteilte, jeder näheren Darlegung entbehrende Ausspruch im Urteil, auf den sich das Oberlandesgericht beschränkt, keine ausreichende Gewähr dafür, daß der Sachverhalt in allen Einzelheiten auch nach schweizerischem Rechte geprüft und zur Scheidung für ausreichend befunden worden ist. Das Berufungsurteil unterliegt daher schon aus diesem Grunde der Aufhebung. . . .

RGZ. 106, 82

Verstößt die Anwendung eines ausländischen Gesetzes, wonach forderungsrechtliche Ansprüche unter gewissen Umständen unverjährbar sind, gegen den Zweck eines deutschen Gesetzes?

Art. 30 EG. BGB.

III. Zivilsenat. Urt. v. 19. Dezember 1922.

I. Landgericht Konstanz. II. Oberlandesgericht Karlsruhe.

Im Jahre 1909 hat die Firma Robert J. in Winterthur gegen den damals in der Schweiz ansässigen Beklagten wegen einer Warenlieferungsforderung zwei Zahlungsbefehle über insgesamt 507,15 Frs., und, nachdem sie die Zwangsvollstreckung fruchtlos betrieben hatte, bei dem Beitreibungsamt B. einen „Verlustschein infolge Pfändung" über den genannten Betrag erwirkt. Als angebliche Rechtsnachfolgerin der Firma J. macht die Klägerin die Forderung gegen den Beklagten geltend; sie verlangt Zahlung von 507,15 Frs. Schweizer Währung oder des entsprechenden Betrags in Mark zum Kurse des Zahlungstags. Beide Vorinstanzen wiesen die Klage ab. Die Revision hatte Erfolg.

Gründe:

Zugunsten der Klägerin hat der Berufungsrichter erwogen: die Klage sei durch die Berufung der Klägerin auf die unterliegenden Kaufpreisforderungen schlüssig begründet und insoweit auch unbestritten; das Rechtsverhältnis sei nach schweizer Recht zu beurteilen; die Klagberechtigung der Klägerin sei nach diesem Recht gegeben; auch der Verjährungseinwand des Beklagten unterstehe dem schweizer Recht und wäre nach diesem Recht begründet, wenn ihm nicht die Vorschrift des Art. 149 Abs. 5 des schweizer Gesetzes über Schuldbetreibung und Konkurs entgegenstünde; diese Vorschrift sei nicht ausschließlich prozeßrechtlicher, sondern zugleich sachlichrechtlicher Natur; sie sei deshalb auch von dem deutschen Richter zu beachten, und sie würde an sich zugunsten der Klägerin durchgreifen. Dessenungeachtet gelangt der Berufungsrichter zur Abweisung der Klage. Er hält dafür, daß die in der genannten Vorschrift vorgesehene Unverjährbarkeit solcher Ansprüche, über die nach schweizer Recht ein Verlustschein ausgestellt sei, dem deutschen Recht dergestalt zuwiderlaufe, daß der deutsche Richter sie auf Grund des Art. 30 EG. z. BGB. nicht berücksichtigen dürfe. An Stelle der hiernach unanwendbaren schweizer Vorschrift bringt der Berufungsrichter die deutschen Verjährungsvorschriften, und zwar die §§ 196, 197 BGB. zur Anwendung. Demzufolge erachtet er — da die Klage erst im September 1920 erhoben ist — die Klageforderung für verjährt.

Ihren Hauptangriff richtet die Revision dagegen, daß der Berufungsrichter der Vorschrift des Art. 149 Abs. 5 des schweiz. Schuldbetreibungsgesetzes, die an sich zugunsten der Klägerin durchgreifen würde, auf Grund des Art. 30 EG. z. BGB. die Anerkennung im Inland versagt. Der Angriff ist nicht begründet. Die Ausführungen des Berufungsrichters lassen in diesem Stück keinen Rechtsirrtum erkennen, und seinem Ergebnis ist beizutreten.

Die Anwendung der schweizer Vorschrift würde zwar nicht gegen die guten Sitten, wohl aber in hohem Grade gegen den Zweck des deutschen Gesetzes verstoßen. Abgesehen von einigen besonders beschaffenen Fällen, die hier nicht in Frage stehen (Gestaltungsrechte, Feststellungsklagen, gewisse familienrechtliche Ansprüche, Rechte, die im Grundbuch eingetragen sind), kennt das deutsche Recht keine Ansprüche, die der Verjährung entzogen wären. Namentlich die einfachen Geldzahlungsansprüche forderungsrechtlicher Natur, wie hier einer in Frage steht, hat das deutsche Recht durchweg der Verjährung, zum Teil einer sehr kurzen Verjährung, unterworfen. Diese Stellungnahme des deutschen Gesetzes ist grundsätzlicher Natur. Sie entspringt der Auffassung, daß die Rechtseinrichtung der Verjährung keineswegs bloß dem Vorteil des einzelnen Schuldners, sondern dem öffentlichen Wohl dient; sie soll den Rechtsfrieden und die Rechtssicherheit befördern, indem sie dem Gläubiger unmöglich macht, nach einer geraumen Zeit der Untätigkeit mit bisher verschwiegenen Ansprüchen hervorzutreten und damit dem Schuldner zu einer Zeit, zu der dessen Entlastungsbeweise verdunkelt sind, die Verteidigung zu erschweren. Die Verjährung kann auch durch Rechtsgeschäft weder ausgeschlossen noch erschwert werden (§ 225 BGB.). Mögen auch bei diesem Verbot gerade des rechtsgeschäftlichen, auf Parteiwillkür beruhenden Ausschlusses der Verjährung teilweise andere Gesichtspunkte mitbestimmend gewesen sein, so ist doch auch dieser Vorschrift des deutschen Gesetzes ein starker Anhalt dafür zu entnehmen, daß der deutsche Gesetzgeber den gänzlichen Ausschluß der Verjährung rechtsgrundsätzlich mißbilligt hat.

Diese Gesichtspunkte würden ohne weiteres hinreichen, die Annahme zu rechtfertigen, daß auf Grund des Art. 30 die inländische Anerkennung jedenfalls solchen ausländischen Gesetzen versagt werden muß, welche die Verjährung entweder ganz allgemein oder doch für einen größeren Kreis von Forderungen ausschließen. Dieser Fall liegt nicht vor. Art. 149 Abs. 5 schw. SchuldbetrGes. sieht die Unverjährbarkeit nicht als Regel vor, sondern als Ausnahme für einen besonderen Fall mit fest umschriebenen, eng begrenzten Voraussetzungen, nämlich nur für den Fall, daß dem Gläubiger für seine Forderung ein „Verlustschein" ausgestellt worden war; und dies hat wiederum zur Voraussetzung, daß der Gläubiger zuvor die Zwangsvollstreckung gegen den Schuldner fruchtlos betrieben hat. Eine Vorschrift solchen Inhalts verstößt auch nach deutscher Auffassung nicht ohne weiters gegen das Rechtsempfinden. Sie kommt sogar dem Schuldner selbst zugute; denn sie enthebt den Gläubiger der Nötigung, zu dem Zweck der Verjährungsunterbrechung von Zeit zu Zeit wieder gegen den Schuldner vorzugehen, und sie gewährt damit dem Schuldner eine Zeit der Ruhe und der Erholung. Die Vorschrift ist auch nicht ohne Seitenstück im deutschen Recht, insofern rechtskräftig festgestellte oder auf Grund gewisser anderer Titel vollstreckbar gewordene Ansprüche auch dann erst in 30 Jahren verjähren, wenn sie an sich einer kürzeren Verjährung unterliegen würden (§ 218 BGB.). Allein auch diese Erwägungen reichen nicht aus, das oben gewonnene Ergebnis zu erschüttern. Maßgebend muß bleiben, daß der deutsche Gesetzgeber den gänzlichen Ausschluß der Verjährung rechtsgrundsätzlich nicht gewollt hat. Dies leuchtet ein, wenn man sich den Fall so gestaltet denkt, daß der Gläubiger noch nach Ablauf von etwa 35 Jahren, mithin nach dem Ablauf auch der längsten nach deutschem Recht überhaupt zulässigen Verjährungsfrist, seinen Anspruch geltend gemacht hätte, zu einer Zeit, bis zu welcher der inländische Schuldner auf die fernere Erhaltung seiner etwaigen Belege oder sonstigen Verteidigungs- oder Beweismittel vom inländischen Standpunkt aus mit Recht kein Gewicht mehr gelegt hätte.

Hiernach hat der erkennende Senat kein Bedenken getragen, die in seinem Urteil vom 22. November 1912, LZ. 1913 Sp. 550, offengelassene Frage bejahend zu entscheiden, daß die Anwendung eines ausländischen Gesetzes, das die Unverjährbarkeit eines forderungsrechtlichen Anspruchs vorsieht, im Sinn des Art. 30 EG. z. BGB. gegen den Zweck des deutschen Gesetzes verstieße (vgl. RGZ. Bd. 60 S. 299, Bd. 73 S. 366).

Dagegen ist dem hilfsweise erhobenen zweiten Revisionsangriff die Berechtigung nicht ohne weiteres abzusprechen. An Stelle des ausgeschalteten Art. 149 Abs. 5 schw. SchuldbetrGes. hat der Berufungsrichter die deutschen Verjährungsvorschriften, und zwar die §§ 196, 197 BGB. zur Anwendung gebracht, und auf Grund ihrer die Verjährungseinrede des Beklagten für durchgreifend erachtet und die Klage abgewiesen. Die Revision sagt, der Berufungsrichter hätte die dreißigjährige Verjährungsfrist zugrunde legen müssen. In der Tat ist ein Mangel des Berufungsurteils darin zu erblicken, daß es für die Anwendung der kurzfristigen Verjährung keine Gründe gibt. Nach der Feststellung des Berufungsrichters unterstand das im Streit befindliche Rechtsverhältnis dem schweizer Recht. Nachdem der Berufungsrichter diejenige Einzelvorschrift des schweizer Rechts, die an sich maßgebend gewesen wäre, auf Grund des Art. 30 EG. z. BGB. für unanwendbar erklärt hat, mußte er sich in erster Linie die Frage vorlegen, ob mit der Ausschaltung der zunächst maßgebenden Einzelvorschrift zugleich die Maßgeblichkeit des schweizer Rechts im allgemeinen beseitigt, und nicht vielmehr die Ausfüllung der entstehenden Lücke wiederum dem schweizer Recht zu entnehmen sei (RGU. II 245/21 vom 21. Oktober 1921, Gruchot Bd. 66 S. 105). Erst wenn der Berufungsrichter fand, daß die Lücke nicht aus dem schweizer Recht ergänzt werden könne, durfte er deutsches Recht zu Anwendung bringen. Auch dann aber blieb er verpflichtet, innerhalb der deutschen Bestimmungen diejenige Einzelvorschrift zu ermitteln, die dem Rechtsgedanken des fremden Rechts am nächsten kommt. Die Revision vertritt die Meinung, der Berufungsrichter habe — gewissermaßen im Wege des Schlusses vom Größeren auf das Geringe — an die Stelle der vom schweizer Gesetz befohlenen Unverjährbarkeit die längste nach deutschem Recht statthafte Verjährungsfrist von 30 Jahren setzen müssen. Dasselbe Ergebnis ließe sich auch auf dem Weg des § 218 BGB. gewinnen, welche Vorschrift schon oben als ein Seitenstück zu der schweizer Vorschrift bezeichnet worden ist und unverkennbar eine gewisse Verwandtschaft mit ihr aufweist. Zur Entscheidung über diese Fragen war die Sache, unter Aufhebung des Berufungsurteils, an den Berufungsrichter zurückzuverweisen. Die Fragen von hier aus zu entscheiden, kann schon deshalb nicht Aufgabe des Revisionsrichters sein, weil dabei die Auslegung des schweizer Rechts in Frage kommt.

RGZ. 108, 241

Unter welchen Umständen können Angehörige eines fremden Staates in einem im Gebiete dieses Staates abgeschlossenen schuldrechtlichen Vertrag einen Ort außerhalb ihres Staates als Erfüllungsort vereinbaren, um dadurch die Anwendung eines in ihrem Staate geltenden Gesetzes auszuschließen?

§§ 134, 138 BGB., Art. 11, 12, 30 EG. BGB.

V. Zivilsenat. Urt. v. 3. Oktober 1923.

I. Landgericht II Berlin. II. Kammergericht daselbst.

Im Februar 1920 hat der Beklagte in Petersburg, wo beide Parteien als russische Staatsangehörige damals lebten, eine Urkunde ausgestellt folgenden Wortlauts:

„Petrograd 15. Sept. 1917.

The National City Bank of New York
New York.

Dear sirs, Please pay to the holder of this letter Mrs. Tatiana V. or to her order the sum of 1000 — one thousand — Dollars which kindly place to the debit of my account.

This letter is termless and cannot be with-drawn.

Yours faithfully
M. B."

Gleichzeitig erklärte er in einem gleichfalls vom 15. September 1917 datierten Schreiben, mit welchem er die ersterwähnte Urkunde der Klägerin übersandte, daß er im Falle der Nichtauszahlung seitens der National City Bank of New York sich verpflichtete, nach Vorzeigung seines Briefes den Wert in amerikanischer Valuta zu bezahlen. Bei Vorzeigung der Anweisung hat die bezogene Bank die Einlösung abgelehnt mit der Erklärung, daß der Aussteller ihr spezielle Instruktionen erteilt habe, keinerlei Buchungen über sein Konto vorzunehmen. Die Klägerin hat darauf unter Vorlegung der beiden Urkunden im Urkundenprozesse Klage beim Landgericht II in Berlin erhoben mit dem Antrag auf Verurteilung des Beklagten, an die Klägerin 1000 Dollar amerikanischer Währung nebst 4 % Zinsen seit 1. Oktober 1920 oder diejenige Summe in deutscher Reichswährung zu zahlen, welche diesem Betrag am Tage der Zahlung entspreche. Das Landgericht erkannte nach dem Klagantrag und behielt dem Beklagten die Ausführung seiner Rechte im ordentlichen Verfahren vor. Das Kammergericht wies die Berufung des Beklagten zurück. Seine Revision blieb ohne Erfolg.

Gründe:

Der Berufungsrichter geht davon aus, daß auf den Anspruch der Klägerin deutsches Recht anzuwenden sei. Er begründet dies damit, daß es sich um einen schuldrechtlichen Vertrag handle. Bei einem solchen sei für die Frage, welches Recht anzuwenden sei, in erster Linie eine etwaige Parteivereinbarung maßgebend. In dieser Beziehung stellt er zunächst fest, daß die Parteien sich keinesfalls dem russischen Rechte unterwerfen wollten. Denn sie seien davon ausgegangen, daß nach russischem Rechte wegen Verstoßes gegen die Dekrete Nr. 69 und 709 der russischen Sowjetrepublik, wonach Rechtsgeschäfte in ausländischer Währung ohne Genehmigung des Finanzkommissariats verboten seien, ein klagbarer Anspruch nicht entstanden sei; beide Parteien hätten auch jede Verbindung mit Sowjet-Rußland lösen wollen. Die Klägerin habe offenbar damit gerechnet, ihren Anspruch auf die 1000 Dollar nötigenfalls im Klagewege verfolgen zu können; die Ausstellung der zweiten Urkunde lasse auch die Absicht der Parteien erkennen, die Klägerin möglichst sicherzustellen; zudem hätten beide Parteien danach getrachtet, aus Rußland sobald als möglich zu fliehen und die Wiederkehr geordneter Verhältnisse dort habe in ungewisser Ferne gestanden. Deshalb sei als stillschweigender Wille der Parteien zu unterstellen, daß das zwischen ihnen geschlossene Rechtsgeschäft nicht in ihrem Heimatland erfüllt und nicht nach dessen Recht beurteilt werden solle. Auch aus der Zurückdatierung der Urkunden auf einen vor dem Beginn der Sowjetherrschaft liegenden Zeitpunkt lasse sich Gegenteiliges nicht entnehmen; denn diese Maßregel habe nur den Zweck gehabt, die Klägerin vor Bestrafung zu schützen, falls die Urkunden bei ihr gefunden würden, da der Abschluß von derartigen Geschäften ohne Genehmigung mit schweren Strafen bedroht gewesen sei. Auch das amerikanische Recht, das nach Ansicht der Klägerin anzuwenden sei, kommt nach der Meinung des Berufungsrichters nicht in Betracht; die Anwendung könne nicht daraus gefolgert werden, daß die Anweisung in englischer Sprache abgefaßt und auf Dollars gestellt sei; denn diese Umstände erklärten sich daraus, daß sie an eine amerikanische Bank gerichtet gewesen sei. Danach komme, da es an einem direkten und ausdrücklichen Hinweis auf das anzuwendende Recht fehle, nur das Recht des Erfüllungsorts in Betracht. Als Erfüllungsort sei nicht etwa der Wohnsitz der bezogenen Bank anzusehen, da es sich hier nicht um eine Verpflichtung der Bank, sondern um die Verpflichtung des Beklagten zur Zahlung im Falle der Nichteinlösung der Anweisung durch die Bank handle. Als stillschweigende Vereinbarung der Parteien müsse angenommen werden, daß als Erfüllungsort der Ort gelten sollte, an dem der Beklagte nach Bewerkstelligung seiner Flucht sich dauernd oder doch derartig niederlassen würde, daß er von der Klägerin im Falle der Nichterfüllung seiner Verbindlichkeit würde gerichtlich belangt werden können. Die Klägerin habe gewußt, daß das Geld zur schleunigen Flucht des Beklagten aus Rußland dienen sollte; da das Ziel der Flucht damals noch nicht festgestanden, habe als Erfüllungsort von den Parteien kein anderer gewollt sein können als derjenige, der sich aus dem ersten „ständigen" Aufenthalte des Beklagten nach seiner Flucht ergeben würde. Unstreitig habe der Beklagte sich in Berlin niedergelassen und nach seinem eigenen unbestrittenen Vorbringen dort eine Erwerbsstellung angenommen. Da demnach Berlin als Erfüllungsort anzusehen sei, müsse deutsches Recht zur Anwendung kommen.

Gegen die Anwendung deutschen Rechts wendet sich die Revision mit der Ausführung, die Auffassung, daß es dem Parteiwillen entspreche, Berlin als Erfüllungsort anzusehen, entbehre der ausreichenden Grundlage; es sei reine Zufallssache gewesen, wo der Beklagte sich hinterher niederließ; irgendeinen ungewissen Niederlassungsort als Erfüllungsort anzunehmen, habe den Parteien ganz ferngelegen. Diese Angriffe können indessen nicht durchgreifen. . . . (Wird ausgeführt.)

Auch die von der Revision in der mündlichen Verhandlung erhobenen materiellrechtlichen Bedenken gegen die Anwendung des *deutschen Rechts als des Rechts des Erfüllungsorts sind nicht gerechtfertigt.* Es entspricht den für das internationale Privatrecht durch Wissenschaft und Rechtsprechung herausgearbeiteten Regeln, daß bei schuldrechtlichen Rechtsverhältnissen, soweit nicht eine bestimmte Parteivereinbarung nachweisbar, das Recht des Erfüllungsorts maßgebend ist (RGZ. Bd. 78 S. 59; Bd. 95 S. 165). Auch Angehörige eines fremden Staates, die in diesem Staate ihren Wohnsitz haben und dort einen Vertrag abschließen, sind nach dem für diese Vorfrage vom deutschen Richter anzuwendenden deutschen Rechte (vgl. RGZ. Bd. 95 S. 166) nicht gehindert, den Erfüllungsort für die aus dem Vertrag entspringenden Verpflichtungen außerhalb ihres Staates zu verlegen und dadurch die Anwendbarkeit eines fremden Rechts auf ihn herbeizuführen. Auch wenn sie dadurch ein in ihrem Staate geltendes zwingendes Gesetz umgehen oder dessen Anwendung vermeiden wollen, so ist dieser Beweggrund für den deutschen Richter kein Grund, der Vereinbarung des Erfüllungsorts die zur Anwendung des deutschen Rechts führende regelmäßige Wirkung zu versagen; es liegt weder ein Verstoß gegen ein für den deutschen Richter unbedingt maßgebendes gesetzliches Verbot vor (§ 134 BGB.), als welches nur das Verbot eines inländischen Gesetzes gelten kann, noch enthält ein Rechtsgeschäft einen Verstoß gegen die guten Sitten (§ 138 BGB.) um deswillen, weil dadurch ein ausländisches Gesetz umgangen werden soll, das nicht durch allen Kulturstaaten gemeinsame rechtlich-sittliche Erwägungen gerechtfertigt wird, sondern nur durch die in dem ausländischen Staate herrschenden wirtschafts- und sozialpolitischen (hier staatssozialistischen) Rechtsgrundsätze, die den deutschen Rechtsanschauungen widersprechen (vgl. Komm. v. RG-Räten zu § 134 A 1 Schlußabsatz S. 198 und Warn. 1912 Nr. 241; Gruch. Bd. 61 S. 461). Unerörtert kann deshalb bleiben, ob, wie der Revisionsbeklagte geltend macht, die Anwendung der in Betracht kommenden Dekrete der russischen Sowjetregierung etwa durch Art. 30 EG. z. BGB. ausgeschlossen werden würde. . . .

(Folgt Ausführung, daß unter Anwendung des deutschen Rechts der von dem Beklagten erhobene Einwand des Wuchers ohne Rechtsirrtum zurückgewiesen worden ist.)

RGZ. 118, 141

1. Gilt Artikel 12 des Einführungsgesetzes zum Bürgerlichen Gesetzbuch auch für die Verjährungseinrede?

2. Sind dort mit den „deutschen Gesetzen" nur solche über unerlaubte Handlungen gemeint?

3. Zusammentreffen von Haftung aus unerlaubter Handlung mit Haftung aus ungerechtfertigter Bereicherung und aus Vertragsverletzung.

BGB. § 852. EG. z. BGB. Art. 12. HGB. § 72 Nr. 1.

VI. Zivilsenat. Urt. v. 29. September 1927.

I. Landgericht Gera. II. Oberlandesgericht Jena.

Der Beklagte, der die deutsche Reichsangehörigkeit besitzt, beging im Jahre 1920, während er bei der Klägerin, einer Firma in Böhmen, angestellt war, Betrug und Diebstahl zu ihrem Nachteil und wurde am 7. Januar 1922 vom Kreisgericht in Böhmisch-Leipa wegen Verbrechens des Betrugs und Diebstahls zu einem Jahre verschärften Kerkers rechtskräftig verurteilt. Im Urteil ist der Gesamtschaden mit 52 824,30 Kronen angegeben. Diesen Betrag nebst Zinsen oder einen entsprechenden Reichsmarkbetrag beansprucht die Klägerin mit der im April 1926 erhobenen Klage. Der Beklagte beruft sich, gestützt auf Artikel 12 EG. z. BGB. und auf § 852 BGB., auf Verjährung. Das Landgericht hat ihn verurteilt, das Oberlandesgericht dagegen hat die Klage abgewiesen. Die Revision der Klägerin hatte Erfolg.

Aus den Gründen:

Zwar ist der Ausgangspunkt des Berufungsgerichts zutreffend. Es ist richtig, daß an sich die Verjährung nach demjenigen Recht zu beurteilen ist, das überhaupt auf das Rechtsverhältnis Anwendung findet (RGZ. Bd. 74 S. 171, Bd. 106 S. 83; JW. 1911 S. 148; Urt. v. 4. Mai 1918 V 8/18, teilweise abgedruckt in RGZ. Bd. 93 S. 23), daß dies aber bei unerlaubten Handlungen nach Art. 12 EG. z. BGB. seine Grenze an den deutschen Gesetzen hat, sofern die Klage gegen einen Deutschen gerichtet ist. Die Auffassung des Landgerichts, welches Einreden nicht unter Art. 12 bringen will, entspricht nicht dem Sinne dieser Vorschrift. Nach ihr soll bei einem deutschen Beklagten geprüft werden, wie der Fall nach ausländischem und wie er nach deutschem Recht zu entscheiden ist; ergibt der Vergleich, daß sich der Beklagte nach deutschem Recht günstiger steht, so darf über dieses nicht hinausgegangen werden (RGZ. Bd. 96 S. 98). Gibt also das deutsche Recht dem Beklagten eine Einrede, die er nach ausländischem Recht nicht hat, so ist nach Art. 12 zugunsten des deutschen Beklagten insoweit das deutsche Recht anzuwenden. Aus der Wortfassung des Art. 12 läßt sich nicht herleiten, daß die Vorschrift für Einreden keine Bedeutung habe. Wenn die Revision meint, Art. 12 sei nur ein Anwendungsfall des in Art. 30 ausgedrückten allgemeinen Rechtsgedankens und die verschiedene Länge der Verjährungsfristen könne die Anwendung des Art. 30 nicht rechtfertigen, so ist dem entgegenzuhalten, daß der Fall der unerlaubten Handlung in Art. 12 eine besondere Regelung erfahren hat, die über die des Art. 30 hinausgeht (Planck 3. Aufl. Art. 12 Anm. 2b). Selbst wenn daher Art. 30 nicht ausreichen sollte, um dem Beklagten die Verjährungseinrede zu geben, so könnte er sie doch aus Art. 12 entnehmen. Daß Art. 12 die Verjährungseinrede mitumfaßt, ist offenbar auch die Ansicht von Staudinger-Riezler im Kommentar zum BGB. (9. Aufl. Bd. 1 S. 766), wenngleich sie dort nur für Art. 21 EG. z. BGB. ausgesprochen wird (Rehbein BGB. Bd. 1 S. 337, Zitelmann Internat. Privatrecht Bd. 2 S. 509, Walker Internat. Privatrecht 4. Aufl. S. 469, Habicht Internat. Privatrecht S. 97). Dem Berufungsgericht ist auch darin beizutreten, daß der Brief des Beklagten vom 30. September 1925 kein Anerkenntnis enthält. Ebensowenig kann die Revisionsklägerin eine Hemmung der Verjährung (§§ 202 bis 205 BGB.) daraus herleiten, daß ihr der Aufenthaltsort des Beklagten zeitweilig unbekannt war. Wäre daher der Klagegrund nur unter dem Gesichtspunkt der unerlaubten Handlung zu beurteilen, so könnte sich der Beklagte mit Erfolg auf den Ablauf der Verjährungsfrist nach § 852 Abs. 1 BGB berufen.

Nun bestimmt aber Art. 12 EG. z. BGB. nicht, daß aus einer im Auslande begangenen unerlaubten Handlung gegen einen Deutschen nicht weitergehende Ansprüche geltend gemacht werden können, als sie nach den deutschen Gesetzen über unerlaubte Handlungen, sondern als sie „nach den deutschen Gesetzen", d. h. nach den deutschen Gesetzen überhaupt begründet sind. Jene einschränkende Auslegung wird zwar von Zitelmann (Internat. Privatrecht Bd. 2 S. 506) und von Walker (Internat. Privatrecht S. 467) vertreten, sie wird aber weder durch den Wortlaut noch durch den Zweck des Art. 12 gefordert. Fällt der von der Klägerin vorgetragene Tatbestand noch unter ein anderes deutsches Gesetz und ist nach diesem die Verjährungseinrede nicht begründet, so kann sich der Beklagte zu ihrer Geltendmachung nicht auf Art. 12 EG. z. BGB. berufen. Es ist Sache des Gerichts, den Klagevortrag unter allen in Betracht kommenden rechtlichen Gesichtspunkten zu prüfen (RGZ. Bd 105 S. 302, 349). Uebrigens hatte die Klägerin schon im ersten Rechtszug auf den Gesichtspunkt der ungerechtfertigten Bereicherung hingewiesen. Das Berufungsgericht ist bisher hierauf nicht eingegangen, wird dies aber nunmehr nachzuholen haben. Hat der Beklagte, wie nach dem Klagevortrag kaum zweifelhaft sein kann, durch seine unerlaubte Handlung auf Kosten der Klägerin etwas erlangt, so ist er nach der ausdrücklichen Vorschrift in § 852 Abs. 2 BGB. auch nach der Vollendung der im ersten Absatz bestimmten Verjährungsfrist zur Herausgabe nach den Vorschriften über ungerechtfertigte Bereicherung verpflichtet. Es liegt dann nicht der Fall vor, daß die Klägerin, gleichviel unter welchem rechtlichen Gesichtspunkt sie klagt, gegen den Beklagten einen weitergehenden Anspruch geltend macht, als er nach den deutschen Gesetzen begründet ist, vorausgesetzt nur, daß sie nicht mehr und nichts anderes verlangt, als die deutschen Vorschriften über die Herausgabe einer ungerechtfertigten Bereicherung zulassen.

Aber noch ein anderes deutsches Gesetz ist auf seine Anwendbarkeit zu prüfen. Nach dem Klagevortrag war der Beklagte zur Zeit der Begehung seiner Straftaten bei der Klägerin angestellt und zwar, wie es scheint, als Handlungsgehilfe. Trifft das zu, so hat er nach deutschem Recht nicht nur unerlaubte Handlungen gegen die Klägerin begangen, sondern auch seinen Dienstvertrag, der ihn zur Treue verpflichtete (vgl. § 72 Nr. 1 HGB.), positiv verletzt und haftet der Klägerin auch aus dieser Vertragsverletzung (Staudinger 9. Aufl. § 241 BGB. Anm. 5, Komm. v. RGR. 5. Aufl. § 241 Anm. 2). Beim Zusammentreffen von Haftung aus unerlaubter Handlung und aus Vertragsverletzung gilt aber für letztere Haftung nach deutschem Recht eine besondere Verjährungsfrist (RGZ Bd. 66 S. 86, Bd. 74 S. 434, Bd. 88 S. 435), so daß der Beklagte sich auch aus diesem Grunde nicht auf Art. 12 EG. z. BGB. berufen könnte.

RGZ. 119, 44

Ist deutsches oder ausländisches Recht anzuwenden, wenn ein deutscher Ehemann dem unehelichen Kinde seiner Frau, das eine ausländische Staatsangehörigkeit besitzt, seinen Namen erteilt?

BGB. § 1706 Abs. 2 Satz 2. EG. z. BGB. Art. 20.

IV. Zivilsenat. Beschl. v. 23. November 1927.

I. Amtsgericht Dresden. II. Landgericht daselbst.

Am 9. April 1917 hat die damals ledige M. N. in Dresden eine Tochter G. N. geboren, welche die tschechoslowakische Staatsangehörigkeit besitzt. Vormundschaftsgericht ist das Bezirksgericht in Friedland in Böhmen, für das gemäß höchstrichterlicher Anordnung das Amtsgericht in Döbeln (Sachsen) die Vormundschaft verwaltet. Die Mutter heiratete später den sächsischen Staatsangehörigen G. in Dresden. Dieser hat in öffentlich beglaubigter Urkunde vom

12. August 1926 dem unehelichen Kinde seiner Ehefrau seinen Namen erteilt. Die Mutter und der Vormund des Kindes haben in derselben Urkunde ihre Einwilligung erklärt. Entsprechend einem Antrag der Eheleute G. ist auf Ersuchen des örtlich zuständigen Amtsgerichts Dresden im Geburtsregister auf der Geburtsurkunde des Kindes am 16. Oktober 1926 vom Standesbeamten am Rande vermerkt worden, daß der Ehemann G. nach § 1706 BGB. dem Kinde den Familiennamen G. erteilt habe. Da über das anzuwendende Recht und die dadurch bedingte Zulässigkeit des Randvermerks nachträglich Bedenken entstanden, beantragte der Rat der Stadt Dresden als standesamtliche Aufsichtsbehörde gemäß §§ 65, 66 PStG. beim Amtsgericht Dresden, den Randvermerk für ungültig zu erklären. Das Amtsgericht wies den Antrag zurück. Auch die Beschwerde des Rates wurde vom Landgericht zurückgewiesen. Der Rat hat weitere Beschwerde eingelegt. Das Oberlandesgericht möchte der Entscheidung der Vorinstanzen beitreten, sieht sich aber durch einen Beschluß des Kammergerichts vom 3. Juli 1925, abgedruckt JFG. Bd. 3 S. 130, daran gehindert und hat daher gemäß § 28 FGG. die weitere Beschwerde dem Reichsgericht vorgelegt.

Die Voraussetzungen für das Verfahren nach § 28 Abs. 2, 3 FGG. sind gegeben. Es handelt sich um die Entscheidung der Frage, ob die Namenserteilung durch den Ehemann der unehelichen Mutter hier nach deutschem oder nach ausländischem Recht zu beurteilen ist. Trifft das letztere zu, so würde, da die G. N. die tschechoslowakische Staatsangehörigkeit besitzt, § 165 Abs. 2 des Oesterreich. Allgemeinen Bürgerlichen Gesetzbuchs (Nov. I vom 12. Oktober 1914) anzuwenden sein (vgl. Tomforde, Recht des unehel. Kindes S. 57, Bergmann, Internat. Ehe- und Kindschaftsrecht Bd. 2 S. 681, 432), wonach der Ehemann der Mutter dem Kinde durch Erklärung bei der politischen Landesverwaltung mit Einwilligung der Mutter und des Kindes oder, wenn dieses minderjährig ist, des gesetzlichen Vertreters und des Gerichts seinen Namen geben kann. Von diesen Erfordernissen ist, wenn man zunächst von der Frage der Zuständigkeit der Behörde zur Entgegennahme der Erklärung absieht, jedenfalls die Einwilligung des Gerichts (Vormundschaftsgerichts) in die Namenserteilung nicht vorhanden; der Randvermerk wäre daher bei Zugrundelegung des ausländischen Rechts unstatthaft. Er ist es nicht, wenn die Vorschriften des deutschen Rechts in § 1706 Abs. 2 Satz 2 BGB. anzuwenden sind, die eine Einwilligung des Gerichts nicht erfordern und hier im übrigen erfüllt sind. Die Entscheidung hierüber ist dem Art. 20 EG. z. BGB. zu entnehmen, der in Satz 1 bestimmt, daß das Rechtsverhältnis zwischen einem unehelichen Kinde und seiner Mutter nach den deutschen Gesetzen beurteilt wird, wenn die

Mutter — was hier infolge ihrer Verheiratung mit einem Deutschen zutrifft — eine Deutsche ist.

Zu prüfen bleibt also, ob und wieweit im Sinne dieser Vorschrift bei der Namenserteilung des Ehemanns der unehelichen Mutter an das Kind das Rechtsverhältnis zwischen ihr und dem Kinde in Frage kommt. Die weitaus herrschende Meinung (vgl. außer den im Beschluß des Kammergerichts angezogenen Kommentaren zum Bürgerlichen Gesetzbuch und zum Personenstandsgesetz noch Frese in ZBlFG. Jahrg. 5 S. 135, Örtel in Fischers Zeitschr. Bd. 29 S. 226/27, Bergmann, Intern. Ehe- und Kindschaftsrecht I S. 54, Eck in Z. f. Standesamtswesen 1925 S. 344, auch Erlaß des Pr. Min. d. Innern vom 26. März 1904 in der Zeitschrift„ Das Standesamt" 1904 S. 171) bejaht die Frage. Das Kammergericht verneint sie mit der Begründung, daß das mit der Geburt erlangte Recht des unehelichen Kindes auf den Familiennamen der Mutter (§ 1706 Abs. 1 BGB.) sogleich ein eigenes, absolutes und höchstpersönliches Recht des Kindes sei und deshalb spätere Aenderungen des Geburtsnamens nur das Namensrecht des Kindes, nicht aber das Rechtsverhältnis zwischen Mutter und Kind berührten. Diese Erwägung geht fehl. Unter Rechtsverhältnis versteht man allgemein die vom Recht geordneten Beziehungen einer Person zu einer anderen Person oder zu einer Sache, die fortgesetzt rechtliche Bedeutung beanspruchen. Bestehen solche rechtlichen Beziehungen zwischen Mutter und Kind auch für die Namensführung und wird in diese Beziehungen durch die Namenserteilung des Ehemanns eingegriffen, so liegt ein Rechtsverhältnis im Sinne des Art. 20 EG. vor. Aus der Vorschrift in § 1706 Abs. 1 BGB., wonach das uneheliche Kind den Familiennamen der Mutter erhält, folgt nicht nur sein Recht, sondern auch seine Pflicht zur Führung dieses Namens; diese Pflicht besteht insbesondere auch seiner Mutter gegenüber (Planck Anm. 5 zu § 1706, Anm. 1a zu § 1616; Staudinger Anm. 2 zu § 1706, Anm. 2 zu § 1616, Anm. II 5 zu § 12 BGB.; Mot. Bd. 4 S. 712) und wird insoweit durch die Vorschrift des § 1706 Abs. 2 S. 2 ausdrücklich anerkannt, die der Mutter die Einwilligung in die Namenserteilung vorbehält. Sie ist aus dem bestehenden Familienverhältnis als Rechtsfolge abgeleitet, nicht anders als das Einwilligungsrecht der Mutter bei der Eheschließung (§ 1305), der Legitimation (§ 1726) und der Adoption des Kindes (§ 1747), für die im übrigen besondere Kollisionsnormen in Art. 13, 22 EG. aufgestellt sind. Hiernach handelt es sich bei der in Rede stehenden Namenserteilung um eine Einwirkung auf das seit der Geburt bestehende Rechtsverhältnis zwischen Mutter und Kind, das insoweit eine Aenderung erfährt, und keineswegs etwa nur um eine neugeschaffene Rechtsbeziehung zwischen dem Kinde und dem Ehemann.

Richtig ist, daß dem Kind das Namensrecht als eigenes und selbständiges Persönlichkeitsrecht zukommt und daß auch dieses von der Namenserteilung betroffen wird. Darin erschöpfen sich aber nach dem Gesagten die Rechtswirkungen des Vorgangs nicht. Er greift vielmehr zugleich auch in den Rechtskreis der Mutter ein. Ist das aber der Fall, so muß nach Art. 20 EG. das deutsche Recht der deutschen Mutter maßgebend sein, auch wenn das Personalstatut des ausländischen Kindes eine andere Regelung vorsieht. Sinn und Zweck der deutschen Herrschaftsregel gebieten, daß überall da, wo rechtliche Beziehungen zwischen der deutschen Mutter und ihrem unehelichen Kind bestehen, das deutsche Recht anzuwenden ist, ohne daß zu fragen wäre, welche Bedeutung für das Kind die Anwendbarkeit seines (des ausländischen) Rechts hat.

Dieser Anschauung steht der vom Kammergericht für seine Ansicht verwertete Umstand nicht entgegen, daß das Rechtsverhältnis zwischen Mutter und unehelichem Kind durch die Namensänderung auch in anderen Fällen, z. B. dann nicht beeinflußt wird, wenn die uneheliche Tochter bei der Heirat den Namen ihres Mannes erhält (§ 1355 BGB., Art. 14 EG.). Denn hier erreicht das Rechtsverhältnis der Namensführung sein Ende kraft Gesetzes. Von einem zwischen Mutter und Kind bestehenden Rechtsverhältnis im Sinne des Art. 20 kann ferner dann nicht mehr die Rede sein, wenn die Mutter stirbt und damit ihr Einwilligungsrecht wegfällt. Der Fall, daß dem Kind durch obrigkeitlichen Akt ein anderer Name beigelegt wird, gehört dem Gebiete des öffentlichen Rechts an und kann für die Beurteilung von Privatrechtsverhältnissen nicht maßgebend sein.

Es bedarf bei dieser Rechtslage nicht der Heranziehung der Entstehungsgeschichte der angeführten gesetzlichen Vorschriften, zumal da sich aus ihr für die Richtigkeit der einen oder anderen Ansicht nichts Sicheres entnehmen läßt. Der Art. 20 EG. war in seiner jetzigen Fassung bereits Bestandteil der Bundesratsvorlage von 1896 (als deren Art. 19 und gleichlautend mit § 2256 des II. Entwurfs z. BGB.). Die Vorschrift des § 1706 Abs. 2 Satz 2 BGB. ist — nach Ablehnung eines ähnlichen Antrags in der Reichstagskommission — durch einen späteren Beschluß des Reichstags in das Gesetz aufgenommen worden (Stenogr. Berichte, Ausg. von Guttentag, S. 678 flg., 892 flg.). Ob man diese Vorschrift durch ihre Einfügung gerade in die von den Rechtsbeziehungen zwischen Mutter und unehelichem Kind handelnden Bestimmungen der §§ 1705 bis 1707 bewußt zu einer von Art. 20 EG. umfaßten Vorschrift hat erklären wollen, kann zweifelhaft sein, da die Vorarbeiten und Verhandlungen nichts über eine solche Absicht des Gesetzgebers ergeben und immerhin die Möglichkeit besteht, daß die Einordnung jener Vorschrift in § 1706 nur deshalb erfolgte, weil in diesem Paragraphen das Namensrecht des unehelichen Kindes schon im übrigen geregelt war. Der Schluß, daß auch die Namenserteilung der Kollisionsnorm des Art. 20 unterstellt werden sollte, ist daher nicht zwingend. Unter diesen Umständen darf auf die Entstehungsgeschichte kein entscheidendes Gewicht gelegt werden.

RGZ. 121, 24

1. Verstößt die Anerkennung eines in der Russischen Sozialistischen Föderativen Sowjet-Republik ergangenen Ehescheidungsurteils gegen die guten Sitten oder gegen den Zweck eines deutschen Gesetzes?

2. . . .

ZPO. § 328 Nr. 4, 5.

IV. Zivilsenat. Urt. v. 4. April 1928.

Die Entscheidung ist abgedruckt unter „Zivilprozeß".

RGZ. 125, 265

Bestimmt sich die Annahme eines ausländischen Kindes an Kindes Statt durch einen Deutschen insoweit nach den ausländischen Gesetzen, als es sich um die Einwilligung eines Dritten handelt, zu welchem das Kind in einem familienrechtlichen Verhältnis steht?

EG. z. BGB. Art. 7, 19, 20, 22. BGB. § 1748.

IV. Zivilsenat. Urt. v. 11. Juli 1929.

I. Landgericht Hamburg. II. Oberlandesgericht daselbst.

Die Klägerin, eine am 5. Juni 1901 geborene schwedische Staatsangehörige, ist die Mutter eines am 18. August 1921 in Hamburg außerehelich geborenen Kindes. Durch einen vom Amtsgericht in Hamburg am 29. April 1924 bestätigten Vertrag haben die Erstbeklagte und ihr damaliger Ehemann J. in Hamburg, beides Deutsche, das Kind gemeinschaftlich an Kindes Statt angenommen. Die Klägerin hatte ihre Einwilligung zu dieser Annahme an Kindes Statt schon einige Tage nach der Geburt des Kindes erklärt. Die Ehe der Erstbeklagten mit J. ist geschieden. Das Kind ist bei der Erstbeklagten geblieben, auch nachdem sie sich mit dem Zweitbeklagten wiederverheiratet hat. Die Klägerin hat sich inzwischen mit dem natürlichen Vater des Kindes verheiratet. Mit Zustimmung ihres Mannes klagt sie gegen die beiden Beklagten auf Herausgabe des Kindes. Sie macht geltend, daß der Annahmevertrag ungültig sei, weil es zur Annahme an Kindes Statt nach dem Heimatrecht des Kindes, dem schwedischen Recht, der (nicht eingeholten) Zustimmung des Königs von Schweden bedurft habe und weil nach demselben Recht ihre Einwilligungserklärung wegen ihrer damaligen Minderjährigkeit unwirksam sei. Landgericht und Oberlandesgericht haben die Klage abgewiesen.

Die Revision der Klägerin wurde zurückgewiesen.

Gründe:

Der Herausgabeanspruch der natürlichen Mutter des Kindes setzt die Ungültigkeit des über das Kind geschlossenen Annahmevertrags voraus. Daß die beiden Vorderrichter sich für berechtigt gehalten haben, über diese Vorfrage selbständig zu entscheiden, die Zulassung der Herausgabeklage also nicht von einer vorherigen Feststellung des Familienstands des Kindes in einem Familienstandsprozeß (§§ 640, 643 ZPO.) abhängig gemacht haben, entspricht den in RGZ. Bd. 122 S. 24 dargelegten Grundsätzen.

Die Gültigkeit des Annahmevertrags wird in den Vorinstanzen bejaht, weil sich diese Annahme an Kindes Statt gemäß Art. 22 EG. z. BGB. schlechthin nach den deutschen Gesetzen bestimme und den Erfordernissen der §§ 1741 flg. BGB. genügt sei. Das letztere ist unstreitig. Der Annahme der ausschließlichen Anwendbarkeit des deutschen Rechts setzt die Revision

unter Berufung auf Ritter (Zeitschr. f. Intern. Priv.- u. OeffR. Bd. 14 S. 451 flg.); Niemeyer (Intern. PrivR. des BGB. S. 158); Walker (Intern. PrivR. S. 732 flg.); Niedner (EG. z. BGB. Art. 22 Anm. 3 a); Staudinger (7./8. Aufl. Bd. 6 Anm. I 7 b zu Art. 22 EG.); RGRKomm. (6. Aufl. Vorbem. 2 vor § 1741 BGB.) u. a.

die Meinung entgegen: Da zur Zeit der Annahme an Kindes Statt zwar die Annehmenden die deutsche Reichsangehörigkeit, das Kind dagegen die schwedische Staatsangehörigkeit besessen habe, bestimme sich entsprechend dem Art. 22 (Abs. 2) EG. die Annahme an Kindes Statt insoweit nach den schwedischen Gesetzen, als es sich um das Erfordernis der Einwilligung des Kindes oder eines Dritten handle, zu dem das Kind in einem familienrechtlichen Verhältnis gestanden habe.

Auch auf dem Boden dieser Rechtsauffassung wäre die Nichterfüllung des nach den schwedischen Gesetzen angeblich bestehenden Erfordernisses der Zustimmung des Königs von Schweden ohne rechtliche Bedeutung. Dagegen würde die Minderjährigkeit der Klägerin zur Zeit ihrer Einwilligungserklärung der Gültigkeit des Annahmevertrags entgegenstehen, wenn nach schwedischem Recht, entgegen dem § 1748 Abs. 2 BGB., die Einwilligung der minderjährigen Mutter nicht genügen sollte. Die Heranziehung des schwedischen Rechts ist indessen auch insoweit abzulehnen.

Die Kommission für die zweite Lesung des Entwurfs des Bürgerlichen Gesetzbuchs hatte allerdings in das damals geplante VI. Buch „Anwendung ausländischer Gesetze" als § 2253 Abs. 1 die folgende Vorschrift aufgenommen:

> „Die Legitimation eines unehelichen Kindes wird nach den *Gesetzen des Staates beurteilt*, welchem der Vater zur Zeit der Legitimation angehört. Das Erfordernis der Einwilligung des Kindes oder der Einwilligung Dritter, zu denen das Kind in einem familienrechtlichen Verhältnisse steht, bestimmt sich nach den Gesetzen des Staates, welchem das Kind zur Zeit der Legitimation angehört."

Diese Vorschrift sollte nach § 2254 des Entwurfs auf die Annahme an Kindes Statt entsprechende Anwendung finden. Damit waren sog. vollkommene oder zweiseitige (den Anwendungsbereich des Inlands- und Auslandsrechts gleichmäßig regelnde) Kollisionsnormen solchen Inhalts aufgestellt, wie sie die Revision für das geltende Recht angenommen wissen will. Der Bundesrat hat aber den ihm vorgelegten, von ihm in das Einführungsgesetz verwiesenen Entwurf des VI. Buches einer durchgreifenden Aenderung unterworfen. Er hat die §§ 2253, 2254 durch diejenigen Vorschriften ersetzt, die als Art. 22 EG. unverändert Gesetz geworden sind. Der Art. 22 enthält nur einseitige Kollisionsnormen; er bestimmt diejenigen Fälle, in denen die Annahme einer Person an Kindes Statt (wie die Legitimation eines unehelichen Kindes) nach deutschen Gesetzen zu beurteilen ist. In Abs. 1 wird der Fall, daß der Annehmende zur Zeit der Annahme an Kindes Statt die Reichsangehörigkeit besitzt, den deutschen Gesetzen unterstellt, während Abs. 2 einen Fall voraussetzt, in dem wegen der fremden Staatsangehörigkeit des Annehmenden grundsätzlich ausländische Gesetze maßgebend sind. Für diesen Fall wird, falls das Kind die Reichsangehörigkeit besitzt, die Annahme für unwirksam erklärt, wenn die nach den deutschen Gesetzen erforderliche Einwilligung des Kindes oder eines Dritten, zu dem das Kind in einem familienrechtlichen Verhältnis steht, nicht erfolgt ist.

Trotz der Umwandlung der vollkommenen Kollisionsnormen des Kommissionsentwurfs in einseitige Kollisionsnormen kann dem Art. 22 Abs. 1 mit der gemeinen, auch in der Rechtsprechung (KJG. Bd. 41 S. 27 flg.; JFG. Bd. 1 S. 99, 140 flg.; OLG. Bd. 3 S. 88, Bd. 46 S. 191) anerkannten Meinung der Grundsatz entnommen werden, daß sich die Annahme an Kindes Statt nach den Gesetzen desjenigen Staates bestimmt, dem der Annehmende zur Zeit der Annahme angehört. Dies sind die Gesetze, deren Anwendbarkeit Art. 22 Abs. 2 auch für den Fall voraussetzt, daß der Annehmende einem fremden Staate angehört, während das Kind die Reichsangehörigkeit besitzt. Es geht aber nicht an, auch aus dem Abs. 2 eine vollkommene, somit den Abs. 1 allgemein einschränkende Kollisionsnorm des Inhalts abzuleiten, daß sich das Erfordernis der Einwilligung des Kindes oder eines Angehörigen des Kindes nach den Gesetzen desjenigen Staates bestimme, dem das Kind zur Zeit der Annahme angehöre. Eine solche Ableitung könnte zulässig erscheinen, wenn sich der Bundesrat und der ihm folgende Reichstag, wie gegenüber dem § 2253 Abs. 1 Satz 1, so auch gegenüber dem § 2253 Abs. 1 Satz 2 (mit § 2254) des Kommissionsentwurfs darauf beschränkt hätten, die vorgeschlagene vollkommene Kollisionsnorm in eine einseitige umzuwandeln, also für die Annahme an Kindes Statt etwa vorzuschreiben: „Gehört der Annehmende einem fremden Staate an, während das Kind die Reichsangehörigkeit besitzt, so bestimmt sich das Erfordernis der Einwilligung des Kindes oder eines Dritten, zu dem das Kind in einem familienrechtlichen Verhältnis steht, nach den deutschen Gesetzen." Der Inhalt des Art. 22 Abs. 2 EG. ist aber ein ganz anderer. Es wird dort nichts darüber gesagt, nach welchem Rechte sich im Falle fremder Staatsangehörigkeit des Annehmenden bei Reichsangehörigkeit des Kindes das Erfordernis der Einwilligung des Kindes oder eines Angehörigen des Kindes richten soll. Vielmehr wird nur vorgeschrieben, in diesem Fall solle, gleichviel welches Recht auf die Annahme an Kindes Statt im allgemeinen und auf die in Rede stehende Einwilligung im besonderen anzuwenden sein möge, die Wirksamkeit der Annahme davon abhängen, daß in der mehrerwähnten Beziehung (auch) das nach den deutschen Gesetzen Erforderliche geschehen ist. Danach wird durch Art. 22 Abs. 2 der aus Abs. 1 zu entnehmende Grundsatz, daß für die Annahme an Kindes Statt das Heimatsrecht des Annehmenden maßgebend ist, nicht geändert, sondern nur für deutsche Kinder ein besonderer Schutz geschaffen. Eine solche Schutzvorschrift ist nicht zu einer ausdehnenden Anwendung auf den Fall der Annahme eines ausländischen Kindes durch einen Deutschen geeignet (Sternberg JW. 1913 S. 569).

Der vorstehenden Ausführung kann nicht entgegengehalten werden, daß in der Kommission für die zweite Lesung (Prot. Bd. 6 S. 65) die Meinung ausgesprochen worden ist, die Berücksichtigung des Heimatrechts des Kindes sei „zum Schutze der zu legitimierenden oder zu adoptierenden deutschen Kinder unentbehrlich und müsse dann der Gerechtigkeit halber auch auf die Ausländer ausgedehnt werden." Die sog. Materialien mögen im allgemeinen ein bedeutsames Mittel für die Erkenntnis dessen sein, was das Gesetzeswort sagen will. Diese Bedeutung kommt ihnen aber dann nicht zu, wenn wie hier der Gesetzesvorschlag, der durch die ausgesprochene Meinung begründet werden sollte (§ 2253 Abs. 1 Satz 2 mit § 2254 des Kommissionsentwurfs), nicht Gesetz geworden, sondern durch eine wesentlich andere Bestimmung ersetzt worden ist. Der Bundesrat, dessen Gründe für die von ihm vorgenommene Umgestaltung des Kommissionsentwurfs nicht veröffentlicht worden sind, mag sich, was die Annahme an Kindes Statt angeht, gesagt haben: Die Vorschriften des Bürgerlichen Gesetzbuchs über die Abschließung des Annahmevertrags auf seiten des Kindes (§§ 1750 bis 1752) und über die Einwilligung gewisser mit dem Kinde durch ein familienrechtliches Verhältnis verbundener Personen (§§ 1746 bis 1748) seien zur Wahrnehmung der berechtigten Interessen des Kindes erforderlich und deshalb bei der Annahme eines deutschen Kindes jedenfalls zu wahren; sie würden aber anderseits diesen Interessen auch in solchem Maße gerecht, daß auch bei einer grundsätzlich ohnehin dem deutschen Recht zu unterwerfenden Annahme eines ausländischen Kindes durch einen Deutschen nur diesen Vorschriften entsprochen zu werden brauche. Einer besonderen Schutzvorschrift zugunsten des ausländischen Kindes für den Fall, daß die Annahme eines solchen durch einen — einem anderen Staat als das Kind angehörigen — Ausländer von deutschen Gerichten zu beurteilen ist, mag sich der Bundesrat bewußt enthalten haben.

So rechtfertigt sich der Satz, daß für die Rechtswirksamkeit der Annahme eines ausländischen Kindes durch einen Deutschen ausschließlich das deutsche Recht maßgebend ist. Das Heimatrecht des Kindes bleibt außer Betracht, auch sofern es für die Einwilligung der auf seiten des Kindes Beteiligten oder sonst weitergehende Erfordernisse aufstellt oder die Annahme an Kindes Statt nicht kennt. Mit diesem Ergebnis stimmen überein Planck BGB. 3. Aufl. Anm. 7 zu Art. 22 EG.; Neumann bei Gruch. Bd. 46 S. 74 flg. und BGB. 6. Aufl. Anm. I 1, II 2 zu Art. 22 EG.; Habicht Intern. PrivR. Anm. II 2 a, III b zu Art. 22 EG.; Zitelmann Intern. PrivR. Bd. 2 S. 879, 883 Nr. 2.

Sternberg, der, wie bemerkt, den Art. 22 EG. in demselben Sinne auslegt, schränkt das gewonnene Ergebnis doch wieder durch die Ausführung (a. a. O. S. 569 flg.) ein: Es sei nicht ausgeschlossen, daß das bei der Annahme eines ausländischen Kindes durch einen Deutschen auch für die fragliche Einwilligung anzuwendende deutsche Recht in dieser Hinsicht auf ein anderes Recht verweise. Soweit die Einwilligung der Eltern oder, falls das Kind unehelich sei, der Mutter des Kindes in Frage komme, sei dies durch die Art. 19, 20 EG. geschehen. Denn diese einseitigen Kollisionsnormen seien anerkanntermaßen dahin zu erweitern, daß für das Rechtsverhältnis zwischen den Eltern und einem ehelichen Kinde oder zwischen einem unehelichen Kinde und seiner Mutter immer das Heimatrecht der Eltern oder der Mutter maßgebend sei. Die Frage, ob eine Einwilligung der Eltern des ehelichen oder der Mutter des unehelichen Kindes erforderlich sei, betreffe das Rechtsverhältnis zwischen dem Kinde und seinen Eltern oder seiner Mutter. Demgegenüber kann zugegeben werden, daß unter dem „Rechtsverhältnis zwischen den Eltern und einem ehelichen Kinde" (Art. 19) und dem „Rechtsverhältnis zwischen einem unehelichen Kinde und dessen Mutter" (Art. 20) im allgemeinen nicht nur diejenigen Rechtsbeziehungen zu verstehen sein werden, die in den diesen Rechtsverhältnissen besonders gewidmeten Titeln des Bürgerlichen Gesetzbuchs (§§ 1616 flg., 1705 flg.), sondern auch diejenigen, welche an anderen Stellen geregelt sind. Aber die Annahme an Kindes Statt, die auch auf das Rechtsverhältnis des angenommenen Kindes zu seinen leiblichen Eltern oder seiner Mutter einwirkt (§ 1765 BGB.), hat, soweit das Einführungsgesetz zum Bürgerlichen Gesetzbuch die räumliche Herrschaft der einschlägigen Rechtsnormen überhaupt abgrenzt, diese Regelung nur in Art. 22 gefunden. Wenn sich auf Grund dieser Vorschrift wegen der Reichsangehörigkeit des Annehmenden die Annahme in ihren Voraussetzungen und Wirkungen „nach den deutschen Gesetzen" bestimmt, so gehören zu diesen Gesetzen auch die §§ 1746 bis 1748 BGB. Anders ausgedrückt, der Art. 22 EG. geht auf dem Gebiet der Annahme an Kindes Statt als eine Sondervorschrift der allgemeinen Vorschriften der Art. 19 und 20 EG. vor.

Das gleiche gilt von dem Verhältnis des Art. 22 zu dem von Sternberg (a. a. O. S. 570) sowie von der Revision angezogenen Art. 7 EG., laut dem sich die Geschäftsfähigkeit einer Person, insbesondere auch bei einem im Inland vorgenommenen familienrechtlichen Rechtsgeschäft (Abs. 3 das.), nach den Gesetzen ihres Heimatstaats bestimmt. Ob die Klägerin zur Zeit ihrer Einwilligung in die Annahme an Kindes Statt in der Geschäftsfähigkeit beschränkt, also wenigstens beschränkt geschäftsfähig war, bestimmt sich gemäß Art. 7 nach ihrem schwedischen Heimatrecht. Daß sie auch als Minderjährige die infolge der Anwendbarkeit des deutschen Heimatrechts der Annehmenden nach § 1747 BGB. erforderliche mütterliche Einwilligung selbständig erteilen konnte, folgt aus § 1748 Abs. 2 BGB. gemäß Art. 22 EG., der auf dem Sondergebiet der Annahme an Kindes Statt dem Art. 7 vorgeht.

Noch weniger kann eine der Klägerin günstige Schlußfolgerung aus dem von der Revision außerdem herangezogenen Art. 1 der Haager Konvention vom 12. Juni 1902 zur Regelung der Vormundschaft über Minderjährige (RGBl. 1904 S. 240) oder aus Art. 23 EG. z. BGB. oder aus § 47 FGG. gezogen werden.

RGZ. 129, 98

Kann eine nationalisierte russische Aktiengesellschaft als Liquidationsgesellschaft in Deutschland eine gegen einen Deutschen gerichtete Forderung einklagen?

EG. z. BGB. Art. 30. HGB. § 302 Abs. 4.

II. Zivilsenat. Urt. v. 20. Mai 1930.

I. Landgericht Braunschweig, Kammer für Handelssachen.

II. Oberlandesgericht daselbst.

Die im Jahre 1913 in Rußland konzessionierte Aktiengesellschaft C. Sp. & Söhne mit Sitz in St. Petersburg und Zweigniederlassungen in Moskau und Taschkent bestellte im Anfang des Jahres 1914 bei der Beklagten, einer in Deutschland ansässigen Firma, unter Anzahlung von 147 987 M. mehrere zur Pulverfabrikation geeignete Maschinen. Infolge des Ausbruchs des Krieges mit Rußland und der Nachkriegsereignisse kam die Lieferung nicht zur Ausführung. Die Rückerstattung der Anzahlung in voll aufgewertetem Betrag bildet den Gegenstand des Klaganspruchs.

Die genannte Aktiengesellschaft soll eine Familienaktiengesellschaft mit 750 000 Rbl. Aktienkapital gewesen sein. Ihre sämtlichen Aktionäre schlossen sich zu der klagenden Liquidationsgesellschaft in Deutschland zusammen, nachdem ein Antrag auf Bestellung eines Pflegers nach § 1913 BGB. vom Amtsgericht Braunschweig am 4. Juli 1926 abgelehnt worden war, weil die Frage, wer sachberechtigt sei, im Prozeßweg ausgetragen werden müsse und es am Erfordernis einer Fürsorge fehle. Die Aktionäre waren teils russische, teils deutsche Staatsangehörige. Am 2. Dezember 1927 traten in Berlin zwei Aktionäre, und zwar für sich selbst sowie in Vollmacht der übrigen, in notariellem Protokoll zu einer Generalversammlung „der Aktiengesellschaft beziehungsweise der von ihr übrig gebliebenen Liquidationsgesellschaft" zusammen mit der Erklärung, daß dies zum Zweck der Liquidierung des in Deutschland befindlichen Vermögens der Aktiengesellschaft geschehe. Sie bestellten auch Liquidatoren. Zugleich befreiten sie diese von den nach deutschem Recht erforderlichen Anmeldungen und Veröffentlichungen. Außerdem fertigten und genehmigten sie eine Liquidations-Eröffnungsbilanz, die als einzigen Aktivposten die Forderung an die Beklagte mit 147 000 RM. und als einzigen Passivposten das Aktienkapital von 750 000 Vorkriegsrubeln aufwies.

Die danach von den Liquidatoren erhobene Klage wurde vom Landgericht auf Grund des Einwands der mangelnden Parteifähigkeit der Klägerin abgewiesen. Auf deren Berufung erklärte das Oberlandesgericht den Anspruch dem Grunde nach für gerechtfertigt. Die

Revision der Beklagten führte zur Wiederherstellung des ersten Urteils.

Gründe:

1. Soweit sich das Berufungsgericht über das Bestehen und den Inhalt russischer Gesetze sowie über ihre Anwendung auf den gegebenen Fall ausspricht, sind seine Feststellungen für die Revisionsinstanz nach §§ 562, 549 ZPO. maßgebend, vgl. RGZ. Bd. 63 S. 318, Bd. 74 S. 433, Bd. 76 S. 284, Bd. 78 S. 49, Bd. 114 S. 193 (200), Bd. 126 S. 196 (201); JW. 1928 S. 1196 Nr. 1; RGUrt. vom 13. Dezember 1929 II 126/29. Daher ist — sowohl nach der tatsächlichen als nach der rechtlichen Seite hin — bindend festgestellt, daß die nach altrussischem Recht gegründete Aktiengesellschaft C. Sp. & Söhne, die trotz ihres Sitzes in Rußland und trotz der russischen Staatsangehörigkeit eines Teils ihrer Aktionäre den Kriegsmaßnahmen der Sequestrierung und Zwangsliquidation unterstellt wurde, dadurch nicht rechtlich vernichtet worden ist. Tatsächlich sei zwar ihr Wirtschaftsleben unterbunden gewesen, aber es habe ein Fortbestehen im Liquidationszustand stattgefunden, in dem sie nach dem russischen Umsturz vom 7. November 1917 von den Nationalisierungsmaßnahmen der nun zur Macht gelangten Arbeiter- und Bauernregierung betroffen worden sei. Erst durch diese Maßnahmen wurde nach der Feststellung des Urteils die Rechtspersönlichkeit der Aktiengesellschaften vernichtet, indem durch die verschiedenen Sowjetdekrete die alten Verwaltungsorgane beseitigt, den Aktionären die Verfügung über ihre Aktien entzogen und diese später für kraftlos erklärt, die Betriebe der Gesellschaften aber durch staatliche Kommissare für Rechnung der Gemeinwirtschaft fortgeführt wurden. Das Vermögen war eingezogen, es gab keine Aktien, keine Aktionäre und keinen Vorstand mehr, die körperschaftliche Verfassung war beseitigt, auch die im Aktienrecht enthaltene personenrechtliche Mitgliedschaft war erloschen. Damit wird die Folgerung der Klägerin, die auch von ihrer Seite angenommene Vernichtung der russischen Aktiengesellschaft sei eine völkerrechtswidrige Kriegsmaßnahme und daher im Deutschen Reiche, gegen dessen Staats- und Stammesangehörige sie sich gerichtet habe, nicht zu beachten, abgelehnt und der Boden für die weitere Erklärung gewonnen: Sei das rechtliche Dasein der Aktiengesellschaft, auch als Liquidationsgesellschaft, nach russischem Gewaltrecht — worunter nach dem zuvor Dargelegten die Nationalisierung durch die neue russische Regierung zu verstehen ist — schon vor dem 16. April 1922, dem Abschluß des sogenannten Rapallo-Vertrags mit der Hauptrepublik der Sowjetunion, der Petersburg (Leningrad) und Moskau umfassenden Russischen Sozialistischen Föderativen Sowjet-Republik, vernichtet gewesen, dann müsse diese

Rechtsvernichtung auch in Deutschland beachtet werden. Denn nach zwischenstaatlichen Rechtsgrundsätzen entscheide über die Frage der Rechtsfähigkeit juristischer Personen des Privatrechts ausschließlich das Recht des Sitzstaates. Der Vorbehalt des Art. 30 EG. z. BGB. greife nicht durch, weil in Art. II des Rapallo-Vertrags die Rechtswirksamkeit des bestehenden Zustands (status quo) zwischen dem Deutschen Reich und der Russischen Sozialistischen Föderativen Sowjet-Republik völkerrechtlich anerkannt sei.

Gegen diese Ausführungen des Vorderrichters zur Vernichtung der Rechtspersönlichkeit der russischen Aktiengesellschaft, die sich an die Erörterungen von W o h l über „die Nationalisierung der Bankaktiengesellschaften in Sowjetrußland und ihre Rechtswirkung im Ausland" (im Ostrecht von 1925 S 26 flg., namentlich S. 58) anschließen, mag eingewendet werden, es fehle dabei eine Unterscheidung von genügender Schärfe zwischen den Bankaktiengesellschaften, die einer strengeren Behandlung zur Befreiung der Arbeiter und Bauern von den Lasten des Kapitalismus unterworfen wurden (wozu aber Sp. & Söhne als Warenvertriebsstätte und reines Handelsunternehmen nicht gehörten) und den übrigen Aktiengesellschaften und unter diesen wieder zwischen den Industriegesellschaften und anderen. Gegen die übrigen richtet sich nur, vom Vorderrichter gleichfalls angeführt, zunächst das am 29. Dezember 1917 erlassene, alle Aktien und sonstigen verzinslichen Wertpapiere betreffende Verbot jeder Dividendenzahlung und jedes Rechtsgeschäfts in Wertpapieren (W o h l a. a. O. S. 37) und danach das sich als Ausführung hierzu bezeichnende Dekret der Volkskommissare vom 18. April 1918 betr. die Registrierung von Aktien, Obligationen und sonstigen verzinslichen Wertpapieren (abgedruckt a. a. O. S 124), endlich die Verfügung vom 30. Juni 1918 (ebenda S. 125), die alle nicht zur Registrierung eingereichten Aktien für nichtig erklärt. Aber jene Einwendung wäre im Revisionsverfahren nicht zu beachten, weil es sich immer nur um das Finden und Anwenden ausländischen Rechts handelt. Uebrigens wäre sie auch nicht geeignet, das Endergebnis der Vernichtung der Aktiengesellschaft in Zweifel zu ziehen. Denn mit jenen Verordnungen war das System der nicht auf Namen lautenden Aktien unter Eröffnung der Aussicht auf Entschädigung bei Nationalisierung abgeschafft, die Registrierung auch für alle im Ausland befindlichen Aktien ohne Unterschied der Staatsangehörigkeit der Besitzer gefordert und für alle in Rußland befindlichen, nicht bis zu einem bestimmten Termin mit bestimmter Erklärung eingereichten Aktien der Uebergang in den Besitz des Staates ohne Entschädigung verfügt. Außerdem wurden durch die letzte Verfügung alle nicht registrierten Aktien für nichtig erklärt, gleichviel ob sie in

Händen von Inländern oder von Ausländern waren. Keinem rechtlichen Bedenken begegnet aber die auf internationale, d. h. in Deutschland gültige Rechtsgrundsätze gestützte, daher an sich nachprüfbare Rechtsauffassung des Vorderrichters über die Einwirkung des Rapallo-Vertrags auf die Beachtung des in Rußland damals bereits geschaffenen Rechtszustands wegen der dortigen Aktiengesellschaften. Man mag sagen, der Verzicht Deutschlands, der in diesem Vertrag — nach Anerkennung der Sowjet-Regierung durch das Deutsche Reich in dem zwischen ihm und der Union der Sowjet-Republiken geschlossenen Abkommen vom 6. Mai 1921 (RGBl. S. 929) — auf alle sich aus der bisherigen Anwendung der Gesetze und Maßnahmen der Russischen Sozialistischen Föderativen Sowjet-Republik auf deutsche Reichsangehörige und ihre Privatrechte ergebenden Ansprüche erklärt worden ist, enthalte begrifflich nicht die Anerkennung der Rechtmäßigkeit dieser Maßnahmen (v. Hausen Anm. zu JW. 1929 S. 3518 Nr. 1) oder die Ansprüche der privaten Gläubiger gegen den Sowjet-Staat wegen Konfiskation ihrer Vermögensstücke seien unerachtet dieses Verzichts des Reiches erhalten (Schiffer in Bankarchiv 1929 S. 164). In keinem Fall ist es möglich, nach Ratifizierung des Rapallo-Vertrags durch den deutschen Gesetzgeber (Gesetz vom 17. Juli 1922 RGBl. II S. 677) auf Grund des Art. 30 EG. z. BGB. zu sagen, die „Anwendung dieser ausländischen Gesetze" verstoße gegen den Zweck eines deutschen Gesetzes oder verletze die guten Sitten. Es handelt sich hier garnicht um die Herbeiführung einer Rechtswirkung durch Anwendung eines ausländischen Gesetzes, sondern um die Beachtung einer im Ausland durch eine anerkannte Regierung bei einer ausländischen juristischen Person bewirkten Aenderung ihres Rechtszustands im Sinne der Beendigung ihrer Rechtspersönlichkeit. Das rechtliche Dasein der juristischen Person, die anders als die natürliche Person nur durch das Recht Bestand gewinnt, nicht ihre Rechtsfähigkeit oder Parteifähigket im Prozeß steht insoweit in Frage. Kann in einem ausländischen Staat, wie in Art 2140 des alten russischen Handelsgesetzbuchs bestimmt war (vgl. v. Veh Russ. Aktienrecht 1913; auch Wohl im Ostrecht 1925 S. 43; Rabinowitsch in Zeitschr. für Ostrecht 1929 S. 1124), eine Aktiengesellschaft nur durch besondere Verfügung der Staatsgewalt gegründet werden, so muß sie, wie dies nach Rabinowitsch a. a. O. im alten Rußland tatsächlich der Fall war, durch deren Verfügung auch wieder beseitigt werden können, ohne daß andere Staaten sich das Recht nehmen dürften, über das eine oder andere zu befinden. Die Nationalisierungs-Gesetzgebung ist eine Grundlage der gesamten privaten und öffentlichen Rechtsordnung des heutigen Rußland (Wohl Ostrecht 1925 S. 65). Das Deutsche Reich, das sich durch seinen Rechtsverzicht damit abgefunden hat, ist im besonderen gebunden, die Frage ihrer Wirksamkeit nicht wieder aufzuwerfen. Wie schon der Vorderrichter erklärt, kann es auf sich beruhen, ob mit der Ratifikation und Verkündung des Rapallo-Vertrags auch eine innerstaatliche Bindung der beiderseitigen Staatsangehörigen an die Vertragsfestsetzungen eingetreten ist (L i f s c h ü t z und S c h i f f e r im Bankarchiv 1929 S. 162, 164).

2. Die Revision billigt in dieser Richtung die Stellungnahme des Vorderrichters. *Sie betont noch, daß es sich um eine auch nach dem* sog. Kontrollprinzip (vgl. Entsch. des deutsch-französischen Gemischten Schiedsgerichtshofs in JW. 1929 S. 80) russische Aktiengesellschaft und um eine gerade nach außen hin rein russische Aktiengesellschaft gehandelt habe, nicht um ein nach außen hin rein deutsches Unternehmen, als welches die Aktiengesellschaft nach einem Ausspruch des Vorderrichters das Ziel der Vernichtungsbestrebungen des zaristischen Feindstaates bei seinen Kriegsmaßnahmen gebildet haben soll. Die Revision erhebt aber gegen das angefochtene Urteil den Vorwurf, es setze sich in seinen weiteren Ausführungen mit diesen Feststellungen unmittelbar in Widerspruch und verletze dadurch das sachliche Recht, besonders das internationale Privatrecht und das Völkerrecht. Das Urteil, das am Schluß alle Einwendungen der Beklagten gegen die Klagforderung verwirft, diese (entgegen RGZ. Bd. 118 S. 185, Bd. 120 S. 80 und JW. 1928 S. 57 Nr. 8) als einen der Aufwertung zugänglichen Bereicherungsanspruch bezeichnet und nur die Höhe des zu fordernden Betrags als noch der Ausmittlung bedürftig ansieht, gelangt nämlich in rechtsähnlicher Anwendung des § 302 HGB. zur Anerkennung der Parteifähigkeit der Klägerin als einer juristischen Person und schreibt ihr das Recht zu, den Bereicherungsanspruch gegenüber der Beklagten zu verfolgen. Weil es nach russischem Recht keine Aktiengesellschaft C. Sp. & Söhne mehr gegeben habe und eine solche auch nicht durch Verlegung des Sitzes nach Deutschland wiederherzustellen gewesen sei, habe sich in Deutschland eine Gesellschaft nur nach aktienrechtlichen oder sonstigen Vorschriften des deutschen Rechts neu bilden können, was aber nach dem Inhalt des Generalversammlungs-Protokolls nicht geschehen sei. Das ausländische Vermögen habe jedoch mit dem Ende der russischen Aktiengesellschaft und Liquidationsgesellschaft nicht herrenlos werden können, und wiewohl der Aktionär weder nach deutschem noch nach altrussischem Aktienrecht einen ideellen Anteil am Gesellschaftsvermögen habe, sondern nur einen schuldrechtlichen Anspruch auf einen seinem Aktienbesitz entsprechenden Anteil am Reinergebnis der Liquidation geltend machen könne, müsse doch angenommen werden, daß die Forderung gegen die Beklagte einer Liquidationsgesellschaft zustehe, deren

Bildung losgelöst von den Erfordernissen des deutschen Aktienrechts zugelassen werden müsse. Sonst käme man zu dem Ergebnis, daß die ausländischen Gläubiger der Aktiengesellschaft ihre Forderungen eingebüßt hätten und die ausländischen Schuldner, denen gegenüber die Liquidation nicht durchgeführt worden sei, befreit wären. Nicht die rechtliche Konstruktion, sondern die wirtschaftliche Betrachtung müsse bei diesem durch Kriegs- und Nachkriegsereignisse geschaffenen Sachverhalt den Ausschlag geben. Die auf eine gesetzliche Auflösung der Gesellschaft abgestellten aktienrechtlichen Grundsätze könnten keine schrankenlose Geltung beanspruchen, und es widerstreite dem Rechtsempfinden, wenn man den recht- und gesetzlosen Raub des Privateigentums im Auslande dadurch krönen wollte, daß den beteiligten Aktionären auch das inländische Liquidationsguthaben durch Richterspruch aberkannt würde. Das Recht auf den Liquidationsanteil sei unentziehbar und müsse, sei es durch die Aktionäre als bürgerliche Gesellschaft für diesen bestimmten Zweck, sei es durch eine insoweit wiederherzustellende und als fortbestehend anzuerkennende Liquidationsgesellschaft verfolgbar sein. Das fordere der Zweck im Recht; ein entgegenstehender Wille des ausländischen Gesetzgebers wäre nicht zu beachten; denn er verstieße gegen das Ziel der inländischen Gesetze, privatrechtliche Ansprüche zu schützen. Weil in Deutschland befindliches Vermögen in Frage komme, müsse hier deutsches Recht entsprechend angewandt werden.

Diese Ausführungen lassen sich, soweit sie moralische Rücksichten ins Feld führen, offenbar nicht vereinigen mit der Feststellung, daß der durch die Sowjet-Regierung geschaffene Rechtszustand der Vernichtung der Aktiengesellschaft anerkannt werden müsse. Es handelt sich um die denkgesetzlichen und praktischen Folgerungen, die aus der anerkannten Tatsache gezogen werden müssen gegenüber der daneben vielleicht bestehenden Tatsache, daß etwa in Deutschland Vermögensstücke der alten vernichteten Aktiengesellschaft vorhanden sind, die von der Zwangsliquidation und von der Nationalisierung bis jetzt nicht erreicht wurden. Diese Frage ist in gleicher Weise in zahlreichen anderen Staaten aufgetaucht, die bei der alten Rechts- und Wirtschaftsordnung verblieben sind, und hat eine verschiedenartige und wechselnde Behandlung unter Berücksichtigung der bei einzelnen zunächst oder auch noch heute bestehenden völkerrechtlichen Nichtanerkennung des Sowjetregiments erfahren. Sie muß im Deutschen Reich unter Beachtung der Anerkennung des Sowjet-Staates und der besonderen Verpflichtung durch den Rapallo-Vertrag gelöst werden, der auch im deutsch-russischen Vertragswerk vom 12. Oktober 1925 (RGBl. 1926 II S. 1 flg.) nach Art. 3 der Allgemeinen Bestimmungen aufrechterhalten geblieben ist. Im vorliegenden Falle handelt es sich auch nicht um die besondere Gestaltung, die etwa dadurch geschaffen sein könnte, daß im Inland zur Zeit der Vernichtung der russischen Aktiengesellschaft eine Zweigniederlassung bestanden hätte und in Tätigkeit geblieben wäre. Nach der von der Klägerin aufgemachten Liquidations-Eröffnungsbilanz ist nur ein möglicherweise allerdings beträchtliches Vermögensstück vorhanden, nämlich eine Forderung, deren Schuldner Deutscher ist und in Deutschland seinen Handelssitz hat. Es ist nicht richtig, hierbei einseitig die Ansprüche und Verhältnisse auf der Gläubigerseite zu betrachten, wie dies der Vorderrichter getan hat. Auch die Belange des Schuldners sind ins Auge zu fassen. Sie gehen dahin, daß er, wenn er leistet, mit befreiender Wirkung muß leisten können. Diese Wirkung tritt nicht ein, wenn er, und wäre es auch auf Grund gerichtlichen Urteils, an einen Nichtberechtigten zahlt, es sei denn, er hätte sich nach §§ 72, 68 ZPO. durch Streitverkündung gesichert gegenüber demjenigen, dessen Anspruch er besorgt. Das setzt aber eine Sachlage voraus, die das ermöglicht, also das Vorhandensein eines erreichbaren Dritten, dem möglicherweise die Forderung zusteht. Das Rechtsempfinden, das der Vorderrichter mitsprechen läßt, wird sicherlich weniger dadurch beeinträchtigt, daß eine Forderung beim Schuldner nicht eingetrieben wird, als dadurch, daß dies mit Gerichtshilfe durch einen Unberechtigten geschieht. Ist die Schuld bisher nicht untergegangen, so wird sie vorbehaltlich der Einwirkung der Verjährung auch weiterhin bestehen bleiben, bis ein Berechtigter sie eintreibt. Wer einen Anspruch verfolgt, hat seine Berechtigung nachzuweisen. Das ist im vorliegenden Fall nicht geschehen, und die Erwägungen des Vorderrichters vermögen nicht darüber wegzuhelfen. Es handelt sich nicht, wie das Berufungsgericht sich ausdrückt, darum, den Berechtigten ihr Recht (den Liquidationsanteil) durch Richterspruch abzuerkennen, sondern darum, daß über die Frage zu befinden ist, ob sie der Beklagten gegenüber ihr Recht auf die Forderung dargetan haben. Eine gesetzgeberische Maßnahme des Deutschen Reichs in bezug auf diesen Gegenstand liegt nicht vor; anders teilweise z. B. in Polen (vgl. Rundstein „Zweigniederlassungen russischer Aktiengesellschaften in Polen", Ostrecht 1925 S. 330) und in einigen Randstaaten (vgl. Rabinowitsch, Zeitschr. für Ostrecht 1929 S. 1109). Den ehemaligen Aktionären, die sich im Deutschen Reiche jederzeit zur Verfolgung eines wirtschaftlichen Zwecks, so auch zur Beitreibung von Forderungen in Gestalt einer bürgerlichen Gesellschaft nach § 705 BGB zusammenschließen und gemeinsam klagen könnten, fehlt zur Erhebung eines Anspruchs an die Beklagte die Sachberechtigung. Sind sie durch wirksame Maßnahmen der Sowjet-Regierung in Rußland ihrer Aktionärrechte, ihrer personalrechtlichen Mitgliedschaft verlustig gegangen, wie festgestellt ist, so wäre unerfindlich, woher sie in Deutschland sollten das Recht nehmen können, sich eine Aktionärstellung beizulegen. Aber auch wenn man diese als fortdauernd ansehen könnte, so würde den Aktionären nach deutschem Gesetz (§ 210 HGB.) kein Recht auf die Geltendmachung einer Gesellschaftsforderung zustehen*); vielmehr haben sie, wie der Vorderrichter selbst sagt, nur den schuldrechtlichen Anspruch an die Gesellschaft auf Verteilung des Liquidationsüberschusses, wobei ihnen die Gesellschaftsgläubiger vorgehen. Es geht nicht an, ihnen nach dem Untergang der Gesellschaft mehr Recht einzuräumen, als sie zur Zeit ihres Bestehens und ihrer Anerkennung im Deutschen Reiche gehabt hätten, und etwa Konstruktionen von sachberechtigten Aktionärgesellschaften Platz greifen zu lassen, die sonst abgelehnt werden müßten. In Anbetracht dieser Rechtslage haben die an der Klage beteiligten ehemaligen Aktionäre auch nicht versucht, in dieser Eigenschaft für ihre Person oder als bürgerliche Gesellschaft deutschen Rechts aufzutreten, sondern sie geben sich als zur rechtlichen Einheit zusammengeschlossene Fortsetzung der alten russischen juristischen Person aus. Diese soll ihr gesellschaftliches Handeln fortsetzen; sie will zwar nicht das Geschäft als Gesellschaft weiterbetreiben, wie es anderwärts bei außerrussischen Zweigniederlassungen oder bei Rumpfgesellschaften, die ins Ausland geflüchtet sind, von Aktionären aus geschehen ist; wohl aber will sie die ausländischen Vermögensstücke liquidieren, d. h. verteilen.

Es ist indessen nicht versucht worden, für die Gesamtheit der alten Aktionäre, die nach der Feststellung des Vorderrichters im gegebenen Fall vollzählig mit dem ganzen Bestand an Aktien zusammengetreten sind, Rechtsfähigkeit zu erwerben, weil sich auch hier die Frage des Uebergangs von Rechten der untergegangenen Gesellschaft auf die neuerrichtete deutsche erheben würde. Es wird vielmehr Gleichhheit der in Deutschland aufgetretenen Rechtspersönlichkeit mit der alten russischen Aktiengesellschaft vorgegeben, nur mit der Maßgabe der Umwandlung in eine Liquidationsgesellschaft, wie sie nach gesetzlicher Auflösung eintritt, und es wird im Deutschen Reich ohne weiteres die Rechtsfähigkeit als juristische Person in Anspruch genommen. Eine solche Rechtsfähigkeit kraft Daseins kann aber nicht angenommen werden, weder von der Uebung aus, daß eine im Ausland zu Recht bestehende juristische Person mangels besonderer Hindernisse auch in Deutschland anerkannt wird (denn eine

*) Ebenso nach Art. 2188 des alten russischen Handelsgesetzbuchs; vgl. dazu Wohl im Ostrecht 1925 S. 58 flg. Das gleiche gilt nach §§ 322, 338, 365, 366 des am 1. Januar 1923 in Kraft getretenen neuen russischen Bürgerlichen Gesetzbuchs. D. E.

ausländische Gesellschaft ist nicht mehr vorhanden), noch bei Anlegung der Erfordernisse des deutschen Rechts.

Die Vorschriften über die Errichtung einer Aktiengesellschaft sind nicht befolgt und ebensowenig sind die Bedingungen erfüllt, unter denen ein Verein Rechtsfähigkeit erlangt: Eintragung oder Verleihung. Eigenmächtig auftretende Gebilde ähnlicher Art erkennt das geltende Recht nicht an. Der Weg, den der Vorderrichter gewählt hat, um über den Rechtszustand im Deutschen Reich hinwegzukommen, wonach Personenverbände nur auf bestimmte, gesetzlich geordnete Weise Rechts- und damit Prozeßfähigkeit erlangen können, nämlich die sinngemäße Anwendung des § 302 Abs. 4 HGB., läßt sich nicht beschreiten. Eine sinngemäße Anwendung liegt hier nicht mehr vor. In dem gesetzlich geordneten Fall handelt es sich um die Wiedereröffnung der in Wahrheit gar nicht abgeschlossenen Liquidation einer gesetzlich gebildeten und eingetragenen Aktiengesellschaft, also einer rechtsfähigen Person, durch einen Akt des Registerrichters. Dieser Akt bildet eine aktienrechtliche Besonderheit (RGZ. Bd. 109 S. 393) und soll nicht bloß den Aktionären, sondern allen Beteiligten, insbesondere auch den ihnen in der Befriedigung vorgehenden Gläubigern dienen, weshalb er auch von einem Gläubiger beantragt werden kann. Hier aber wird eine Verfassung und Vertretung, die sich die Aktionäre selbst gegeben haben, durch den Prozeßrichter anerkannt und der Aufgabe, die sie ihren Vertretern gestellt haben, volle Freiheit gelassen. Der gerichtlich bestellte Liquidator hätte nach dem Gesetz in erster Linie für die Befriedigung der Gläubiger zu sorgen, und das liegt ebenso nach den Grundsätzen sachlicher Gerechtigkeit jeder irgendwie gestalteten Liquidationsgesellschaft ob. Sie dürfte nicht nur Inhaberin der Rechte, sondern müßte auch Trägerin der Verbindlichkeiten der alten Aktiengesellschaft sein. Dabei kämen nach deutschem Recht, das hier angewendet werden soll, nicht nur die deutschen, sondern alle Gläubiger der untergegangenen russischen Gesellschaft in Betracht. Denn deren Rechte sind dadurch, daß das Vermögen der Aktiengesellschaft im Kriege liquidiert und späterhin nationalisiert wurde, insoweit nicht erloschen, als das Liquidationsergebnis nicht zu ihrer Befriedigung verwendet worden ist. Daß die Aktiengesellschaft C. Sp. & Söhne samt ihren Zweigniederlassungen schuldenfrei war, insbesondere keine von der kurzen (nach Art. 7 EinfVo. z. russ. Bürgerlichen Gesetzbuch dreijährigen) sowjetrussischen Verjährung befreiten Auslandsschulden hatte, ist nicht anzunehmen (im Rechtsstreit ist von einer Firma B die Rede, in deren Auftrag die Aktiengesellschaft die Bestellung bei der Beklagten gemacht und mit deren Mitteln sie die Anzahlung an sie geleistet haben soll, die also ihrerseits Gläubigerin der Aktiengesellschaft gewesen wäre). Daß die Sowjet-Regierung die Schulden getilgt oder übernommen hätte, trifft offenbar auch nicht zu, vgl. Rabinowitsch in JW. 1929 S. 3459 flg. Aufgabe einer Liquidation im Sinne des russischen (alten wie neuen) und des deutschen Rechts wäre in einem Falle, in dem eine (aktienrechtliche) Liquidation der Gesellschaft noch gar nicht stattgefunden hat, sondern erst einzusetzen hätte, vor allem auch der Aufruf der Gläubiger (§ 297 HGB.; Art. 2188 des alten russ. Handelsgesetzbuchs). Daß in dieser Richtung hier etwas geschehen würde, wo die Generalversammlung den Liquidatoren alle nach deutschem Recht erforderlichen Veröffentlichungen erlassen und keine Schulden in ihre Eröffnungsbilanz aufgenommen hat, ist in keiner Weise gewährleistet. Die Aktionäre haften den Gesellschaftsgläubigern weder nach deutschem (§ 178 HGB.) noch nach altrussischem (Art. 2174 russ. HGB.) Recht und würden ihnen auch dann nicht haften, wenn sie den Liquidationsüberschuß zugeteilt bekämen, es sei denn aus ungerechtfertigter Bereicherung bei Verletzung von Verteilungsvorschriften nach RGZ. Bd. 109 S. 391, Bd. 124 S. 210 (214). Dies zeigt, daß ein lediglich auf Eintreibung einer Schuld zum Nutzen der Aktionäre gerichtetes Bestreben keinen rechtlichen Anspruch auf Förderung hat. Zweifelhaft ist, ob im Deutschen Reich nach der gegenwärtigen Gesetzeslage ein wirkliches Liquidationsverfahren unter staatlicher Leitung oder Aufsicht herbeigeführt werden kann (vgl. Wohl in Niemeyers Zeitschrift 1928 S. 296 flg.), wie es nach Rabinowitsch JW. 1929 S. 3459 und Zeitschr. f. Ostrecht 1929 S. 1124, 1127, und nach Wohl im Ostrecht 1925 S. 31 sowie in Niemeyers Zeitschr. 1928 S. 295 die französischen Gerichte nach den dort erlassenen Vorschriften fordern. Im Prozeß ist dies aber nicht zu entscheiden; § 57 ZPO. kommt für die Klagpartei nicht in Betracht.

Beim Fehlen der Sachberechtigung der unter dem Namen der klagenden Gesellschaft sich verbergenden Aktionäre und der Rechtsfähigkeit des aufgetretenen Aktionärverbandes, falls man ihm mit Sicherheit die Sachberechtigung zusprechen dürfte, mußte das die Klage abweisende erste Urteil wiederhergestellt werden.

RGZ. 132, 416

Nach welchem Recht hat der deutsche Richter eine Ehenichtigkeitsklage zwischen Ausländern zu beurteilen, wenn diese in einem fremden, nichtdeutschen Staate geheiratet und nach der Eheschließung eine andere Staatsangehörigkeit erworben haben?

EG. z. BGB. Art. 11, 13, 17, 30. ZPO. § 606 Abs. 1 Haager Ehescheidungsabkommen vom 12. Juni 1902 (RGBl. 1904 S. 231) Art. 1.

IX. Zivilsenat. Urt. v. 16. Mai 1931.

I. Landgericht Karlsruhe. II. Oberlandesgericht daselbst.

Die Parteien haben am 14. Oktober 1918 russischer Zeitrechnung in Odessa vor dem Pastor der Lutherischen St. Paulikirche die Ehe geschlossen. Der Kläger ist evangelischer Konfession. Er war damals als österreichischer Unteroffizier in Odessa zu einer Schiffsabteilung kommandiert. Die Beklagte ist Jüdin. Sie besaß bei der Eheschließung als Lettländerin die russische Staatsangehörigkeit. Am 8. Dezember 1918 haben die Ehegatten mit der österreichischen Besatzung Odessa verlassen und sind nach Graz gezogen, wo der Kläger in seiner früheren Stellung als Bankbeamter tätig war. Von Graz kamen die Parteien nach Triest, wo sie 1922 die italienische Staatsangehörigkeit erwarben. Seit 1927 haben sie in Karlsruhe gewohnt. Am 9 April 1929 hat der Kläger die Beklagte verlassen. Mit der Klage hat er beantragt, die Ehe für nichtig zu erklären, weil nach § 64 des österreichischen Allgemeinen Bürgerlichen Gesetzbuches „Eheverträge zwischen Christen und Personen, welche sich nicht zur christlichen Religion bekennen, nicht gültig eingegangen werden können". Die Klage wurde in beiden Instanzen, aber aus verschiedenen Gründen, abgewiesen. Die Revision des Klägers hatte keinen Erfolg.

Gründe:

. . . Für die Entscheidung ist davon auszugehen, daß die Parteien zur Zeit der Erhebung der Nichtigkeitsklage italienische Staatsangehörige waren. Denn das Berufungsgericht hat festgestellt, daß der Kläger die deutsche Reichsangehörigkeit nicht erworben hat. Die Rügen, welche die Revision insoweit erhoben hat, sind also nicht zu beachten. Es fragt sich deshalb, nach welchem Recht über die vorliegende Nichtigkeitsklage zu entscheiden ist. Das Haager Abkommen, das auch für Italien gilt, bezieht sich nicht auf eine solche Klage. Für die Frage, welches Recht auf sie anzuwenden ist, können deshalb nur die Vorschriften des deutschen Rechts in Anwendung kommen. Diese ergeben zunächst im § 606 Abs. 1 ZPO. die ausschließliche Zuständigkeit des angegangenen Gerichts, weil der klagende Ehemann bei ihm seinen allgemeinen Gerichtsstand hat. Sie ergeben weiter im Art. 11 EG. z. BGB., daß die Form der in Odessa geschlossenen Ehe nach russischem Recht zu beurteilen ist. Art. 13 das. regelt nicht die Fälle der Eheschließung von zwei Ausländern im Ausland. Es fehlt daher eine Vorschrift darüber, wie eine solche Ehe zu beurteilen ist. Hierbei sind aber zwei Fälle zu unterscheiden; einmal der Fall, daß Ausländer in ihrem Heimatstaat und zweitens der Fall, daß Ausländer in einem fremden, nichtdeutschen Staate geheiratet haben. Nach dem Grundsatz, daß Deutschland jedem Staat die Souveränität über seine Staatsangehörigen einräumt, soweit es sie auch für seine eigenen Staatsangehörigen in Anspruch nimmt, ist eine Eheschließung von Ausländern in ihrem Heimatsstaat nach ihren Heimatsgesetzen zu beurteilen. Für den Fall aber, daß sie nicht nach ihrem Heimatsgesetz geheiratet haben, sind nach der herrschenden Meinung die Vorschriften des Art. 13 a. a. O. auch in diesem Fall entsprechend anzuwenden. Es entscheidet also in Ansehung eines jeden Verlobten sein Heimatrecht über die Gültigkeit der Ehe. Von diesem Standpunkt aus haben die beiden Vorinstanzen den § 64 des österreichischen ABGB., wonach die Ehe zwischen Christen und Nichtchristen nicht gültig eingegangen werden kann, hier herangezogen, weil der Kläger zur Zeit der Eheschließung österreichischer Staatsangehöriger war. Sie haben dann im Anschluß an die österreichische Rechtsprechung zu den §§ 4, 64 a. a. O. die Anwendung der letzteren Vorschrift davon abhängig gemacht, ob die Parteien durch die Eheschließung Rechtsfolgen in Oesterreich nicht haben begründen wollen. Käme man auf diesem Wege dazu, daß die Ehe nach dem maßgebenden österreichischen Recht als ungültig anzusehen ist, so würde es sich weiter fragen, ob nicht etwa die Anwendung des § 64 des österreichischen ABGB. nach Art. 30 EG. z. BGB. ausgeschlossen ist, weil die Anwendung gegen die guten Sitten oder gegen den Zweck eines deutschen Gesetzes verstieße. Das hat das Berufungsgericht ohne Rechtsirrtum verneint. Denn vom Standpunkte des deutschen Rechts und der deutschen Rechtsprechung kann nicht gesagt werden, daß ein ausländisches Gesetz, welches die Verschiedenheit der Religion der Verlobten zum Ehehindernis erklärt, gegen die guten Sitten oder den Zweck eines deutschen Gesetzes verstößt, weil das deutsche Recht dieses Ehehindernis nicht kennt. Der § 64 des österreichischen ABGB. richtet sich nicht gegen die einer bestimmten Religion angehörigen Personen. Der Revision ist darin beizutreten, daß die mit Rücksicht auf das österreichische Recht materiell ungültig geschlossene Ehe nicht dadurch hätte gültig werden können, daß die Eheleute in der Folge die italienische Staatsangehörigkeit erworben haben und daß nach der italienischen Ordnung im Art. 12 der einleitenden Bestimmungen zum italienischen Codice civile (wie das Berufungsgericht für den Senat bindend festgestellt hat) die Ehe der Parteien als gültig angesehen werden muß. Das Berufungsgericht meint, es könne aus diesem Grunde den § 64 des österreichischen ABGB. nicht anwenden; eine Nichtberücksichtigung des „ordre public" in Italien könnte zu dem unbefriedigenden

Ergebnis führen, daß man die Ehe in Deutschland für nichtig erklärte, während sie im jetzigen Heimatsstaate der Ehegatten als gültig behandelt würde. Es fragt sich aber, ob nicht über die Nichtigkeitsklage nach italienischem Recht zu entscheiden ist. Die Nichtigkeit einer aus sachlichrechtlichen Gründen nichtigen Ehe kann nach dem deutschen Bürgerlichen Gesetzbuch, solange diese nicht für nichtig erklärt oder aufgelöst ist, nur im Wege der Nichtigkeitsklage geltend gemacht werden. Das bedeutet, daß eine dem äußeren Anschein nach zu Recht bestehende Ehe so lange als gültig zu behandeln ist, bis ihre Nichtigkeit durch Klage im besonderen Verfahren mit Erfolg geltend gemacht worden ist. Entsprechendes gilt für das österreichische Allgemeine Bürgerliche Gesetzbuch (§ 94) und für den italienischen Codice civile (Art. 104), wie der Tatrichter für das Revisionsgericht bindend festgestellt hat. Für die Scheidung der Ehe gilt nach Art. 17 EG. z. BGB. und Art. 1 Abs. 1 des Haager Ehescheidungs-Abkommens, daß die Gesetze des Staates maßgebend sind, dem der Ehemann (so EG. z. BGB.) oder die Ehegatten (so das Haager Abkommen) zur Zeit der Erhebung der Klage angehören. Für die Nichtigkeits- und die Anfechtungsklage ist keine solche Bestimmung getroffen, ohne daß ersichtlich wäre, welche Gründe für die verschiedene Behandlung der Scheidungsklage einerseits und der Nichtigkeits- und Anfechtungsklage anderseits maßgebend waren. Daraus folgt aber nicht, daß etwa über die Nichtigkeitsklage nach dem Recht des Ehemanns oder der Ehegatten zur Zeit der Eingehung der Ehe zu entscheiden wäre. Nach Sinn und Zweck der Nichtigkeitsklage im deutschen, österreichischen und italienischen Recht, nach dem allgemeinen Grundsatz, daß in Ehesachen das Heimatsrecht entscheidet und daß der deutsche Richter keine Veranlassung hat, eine Ehe für nichtig zu erklären, die im Heimatstaat der Ehegatten als gültig behandelt wird, ist vielmehr anzunehmen, daß im vorliegenden Falle das italienische Recht maßgebend ist, das die Ehe der Parteien als gültig betrachtet.

RGZ. 133, 161

1. Welche Eheschließungsform ist für eine von Ausländern verschiedenen Heimatsrechts im Ausland eingegangene Ehe zu erfordern?

2. Wie ist der Einfluß von Formmängeln, die nach dem Ortsrecht bestehen, auf die Gültigkeit einer solchen Ehe zu beurteilen?

EG. z. BGB. Art. 11, 13.

VIII. Zivilsenat. Urt. v. 22. Juni 1931.

I. Landgericht Leipzig. II. Oberlandesgericht Dresden.

Die jüdischen Parteien haben sich am 30. Januar 1910 in Eger, wo ihr Wohnsitz nicht war, vor dem dortigen Rabbiner trauen lassen.

Zu jener Zeit besaß der 1879 in Lemberg geborene, in Leipzig wohnende Beklagte die österreichische Staatsangehörigkeit, während von der im Jahre 1884 in Stettin geborenen Klägerin nicht feststeht, ob sie eine deutsche Staatsangehörigkeit oder die russische besaß. Im Jahre 1920 haben sich die Parteien nach vorausgegangenen Zwistigkeiten über ihre Scheidung geeinigt. Sie haben dann zunächst beim Bezirksgericht Eger am 12. Januar 1921 auf gemeinsamen Antrag den Ausspruch einer Scheidung von Tisch und Bett, dann beim Kreisgericht Eger ein Urteil vom 14. März 1922 erwirkt, das die Ehe wegen unüberwindlicher Abneigung dem Bande nach trennt. In der Folgezeit hat der Beklagte die Staatsangehörigkeit in Deutsch-Oesterreich, die Klägerin diejenige in Deutschland erworben. Im Jahre 1929 hat die Klägerin von dem noch in Leipzig wohnenden Beklagten durch Klage vor dem Amtsgericht Leipzig Unterhalt als Ehefrau verlangt. Als der Beklagte das Bestehen der Ehe bestritt, hat das Amtsgericht den Rechtsstreit bis zur Fesstellung des Bestehens der Ehe ausgesetzt.

Die Klägerin hat demgemäß Feststellung verlangt: „daß für die deutschen Gerichte die Ehe zwischen den Parteien noch besteht", hilfsweise: „daß die Ehe zwischen den Parteien noch besteht". Der Beklagte hat geltend gemacht, die Ehe sei von vornherein ungültig geschlossen, weil die notwendige Voraussetzung der Eheschließung vor dem Rabbiner in Eger, ein mindestens sechswöchiger Aufenthalt der Eheschließenden in Eger, nicht erfüllt gewesen sei.

Das Landgericht hat die Ehe für ungültig angesehen und die Klage abgewiesen. In der Berufungsinstanz hat die Klägerin einen weiteren Hilfsantrag auf Feststellung dahin gerichtet, daß eine gültige Scheidung der zwischen den Parteien geschlossenen Ehe nicht vorliege. Das Oberlandesgericht hat dem ersten Hilfsantrag mit der Feststellung entsprochen, daß die Ehe der Parteien noch besteht. Die Revision des Beklagten blieb ohne Erfolg.

Aus den Gründen:

Der Berufungsrichter beurteilt das Zustandekommen der Ehe zwischen den Parteien durch die Trauung von 1910 in Eger auf Grund von Art. 11 Abs. 1 Satz 2 EG. z. BGB. mit dem Ergebnis, die vom österreichischen Gesetz verlangte Form sei zwar nicht gewahrt und die Ehe deshalb dem Ungültigkeitsprozeß ausgesetzt, bis zum Ausspruch der Ungültigkeit bestehe sie aber.

Die Revision geht demgegenüber von der Erwägung aus, maßgebend sei in erster Reihe der Grundsatz des Art. 13 Abs. 1 Satz 1 EG. z. BGB., selbst wenn beide Parteien zur Zeit der Eheschließung Ausländer gewesen seien. Danach hätte der Berufungsrichter auch mit der von ihm offengelassenen Möglichkeit rechnen müssen, daß die Klägerin damals Russin war. Folgerecht hätten sich die Fragen ergeben, ob das russische Gesetz die in Eger beobachtete Form anerkenne, ob es vielleicht eine Rückverweisung auf das deutsche Recht enthalte, endlich ob der Rabbiner in Eger zum Abschluß der Ehe zwischen dem Beklagten und einer russischen Staatsangehörigen zuständig gewesen sei. Die zuletzt aufgeworfene Frage betrifft die Zulässigkeit der Trauung nach österreichischem Recht, die der Berufungsrichter unzweideutig bejaht hat. Die Revision greift also insoweit unzulässig die Auslegung des ausländischen Rechts durch den Vorderrichter an. Im übrigen geht die Rüge von der Auffassung aus, der Grundsatz des Art. 11 Abs. 1 Satz 2 sei auf dem Gebiet der Eheschließung nur mit der Maßgabe anwendbar, daß das für einen ausländischen Verlobten im Sinne von Art. 13 Abs. 1 Satz 1 zuständige Heimatsrecht ebenso wie das deutsche Recht in Art. 11 auf das Ortsrecht der Eheschließung verweise. Diesen Standpunkt nimmt die Rechtsprechung des Reichsgerichts nicht ein. Sie hat vielmehr in Uebereinstimmung mit der im Schrifttum herrschenden Meinung anerkannt, daß Art. 11 Abs. 1 Satz 2 eine ganz selbständige, für alle Rechtsgeschäfte geltende Regel aufstellt, in deren Bereich Art. 13 Abs. 1 und somit auch das Auslandsrecht nicht eingreift, das der deutsche Richter sonst nach der Vorschrift des Art. 13 anzuwenden hat. Diese Auffassung hat das Urteil des IV. Zivilsenats vom 6. April 1916 (RGZ. Bd. 88 S. 191) eingehend unter Berufung auch auf die Gesetzesgeschichte begründet. Ein weiteres Urteil desselben Senats vom 1. Oktober 1925 (WarnRspr. 1926 Nr. 15) hat hieran festgehalten, unter besonderer Betonung, daß Art. 11 Abs. 1 Satz 2 als maßgebende Kollisionsnorm ohne Rücksicht auf abweichende Vorschriften der Heimatsrechte auch dann gelte, wenn beide Eheleute Ausländer sind. Wenn das Urteil des IV. Zivilsenats vom 15. Februar 1926 (RGZ. Bd. 113 S. 38) bei Beurteilung der Gültigkeit einer im Ausland geschlossenen Ehe auch auf die Stellungnahme des für den einen Verlobten geltenden Heimatsrechts Wert gelegt hat, so geschah das unter dem Gesichtspunkt, ob die Staatsangehörigkeit dieses Verlobten durch die Eheschließung beeinflußt werden konnte. Von der zutreffenden Rechtsanschauung jener Urteile aus konnte deshalb der Berufungsrichter unentschieden lassen, ob etwa das Recht des zarischen Rußland Heimatsrecht der Klägerin zur Zeit der Trauung in Eger war und ob dieses Recht die Geltung der dort nach österreichischem Recht vorgenommenen Trauung seiner Untertanin verneint. Da es in dieser Hinsicht auf das heimische „Wirkungsstatut" nicht ankommt, kann auch die Frage der Rückverweisung nicht aufgeworfen werden, eine Folgerung, die dadurch verstärkt wird, daß

Art. 27 EG. z. BGB. den Art. 11 Abs. 1 Satz 2 das. nicht berücksichtigt (so insbesondere Niedner Einführungsgesetz Art. 11 Anm. 11, Art. 27 Anm. I c $\beta\beta\beta$).

Nun ist freilich nach den das Revisionsgericht bindenden Feststellungen des Berufungsrichters den Vorschriften des österreichischen Eherechts nicht Genüge geschehen. Zwar sei — so führt der Vorderrichter aus — der trauende Rabbiner als Staatsorgan der Eheschließung tätig und dazu berufen gewesen, aber nach § 127 des Oesterreichischen Allgemeinen Bürgerlichen Gesetzbuchs müsse die Trauung von Juden vor dem Rabbiner der Hauptgemeinde des einen oder des anderen verlobten Teils vollzogen werden. Daneben gelte entsprechend die — für christliche Ehen gegebene — Vorschrift des § 75, daß die Eheschließung vor dem ordentlichen Seelsorger eines der Brautleute stattfinde. Diese Vorschriften seien bei der Trauung der Parteien nicht beobachtet worden, da sie in jenem Zeitpunkt wohl in Eger polizeilich gemeldet, aber nicht tatsächlich wohnhaft gewesen seien, auch der dortigen Kultusgemeinde nicht zugehört hätten. Nach § 129 Ö. A. BGB. sei deshalb die Ehe ungültig, und diese Ungültigkeit bilde ein von Amts wegen zu untersuchendes Ehehindernis. Jedoch sei — so unterscheidet der Berufungsrichter, auf österreichisches Schrifttum gestützt — diese ungültige Ehe keine Nichtehe, sondern so lange vollwirksam, bis sie für ungültig erklärt worden sei. Ein solcher Rechtsstreit habe niemals stattgefunden, auch der vorliegende Rechtsstreit sei kein auf die Ungültigkeitserklärung gerichtetes Verfahren, wenngleich der Beklagte einen solchen Einwand erhebe. Müsse somit die Ehe nach dem am Ort der Eheschließung geltenden Recht als richtig zustande gekommen behandelt werden, so sei sie wegen der Bestimmung des Art. 11 Abs. 1 Satz 2 EG. z. BGB. auch in Deutschland nicht zu beanstanden.

Diesen Erwägungen gegenüber führt die Revision zutreffend aus, zu den Formen der Ehe gehöre nicht nur der formale Trauungsakt selbst, sondern auch die Zuständigkeit des trauenden Geistlichen. Die Richtigkeit dieser Meinung hat das Reichsgericht in RGZ. Bd. 88 S. 191 anerkannt (übereinstimmend Zitelmann Intern. Privatrecht Bd. 2 S. 609, 611; Walker Intern. Privatrecht S. 193; Lewald Intern. Privatrecht S. 63; Neumeyer Grundriß des intern. Privatrechts S. 15). Wenn die Revision daraus folgert, mithin seien die Formen des Ortsrechts nicht gewahrt, so ist das ebenfalls richtig, vom Berufungsrichter auch nicht in Abrede gestellt. Den Zweifelspunkt berührt die Revision erst mit dem weiteren Schluß, daß im Sinne des Art. 11 Abs. 1 Satz 2 EG. z. BGB. keine formgültige, sondern eine nichtige Ehe vorliege. Damit wird die im

Schrifttum erörterte Streitfrage getroffen, ob die Folgerung aus Fehlern der im Ortsrecht vorgeschriebenen Form nach den Normen dieses Ortsrechts oder vielmehr nach den das Geschäft sachlich beherrschenden Regeln, dem Wirkungsstatut, oder aber nach demjenigen dieser Rechte zu ziehen sei, das den Geschäftsbestand eher wahre. Die auf das Wirkungsstatut abstellende Meinung, welche die Revision mit Niemeyer Intern. Privatrecht S. 115 (dem Grundsatz nach übereinstimmend Staudinger EG. z. BGB. Art. 11 Anm. VII 3b und Frankenstein Intern. Privatrecht Bd. I S. 561) vertritt, ist jedenfalls für das Eheschließungsrecht mit der insoweit ganz überwiegenden Meinung abzulehnen (Zitelmann a. a. O. Bd. 2 S. 160; Niedner a. a. O. Art. 11 Anm. 4 Abs. 2; Habicht-Greiff Intern. Privatrecht S. 92; Walker a. a. O. S. 196; Neubecker im Jahrb. für intern. Rechtsverkehr 1912/13 S. 78; Lewald a. a. O. S. 87; für das Eheschließungsrecht auch Staudinger a. a. O. Anm. VII b und Frankenstein a. a. O. S. 563).

Die Formen der Eheschließung sind in den Rechtsgebieten von weitgehender Verschiedenheit; anderseits werden dabei fast allgemein unwesentliche und bedeutsame Teile, letztere wiederum in der Verkörperung des Rechtsakts einander nicht gleichstehend, unterschieden. Die Gesichtspunkte des Formaufbaus sind nach der Verschiedenheit der Rechtssysteme, der religiösen Kultureinflüsse und geschichtlicher Umstände vielgestaltig. Auf die danach vom Gesetzgeber gewollte Abstufung der Wesentlichkeit ist die Gegenwirkung des Gesetzes gegen die oder jene Verletzung der Form abgestimmt, sei es, daß dem Fehler dessen gänzliche Nichtbeachtung, bloße Straffälligkeit, Anfechtbarkeit, heilbare oder unheilbare Nichtigkeit oder gar die Ansehung der Ehe als Nichtehe folgt. Es ist deshalb nicht angängig, an den Aufbau der Formen des einen Rechts, die in engem Zusammenhang mit dem Rechtssystem stehen, mit dem Maßstab heranzutreten, der der Formsetzung in einem (oder bei verschiedenen Heimatsrechten der Verlobten der Folgerung in dem und jenem) andersartigen Eherecht entspricht. Im vorliegenden Falle würde es dem Sinne des Art. 11 Abs. 1 Satz 2 EG. z. BGB. nicht gerecht werden, wollte man den Mangel der Zuständigkeit des Geistlichen im österreichischen Recht mit dem unwesentlichen Mangel der örtlichen Zuständigkeit des Standesbeamten im deutschen Recht (§ 1320 BGB.) gleichsetzen. Ebensowenig wäre es aber im Sinne des Gesetzes, aus dem nach der Feststellung des Berufungsgerichts hier vorgekommenen Verstoß gegen die Formordnung des österreichischen Rechts die für Verfehlung der Form des § 1317 BGB. in § 1324 das gesetzte Folge zu ziehen, falls das österreichische Recht die Formverfehlung nicht im gleichen Maße als durchgreifend ansieht. Die Anerkennung der Herrschaft des ausländischen Rechts für die Form der Ehe muß deshalb auch zur Hinübernahme derjenigen bürgerlich-rechtlichen Folgerung führen, die das fremde Recht aus der Formverletzung zieht, vorausgesetzt, daß sie in das deutsche Recht übertragbar ist. Für das zur Zeit der Eheschließung geltende österreichische Recht stellt nun der Berufungsrichter fest, die aus dem hier vorliegenden Grund „ungültige" Ehe sei keine Nichtehe, sondern vollwirksam, bis sie für ungültig erklärt sei. Damit soll ein sachlichrechtlicher Unterschied von einer Nichtehe festgestellt werden, wie er auch im deutschen Recht zwischen der durch Nichtigkeitsklage geltend zu machenden unvollkommenen und der vollkommenen Nichtigkeit der Ehe (Nichtehe) besteht (vgl. §§ 1324, 1329 BGB.). Dann rechtfertigt sich aber auch der Schluß des Berufungsrichters, daß nach dem Grundsatz des Art. 11 Abs. 1 Satz 2 EG. z. BGB. die Ehe bis zum Ausspruch ihrer Ungültigkeit, in einem zulässigen Wege, auch für den deutschen Richter „besteht". Damit wird nicht, wie die Revision meint, die Gültigkeit der Ehe in einer dem sachlichrechtlichen Stand widersprechenden Weise festgestellt.

Im Ergebnis unbegründet ist schließlich auch der Revisionsangriff gegen die Entscheidung des Berufungsrichters, dem Trennungserkenntnis des Kreisgerichts Eger vom 14. März 1922 sei die Anerkennung zu versagen. Für die Anregung der Revison, dieses Scheidungsurteil in ein Nichtigkeitsurteil umzudeuten, fehlt es an jeder Rechtsgrundlage.

RGZ. 136, 142†

1. Zur Anwendung von Art. 13 Abs. 1 Satz 1 EG. z. BGB.

2. Ist eine Ehescheidung, die im Jahre 1924 in der Russischen Sozialistischen Föderativen Sowjet-Republik vor dem Standesbeamten erklärt worden ist, im Deutschen Reich als gültig anzuerkennen?

BGB. §§ 1326, 1564. Art. 13 EG. BGB. ZPO. §§ 328, 629, 632.

VII. Zivilsenat. Urt v. 22. April 1932.

I. Landgericht Breslau. II. Oberlandesgericht daselbst.

Der Beklagte, der die deutsche Reichsangehörigkeit besitzt, hatte am 7. Januar 1918 in der Stadt S. (Rußland) mit Ludmilla Semenjowna K. die Ehe geschlossen. Am 12. November 1924 wurde vor dem russischen Standesbeamten in der Stadt N. (Bezirk des Schwarzen Meeres) die Scheidung dieser Ehe vollzogen und beurkundet. Sodann ging der Beklagte am 5. Juni 1925 vor dem russischen Standesbeamten in R. die Ehe mit der Klägerin ein, die bis dahin Bürgerin der Russischen Sozialistischen Föderativen Sowjet-Republik war. Die Eheleute zogen im Jahre 1926 von Rußland nach Deutschland; seit dem Dezember 1927 leben sie getrennt. Der Mann hat im Juni 1929 eine Klage auf Herstellung der häuslichen Gemeinschaft anhängig gemacht; das Landgericht Breslau hat den Rechtsstreit bis zur Entscheidung über die hier vorliegende Nichtigkeitsklage der Frau ausgesetzt. Diese Klage wurde im November 1929 eingereicht. Sie wird darauf gestützt, daß die erste Ehe des Beklagten nicht rechtswirksam geschieden worden und daß deshalb seine zweite Ehe nichtig sei.

Das Landgericht erklärte die Ehe der Parteien für nichtig. Die Berufung des Beklagten wurde vom Oberlandesgericht zurückgewiesen. Auch seine Revision blieb erfolglos.

Gründe:

1. Der Beklagte hat gegenüber der Nichtigkeitsklage zunächst den Einwand erhoben, nach dem maßgebenden Art. 13 Abs. 1 Satz 1 EG. z. BGB. dürfe die Klägerin zur Begründung der Ehenichtigkeit nur solche Gründe vorbringen, die nach ihrem russischen Heimatrecht von Erheblichkeit seien; dies sei aber nicht der Fall bei ihrer Behauptung, die nach russischem Recht sicherlich gesetzmäßige Scheidung seiner Ehe mit Ludmilla Semenjowna K. sei rechtsunwirksam. Er stützt sich für diese Ansicht auf Rosenberg Ehescheidung und Eheanfechtung 2. Aufl. S. 110 111 sowie auf Staudinger-Raape BGB. 9. Aufl. Bd. VI Teil 2 Bemerkung A I 5 zu EG. Art. 13 (S. 233) und Bemerkung B II 2 zu EG. Art. 17 (S. 371). Der Berufungsrichter lehnt — mindestens für den hier zur Erörterung stehenden Fall — jene Meinung ab und faßt seine Auffassung von der Bedeutung des Art. 13 Abs. 1 Satz 1 EG. z. BGB. bei Anwendung auf den vorliegenden Tatbestand dahin zusammen: die zwischen dem Deutschen (Beklagten) und der Russin (Klägerin) in Rußland geschlossene Ehe ist nur dann gültig, wenn sie sowohl nach deutschem als auch nach russischem Recht Gültigkeit hat, und die Nichtigkeitsklage der Frau ist daher schon dann begründet, wenn lediglich nach deutschem Recht die Nichtigkeit der Ehe bei dem feststehenden Sachverhalt zu bejahen ist.

Dieser Standpunkt wird von der Revision bekämpft; er ist aber zu billigen. Der Wortlaut der angeführten Vorschrift des Einführungsgesetzes bietet der Gegenmeinung keine Stütze. Zwar ist es richtig, daß die gesetzlichen Bestimmungen über die Eingehung der Ehe nach Art. 13 EG. z. BGB. auch die Nichtigkeits- und Anfechtungsgründe umfassen, obgleich das Bürgerliche Gesetzbuch selbst die „Eingehung der Ehe" und die „Nichtigkeit und Anfechtbarkeit der Ehe" getrennt behandelt (2. und 3. Titel des 1. Abschnitts des 4. Buches). Von dieser Auffassung ist offenbar auch der IV. Zivilsenat des Reichsgerichts in seinem Urteil vom 15. Februar 1912 (RGZ. Bd. 78 S. 234) ausgegangen, in dem er feststellte, daß nach Art. 13. EG. die Ehe der damaligen Parteien nur dann als gültig anzusehen war, wenn sie nach dem für einen jeden der Verlobten maßgebenden Recht eingegangen werden durfte (ähnlich für das alte Recht RGZ. Bd. 42 S. 339). Art. 13 gibt aber dem Richter nur die Anweisung, nach welchen Gesetzen er die Beurteilung vorzunehmen hat; dagegen ist dem Artikel keine Anordnung in der Richtung zu entnehmen, daß die beteiligten Ehegatten irgendwie beschränkt sein sollen in dem, was sie dem Gericht vortragen dürfen. Dies würde auch in Widerspruch treten zu den auf Wahrheitsermittlung von Amts wegen abgestellten Grundsätzen über das Verfahren in Ehesachen, insbesondere bei Rechtsstreitigkeiten wegen Nichtigkeit der Ehe (§ 617 Abs. 3, § 622 Abs. 2 ZPO.). . . .

2. Ist sonach die Klägerin mit dem aus § 1326 BGB. hergeleiteten Einwand gegen die Gültigkeit ihrer Ehe mit dem Beklagten zu hören, so ist nunmehr die für den Rechtsstreit entscheidende Frage dahin zu stellen, ob die am 12. November 1924 in N. vollzogene Scheidung der ersten Ehe des Beklagten vom deutschen Richter anerkannt werden muß. Denn die in der Vorinstanz außerdem noch streitig gewesene Frage, ob diese Ehe am 7. Januar 1918 rechtsgültig geschlossen worden war, hat das Oberlandesgericht in bejahendem Sinn entschieden, ohne daß dabei ein Irrtum über deutsches Recht zutage träte; insofern erhebt auch die Revision keinen Angriff. Sie wendet sich aber gegen die weiteren Erwägungen der Vorderrichters. Dieser legt dar, das Reichsgericht (IV. Zivilsenat) habe in RGZ. Bd. 121 S. 24 zwar angenommen, der Scheidungsausspruch eines russischen Gerichts auf Grund des beiderseitigen Einverständnisses der Ehegatten sei als ein Urteil dieses Gerichts und die Ehe somit als durch ein solches Urteil geschieden anzusehen, gegen dessen Anerkennung durch die deutschen Gerichte nach § 328 ZPO. keine grundsätzlichen Bedenken zu erheben seien; das Reichsgericht habe aber damals die weitere Frage offengelassen, wie eine Scheidung zu beurteilen wäre, die nur beim russischen Standesbeamten erklärt worden sei. Der Berufungsrichter entscheidet diese Frage dahin, daß dann die Ehe vom Standpunkt des deutschen Rechts nicht als wirksam geschieden angesehen werden könne. Die Revision verlangt Nachprüfung, indem sie Verletzung des § 328 ZPO. rügt.

Jedoch ist auch hier die Auffassung des Berufungsrichters zu billigen. Seine tatsächlichen Feststellungen beruhen auf der „Bescheinigung über Auflösung der Ehe", welche die „Schwarzmeer-Bezirksabteilung für Beurkundung von Standesamtsakten" in N. unter dem 12. Mai 1930 ausgestellt hat. Nach ihnen kann zunächst kein Zweifel darüber obwalten, daß nur eine Scheidung durch Erklärung vor dem Standesbeamten in Frage steht. Der entscheidende Satz der Urkunde lautet in der von dem beeideten Dolmetscher angefertigten Uebersetzung: „Die Ehe ist nach Anzeige (Antrag) beider Ehegatten aufgelöst (in beiderseitigem Einverständnis)". Offensichtlich ist nur auf Grund dieser Unterlage am 12. November 1924 die Scheidung der Ehe des Beklagten mit Ludmilla Semenjowna K. in die Standesamtsakten der genannten sowjetrussischen Behörde eingetragen worden.

Sonach handelt es sich darum, ob eine Ehescheidung in Deutschland Anerkennung beanspruchen kann, die in Sowjetrußland nach der dort im Jahre 1924 geltenden (seit dem 1. Januar 1927 geänderten) Gesetzgebung von deutschen Ehegatten durch eine im Einverständnis abgegebene Erklärung vor dem Standesbeamten vollzogen und von diesem sodann in die Standesamtsakten eingetragen worden ist. Die Frage ist zu verneinen. Daß hier Art. 13 Abs. 1 Satz 1 EG. z. BGB. anzuwenden ist, kann keinem Zweifel unterliegen. Die Vorschrift ist nach ihrer im Eingang erörterten Tragweite auf alle Tatumstände zu erstrecken, die in Beziehung zu der Frage stehen, ob die Ehe der Prozeßparteien gültig oder nichtig ist. Der Beklagte war auch zur Zeit der Ehescheidung in N. deutscher Reichsangehöriger, und seine erste Frau war es durch die Eheschließung mit ihm ebenfalls geworden; letzterer Umstand ist ohne ausschlaggebende Bedeutung. Es ist also deutsches Recht anzuwenden, wie in RGZ. Bd. 121 S. 24 auch der IV. Zivilsenat bei einem insoweit gleichliegenden Sachverhalt angenommen hat. Art. 17 EG. z. BGB. kann nicht in Betracht kommen, da dort nur Vorschriften für den hier nicht gegebenen Fall aufgestellt sind, daß das deutsche Gericht zum Zweck der Scheidung einer Ehe angerufen wird.

Zutreffend weist der Berufungsrichter auf § 1564 Satz 2 BGB. hin, wo der Grundsatz ausgesprochen ist: „Die Scheidung erfolgt durch Urteil". Unter dem Urteil kann hier nur die Entscheidung einer richterlichen Behörde verstanden werden, die auf Grund einer Prüfung des ihr unterbreiteten Sachverhalts in der Weise ergeht, daß die Behörde für den Ausspruch der Scheidung ihrerseits die Verantwortung übernimmt. Das letzte Erfordernis müßte auch dann aufrechterhalten werden, wenn man etwa die Anforderung preisgeben wollte, daß die Behörde eine richterliche sein müsse. Der Begriff des „Urteils" in § 328 ZPO. kann auch nicht anders aufgefaßt werden, mindestens soweit eine Ehescheidung in Betracht kommt. Der Rechtsvorgang vom 12. November 1924, den der Beklagte als

Scheidung seiner ersten Ehe aufgefaßt wissen will, genügt aber jenen Mindesterfordernissen nicht. Der russische Standesbeamte ist danach nur zur Entgegennahme der auf Scheidung gerichteten Erklärung der Eheleute und zu deren Eintragung in die Standesamtsakten tätig geworden, ohne sonst den Sachverhalt irgendwie zu prüfen und ohne seinerseits einen Ausspruch zu tun, der eine Entscheidung enthielte, und dafür eine Verantwortung zu übernehmen. Die Erteilung der Bescheinigung über die Auflösung der Ehe stellt selbstverständlich keine Entscheidung der Behörde dar.

Diese Auffassung wird auch vom Schrifttum geteilt. Außer den Schriften, auf die sich der Vorderrichter gestützt hat — Bergmann Internationales Ehe- und Kindschaftsrecht 1926 Bd. 1 S. 38; Rosenberg a. a. O. S. 126 und 182 — sei noch hingewiesen auf: Stein-Jonas Zivilprozeßordnung 14. Aufl. Anm. III 2 und VII 2 zu § 328 ZPO.; Freund in JW. 1928 S. 880; Magnus Tabellen zum Internationalen Recht 1. Heft (Zivilprozeßrecht) 2. Aufl. S. 125 Sp. VI B.

Hiernach ist in Uebereinstimmung mit dem Berufungsrichter anzunehmen, daß die Ehe des Beklagten mit Ludmilla Semenjowna K. nicht gültig geschieden worden ist, sondern noch zu Recht besteht, und daß demnach seine später mit der Klägerin geschlossene Ehe nach § 1326 BGB. nichtig ist. Die Klägerin ist auch, wie schon erörtert, berechtigt, diese Rechtsfolge mit der Nichtigkeitsklage vor den deutschen Gerichten geltend zu machen.

RGZ. 136, 361 †

1. Unterliegen im Fall des Art. 27 EG. z. BGB. die Feststellungen des Berufungsgerichts über den Inhalt des ausländischen Rechts der Nachprüfung durch das Revisionsgericht?

2. Sind die deutschen Gerichte für die Scheidung von Ehen nordamerikanischer Staatsangehöriger zuständig?

3. Welches Recht ist dabei anzuwenden?

EG. z. BGB. Art. 17, 27. ZPO. §§ 549, 606.

IV. Zivilsenat. Urt. v. 2. Juni 1932.

I. Landgericht Hamburg. II. Oberlandesgericht daselbst.

Die Parteien haben am 22. Januar 1909 in Chicago die Ehe geschlossen. Sie sind nordamerikanische Staatsangehörige. Der Beklagte hatte seit seiner Geburt und auch noch zur Zeit der Eheschließung in St. Louis im Staate Missouri seinen Wohnsitz, den die Klägerin fortan mit ihm teilte. Im Jahre 1921 siedelten die Parteien nach Deutschland über. Nachdem sie sich im Jahre 1924 wiederum mehrere Monate in St. Louis aufgehalten hatten, waren sie seit

November 1924 bis zur Klagerhebung in Hamburg wohnhaft. Die Klägerin hat Scheidung wegen schuldhaft vom Beklagten herbeigeführter Zerrüttung der Ehe und wegen Ehebruchs des Beklagten mit Frau L. begehrt. Der Beklagte hat Widerklage auf Scheidung erhoben, weil die Klägerin mehrfach, u. a. mit einem gewissen G., die Ehe gebrochen und durch grobe Beschimpfungen, Zanksucht, Vernachlässigung des Hausstands und Mißhandlungen die Ehe schuldhaft zerrüttet habe.

Das Landgericht hat die Ehe der Parteien aus Verschulden beider Ehegatten geschieden. Nur die Klägerin hatte Berufung eingelegt, die vom Oberlandesgericht zurückgewiesen wurde. Ihre Revision hatte keinen Erfolg.

Gründe:

Die Revision ist nach § 549 Abs. 1 ZPO. zulässig. Es handelt sich im vorliegenden Fall um die Prüfung der Voraussetzungen der Anwendbarkeit der deutschen Gesetze. Gerügt wird von der Revision, das Berufungsgericht habe den Art. 27 EG. z. BGB. unrichtig angewendet, indem es die nach dieser Vorschrift gebotene Feststellung des Inhalts der ausländischen Rückverweisungsbestimmungen in unzureichender Weise vorgenommen habe. Der Inhalt des ausländischen Rechts ist hier lediglich eine Vorfrage für die dem Art. 27 a. a. O. zu entnehmende Entscheidung über die Anwendbarkeit der deutschen Gesetze. In einem solchen Fall sind die Feststellungen des Berufungsgerichts über den Inhalt des ausländischen Rechts ebenso wie im Fall des § 328 Abs. 1 Nr. 5 ZPO. (RGZ. Bd. 115 S. 105) der Nachprüfung in der Revisionsinstanz unterworfen (so auch Staudinger-Raape EG. z. BGB. Einl. zu Art. 7—32 unter K II 4 b S. 47 flg.).

Die Zuständigkeit des deutschen Gerichts hält das Berufungsgericht nach § 606 Abs. 4 ZPO. für gegeben, weil, wie es feststellt, die Gerichte der Vereinigten Staaten von Amerika durchweg den Grundsatz anerkennen, daß die am ehelichen Wohnsitz befindlichen Gerichte für Ehesachen einschließlich Scheidungsklagen zuständig sind, und weil die von solchen Gerichten ausgesprochenen Scheidungen dort anerkannt werden. Die Frage, wo sich der eheliche Wohnsitz befindet, ist für § 606 Abs. 4 nach amerikanischem Recht zu entscheiden (Urteil des VIII. Zivilsenats vom 21. November 1929 RGZ. Bd. 126 S. 353, ausführlicher abgedruckt JW. 1930 S. 1309 Nr. 11). Darüber hat sich das Berufungsgericht nicht ausdrücklich ausgesprochen. Es will sich jedoch ersichtlich auch insoweit das von ihm in Bezug genommene Gutachten der Leiterin der Amerika-Bibliothek in Hamburg vom 25. Januar 1932 zu eigen machen, aus dem sich ergibt, daß nach amerikanischem Recht die Frage, ob ein Domizil im

Sinne dieses Rechts in dem Lande vorliegt, in dem die Klage erhoben ist, nach der lex fori zu entscheiden ist. Maßgebend ist also letztlich der Wohnsitz-Begriff des deutschen Rechts. Gegen die Annahme des Berufungsgerichts, daß die Parteien zur Zeit der Klagerhebung ihren Wohnsitz im Sinn des deutschen Rechts in Hamburg hatten, bestehen keine Bedenken. Auch ist dafür keinerlei Anhalt gegeben, daß etwa von den Parteien der Wohnsitz in Deutschland in fraudem legis begründet worden sei, um die Zuständigkeit der deutschen Gerichte für die Scheidungsklage herbeizuführen (vgl. Rosenberg Ehescheidung und Eheanfechtung S. 169). Die Zuständigkeit des deutschen Gerichts für den Ehestreit der Parteien ist hiernach vom Berufungsgericht ohne Rechtsirrtum bejaht worden.

In sachlichrechtlicher Beziehung seien, so führt das Berufungsgericht weiter aus, die deutschen Gesetze über die Ehescheidung anzuwenden. Zwar sei nach Art. 17 EG. z. BGB. an sich das Recht des Staates Missouri maßgebend, dem nach der Feststellung des Berufungsgerichts beide Parteien angehören. Das nordamerikanische internationale Privatrecht aber, das nicht gesetzlich geregelt, sondern durch die Entscheidungen der amerikanischen Gerichte ausgebildet sei und als common law in allen Bundesstaaten gelte, gründe sich, insbesondere auch beim Scheidungsrecht, auf das Domizilprinzip. Aus Art. 27 EG. z. BGB. ergebe sich daher die Anwendbarkeit der deutschen Gesetze. Nach § 1565 BGB. sei die Widerklage wegen Ehebruchs der Klägerin mit G. begründet.

Die Revision wendet ein: Nach fester Rechtsprechung sei die Verweisung deutschen Rechts auf fremdes Recht stets eine Gesamtverweisung auf alle seine Rechtsnormen, also einschließlich seiner Kollisionsnormen. Art. 27 EG. z. BGB. dürfe daher nur dann angewandt werden, wenn festgestellt sei, daß die auf deutsches inneres Recht verweisende Kollisionsnorm des ausländischen Rechts nicht ihrerseits durch Rückverweisungsbestimmungen eingeschränkt werde. Die zur Anwendung des Art. 27 erforderliche Feststellung, daß das ausländische Recht auf deutsches Recht verweise, setze daher immer zunächst eine Prüfung voraus, ob das ausländische Recht seinerseits Rückverweisungsbestimmungen enthalte. Enthalte es, wie z. B. das französische Recht, Rückverweisungsbestimmungen, durch die der zur Entscheidung berufene fremde Richter genötigt würde, auf Grund der Bestimmungen des deutschen internationalen Privatrechts sein Recht anzuwenden, so liege die Voraussetzung des Art. 27 nicht vor. Bei richtiger Anwendung des Art. 27 hätte der Berufungsrichter daher weiter noch prüfen müssen, ob das Recht des Staates Missouri Rückverweisungsbestimmungen enthalte. Hierzu hätte er von den ihm zugänglichen Erkenntnisquellen Gebrauch machen müssen. Daß die Rückverweisungsbestimmungen des Staates Missouri solche seien, wie die von Melchior in JW. 1931 S. 703 angeführten des französischen Rechts, d. h. daß sie den Richter des Staates Missouri auf Grund des Art. 17 EG. z. BGB. unter Nichtberücksichtigung des Art. 27 das. zur Anwendung seines Rechts geführt hätten, sei für die Revisionsinstanz anzunehmen. Daß bei Anwendung des Rechts des Staates Missouri die Ehe nicht geschieden werden könne, unterstelle auch das Berufungsgericht. Gerügt werde die Verletzung des Art. 27 EG. z. BGB. und des § 293 ZPO.

Die Revision will also behaupten, daß das internationale Privatrecht des Staates Missouri, ebenso wie — nach Melchior a. a. O. — das französische, nur unvollständig das deutsche internationale Privatrecht berücksichtige, nämlich ohne die Bestimmungen des Art. 27 EG. z. BGB. über die Rückverweisung. Daraus würde sich folgende Rechtslage ergeben: Das deutsche internationale Privatrecht verweist in Art. 17 EG. z. BGB. auf das amerikanische Recht einschließlich seiner Kollisionsnormen. Dieses verweist zurück auf das deutsche Recht als lex domicilii einschließlich der Kollisionsnorm des Art. 17, aber unter Ausschluß derjenigen des Art. 27. Daher ist im Ergebnis das innere Recht des Staates Missouri anzuwenden, das auch der Richter dieses Staates anwenden würde.

Richtig ist zunächst, daß nach der Rechtsprechung des Reichsgerichts der deutsche Richter, wenn er zur Anwendung fremden Rechts berufen wird, dieses fremde Recht grundsätzlich in vollem Umfang, mithin nicht bloß seine Sachnormen, sondern auch seine Kollisionsvorschriften anzuwenden hat (vgl. u. a. RGZ. Bd. 78 S. 234 und die dort angeführten weiteren Urteile, ferner Bd. 91 S. 41). Für den deutschen Richter ist danach auch eine Rückverweisung des nach seinen Kollisionsvorschriften an sich anzuwendenden fremden Rechts auf das deutsche Recht bindend. Vom Standpunkt der Revision aus würde es sich jedoch darum handeln, ob auch das amerikanische Recht eine solche Rückverweisung — den sog. Renvoi — als wirksam anerkennt. Dies wäre zu verneinen, wenn die auf ausländisches Recht verweisenden Kollisionsnormen des amerikanischen Rechts nur als Sachnormverweisungen, nicht als Gesamtverweisungen aufzufassen wären. Wären die Kollisionsvorschriften des amerikanischen Rechts nur Sachnormverweisungen, so könnte die von der Revision aufgeworfene Frage gar nicht entstehen. Ob das amerikanische internationale Privatrecht die Rückverweisung anerkennt, ist umstritten. . . .

Der Frage, ob das amerikanische internationale Privatrecht die — von seinem Standpunkt aus — in Art. 17 Abs. 1 EG. z. BGB. enthaltene Rückverweisung als wirksam anerkennt, braucht jedoch nicht weiter nachgegangen zu werden. Maßgebend ist für den deutschen Richter die Vorschrift des Art. 27 EG. z. BGB., wonach die deutschen Gesetze Anwendung finden, wenn sie nach dem Recht eines fremden Staates anzuwenden sind, dessen Gesetze — u. a. in Art. 17 Abs. 1 das. — für maßgebend erklärt worden sind. Die Bedeutung dieser Vorschrift liegt, wie der Senat bereits in RGZ. Bd. 78 S. 237 ausgesprochen hat, darin, daß sie den deutschen Richter an das sachliche deutsche Recht gebunden erklärt, wenn das betreffende ausländische Recht auf deutsches Recht zurückverweist, ohne daß weiter zu prüfen ist, ob ihn etwa Kollisionsnormen des deutschen Rechts von neuem auf fremdes Recht verweisen. Wollte man die Rückverweisung des fremden Rechts auf das deutsche Recht als eine solche auch auf das deutsche internationale Privatrecht auffassen, so könnte eine endlose Hin- und Herverweisung die Folge sein. Die Rückverweisung des ausländischen Rechts auf die deutschen Gesetze ist also nach Art. 27 als Sachnormrückverweisung, nicht als Rückverweisung auch auf die Vorschriften des deutschen internationalen Privatrechts aufzufassen. . . .

In der deutschen Rechtslehre und Rechtsprechung wird dementsprechend auch, soweit ersichtlich, allgemein angenommen, daß für die Ehescheidung von Angehörigen der Vereinigten Staaten, die in Deutschland ihren Wohnsitz haben, die deutschen Gesetze maßgebend sind (vgl. Rosenberg Ehescheidung und Eheanfechtung S. 168 flg.; H. Lewald Das deutsche internationale Privatrecht S. 110 und die von ihm angeführten Entscheidungen deutscher Gerichte; Staudinger-Raape EG. z. BGB. Art. 17 unter K 7 d S. 432). In dem bereits erwähnten Urteil des VIII. Zivilsenats vom 21. November 1929 ist zur Frage der Anwendbarkeit des sachlichen deutschen Scheidungsrechts nicht abschließend Stellung genommen, weil dort das Berufungsurteil infolge unzureichender Feststellungen nach § 606 Abs. 4 ZPO. aufgehoben werden mußte.

RGZ. 138, 243

Welches Recht ist anzuwenden, wenn auf Grund eines Zusammenstoßes zweier Schiffe verschiedener Nationalität auf hoher See vor einem deutschen Gericht Schadensersatzansprüche erhoben werden?

EG. z. BGB. Art. 17.

I. Zivilsenat. Urt. v. 12. November 1932.

I. Landgericht Hamburg. II. Oberlandesgericht daselbst.

Am 22. Juni 1930 fand auf hoher See (im englischen Kanal) ein Zusammenstoß statt zwischen dem (deutschen) Dampfer der Klägerin „Casablanca" und dem (englischen) Motorschiff der Beklagten „Henry Stanley". Beide Schiffe wurden beschädigt; der Dampfer „Casablanca" sank infolge des Unfalls mit seiner Ladung und ist völlig verlorengegangen. Die Klägerin behauptet, das Motorschiff „Henry Stanley" habe den Zusammenstoß verschuldet. Sie hat auf Schadensersatz und auf Duldung der Zwangsvollstreckung in das Motorschiff geklagt. (Der Gerichtsstand in Hamburg war damit begründet, daß die Klägerin in Hamburg befindliches Vermögen der Beklagten mit Arrest belegt hatte und dieser durch Leistung von Sicherheit abgewendet worden ist.)

Die Beklagte hat die Zuständigkeit der angerufenen Gerichte nicht beanstandet, aber geltend gemacht, daß englisches Recht maßgebend sei und daß sie danach wegen des gesamten Schadens höchstens bis zur Höhe von 8 £ für jede Tonne des „Henry Stanley" in Anspruch genommen werden könne. Diese Haftungsgrenze betrage 29 249.10.5 £. Dementsprechend ist die Beklagte im ersten Rechtszug unter Abweisung der Klägerin mit den weitergehenden Klagansprüchen zur Zahlung von 29 249.10.5 £ nebst Zinsen verurteilt worden.

Auf die Berufung der Klägerin erklärte das Berufungsgericht die Klage dem Grunde nach auch insoweit für berechtigt, als sie über jene Summe hinausgeht. Die Revision der Beklagten hatte keinen Erfolg.

Gründe:

Zutreffend weist das Berufungsgericht darauf hin, daß ein Fall der vorliegenden Art, der einen Zusammenstoß auf hoher See zwischen einem deutschen und einem ausländischen (englischen) Schiff bei einseitiger Schuld der ausländischen Schiffsführung betrifft, in der Rechtsprechung des Reichsgerichts bisher nicht entschieden worden ist. Von den das einschlägige Rechtsgebiet berührenden neueren Entscheidungen des Reichsgerichts bezieht sich das Urteil vom 6. Juli 1910 in RGZ. Bd. 74 S. 46 auf einen Zusammenstoß auf hoher See zwischen einem schwedischen und einem französischen Schiff und das dort in Bezug genommene Urteil vom 18. November 1901 in RGZ. Bd. 49 S. 182 auf einen Zusammenstoß auf hoher See zwischen einem dänischen und einem norwegischen Schiff. Die in RGZ. Bd. 19 S. 7, Bd. 21 S. 136 und Bd. 29 S. 90 abgedruckten Urteile betrafen Zusammenstöße, die nicht auf hoher See, sondern in Häfen erfolgt waren. Soweit darin auch die Rechtslage bei Zusammenstößen von Schiffen verschiedener Nationalität auf hoher See erörtert worden ist, kommt diesen Ausführungen keine für die dortigen Entscheidungen maßgebliche Bedeutung zu. Wenn in RGZ. Bd. 74 S. 46 unter Hinweis auf RGZ. Bd. 49 S. 182 bemerkt wird, daß für die Anwendung des maßgeblichen Rechts die Nationalität des schuldigen Schiffes entscheidend sei, so fehlt es hierfür insofern an einer näheren Begründung, als in dem älteren Urteil entscheidendes Gewicht auf die Uebereinstimmung der beiden in Betracht kommenden Gesetze gelegt worden ist.

Das Berufungsgericht meint, daß den von ihm erörterten Gründen für die Anwendung des Rechts der Flagge des schuldigen Schiffes im Hinblick auf die besonderen Verhältnisse der Seeschiffahrt erhebliche Bedenken gegenüberständen, die im vorliegenden Fall zur Anwendung deutschen Rechts führen müßten. Indem das Berufungsgericht dies näher darlegt, stellt es fest: Die Fehler, die zum Zusammenstoß geführt hätten, seien zwar auf dem Motorschiff der Beklagten gemacht worden, die unerlaubte Handlung aber, aus welcher der streitige Schadensersatzanspruch hergeleitet werde, sei erst durch die Berührung (den Zusammenstoß) der beiden Schiffe vollendet und damit an Bord des Dampfers der Klägerin begangen worden.

Die so vom Vorderrichter begründete Annahme, daß das der Besatzung des „Henry Stanley" zur Last fallende Verschulden auch an Bord des beschädigten und zum Sinken gebrachten deutschen Schiffes begangen worden sei, entspricht der in Rechtsprechung und Schrifttum durchweg gebilligten Rechtsauffassung. Nach anerkannten Grundsätzen des deutschen internationalen Privatrechts hat das deutsche Gericht bei der Einordnung rechtlicher Tatbestände zunächst von deutschrechtlichen Gesichtspunkten auszugehen (RGZ. Bd. 95 S. 164 [166]; WarnRspr. 1930 Nr. 43; M e l c h i o r Die Grundlagen des deutschen internationalen Privatrechts S. 116/117; R a a p e in Staudinger Komm. z. BGB. 9. Auflage Bd. 6 II S. 17, 208). Nach deutschem Recht stellt sich der Schiffszusammenstoß, der durch Verschulden einer Schiffsbesatzung herbeigeführt wird, als eine unerlaubte Handlung dar. Werden in einem solchen Fall die Handlungen des Täters in dem e i n e n Rechtsgebiet begangen, wirkt sich aber der schadenbringende Erfolg in einem a n d e r e n Rechtsgebiet aus, so gelten im Rechtssinn die b e i d e n in Betracht kommenden Orte als Begehungsorte. Dasselbe hat für Schiffe verschiedener Nationalität auf hoher See zu gelten, da ein Schiff auf hoher See als Bestandteil seines Heimatstaats anzusehen ist und Handlungen, die auf einem solchen Schiff begangen werden, der gleichen rechtlichen Beurteilung unterliegen wie Handlungen in seinem Heimatstaat. Waren nun im vorliegenden Fall die Handlungen die schuldhafterweise den Zusammenstoß der beiden Schiffe herbeiführten, an Bord des englischen Schiffes begangen, trat aber der schadenbringende Erfolg des Zusammenstoßes auf dem deutschen Schiff ein, so sind beide Schiffe als Begehungsort anzusehen, so daß der Begehungsort sowohl auf englischem wie auf deutschem Rechtsgebiet liegt (RGR.-Komm. BGB. § 823 Vorbem. 7). In einem solchen Fall kann die rechtliche Beurteilung grundsätzlich nach beiden Rechtssystemen geschehen, also hier sowohl nach englischem wie nach deutschem Recht (N u ß b a u m Deutsches Internationales Privatrecht S. 288 flg.)

Dementsprechend kann die Klägerin ihren Schadensersatzanspruch grundsätzlich auf jedes der beiden Rechte stützen. Anderseits liegt es dem Richter ob, bei der rechtlichen Stellungnahme zum Sachverhalt zu prüfen, ob dieser wenigstens nach einem der beiden Rechte den geltend gemachten Anspruch als begründet erscheinen läßt. Stellt das eine Recht strengere, das andere geringere Anforderungen und findet in dem letzteren Recht der Klaganspruch eine ausreichende Stütze, so hat der Richter dies anzuwenden (RGUrt. vom 22. Dezember 1902 VI 280/02 und vom 16. Mai 1925 I 443/24; RGRKomm. a. a. O). Eine Einschränkung erleidet dieser Grundsatz allerdings insofern, als nach Art. 12 EG. z. BGB. gegen einen Deutschen aus einer im Ausland begangenen unerlaubten Handlung nicht weitergehende Ansprüche geltend gemacht werden können, als sie nach den deutschen Gesetzen begründet sind. Danach kann für einen Fall der vorliegenden Art der in RGZ. Bd. 74 S. 46 ausgesprochene Grundsatz, daß für Anwendung des maßgeblichen Rechts bei Zusammenstößen zwischen Schiffen verschiedener Staatszugehörigkeit die Nationalität des schuldigen Schiffes entscheidend sei, nicht gebilligt werden.

Wendet man diese Grundsätze auf den vorliegenden Fall an, so läßt sich das Ergebnis, zu dem das Berufungsgericht gelangt ist, nicht beanstanden. Der auf hoher See erfolgte Zusammenstoß ist unstreitig durch alleiniges Verschulden der Schiffsbesatzung des englischen Schiffs herbeigeführt worden. Da der Begehungsort im Rechtssinne sowohl auf englischem wie auf deutschem Rechtsgebiet liegt, steht der Anwendung deutschen Rechts kein Bedenken entgegen. Nach deutschem Recht ist der Klaganspruch unzweifelhaft dem Grunde nach berechtigt.

RGZ. 145, 85

Nach welchem Recht ist zu entscheiden, ob Sachen als unbeweglich anzusehen sind, wenn das für die Beerbung eines Ausländers an sich maßgebende ausländische Recht für unbewegliche Sachen, die in Deutschland gelegen sind, die Anwendung des deutschen Rechts vorschreibt?

EG. z. BGB. Art. 25, 27, 28.

IV. Zivilsenat. Urt. v. 3. Juli 1934.

I. Landgericht Dresden II. Oberlandesgericht daselbst.

Der Sachverhalt ergibt sich aus den

Gründen:

Da der Erblasser des Klägers tschechoslowakischer Staatsangehöriger war, der aus dem Landesteil Böhmen stammte, so richtet sich seine Beerbung gemäß Art. 25 Satz 1 EG. z. BGB. nach den tschechoslowakischen Gesetzen, also nach dem österreichischen allgemeinen Bürgerlichen Gesetzbuch, das in diesem Landesteil in Geltung geblieben ist. § 300 a. BGB. bestimmt, daß unbewegliche Sachen den Gesetzen des Bezirks unterworfen sind, in dem sie liegen, daß alle übrigen Sachen hingegen mit der Person ihres Eigentümers unter gleichen Gesetzen stehen. Nach dieser Vorschrift in Verbindung mit Art. 27 EG. z. BGB. sind also für die Beerbung des Erblassers die deutschen Gesetze insoweit maßgebend, als es sich um unbewegliche Sachen handelt, die in Deutschland gelegen sind. Das Berufungsgericht erörtert nun, ob das in L. gelegene Fabrikunternehmen nach tschechoslowakischem Recht als eine unbewegliche Sache anzusehen ist . . . Es gelangt zu dem Ergebnis, daß das Fabrikunternehmen nach § 298 a. BGB. zu den beweglichen Sachen zu rechnen sei, die Erbfolge in dieses Unternehmen sich also nach tschechoslowakischem Recht richte.

Die Frage, ob das Fabrikunternehmen als eine bewegliche oder eine unbewegliche Sache anzusehen ist, unterliegt der Nachprüfung des Revisionsgerichts, weil der Inhalt des ausländischen Rechts lediglich eine Vorfrage für die dem Art. 27 EG. z. BGB. zu entnehmende Entscheidung über die Anwendbarkeit deutschen Rechts ist (RGZ. Bd. 136 S. 362). Die Ausführungen, mit denen das Berufungsgericht dem Fabrikunternehmen die Eigenschaft einer unbeweglichen Sache im Sinne des tschechoslowakischen Rechts abspricht, geben zu Rechtsbedenken keinen Anlaß. Auch die Revision erhebt insoweit keine Angriffe. Sie steht aber auf dem Standpunkt, daß die Frage, was eine unbewegliche Sache ist, nicht nach tschechoslowakischem, sondern nach deutschem Recht zu entscheiden sei. Dieser Ansicht, für die sich die Revision im Schrifttum auf Walker Internationales Privatrecht S. 309 und Stubenrauch Kommentar zum österr. allg. BGB. 8. Aufl. Band 1 S. 371 Anm. 3 berufen könnte, kann jedoch nicht gefolgt werden. Der Senat schließt sich vielmehr der von Staudinger-Raape EG. z. BGB. Einl. unter E V 4 S. 17, 19 und Art. 27 unter C I Abs. 4 S. 747 unten sowie von Lewald Das deutsche internationale Privatrecht S. 175 Nr. 236 vertretenen Ansicht an, daß für die Auslegung einer Kollisionsnorm — um eine solche handelt es sich bei § 300 a. BGB. — grundsätzlich das Recht des Staats maßgebend ist, der die Kollisionsnorm erlassen hat. Auf den Boden dieser Auffassung hat sich der Senat bereits in seiner Entscheidung RGZ. Bd. 136 S. 361 (363) gestellt. Nur lag dort der Fall so, daß das ausländische Recht selbst für die Auslegung eines in seiner Kollisionsnorm enthaltenen Rechtsbegriffs die lex fori für maßgebend erklärt hatte. Dem § 300 a. BGB kann aber — jedenfalls für den Bereich des zwischenstaatlichen Rechts — nicht entnommen werden, daß auch die Entscheidung der Frage, ob eine Sache beweglich oder unbeweglich ist, nach den Gesetzen des Orts zu erfolgen habe, an dem sich die Sache befindet. Nach deutschem Recht (Art. 25 Satz 1, Art. 27 EG. z. BGB.) sind — von der Ausnahme des Art. 25 Satz 2 abgesehen — für die Beerbung eines Ausländers die deutschen Gesetze nur insoweit anzuwenden, als das an sich maßgebende ausländische Recht für ihre Anwendung Raum gibt. Daher kann, wenn das ausländische Recht nur für unbewegliche Sachen die Anwendung des deutschen Rechts vorschreibt, die Entscheidung der Frage, welche Sachen als unbewegliche anzusehen sind, auch nur dem ausländischen Recht entnommen werden. Die von der Revision vertretene Ansicht, daß dann, wenn das ausländische Recht auf deutsches Recht zurückverweist, allgemein auch die Auslegung der in der ausländischen Rückverweisungsvorschrift enthaltenen Rechtsbegriffe nach deutschem Recht zu erfolgen habe, wäre überdies in den Fällen undurchführbar, in denen es sich um Rechtsbegriffe handelt, die dem deutschen Recht nicht geläufig sind. Fehl geht auch der Hinweis der Revision auf Art. 28 EG. z. BGB. „Besondere Vorschriften" im Sinn des Art. 28 bestehen — abgesehen von den hier nicht in Betracht kommenden, gemäß den Vorbehalten in den Art. 57 bis 59, 62 bis 64 EG. z. BGB. unberührt gebliebenen landesgesetzlichen Vorschriften — für unbewegliche Sachen in Deutschland nicht. § 300 a. BGB. aber, den die Revision im Auge hat, ist kein in Deutschland geltendes Gesetz. Die von der mündlichen Revisionsbegründung hervorgehobenen Schwierigkeiten können auch bei der vom Senat vertretenen Auffassung nicht entstehen. Insbesondere führt diese Auffassung nicht zu einer Einschränkung des Geltungsbereichs der deutschen sachenrechtlichen Vorschriften . . .

RGZ. 147, 399

Können die Scheidungsgründe der §§ 133 bis 135 des öst. allg. Bürgerl. Gesetzbuchs in Deutschland zur Geltung gebracht werden? Wie gestaltet sich das Verfahren?

BGB. § 1564. EG. z. BGB. Art. 17.

IV. Zivilsenat. Urt. v. 20. Mai 1935.

I. Landgericht Berlin. II. Kammergericht daselbst.

Die Parteien haben am 19. Januar 1925 vor dem Rabbiner der jüdischen Kultusgemeinde der tschechoslowakischen Stadt Eger Dr. G. die Ehe geschlossen. Beide Parteien sind Juden. Der Kläger ist am 24. Februar 1901 in Przemysl, die Beklagte am 1. August 1901 in Charostkow geboren. Beide Orte gehörten damals zu Oesterreich (Galizien) und gehören jetzt zu Polen. Die Parteien waren durch Geburt Oesterreicher und sind schon vor Errichtung des polnischen Staates aus Oesterreich nach Deutschland abgewandert. Sie haben ihren ständigen Wohnsitz in Berlin.

Im gegenwärtigen Rechtsstreit hat der Kläger zunächst Scheidung der Ehe wegen Ehebruchs der Beklagten begehrt. Später hat er noch beantragt, die Ehe für nichtig zu erklären, und diesen Antrag als Hauptantrag gestellt. Die Beklagte hat Widerklage erhoben mit dem Antrage, die Ehe wegen Ehebruchs und ehewidrigen Verhaltens des Klägers zu scheiden. Das Landgericht hat durch Teilurteil zunächst die Ehenichtigkeitsklage abgewiesen, weil ihre Verbindung mit einer Scheidungsklage unzulässig sei. Der Kläger hat dann in einem besonderen Rechtsstreit die Ehenichtigkeitsklage weiterverfolgt, ist aber mit dieser Klage durch das rechtskräftige Urteil des Kammergerichts vom 22. Mai 1933 abgewiesen worden. Darauf hat im gegenwärtigen Rechtsstreit das Landgericht die Scheidungsklage abgewiesen und auf die Widerklage die Ehe der Parteien aus Alleinschuld des Klägers geschieden. Gegen dieses Urteil hat der Kläger Berufung eingelegt und beantragt, die Widerklage abzuweisen, die Ehe auf die Klage aus Alleinschuld der Beklagten zu scheiden, hilfsweise die Beklagte für mitschuldig zu erklären. Die Beklagte hat Anschlußberufung eingelegt, mit der sie eine Abänderung des landgerichtlichen Urteils dahin begehrt hat, daß die Scheidung und Alleinschuldigerklärung des Klägers auf Grund Ehebruchs mit der unverehelichten R. Fl. ausgesprochen werde. In der Berufungsverhandlung hat die Beklagte erklärt, daß sie die Widerklage zurücknehme, und nur noch den Antrag auf Abweisung der Klage gestellt.

Das Kammergericht hat die Berufung des Klägers zurückgewiesen und auf die Anschlußberufung der Beklagten die Entscheidung zur Widerklage aufgehoben, weil die Widerklage zurückgenommen sei.

Die im Berufungsurteil zugelassene Revision des Klägers führte zur Aufhebung und Zurückverweisung.

Gründe:

Nach der Feststellung des Berufungsgerichts haben die Parteien, die von Geburt aus die österreichische Staatsangehörigkeit besaßen, mit der Gründung der Republik Polen die polnische Staatsangehörigkeit erlangt. Die Zuständigkeit der deutschen Gerichte für die Scheidung der Ehe der Parteien hat das Berufungsgericht ohne Rechtsirrtum bejaht.

Nach Art. 17 Abs. 1 EG. z. BGB. sind für die Scheidung die polnischen Gesetze maßgebend. Jedoch darf in Deutschland nach Art. 17 Abs. 4 auf Scheidung nur erkannt werden, wenn sie sowohl nach dem polnischen als auch nach dem deutschen Gesetz zulässig ist. Das Berufungsgericht erörtert insoweit noch, ob die Ehe der Parteien etwa zwar mit Wirkung für Deutschland, nicht aber mit Wirkung für Polen gültig geschlossen worden ist, und es meint, daß in diesem Falle die Ehe nur nach deutschem Recht geschieden werden könne. Ob dies zutrifft und ob insbesondere sich das Berufungsgericht für seinen Standpunkt auf die von ihm angeführten Entscheidungen in

RGZ. Bd. 70 S. 139 und Bd. 105 S. 163 berufen kann, braucht nicht erörtert zu werden. Denn es steht, wie das Berufungsgericht weiter zutreffend ausführt, zwischen den Parteien rechtskräftig fest, daß ihre Ehe auch nach ihrem Heimatrecht gültig ist, nachdem die auf Nichtigerklärung der Ehe gerichtete Klage des Mannes abgewiesen worden ist. Wie die Urteilsgründe des Kammergerichts vom 22. Mai 1933 ergeben, sind in dem Rechtsstreit für die Prüfung der Gültigkeit der Ehe auch die Vorschriften des Heimatrechtes der Parteien mit in Betracht gezogen worden. . . .

Die im Schrifttum umstrittene Frage, ob die Scheidungsgründe der §§ 133 bis 135 öst. allg. BGB. überhaupt in Deutschland zur Geltung gebracht werden können und wie sich gegebenenfalls das Verfahren zu gestalten hat, beantwortet das Berufungsgericht dahin, daß sie in Deutschland im Wege des Streitverfahrens verfolgt und durch (rechtsgestaltendes) Urteil zur Wirkung gebracht werden können. Dem ist beizutreten. Die §§ 133 bis 135 öst. allg. BGB. sind in Deutschland insoweit unanwendbar, als danach die Trennung der Ehe durch einen vom Manne der Frau gegebenen Scheidebrief erfolgt, weil dies mit dem in Deutschland geltenden Grundsatz, daß die Scheidung durch Urteil erfolgt und die Auflösung der Ehe mit der Rechtskraft des Urteils eintritt (§ 1564 BGB.), unvereinbar ist. Der Erteilung des Scheidebriefs kommt mithin in Deutschland nur religiöse Bedeutung zu (vgl. Rosenberg Ehescheidung und Eheanfechtung 2. Aufl. S. 153; Hawlitzky Zeitschrift für Ostrecht 1931 S. 250; Schuster Zeitschrift für Ausländ. und Internation. Privatrecht 1932 S. 527; vgl. auch KG. in JW. 1930 S. 1877 Nr. 2 und Nußbaum Deutsches Internationales Privatrecht S. 161 Anm. 1). Die vom Berufungsgericht vertretene Auffassung liegt auch bereits dem Urteil des erkennenden Senats in RGZ. Bd. 113 S. 38 (insbesondere S. 42) zugrunde.

Die Entscheidung über die Klage hängt mithin davon ab, ob die Beklagte die Ehe gebrochen hat. Den Beweis hierfür sieht das Berufungsgericht nicht als geführt an . . . (Eine insoweit erhobene Verfahrensrüge wird zurückgewiesen und dann fortgefahren:)

Die Angriffe der Revision sind hiernach unbegründet, soweit sie sich gegen die Abweisung der Klage richten.

Die landgerichtliche Entscheidung zur Widerklage hat das Berufungsgericht auf die Anschlußberufung der Beklagten aufgehoben, weil die Widerklage zurückgenommen sei. Es ist der Ansicht, daß die Zurücknahme einer auf Scheidung gerichteten Klage (oder Widerklage) nach mündlicher Verhandlung auch dann zulässig sei, wenn der Beklagte (Widerbeklagte) nicht in die Zurücknahme eingewilligt habe. Diese Ansicht ist, wie die Revision mit Recht geltend macht, rechtsirrig. Es wird auf das Urteil des erkennenden Senats vom 3. Januar 1935 (JW. 1935 S. 1024 Nr. 11) Bezug genommen. Insoweit läßt sich daher das angefochtene Urteil nicht aufrechterhalten. Die hiernach gebotene Aufhebung muß wegen des in Ehesachen geltenden Grundsatzes der einheitlichen Entscheidung auch auf die Entscheidung über die Klage erstreckt werden. Auf Grund der erneuten mündlichen Verhandlung wird das Berufungsgericht im Sinne der Aufrechterhaltung der Ehe der Frage eines Verzichts der Beklagten auf den Widerklageanspruch nachzugehen haben.

RGZ. 149, 93

1. Nach welchem Recht ist das Bestehen der Vollmacht zu beurteilen, wenn ein Vertreter im Auslande Hypotheken an deutschen Grundstücken verpfändet?

2. Zur Frage der Geltendmachung eines Zurückbehaltungsrechtes nach Konkurseröffnung.

EG. z. BGB. Art. 11. KO. § 49 Abs. 1 Nr. 4. HGB. § 369.

VII. Zivilsenat. Urt. v. 18. Oktober 1935.

I. Landgericht Berlin. II. Kammergericht daselbst

Die in Konkurs geratene A. Bauspar- und Hypothekenentschuldungsgesellschaft mbH. in B. hatte zur Sicherung von Darlehnsforderungen von ihren Schuldnern mehrere Briefhypotheken erhalten. Der Konkursverwalter der A. hat diese Hypothekenforderungen nebst Zinsen schriftlich an den Kläger abgetreten, ebenso den Anspruch auf Herausgabe der Hypothekenbriefe, die sich im Besitz des Beklagten befinden.

Der Kläger verlangt von dem Beklagten Herausgabe der Hypothekenbriefe. Dieser lehnt die Herausgabe ab, weil ihm durch Vertrag vom 31. Januar 1931 ein Pfandrecht oder doch ein Zurückbehaltungsrecht an den Hypothekenbriefen eingeräumt sei. Diesen Vertrag haben die Kaufleute H. und W. in angeblicher Vollmacht der A. in Antwerpen geschlossen. Sie bekennen darin, 125 000 belgische Franken als Darlehen erhalten zu haben, verpfänden als Sicherheit dafür die drei genannten Hypothekenbriefe und erklären, die betreffenden Hypothekenbriefe würden im Besitz des Beklagten bleiben bis zu dem Augenblick, wo der geliehene Betrag zurückgezahlt sein würde. Sie verpflichten sich ferner namens der A., „auf das erste Ersuchen des Beklagten hin alle von dem deutschen Gesetz betreffend Eintragung der Hypotheken im Grundbuch vorgesehenen Förmlichkeiten zu erfüllen, wenn der Beklagte dies für nötig halten sollte".

Das Landgericht hat der Klage stattgegeben. Auf die Berufung des Beklagten hat das Kammergericht die Klage abgewiesen, da dem Beklagten ein Zurückbehaltungsrecht an den Hypothekenbriefen zustehe. Die Revision des Klägers führte zur Aufhebung des Berufungsurteils und zur Zurückverweisung.

Gründe:

Der Berufungsrichter verneint das Bestehen eines Pfandrechts des Beklagten an den Hypothekenbriefen, billigt ihm aber ein schuldrechtliches Zurückbehaltungsrecht zu und weist deshalb die Klage ab. In beiden Richtungen bestehen Bedenken.

Die Frage, ob der Vertrag vom 31. Januar 1931 für den Beklagten ein Pfandrecht an den Hypotheken begründet hat, ist nach dem Recht der belegenen Sache, also, da die mit den Hypotheken belasteten Grundstücke in Deutschland liegen, nach deutschem Recht zu beurteilen (vgl. Staudinger-Raape BGB. 9. Aufl. EG. Art. 11 Anm. C III Abs. 3; Habicht Internationales Privatrecht 1907 S. 93). Hiervon geht auch der Berufungsrichter aus; er will aber für die Frage, ob die Kaufleute H. und W., die den Vertrag mit dem Beklagten geschlossen haben, rechtsverbindlich für den Kläger gehandelt haben, belgisches Recht anwenden, weil der Vertrag in Antwerpen geschlossen ist. Dem ist jedenfalls insoweit nicht beizutreten, als es sich um die Bestellung eines dinglichen Rechts handelt. Denn es ist nicht möglich, die Frage, ob ein solches Recht an sich durch den Vertrag entstehen kann, und die weitere Frage, ob der als Vertreter Handelnde ermächtigt ist, ein solches Recht zu begründen, nach verschiedenem Recht zu beurteilen. Vielmehr muß in solchen Fällen auch die Frage nach dem Vorliegen der Vollmacht nach dem Recht der belegenen Sache, hier also nach deutschem Recht, beurteilt werden.

Nach welchem Recht die Frage des Bestehens einer Vollmacht zu beurteilen ist, soweit in dem Vertrage schuldrechtliche Verpflichtungen enthalten sind, braucht hier nicht entschieden zu werden. Denn das Bestehen eines schuldrechtlichen Zurückbehaltungsrechtes kann nach Konkurseröffnung der Klage des Verwalters auf Herausgabe von Hypothekenbriefen nicht entgegengehalten werden (vgl. Jaeger KO. § 49 Anm. 42; RGZ. Bd. 77 S. 436 [438] und die dort Genannten). Für die vorliegende Klage gilt das gleiche, da der Kläger Rechtsnachfolger des Konkursverwalters der A. ist. Ein kaufmännisches Zurückbehaltungsrecht anderseits, das nach § 49 Abs. 1 Nr. 4 KO. ein Absonderungsrecht im Konkursverfahren gibt, besteht nur an Waren und Wertpapieren, nicht an Hypothekenbriefen (vgl. Jaeger KO. § 49 Anm. 45; Düringer-Hachenburg-Hoeniger HGB. § 369 Anm. 5; RGUrt. vom 19. November 1908 V 357/08, abgedr. Recht 1909 Nr. 17).

Es steht daher nur zur Frage, ob dem Beklagten ein Pfandrecht an den Hypothekenforderungen und damit nach § 952 BGB. auch an den Hypothekenbriefen zusteht. Der Berufungsrichter verneint eine wirksame Verpfändung, weil die Verpfändung von Hypothekenforderungen nach deutschem Recht (§§ 1154, 1274, 1291 BGB.) nicht nur die Aushändigung der Hypothekenbriefe an den Pfandgläubiger, sondern auch eine schriftliche Verpfändungserklärung der A. voraussetze, die unstreitig nicht erfolgt sei. Er hält also die schriftliche Erklärung vom 31. Januar 1931 nicht für eine solche Verpfändungserklärung. Ob diese Auslegung den Bestimmungen der §§ 133, 157 BGB. gerecht wird, ist aber zweifelhaft. Zwar ist in dem Vertrage zunächst nur von einer Verpfändung der Hypothekenbriefe die Rede. Aber daraus, daß H. und W. sich namens der A. verpflichteten, „auf Ersuchen des Beklagten alle von dem deutschen Gesetz betreffend Eintragung der Hypotheken in das Grundbuch vorgesehenen Förmlichkeiten zu erfüllen", kann sich ergeben, daß die Parteien eine Verpfändung der Hypotheken selbst beabsichtigten und daß es sich nur um ein Vergreifen im Ausdruck handelt, wenn vorher von der Verpfändung der Hypotheken b r i e f e statt der Hypotheken selbst die Rede ist. Es ist demnach weiter zu prüfen, ob H. nach deutschem Recht bevollmächtigt war, für die A. die Hypotheken zu verpfänden — eine Vollmacht des W. behauptet der Beklagte selbst nicht — . . . (Es wird dargelegt, daß eine solche Vollmacht bisher nicht nachgewiesen ist.)

Zur Endentscheidung ist die Sache noch nicht reif, weil der Beklagte noch Beweismittel für das Bestehen einer Vollmacht des H. angegeben, auch behauptet hat, die A. habe die Handlung des H. nachträglich genehmigt. Hierzu wie zu der Frage, ob der Vertrag vom 31. Januar 1931 eine Verpfändung der Hypothekenforderungen enthält, wird der Berufungsrichter Stellung nehmen müssen.

RGZ. 150, 283

Ist nach Art. 30 EG. z. BGB. die Anwendung eines ausländischen Gesetzes auch dann ausgeschlossen, wenn zwar der ausländische Rechtssatz selbst keinen unsittlichen Inhalt hat, wohl aber seine Anwendung auf den einzelnen Fall gegen die guten Sitten verstoßen würde?

EG. z. BGB. Art. 30. BGB. § 1353. Haager Ehewirkungsabkommen vom 17. Juli 1905 (RGBl. 1912 S. 453) Art. 1 Abs. 1.

IV. Z i v i l s e n a t. Urt. v. 17. Februar 1936.

I. Landgericht Duisburg-Hamborn. II. Oberlandesgericht Düsseldorf.

Die Parteien haben am 12. August 1920 die Ehe geschlossen. Der Kläger ist Italiener. Die Beklagte war früher Ungarin und hat durch die Verehelichung mit dem Kläger die italienische Staatsangehörigkeit erlangt. Beide Parteien sind katholisch. Seit dem 4. Februar 1934 leben sie getrennt. Mit der Klage begehrt der Kläger die Verurteilung der Beklagten zur Herstellung der häuslichen Gemeinschaft. Das

Landgericht hat die Beklagte zur Herstellung der ehelichen Lebensgemeinschaft mit dem Kläger verurteilt. Das Oberlandesgericht hat auf die Berufung der Beklagten die Klage abgewiesen. Die vom Berufungsgericht zugelassene Revision des Klägers wurde zurückgewiesen.

Gründe:

Das Berufungsgericht führt aus: Da die Parteien Italiener seien, sei in entsprechender Anwendung des Art. 14 EG. z. BGB. für die vorliegende Klage italienisches Recht anzuwenden. Art. 130 des italienischen Codice civile lege den Ehegatten die wechselseitige Pflicht der ehelichen Gemeinschaft, der Treue und der Unterstützung auf. Art. 131 verpflichte die Ehefrau, den Mann überallhin zu begleiten, wo er es für angemessen halte, seinen Aufenthalt zu nehmen. Hieraus erwachse dem Mann ein klagbares Recht auf Herstellung der ehelichen Gemeinschaft. Ein Weigerungsrecht im Sinne des § 1353 Abs. 2 BGB. kenne das italienische Recht nicht. Die Frau könne vielmehr dem Herstellungsverlangen nur durch Erwirkung eines Trennungsurteils entgegentreten. Eine Scheidung der Ehe sei nach italienischem Recht nicht zulässig. Die allein mögliche Trennung von Tisch und Bett aber könne in Deutschland nicht ausgesprochen werden, da sie dem deutschen Recht fremd sei. Die Anrufung eines Heimatgerichts durch die Frau scheide aus, weil ihr ein Verfahren, das ihr persönliches Erscheinen vor dem Tribunal verlange, nicht zugemutet werden könne. Gemäß Art. 30 EG. z. BGB. bestehe jedoch die Möglichkeit, § 1353 Abs. 2 BGB. oder das italienische Recht mit der Maßgabe anzuwenden, daß beim Vorliegen eines Trennungsgrundes die Weigerung auch ohne Trennungsurteil zugelassen werde. Ein Verstoß gegen die guten Sitten oder gegen den Zweck eines deutschen Gesetzes könne allerdings nicht darin erblickt werden, daß im Codice civile sachlich-rechtlich strengere Voraussetzungen an das Weigerungsrecht gestellt seien. Der Verstoß könne vielmehr nur in der andersgearteten formellen Durchsetzung des Weigerungsrechts liegen. Zwar widerstrebe es unserem Gefühl für die gute Sitte keineswegs, wenn das italienische Recht die Ehefrau zwinge, einen Prozeß zu führen, bevor sie zur Weigerung berechtigt sei. Diese Vorschrift dürfe aber nicht für sich, sondern müsse so betrachtet werden, wie sie sich bei ihrer Einordnung in das deutsche Recht und die deutsche Rechtsprechung auswirke. Gegen die guten Sitten würde es verstoßen, von der italienischen Ehefrau ein Urteil zu verlangen, das sie nicht erwirken könne. Insoweit müsse also der Grundsatz des § 1353 Abs. 2 BGB. gelten, daß in bestimmten Fällen ein Ehegatte nicht verpflichtet sei, dem Herstellungsverlangen Folge zu leisten. Wann diese Fälle gegeben seien, sei ausschließlich dem italienischen Recht zu entnehmen.

Das Berufungsgericht stellt hierauf fest, daß der Kläger die Beklagte in der Nacht zum 20. Mai 1935 in der gröbsten Weise beleidigt habe, indem er sie und ihren Sohn verflucht habe. Auch verschiedentliche Mißhandlungen habe der Kläger nicht bestritten. Demgegenüber sei es unerheblich, ob die Vorwürfe zuträfen, die er der Beklagten mache, denn sie könnten die Verfehlungen des Klägers nicht beseitigen oder entschuldigen. Gemäß Art. 150 Codice civile wäre also die Beklagte berechtigt, wegen der Mißhandlungen und der schweren Beleidgung die *Trennung von Tisch und Bett zu verlangen*. Deshalb brauche sie dem Herstellungsverlangen nicht Folge zu leisten.

Die Revision wendet sich in erster Reihe gegen die Anwendung des Art. 30 EG. z. BGB., jedoch ohne Erfolg.

Das Berufungsgericht geht zutreffend davon aus, daß sowohl das Klagbegehren wie auch die Art der ihm gegenüber zulässigen Verteidigung nach italienischem Recht zu beurteilen ist. Das ergibt sich aus Art. 1 Abs. 1 des Haager Ehewirkungsabkommens vom 17. Juli 1905, das im Verhältnis zwischen Deutschland und Italien in Kraft ist (RGBl. 1929 II S. 635, 636). Das Berufungsgericht schaltet die Anwendung des italienischen Rechts nur insoweit aus, als es der Beklagten gestattet, ohne Erwirkung eines Trennungsurteils das Vorliegen eines Trennungsgrundes im Wege der Einwendung geltend zu machen. Mit Recht führt das Berufungsgericht aus, daß die im italienischen Recht getroffene Regelung selbst keinen Verstoß gegen die guten Sitten oder gegen den Zweck eines deutschen Gesetzes enthalte, daß aber die Anwendung des italienischen Rechts, soweit es die Berechtigung, die Eheherstellung zu verweigern, von der Erwirkung eines Trennungsurteils abhängig macht, unter den Umständen des vorliegenden Falles den in Deutschland herrschenden sittlichen Anschauungen zuwiderlaufen würde, weil die Beklagte dann trotz schwerwiegender Weigerungsgründe dem Herstellungsbegehren des Klägers gegenüber rechtlos gestellt wäre. In Deutschland kann sie aus rechtlichen Gründen (RGZ. Bd. 55 S. 345; WarnRspr. 1927 Nr. 95) kein Trennungsurteil erwirken, während ihr die erfolgreiche Anrufung eines Heimatgerichts aus tatsächlichen Gründen unmöglich ist, da sie zu diesem Zweck persönlich vor dem Gericht erscheinen müßte und ihre Klage im Falle ihres Nichterscheinens als nicht angebracht gelten würde (Baisini in „Die Rechtsverfolgung im internationalen Verkehr" 4. Band S. 367). Die strenge Durchführung des italienischen Rechts würde mithin zu einem Ergebnis führen, das weder vom deutschen noch auch vom italienischen Gesetzgeber gewollt ist. Bei dieser Sachlage begegnet die Anwendung des Art. 30 EG. z. BGB. in dem beschränkten hier in Betracht kommenden Umfang keinen rechtlichen Bedenken. Allerdings wird von manchen Schriftstellern die Meinung vertreten, daß die Anwendung eines Rechtssatzes niemals gegen die guten Sitten verstoßen könne, wenn der Rechtssatz selbst nicht bereits einen unsittlichen Inhalt habe (Walker Internationales Privatrecht 5. Aufl. S. 295; Staudinger-Raape EG. z. BGB. Art. 30 unter E IV Abs. 1). Dieser Ansicht vermag sich der Senat aber nicht anzuschließen. Nach der Vorschrift des Art. 30 EG. z. BGB. kommt es darauf an, ob die Anwendung eines ausländischen Gesetzes gegen die guten Sitten oder gegen den Zweck eines deutschen Gesetzes verstoßen würde. Entscheidend ist also nicht der Inhalt des ausländischen Gesetzes, sondern dessen Anwendung auf den einzelnen Fall (WarnRspr. 1928 Nr. 13 unter II; Planck EG. z. BGB. 3. Aufl. Art. 30 Anm. 1 u. 2; Habicht Internationales Privatrecht Art. 30 Anm. III 3).

Die Revision rügt noch, daß das angefochtene Urteil das Vorbringen des Klägers nicht beachtet habe, mit dem er habe dartun wollen, daß seine Handlungen nur seiner größten Erregung entsprungen seien, die durch langjähriges grob ehewidriges, ja ehebrecherisches Verhalten der Beklagten schuldhaft verursacht gewesen sei. Auch mit diesem Angriff kann die Revision nicht durchdringen. Ob der Beklagten ein Trennungsgrund zur Seite stand und ob die vom Kläger gegen sie erhobenen Vorwürfe für die Beurteilung dieser Frage erheblich waren, war ausschließlich nach italienischem, also nicht revisiblem Recht zu entscheiden und entzieht sich daher der Nachprüfung des Revisionsgerichts. Soweit die Revision etwa eine Verletzung des § 286 ZPO. hat geltend machen wollen, könnte sie mit dieser Rüge nicht gehört werden, weil auf dem Gebiete der Anwendung nicht revisiblen Rechts auch derartige Verfahrensrügen ausgeschlossen sind (RGZ. Bd. 95 S. 146 147; WarnRspr. 1933 Nr. 31).

RGZ. 150, 374†

1. Zur Anwendung des Art. 17 EG. z. BGB. und des § 606 ZPO., falls der Ehemann oder die Ehegatten außer der deutschen auch eine ausländische Staatsangehörigkeit besitzen.

2. Welcher Zeitpunkt ist nach Art. 17 EG. z. BGB. unter der „Zeit der Erhebung der Klage" zu verstehen?

3. . . .*)

4. Ist mit Frankreich die Gegenseitigkeit hinsichtlich der Anerkennung von Scheidungsurteilen verbürgt?

5. Kann ein Ehebruch beim Hinzutreten der sonstigen Voraussetzungen des § 1568 BGB. die Scheidung auch auf Grund dieser Vorschrift rechtfertigen?

BGB. §§ 1565, 1568. EG. z. BGB. Art. 17. ZPO. §§ 328, 606. Reichs- und Staatsangehörigkeitsgesetz vom 22. Juli 1913 (RGBl. S. 583) § 25.

*) Vgl. die Gruppe „Oeffentliches Recht".

IV. Zivilsenat. Urt. v. 19. März 1936.

I. Landgericht III Berlin. II. Kammergericht daselbst.

Die Parteien haben am 23. April 1923 vor dem Standesamt in H. die Ehe geschlossen. Die Klägerin begehrt Scheidung auf Grund der §§ 1565 und 1568 BGB., hilfsweise Nichtigkeitserklärung der Ehe nach § 1333 das. Das Landgericht hat die Ehe auf Grund des § 1568 BGB. geschieden. Das Kammergericht hat die Berufung des Beklagten zurückgewiesen. Auch seine Revision blieb erfolglos.

Aus den Gründen:

Die Zuständigkeit des vormaligen Landgerichts III in Berlin, das im ersten Rechtszug entschieden hat, hält das Berufungsgericht auf Grund des § 606 Abs. 2 Satz 1 ZPO. für gegeben. Es stellt fest, daß der Beklagte im Bezirk dieses Gerichts seinen letzten inländischen Wohnsitz hatte, daß er (und demzufolge auch die Klägerin: § 6 des Reichs- und Staatsangehörigkeitsgesetzes vom 22. Juli 1913; Art. 12 Code civil) zur Zeit der Klagerhebung, die am 27. April 1931 erfolgt ist, außer der französischen auch die deutsche Staatsangehörigkeit besessen und daß der Beklagte (nicht auch die Klägerin) erst durch Aushändigung der Entlassungsurkunde vom 15. Juni 1931 die deutsche Reichsangehörigkeit verloren hat. Treffen diese Feststellungen zu, so hat das Berufungsgericht die Zuständigkeit des Landgerichts III in Berlin mit Recht als gegeben angesehen. Der nachträgliche Verlust der deutschen Reichsangehörigkeit vermag, wie das Berufungsgericht zutreffend angenommen hat, nach § 263 Abs. 2 Nr. 2 ZPO. an der einmal begründeten Zuständigkeit des angerufenen Gerichts nichts zu ändern. Ist der Ehemann ein Deutscher, so ist § 606 Abs. 2 Satz 1 ZPO. auch dann anwendbar, wenn er außer der deutschen noch eine ausländische Staatsangehörigkeit besitzt. Ebenso wie im Falle des Art. 17 Abs. 1 EG. z. BGB., was weiter unten noch auszuführen ist, bleibt auch nach § 606 Abs. 2 Satz 1 ZPO. die ausländische Staatsangehörigkeit außer Betracht. Der Revision kann auch darin nicht beigetreten werden, daß bei Bejahung der Zuständigkeit des deutschen Gerichts nach § 606 Abs. 2 ZPO. folgerichtig auch § 606 Abs. 4 Anwendung finden müsse. Diese Vorschrift betrifft nur den Fall, daß beide Ehegatten Ausländer sind. Sie kommt also für Ehegatten, die neben einer ausländischen Staatsangehörigkeit auch die deutsche besitzen, von vornherein nicht in Betracht. . . .

Die Revision bekämpft die Ansicht des Berufungsgerichts, daß der Beklagte zur Zeit der Klagerhebung die deutsche Reichsangehörigkeit besessen habe. Sie vertritt im Gegensatz zum Berufungsgericht den Standpunkt, daß der Beklagte die deutsche Reichsanghörigkeit niemals besessen, sie aber jedenfalls gemäß § 25

Abs. 1 des Reichs- und Staatsangehörigkeitsgesetzes vom 22. Juli 1913 dadurch verloren habe, daß er nicht nach dem damals noch geltenden Art. 8 Nr. 3 Abs. 1 Code civil in dem Jahre, welches auf den Zeitpunkt seiner Großjährigkeit folgte, die Eigenschaft als Franzose abgelehnt habe. Ein Rechtsirrtum ist jedoch in den Ausführungen des Berufungsgerichts nicht zu finden. . . .

Die Zuständigkeit der deutschen Gerichte für die von der Klägerin erhobene Scheidungsklage ist gegeben. Vorbedingung dafür, daß in diesem Verfahren ein Scheidungsurteil erlassen werden kann, ist, daß die Ehe vom Standpunkt des deutschen Rechts aus noch nicht als geschieden zu betrachten ist. Die Ehe der Parteien ist nach der Feststellung des Berufungsgerichts bereits durch rechtskräftiges Urteil des Tribunal Civil de la Seine vom 19. Oktober 1932 geschieden worden. Für einen Scheidungsausspruch wäre daher im vorliegenden Verfahren kein Raum, wenn dieses Urteil in Deutschland anzuerkennen wäre. Das Berufungsgericht versagt ihm die Anerkennung weil Frankreich die Gegenseitigkeit nicht verbürge (§ 328 Abs. 1 Nr. 5 ZPO.).

Es trifft zu, daß nach der Rechtsprechung des Reichsgerichts (RGZ. Bd. 8 S. 388, Bd. 36 S. 384; Urteile des I. Zivilsenats vom 9. Juli 1902 I 100/02 und des VI. Zivilsenats vom 16. Mai 1926 VI 601/25, letzteres abgedr. JW. 1926 S. 1336 Nr. 1), die mit der im deutschen Schrifttum vorherrschenden Meinung übereinstimmt (Staudinger-Raape EG. z. BGB. Art. 17 unter G VI, 2c und e β, S. 414 und 416; Stein-Jonas ZPO. § 328 Bem. VIII E bei N. 19; Baumbach ZPO. 9. Aufl. Anh. zu § 328 Anm. 2; Bergmann Internationales Ehe- und Kindschaftsrecht, 2. Bd. S. 160 und 1. Sonderausg. S. 53; Wieruszowski in der „Rechtsverfolgung im internationalen Verkehr", 4. Bd. 2. Aufl. S. 90 Anm. 591; Maßfeller in der Deutschen Justiz 1934 S. 1083), mit Frankreich die Gegenseitigkeit hinsichtlich der Anerkennung von Urteilen nicht als verbürgt anzusehen ist, weil Frankreich deutschen Urteilen zwar nicht grundsätzlich die Anerkennung versagt, jedoch die Anerkennung von einer wesentlich strengeren Prüfung abhängig macht, als dies nach § 328 Abs. 1 Nr. 1 bis 4 ZPO. geschieht. Die Revision hält eine Nachprüfung der Frage der Verbürgung der Gegenseitigkeit für erforderlich. Diese Nachprüfung steht auch dem Revisionsgericht zu (RGZ. Bd. 115 S. 104/105).

Der Senat hat es für angezeigt gehalten, eine Auskunft des Reichsjustizministeriums darüber zu erbitten, ob die Anerkennung deutscher Ehescheidungsurteile in Frankreich verbürgt ist. Das Reichsjustizministerium hat durch Vermittlung des Auswärtigen Amts eine Aeußerung der Französischen Regierung zu dieser Frage erbeten. Das Französische Ministerium der Auswärtigen Angelegenheiten hat darauf am 31. Oktober 1935 mitgeteilt, die französische Rechtsprechung entscheide im allgemeinen, daß die Urteile ausländischer Gerichte, die sich auf den Personenstand oder die rechtlichen Fähigkeiten der Personen beziehen, insbesondere die Scheidungsurteile, ihre Wirkungen in Frankreich unmittelbar und unabhängig von einem Exequatur äußerten, daß aber — beim Fehlen eines Staatsvertrags — eine Ausnahme in Ansehung der Urteile stattfinde, die Vollstreckungsmaßnahmen in das Vermögen oder Zwang gegen Personen hervorrufen müßten; diesen Urteilen könne Vollstreckungskraft nur auf Grund eines Exequatur zugestanden werden. Ferner hat das Französische Ministerium der Auswärtigen Angelegenheiten am 8. Januar 1936 mitgeteilt, daß Randvermerke, die sich auf die von deutschen Gerichten ausgesprochenen Scheidungen französischer Staatsangehöriger bezögen, in den Zivilstandsregistern nur in der Eigenschaft als Nachricht (à titre de renseignement) und mit der Begrenzung bewirkt würden, innerhalb deren das Scheidungsurteil in Frankreich seine Wirkungen äußern könne; damit der Vermerk die Geltung einer Eintragung (transcription) habe und daher in jedem Falle die gesetzliche Wirkung besitze, sei es notwendig, daß die beteiligte Partei vorher bei den französischen Gerichtsbehörden das Exequatur zu dem Urteil erwirke, das die Scheidung ausgesprochen habe.

Aus der Mitteilung vom 8. Januar 1936 ergibt sich mithin, daß die Eintragung (transcription) der Scheidung von Franzosen im Zivilstandsregister nur auf Grund des Exequatur eines französischen Gerichts erfolgt, wenn die Scheidung von einem ausländischen Gericht ausgesprochen worden ist. Diese Eintragung ist von wesentlicher Bedeutung für das Wirksamwerden des Scheidungsurteils. Zwar hat nach Art. 252 Code civil in der Fassung des Art. 2 des Gesetzes vom 26. Juni 1919 (Journal officiel S. 6610) das Unterbleiben der Eintragung nicht mehr, wie früher, das Hinfälligwerden des Scheidungsurteils zur Folge. Die Wirkungen der Scheidung treten vielmehr im Verhältnis zwischen den Ehegatten bereits mit der Rechtskraft des Scheidungsurteils ein. Wohl aber ist die Eintragung erforderlich, um dem Scheidungsurteil anderen Personen gegenüber Wirksamkeit zu verleihen, und vor allem muß der geschiedene Ehegatte, um zu einer neuen Ehe schreiten zu können, die Eintragung der Scheidung im Zivilstandsregister herbeiführen (D a l l o z Recueil périodique et critique de jurisprudence, de législation et de doctrine, Jahrg. 1919, 4. Teil S. 331 Anm. 17 zum Gesetz vom 26. Juni 1919). Die Eintragung der Scheidung im Zivilstandsregister ist hiernach erforderlich, um dem Scheidungsurteil — sowohl dem französischen wie dem ausländischen — die volle Wirksamkeit zu verschaffen. Der daneben noch vorgeschriebene Randvermerk zur Heiratsurkunde (vgl. D a l l o z Répertoire pratique de législation, de doctrine et de jurisprudence 4. Bd. S. 426 Nr. 355), der nach der Mitteilung vom 8. Januar 1936 auch ohne Exequatur vorgenommen wird, ist dagegen für die sachliche Wirksamkeit des Scheidungsurteils ohne Bedeutung; er entspricht dem in § 55 des deutschen Personenstandsgesetzes vom 6. Februar 1875 (RGBl. S. 23) vorgeschriebenen Randvermerk und hat, wie auch die Mitteilung vom 8. Januar 1936 ergibt, ebenso wie dieser den Zweck, im Interesse der Sicherheit des rechtlichen Verkehrs die Tatsache, daß hinsichtlich der betreffenden Ehe ein Scheidungsurteil ergangen ist, im Heiratsregister ersichtlich zu machen (vgl. RGZ. Bd. 88 S. 244, insbesondere S. 247).

Die Entscheidung hängt hiernach davon ab, in welchem Umfang das ausländische Scheidungsurteil von den französischen Gerichten im Verfahren über den Erlaß des Exequatur einer Nachprüfung unterzogen wird. Hierüber kann den Mitteilungen des Französischen Ministeriums der Auswärtigen Angelegenheiten nichts entnommen werden. Sie vermögen daher eine Aenderung der bisherigen Stellungnahme des Reichsgerichts in der zur Entscheidung stehenden Frage nicht zu begründen.

Nach Glasson-Tissier-Morel Procédure civile 3. Aufl. Bd. 4 S. 48, 49 gewährt die französische Rechtsprechung in der Mehrzahl ihrer Entscheidungen dem französischen Richter das Recht einer vollständigen Nachprüfung des ausländischen Urteils sowohl in tatsächlicher wie in rechtlicher Beziehung. Auch Niboyet Manuel de droit international privé 2. Aufl. S. 754 unter I 2 nimmt an, daß zu prüfen sei, ob der ausländische Richter das französische Recht richtig angewendet habe. Der in der französischen Rechtsprechung aufgestellte Grundsatz, daß die Urteile ausländischer Gerichte, die sich auf den Personenstand oder die rechtlichen Fähigkeiten der Personen beziehen, ihre Wirkungen in Frankreich unmittelbar und unabhängig von einem Exequatur äußern, darf nach Glasson-Tissier-Morel a. a. O. S. 54 nicht wörtlich genommen werden, sondern ist dahin zu verstehen, daß in Frankreich bei Ausländern der Personenstand und die rechtlichen Fähigkeiten, die sich für sie aus diesen Urteilen ergeben, ohne weiteres anzuerkennen sind.

Es läßt sich hiernach nicht feststellen, daß die Nachprüfung, die von den französischen Gerichten ausländischen Urteilen gegenüber vorgenommen wird, im wesentlichen der nach § 328 Abs. 1 Nr. 1 bis 4 ZPO. vom deutschen Richter vorzunehmenden Nachprüfung entspricht. Unzutreffend ist die Ansicht der Revision, daß sich der Senat in dem in RGZ. Bd. 149 S. 232 abgedruckten Urteile vom 21. November 1935 auf den Standpunkt gestellt hätte, die Gegenseitigkeit sei mit Frankreich hinsichtlich der Anerkennung von Scheidungsurteilen verbürgt. Dieses Urteil behandelt die Frage, ob und unter welchen Voraussetzungen nach § 606 Abs. 4 ZPO. die Zuständigkeit der deutschen Gerichte für die

Scheidung der Ehe französischer Staatsangehöriger begründet ist. Es führt aus, daß es nach dieser Vorschrift nicht darauf ankomme, ob hinsichtlich der Anerkennung von Scheidungsurteilen die Gegenseitigkeit im Sinne des § 328 Abs. 1 Nr. 5 ZPO. als verbürgt anzusehen sei. Die Frage, ob mit Frankreich die Gegenseitigkeit verbürgt ist, ist daher in diesem Urteil ausdrücklich offengelassen worden.

Die von der Revision noch vertretene Ansicht, daß es auf die Verbürgung der Gegenseitigkeit deshalb nicht ankomme, weil der Beklagte zu der Zeit, als er in Frankreich die Scheidungsklage erhoben habe, nur noch Franzose gewesen, für seine Klage also in Deutschland ein Gerichtsstand nicht begründet gewesen sei (§ 328 Abs. 2 ZPO.), trifft im Hinblick auf § 606 Abs. 2 Satz 2 ZPO. nicht zu.

Die Entscheidung, welches Recht für die Scheidung maßgebend ist, ist den Vorschriften des Art. 17 EG. z. BGB. zu entnehmen. Soweit nach diesen Vorschriften die deutschen Gesetze anzuwenden sind, weil der Ehemann deutscher Reichsangehöriger ist oder es zur Zeit der Klagerhebung war, gilt dies auch dann, wenn er daneben noch eine ausländische Staatsangehörigkeit besitzt oder zur Zeit der Klagerhebung besaß. Die ausländische Staatsangehörigkeit hat der deutsche Richter in solchem Fall außer Betracht zu lassen (RG. in LZ. 1924 Sp. 741 Nr. 9 und JW. 1929 S. 434 Nr. 1 a. E.; Staudinger-Raape EG. z. BGB. Art. 29 unter B III, 2 b, S 787; Nußbaum Deutsches Internationales Privatrecht S. 112). Zur Zeit der Klagerhebung war der Beklagte deutscher Reichsangehöriger. Der Scheidungsgrund, auf den das Berufungsgericht die Scheidung gestützt hat, ist jedoch erst zu einer Zeit eingetreten und im Rechtsstreit geltend gemacht worden, als der Beklagte die deutsche Reichsangehörigkeit verloren hatte und nur noch die französische Staatsangehörigkeit besaß. Als „Zeit der Erhebung der Klage" im Sinne des Art. 17 Abs. 1 und 3 EG. z. BGB. sieht das Berufungsgericht im Anschluß an die bei Gruch. Bd. 46 S. 959 abgedruckte Entscheidung des erkennenden Senats vom 21. April 1902 IV 301/01 den Zeitpunkt an, in dem der Scheidungsgrund im Rechtsstreit geltend gemacht worden ist. Das Berufungsgericht hält daher den Fall des Art. 17 Abs. 3 EG. z. BGB. für gegeben, wonach die deutschen Gesetze Anwendung finden, wenn zur Zeit der Erhebung der Klage die Reichsangehörigkeit des Mannes erloschen, die Frau aber Deutsche ist. Ob dies zutrifft, ob insbesondere an der genannten Entscheidung festzuhalten oder ob mit Walker Internationales Privatrecht 5. Aufl. S. 685 und Habicht Internationales Privatrecht S. 135 unter der Erhebung der Klage der in § 253 ZPO. bezeichnete Akt der Zustellung der Klagschrift zu verstehen ist, kann im vorliegenden Fall unerörtert bleiben. Abzulehnen ist jedenfalls die von Staudinger-Raape EG. z. BGB. Art. 17 unter B III, 4 a, S. 378 und Frankenstein

Internationales Privatrecht 3. Bd. S. 438 vertretene Ansicht, daß unter dem Zeitpunkt der „Erhebung der Klage" der Zeitpunkt des Urteilserlasses oder der der letzten mündlichen Verhandlung zu verstehen sei. Diese Ansicht findet im Gesetz keine Stütze. Wird unter Erhebung der Klage im Sinne des Art. 17 Abs. 1 und 3 EG. z. BGB. die Zustellung der Klagschrift verstanden, so ergibt sich die Anwendbarkeit der deutschen Gesetze für die Scheidung der Ehe aus Art. 17 Abs. 1. Der nachträglich eingetretene Verlust der deutschen Reichsangehörigkeit des Beklagten ist nach Art. 17 Abs. 1 ohne Bedeutung (Walker a. a. O. S. 685; vgl. auch Staudinger-Raape EG. z. BGB. Art. 17 unter B III, 4 a a. A. S. 378). Auch die Vorschrift des Art. 17 Abs. 2 kommt nicht in Betracht, denn sie bezieht sich nur auf den Fall, daß zwischen dem Eintritt des Scheidungsgrundes und der Erhebung der Klage die Staatsangehörigkeit des Ehemanns gewechselt hat (Habicht a. a. O. Bem. IV 1 zu Art. 17, S. 136; Rosenberg Ehescheidung und Eheanfechtung 2. Aufl. S. 114). Das in Art. 17 Abs. 2 aufgestellte Erfordernis wäre überdies auch erfüllt, da Ehebruch des Mannes auch nach französischem Recht ein Scheidungsgrund ist (Art. 230 Code civil).

Das Berufungsgericht stellt fest, daß der Beklagte in der Nacht vom 5. zum 6. Juli 1934 mit Frau G. geschlechtlich verkehrt hat. Es sieht sich jedoch mit Recht (vgl. RGZ. Bd. 115 S. 193; RG. in JW. 1928 S. 3042 Nr. 12 = WarnRspr. 1928 Nr. 151) gehindert, die Scheidung der Ehe auf Grund des § 1565 BGB. auszusprechen, weil das Landgericht nur aus § 1568 BGB. geschieden und die Klägerin sich der vom Beklagten eingelegten Berufung nicht angeschlossen hat. Das Berufungsgericht führt aber weiter aus, daß der schwere Treubruch des Beklagten geeignet gewesen sei, die eheliche Gesinnung der Klägerin zu zerstören, und diesen Erfolg auch tatsächlich gehabt habe, sowie daß der Klägerin, selbst wenn die vom Beklagten gegen sie erhobenen Vorwürfe begründet seien, nicht zugemutet werden könne, über die Verfehlung des Beklagten hinwegzusehen und die Ehe mit ihm fortzusetzen. Damit ist der volle Tatbestand des § 1568 BGB. festgestellt. Gegen die Ansicht des Berufungsgerichts, daß ein Ehebruch — die schwerste Verletzung der ehelichen Treupflicht — beim Hinzutreten der sonstigen Voraussetzungen des § 1568 BGB. die Scheidung auch auf Grund dieser Vorschrift rechtfertigen kann, sind rechtliche Bedenken nicht zu erheben und werden von der Revision auch nicht geltend gemacht. In sachlich-rechtlicher Beziehung beanstandet die Revision die Annahme des Berufungsgerichts, daß der Beklagte durch den geschlechtlichen Verkehr mit Frau G. seine eheliche Treupflicht schuldhaft verletzt habe. Auch dieses Tatbestandsmerkmal des § 1568 BGB. ist jedoch im Berufungsurteil rechtlich einwandfrei dargetan. Allerdings muß ein Ehegatte die Rechtsbeständigkeit seiner Ehe kennen, wenn bei ihm von einem die

Scheidung rechtfertigenden Ehebruch oder von einer schweren Eheverfehlung nach § 1568 BGB. die Rede sein soll. Der positiven Kenntnis ist aber der bedingte Vorsatz rechtlich gleichzustellen (RGZ. Bd. 120 S. 38). Diesen hat das Berufungsgericht festgestellt, indem es ausführt, daß der Beklagte sicherlich mit der Möglichkeit gerechnet habe, daß seine Ehe mit Wirkung für Deutschland noch fortbestehe, nachdem trotz Vortrags des französischen Scheidungsurteils durch den Beklagten noch wiederholt Beweiserhebungen über die Vorwürfe der Klägerin angeordnet worden seien. Das Vorbringen der Revision, der Beklagte habe das Verhalten des Gerichts für rechtsirrtümlich gehalten und aus ihm nicht zu entnehmen brauchen, daß das von ihm an seinem Wohnsitz erstrittene Scheidungsusrteil unwirksam sei, richtet sich nur gegen die tatsächliche Würdigung des Berufungsgerichts und ist daher in diesem Rechtszug unbeachtlich.

RGZ. 151, 103

1. Unter welchen Voraussetzungen sind die deutschen Gerichte für die Scheidung isländischer Staatsangehöriger zuständig?

2. Welches Recht ist in sachlicher Hinsicht maßgebend?

3. Ist ein nach der Klagerhebung eintretender Wechsel des Wohnsitzes des Beklagten im Rechtsstreit zu berücksichtigen?

EG. z. BGB. Art. 17, 27. ZPO. §§ 263, 606.

IV. Zivilsenat. Urt. v. 6. April 1936.

I. Landgericht Stettin. II. Oberlandesgericht daselbst.

Die Parteien haben am 27. Dezember 1929 vor dem Magistrat in Kopenhagen die Ehe geschlossen. Der Beklagte ist isländischer Staatsangehöriger. Die Klägerin besaß bis zur Eheschließung die deutsche Staatsangehörigkeit. Ihren ehelichen Wohnsitz nahmen die Parteien in Swinemünde. Mit der am 3. September 1934 dem Beklagten in Swinemünde zugestellten Klage begehrt die Klägerin die Scheidung der Ehe auf Grund des § 1568 BGB. Der Beklagte hat sich am 7. Oktober 1934 in Swinemünde polizeilich abgemeldet und ist in demselben Monat nach Island abgereist, wo er jetzt wohnt. Er will die Klage abgewiesen, hilfsweise die Klägerin für mitschuldig erklärt haben. In erster Reihe bestreitet er die Zuständigkeit der deutschen Gerichte.

Das Landgericht hat die Ehe geschieden und beide Parteien für schuldig erklärt. Das Oberlandesgericht hat die Berufung des Beklagten zurückgewiesen. Auch seine Revision blieb erfolglos.

Aus den Gründen:

Die Parteien haben nach der Feststellung des Berufungsgerichts in Kopenhagen unter Beobachtung der vom dänischen Recht vorgeschriebenen Form die Ehe geschlossen. Die Ehe ist daher gültig mit Wirkung sowohl für Deutschland (Art. 11 Abs. 1 Satz 2 EG z. BGB.) wie für Island, das für die im Ausland geschlossenen Ehen die Wahrung der Form des Eheschließungsortes vorschreibt (Eyjolfsson Das Eherecht Islands in Leske-Loewenfeld Rechtsverfolgung im internationalen Verkehr 4. Band 2. Aufl. S. 761/762). Durch die Eheschließung hat die Klägerin die deutsche Staatsangehörigkeit verloren (§ 17 Nr. 6 des Reichs- und Staatsangehörigkeitsgesetzes vom 22. Juli 1913) und die isländische Staatsangehörigkeit erworben (§ 3 des isländischen Gesetzes, betr. Erwerb und Verlust der Staatsangehörigkeit, vom 15. Juni 1926). Da mithin beide Parteien Ausländer sind, sind die deutschen Gerichte für die Scheidung der Ehe nur dann zuständig, wenn ihre Zuständigkeit auch nach den Gesetzen des Heimatstaates, also nach den isländischen Gesetzen, begründet ist (§ 606 Abs. 4 ZPO.). In dieser Hinsicht führt das Berufungsgericht aus, daß Island nicht die ausschließliche Zuständigkeit für die Scheidung seiner Staatsangehörigen in Anspruch nehme, sondern die Entscheidung des für den Wohnsitz des Beklagten zuständigen ausländischen Gerichts anerkenne, sofern sie nicht dem ordre public oder allgemeinen Grundsätzen des isländischen Rechts widerstreite. Diese Ausführung trifft zu (Eyjolfsson a. a. O. S. 760; Löning in der Zeitschrift für ausländisches und internationales Privatrecht 9. Jahrgang S. 406 flg.). Das Berufungsgericht prüft weiter, ob der Beklagte nach isländischem oder dem gegebenenfalls zur Ergänzung heranzuziehenden dänischen Recht zur Zeit der Klagerhebung seinen Wohnsitz in Swinemünde hatte. Es geht hiernach davon aus, daß für die Frage, wo sich der Wohnsitz des Beklagten befindet, in erster Reihe das isländische (dänische) Recht maßgebend ist (RGZ. Bd. 136 S. 363; Staudinger-Raape EG. z. BGB. Art. 27 Bem. C I Abs. 4 S. 747 unten). Die Frage, ob der Beklagte nach diesem Recht in Swinemünde seinen Wohnsitz begründet habe, bejaht es, weil er sich dort tatsächlich niedergelassen habe mit dem durch die Niederlassung in Erscheinung tretenden Willen, diesen Ort bleibend zum Mittelpunkt der Lebensverhältnisse zu machen. Auch das ist nicht zu beanstanden (vgl. Munch-Petersen Das Eherecht Dänemarks in Leske-Loewenfeld a. a. O. S. 744/745). Unerörtert kann bleiben, ob es nach isländischem oder dänischem Recht noch der Feststellung bedurft hätte, daß auch nach deutschem Recht der Wohnsitz des Beklagten in Swinemünde begründet war (Munch-Petersen a. a. O. S. 745), oder ob, wie offenbar Löning (a. a. O. S. 410) annimmt, die Frage der Begründung des Wohnsitzes nur nach deutschem Recht zu beurteilen ist. In jedem Falle ergeben die Feststellungen des Berufungsgerichts, daß der Wohnsitz des Beklagten auch nach deutschem Recht in Swinemünde begründet war.

Ohne Rechtsirrtum hat das Berufungsgericht ferner angenommen, daß die nach der Klagerhebung erfolgte Aufgabe des inländischen Wohnsitzes des Beklagten gemäß § 263 Abs. 2 Nr. 2 ZPO. die einmal begründete Zuständigkeit des Landgerichts Stettin unberührt gelassen habe (gegenüber der von Frankenstein Internationales Privatrecht 3. Bd. S. 515 unten vertretenen abweichenden Ansicht vgl. Stein-Jonas ZPO. § 263 Bem. IV bei N. 46, 47, vor § 606 Bem. II a. E., § 606 Bem. I, 2 Abs. 2 a. E.).

In sachlicher Beziehung sind nach Art. 17 Abs. 1 EG. z. BGB. für die Scheidung der Ehe die Gesetze des Staates maßgebend, dem der Ehemann zur Zeit der Klagerhebung angehört, im vorliegenden Falle also die isländischen Gesetze. Diese erklären aber für die Scheidung isländischer Staatsangehöriger die am Wohnsitze des Beklagten geltenden Gesetze für anwendbar, wie das Berufungsgericht zutreffend ausführt (Eyjolfsson a. a. O. S. 761, Löning a. a. O. S. 410). Sie verweisen also im Sinne des Art. 27 EG. z. BGB. auf die deutschen Gesetze zurück, so daß auf die Scheidung der Ehe der Parteien die §§ 1564 flg. BGB. anzuwenden sind. Das Berufungsgericht weicht hierbei bewußt von dem in WarnRspr. 1928 Nr. 64 abgedruckten Urteil des VII. Zivilsenats vom 24. Februar 1928 ab, das die Scheidung in Deutschland wohnhafter dänischer Staatsangehöriger nach dänischem Recht beurteilt hat, obwohl auch die dänischen Gesetze für die Scheidung die Gesetze des Wohnsitzstaates für maßgebend erklären. Diese Rückverweisung ist in jenem Urteil unbeachtet geblieben. Der diesem Urteil zugrunde liegende Rechtsstandpunkt muß daher aufgegeben werden, wozu der Senat nach Art. 2 des Gesetzes zur Aenderung von Vorschriften des Strafverfahrens und des Gerichtsverfassungsgesetzes vom 28. Juni 1935 (RGBl. I S. 844) in der Lage ist.

Der vorliegende Fall weist nun aber die Besonderheit auf, daß der Beklagte im Laufe des Rechtsstreits seinen Wohnsitz von Deutschland nach Island verlegt hat, so daß sich das für ihn maßgebende Scheidungsstatut geändert hat. Es erhebt sich daher die Frage, ob diese Aenderung im Rechtsstreit zu berücksichtigen ist. Das Berufungsgericht verneint dies, indem es sich dem in JW. 1932 S. 601 Nr. 6 abgedruckten Urteil des Oberlandesgerichts Stuttgart anschließt und ausführt: Der Beklagte sei zur Zeit der Erhebung der Klage der — auch von seinem Heimatrecht anerkannten — Gewalt und danach der deutschen Gerichtsbarkeit unterworfen gewesen. Hierdurch sei eine Prozeßlage begründet und darüber hinaus eine endgültige Festlegung des anzuwendenden Rechts eingetreten, die der Gewaltunterworfene nicht ändern und auch durch Aufgabe seines Wohnsitzes und Verlassen des Reichsgebietes nicht beeinflussen könne, was auch zu erheblichen praktischen Unzuträglichkeiten führen würde. Dies bedeute eine ins sachliche Recht hinauswirkende

Ausstrahlung des zum allgemeinen Rechtsgrundsatz erhobenen, zunächst nur verfahrensrechtlichen Grundsatzes der perpetuatio fori. Wenn in einigen Entscheidungen der Grundsatz vertreten sei, daß in dieser Hinsicht vorliegende Mängel bis zur Urteilsfällung geheilt werden könnten, so bleibe doch hierdurch der Grundsatz unberührt, daß die Klagerhebung den maßgebenden Zeitpunkt bilde. Diese allgemeinen Rechtssätze fänden eine gewisse Bestätigung in den Art. 16 flg. EG. z. BGB., wonach die Zeit der Klagerhebung für das anzuwendende Recht maßgebend sei, und in dem — hier nicht wirksamen — Haager Ehescheidungsabkommen, das in Art. 5 trotz Verlegung des Wohnsitzes nach dem Eintritt des Scheidungsgrundes das Gericht des letzten gemeinsamen Wohnsitzes als weiter zuständig erkläre. Unmittelbare Bedeutung könne diesen Rechtssätzen freilich zunächst nicht beigemessen werden, weil in erster Reihe auch insoweit das isländische Recht maßgebend sei. Da dieses aber — soweit feststellbar — hierüber keine besondere Bestimmung treffe, müsse auf diese allgemeinen Rechtssätze des europäischen Kulturkreises zurückgegriffen werden. Diese aber legten der Veränderung des Wohnsitzes nach Erhebung der Klage keine Bedeutung bei. Danach sei also die Entscheidung allein nach dem deutschen Recht zu behandeln.

Wenn das Oberlandesgericht Stuttgart in dem angeführten Urteil den Grundsatz aufstellt, daß die sogenannte perpetuatio fori auch zur Folge habe, daß das deutsche sachliche Recht weiterhin anwendbar bleibe, so kann dies nicht als richtig anerkannt werden. Die Vorschrift des § 263 Abs. 2 Nr. 2 ZPO. ist rein verfahrensrechtlicher Art und stellt sich als eine Ausnahme von der Regel dar, daß Grundlage der Entscheidung der beim Schlusse der mündlichen Verhandlung vorliegende Prozeßstoff ist und daß daher alle während des Rechtsstreits eintretenden Veränderungen im Urteil zu berücksichtigen sind (Stein-Jonas ZPO. § 300 Bem. III 1, § 263 Bem. IV). Auch in dem vom Berufungsgericht angeführten, in JW. 1926 S. 375 Nr. 7 abgedruckten Urteil des erkennenden Senats ist ausgeführt, daß für die Entscheidung des Rechtsstreits sowohl in sachlich-rechtlicher Beziehung als auch hinsichtlich der Prozeßvoraussetzungen der Zeitpunkt der letzten mündlichen Verhandlung maßgebend ist (S. 376 linke Spalte unten). Der Entscheidung RGZ. Bd. 136 S. 361, auf die das Berufungsgericht noch verweist, kann für den vorliegenden Fall nichts entnommen werden, weil nicht ersichtlich ist, daß in jenem Falle die Parteien oder eine von ihnen nach der Klagerhebung ihren Wohnsitz aus Deutschland ins Ausland verlegt hätten.

Die fortdauernde Geltung des deutschen sachlichen Rechts läßt sich daher nicht lediglich, wie das Oberlandesgericht Stuttgart dies getan hat, mit dem sich aus § 263 Abs. 2 Nr. 2 ZPO. ergebenden Grundsatz der perpetuatio fori begründen. Das Berufungsgericht hat aber seine Entscheidung auch nicht in dieser Weise begründet. Vielmehr hat es seine Ansicht, daß der nach Erhebung der Klage erfolgten Aenderung des Wohnsitzes des Beklagten keine Bedeutung beizumessen sei, aus allgemeinen Grundsätzen des zwischenstaatlichen Rechts hergeleitet. Darin ist ihm beizutreten. An sich wären, wovon auch das Berufungsgericht ausgeht, für die Frage, ob der nach der Klagerhebung erfolgte Wechsel des Wohnsitzes des Beklagten im Rechtsstreit in der Weise zu beachten ist, daß der Scheidungsanspruch nunmehr nach isländischem Recht zu beurteilen ist, in erster Reihe die isländischen Gesetze maßgebend (Frankenstein a. a. O. S. 436, 439). Diese enthalten aber hierüber nach der zutreffenden Feststellung des Berufungsgerichts keine besonderen Bestimmungen. Auch im dänischen und norwegischen Recht, das mit Rücksicht auf die nahe Verwandtschaft mit dem isländischen Recht zur Ergänzung herangezogen werden kann (Eyjolfsson a. a. O. S. 761), lassen sich keine diese Frage regelnden Bestimmungen feststellen. Mit Recht weist nun das Berufungsgericht darauf hin, daß es zu erheblichen Unzuträglichkeiten führen würde, wenn einer erst nach der Klagerhebung eintretenden Aenderung des Wohnsitzes des Beklagten die Bedeutung beigemessen würde, daß damit auch eine Aenderung des bei Beginn des Rechtsstreits maßgebenden Scheidungsstatuts eintritt. Der Beklagte hätte es dann in der Hand, dem klagenden Teile einen Scheidungsanspruch zu entziehen, der bei einem vom Heimatstaat als zuständig anerkannten Gericht bereits rechtshängig gemacht worden ist. Diese Erwägungen haben auch im deutschen zwischenstaatlichen Scheidungsrecht ihren Niederschlag gefunden. Nach Art. 17 Abs. 1 EG. z. BGB. sind für die Scheidung einer Ehe die Gesetze des Staates maßgebend, dem der Ehemann zur Zeit der Erhebung der Klage angehört. Im Schrifttum vertreten allerdings Staudinger-Raape EG. Art. 17 Bem. B III 4a S. 378 und Frankenstein a. a. O. S. 438 die Ansicht, daß mit der Zeit der Erhebung der Klage die Zeit des Prozesses gemeint und daß daher der Zeitpunkt des Urteilserlasses oder der der letzten mündlichen Verhandlung maßgebend sei. Diese Ansicht hat der Senat bereits in dem Urteile vom 19. März 1936 IV 47/35 (RGZ. Bd. 150 S. 374) als mit dem Gesetz unvereinbar abgelehnt. Mag nun unter der „Zeit der Erhebung der Klage" der Zeitpunkt, in dem der Scheidungsgrund im Rechtsstreit geltend gemacht worden ist (Urteil des erk. Senats vom 21. April 1902 IV 301/01 in Gruch. Bd. 46 S. 959), oder mit Habicht Internationales Privatrecht S. 135 und Walker Internationales Privatrecht 5. Aufl. S. 685 der in § 253 ZPO. bezeichnete Akt der Zustellung der Klagschrift zu verstehen sein, in jedem Falle bleibt ein Wechsel des Scheidungsstatuts des Ehemannes, der nach dem als maßgebend anzusehenden Zeitpunkt erfolgt, im Rechtsstreit unberücksichtigt.

Es liegt nichts dafür vor, daß das isländische Recht sich diesen aus der Natur der Sache folgenden Erwägungen verschließen will. Beim Fehlen ausdrücklicher Bestimmungen ist vielmehr anzunehmen, daß es auch im Sinn des isländischen Rechts liegt, wenn trotz einer im Laufe des Rechtsstreits eintretenden Aenderung des Wohnsitzes des Beklagten das bei Beginn des Rechtsstreits maßgebende Scheidungsstatut weiterhin als maßgeblich angesehen wird, und zwar selbst dann, wenn, wie hier, der Beklagte seinen Wohnsitz wieder nach Island selbst verlegt hat.

RGZ. 151, 313

1. Zur Frage der Rechtsgültigkeit der österreichischen Dispensehen.

2. Nach welchem Recht ist im Falle der Eheschließung eines Deutschen mit einer Ausländerin die Frage zu beurteilen, ob die frühere Ehe der ausländischen Verlobten wirksam gelöst ist?

BGB. §§ 1309, 1326. EG. z. BGB. Art. 13, 30.

IV. Zivilsenat. Urt. v. 8 Juni 1936.

I. Landgericht Traunstein. II. Oberlandesgericht München.

Die Parteien haben am 10. Juni 1925 vor dem für die Vornahme von Ziviltrauungen zuständigen Amtsabteilungsleiter des Stadtmagistrats Salzburg die Ehe geschlossen. Der Kläger ist Reichsdeutscher. Die Beklagte war bis zu ihrer Verheiratung mit dem Kläger österreichische Staatsangehörige und ist römisch-katholischen Bekenntnisses. Sie war in erster Ehe mit dem noch am Leben befindlichen v. K. verheiratet, und zwar war sie mit ihm am 20. April 1892 in Olmütz nach römisch-katholischem Ritus getraut worden. Infolge einverständlich gestellten Ansuchens der Ehegatten ist ihnen durch Erkenntnis des österreichischen Bezirksgerichts Urfahr vom 19. April 1922 die Scheidung von Tisch und Bett bewilligt worden. Zu einer Wiederaufnahme der ehelichen Gemeinschaft ist es nicht gekommen. Zur Verehelichung mit dem Kläger ist der Beklagten durch die österreichische Verwaltungsbehörde Dispens vom Ehehindernis des Ehebandes erteilt worden.

Mit der Klage hat der Kläger beantragt, die Ehe der Parteien für nichtig zu erklären, weil sie als sogenannte Dispensehe wegen des Fortbestehens der früheren Ehe der Beklagten nach § 1326 BGB. von Anfang an ungültig gewesen sei. Das Landgericht hat die Ehe für nichtig erklärt. Die Berufung der Beklagten blieb erfolglos. Auch ihre Revision wurde zurückgewiesen aus folgenden

Gründen:

Nach Art. 13 Abs. 1 Satz 1 EG. z. BGB. wird die Eingehung einer Ehe, sofern auch nur einer der Verlobten ein Deutscher ist, in Ansehung eines jeden der Verlobten nach den Gesetzen des Staates beurteilt, dem er angehört, und zwar, wie sich aus Satz 2 a. a. O. ergibt, auch dann, wenn die Ehe im Ausland geschlossen wird. Danach gilt deutsches Recht für den Kläger, der im Zeitpunkt der Eingehung der Ehe Deutscher war und noch ist, und österreichisches Recht für die Beklagte, die bis zur Eheschließung mit dem Kläger Oesterreicherin war. Zu den gesetzlichen Bestimmungen, die Art. 13 EG. z. BGB. im Auge hat, gehören auch die Nichtigkeits- und Anfechtungsgründe, wie sie das deutsche Bürgerliche Gesetzbuch im 3. Titel des 1. Abschnittes des 4. Buches behandelt (RGZ. Bd. 136 S. 142 143). Sowohl nach deutschem Recht (§§ 1309, 1326 BGB.) wie nach österreichischem Recht (§ 62 a. BGB.) ist die Ehe nichtig, wenn auch nur einer der Verlobten in einer noch nicht aufgelösten oder noch nicht für nichtig erklärten Ehe verheiratet ist.

Ob das Band der früheren Ehe der Beklagten in dem Zeitpunkt, als sie die Ehe mit dem Kläger schloß, noch bestand oder nicht, kann, wie das Berufungsgericht mit Recht angenommen hat, nur nach den am 10. Juni 1925 in Geltung gewesenen österreichischen Gesetzen beurteilt werden. Beide Ehegatten waren österreichische Staatsangehörige, deren Ehe durch das Erkenntnis eines österreichischen Gerichts von Tisch und Bett geschieden worden ist. In Frage steht hier, welche Wirkungen dieses Erkenntnis sowie die Erteilung des Dispenses vom Ehehindernis des Ehebandes für den Fortbestand des Ehebandes hatte. Der in der Entscheidung des VII. Zivilsenats RGZ. Bd. 136 S. 142 behandelte Fall lag insofern völlig anders, als dort an b e i d e n in Betracht kommenden Ehen ein Ehemann beteiligt war, der die deutsche Reichsangehörigkeit besaß, so daß für ihn sowohl das Eheschließungs- wie auch das Ehescheidungsstatut dasselbe, nämlich das deutsche, war. Ob der der genannten Entscheidung (S. 146 Abs. 2) zugrunde liegenden Ansicht, daß im Falle der Eheschließung eines Deutschen auch für die Frage, ob die frühere Ehe eines der Verlobten wirksam gelöst ist, Art. 13 Abs. 1 Satz 1 EG. z. BGB. maßgebend sei (s. dagegen R a a p e JW. 1932 S. 2274 Anm. zu Nr. 2 unter 3 und 4), beigetreten werden könnte, braucht daher nicht weiter erörtert zu werden.

Was die Wirkungen einer „Scheidung von Tisch und Bett" im Sinne des § 103 des österreichischen a. BGB. anlangt, so setzt sich das Berufungsgericht mit der im neueren österreichischen Schrifttum von L e n h o f f (u. a. im K l a n g schen Komm. zum allgemeinen Bürgerlichen Gesetzbuch Bem. VI B 2 vor § 93, Bem. V zu § 62) vertretenen Auffassung auseinander, daß nicht nur in der gänzlichen Trennung nach § 115 a. BGB., sondern auch schon in der Scheidung von Tisch und Bett eine Lösung des Ehebandes, eine vollständige Aufhebung der familienrechtlichen Wirkungen der Ehe zu erblicken sei, und daß der Unterschied der Scheidung von Tisch und Bett gegenüber der gänzlichen Trennung nach § 115 nur darin bestehe, daß den von Tisch und Bett geschiedenen Ehegatten die Möglichkeit der Wiedervereinigung (§ 110) vorbehalten bleibe und ihnen demgemäß die Eingehung einer neuen Ehe verboten sei — ein Verbot, das lediglich ein Ehehindernis begründen solle, von dem jederzeit rechtswirksam dispensiert werden könne. Das Berufungsgericht lehnt diese in der österreichischen Rechtsprechung nicht durchgedrungene Rechtsauffassung ab, schließt sich vielmehr der in der Rechtsprechung der österreichischen Gerichte herrschenden Anschauung an, daß die Scheidung von Tisch und Bett den Fortbestand der Ehe dem Bande nach nicht angreife, sondern nur die Befreiung der Ehegatten von einer Anzahl Ehepflichten mit sich bringe. Die sich hieraus ergebende Rechtslage bedeute, daß eine von Katholiken eingegangene Ehe rechtlich nach wie vor von der Bestimmung des § 111 a. BGB. beherrscht werde, nach der das Band einer gültigen Ehe zwischen katholischen Personen nur durch den Tod des einen Ehegatten getrennt werden könne. An der Unlöslichkeit der Ehe eines Katholiken vermöge auch der in der Nachkriegszeit in einer großen Zahl von Fällen erteilte Dispens vom Ehehindernis des bestehenden Ehebandes nichts zu ändern, wie im Schrifttum und in der Rechtsprechung Oesterreichs im Einklang mit den Gutachten des Obersten Gerichtshofs vom 5. Juli 1921 und 3. April 1928 überwiegend angenommen werde. Diese Auffassung habe sich um so mehr gefestigt, seitdem auch der österreichische Verfassungsgerichtshof durch sein Erkenntnis vom 7. Juli 1930 (JW. 1931 S. 684 Nr. 1) unter Aufgabe seines früheren Standpunktes die von einem österreichischen Gericht ausgesprochene Ungültigerklärung einer Dispensehe als in Rechtskraft erwachsend anerkannt habe.

Das Berufungsgericht stellt hiernach fest, daß nach österreichischem Recht weder die Scheidung von Tisch und Bett noch der Dispens den Fortbestand der Ehe eines Katholiken dem Bande nach berühre. Es pflichtet auch der — von den österreichischen Gerichten offenbar allgemein vertretenen — Rechtsauffassung bei, daß Abschnitt V Art. 66 des III.Teils des Vertrags von St. Germain (der von der rechtlichen Gleichstellung aller österreichischen Staatsangehörigen ohne Unterschied der . . . Religion . . . spreche) lediglich eine allgemeine Forderung für die künftige Gesetzgebung Oesterreichs aufstelle, nicht aber unmittelbar innerstaatliches Recht schaffe. Das Berufungsgericht gelangt mithin zu dem Ergebnis, daß die Ehe der Beklagten mit v. K. zur Zeit der Eheschließung der Parteien dem Bande nach zu Recht bestanden habe. Wie der Zusammenhang seiner Ausführungen ergibt, lehnt es auch die Auffassung ab, daß die auf Grund des Dispens erfolgte Schließung einer neuen Ehe das Band der früheren Ehe gelöst habe*).

*) Vgl. §§ 114 ff. Ges. v. 6. 7. 38 (RGBl. I. S. 807).

Alle diese Ausführungen haben die Auslegung des österreichischen, also nicht revisiblen Rechts, zum Gegenstande. Die Feststellungen des Berufungsgerichts über den Inhalt dieses Rechts sind für das Revisionsgericht bindend. Mit dem Vorbringen, daß das Ehehindernis einer bestehenden Ehe, wenn der Dispens einmal erteilt worden sei, aus der Welt geschafft sei, kann die Revision daher nicht gehört werden. Wenn sie weiter ausführt, daß der deutsche Richter die Frage der Wirkung des Dispenses selbständig und unabhängig von der schwankenden, *offensichtlich* von politischen und religiösen Beweggründen durchsetzten Auffassung der ausländischen Gerichte zu prüfen habe, so trifft das an sich zu. Diese Prüfung hat aber das Berufungsgericht auch vorgenommen. Als rechtserheblich bezeichnet die Revision noch die Behauptung, daß auch nach österreichischem Recht dem nicht schuldlosen Teil das Recht zur Nichtigkeitsklage versagt und dieser Fall hier gegeben sei. Für die Berechtigung des Klägers zur Erhebung der Nichtigkeitsklage sind jedoch lediglich die deutschen Gesetze maßgebend, nach denen die Schuldlosigkeit des klagenden Ehegatten keine Voraussetzung für die Zulässigkeit der Nichtigkeitsklage ist (ebensowenig übrigens nach österreichischem Recht für die Klage auf Ungültigerklärung der Ehe wegen Ehehindernissen des öffentlichen Rechts, zu denen das Ehehindernis des bestehenden Ehebandes gehört, vgl. § 94 a. BGB. und dazu L e n h o f f bei K l a n g a. a. O. Bem. IV a zu § 94).

Unrichtig ist die von der Revision noch zum Ausdruck gebrachte Ansicht, daß § 1326 BGB. für den deutschen Ehegatten dann von vornherein nicht in Frage komme, wenn nicht er, sondern der andere Verlobte mit einem Dritten in einer gültigen Ehe lebt. Dabei übersieht die Revision, daß § 1326 BGB. ein sogenanntes Doppelverbot aufstellt, das sich in gleicher Weise gegen beide Verlobte richtet (RGZ. Bd. 136 S. 144/145; S t a u d i n g e r - R a a p e EG. z. BGB. Art. 13 Bem. A II 3 a S. 235 oben). Einem Deutschen ist daher die Eingehung der Ehe mit einem ausländischen Verlobten auch dann verboten, wenn nicht er selbst, sondern der andere Verlobte mit einem Dritten in gültiger Ehe lebt. Die diesem Verbot zuwider von einem Deutschen eingegangene Ehe ist nach deutschem Recht unter allen Umständen nichtig, selbst wenn das für den anderen Verlobten maßgebende Recht ein gleichartiges Eheverbot nicht enthalten sollte.

Das Berufungsgericht hat schließlich zutreffend noch ausgeführt, daß gegen die Anwendung des in § 111 des österreichischen a. BGB. ausgesprochenen Grundsatzes der Unauflöslichkeit der sogenannten Katholikenehen aus Art. 30 EG. z. BGB. keine Bedenken hergeleitet werden können. Es genügt, in dieser Hinsicht auf die in RGZ. Bd. 150 S. 61 (64) abgedruckte Entscheidung des erkennenden Senats zu verweisen.

RGZ. 156, 106

1. Auf welchem Wege ist im Deutschen Reich die Scheidung der Ehe eines früheren österreichischen Staatsangehörigen herbeizuführen, wenn die Eheleute bereits von einem österreichischen Gericht von Tisch und Bett geschieden worden sind, bevor der Kläger die deutsche Reichsangehörigkeit erworben hatte?

2. Ist durch die von dem österreichischen Gericht ausgesprochene Scheidung von Tisch und Bett der Anspruch auf Scheidung nach deutschem Recht verbraucht?

3. Steht es der Berücksichtigung eines Trennungsgrundes nach Art. 17 Abs. 2 EG. z. BGB. entgegen, daß zur Zeit seines Eintritts die Eheleute in Oesterreich bereits von Tisch und Bett geschieden waren?

4. Kann das Berufungsgericht ohne Berufung oder Anschlußberufung des Klägers den Ausspruch der Scheidung auf einen anderen als den vom Landgericht der Scheidung zugrunde gelegten Ehebruch stützen?

BGB. §§ 1565, 1575, 1576. EG. z. BGB. Art. 17. ZPO. § 536.

IV. Zivilsenat. Urt. v. 4. November 1937.

I. Landgericht München II. II. Oberlandesgericht daselbst.

Die Parteien haben als österreichische Staatsangehörige römisch-katholischen Bekenntnisses am 17. April 1927 in Linz a. D. nach römisch-katholischem Ritus die Ehe geschlossen. Durch Beschluß des Bezirksgerichts Linz vom 24. August 1932 wurden sie auf Ansuchen beider Parteien von Tisch und Bett geschieden. Im Oktober 1932 vereinigten sich die Parteien wieder und zeigten dies dem zuständigen Gericht an. Am 2. Dezember 1932 zog der Kläger wieder von der Beklagten fort. Der letzte eheliche Verkehr fand während der Dauer der Wiedervereinigung statt.

Am 30. Januar 1933 erhob der Kläger beim Landesgericht Linz die Ehescheidungsklage gegen die Beklagte. Die Klage war auf liebloses Verhalten, grobe Vernachlässigung der häuslichen Pflichten und eheliche Untreue gestützt. Die Beklagte erhob Widerklage auf Scheidung, die sie mit schweren Kränkungen, tätlichen Mißhandlungen und Ehebruch des Klägers mit M. St. begründete. Im Verhandlungstermin machte der Kläger noch Ehebruch der Beklagten mit H. F. und zwei weiteren Männern geltend. Der Rechtsstreit wurde am 1. Juli 1933 durch einen gerichtlichen Vergleich beendigt, wonach die Parteien beantragten, ihnen die Scheidung von Tisch und Bett zu bewilligen, und sich über ihre bewegliche Habe sowie über den vom Kläger der Beklagten zu zahlenden Unterhalt einigten. Durch Beschluß des Landesgerichts Linz vom 7. Juli 1933 wurde ihnen auf ihr im beiderseitigen Einverständnis gestelltes Ansuchen die Scheidung von Tisch und Bett bewilligt. Der Kläger verzog im Frühjahr 1934 nach Deutschland und trat im September 1934 zum evangelischen Bekenntnis über. Durch Einbürgerungsurkunde vom 27. September 1935 erlangte er die deutsche Reichsangehörigkeit. Auf die Beklagte erstreckte sich die Einbürgerung nicht.

Mit der vorliegenden, der Beklagten am 28. Februar 1936 zugestellten Klage beantragt der Kläger die Scheidung der Ehe. Er behauptet, daß die Beklagte mit B. F. in einem ehebrecherischen Verhältnis lebe und daß sie auch mit H. F. und zwei weiteren Männern in den Jahren 1933/34 die Ehe gebrochen habe. Die Beklagte hat um Klagabweisung gebeten und Widerklage erhoben mit dem Antrage, die Ehe aus Alleinschuld des Klägers zu scheiden. Sie gibt zu, im Jahre 1932 während der Dauer der ersten Scheidung von Tisch und Bett einmal mit H. F. geschlechtlich verkehrt zu haben, wendet aber ein, daß dieser Ehebruch durch die nachfolgende Wiederaufnahme der ehelichen Gemeinschaft verziehen sei. Die übrigen Klagbehauptungen bestreitet sie. Die Widerklage stützt sie darauf, daß der Kläger seit vielen Jahren bis heute ein ehebrecherisches Verhältnis mit M. St. unterhalte, die er nach Deutschland habe folgen lassen. Der Kläger beantragt, die Widerklage abzuweisen. Er gibt zu, mit M. St. während seines Aufenthalts in Oesterreich in der Zeit nach der kurzen Wiedervereinigung mit der Beklagten Geschlechtsverkehr gehabt zu haben, bestreitet aber, seit der Zeit seiner Uebersiedlung nach Deutschland mit ihr geschlechtlich verkehrt zu haben.

Das Landgericht hat die Ehe der Parteien auf Klage und Widerklage aus beiderseitigem Verschulden geschieden. Gegen dieses Urteil hat die Beklagte insoweit Berufung eingelegt, als die Scheidung auch auf die Klage ausgesprochen und sie für mitschuldig erklärt worden ist. Der Kläger hat beantragt, die Berufung zurückzuweisen. Das Oberlandesgericht hat dahin erkannt, daß die Ehe auf die Widerklage aus Alleinschuld des Klägers geschieden und die Klage abgewiesen werde. Die Revision des Klägers führte zur Aufhebung und Zurückverweisung.

Gründe:

Das Landgericht hat die Ehe der Parteien auf die Klage wegen des im Jahre 1932 während der Dauer der ersten Scheidung von Tisch und Bett begangenen Ehebruchs der Beklagten mit H. F. und auf die Widerklage wegen des vom Kläger vor seiner Uebersiedlung nach Deutschland begangenen Ehebruchs mit M. St. sowie wegen des ehewidrigen Verhaltens geschieden, das es darin erblickt hat, daß der Kläger nach seiner Uebersiedlung nach Deutschland M. St. hat nachkommen lassen und mit ihr in R. zusammenlebt. Da gegen dieses Urteil nur die Beklagte, nicht auch der Kläger Berufung eingelegt hat, handelt es sich jetzt nur noch darum, ob auch das Scheidungsbegehren des Klägers begründet und daher auch die Beklagte für schuldig an der Scheidung zu erklären ist.

In verfahrensrechtlicher Beziehung bedarf es mit Rücksicht darauf, daß von einem österreichischen Gericht bereits die Scheidung der Parteien von Tisch und Bett ausgesprochen worden ist, zunächst der Erörterung der Frage, auf welchem Wege im Deutschen Reich die Lösung der Ehe dem Bande nach, also die Scheidung im Sinne des deutschen Rechts, herbeizuführen ist. Das Berufungsgericht geht davon aus, daß sie auf dem Wege der Scheidungsklage zu erfolgen habe. Darin ist ihm beizutreten. Abzulehnen ist aus den von Raape bei Staudinger Bem. C IV, 2 a β letzter Absatz zu Art. 17 EG. z. BGB. (S. 386) angeführten Gründen die Ansicht, daß durch den Staatswechsel des Mannes aus der Scheidung von Tisch und Bett ohne weiteres eine Scheidung dem Bande nach werde. Im übrigen neigt Raape dazu, den Weg einer Umwandlungsklage entsprechend der des § 1576 BGB. auf der Grundlage des ausländischen Urteils für gangbar zu halten. Hierin kann ihm nicht gefolgt werden. Die Umwandlungsklage nach § 1576 BGB. hat das von einem deutschen Gericht gemäß § 1575 das. erlassene Urteil auf Aufhebung der ehelichen Gemeinschaft zur Grundlage. Zulässig ist ihr gegenüber nur der Einwand, daß die eheliche Gemeinschaft wiederhergestellt worden sei. Die von einem österreichischen Gericht ausgesprochene Scheidung von Tisch und Bett ist, wie bereits in der Entscheidung RGZ. Bd. 48 S. 144 (148) ausgeführt worden ist, etwas ganz anderes als die Aufhebung der ehelichen Gemeinschaft im Sinne des § 1575 BGB. Während diese eine aufschiebend bedingte, nur noch von dem Willen eines der Ehegatten abhängige Scheidung der Ehe dem Bande nach ist, hat die Scheidung von Tisch und Bett im Sinne des österreichischen Rechts nach der in der Rechtsprechung der österreichischen Gerichte herrschenden, auch vom Berufungsgericht geteilten Auffassung keinerlei Einfluß auf den Bestand des Ehebandes. Die nach österreichischem Recht erfolgte Scheidung von Tisch und Bett ist daher keine geeignete Grundlage für eine Umwandlungsklage im Sinne des § 1576 BGB., am wenigsten dann, wenn sie, wie hier, auf beiderseitiges Ansuchen erfolgt ist. Es bleibt daher nur der Weg der Scheidungsklage*).

In sachlicher Beziehung sind nach Art. 17 Abs. 1 EG. z. BGB. für die Scheidung die deutschen Gesetze maßgebend, da der Kläger zur Zeit der Klagerhebung die deutsche Reichsangehörigkeit besaß. Jedoch kann nach Art. 17 Abs. 2 eine Tatsache, die sich zu einer Zeit ereignet hat, als der Kläger noch österreichischer Staatsangehöriger

*) Vgl. §§ 114 ff. Ges. v. 6. 7. 38 (RGBl. I, S. 807).

war, als Scheidungsgrund nur geltend gemacht werden, wenn sie auch nach den österreichischen Gesetzen ein Scheidungsgrund oder ein Trennungsgrund (Scheidungsgrund im Sinne des österreichischen Sprachgebrauchs) ist. Hierfür genügt es nicht, wie das Berufungsgericht zutreffend ausführt, daß die Tatsache nach den österreichischen Gesetzen im allgemeinen als Scheidungs- oder Trennungsgrund anerkannt ist, sondern es ist notwendig, daß sie als solche unter den im einzelnen Falle gegebenen Umständen im Zeitpunkt des Staatsangehörigkeitswechsels noch wirksam war (RG. in WarnRspr. 1919 Nr. 178 = Recht 1919 Nr. 2141; Planck 3. Aufl. Bem. 3bβ zu Art. 17 EG., S. 67/68; Walker Internationales Privatrecht 4. Aufl., S. 609/610; Habicht Internationales Privatrecht S. 137; vgl. ferner die zu der gleichartigen Vorschrift in Art. 201 Abs. 2 EG. z. BGB. ergangenen Entscheidungen RGZ. Bd. 46 S. 90, Bd. 47 S. 4; JW. 1901 S. 492, 1904 S. 52). Dabei ist an Fälle gedacht, in denen die Tatsache nach ausländischem (oder früherem) Recht, z. B. infolge Verzichts, Verzeihung, Aufrechnung oder Zeitablaufs, ihre Wirksamkeit als Scheidungs- oder Trennungsgrund verloren hatte. Dagegen vermag die angeführte Rechtsprechung nicht als Stütze für die Ansicht des Berufungsgerichts zu dienen, daß der Scheidungsanspruch nach deutschem Recht durch die vom Landesgericht Linz am 7. Juli 1933 ausgesprochene Scheidung von Tisch und Bett erschöpft und verbraucht sei. Hierbei verkennt das Berufungsgericht, daß sich die Scheidung nach deutschem Recht von der österreichischen Scheidung von Tisch und Bett grundlegend dadurch unterscheidet, daß sie die Ehe dem Bande nach auflöst, während die österreichische Scheidung von Tisch und Bett nach der, wie bereits erwähnt, in der Rechtsprechung der österreichischen Gerichte herrschenden, auch vom Berufungsgericht geteilten Auffassung nur die Befreiung der Ehegatten von einer Anzahl Ehepflichten mit sich bringt, den Bestand der Ehe aber nicht angreift (vgl. RGZ. Bd. 151 S. 315. Wenn das Berufungsgericht sich für seine Ansicht auf Lenhoff (bei Klang, Komm. zum Allgemeinen bürgerlichen Gesetzbuch Bem. I 2 zu § 103 S. 680) und Schey-Hermann (Allgemeines bürgerliches Gesetzbuch 23. Aufl. Bem. 13 zu § 107 S. 72) bezieht, so hat es diese Schriftsteller mißverstanden. Sie verneinen lediglich, daß nach rechtskräftiger Erklärung der Scheidung (von Tisch und Bett) auf Grund Einverständnisses später auf Scheidung aus Verschulden geklagt werden könne, sowie umgekehrt. Dies beruht auf der selbstverständlichen Erwägung, daß bereits rechtskräftig von Tisch und Bett geschiedene Eheleute nicht noch einmal geschieden werden können. Dagegen wird von Lenhoff (a. a. O. Bem. VI E 3b, S. 622/623) hervorgehoben, daß dort, wo eine gänzliche Trennung (Scheidung im Sinne des deutschen Rechts) zulässig ist, nach der Scheidung auch die Trennung verlangt werden könne, weil es sich mit Rücksicht auf die Verschiedenheit der Nachwirkungen nicht um den gleichen Anspruch handle. Ebenso liegt es nach deutschem Recht. Die Wirkungen einer Scheidung nach deutschem Recht gehen, wie bereits ausgeführt, über die Wirkungen einer Scheidung von Tisch und Bett nach österreichischem Recht hinaus. Daher kann, wovon auch das oben angeführte, einen ähnlichen Fall betreffende Urteil WarnRspr. 1919 Nr. 178 ausgeht, der Scheidungsanspruch nach den §§ 1564 flg. des deutschen Bürgerlichen Gesetzbuchs nicht als durch die von einem österreichischen Gericht ausgesprochene Scheidung von Tisch und Bett verbraucht angesehen werden. Wenn R a a p e a. a. O. (S. 385) dies für den Fall nicht gelten lassen will, daß die Scheidung von Tisch und Bett auf Grund gegenseitigen Einvernehmens ausgesprochen worden ist, so entbehrt diese Ansicht, wie schon das Landgericht hervorgehoben hat, einer überzeugenden Begründung.

Es ist hiernach rechtsirrig, wenn das Berufungsgericht die Klage abgewiesen hat, weil der Scheidungsanspruch des Klägers durch die vom Landesgericht Linz am 7. Juli 1933 auf beiderseitiges Ansuchen ausgesprochene Scheidung von Tisch und Bett verbraucht sei.

Die Beklagte hat das Vorliegen der Voraussetzungen des Art. 17 Abs. 2 EG. z. BGB. noch aus dem Grunde in Zweifel gezogen, weil der Ehebruch mit H. F. in der Zeit der e r s t e n , vom Bezirksgericht Linz am 24. August 1932 ausgesprochenen Scheidung von Tisch und Bett geschehen sei. Sie hat die Auffassung vertreten, daß er keinen Scheidungsgrund (Trennungsgrund im Sinne des Art. 17 Abs. 2 EG. z. BGB.) mehr habe bilden können, weil die Parteien damals bereits von Tisch und Bett geschieden gewesen seien. Das Berufungsgericht erörtert diese Frage im Zusammenhang mit seiner Stellungnahme zu der Behauptung des Klägers, daß die Beklagte in der Zeit nach der z w e i t e n Scheidung von Tisch und Bett mit B. F. die Ehe gebrochen habe. Es entscheidet die Frage zwar nicht abschließend, neigt aber ersichtlich dazu, der Auffassung der Beklagten zu folgen. Diese Auffassung kann nicht als zutreffend angesehen werden. Nach Art. 17 Abs. 2 EG. z. BGB. ist es erforderlich, aber auch genügend, daß ein Tatbestand vorliegt, der nach den Gesetzen des früheren Heimatstaates des Mannes nicht nur im allgemeinen, sondern auch unter den im einzelnen Falle gegebenen Umständen ein Trennungsgrund (oder ein Scheidungsgrund) ist. Ist dies der Fall, so kann dem Tatbestand die Eigenschaft als Trennungsgrund für die deutsche Scheidungsklage nicht dadurch genommen werden, daß in dem früheren Heimatstaate des Mannes die Trennung von Tisch und Bett ausgesprochen worden ist, ein nochmaliger Ausspruch d i e s e s Inhalts also nicht erfolgen könnte. Die gegenteilige Ansicht würde wiederum auf die oben abgelehnte Auffassung hinauslaufen, daß der nach deutschem Recht begründete Anspruch auf

Scheidung der Ehe dem Bande nach durch eine im früheren Heimatstaate des Mannes ausgesprochene, das Eheband bestehenlassende Trennung von Tisch und Bett ausgeschlossen würde. Die Vorschrift des Art. 17 Abs. 2 soll verhindern, daß der Mann sich durch einen Wechsel der Staatsangehörigkeit die Möglichkeit einer Scheidung schafft, die er ohne diesen nicht hätte erreichen können. Dieser Zweck des Art. 17 Abs. 2 erfordert es aber nicht, ihm die Scheidung auch dann zu versagen, wenn zwar ein Trennungsgrund nach seinem früheren Heimatrecht vorliegt, er diesen aber in seinem damaligen Heimatstaate lediglich deshalb nicht geltend machen konnte, weil dort die Trennung von Tisch und Bett zur Zeit des Eintritts des Trennungsgrundes bereits ausgesprochen worden war.

Das Berufungsurteil muß mithin aufgehoben werden. Zur Endentscheidung ist die Sache noch nicht reif, da das Berufungsgericht zu dem Einwand der Beklagten, daß ihr Ehebruch mit H. F. vom Kläger verziehen sei, keine Stellung genommen und auch die — vom Landgericht bejahte — Frage, ob nach österreichischem Recht trotz Scheidung von Tisch und Bett die eheliche Treupflicht bestehen bleibt, nicht abschließend entschieden hat. Die Sache muß daher zu neuer Verhandlung und Entscheidung an das Berufungsgericht zurückverwiesen werden.

Ohne Grund beanstandet die Revision noch die Ansicht des Berufungsgerichts, daß es nicht in der Lage sei, auf die Behauptung des Klägers, die Beklagte habe auch mit B. F. die Ehe gebrochen, einzugehen, weil das Landgericht diesen Ehebruch nicht als erwiesen angesehen und die Scheidung daher nicht auf ihn gestützt, der Kläger aber das Urteil des Landgerichts nicht seinerseits mit Berufung oder Anschlußberufung angefochten habe. Es entspricht der neueren Rechtsprechung des Reichsgerichts, daß das Berufungsgericht ohne Berufung oder Anschlußberufung des Klägers nicht in der Lage ist, den Ausspruch der Scheidung auf einen weiteren Ehebruch zu gründen, wenn das Landgericht nur wegen eines anderen Ehebruchs geschieden hatte (WarnRspr. 1932 Nr. 111). Unzutreffend ist die Ansicht der Revision, daß der Kläger nicht in der Lage gewesen sei, Berufung einzulegen, weil er im ersten Rechtszug obgesiegt habe. Der Scheidungskläger ist beschwert, wenn die Scheidung nicht wegen aller von ihm als gleichwertige Scheidungsgründe geltend gemachten Ehebrüche ausgesprochen ist (WarnRspr. 1936 Nr. 158).

RGZ. 157, 257

Kann die Eingehung einer nicht registrierten (sog. faktischen) Ehe im Sinne der Art. 3, 11, 12, 16 des sowjetrussischen Gesetzbuchs, betr. Ehe, Familie und Vormundschaft, vom 19. November 1926 eine auch nach deutschem Recht wirksame Eheschließung darstellen?

EG. z. BGB. Art. 11, 30.

IV. Zivilsenat. Urt. v. 7. April 1938.

I. Landgericht Berlin. II. Kammergericht daselbst.

Die Parteien, des Lesens und Schreibens unkundige Zigeuner, sind im Jahre 1930 als deutsche Reichsangehörige aus der Sowjetunion ausgewiesen und im Flüchtlingslager Schn. aufgenommen worden. Dort sind sie am 2. Oktober 1930 nach römisch-katholischem Ritus kirchlich getraut worden. Seit 1935 leben sie getrennt. Von 1919 ab hatten sie in Rußland, als Musiker und vielleicht auch als Pferdehändler von Ort zu Ort wandernd, zusammengelebt und vier Kinder erzeugt, von denen zwei noch am Leben sind. Der Kläger behauptet, er habe mit der Beklagten im Jahre 1921 vor dem Dorfrat in Krasnokut nach Sowjetrecht die Ehe geschlossen; die Eheschließung sei unter der Nr. 443 im dortigen Personenstandsregister eingetragen. Auch wenn aber eine Registrierung der Ehe nicht nachzuweisen sei, so lägen doch die Voraussetzungen einer faktischen Ehe vor, die nach Sowjetrecht der registrierten Ehe gleichstehe. Die Beklagte habe ihn ohne Grund verlassen. Der Kläger hat daher mit der Klage beantragt, die Beklagte zur Herstellung der häuslichen Gemeinschaft zu verurteilen. Die Beklagte hat um Klagabweisung gebeten und Widerklage erhoben mit dem Antrage, die Ehe aus Alleinschuld des Klägers zu scheiden. In erster Linie bestreitet sie, mit dem Kläger verheiratet zu sein. Sie habe mit ihm lediglich zusammengelebt. Eine Registrierung der Ehe habe niemals stattgefunden. Wenn die kirchliche Trauung in Schn. auf Grund von Urkunden erfolgt sei, so seien diese gefälscht gewesen. Die Widerklage stützt sie auf Ehebrüche des Klägers, Bedrohungen, Mißhandlungen sowie auf Aufforderungen, sich durch unsittlichen Lebenswandel Geld zu verdienen.

Das Landgericht hat Klage und Widerklage abgewiesen, weil das Bestehen einer nach deutschem Recht gültigen Ehe zwischen den Parteien nicht nachgewiesen sei. Der Kläger hat Berufung eingelegt. Er hat im zweiten Rechtsgang in erster Reihe gebeten, die Ehe aus Alleinschuld der Beklagten zu scheiden, und hat dieses Begehren auf ehebrecherische Beziehungen der Beklagten zu einem gewissen H. gestützt. Den Herstellungsantrag hat er als Hilfsantrag aufrechterhalten. Die Beklagte hat sich der Berufung angeschlossen mit dem Antrage, die Ehe auf die Widerklage zu scheiden. Das Kammergericht hat beide Berufungen zurückgewiesen. Die Revision des Klägers führte zur Aufhebung und Zurückverweisung.

Gründe:

Das Berufungsgericht hat die Scheidungsanträge der Parteien sowie den auf Herstellung der häuslichen Gemeinschaft gerichteten Hilfsantrag des Klägers abgewiesen, weil diese Anträge das Bestehen einer Ehe zwischen den Parteien voraussetzten. Eine registrierte Eheschließung sei jedoch nicht nachgewiesen, und eine faktische Sowjetehe sei von den deutschen Anschauungen über eine Ehe so weit entfernt, daß sie nicht als solche anerkannt werden könne. Es trifft zu, daß der Ausspruch der Scheidung sowie die Verurteilung eines Ehegatten zur Herstellung der häuslichen Gemeinschaft das Bestehen einer Ehe zwischen den Parteien zur Voraussetzung haben. Im vorliegenden Falle wendet die Beklagte ein, daß überhaupt keine Eheschließung oder wenigstens keine im Deutschen Reich als solche anzuerkennende Eheschließung zwischen den Parteien stattgefunden habe. Ueber diese Vorfrage muß im gegenwärtigen Rechtsstreit entschieden werden; die Vorschriften der §§ 1329, 1343 Abs. 2 BGB. kommen nicht in Betracht. Daß eine Eheschließung stattgefunden habe, muß derjenige beweisen, der die Scheidung der Ehe oder die Verurteilung der anderen Partei zur Herstellung der häuslichen Gemeinschaft begehrt. Wenn das Berufungsgericht die Behauptung des Klägers, daß die Eheschließung im Jahre 1921 von dem Dorfrat in Krasnokut registriert worden sei, nicht für erwiesen hält, so beruht dies lediglich auf einer Würdigung der vom Kläger hierfür angebotenen Beweise, die sich der Nachprüfung des Revisionsgerichts entzieht und von der Revision auch nicht angegriffen wird.

Es kann sich mithin nur darum handeln, ob zwischen den Parteien ohne Registrierung eine Ehe wirksam dadurch zustande gekommen ist, daß sie tatsächlich in ehelichen Beziehungen gestanden haben (sog. faktische Ehe im Sinne der Art. 3, 11, 12, 16 des in der Russischen Sozialistischen Föderativen Sowjet-Republik — RSFSR. — seit dem 1. Januar 1927 in Geltung befindlichen Gesetzbuchs, betr. Ehe, Familie und Vormundschaft, vom 19. November 1926). Den Ausgangspunkt für die Beurteilung, ob deutsche Reichsangehörige in dieser Weise im Gebiete der RSFSR. rechtswirksam eine Ehe eingehen können, bildet die Vorschrift des Art. 11 Abs. 1 Satz 2 EG. z. BGB., wonach für die Form eines Rechtsgeschäfts die Beobachtung der Gesetze des Ortes genügt, an dem das Rechtsgeschäft vorgenommen wird. In der Rechtsprechung ist anerkannt, daß diese Vorschrift auch für die Eheschließung gilt (RGZ. Bd. 88 S. 191, Bd. 138 S. 216). In der zuletzt angeführten Entscheidung ist weiter ausgeführt, daß die Anwendung eines ausländischen Gesetzes, das für die Eheschließung die Beobachtung erleichterter Formen oder gar formlose Gültigkeit vorsieht, nicht schon aus diesem Grunde gemäß Art. 30 EG. z. BGB. abgelehnt werden kann als mit dem Zweck der deutschen Gesetzgebung über die Form der Eheschließung im Widerspruch stehend. Diese Entscheidung behandelt (ebenso wie die in JW. 1902 S. 361 Nr. 11 abgedruckte) die Frage, ob die völlig formlose Eingehung einer Ehe durch deutsche Reichsangehörige nach common law, wie sie in einigen Staaten von Nordamerika anerkannt ist, auch im Deutschen Reich als eine rechtsgültige Eheschließung angesehen werden kann. Diese Frage ist bejaht worden. Es ist nicht zu verkennen, daß zwischen der common law-Ehe und der faktischen Sowjetehe, was die Art ihrer Eingehung anlangt, eine Uebereinstimmung besteht, die in der Tat als vollkommen bezeichnet werden kann, sofern es richtig ist, daß auch nach common law das einfache Zusammenleben zweier Personen verschiedenen Geschlechts, das längere Zeit hindurch dauert, dieselben Wirkungen wie eine vorschriftsmäßig eingegangene Ehe hat (vgl. Freund in „Rechtsverfolgung im internationalen Verkehr" Bd. IV[1] 2. Aufl. S. 371 und in JW. 1928 S. 879, je mit weiteren Nachweisungen). Die Beurteilung der Frage, ob die von deutschen Reichsangehörigen im Auslande gemäß dem dort geltenden Recht formlos vorgenommene Eheschließung im Deutschen Reich als solche anerkannt werden kann, ist vom vormaligen IX. Zivilsenat in der Entscheidung RGZ. Bd. 138 S. 214 flg. darauf abgestellt worden, ob nach dem in Betracht kommenden ausländischen Recht die ehelichen Rechte und Pflichten oder die Art der Lösung der Ehe erheblich von der deutschen Grundauffassung abweichen oder nicht. Dem hat sich das Berufungsgericht angeschlossen. Nach Ansicht des erkennenden Senats kann es jedoch in dem hier in Rede stehenden Zusammenhang auf die Vorschriften des ausländischen Rechts über den Inhalt der ehelichen Rechte und Pflichten und über die Art der Lösung der Ehe nicht ankommen, weil deutsche Reichsangehörige, die im Ausland die Ehe miteinander schließen, damit eine Ehe im Sinne des deutschen Rechts begründen (Bergmann, 4. Nachtrag zum Internationalen Ehe- und Kindschaftsrecht S. 73; Freund JW. 1931 S. 1335 Anm. zu Nr. 1 unter 2 und das. 1932 S. 3812 Anm. zu Nr. 3 unter 3). Soweit etwa dem angeführten Urteile des IX. Zivilsenats, was diesem Urteil nicht mit völliger Sicherheit entnommen werden kann, eine andere Auffassung zugrunde gelegen haben sollte, könnte sich der erkennende Senat ihr nicht anschließen. Gebunden ist er an sie schon deshalb nicht, weil der IX. Zivilsenat mit dem 1. Dezember 1932 aufgelöst worden ist. Nach Art. 14 EG. z. BGB. werden die persönlichen Rechtsbeziehungen deutscher Ehegatten zueinander nach den deutschen Gesetzen beurteilt, auch wenn die Ehegatten ihren Wohnsitz im Auslande haben. Für die Scheidung der Ehe sind nach Art. 17 Abs. 1 EG. z. BGB. die deutschen Gesetze maßgebend. Gemäß Art. 13 Abs. 1 bestimmen sich nach deutschem Recht auch die Fähigkeit zur Eingehung der Ehe, die Frage, ob der Eingehung Hindernisse im Wege stehen, sowie ihre Anfechtbarkeit wegen Willensmängel. Hinzuweisen ist weiter auf die Vorschriften der Art. 15, 18 und 19 EG. z. BGB. Die Bestimmungen des Sowjetrechts, nach denen in der Sowjetunion die Wirkungen der Ehe auch bei Ausländern nur nach Sowjetrecht behandelt werden und die Scheidung ebenfalls nur nach diesem Recht erfolgt (vgl. Bergmann a. a. O. S. 72), kommen demgegenüber nicht in Betracht. Urteilen sowjetrussischer Gerichte, in denen zum Nachteil einer deutschen Partei von den Vorschriften der Art. 13 Abs. 1, Art. 17, 18 abgewichen ist, wäre die Anerkennung im Deutschen Reiche zu verweigern (§ 328 Abs. 1 Nr. 3 ZPO.). Ebensowenig wären Urteile sowjetrussischer Gerichte anzuerkennen, die einem deutschen Ehegatten den Anspruch auf Herstellung der ehelichen Gemeinschaft versagen (vgl. WarnRspr. 1928 Nr. 13 unter II). Mit diesem Standpunkt des deutschen Rechts sind die Erörterungen des Berufungsgerichts unvereinbar, die davon ausgehen, daß eine von deutschen Reichsangehörigen in der Sowjetunion geschlossene Ehe erst nach dem Grenzübertritt der Ehegatten die gleichen Wirkungen wie eine in Deutschland geschlossene Ehe habe.

Ob im einzelnen Falle der Anwendung der Gesetze des Eheschließungsortes, nach denen die Eingehung der Ehe völlig formlos möglich ist, die Vorschrift des Art. 30 EG. z. BGB. entgegenstehen kann, wie Raape bei Staudinger Bem. C III 1 c zu Art. 13 EG. z. BGB. S. 252 flg. annimmt, braucht nicht näher erörtert zu werden, da besondere Umstände, die im vorliegenden Falle die Anwendung der sowjetrussischen Gesetze über die Formlosigkeit der Eheschließung als gegen die guten Sitten oder gegen den Zweck eines deutschen Gesetzes verstoßend erscheinen ließen, nicht dargetan und auch sonst nicht ersichtlich sind. Die Beklagte hat bei ihrer persönlichen Vernehmung vor dem Berufungsgericht nur erklärt, daß der Kläger, den sie im Jahre 1918 kennengelernt habe, sie in Sibirien ihren Eltern gestohlen habe. Daraus braucht aber noch nicht geschlossen zu werden, daß ihr Zusammenleben mit dem Kläger unfreiwillig gewesen sei, um so weniger, als sie selbst dieses Zusammenleben als eine „wilde Ehe" bezeichnet. Die Beklagte hat auch nicht geltend gemacht, daß sie sich nicht bewußt gewesen sei, durch das Zusammenleben mit dem Kläger eine gültige Ehe einzugehen. Daher kann es auch dahingestellt bleiben, ob beim Fehlen dieser Kenntnis der Eingehung der faktischen Sowjetehe die Anerkennung als Eheschließung ohne weiteres auf Grund des Art. 30 EG. z. BGB. zu versagen ist oder ob es in einem solchen Falle der Anfechtung der Ehe nach § 1332 BGB. bedarf.

Unanwendbar wäre die Vorschrift des Art. 11 Abs. 1 Satz 2 EG. z. BGB. aber von vornherein dann, wenn das ausländische Recht, auf das diese Vorschrift verweist, überhaupt keine Rechtseinrichtung enthielte, die sich nach deutscher Auffassung als eine Ehe bezeichnen ließe. Denn Art. 11 Abs. 1 Satz 2 setzt voraus, daß das ausländische Recht das Rechtsverhältnis oder das Rechtsgeschäft kennt, um dessen Form es sich handelt. Andernfalls bleibt es, ohne daß es der Heranziehung des Art. 30 bedürfte, bei dem Grundsatze des Art. 11 Abs. 1

Satz 1, wonach sich die Form eines Rechtsgeschäfts nach den Gesetzen bestimmt, welche für das den Gegenstand des Rechtsgeschäfts bildende Rechtsverhältnis maßgebend sind (Raape bei Staudinger Bem. B VII 1 a zu Art. 11 EG. z. BGB., S. 181), im vorliegenden Falle also nach den deutschen Gesetzen. In diesem Zusammenhange, den möglicherweise auch der vormalige IX. Zivilsenat im Auge gehabt hat, ist daher die Stellungnahme des Berufungsgerichts von Bedeutung, daß die faktische Sowjetehe nicht als Ehe anerkannt werden könne. Das Berufungsgericht begründet dies in folgender Weise: Der deutschen Auffassung von der Ehe widerstreite es schon, daß sich bei der faktischen Sowjetehe ein bestimmter Zeitpunkt als Beginn der Ehe überhaupt nicht feststellen lasse. Außerdem seien nach Sowjetrecht die Wirkungen der Eheschließung außerordentlich abgeschwächt. So brauche die Ehefrau den Namen des Mannes nicht zu führen. Sie erwerbe nicht seine Staatsangehörigkeit. Die Ehegatten seien einander auch nicht zur ehelichen Gemeinschaft verpflichtet. Die Ehe begründe keinen gemeinschaftlichen Wohnsitz. Ein gemeinschaftlicher Haushalt könne nur im beiderseitigen Einverständnis begründet werden, und dessen Ausgestaltung unterliege der freien Vereinbarung der Ehegatten. Eine Treupflicht bestehe nicht. Die Ehe sei auch jederzeit wieder lösbar. Hinzu komme, daß das Sowjetrecht Ehehindernisse im deutschen Sinne weder bei der registrierten noch bei der nichtregistrierten (faktischen) Ehe kenne; es sehe nur eine Anzahl Registrierungshindernisse vor. Daher sei es möglich, daß eine faktische Ehe auch zwischen Personen bestehe, die noch nicht das Ehealter erreicht hätten; es könne sogar mit rechtlicher Wirkung eine Person, die mit einer anderen eine registrierte Ehe geschlossen habe und noch in dieser lebe, mit einer dritten Person in einer faktischen Ehe leben, obwohl an sich auch die Sowjetgesetzgebung grundsätzlich die Mehrehe verwerfe und bekämpfe.

Soweit das Berufungsgericht hiernach dem Umstande Bedeutung beimißt, daß sich bei der faktischen Sowjetehe der Beginn der Ehe nicht feststellen lasse, kann ihm nicht beigetreten werden. Es handelt sich dabei nur um eine Beweisschwierigkeit, die ebenso wie bei der faktischen Sowjetehe auch bei der common law-Ehe auftreten kann. Für diese hat sich aber bereits der vormalige IX. Zivilsenat in RGZ. Bd. 138 S. 218 auf den Standpunkt gestellt, daß das Wesen der Ehe hierdurch nicht berührt werde. Dem schließt sich der erkennende Senat an. Aber auch die Tatsache, daß nach Sowjetrecht die Ehe jederzeit sowohl auf Grund beiderseitiger Uebereinstimmung der Ehegatten als auch auf den einseitigen Wunsch eines von ihnen aufgelöst werden kann (Art. 18 des Gesetzes vom 19. November 1926), rechtfertigt es nach Ansicht des erkennenden Senats — im Gegensatz zu der vom vormaligen IX. Zivilsenat in dem mehrfach angeführten Urteil S. 217, 219) ersichtlich vertretenen Auffassung — noch nicht der Sowjetehe die Eigenschaft einer Ehe überhaupt abzusprechen. In der Frage der Auflösbarkeit der Ehe weichen die verschiedenen Gesetzgebungen weit voneinander ab. Während manche Rechte in der Ehe eine nur durch den Tod eines der Ehegatten lösbare Lebensgemeinschaft erblicken und daher eine Scheidung dem Bande nach überhaupt nicht zulassen, gewähren andere Rechte weitgehende Erleichterungen für die Lösung des Ehebandes. Auch soweit darin eine von der deutschen durchaus verschiedene Grundauffassung über das Wesen der Ehe zutage tritt (vgl. für das Sowjetrecht Bergmann, Zeitschrift für Standesamtswesen 1925 S. 6), geht es nicht an, einer nach dem Willen der Beteiligten auf die Dauer berechneten Lebensgemeinschaft die Eigenschaft einer Ehe deshalb abzusprechen, weil ihre Lösung nach dem in Betracht kommenden ausländischen Recht gegenüber dem deutschen Recht außerordentlich erleichtert ist (ebenso Bergmann JW. 1932 S. 3806). Dies ist auch der Standpunkt, den der englische Court of Appeal in dem Urteil vom 15. Mai 1930 (Zeitschrift für Ostrecht 1930 S. 654 flg., insbes. S. 661) eingenommen hat (anders die Königlich Ungarische Kurie in der Entscheidung vom 23. Februar 1927, Zeitschrift für Ostrecht 1927 S. 620). Schließlich vermag der Senat im Gegensatz zum Berufungsgericht auch dem Fehlen von Ehehindernissen im Sowjetrecht keine ausschlaggebende Bedeutung für die Beurteilung der Frage beizumessen, ob die Sowjetehe als Ehe angesehen werden kann. Mag auch das Fehlen von Ehehindernissen in einzelnen Fällen zu unerträglichen, übrigens aber nach der Feststellung des Berufungsgerichts von der Sowjetgesetzgebung selbst nicht gebilligten Folgeerscheinungen führen, so kann dies doch noch nicht dazu Anlaß geben, die Rechtseinrichtung als solche in Frage zu stellen. Soweit im einzelnen Falle deutsche Belange berührt werden sollten, bietet die Vorschrift des Art. 30 EG. z. BGB. eine völlig ausreichende Sicherung.

Entscheidend kann nach Ansicht des Senats nur sein, welchen Inhalt nach Sowjetrecht die von ihm als „Ehe" bezeichnete Rechtseinrichtung hinsichtlich der Beziehungen der Ehegatten zueinander hat. Insoweit bestehen allerdings, wie Bergmann JW. 1932 S. 3806 mit Recht ausführt, erhebliche Zweifel, ob in der Sowjetehe ein — sei es auch noch so locker gestaltetes — Eheverhältnis oder nicht vielmehr lediglich ein Konkubinat mit gewissen vermögensrechtlichen Wirkungen zu erblicken ist, das einer Ehe im deutschen Sinn und im Sinn anderer Kulturstaaten nicht gleichgestellt werden könnte. Dabei könnte zwischen der registrierten und der nichtregistrierten (faktischen) Ehe kein Unterschied gemacht werden. In ihren Wirkungen unterscheiden sich die registrierte und die faktische Ehe nur dadurch, daß bei der registrierten Ehe die Ehegatten das Recht (nicht die Pflicht) zur Führung eines gemeinsamen Familiennamens haben (Art. 7 des Gesetzes vom 19. November 1926), während das bei der faktischen Ehe nicht der Fall ist. Im übrigen hat die faktische Ehe dieselben Rechtswirkungen, die das Sowjetrecht der registrierten Ehe zuerkennt (vgl. hinsichtlich der güterrechtlichen Verhältnisse die Art. 10, 11 und hinsichtlich der gegenseitigen Unterhaltspflicht die Art. 14, 15, 16 des genannten Gesetzes). Die registrierte Sowjetehe hat auch der vormalige IX. Zivilsenat in seinem Urteil vom 29. Oktober 1930 (JW. 1931 S. 1334 Nr. 1) als Ehe anerkannt. Dem tritt der erkennende Senat auch für die faktische Ehe bei. Das deutsche Recht stellt zwar in § 1353 Abs. 1 BGB. den Grundsatz auf, daß die Ehegatten einander zur ehelichen Lebensgemeinschaft verpflichtet sind. Diese Verpflichtung ist unter Rechtszwang gestellt. An einer solchen Verpflichtung fehlt es, wie die Feststellungen des Berufungsgerichts ergeben, nach Sowjetrecht. Die Herstellung der ehelichen Lebensgemeinschaft ist vielmehr der freiwilligen Entschließung der Ehegatten überlassen. Gerade die faktische Ehe beruht aber darauf, daß eine solche Lebensgemeinschaft tatsächlich hergestellt worden ist; denn bewiesen wird das Bestehen der Ehe, wenn sie nicht gemäß Art. 1 des Gesetzes vom 19. November 1926 registriert worden ist, durch das tatsächliche Vorhandensein eines ehelichen Zusammenlebens. Als Beweismittel hierfür gelten — außer der gegenseitigen Anerkennung als Ehegatten (Art. 11 des gen. Gesetzes) — nach Art. 12 u. a. die Tatsache gemeinschaftlichen Zusammenlebens, das Vorhandensein einer gemeinschaftlichen Wirtschaft, die Bekundung ehelicher Beziehungen Dritten gegenüber, gegebenenfalls gegenseitige materielle Unterstützung sowie gemeinschaftliche Erziehung der Kinder. Hieraus folgt, daß nicht schon jedes gelegentliche oder vorübergehende Zusammenleben zweier Personen verschiedenen Geschlechts vom Sowjetrecht als eine faktische Ehe behandelt wird, sondern daß Voraussetzung für das Zustandekommen einer als solche anzuerkennenden faktischen Ehe das tatsächliche wenn auch lediglich auf Freiwilligkeit beruhende Bestehen einer der Gestaltung des ehelichen Verhältnisses entsprechenden, auf die Dauer berechneten und nicht bloß dem Geschlechtsgenuß dienenden Lebensgemeinschaft ist. Dies ist nach Freund (Rechtsverfolgung im Internationalen Verkehr Bd. IV[1] 2. Aufl. S. 334) auch die Auffassung der sowjetrussischen Gerichte. Bei dieser Sachlage muß Freund (a. a. O. S. 371 und JW. 1928 S. 879) darin beigetreten werden, daß die Sowjetehe — auch die faktische — gegen ein bloßes Konkubinat hinreichend abgegrenzt ist. Wesentlich ist hierfür, daß sich die Ehegatten, wenn ihnen das Sowjetrecht die Möglichkeit einer rechtlichen Bindung versagt, doch jedenfalls sittlich binden wollten, ihre gesamten Lebensschicksale miteinander zu verknüpfen. Trotz der von ihm an der oben angeführten Stelle geäußerten Bedenken nimmt auch Bergmann (Rechtsvergleichung und internationales Privatrecht der religiösen und De Facto-Ehen, in „Deutsche

Landesreferate zum Internationalen Kongreß für Rechtsvergleichung im Haag 1932", S. 192) an, daß ein Deutscher, der sich in der Sowjetunion nach den daselbst geltenden Vorschriften durch einfache Vereinbarung verheiratet, ebenso wie am Eheschließungsort auch in Deutschland als gültig verheiratet gilt. Es müßte auch zu erheblichen Unzuträglichkeiten führen, wenn eine nach Sowjetrecht geschlossene Ehe, mag sie registriert worden sein oder nicht, im Deutschen Reich nicht als Ehe angesehen würde. Sowohl Deutschen wie auch Angehörigen anderer nichtrussischer Staaten wäre es dann unmöglich, in der Sowjetunion eine auch für ihren Heimatstaat gültige Ehe miteinander einzugehen. Die Eheschließung vor dem Konsul (Art. 19 des deutsch-russischen Konsularvertrags vom 12. Oktober 1925, RGBl. 1926 II S. 60) wird meist an tatsächlichen Schwierigkeiten scheitern. Die aus einer nach Sowjetrecht geschlossenen Ehe hervorgegangenen Kinder müßten im Deutschen Reiche als unehelich behandelt werden. Angehörige der Sowjetunion, die nach ihrem Heimatrecht gültig verheiratet sind, wären im Deutschen Reich als im Konkubinat lebend zu betrachten, und dies selbst dann, wenn sie später die deutsche Reichsangehörigkeit erworben haben oder erwerben.

Nach alledem muß davon ausgegangen werden, daß gemäß Art. 11 Abs. 1 Satz 2 EG. z. BGB. die Eingehung einer sog. faktischen Ehe eine auch nach deutschem Recht wirksame Eheschließung darstellen kann. Daher konnte es vom Berufungsgericht nicht dahingestellt gelassen werden, ob die tatsächlichen Merkmale einer faktischen Ehe bei den Parteien vorliegen. Aus diesem Grunde muß das Berufungsurteil, und zwar mit Rücksicht auf die Notwendigkeit einheitlicher Entscheidung in Ehesachen im vollen Umfang, aufgehoben und die Sache zu neuer Verhandlung und Entscheidung an das Berufungsgericht zurückverwiesen werden. Für die neue Verhandlung mag noch darauf hingewiesen werden, daß vom deutschen Richter an den Beweis, daß die Parteien eine wirkliche dauernde Ehe schließen und als Eheleute mit allen sich daraus ergebenden sittlichen Verpflichtungen zusammenleben wollten, strenge Anforderungen zu stellen sind (RGZ. Bd. 138 S. 218). Ferner wird im Hinblick darauf, daß die Parteien sich nach den Angaben der Beklagten nacheinander in verschiedenen Bundesrepubliken der Sowjetunion aufgehalten haben, zu beachten sein, daß die faktische Ehe nicht in allen Bundesrepubliken gesetzlich anerkannt ist (vgl. hierzu F r e u n d in Rechtsverfolgung im Internationalen Verkehr Bd. IV[1] 2. Aufl. S. 353. 357, 376).

RGZ. 162, 329

1. Welches Recht ist nach dem deutschen zwischenstaatlichen Privatrecht für das Rechtsverhältnis zwischen einem Kind aus der geschiedenen Ehe eines Ausländers und den Eltern maßgebend?

2. Gilt dafür das Heimatrecht des Vaters auch, wenn die in Deutschland lebende geschiedene Frau eines Ausländers die Reichsangehörigkeit erworben hat? Inwieweit sind die zur Regelung dieses Verhältnisses nach dem entsprechenden ausländischen Recht ergangenen Entscheidungen ausländischer Behörden von den deutschen Gerichten zu beachten?

3. Gehörte die Verteilung der Personensorge gemäß dem früheren § 1635 Abs. 1 Satz 1 BGB. zum „ordre public" des deutschen Rechts?

EG. z. BGB. Art. 19, 30. § 74 EheGes. (fr. § 1635 Abs. 1 BGB.).

IV. Zivilsenat. Urt. v. 25. Jaunar 1940.

I. Landgericht Nürnberg-Fürth. II. Oberlandesgericht Nürnberg.

Der Kläger, ein niederländischer Staatsangehöriger, war mit der Beklagten seit 1922 in Deutschland verheiratet. Durch die Heirat erwarb die Beklagte, die bis dahin deutsche Reichsangehörige gewesen war, ebenfalls die niederländische Staatsangehörigkeit. Aus der Ehe ging eine 1929 geborene Tochter hervor. Ende 1934 trennten sich die Parteien; der Kläger ging nach Holland, während die Beklagte mit dem Kind in Deutschland blieb. Durch Urteil des Landgerichts G. (Holland) vom 4. April 1935 wurde die Ehe auf die Klage des Mannes und die Widerklage der Frau wegen beiderseits anerkannter Untreue rechtskräftig geschieden. Auf Antrag des Klägers wurde die Scheidung am 8. Juni 1935 im Zivilstandsregister der Gemeinde G. eingetragen. Da sich nachträglich herausstellte, daß damals das Scheidungsurteil zwar gegenüber der Beklagten schon rechtskräftig geworden war, dagegen die Berufungsfrist für den Kläger erst am 5. Juli 1935 ablief, erwirkte der Kläger eine Verfügung des Landgerichts G., auf Grund deren die Eintragung der Scheidung, soweit sie auf die Widerklage der Frau ausgesprochen war, im Zivilstandsregister gestrichen wurde; die Eintragung wurde innerhalb der dafür bestehenden Frist auch nicht von neuem erwirkt. Bereits am 24. Juni 1935 hatte das Landgericht G. angeordnet, daß der Kläger die Vormundschaft über seine Tochter auszuüben habe, daß sein Vater zum Gegenvormunde bestellt werde und daß das Kind, wenn es sich nicht schon in der Gewalt des Vormunds befinde, an ihn herauszugeben sei. Diese Verfügung, gegen welche die Beklagte Berufung eingelegt hatte, wurde vom zuständigen Oberlandesgericht rechtskräftig bestätigt. Der Versuch des Klägers, für die Verfügungen auf Herausgabe des Kindes an ihn in Deutschland ein Vollstreckungsurteil gemäß §§ 722 flg. ZPO. zu erlangen, hatte keinen Erfolg. Seine dahingehende Klage wurde mit der Begründung abgewiesen, daß die Gegenseitigkeit im Verhältnis zu den Niederlanden nicht verbürgt sei.

Mit der gegenwärtigen Klage begehrt der Kläger die Verurteilung der Beklagten zur Herausgabe des Kindes an ihn, indem er sich auf die Verfügungen der holländischen Gerichte und die Geltung des niederländischen Rechts für den Anspruch beruft. Die Beklagte, die nach ihrer Scheidung die niederländische Staatsangehörigkeit aufgegeben hatte und am 31. Dezember 1936 durch Heirat eines in Deutschland eingebürgerten Mannes wieder Deutsche geworden ist, macht geltend, nach § 1635 BGB. stehe ihr die Sorge für die Person der Tochter zu; diese lebe bei ihr und werde deutsch erzogen. Das Landgericht wies die Klage ab. Gegen das Urteil legte der Kläger unter Wiederholung des Klageantrags Berufung ein. Nunmehr beantragte die Beklagte beim deutschen Vormundschaftgericht, ihr die Sorge für die Person des Kindes zu übertragen, und erwirkte, nachdem sie im ersten Rechtsgang abgewiesen war, einen dahingehenden Beschluß des Landgerichts, der auf weitere Beschwerde des Klägers durch Beschluß des Oberlandesgerichts bestätigt wurde. Darauf wies das Berufungsgericht die Berufung des Klägers zurück. Seine Revision führte zur Aufhebung der Vorderurteile und zur Verurteilung der Beklagten.

Gründe:

Der Kläger stützt den Klageanspruch auf die Verfügungen der niederländischen Gerichte, durch die ihm die Vormundschaft über sein Kind übertragen und dessen Herausgabe an ihn angeordnet wurde. Daß der Antrag auf Erlaß eines Vollstreckungsurteils für diese Verfügungen rechtskräftig abgewiesen worden ist, steht nach den insoweit bedenkenfreien Darlegungen des Berufungsgerichts der jetzigen Klage nicht entgegen, da über den Herausgabeanspruch selbst nicht entschieden ist. Wie dieser bei den deutschen Gerichten geltendzumachen ist, bestimmt sich, auch wenn er sachlich nach ausländischem Recht zu beurteilen ist, nach den deutschen Gesetzen, die dafür den ordentlichen Rechtsweg eröffnen (§ 1632 BGB.).

Für die Scheidung der Ehe der Parteien waren, da beide damals Niederländer waren, die niederländischen Gesetze maßgebend (Art. 17 EG. z. BGB.). Gegen die Anerkennung des Scheidungsurteils bestehen keine Bedenken (§ 328 ZPO.). Davon geht ersichtlich auch das Berufungsgericht aus. Es ist weiter der Ansicht, daß sich die Rechte der geschiedenen Eheleute an dem Kinde zwar zunächst gemäß Art. 19 EG. z. BGB. nach niederländischem Rechte bestimmt hätten, daß aber, seit die Beklagte die deutsche Reichsangehörigkeit wiedererlangt hat, für ihre Beziehungen zu dem Kinde das deutsche

Recht, nämlich § 1635 BGB., maßgebend sei und ihr danach im Hinblick auf die aus beiderseitigem Verschulden ausgesprochene Scheidung das Recht der Fürsorge für die Person der Tochter zustehe, was sie dem Herausgabeanspruche des Klägers mit Erfolg entgegensetzen könne. Die Anwendung des Haager Vormundschaftsabkommens lehnt das Berufungsgericht im gegebenen Fall ab. Diese Auffassung hält der rechtlichen Nachprüfung in wesentlichen Punkten nicht stand.

Nach Art. 19 EG. z. BGB. wird das Rechtsverhältnis zwischen *den Eltern und einem ehelichen Kinde nach den deutschen Gesetzen* beurteilt, wenn der Vater und, falls er gestorben ist, die Mutter die Reichsangehörigkeit besitzt. Der Fall, daß die Eltern oder zum mindesten der Vater eine nichtdeutsche Staatsangehörigkeit haben, ist in der Vorschrift nicht ausdrücklich geregelt. Aus ihr ist aber über ihren Wortlaut hinaus der Grundsatz zu entnehmen, daß für die Frage nach dem anzuwendenden Recht allgemein die Staatsangehörigkeit des Vaters als des regelmäßigen Inhabers der elterlichen Gewalt bei dessen Lebzeiten entscheiden muß (Staudinger-Raape BGB. VI 2, Bem. A zu Art. 19 mit Nachweisen, Palandt BGB. Bem. 3 zu Art. 19, RGUrt. in JW. 1932 S. 588 Nr. 6). Art. 19 EG. z. BGB. gilt an sich auch, wenn die Eltern des Kindes geschieden sind. Die bestrittene Frage, ob die durch eine Scheidung notwendig werdende Regelung der Elternrechte unter die genannte Vorschrift oder als Nebenwirkung der Scheidung unter Art. 17 EG. z. BGB. fällt, beantwortet das Berufungsgericht im ersten Sinne (ebenso Staudinger-Raape a. a. O. Bem. C II 1, Palandt Bem. 4, Maßfeller in JW. 1935 S. 831). Das ist rechtlich nicht zu beanstanden, weil auch die Neugestaltung der elterlichen Rechte nach der Scheidung (vgl. §§ 1635, 1636 BGB.) das Verhältnis des Kindes zu den Eltern betrifft.

Danach ist im vorliegenden Falle für das Verhältnis der Parteien zu ihrer Tochter nach der Scheidung das niederländische Recht maßgebend. Wie das Berufungsgericht feststellt, bestimmt nach dem in Frage kommenden Art. 284 des Niederländischen Bürgerlichen Gesetzbuches das Gericht bei der Scheidung für jedes aus der Ehe hervorgegangene Kind, welcher Elternteil darüber die Vormundschaft ausüben soll. Diese Regelung haben die zuständigen niederländischen Gerichte dahin getroffen, daß dem Kläger die Vormundschaft über die Tochter der Parteien übertragen wurde. Die Vormundschaft tritt hier nach niederländischem Recht an die Stelle der bisherigen elterlichen Gewalt, die mit der Scheidung der Ehe endigt. Dem Kläger steht daraufhin die Sorge für die Person des Kindes zu und damit auch der durch das niederländische Gesetz noch besonders anerkannte Anspruch, von jedem anderen die Herausgabe des Kindes zu verlangen. Die Anwendung des niederländischen Rechts wäre nur dann ausgeschlossen, wenn sie gegen die guten Sitten oder gegen den Zweck eines deutschen Gesetzes verstoßen würde (Art. 30 EG. z. BGB.). Das hat das Berufungsgericht nicht angenommen. Davon kann auch keine Rede sein. Für die Entscheidung des Gerichts, welcher Elternteil die Vormundschaft über das Kind ausüben soll, sind nach niederländischem Recht die Belange des Kindes maßgebend. Damit steht die deutsche Anschauung im Einklang, wonach bei der Regelung des Rechtsverhältnisses zwischen Eltern und Kindern ebenfalls das Wohl des Kindes zu beachten ist. Das gilt auch für die Zuteilung der Kinder aus geschiedenen Ehen gemäß dem bisher geltenden § 1635 BGB.*). Nach dieser Vorschrift wird zwar die Sorge für die Person der Kinder in erster Reihe nach dem Schuldausspruch im Scheidungsurteil verteilt, aber gleichzeitig das Vormundschaftsgericht zur anderweiten Regelung ermächtigt, falls das Wohl des Kindes es erfordert. Die Auffassung von der maßgebenden Bedeutung der Belange des Kindes wird jetzt auch durch § 81 des neuen Ehegesetzes bestätigt, wonach stets eine Regelung nach Maßgabe des Kindeswohls durch das Vormundschaftsgericht vorgenommen werden muß. Obwohl § 81 gemäß § 97 EheGes. auf die schon vor seinem Inkrafttreten geschiedene Ehe der Parteien für das Kind nicht anwendbar ist, kann er doch als Anzeichen für die bei der früheren deutschen Regelung des Sorgerechts maßgebenden Gesichtspunkte herangezogen werden. Keinesfalls gehört § 1635 Abs. 1 Satz 1 BGB.*) zum sogenannten ordre public des deutschen Rechts mit der Wirkung, daß eine davon abweichende ausländische Regelung unter Art. 30 EG. z. BGB. fallen und demgemäß unbeachtlich sein würde.

Auch das Berufungsgericht will die nach den niederländischen Gesetzen getroffene Regelung für die Zeit als verbindlich anerkennen, in der noch beide Parteien die niederländische Staatsangehörigkeit besaßen, nicht mehr dagegen für die Zeit nach dem mit der Wiederheirat der Beklagten eingetretenen Wechsel ihrer Staatsangehörigkeit. Es führt aus, wenn der nach Art. 19 maßgebende Elternteil die Staatsangehörigkeit wechsele, ändere sich auch das anzuwendende Recht. Dem Grundgedanken des Art. 19 lasse sich der in RGZ. Bd. 81 S. 373 ausgesprochene Grundsatz entnehmen, daß bei einem späteren Erwerbe der Reichsangehörigkeit durch die geschiedene Ehefrau deutsches Recht anzuwenden sei, namentlich, falls ihr nach dem deutschen Gesetze die Erziehung ihres ehelichen Kindes zustehe, auf die sich aus der Sorge für die Person des Kindes ergebenden Rechte. Für die unveränderte Geltung dieses Grundsatzes spreche das Gesetz über die erweiterte Anwendung deutschen Rechts bei der Ehescheidung vom 24. Januar 1935 (RGBl. I S. 48). Seit dem

*) Jetzt § 74 EheGes.

31. Dezember 1936 seien deshalb die Beziehungen zwischen der Beklagten und dem Kinde nach § 1635 BGB. zu beurteilen. Das Scheidungsurteil enthalte zwar entsprechend dem niederländischen Rechte keinen Schuldausspruch; aus den Urteilsgründen, die durch das spätere Verfahren zur Berichtigung der Eintragung im Zivilstandsregister nicht berührt worden seien, ergebe sich aber, daß die Scheidung aus beiderseitigem Verschulden geschehen sei. Nach § 1635 BGB. stehe daher der Beklagten jetzt das Personensorgerecht für die Tochter zu, und zwar ohne besondere Uebertragung. Das gebe ihr gegenüber dem nach niederländischem Recht bestehenden Herausgabeanspruch des Klägers die Befugnis, die Herausgabe des Kindes zu verweigern.

Die Angriffe der Revision gegen die Annahme, daß der Beklagten infolge des späteren Erwerbs der deutschen Reichsangehörigkeit das deutsche sachliche Recht zur Seite stehe, sind berechtigt. Ein allgemeiner Grundsatz, daß die in Deutschland lebende geschiedene Ehefrau eines Ausländers, sobald sie die Reichsangehörigkeit erlangt, in ihrem — bisher nach ausländischem Rechte zu beurteilenden — Verhältnis zu den Kindern aus der geschiedenen Ehe fortan dem deutschen Recht unterstehe, ist nicht anzuerkennen. Er kann insbesondere nicht aus Art. 19 EG. z. BGB. hergeleitet werden. Danach rechtfertigt die Reichsangehörigkeit der Mutter eines ehelichen Kindes nur dann die Anwendung des deutschen Rechts auf das Eltern- und Kindesverhältnis, wenn der Vater gestorben ist; sonst kommt es allein auf die Staatsangehörigkeit des Vaters oder unter Umständen auf die des Kindes an. Zu Unrecht beruft sich das Berufungsgericht auch für seine Auffassung auf das Gesetz über die Anwendung des deutschen Rechts bei der Ehescheidung vom 24. Januar 1935. Dieses Gesetz bezweckte lediglich die Beseitigung von Unzuträglichkeiten auf dem Gebiete des Scheidungsrechts in dem besonderen Falle, in dem das nach Art. 17 EG. z. BGB. maßgebende Heimatrecht des Ehemannes eine Auflösung der Ehe dem Bande nach nicht zuläßt und die in Deutschland lebende deutsche Ehefrau dadurch an der Eingehung einer neuen Ehe gehindert war, und darf nicht verallgemeinert werden. Der nachträgliche Erwerb der Reichsangehörigkeit durch die Beklagte vermag hiernach die Anwendung des deutschen Rechts auf das Verhältnis der Beklagten zu dem Kinde, das seine niederländische Staatsangehörigkeit behalten hat, nicht zu rechtfertigen. Für dieses Verhältnis ist vielmehr nach wie vor das niederländische Recht maßgebend. Die auf Grund des niederländischen Rechts von den zuständigen Gerichten getroffene Regelung der Personensorge für das Kind ist somit auch für die deutschen Behörden verbindlich, es sei denn, daß Art. 30 EG. z. BGB. entgegensteht. Das letzte ist nach den früheren Ausführungen trotz des nachträglichen Erwerbs der deutschen Reichsangehörigkeit durch die Beklagte zu verneinen und wird auch von dem Berufungsgericht nicht angenommen. Soweit in dem — vom Schrifttum bekämpften (vgl. RGRKomm. z BGB. Vorbem. 6 vor § 1616, Staudinger-Raape a. a. O. Bem. A II 1, C II 1 b und c mit weiteren Nachweisen sowie C III letzter Absatz, Maßfeller a. a. O.) — Urteil des erkennenden Senats vom 20. Februar 1913 (RGZ. Bd. 81 S. 373) etwas anderes ausgesprochen ist, kann daran nicht mehr festgehalten werden.

Aus den bisherigen Erörterungen ergibt sich bereits das Bestehen des nach niederländischem Recht zu beurteilenden Klageanspruchs auf Herausgabe des Kindes als Rechtsfolge der dem Kläger mit der Vormundschaft übertragenen Personensorge. Kraft Gesetzes steht demgegenüber der Beklagten ein selbständiges Recht der Sorge für die Person des Kindes nicht zu, insbesondere nicht aus dem hier unanwendbaren § 1635 BGB. Zu prüfen bleibt nur, ob in diesem Rechtszustand eine Aenderung durch die von der Beklagten erwirkte Anordnung des Vormundschaftgerichts eingetreten ist. Das ist nicht der Fall. Die deutschen Vormundschaftsgerichte sind zwar auch dann zu Eingriffen in das Rechtsverhältnis geschiedener Eheleute zu ihrem Kinde zuständig, wenn sachlich ausländisches Recht maßgebend ist, vorausgesetzt, daß das Wohl des Kindes oder öffentliche Belange ein solches Eingreifen dringend erfordern (Staudinger-Raape a. a. O. Bem. C II 2b, Maßfeller a. a. O.; RGUrt. in WarnRspr. 1927 Nr. 121). Das würde auch dann gelten, wenn im gegebenen Falle, wo dem Kläger an Stelle der mit der Scheidung erloschenen elterlichen Gewalt die „Vormundschaft" über das Kind übertragen worden ist, etwa das im Verhältnis zwischen dem Deutschen Reich und den Niederlanden geltende Haager Abkommen zur Regelung der Vormundschaft über Minderjährige vom 12. Juni 1902 anwendbar wäre (vgl. Art. 7 das.). Deshalb kann in diesem Zusammenhange dahingestellt bleiben, ob die Ansicht des Berufungsgerichts von der Unanwendbarkeit des Haager Abkommens auf den vorliegenden Sachverhalt rechtsirrtümlich ist, wie die Revision geltend macht. Eine solche an sich zulässige und unter seine sachliche Zuständigkeit fallende Regelung hat aber im vorliegenden Falle das Vormundschaftsgericht oder das an seiner Stelle tätig gewordene Beschwerdegericht nicht getroffen und nicht treffen wollen. Die vom Beschwerdegericht ausgesprochene Uebertragung der Personensorge auf die Beklagte ist vielmehr, wie nach der im Berufungsurteile wiedergegebenen Begründung des auf die weitere Beschwerde ergangenen Beschlusses des Oberlandesgerichts nicht zweifelhaft sein kann, als eine bloße Klarstellung zu verstehen, daß der Beklagten das Personensorgerecht bereits nach § 1635 Abs. 1 Satz 1 BGB. zustehe und kein Anlaß zu einer abweichenden Regelung vorliege. Von einer förmlichen Berichtigung der Beschlußformel in diesem

Sinne hat das Gericht der weiteren Beschwerde nur deshalb abgesehen, weil ihre Fassung keine Beschwerung des Klägers enthalte und auch Mißverständnisse nicht wohl möglich seien. Die Entscheidung hat also das Verhältnis der Parteien zu dem Kinde nicht neu gestaltet, sondern nur eine Rechtslage klargestellt, die nach der — irrtümlichen — Ansicht des Gerichts bereits bestand. Unter diesen Umständen kann die Beklagte aus der vormundschaftsgerichtlichen Anordnung für sich ein Recht, die Herausgabe des Kindes gegenüber dem begründeten Anspruche des Klägers zu verweigern, nicht herleiten.

RGZ. 163, 367

1. Nach welchem Recht sind die güterrechtlichen Verhältnisse belgischer und französischer Ehegatten zu beurteilen, die ohne Abschluß eines Gütervertrags die Ehe außerhalb ihres Heimatstaates geschlossen haben?

2. Nach welchen Grundsätzen hat der deutsche Richter die Frage zu entscheiden, ob eine dem deutschen Rechte fremde Vorschrift des ausländischen Rechts die persönlichen Rechtsbeziehungen der Ehegatten oder ihre güterrechtlichen Verhältnisse betrifft?

3. Ueber das nach belgischem und französischem Recht für Ehegatten bestehende Gesellschaftsverbot.

EG. z. BGB. Art. 14, 15, 27.

IV. Zivilsenat. Urt. v. 11. April 1940.

I. Landgericht Berlin. II. Kammergericht daselbst.

Die Parteien haben am 19. November 1922 in Berlin miteinander die Ehe geschlossen. Der Kläger ist belgischer Staatsangehöriger. Die Beklagte war deutsche Staatsangehörige und hat durch die Eheschließung mit dem Kläger die belgische Staatsangehörigkeit erlangt. Die Ehe der Parteien ist im Laufe des vorliegenden Rechtsstreits rechtskräftig geschieden worden.

Die Parteien betrieben seit Jahren gemeinsam den Großhandel mit Butter, Eiern und Käse. Die Beklagte hat unstreitig die ganze Zeit über in dem Geschäft mitgearbeitet und an seinem Auf- und Ausbau teilgenommen. Beide Eheleute sind von Anfang an gemeinschaftlich mit ihrer vollen Arbeitskraft in dem Geschäft tätig gewesen. Im Handelsregister ist es nicht eingetragen. Bei der Gewerbepolizei ist es nur auf den Namen des Klägers angemeldet. Am 9. Oktober 1937 schlossen die Parteien vor dem Notar Dr. H. in B. gemäß Art. 15 Abs. 2 EG. z. BGB. einen Ehevertrag, durch den sie die Verwaltung und Nutznießung des Mannes am Vermögen der Frau ausschlossen und anerkannten, daß sie an dem ganzen Geschäft, d. h.

an allen Sachen und Rechten, die zum Geschäft gehören, je zur Hälfte mitbeteiligt und Miteigentümer jetzt und in Zukunft seien sowie daß der Gewinn und Verlust von beiden je zur Hälfte getragen werde. Der Kläger verpflichtete sich, das Geschäft auch auf den Namen der Beklagten anzumelden. Diesen Vertrag focht der Kläger wegen arglistiger Täuschung und Irrtums an, indem er behauptete, daß die Beklagte, wie er erst nach Abschluß des Vertrags erfahren habe, in den Jahren 1936 und 1937 aus den Einkünften des Geschäfts mehr als 10 000 RM. beiseite geschafft habe. Zur Anfechtung des Vertrags sei er auch deshalb berechtigt, weil er bei seinem Abschluß davon ausgegangen sei, daß seine Ehe weiterbestehen und die Beklagte sich nicht grobe Eheverfehlungen zuschulden kommen lassen werde; sie habe sich aber, wie im Scheidungsurteil festgestellt sei, des Ehebruchs schuldig gemacht. Mit Rücksicht auf das untreue Verhalten der Beklagten und ihren fortgesetzten Ehebruch sei er weiterhin auch berechtigt, das Gesellschaftsverhältnis wegen eines wichtigen Grundes fristlos aufzulösen. Mit der Klage hat er daher beantragt, festzustellen, daß der Gütertrennungs- und Gesellschaftsvertrag vom 9. Oktober 1937 nichtig sei. Die Beklagte hat die Klagebehauptungen bestritten und beantragt, die Klage abzuweisen. Ferner hat sie Widerklage erhoben mit dem Antrage, den Kläger zu verurteilen, sie entsprechend der notarisch übernommenen Verpflichtung bei der Gewerbepolizei als Mitinhaberin des Geschäfts anzumelden.

Das Landgericht hat die Klage abgewiesen und den Kläger nach dem Widerklageantrage verurteilt. Gegen dieses Urteil hat der Kläger Berufung eingelegt und im zweiten Rechtsgang außer dem Antrage auf Feststellung der Nichtigkeit des Vertrages vom 9. Oktober 1937 noch den weiteren Antrag gestellt, festzustellen, daß zwischen den Parteien ein gesellschaftsrechtliches Verhältnis an dem auf den Namen des Klägers betriebenen Geschäfte nicht bestehe. Er hat die Nichtigkeit des Vertrages vom 9. Oktober 1937 auch aus Formverstößen hergeleitet, die bei der Beurkundung vorgekommen seien. Zur Begründung seines weiteren Feststellungsantrags hat er geltend gemacht, daß ein gesellschaftsrechtliches Verhältnis zwischen den Parteien deshalb nicht bestehen könne, weil die Beklagte nach § 1356 Abs. 2 BGB. oder den entsprechenden Bestimmungen des belgischen Rechts zur Mitarbeit im Geschäfte des Ehemannes verpflichtet und ihre Tätigkeit auch im Rahmen des Ueblichen geblieben sei.

Die Beklagte hat, soweit es sich um die vom Kläger begehrten Feststellungen handelt, Zurückweisung der Berufung beantragt. Ihre Widerklage hat sie in der Hauptsache für erledigt erklärt. Ferner hat sie Anschlußberufung eingelegt mit dem Antrage, festzustellen, daß ihr auf Grund der Auseinandersetzung über das aus dem gemeinsam betriebenen Großhandelsgeschäft stammende Gesamtvermögen sowie aus den Einkünften des Geschäfts ein Anteil von 50 v. H. zustehe. Hierzu hat sie noch vorgetragen: Da sie anerkennen müsse, daß die Kündigungsfrist für die Gesellschaft abgelaufen sei, so handle es sich jetzt im wesentlichen nur noch um die Art und Höhe ihrer Beteiligung an dem gemeinsam betriebenen Großhandelsgeschäft. Früher habe der Kläger ihre Beteiligung an diesem Geschäfte niemals bestritten. Die Gesellschaft habe schon von jeher bestanden und sei nicht erst durch den Vertrag vom 9. Oktober 1937 begründet worden. Im übrigen habe sie aber auch einen familienrechtlichen Anspruch in Höhe von 50 v. H. an dem Geschäft, da nicht deutsches, sondern belgisches Güterrecht anzuwenden sei, zwischen den Parteien also der gesetzliche Güterstand des belgischen Rechts, die allgemeine Gütergemeinschaft, bestanden habe, aus der ohne weiteres ihr Eigentum und ihre Beteiligung in der geforderten Höhe folge.

Das Kammergericht hat die Anschlußberufung der Beklagten zurückgewiesen, ihre Widerklage in der Hauptsache für erledigt erklärt und auf die Berufung des Klägers festgestellt, daß zwischen den Parteien ein gesellschaftsrechtliches Verhältnis an dem auf den Namen des Klägers betriebenen Geschäfte nicht bestehe. Im übrigen hat es auch die Berufung zurückgewiesen. Die Revision der Beklagten führte zur Aufhebung und Zurückverweisung, soweit zu ihren Ungunsten erkannt war.

Gründe:

I. Das rechtliche Interesse des Klägers an der von ihm im zweiten Rechtsgange begehrten Feststellung, daß zwischen den Parteien kein Gesellschaftsverhältnis bestehe, sowie das rechtliche Interesse der Beklagten an der von ihr mit der Anschlußberufung begehrten Feststellung hat das Berufungsgericht ohne Rechtsirrtum bejaht.

II. Für die Beurteilung der güterrechtlichen Verhältnisse der Parteien kommt das Haager Abkommen vom 17. Juli 1905 betreffend den Geltungsbereich der Gesetze in Ansehung der Wirkungen der Ehe auf die Rechte und Pflichten der Ehegatten in ihren persönlichen Beziehungen und auf das Vermögen der Ehegatten (sogenanntes Ehewirkungsabkommen), nicht in Betracht, da dieses Abkommen im Verhältnis zwischen Deutschland und Belgien infolge der von Belgien am 21. Februar 1922 erklärten Kündigung (Bek. vom 25. April 1922, RGBl. II S. 103) bereits vor der Eheschließung der Parteien außer Kraft getreten war. Anzuwenden ist daher Art. 15 EG. z. BGB. Nach Abs. 2 dieser Vorschrift sind, wenn ausländische Ehegatten ihren Wohnsitz im Inlande haben, für das eheliche Güterrecht die Gesetze des Staates maßgebend, dem der Mann zur Zeit der Eingehung der Ehe angehörte. Dieser Fall ist hier gegeben. Beide Parteien hatten, wie unstreitig ist, zur Zeit der Eheschließung ihren

Wohnsitz in Deutschland und haben diesen Wohnsitz auch später beibehalten. Ihre güterrechtlichen Verhältnisse bestimmten sich daher an sich nach belgischem Recht. Das Berufungsgericht stellt jedoch fest, daß das belgische Recht bei Eheschließungen belgischer Staatsangehöriger im Auslande nicht schlechthin den gesetzlichen Güterstand des belgischen Rechts für maßgebend erklärt, sondern den am Orte des ersten Ehewohnsitzes geltenden Güterstand eintreten läßt. Es nimmt daher an, daß für die Parteien mindestens bis zum Abschluß des Vertrages vom 9. Oktober 1937 der gesetzliche Güterstand des deutschen Rechts, also der Güterstand der Verwaltung und Nutznießung des Mannes, und von diesem Zeitpunkt an, die Gültigkeit der Vertrages vorausgesetzt, der Güterstand der Gütertrennung gegolten habe; nach beiden Güterständen sei kein Recht der Ehefrau auf Beteiligung an einem vom Ehemanne betriebenen Geschäft begründet.

Die Feststellungen des Berufungsgerichts über den Inhalt des belgischen Rechts, die im vorliegenden Falle zur Anwendung des deutschen Ehegüterrechts geführt haben, unterliegen der Nachprüfung des Revisionsgerichts. Für den Fall des Art. 27 EG. z. BGB. steht dies in der Rechtsprechung des Reichsgerichts fest (RGZ. Bd. 136 S. 362, Bd. 145 S. 86). Auch wenn man in den hier in Betracht kommenden Vorschriften des belgischen Rechts keine eigentliche Rückverweisung erblicken wollte, wie sie Art. 27 a. a. O. im Auge hat, so handelt es sich doch auch hier um die Frage, ob die deutschen Gesetze anwendbar sind oder nicht. Seine zur Bejahung dieser Frage führende Stellungnahme hat das Berufungsgericht im einzelnen wie folgt begründet: Im Gegensatze zur belgischen und französischen Rechtslehre, die der Ansicht sei, daß entsprechend Art. 3 Abs. 3 Code civil über das Güterrecht das Heimatrecht des Ehemanns zur Zeit der Eheschließung entscheide, folge die belgische und französische Rechtsprechung dem Aufbau des Code civil, der den régime matrimonial im 5. Titel des 3. Buches, also bei den Schuldverhältnissen, behandle. Sie wende daher auch auf das Güterrecht die Regeln über die schuldrechtlichen Verträge an, vor allem auch den Grundsatz, daß es in erster Reihe auf den Parteiwillen ankomme. Sei, wie hier, bei der Eheschließung im Auslande kein Gütervertrag abgeschlossen worden, so sei zu ermitteln, welchen Güterstand die Ehegatten mutmaßlich als zwischen ihnen geltend angenommen hätten. Feste Regeln über die Feststellung dieses mutmaßlichen Willens bestünden nicht. Die Rechtsprechung selbst sei insoweit nicht einheitlich. Herrschend sei früher die Ansicht gewesen, daß mangels Abschlusses eines Ehevertrags das Güterrecht des ersten Wohnsitzes gelte (vgl. Rechtsverfolgung im internationalen Verkehr Bd. 4 S 301). Diese Ansicht müsse auch heute noch als die in der Rechtsprechung im allgemeinen maßgebende angesehen werden. Der leitende Gesichtspunkt sei hierbei die Rücksicht auf die Unzuträglichkeiten, die entstehen könnten, wenn ein geborener Belgier im Auslande die Ehe schließe und dort unter anderen wirtschaftlichen und gesellschaftlichen Verhältnissen nach dem für das belgische Gebiet berechneten belgischen gesetzlichen Güterrecht leben müßte (Entsch. des Appellhofs Brüssel vom 7. April 1926 Zeitschrift für ausländisches und internationales Privatrecht 1927 S. 597). Auch im vorliegenden Falle müsse aus tatsächlichen Gründen angenommen werden, daß sich die Parteien den deutschen Verhältnissen hätten angleichen wollen. Denn der Kläger habe in Deutschland geheiratet, sich stets in Deutschland aufgehalten, hier sein Brot verdient und dann zusammen mit der Beklagten, die von Geburt Deutsche sei, ein Geschäft in Deutschland errichtet. Besonders klar lasse auf den auch zur Zeit der Eheschließung schon bestehenden Willen der Parteien die Tatsache schließen, daß sie im Vertrage vom 9. Oktober 1937 ausdrücklich erklärt hätten, zwischen ihnen habe bisher der gesetzliche Güterstand der Verwaltung und Nutznießung des deutschen Rechts gegolten und es solle nunmehr ein anderer Güterstand des deutschen Rechts gelten. Auch wenn man also nicht der in der belgischen Rechtsprechung herrschenden Ansicht folgen wolle, daß das am ersten Ehewohnsitze geltende Güterrecht an und für sich maßgebend gewesen sei, so komme man doch auf diese Weise zu einer stillschweigenden Vereinbarung der Parteien und damit zur Geltung deutschen Rechts.

Gegen diese Ausführungen des Berufungsgerichts sind keine Bedenken zu erheben. Das Reichsgericht hat bereits in der Entscheidung RGZ. Bd. 36 S. 331 (336) als in Frankreich vorherrschend die Auffassung bezeichnet, daß für das Güterrecht französischer Ehegatten das Recht ihres ersten Ehewohnsitzes maßgebend sei. Im neueren deutschen Schrifttum wird diese Auffassung als die im praktischen Ergebnis überwiegende auch jetzt noch angesehen (so Staudinger-Raape EG. z. BGB. Bem. A III 1 b β und Bem. B II 2 zu Art. 15; Raape Deutsches Internationales Privatrecht Bd. II S. 193; vgl. ferner Gutzwiller in Die Zivilgesetze der Gegenwart Bd. I Frankreich S. 815; Niemeyer in Niemeyers Zschr. Bd. 33 S. 414/415). Daß sich in neuester Zeit die belgische und französische Rechtsprechung von dieser Auffassung abgekehrt hätte und überwiegend dazu übergegangen wäre, der Beurteilung der güterrechtlichen Verhältnisse das Heimatrecht des Ehemannes zugrunde zu legen, vermag die Revision nicht darzutun. Die von ihr angeführte Entscheidung des Tribunal civil von Brüssel vom 15. Januar 1934 (Pasicrisie belge 1934, 3. Teil S. 186) wendet allerdings auf die güterrechtlichen Verhältnisse ausländischer Eheleute deren Heimatrecht an; sie läßt aber nicht erkennen, ob die Eheschließung im Ausland, etwa im Heimatstaate der Eheleute, oder im (belgischen) Inlande stattgefunden hatte. Die weitere Entscheidung desselben Gerichts vom 29. März 1933 (ebenda S. 19) steht auf dem Boden der vom Berufungsgericht als vorherrschend angesehenen Auffasssung; denn sie wendet auf Grund des mutmaßlichen Willens der Eheleute auf einen Staatenlosen (früheren russischen Staatsangehörigen) das an seinem Wohnsitze zur Zeit der Eheschließung geltende (französische) Güterrecht an. Inwiefern die von der Revision weiter angeführte Entscheidung des Tribunal civil von Straßburg vom 24. Juli 1935 (Journal du droit international 1937 S. 320) für die Beurteilung des vorliegenden Falles von Bedeutung sein sollte, ist nicht ersichtlich. Die Entscheidung des Tribunal civil de la Seine vom 4. Mai 1937 (Dalloz Recueil hebdomadaire de jurisprudence 1937 S. 372/373) betrifft den Fall der Eheschließung eines Ausländers in Frankreich. Neuere Entscheidungen, welche die Eheschließung von Inländern (Belgiern, Franzosen) im Auslande behandeln, vermag auch die Revision nicht anzuführen. Es besteht nach alledem kein begründeter Anlaß zu der Annahme, daß sich die Rechtsprechung der belgischen und französischen Gerichte in der hier zur Entscheidung stehenden Frage grundsätzlich geändert hätte.

Die Revision macht noch geltend, daß, wenn der Parteiwille auf ein ausländisches Recht verweise, zu prüfen sei, ob er nicht auch das ausländische (hier: das deutsche) zwischenstaatliche bürgerliche Recht umfasse, so daß mit Rücksicht auf Art. 15 EG. z. BGB. doch belgisches Recht vereinbart und daher keine Rückverweisung auf das deutsche Ehegüterrecht anzunehmen wäre. Diese Rüge muß schon an den tatsächlichen Feststellungen des Berufungsgerichts scheitern, die dahin gehen, daß der Wille der Parteien darauf gerichtet gewesen sei, sich den Sachnormen des deutschen ehelichen Güterrechts zu unterwerfen.

III. Das Berufungsgericht verneint auch, daß der Beklagten ein gesellschaftsrechtlicher Anspruch auf Beteiligung an dem Geschäftsvermögen zustehe. Es folgt hierbei der in der belgischen und französischen Rechtsprechung im Gegensatz zur Rechtslehre von jeher einheitlich vertretenen Ansicht, daß ein Gesellschaftssvertrag zwischen Ehegatten nichtig sei. Die Frage, ob es sich bei dem Verbote des Abschlusses eines Gesellschaftsvertrages unter Ehegatten um eine Folge des Güterrechts oder um eine solche der perönlichen Rechtsbeziehungen handelt, beantwortet es in dem zweiten Sinne, indem es ausführt: Das belgische Recht sehe sowohl die Grundzüge der ehemännlichen Gewalt (Art. 1388 C. c.) als auch die Unveränderbarkeit der Eheverträge nach der Eheschließung (Art. 1395 a. a. O.) als Grund für die Nichtigkeit eines zwischen Eheleuten abgeschlossenen Gesellschaftsvertrages an. Beide Gründe würden dabei als gleichwertig behandelt, seien also jeder für sich geeignet, die Nichtigkeit des Gesellschaftsvertrages zu begründen. Der aus der Unveränderbarkeit der Eheverträge hergeleitete Grund entfalle hier.

da über die güterrechtlichen Beziehungen der Ehegatten deutsches Recht entscheide, das Gesellschaftsverträge unter Ehegatten zulasse. Hingegen handle es sich bei der ehemännlichen Gewalt um einen Ausfluß der ehelichen Verbindung als solcher. Hier liege also eine von dem Güterrecht unabhängige Rechtsbeziehung unter Ehegatten vor, so daß insoweit gemäß Art. 14 EG. z. BGB. belgisches Recht anzuwenden sei. Daraus ergebe sich die Nichtigkeit des Gesellschaftsvertrages, den die Parteien als zwischen ihnen bestehend angenommen hätten. Die Beklagte könne daher nur einen Bereicherungsanspruch haben. Jedenfalls bestehe kein Gesamthandverhältnis. Auch sonst sei nicht dargetan, daß ein Miteigentum in Höhe von 50 v. H. des Geschäftsvermögens bestünde.

Die Revision macht hiergegen geltend, daß die beiden von der belgischen und französischen Rechtsprechung für das Gesellschaftsverbot angeführten Gründe nicht gleichwertig seien, vielmehr die Unwandelbarkeit des Güterstandes als entscheidend angesehen werde, so daß das Berufungsgericht auch in der Frage des Gesellschaftsverbots eine Rückverweisung hätte annehmen müssen. Selbst wenn aber das Gesellschaftsverbot des belgischen Rechts Platz greife, so müsse doch auch die Nichtigkeitsfolge nach belgischem Recht beurteilt werden. Nach diesem sei eine Ehegattengesellschaft, die tatsächlich bestanden habe, nicht schlechthin nichtig; vielmehr finde eine Abwicklung statt.

Nach welchem Rechte das Berufungsgericht die Wirkungen eines von Ehegatten dem Verbot zuwider abgeschlossenen Gesellschaftsvertrages beurteilt hat, lassen seine Ausführungen nicht erkennen. Für die Entscheidung kommt es hierauf nicht an, da schon die Rüge der Revision durchgreift, daß das Berufungsgericht das Gesellschaftsverbot rechtsirrig dem Gebiete der persönlichen Rechtsbeziehungen der Ehegatten zugerechnet habe. Es mag nur bemerkt werden, daß die Ansicht des Berufungsgerichts, ein zwischen Ehegatten eingegangenes und tatsächlich ins Leben getretenes Gesellschaftsverhältnis sei schlechthin nichtig und könne nur Bereicherungsansprüche erzeugen, nach der Rechtsprechung der belgischen und französischen Gerichte nicht als zutreffend angesehen werden könnte. Die Rechtsprechung kann nicht daran vorübergehen, daß ein Gesellschaftsverhältnis in der Tat bestanden hat (société de fait); sie läßt daher eine Abwicklung der Gesellschaft gemäß dem Gesellschaftsvertrag eintreten, wobei jedoch jeder Ehegatte zunächst sein Einbringen zurückerhält (Mazeaud De la liquidation des sociétés entre époux, Revue critique de législation et de jurisprudence 1928 S. 298 flg., insbesondere S. 302 flg. unter Hinweis auf die Entscheidung des Kassationshofs in Paris vom 3. Juli 1917; Hémard Theorie et pratique des nullités de sociétés et des sociétés de fait 2. Aufl.

S. 678 flg.; Planiol-Ripert Droit civil français Bd. XI S. 266 flg.; Houpin-Bosvieux Traité général théorique et pratique des sociétés 7. Aufl. 1. Bd. S. 98). Von diesem Standpunkt aus hätte die Beklagte mit ihrem auf Feststellung der Beteiligung am Gesellschaftsvermögen gerichteten Widerklageantrage nicht abgewiesen werden können. Auch bei Zugrundelegung des deutschen Rechts könnte übrigens die Ansicht des Berufungsgerichts, daß ein nichtiger Gesellschaftsvertrag, auch wenn er bereits in Vollzug gesetzt war, ohne jegliche Wirkung sei und daher nur Bereicherungsansprüche erzeugen könne, nicht als richtig anerkannt werden. Denn er hat jedenfalls tatsächlich ein Gemeinschaftsverhältnis unter den Gesellschaftern begründet, dessen Lösung in aller Regel nur im Wege der Auseinandersetzung herbeigeführt werden kann (RG. in JW. 1935 S. 2617 Nr. 1; Staudinger-Geiler BGB, Bem. III 1 zu § 705; Würdinger Recht der Personalgesellschaften S. 46).

Die Ausführungen, mit denen das Berufungsgericht bejaht hat, daß das Gesellschaftsverbot hier Platz greife, werden der Aufgabe, welche die Vorschriften der Art. 14 und 15 EG. z. BGB. dem deutschen Richter stellen, nicht in vollem Umfange gerecht. Nach diesen Vorschriften besteht die Möglichkeit, daß die persönlichen Rechtsbeziehungen der Ehegatten und ihre güterrechtlichen Verhältnisse nach verschiedenen Rechtsordnungen zu beurteilen sind. Sie zwingen also in einem solchen Falle den deutschen Richter zu einer eindeutigen Stellungnahme, ob eine bestimmte Rechtsvorschrift die persönlichen Beziehungen der Ehegatten oder das eheliche Güterrecht betrifft. Handelt es sich um eine dem deutschen Recht fremde Vorschrift des ausländischen Rechts, so müssen ihr Sinn und ihre Bedeutung unter Würdigung ihres Zweckes und ihrer Wirkung vom Standpunkte des ausländischen Rechts aus untersucht und daraufhin ihre Einordnung in die Begriffe und Abgrenzungen des deutschen zwischenstaatlichen Privatrechts vorgenommen werden (Staudinger-Raape EG. z. BGB. Bem. F vor I zu Art. 15; Palandt-Lauterbach BGB. Vorbem. 10 vor Art. 7 EG.). Diesen Grundsatz will auch das Berufungsgericht anwenden; es führt ihn jedoch nicht folgerichtig durch. Wenn es ausführt, daß die beiden von der belgischen und französischen Rechtsprechung für das Gesellschaftsverbot angeführten Gründe — ehemännliche Gewalt und Unveränderbarkeit der Eheverträge — als gleichwertig angesehen würden, der eine Grund aber, nämlich die Unveränderbarkeit der Eheverträge, hier entfalle, weil über die güterrechtlichen Verhältnisse der Parteien deutsches Recht entscheide, und somit nur der andere, auf der ehelichen Verbindung als solcher beruhende Grund übrig bleibe, so hat es in Wirklichkeit die nach den Art. 14 und 15 EG. z. BGB. gebotene Einordnung des Gesellschaftsverbots nicht vorgenommen, sondern lediglich auf die Umstände des Einzelfalls abgestellt und damit die Entscheidung vorweggenommen. Die Gründe, die zu einer ausländischen Rechtsvorschrift Anlaß gegeben haben, können für sich allein überdies nicht ausschlaggebend sein. In jedem Fall ist der deutsche Richter auch dann, wenn diese Gründe als „gleichwertig" anzusehen sein sollten, genötigt, unter Heranziehung vor allem der Wirkungen der Rechtsvorschrift zu der Frage Stellung zu nehmen, ob sie das Gebiet der persönlichen Rechtsbeziehungen der Ehegatten oder das ihrer güterrechtlichen Verhältnisse betrifft. Das Revisionsgericht kann die Frage im Rahmen der ihm zustehenden Nachprüfung, ob die Anwendung nichtrevisiblen Rechts auf einer Verletzung revisiblen Rechts beruht, von sich aus entscheiden. Diese Entscheidung hat nach Ansicht des erkennenden Senats dahin zu gehen, daß das Verbot der Ehegattengesellschaft eine das eheliche Güterrecht betreffende Rechtsvorschrift darstellt. Für diese Einordnung spricht schon die Erwägung, daß ein Erwerbszwecken dienender gemeinschaftlicher Geschäftsbetrieb an sich lediglich dem vermögensrechtlichen Gebiete angehört und die persönlichen Rechtsbeziehungen der Ehegatten nur mittelbar beeinflußt. Demgemäß wird auch von Planiol-Ripert (a. a. O. S. 264 unter 1) die Erwägung, daß eine Gesellschaft unter Ehegatten deren „rapports d'intérêts" abändern würde und daher dem Grundsatz der Unveränderbarkeit (Unwandelbarkeit) der Eheverträge zuwiderlaufe, als die Haupterwägung bezeichnet, auf die sich die Rechtsprechung über das Gesellschaftsverbot stützt. Auch Hémard (a. a. O. S. 108, 110) hält diesen Grund für den wirklich entscheidenden.

Ist nach alledem das Verbot der Ehegattengesellschaft als eine dem Güterrecht angehörige Vorschrift anzusehen, so ist es im vorliegenden Fall unanwendbar, weil sich die güterrechtlichen Beziehungen der Parteien nach der zutreffenden Annahme des Berufungsgerichts nach deutschem Recht regeln.

IV. Das Berufungsgericht muß hiernach, soweit es der Beklagten ungünstig ist, aufgehoben und die Sache zu neuer Verhandlung und Entscheidung an das Berufungsgericht zurückverwiesen werden. Auf Grund der neuen Verhandlung wird das Berufungsgericht abschließend dazu Stellung zu nehmen haben, ob und auf welche Weise zwischen den Parteien ein Gesellschaftsverhältnis zustande gekommen ist, gegebenenfalls auch zu der vom Kläger erklärten Anfechtung des Vertrags vom 9. Oktober 1937. Mit seinem auf Feststellung der Nichtigkeit dieses Vertrages gerichteten Antrag ist er zwar vom Berufungsgericht abgewiesen worden, ohne daß er hiergegen ein Rechtsmittel eingelegt hätte. Sein im zweiten Rechtsgange gestellter, auf Feststellung des Nichtbestehens eines Gesellschaftsverhältnisses gerichteter Antrag umfaßt aber als der weitergehende auch den Fall, daß das Gesellschaftsverhältnis infolge wirksamer Anfechtung (oder auch wegen Formmangels) als nicht bestehend anzusehen ist. Sollte sich ergeben, daß ein Gesellschaftsverhältnis zwischen den Parteien erst durch den Vertrag vom 9. Oktober 1937 zustande gekommen, dieser Vertrag aber aus einem der erwähnten Gründe nichtig ist, so wäre damit dem von der Beklagten mit ihrer Anschlußberufung gestellten Antrage noch nicht der Boden entzogen, wie aus den vorstehenden Ausführungen unter III Abs. 3 a. E. folgt.

RGZ. 165, 398

1. Ist eine sogenannte ungarische Ehe und eine ihrem Abschlusse vorausgegangene, durch ein ungarisches Gericht dem Bande nach ausgesprochene Trennung der ersten Ehe von römisch-katholischen Oesterreichern im Inlande rechtswirksam, wenn ein Teil Inländer geblieben ist?

2. Kann die Rechtswirksamkeit einer Ehe mit Beschränkung auf das Geltungsgebiet des österreichischen Rechts festgestellt werden?

ABGB. §§ 4, 37, 62, 111.

IV. Zivilsenat. Urt. v. 24. Januar 1941.

I. Deutsches Landgericht Brünn. II. Deutsches Oberlandesgericht Prag.

Dr. H. K. heiratete am 15. November 1898 vor dem römisch-katholischen Pfarramt in Brünn die jetzige Klägerin. Die Ehegatten waren beide römisch-katholisch. Die Ehe wurde am 30. November 1911 gerichtlich von Tisch und Bett einverständlich geschieden. Um eine nach dem damals in Oesterreich geltenden Recht gemäß §§ 111 und 62 ABGB. unzulässige weitere Ehe einzugehen, ließen sowohl der Mann wie auch seine Braut, die jetzige Beklagte, sich je von einem ungarischen Staatsangehörigen an Kindes Statt annehmen, wodurch beide die ungarische Staatsbürgerschaft erwarben. Der Mann wurde auch aus dem österreichischen Staatsverband entlassen. Diese Entlassung erstreckte sich aber nicht auf die Klägerin, die Inländerin blieb und in der folgenden Zeit tschechoslowakische Staatsangehörige wurde. Der Mann erreichte durch Klage vor dem ungarischen Gericht die Lösung seiner Ehe mit der Klägerin durch Säumnisurteil vom 23. August 1912. Darauf heiratete er in Ungarn am 11. September 1912 seine gleichfalls Ungarin gewordene Braut. Nach dem Tode des Mannes am 13. März 1937 machten beide Frauen Versorgungsansprüche aus der Beamtenstellung des Verstorbenen geltend. Die Verwaltungsbehörden verweigerten ihnen das Witwengeld, insbesondere der Klägerin, weil die Ehe getrennt sei und darüber, ob das ungarische Trennungserkenntnis im Inlande gelte, nur die Gerichte zu entscheiden hätten. Daher hat die Klägerin beantragt, festzustellen, daß im Gebiete des österreichischen Rechts sowohl das Trennungsurteil wie auch die zweite Ehe des Mannes keine Rechtswirkung hätten und daß sie die alleinige Witwe sei. Die beklagte zweite Frau hat um Abweisung dieses Klagebegehrens gebeten, weil das rechtliche Interesse an der alsbaldigen Feststellung fehle; denn der Verstorbene sei zur Zeit seines Ablebens nicht Inländer gewesen, so daß ein Witwenversorgungsanspruch nach ihm nicht bestehe; außerdem aber auch, weil das Begehren unbegründet sei, da die zweite Ehe gültig und die erste dem Bande nach gelöst sei.

Das Gericht des ersten Rechtsganges hat im Sinne des Klagebegehrens erkannt. Das Interesse sei jedenfalls gegeben; denn wenn kein Witwenversorgungsanspruch des Mannes bestehe, so ergebe sich doch ein anderer Versorgungs- oder Ersatzanspruch an dessen Stelle. Das Begehren sei begründet; denn die Klägerin sei immer Inländerin gewesen. Eine Trennung ihrer Ehe hätte daher nur nach inländischem Recht ausgesprochen werden können. Dem hätten aber die Vorschriften der §§ 111 und 62 ABGB. entgegengestanden. Die Scheidung oder Trennung der Ehe einer Inländerin hätte mit rechtlicher Wirkung auch nur ein inländisches Gericht aussprechen können. Das Trennungsurteil des ungarischen Gerichts sei daher im Inlande nicht wirksam. Gegen die zweite Ehe habe das Hindernis des Ehebandes (§§ 111, 62 ABGB.) bestanden.

Das Berufungsgericht hat auf die Berufung der Beklagten das Feststellungsbegehren abgewiesen. Das Interesse sei zwar mit Recht angenommen worden. Die zweite Ehe sei aber als gültig anzusehen; denn die Gültigkeit einer von Ausländern im Auslande geschlossenen Ehe sei nach dem ausländischen Recht zu beurteilen; für das ausländische Recht sei die erste Ehe als dem Bande nach gelöst anzusehen gewesen. Sei die zweite Ehe gültig, so sei die erste Ehe als gelöst anzusehen, da die Frau nicht als verheiratet angesehen werden könne, wenn der Mann nicht mehr an die Ehe gebunden sei. Die Trennung könne begrifflich nicht einseitig sein. Die Ehe sei daher durch das ungarische Erkenntnis gelöst worden. Die Revision der Klägerin hatte teilweise Erfolg.

Gründe:

1. Die Klägerin begehrt die Feststellung, daß das ausländische Erkenntnis auf Trennung ihrer Ehe dem Bande nach im Gebiete des österreichischen Rechts keine Wirkung habe und daß sie die Witwe des Mannes sei, mit dem sie die Ehe verband. Gegenwärtig ist die Ehe jedenfalls durch den Tod des Mannes aufgelöst; das steht aber nicht der Feststellung entgegen, daß sie vorher nicht aufgelöst gewesen und die Klägerin daher die Witwe des Mannes sei. Diese Feststellung setzt voraus, daß die Klägerin mit dem Mann in der Ehe bis zu seinem Tode verbunden gewesen ist. Daher kommt es darauf an, ob ihre Ehe durch das ausländische Trennungserkenntnis oder etwa auch durch den Abschluß der zweiten Ehe des Mannes gelöst worden

ist. Beiden Umständen kommt aber keine die Ehe auflösende Wirkung zu.

a) Zur Zeit des ausländischen Urteils vom 23. August 1912 war der Mann nach Entlassung aus dem österreichischen Staatsverband Ausländer, während die Klägerin Inländerin geblieben war. Der Wechsel der Staatsangehörigkeit des Mannes war für sie ohne Rechtsfolge; denn die Ehe war von Tisch und Bett geschieden (§ 11 des Gesetzes vom 3. Dezember 1863, Öst. RGBl. Nr. 105).

Wieweit ein ausländisches Erkenntnis auf Auflösung einer Ehe zwischen einer inländischen Frau und einem ausländischen Manne Rechtswirkungen hat, ist eine Frage des zwischenstaatlichen bürgerlichen Rechts, des sogenannten internationalen Privatrechts. Dieses bestimmt, unter welchen Voraussetzungen ein fremder Staat die Ehe einer Inländerin durch seinen Ausspruch mit Wirkung für das Inland rechtlich umgestalten kann. Damit, ob nach den einschlägigen verfahrensrechtlichen Bestimmungen eine Zuständigkeit im Auslande gegeben war, hat das nichts zu tun. Die Wirksamkeit des ausländischen Ehetrennungsausspruchs ist nach der Rechtslage im Zeitpunkte des Ausspruchs zu beurteilen. Für das danach maßgebende österreichische Recht ist von folgenden Erwägungen auszugehen: Die Ehe ist ein persönliches Rechtsverhältnis, das zwar auf einem Vertrage beruht, bei dem aber das Wesen des Vertrages stark zurücktritt. Der Inhalt der Ehe, für deren Abschluß es einer bestimmten Form bedarf, ist der Parteiwillkür vollständig entrückt; es gibt keine Vertragsfreiheit. Der Eheabschluß fällt daher nicht als Vertrag in das Gebiet der gemischten Satzungen; maßgebend ist vielmehr grundsätzlich das sogenannte „Personalstatut" des Mannes. Dabei ist für die Scheidung und Trennung der Ehe das zur Zeit der Umgestaltung der Ehe geltende Recht maßgebend. Hieraus erwachsen keine Schwierigkeiten, soweit beide Ehegatten dem gleichen Personalstatut unterstehen. Ist aber, wie hier, die Frau Inländerin geblieben, so tritt der Anwendung des für den Mann geltenden Rechts der Umstand entgegen, daß der Staat besonderen Wert darauf legt, auf seine Staatsangehörigen die von ihm gesetzten Normen über die Scheidung und Trennung der Ehe anzuwenden. Der Staat hat diese Normen, an deren Beobachtung ihm besonders gelegen ist, zu zwingenden Vorschriften gestaltet. Er allein bestimmt also, ob und unter welchen Umständen das seine Staatsangehörigen bindende Eheband zu lösen ist und die öffentlichen Belange eine Befreiung von den Pflichten aus der Ehe gestatten. Dieser Grundsatz muß in gleicher Weise gelten, wenn nur einer der Ehegatten Inländer ist, und daher dazu führen, einer Scheidung oder Trennung durch ein ausländisches Gericht die Anerkennung jedenfalls dann zu versagen, wenn die Voraussetzungen des inländischen Rechts dafür nicht erfüllt sind. Erforderlich ist danach, daß die Trennung der Ehe dem Bande nach auch nach dem inländischen Recht zulässig ist. Im Ergebnis stimmt dies mit den Grundsätzen des reichsdeutschen zwischenstaatlichen Rechts überein (vgl. Art. 17 Abs. 3 EG. z. BGB.).

Der Trennung der Ehe dem Bande nach stand nach dem inländischen Recht das Hindernis des § 111 ABGB. entgegen; denn beide Ehegatten waren zur Zeit der Eingehung der Ehe katholisch, und das Band einer gültigen Ehe zwischen katholischen Personen konnte nur durch den Tod des einen Ehegatten gelöst werden.

b) Die Ehe konnte ihre Geltung auch nicht durch die Eingehung einer zweiten im Auslande geschlossenen und für den ausländischen Rechtsbereich gültigen Ehe verlieren. Dazu fehlt im Gesetz jeder Anhalt. Wenn auch das Bestehen zweier Ehen nebeneinander ohne weiteres als gegen den Begriff der Ehe und das Gesetz verstoßend angesehen werden muß, so folgt daraus ohne gesetzliche Bestimmung noch keineswegs, daß die zweite Ehe die erste aufgelöst hätte. Ebensowenig folgt daraus, daß durch das Hinzutreten der zweiten Ehe nun das Trennungserkenntnis auch gegenüber der — Inländerin gebliebenen — ersten Ehefrau des Mannes Geltung erlangt hätte, etwa unter dem Gesichtspunkte, daß der Mann sich als Ausländer im Auslande mit einer Ausländerin gültig wieder verheiraten konnte und die Ehe als begrifflich zweiseitiges Verhältnis nicht für einen Teil weiterbestehen kann, wenn die Verpflichtungen für den anderen Teil gelöst sind. Dies trifft nicht das Wesentliche; denn die Ehe ist auch hier für beide Teile gleich zu behandeln, verschieden nur eben je nach dem Recht, das dem zwischenstaatlichen Recht gemäß auf die Ehe anzuwenden ist. Nach inländischem Recht ist die erste Ehe für beide Gatten weiterhin bestehen geblieben; nach dem ausländischen Recht ist sie für beide gelöst. Der Staat muß eine und dieselbe Ehe immer vom gleichen Recht aus beurteilen, und zwar, wenn es sich um das eheliche Schicksal eines eigenen Staatsbürgers handelt, nach den von ihm aufgestellten Normen (vgl. Piekarski Ehescheidung und Ehetrennung S. 20).

Auch die mit dem neuen Eherecht einsetzende Rechtsentwicklung ergibt nicht, daß die erste Ehe als durch die zweite gelöst angesehen werden könnte. Allerdings kennt das neue Eherecht zwei Fälle einer solchen Auflösung: die Wiederverheiratung nach einer Todeserklärung, wenn beide Ehegatten in dem guten Glauben waren, daß der Toterklärte nicht mehr lebe (§ 43 Abs. 2 EheGes.), und — unter Beschränkung auf das Land Oesterreich — die unter Nachsicht vom Ehehindernis des Ehebandes geschlossenen Ehen, wenn die Ehegemeinschaft am Stichtage (1. April 1938) bestand und die Ehe nicht auf Grund eines befristeten Antrages für nichtig erklärt wurde (§ 122 Abs. 1 EheGes.). In beiden Fällen handelt es sich aber um besonders geregelte Einzelfälle, die nicht auf einen vom Gesetzgeber aufgestellten allgemeinen Grundsatz schließen lassen. Insbesondere kann nicht daraus, daß das Ehegesetz bei der Regelung der Dispensehenfrage grundsätzlich der zweiten Ehe die stärkere Wirkung beigelegt hat, entnommen werden, daß es auch sonst im Sinne des Gesetzes liege, solchen Ehen, die schon früher unter gewisser obrigkeitlicher Duldung in Umgehung der Unlösbarkeit einer bestehenden Ehe geschlossen worden waren, eine die frühere Ehe lösende Wirkung beizumessen.

2. Die Klägerin hat ferner beantragt, festzustellen, daß die zweite in Ungarn geschlossene Ehe mit der Beklagten in dem Gebiete des österreichischen Rechts keine Rechtswirksamkeit habe. Für die Frage, welches Recht die Gültigkeit einer von Ausländern im Auslande geschlossenen Ehe bestimmt, ist, wie bereits oben erwähnt, das Statut der Ehegatten im Zeitpunkte der Eingehung der Ehe maßgebend. Seine Aenderung in der Folgezeit kann die Beurteilung nicht mehr ändern. Die Gültigkeit der zweiten Ehe ist daher, da beide Ehegatten im Zeitpunkte der Eheschließung die ungarische Staatsangehörigkeit besaßen, nach ungarischem Recht zu beurteilen, und zwar einschließlich der Vorfrage, ob die erste Ehe des Mannes dem Bande nach damals noch bestand oder bereits getrennt war. Die erste Ehe war für den Bereich des ungarischen Rechts wirksam aufgelöst, so daß der zweiten Ehe in Ungarn das Ehehindernis des bestehenden Ehebandes nicht entgegenstand. Die zweite Ehe ist daher nach zwischenstaatlichem Recht als gültig anzusehen. Dem steht auch nicht entgegen, daß unter Zugrundelegung des maßgeblichen Rechts auch die nach inländischem Recht zu beurteilende erste Ehe als gültig anzusehen ist. Ebensowenig wie sich aus der Gültigkeit der zweiten Ehe die Ungültigket der ersten ergeben muß, ist aus der Gültigkeit der ersten Ehe auf die Ungültigkeit der zweiten denknotwendig zu schließen. Beide Ehen sind eben von verschiedenen rechtlichen Standpunkten aus zu betrachten.

Dazu kommt noch, daß die Möglichkeit, einen der zweiten Ehe zunächst anhaftenden Mangel geltend zu machen, nach dem für sie maßgebenden ungarischen Recht zu beurteilen wäre. Das ungarische Recht kennt aber in seinen Bestimmungen des Gesetzes über das Eherecht, Artikel 31 aus 1894, keine Anfechtung der Gültigkeit einer Ehe von Amts wegen, sondern nur die Einleitung des Nichtigkeitsprozesses während des Bestandes der Ehe durch jeden, der bezüglich der Gültigkeit der späteren Ehe ein rechtliches Interesse hat (§ 47 Buchst. c); es schließt nach Aufhören der Ehe jeden Nichtigkeitsprozeß aus (§ 49) und läßt die Ehe mit dem Tod eines Ehegenossen aufhören (§ 73 Buchst. a). Ein Mangel der Ehe wird somit nach ungarischem Recht in jedem Falle mit der Auflösung der Ehe durch den Tod des Mannes geheilt. Das ungarische Recht läßt es also, wenn die Ehe aufgehört hat, bei ihrem Bestand und ihrer Wirksamkeit bewenden, auch wenn sich später herausstellen sollte, daß die Ehe mit einem Nichtigkeitsgrunde, insbesondere auch dem der Doppelehe, behaftet war.

Das großdeutsche Eherecht hat im § 28 EheGes. übrigens die Geltendmachung der Nichtigkeit einer Ehe — auch wegen Doppelehe — in ähnlicher Weise dahin eingeschränkt, daß eine bereits aufgelöste Ehe nur vom Staatsanwalt und nach dem Tode beider Ehegatten überhaupt nicht mehr angefochten werden kann. Danach kann sich auch nach dem geltenden inländischen Eherecht ergeben, daß mangels Geltendmachung der Nichtigkeit durch den Staatsanwalt die Rechtswirksamkeit zweier miteinander im Widerspruch stehenden Ehen bestehen bleibt; denn gemäß § 27 EheGes. ist von der Gültigkeit der Ehe auszugehen, solange nicht das Gericht im gegenteiligen Sinn erkannt hat.

Ist somit nach dem für die zweite Ehe maßgebenden ungarischen Recht die Ehe als gültig anzusehen, so kommt es darauf, welche Staatsangehörigkeit die Beklagte gegenwärtig besitzt, nicht an.

Dem Klagebegehren, die Rechtsunwirksamkeit der zweiten Ehe festzustellen, kann daher nicht entsprochen werden. Dementsprechend kann auch nicht festgestellt werden, daß die Klägerin die alleinige Witwe nach dem verstorbenen Mann ist, sondern nur, daß sie Witwe nach ihm ist.

3. Die Klägerin will die Wirkungen der Feststellung auf das Geltungsgebiet des österreichischen Rechts einschränken. Diese Einschränkung würde aber dem öffentlich-rechtlichen und daher jeder Einflußnahme der Parteien entrückten Grundsatze widersprechen, daß die von einem deutschen Gericht gefällten Erkenntnisse alle deutschen Gerichte binden und im ganzen Deutschen Reiche Geltung haben. Wenn auch heute im Deutschen Reiche noch verschiedene Rechtsgebiete bestehen, so folgt daraus noch nicht eine Beschränkung der Geltung der Erkenntnisse der Gerichte auf diese einzelnen Gebiete. Daher hat die Beschränkung auf das Geltungsgebiet des österreichischen Rechts zu unterbleiben, ohne daß damit gegen den Grundsatz der Bindung an den Antrag der Parteien nach § 405 tschechoslow. ZPO. verstoßen würde.

RGZ. 167, 193 †

1. Sind die deutschen Gerichte für die Scheidung der Ehen niederländischer Staatsangehöriger zuständig?

2. Ist daran festzuhalten, daß deutsche Gerichte gegenüber Eheleuten ausländischer Staatsangehörigkeit nicht auf beständige Trennung von Tisch und Bett erkennen dürfen?

EG. z. BGB. Art. 17. ZPO. §§ 328, 606.

IV. Zivilsenat. Urt. v. 11. Juni 1941.

I. Landgericht Aachen. II. Oberlandesgericht Köln.

Die Parteien, niederländische Staatsangehörige, haben am 28. Februar 1938 in E. die Ehe geschlossen, aus der eine Tochter hervorgegangen ist. Die Klägerin hat mit der Klage Scheidung der Ehe auf Grund des Art. 264 Nr. 4 des niederländischen Bürgerlichen Gesetzbuches (Burgerlijk Wetboek) und des § 49 EheGes. begehrt. Der Beklagte hat beantragt, die Klage abzuweisen, anderenfalls die Klägerin für überwiegend schuldig zu erklären. Das Landgericht hat die Ehe der Parteien geschieden und den Beklagten für schuldig erklärt. Hiergegen hat dieser Berufung eingelegt. Die Klägerin hat beantragt, die Berufung zurückzuweisen, hilfsweise mit der Maßgabe, daß an Stelle der Scheidung die Trennung von Tisch und Bett gemäß Art. 288 des niederländischen Bürgerlichen Gesetzbuches ausgesprochen werde. Das Oberlandesgericht hat die Klägerin sowohl mit dem Scheidungs- wie mit dem Trennungsbegehren abgewiesen. Ihre Revision wurde zurückgewiesen.

Gründe:

I. Gegen die Zuständigkeit der deutschen Gerichte bestehen auch für die Scheidungsklage keine Bedenken. Die Niederlande nehmen keine ausschließliche Zuständigkeit für die Scheidung ihrer Staatsangehörigen in Anspruch, sondern erkennen deutsche Scheidungsurteile gegenüber niederländischen Staatsangehörigen, die ihren Wohnsitz in Deutschland haben, auch nach der Kündigung des Haager Ehescheidungsabkommens durch Deutschland an (Maßfeller in JW. 1935 S. 2465 und die dort mitgeteilte Verbalnote der niederländischen Gesandtschaft; Jonas-Pohle ZPO. Bem. VIII E Nr. 37 a. E. zu § 328, Bem. III 2a zu § 606; Staudinger-Raape EG. z. BGB. Bem. F II 2kβ Nr. 8 zu Art. 17; Bergmann Internationales Ehe- und Kindschaftsrecht, 2. Aufl., 1. Bd. S. 404 Fußnote 2 Abs. 2; KG. in JW. 1936 S. 1688 Nr. 24).

II. Sachlich sind für die Scheidung die niederländischen Gesetze maßgebend (Art. 17 Abs. 1 EG. z. BGB.); jedoch darf der deutsche Richter auf Scheidung nur erkennen, wenn diese auch nach den deutschen Gesetzen zulässig sein würde (Abs. 4 das.). Die von der Revision aufgeworfene Frage, ob das niederländische Recht für Ehesachen eine Rückverweisung auf das deutsche Recht ausspricht (Art. 27 EG. z. BGB.), ist zu verneinen, weil Art. 6 des niederländischen Gesetzes vom 15. Mai 1829 (Bergmann a. a. O. S. 404) vorschreibt, daß die den Personenstand betreffenden Gesetzesvorschriften für Niederländer auch verbindlich sind, wenn sie sich im Auslande befinden.

Das Berufungsgericht hat die Scheidungsklage abgewiesen, weil es die Voraussetzungen des Art. 264 Nr. 4 des niederländischen Bürgerlichen Gesetzbuches, daß das Leben des Mißhandelten in Gefahr gebracht oder ihm gefährliche Verwundungen zugefügt worden sind, nicht als dargetan ansieht. Es legt diese Vorschrift dahin aus, daß es für die Bewertung der Mißhandlung als Scheidungsgrund lediglich auf den Erfolg ankomme, und verneint auf Grund der von ihm vorgenommenen tatsächlichen Würdigung, daß nach der Art der der Klägerin vom Beklagten beigebrachten Verletzungen die Gefahr ernsthafter Folgen bestanden habe. Gegen diese Beurteilung wendet sich die Revision ohne Erfolg. Zwar wäre auch eine Auslegung des Art. 264 Nr. 4 dahin denkbar gewesen, daß es vor allem auf die Art und Weise der Mißhandlung, nicht lediglich auf ihre tatsächlich eingetretenen Folgen ankomme. Das Berufungsgericht hat sich jedoch für eine andere Auslegung dieser Vorschrift entschieden. Insoweit handelt es sich ausschließlich um die Anwendung ausländischen, der Nachprüfung des Revisionsgerichts nicht unterliegenden Rechts. Die Revision verweist noch auf die Vorschrift des Art. 272 des niederländischen Bürgerlichen Gesetzbuches über die Zulässigkeit unterstützender Heranziehung verziehener Scheidungsgründe. Diese Vorschrift hat jedoch das Berufungsgericht, wie seine Ausführungen ergeben, keineswegs übersehen.

III. Gegen den von der Klägerin im zweiten Rechtsgange gestellten Hilfsantrag auf Trennung der Ehe von Tisch und Bett bestehen keine Bedenken verfahrensrechtlicher Art. Der Schriftsatz, mit dem sie diesen Anspruch in den Rechtsstreit eingeführt hat, entspricht den Erfordernissen einer Anschlußberufung.

Nach Art. 288 des niederländischen Bürgerlichen Gesetzbuches steht es in den Fällen, die Anlaß zur Ehescheidung geben, den Ehegatten frei, die Trennung von Tisch und Bett zu beantragen; sie können diesen Anspruch auch geltend machen wegen Unmäßigkeit, Mißhandlungen und grober Beleidigungen, die der eine Ehegatte gegen den anderen begeht. Trennung von Tisch und Bett kann mithin nach niederländischem Recht auch wegen minder schwerer, nicht unter Art. 264 Nr. 4 fallender Mißhandlungen begehrt werden. Das Berufungsgericht hat die Klägerin mit diesem Anspruch abgewiesen, weil nach dem Beschlusse der Vereinigten Zivilsenate des Reichsgerichts vom 12. Oktober 1903 (RGZ. Bd. 55 S. 345 flg.) von deutschen Gerichten auch gegenüber Ausländern nicht auf Trennung von Tisch und Bett erkannt werden dürfe und dieser Grundsatz heute um so mehr gelten müsse, als das Ehegesetz vom 6. Juli 1938 in §§ 114 flg. die im Lande Oesterreich früher gegebene Möglichkeit der Scheidung von Tisch und Bett beseitigt habe. Die Revision bittet um Nachprüfung, ob der in dem Beschlusse vom 12. Oktober 1903 aufgestellte Grundsatz noch heute Geltung haben könne. Von der Bindung an diesen Beschluß ist der Senat durch Art. 2 des Gesetzes zur Aenderung von Vorschriften des Strafverfahrens und des Gerichtsverfassungsgesetzes vom 28. Juni 1935 (RGBl. I S. 844) befreit. Er hält jedoch auf Grund erneuter Prüfung der Rechtsfrage an dem darin aufgestellten Grundsatze fest.

Daß auch gegenüber Ausländern in Deutschland nicht auf beständige Trennung von Tisch und Bett erkannt werden dürfe, war bereits seit dem Inkrafttreten des Personenstandsgesetzes vom 6. Februar 1875 auf Grund der Vorschriften des § 77 dieses Gesetzes feststehende Rechtsprechung des Reichsgerichts (vgl. u. a. RGZ. Bd. 3 S. 27, Bd. 11 S. 29). Ob § 77 des Personenstandsgesetzes als aufgehoben anzusehen ist oder nicht, hat das Reichsgericht in dem Beschlusse vom 12. Oktober 1903 dahingestellt gelassen. Es hat aber den Ausspruch einer beständigen Trennung von Tisch und Bett auch gegenüber Ausländern nach wie vor für unzulässig erklärt, und zwar nunmehr auf Grund des Art. 17 EG. z. BGB. Daran hat es bis in die neueste Zeit festgehalten (vgl. die Urteile des erkennenden Senats vom 28. Februar 1927 in WarnRspr. 1927 Nr. 95 und vom 17. Februar 1936 in RGZ. Bd. 150 S. 283 [285]). Die deutschen Gerichte sind dem Reichsgericht ausnahmslos gefolgt. Seit Jahrzehnten liegt also ein fester Gerichtsgebrauch vor, von dem abzuweichen nur dann Veranlassung bestände, wenn dies durch zwingende und überzeugende Gründe gerechtfertigt wäre. Solche Gründe können heute weniger denn je als gegeben angesehen werden.

Die Unzulässigkeit des Ausspruchs einer beständigen Trennung von Tisch und Bett hat der Beschluß vom 12. Oktober 1903 vor allem aus dem Wortlaut und der Entstehungsgeschichte des Art. 17 EG. z. BGB. und der Aenderung der Zivilprozeßordnung vom 17. Mai 1898 hergeleitet. Der Senat erachtet diese Erwägungen. zum mindesten in ihrem Zusammenhalt, für durchschlagend. In dem Beschluß ist insbesondere auch der Zusammenhang zwischen der Entstehungsgeschichte des Art. 17 EG. z. BGB. und den zu gleicher Zeit im Gange befindlichen zwischenstaatlichen Bestrebungen zur Schaffung eines zwischenstaatlichen bürgerlichen Rechts eingehend behandelt worden, die zu jener Zeit bereits zu einem gewissen Abschlusse gelangt waren. In dem damals vorliegenden, aus den Beschlüssen des Zweiten Haager Kongresses für internationales Privatrecht von 1894 hervorgegangenen und auch von den deutschen Vertretern unterzeichneten Entwurfe war nicht nur der Ausspruch der Scheidung dem Bande nach, sondern auch der der Trennung von Tisch und Bett davon abhängig gemacht, daß diese sowohl von dem Rechte des Heimatstaates der Ehegatten als auch von dem am Gerichtssitze geltenden Rechte zugelassen sei. Die Reichstagskommission und der Reichstag haben sich ersichtlich den Ergebnissen der Zweiten Haager Privatrechtskonferenz gefügt, indem sie gegen die Fassung des Art. 16 des dem Reichstage vorgelegten Entwurfs, der — abgesehen von einer durch die Zulassung der Aufhebung ehelicher Gemeinschaft veranlaßten Aenderung des Abs. 4 — als Art. 17 EG. Gesetz geworden ist, keine Bedenken oder Widersprüche mehr erhoben haben. Es wäre auch widersinnig gewesen, wenn der deutsche Gesetzgeber innerstaatlich eine andere Auffassung vertreten hätte als für die in Aussicht stehende zwischenstaatliche Regelung, da eine von dieser abweichende innerstaatliche Bestimmung mit dem Inkrafttreten des zwischenstaatlichen Abkommens jedenfalls im Verhältnis zu den Vertragsstaaten sofort wieder beseitigt worden wäre.

Auch die weitere Rechtsentwicklung bestätigt die Richtigkeit des von den Vereinigten Zivilsenaten im Beschlusse vom 12. Oktober 1903 vertretenen Standpunkts. Als dieser Beschluß erging, hatte Deutschland das Haager Ehescheidungsabkommen vom 12. Juni 1902 noch nicht vollzogen. Dies ist erst im Jahre 1904 geschehen (RGBl 1904 S. 231, 249). Hierbei konnte der deutsche Gesetzgeber davon ausgehen und ist zweifellos auch davon ausgegangen, daß die in dem Abkommen getroffene Regelung mit der innerstaatlichen Regelung in Einklang stehe. Aus der Vollziehung des Abkommens ergab sich mit einer jeden Zweifel ausschließenden Deutlichkeit, daß gegenüber Angehörigen der Vertragsstaaten, insbesondere also auch gegenüber niederländischen Staatsangehörigen, in Deutschland nicht auf Trennung von Tisch und Bett erkannt werden konnte, weil diese Rechtseinrichtung dem deutschen Recht unbekannt ist (Art. 1 Abs. 2, Art. 2 Abs. 2 des Abkommens). Das Abkommen ist von Deutschland zwar zum 1. Juni 1934 gekündigt worden, jedoch aus Gründen, die mit der Frage der Zulässigkeit der Trennung von Tisch und Bett nichts zu tun haben.

Schon der frühere Reichsgesetzgeber hatte, wie bereits die Vorschriften des § 77 des Personenstandsgesetzes vom 6. Februar 1875 zeigten, gegenüber der dem kanonischen Recht entstammenden Rechtseinrichtung der beständigen Trennung von Tisch und Bett eine durchaus ablehnende Haltung eingenommen, weil er den durch sie geschaffenen Zustand — Auflösung der ehelichen Gemeinschaft bei Fortbestehen des Ehebandes und mithin Ausschluß des Rechtes zur Wiederverheiratung bei Lebzeiten des anderen Ehegatten — für durchaus unerwünscht hielt. . . .

Das Schrifttum, insbesondere das neuere, billigt überwiegend den Standpunkt des Beschlusses vom 12. Oktober 1903. Von den Schriftstellern, die eine abweichende Meinung vertreten, wollen die meisten zwar nicht den Ausspruch der Trennung von Tisch und Bett, wohl aber den der Aufhebung der ehelichen Gemeinschaft zulassen, wenn nach dem Heimatrecht der Ehegatten ein Trennungsgrund und nach deutschem Recht ein Scheidungsgrund gegeben ist. Dieser Ansicht ist jetzt durch die Aufhebung der §§ 1575, 1576 BGB. im § 84 EheGes*) der Boden entzogen.

Für die Zulassung der Trennung von Tisch und Bett bei Ausländern wird geltend gemacht, daß solche Ausländer, deren Heimatrecht eine Scheidung der Ehe dem Bande nach überhaupt nicht kennt oder sie nur unter schwereren Voraussetzungen als das deutsche Recht zuläßt, in Deutschland rechtlos seien, wenn ihnen nicht wenigstens die nach ihrem Heimatrecht zulässige Trennung von Tisch und Bett gewährt werde. Dieser Einwand kann nicht als berechtigt anerkannt werden. In aller Regel sind Ausländer in der Lage, die Trennung von Tisch und Bett in ihrem Heimatstaate herbeizuführen. Ist dies ausnahmsweise nicht der Fall, weil ihr Heimatrecht den im Auslande wohnhaften Staatsangehörigen hierfür keinen inländischen Gerichtsstand zur Verfügung stellt (wie dies in den Niederlanden der Fall ist, RGZ. Bd. 147 S. 387) oder weil nach der Gestaltung des heimatlichen Verfahrensrechts die Anrufung eines Heimatgerichts aus tatsächlichen Gründen unmöglich ist (vgl. den Fall RGZ. Bd. 150 S. 285), so geht diese Rechtlosigkeit ausschließlich zu Lasten des Heimatrechts der Ehegatten. In Deutschland sind sie aber auch in diesen Fällen nicht rechtlos, da sie hier beim Vorliegen eines Trennungsgrundes die Herstellung der ehelichen Gemeinschaft selbst dann verweigern können, wenn ihr Heimatrecht die Berechtigung hierzu von der Erwirkung eines Trennungsurteils abhängig macht (RGZ. Bd. 150 S. 283).

Dieses alles gebietet, an dem Grundsatze festzuhalten, daß deutsche Gerichte gegenüber Eheleuten ausländischer Staatsangehörigkeit nicht auf beständige Trennung von Tisch und Bett erkennen dürfen.

*) Jetzt § 78 Kontrollratsgesetz Nr. 16 v. 20. 2. 1946.

Verhältnis des Bürgerlichen Rechts zu den Reichsgesetzen

RGZ. 69, 247

Erstreckt sich die Hypothek auf die Schadensersatzforderung wegen Beschädigung durch Bergbau, und geht daher in der Zwangsversteigerung des Grundstückes die Forderung auf den Ersteher über?

EG. z. BGB. Artt. 52, 53, 67 Abs. 2. Preuß. AG. z. BGB. Art. 37. BGB. §§ 1127, 1128. ZVG. §§ 20, 55, 90, 91, 92.

I. Landgericht Beuthen. II. Oberlandesgericht Breslau.

V. Zivilsenat. Urt. v. 26. September 1908.

In einem Vorprozesse des Klägers gegen H. wurde dieser, weil durch dessen Bergbau ein Grundstück, das der Kläger damals besaß, beschädigt worden war, verurteilt, den früheren Zustand der Gebäude wiederherzustellen, die Mietausfälle zu ersetzen und an den Kläger 4706 M. zu zahlen. Nachdem das Grundstück zur Zwangsversteigerung gebracht, und von der Beklagten, die jetzt den Bergbau als Rechtsnachfolgerin des H. betreibt, erstanden worden war, machte der Kläger einen weiteren Anspruch wegen Beschädigung des Grundstückes durch den Bergbau gegen die Beklagte geltend. Der erste Richter wies die Klage, der zweite Richter die Berufung zurück. Auch die Revision des Klägers wurde zurückgewiesen, aus folgenden

Gründen:

„Der Berufungsrichter erachtet den Kläger zur Geltendmachung des Schadensersatzanspruches wegen angeblicher Beschädigung des demselben früher gehörigen Grundstückes durch den Bergbaubetrieb der Beklagten für nicht legitimiert, weil sich nach Artt. 52, 53, 67 Abs. 2 EG. z. BGB., § 1128 BGB. die Hypothek der die Zwangsversteigerung des Grundstückes betreibenden Sparkasse auch auf den angeblichen Schadensersatzanspruch erstrecke, und daher gemäß §§ 20, 55, 90 Abs. 2 ZVG. der Anspruch auf die Beklagte selbst als Ersteherin des Grundstückes mit übergegangen sei. Die Revision macht hiergegen geltend, die Artt. 52, 53 E.G enthielten keine Vorschrift, durch die der Kreis der in den §§ 1120 flg. BGB. aufgeführten Gegenstände, auf die sich die Hypothek erstrecke, erweitert werde; diese Bestimmungen des Bürgerlichen Gestzbuches seien nur teilweise für entsprechend anwendbar erklärt auf das durch jene Gesetzesvorschriften geordnete Teilungsverfahren. Es ist jedoch dem Berufungsrichter beizutreten.

Nach Artt. 52, 53 Abs. 1 Satz 1 EG. z. BGB. hat im Falle der Enteignung einer Sache auf Grund eines Reichsgesetzes ein Dritter, dem an der Sache ein Recht zusteht, wofür eine besondere Entschädigung nicht gewährt wird, nach dem Maße der Beeinträchtigung seines Rechtes an dem Entschädigungsanspruche dieselben Rechte, die ihm im Falle des Erlöschens seines Rechtes durch Zwangsversteigerung an dem Erlöse zustehen, und es finden, wenn die Entschädigung dem Eigentümer eines Grundstückes zu gewähren ist, auf den Entschädigungsanspruch die Vorschriften des § 1128 BGB. entsprechende Anwendung. Da nach dem durch Art. 37 preuß. AG. z. BGB. dem § 148 preuß. Allg. Berggesetzes vom 24. Juni 1865 hinzugefügten Abs. 2 den Hypotheken-, Grundschuld- und Rentenschuldgläubigern für Beschädigung des Grundeigentums durch den Betrieb eines Bergwerks eine besondere Entschädigung nicht gewährt wird, haben die Gläubiger von Hypotheken, die auf einem durch Bergbau beschädigten Grundstücke eingetragen sind, hinsichtlich des dem Grundstückseigentümer zustehenden Entschädigungsanspruches die vorgenannten Rechte. Der § 1128 BGB. aber bezeichnet erschöpfend die Rechtswirkungen, die damit verbunden sein sollen, daß die Hypothek sich gemäß § 1127 Abs. 1 BGB. auf die Forderung gegen den Versicherer aus einer Gebäudeversicherung erstreckt. Insbesondere sind nach Abs. 2 des § 1128 hinsichtlich der Rechte der Hypothekengläubiger auf die Forderung aus der Versicherung die für eine verpfändete Forderung geltenden Vorschriften zur Anwendung zu bringen, soweit nicht Abs. 1 Abweichendes bestimmt.

Danach kann die in Art. 53 Abs. 1 EG. z. BGB. über die entsprechende Anwendung des § 1128 BGB. gegebene Vorschrift in Verbindung mit Art. 67 Abs. 2 EG. nicht anders aufgefaßt werden, als daß die Hypothek auf den Entschädigungsanspruch, der dem Eigentümer wegen Enteignung des belasteten Grundstückes oder wegen Beschädigung durch Bergbau zusteht, sich ebenso „erstreckt", wie auf die Forderung aus der Gebäudeversicherung. Dies findet eine wesentliche Bestätigung in den Bestimmungen des Art. 53 Abs. 1 EG. Im Satze 1 des Abs. 2 ist ausdrücklich von einer „Haftung" des Entschädigungsanspruches die Rede, die unter gewissen Voraussetzungen bezüglich einer Reallast oder eines hypothekarischen Rechtes erlöschen soll; und diese Voraussetzungen sind die gleichen, unter denen hinsichtlich der Forderung aus einer Versicherung, auf die nach § 1127 Abs. 1 BGB. die Hypothek sich „erstreckt", gemäß § 1127 Abs. 2 die „Haftung" erlischt. Ferner bestimmt Art. 53 Abs. 2 Satz 2 EG., daß, wenn die Entschädigung wegen Benutzung des Grundstückes oder wegen Entziehung oder Beschädigung von Früchten oder von Zubehörstücken zu gewähren ist, die Vorschriften des § 1123 Abs. 2 Satz 1 und des § 1124 Abss. 1, 3 BGB.

entsprechende Anwendung finden; diese Vorschriften betreffen aber ebenfalls das Freiwerden von Forderungen, auf die sich die Hypothek „e r s t r e c k t", nämlich der Miet- und Pachtzinsforderungen von der „H a f t u n g" für die Hypothek. Daraus ist zu entnehmen, daß die den Hypothekengläubigern durch die Artt. 52, 53, 67 Abs. 2 EG., Art. 37 preuß. AG. z. BGB. hinsichtlich der fraglichen Entschädigungsansprüche gewährten Rechte den Inhalt haben, daß die Hypothek sich auf die Entschädigungsansprüche als Gegenstände der Haftung „erstreckt". Dieser Annahme steht der Wortlaut des Art. 52 EG., der für sämtliche Rechte Dritter, die durch die Enteignung beeinträchtigt werden, die an den Entschädigungsansprüchen erwachsenden Rechte durch eine zusammengefaßte Verweisung auf andere, entsprechende Gesetzesvorschriften bestimmt, nicht entgegen.

Die danach dem an der Sache berechtigten Dritten zugewiesenen gleichen Rechte, wie sie ihm im Falle des Erlöschens seines Rechtes durch Zwangsversteigerung an dem Erlöse zustehen, ergeben sich, wenn es sich um ein Pfandrecht an einer beweglichen Sache handelt, aus § 1247 Satz 2 BGB. dahin, daß der Entschädigungsanspruch an die Stelle der Sache tritt, und also wie diese dem Pfandrecht unterworfen wird. Handelt es sich um Rechte an einem Grundstücke, so bestimmen sich die an dem Entschädigungsanspruche erwachsenden Rechte nach §§ 91, 92 ZVG. Ist das betreffende Recht nicht auf Zahlung eines Kapitals gerichtet, wie beispielsweise ein Nießbrauchsrecht, eine Grunddienstbarkeit, eine Reallast, und erlischt das Recht gemäß § 91 ZVG. durch den Zuschlag, so tritt nach § 92 ZVG. an die Stelle des Rechtes der Anspruch auf Ersatz des Wertes aus dem Versteigerungserlöse; mithin hat in diesen Fällen der Dritte, soweit er durch die Enteignung in seinem Rechte beeinträchtigt wird, einen Anspruch auf entsprechenden Wertersatz aus dem Entschädigungsanspruche. Ist aber das durch den Zuschlag erlöschende Recht auf Zahlung eines Kapitals gerichtet, wie insbesondere die Hypothek, kraft deren gemäß § 1113 BGB. die Zahlung einer bestimmten Summe aus dem Grundstücke gefordert werden kann, so setzt sich der Anspruch auf Zahlung an der Forderung aus dem Meistgebote fort. Der Hypothekengläubiger erlangt also an Stelle der als dingliches Recht an dem Grundstücke erlöschenden Hypothek ein Recht, das materiell gerichtet ist auf Erfüllung seines Hypothekenrechtes durch Auszahlung des nach dem Range der Hypothek auf diese entfallenden Erlöses (vgl. Entsch. des RG.'s in Zivils. Bd. 55 S. 264, Bd. 63 S. 216, Bd. 64, S. 216). Daraus ergibt sich, daß an dem Entschädigungsanspruche wegen Enteignung dem Hypothekengläubiger ein Recht auf Befriedigung zusteht. Dieses Recht schließt aber als selbstverständlich ein, daß von dem Hypothekenrechte der Entschädigungsanspruch im Augenblicke seines Entstehens als Gegenstand der

Sicherung ergriffen wird, daß also kraft der Hypothek der Entschädigungsanspruch dem Gläubiger haftet. Der gesetzgeberische Grund für diese Haftung ist, daß den Hypothekengläubigern zum Ersatze für die Minderung der Sicherheit durch die Entziehung oder Beschädigung des belasteten Grundstückes der Entschädigungsanspruch als Mittel der Befriedigung gewährt werden soll. Im Art. 31 des Entwurfes (Art. 52 EG.) war auch bezüglich aller Rechte Dritter ausdrücklich erklärt, daß den Rechten auch der Entschädigungsanspruch „unterworfen" werde, und in den Motiven dazu wurde bemerkt:

> „Eine Konsequenz des Surrogationsprinzipes ist es, daß die Natur des beeinträchtigten Realrechtes am Entschädigungsanspruche nicht geändert wird. Insbesondere behält eine Hypothek diesen Charakter auch in Ansehung des haftenden Entschädigungsanspruches, was namentlich wegen des Ranges und der Art der Geltendmachung des Rechtes von Bedeutung ist" (Mugdan, Materialien Bd. 1 S. XIII, 15).

Auch in der zweiten Kommission, auf deren Beschlüssen die Fassung der Artt. 52, 53 EG. beruht, wurde bezüglich der hypothekarischen Rechte der Grundsatz gebilligt, daß den Rechten auch der Entschädigungsanspruch unterworfen werde, und dieser im Falle der Enteignung an die Stelle des Grundstückes trete. Den anderen Rechten aber sollte, ebenso wie im Falle der Zwangsversteigerung hinsichtlich des Erlöses, ein Anspruch auf Wertersatz aus dem Entschädigungsanspruche gewährt werden. Deshalb wies man im Hinblick auf § 140 des Entw. des ZVG. (§ 92 Ges.) allen Realberechtigten an dem Entschädigungsanspruche dieselben Rechte wie am Erlöse in der Zwangsversteigerung zu (Mugdan, a. a. O. S. 135). Der Abs. 1 des § 140 des Entw. enthielt aber die ausdrückliche Bestimmung, daß der Versteigerungserlös in Ansehung der durch den Zuschlag erlöschenden Rechte an die Stelle des Grundstückes und der übrigen Gegenstände trete. Diese Bestimmung, die sich hauptsächlich auf hypothekarische Rechte bezog, da bezüglich der anderen Rechte Dritter die jetzt im § 92 ZVG. enthaltenen Bestimmungen über Wertersatz vorgesehen waren, ist zwar in das Gesetz nicht aufgenommen worden, jedoch nur deshalb nicht, weil sie nach den sonstigen Vorschriften des Gesetzes für überflüssig erachtet wurde.

Diese Geschichte der Gesetzesentstehung bestätigt ebenfalls, daß nach dem Willen des Gesetzes der Entschädigungsanspruch wegen Enteignung dem Hypothekenrechte unterworfen sein, daß er, um den Sprachgebrauch des Entw. I z. BGB. § 1067 hinsichtlich des Umfanges der Haftung für die Hypothek hier anzuwenden, kraft der Hypothek dem Gläubiger haften sollte. Letzteres aber bedeutet nach dem Sprachgebrauche des Bürgerlichen Gesetzbuches, daß die Hypothek sich auf den Entschädigungsanspruch „erstreckt". Gemäß Art. 67 Abs. 2 EG., Art. 37 preuß. AG. z. BGB. erstreckt sich daher die Hypothek auch auf den dem Grundstückseigentümer wegen Beschädigung durch Bergbau gegen den Bergbautreibenden zustehenden Entschädigungsanspruch.

Vgl. Westhoff, Bergbau S. 283 flg.; Planck, Bem. 1 zu § 1127 BGB.; Gierke, Deutsch. Privatr. Bd. 2 S. 867; Gaupp-Stein, Bem. I[5] zu § 865 ZPO.; Turnau u. Förster, Bd. 1 S. 789, 59.

Ist dies aber der Fall, so ist aus § 20 Abs. 2 ZVG., wonach die Beschlagnahme zugunsten des die Zwangsversteigerung betreibenden Gläubigers auch diejenigen Gegenstände umfaßt, auf die sich bei einem Grundstücke die Hypothek erstreckt, in Verbindung mit § 55 Abs. 1, § 90 Abs. 2 ZVG., wonach die Versteigerung sich auf alle beschlagnahmten Gegenstände erstreckt, und der Ersteher mit dem Grundstücke zugleich die Gegenstände erwirbt, auf die sich die Versteigerung erstreckt hat, die unabweisbare Folgerung zu entnehmen, daß die Entschädigungsforderung zur Immobiliarmasse im Sinne des § 865 Abs. 1 ZPO. gehört und durch den Zuschlag des zwangsversteigerten Grundstückes auf den Ersteher kraft Gesetzes übergeht. Die in der Rechtslehre (vgl. Fischer-Schaefer, ZVG. S. 126) vertretene Ansicht, daß die Entschädigungsansprüche keinen Teil der von der Versteigerung umfaßten Immobiliarmasse bildeten, weil sie nicht, wie die Versicherungsgelder, zugleich zur Wiederherstellung des früheren Zustandes zu dienen bestimmt seien, und daß die Entschädigung nur als gesonderter Versteigerungserlös auf Antrag in einem besonderen Verfahren zur Verteilung zu bringen sei, findet im Gesetze keinen Boden. Allerdings ist in den Artt. 52, 53 EG. z. BGB. ein besonderes Verteilungsverfahren, das auf Antrag einzutreten hat, vorgesehen. Solange aber eine Verteilung noch nicht stattgefunden hat, und der Entschädigungsanspruch von dem Entschädigungspflichtigen durch Zahlung an den Eigentümer oder den sonst Berechtigten noch nicht rechtswirksam getilgt ist, unterliegt der Anspruch dem Hypothekenrechte und wird daher im Falle der Zwangsversteigerung von dem Ersteher des Grundstückes miterworben.

Dieses Ergebnis ist auch befriedigend. Mit einem Falle, in dem zur Zeit der Versteigerung eine Beschädigung durch Bergbau schon eingetreten, aber noch nicht offenbar geworden ist, braucht kaum gerechnet zu werden. Sollte einmal ein solcher Fall gegeben sein, so wäre es nur billig, daß dem Ersteher, der das Meistgebot für ein seiner Meinung nach unbeschädigtes Grundstück abgegeben hat, der Entschädigungsanspruch zufällt. Ist der Bergschaden zur Zeit der

Versteigerung schon erkennbar hervorgetreten, so ist es einesteils nicht unbillig, daß der Entschädigungsanspruch als Ersatz für die eingetretene Wertsminderung dem Hypothekenrechte unterworfen und zur Immobiliarmasse gezogen wird, anderenteils ist auch den bei der Zwangsversteigerung Beteiligten durch § 65 ZVG. das Recht gegeben, eine gerichtliche Anordnung auf Ausschließung des Entschädigungsanspruches von der Versteigerung des Grundstückes und auf besondere Versteigerung herbeizuführen, wenn sie dadurch ein ihnen günstigeres Versteigerungsergebnis zu erreichen hoffen.

Hiernach hat der Berufungsrichter mit Recht angenommen, daß der fragliche Entschädigungsanspruch durch den Zuschlag des in Rede stehenden durch den Bergbau beschädigten Grundstückes auf die Beklagte als Ersteherin übergegangen, und daher der Kläger als früherer Eigentümer des Grundstückes nicht mehr zur Geltendmachung des Entschädigungsanspruches legitimiert ist."

Verhältnis des Bürgerlichen Gesetzbuchs zu den Landesgesetzen

RGZ. 71, 20

1. Bedeutung des Art. 133 EinfGes. zum BGB.

2. Ist im Gebiete des gemeinen Rechtes für den Anspruch auf Gestattung der Ausgrabung einer Leiche der Rechtsweg ausgeschlossen?

3. Unter welchen Voraussetzungen muß nach gemeinem Rechte der Eigentümer eines Friedhofes als Ganzen dem berechtigten Inhaber einer Grabstelle die Ausgrabung einer daselbst beerdigten Leiche gestatten?

Art. 133 EG. BGB.

VI. Zivilsenat. Urt. v. 15. April 1909.

I. Landgericht Bremen II. Oberlandesgericht Hamburg.

Die Klägerin hatte nach dem Tode ihres Ehemannes, der, wie sie, der Bremer israelitischen Gemeinde, die einen eingetragenen Verein bildete, angehört hatte, zum Zwecke der Beerdigung des Mannes eine Grabstelle auf dem in H. belegenen Friedhofe der Gemeinde erworben und den Verstorbenen daselbst beerdigen lassen. Später wünschte sie die Leiche wieder ausgraben zu lassen, um sie auf der Grabstelle, die sie auf einem anderen Friedhofe für sich und ihren verstorbenen Ehemann erworben hatte, wieder beisetzen zu lassen. Der Vorstand jener Gemeinde wollte dies nicht erlauben. Deshalb erhob die Klägerin Klage gegen die Gemeinde auf Gestattung der Wiederausgrabung. Sie drang auch in den beiden unteren Instanzen durch. Die von der Beklagten eingelegte Revision hat keinen Erfolg gehabt.

Aus den Gründen:

. . . „Zuvörderst war der Angriff, daß nach § 13 GVG. der Rechtsweg hätte für ausgeschlossen erklärt werden sollen, verfehlt. Es ist gar nicht abzusehen, aus welchem Grunde dieser privatrechtliche Streit der Entscheidung der Gerichte entzogen sein sollte. Auch hat die Beklagte nicht einmal angedeutet, auf welchem anderen Wege der Streit dann entschieden werden solle. Die Berufung auf das in den Entsch. in Zivils. Bd. 16 S. 152 flg. (Seuffert, Archiv Bd. 42 Nr. 2) abgedruckte Urteil des Reichsgerichts versagt völlig. Dort ist ausgesprochen, daß es gemeinrechtlich kein Klagerecht gegen die zuständige Verwaltungsbehörde auf Gestattung der Ausgrabung eines Leichnams gebe, und ist allerdings aus diesem Grunde die Revision gegen ein Urteil, das den Rechtsweg für eine solche Klage für ausgeschlossen erklärt hatte, zurückgewiesen worden. Es kann dahingestellt bleiben, ob auch im Sinne des Reichsgerichts dort der Rechtsweg als ausgeschlossen, oder einfach die Klage als unbegründet gelten sollte. In dem einen wie in dem andern Falle würde es darauf ankommen, ob das dort Ausgesprochene auch auf die vorliegende Sache anwendbar sei. Daran ist nun aber nicht zu denken. Die Beklagte hat freilich geltend gemacht, daß hier ihr Vorstand gerade die in Frage kommende Behörde sei, der gegenüber das Klagerecht ausgeschlossen sei; aber abgesehen davon, daß hier nicht der Vorstand, sondern eben die Beklagte selbst verklagt ist, ist in Wirklichkeit der Vorstand überhaupt keine Behörde, sondern nur der gesetzliche Vertreter eines eingetragenen Vereins, eben der Beklagten; die wirklich hier zuständige Behörde aber ist das Bremische Medizinalamt, welches die Ausgrabung der Leiche gestattet hat.

Im übrigen ist in der Sache selbst . . . davon auszugehen, daß der Art 133 EinfGes. zum BGB., wonach unberührt geblieben sind die landesgesetzlichen Vorschriften über das Recht zur Benutzung eines Platzes auf einer öffentlichen Begräbnisstätte, hier maßgebend ist. Denn unbedenklich darf sowohl der israelitische Friedhof in H., obwohl er das Unternehmen eines Privatvereins ist, doch, weil für einen größeren Kreis von Menschen zur Benutzung dargeboten, als „öffentliche Begräbnisstätte" im Sinne des Art. 133 angesehen, als auch das „Recht zur Benutzung" in so weitem Sinne verstanden werden, daß die in Ansehung der Ausgrabung beerdigter Leichen entstehenden Rechtsfragen darunter mitbegriffen sind. . . .

Zuzugeben ist nun, daß abgesehen von dem, was sich nach gemeinem Rechte zugunsten der Klägerin aus ihrem Rechte zur Benutzung der fraglichen Grabstätte ergibt, das dingliche Herrschaftsrecht der Beklagten über den ganzen Friedhof zunächst der letzteren zur Seite steht. . . . Dieses berechtigt an sich die Beklagte, der Ausgrabung einer dort beerdigten Leiche entgegenzutreten. . . . Mit Recht hat aber das Oberlandesgericht angenommen, daß demgegenüber hier doch das besondere Recht der Klägerin in Ansehung der Grabstätte, in der ihr Ehemann beerdigt ist, durchdringen muß. Ob es sich dabei um ein nur persönliches, oder um ein dingliches Recht handelt, kann dahingestellt bleiben. Jedenfalls entspricht es der im deutschen Volke herrschenden sittlichen Auffassung, daß, wenn ganz besonders dringende Gründe für die Ausgrabung und Ueberführung einer Leiche vorliegen, der Eigentümer des Friedhofs oder der diesen sonst dinglich Beherrschende sein Recht nicht zur Hinderung jenes

Vorhabens benutzen darf. Hier hat nun das Berufungsgericht mit Recht solche dringende Gründe in dem Wunsche der Klägerin, nach ihrem Tode neben ihrem Manne im Grabe zu ruhen, in Verbindung mit dem Umstande, daß dieser Wunsch nach Lage der Sache auf andere Weise nicht würde erfüllt werden können, gefunden. Auch gegen die Feststellung, daß dem auch die jüdischen Ritualgesetze nicht entgegenstehen, sind rechtliche Bedenken nicht zu erheben; so daß es unentschieden bleiben kann, ob diese Frage überhaupt von Erheblichkeit sein würde." . . .

RGZ. 78, 325

1. Haftet der Staat für den Schaden, den ein Strafanstaltsarzt einem Strafgefangenen durch unrichtige ärztliche Behandlung zufügt?

2. Stellt sich die ärztliche Behandlung eines Strafgefangenen als eine bürgerlichrechtliche Verrichtung, oder als eine in Ausübung der öffentlichen Gewalt vorgenommene Handlung dar?

EinfGes. z. BGB. Art. 77.

III. Zivilsenat. Urt. v. 23. Januar 1912.

I. Landgericht Bremen. II. Oberlandesgericht Hamburg.

Der Kläger verbüßte in den Jahren 1903 und 1904 in der Strafanstalt zu O. bei Bremen eine gegen ihn erkannte Zuchthausstrafe. Er wurde dort an einem Ohrenleiden ärztlich behandelt. Im Sommer 1903 verordnete ihm der Anstaltsarzt Dr. B. Ohrenausspritzungen und beauftragte den Aufseher M., diese Anordnung auszuführen. Der Kläger behauptete, M. habe diese Ausspritzungen unsachgemäß und unter Begehung grober Kunstfehler ausgeführt. Hierdurch habe sich sein vorher unbedeutendes Ohrenleiden verschlimmert und zu völliger Taubheit auf dem rechten Ohre geführt; durch diese Verletzung seines Körpers und seiner Gesundheit sei seine Erwerbsfähigkeit herabgemindert. Er machte den Beklagten für den ihm entstandenen Vermögensschaden verantwortlich und verlangte Zahlung einer Rente.

Das Landgericht wies die Klage ab, das Oberlandesgericht wies die Berufung des Klägers zurück. Die Revision hatte keinen Erfolg

Gründe:

„Nach der ständigen Rechtsprechung des Reichsgerichts

vgl. Entsch. in Zivils. Bd. 72 S. 349, Bd. 71 S. 46 und die dort angeführten älteren Urteile

ist für die Schadenshaftung des Staates aus Versehen der Beamten grundsätzlich zu unterscheiden zwischen fiskalischen Rechten und

Hoheitsrechten des Staates. Wo der Staat in Ausübung fiskalischer Rechte handelt, wo er als juristische Person am Geschäftsverkehre teilnimmt oder auf Grund von Befugnissen handelt, die im bürgerlichen Rechte wurzeln, da ist der Staat nach Reichsrecht für Schadenszufügungen seiner Beamten im Umfange des § 31 BGB. verantwortlich (§ 89 Abs. 1 BGB.). Wo der Staat aber in Ausübung seiner Hoheitsrechte, insbesondere in Ausübung seiner obrigkeitlichen Gewalt, handelt, da ist nach Art. 77 EinfGes. zum BGB. wegen der Schadensersatzpflicht auf das Landesrecht zurückzugehen.

Bei der Strafvollstreckung handelt der Staat zweifellos in Ausübung eines Hoheitsrechts, in Ausübung seiner obrigkeitlichen Gewalt. Es fragt sich nur, ob die ärztliche Behandlung, die der Staat dem in der Strafanstalt befindlichen Gefangenen durch den Anstaltsarzt zuteil werden läßt, ebenfalls in Ausübung eines Hoheitsrechts erfolgt. Diese Frage ist zu bejahen. Denn die Verpflegung der Gefangenen im weitesten Sinne, also Ernährung, Bekleidung und ärztliche Behandlung in Krankheitsfällen, gehört mit zum Strafvollzuge, bildet einen Teil des Strafvollzugs, wie denn auch der VI. Zivilsenat in den Entsch. des RG.'s Bd. 56 S. 219 die Verpflegung als einen Teil des Strafvollzugs angesehen hat. Daran ändert es auch nichts, daß die ärztliche Behandlung der Strafgefangenen, für sich allein betrachtet, als ein Akt staatlicher Fürsorge erscheint. Denn wie bereits der VI. Zivilsenat in den Entsch. des RG.'s Bd. 56 S. 89 — unter Billigung des VII. Zivilsenats in den Entsch. des RG.'s Bd. 68 S. 285 — ausgesprochen hat, besteht die Ausübung eines Hoheitsrechts nicht notwendig in der Ausübung eines staatlichen Zwangrechts, vielmehr kann die Ausübung eines Hoheitsrechts auch in einem Akte des staatlichen Schutzes, der staatlichen Fürsorge, liegen. Der Strafvollzug spaltet sich in eine Reihe von auf einen Zweck gerichteten einzelnen Handlungen. Alle fallen aber in den einen Bereich der öffentlichen Autorität und Gewalt. Eine Betätigung dieser liegt also auch dann vor, wenn die betreffende einzelne Handlung oder Unterlassung nicht unmittelbar auf die Ausübung eines Zwanges gerichtet ist. Daher ist es nicht zulässig, eine einzelne Aeußerung der öffentlichen Gewalt, weil sie für sich allein keinen Zwangscharakter trägt, nicht mehr als die Ausübung eines Hoheitsrechts anzusehen. Auch die ärztliche Behandlung eines Gefangenen, die nur aus Anlaß und in engster Verbindung mit dem Strafvollzuge erfolgt, die der Wiederherstellung der Gesundheit des Gefangenen und damit auch dem Strafvollzuge dient, teilt daher dessen Charakter als Ausübung eines staatlichen Hoheitsrechts.

Die einzelnen Tätigkeiten des Staats beim Strafvollzuge lassen sich auch nicht in der Weise voneinander trennen, daß man einige davon, wie z. B. die Verwahrung der Gefangenen an sich und vielleicht auch deren Beschäftigung, als Ausübung eines Hoheitsrechts, andere dagegen, z. B. die Verpflegung, als eine fiskalische Tätigkeit, als Teilnahme des Staates als juristischer Person am Geschäftsverkehre, als Ausführung einer privatrechtlichen Verrichtung ansieht. Denn alle diese Handlungen dienen dem einen Zwecke des Strafvollzugs, sie werden in ihrem Charakter sämtlich durch diesen Zweck bestimmt und gehören deshalb auch sämtlich dem Bereiche der Ausübung eines Hoheitsrechts des Staates an. Die Verpflegung der Gefangenen gehört nach ihrer Natur und nach ihrer Zweckbestimmung nicht der staatlichen Vermögensverwaltung an, sie ist keine privatrechtliche Verrichtung. Ist dies richtig, so ergibt sich damit zugleich auch, daß es sich um einen in Ausführung der amtlichen Tätigkeit, nicht um einen nur gelegentlich der Ausführung der amtlichen Tätigkeit verursachten Schaden handelt.

Der Revision ist zuzugeben, daß gelegentlich der Ausübung der öffentlichen Gewalt des Staates ein privatrechtliches Verhältnis entstehen kann, wie es in dem von der Revision herangezogenen Falle der Entsch. des RG.'s in Zivils. Bd. 51 S. 219 angenommen worden ist, wonach der Staat für den Verlust von Gegenständen privatrechtlich haftet, die eine Partei in einem Rechsstreite auf Anordnung des Richters auf der Gerichtsschreiberei niedergelegt hat. Ebenso ist das Verhältnis, das zwischen dem Staate und dem Strafgefangenen dadurch entsteht, daß die Gefängnisverwaltung dem Gefangenen bei dessen Eintritt in die Strafanstalt die Kleidungsstücke, Geld und andere Gegenstände ab- und in Verwahrung nimmt, als ein privatrechtliches Rechtsverhältnis nach privatrechtlichen Grundsätzen zu beurteilen. Gleiches gilt, wie in dem Urteile des VI. Zivilsenats in den Entsch. des RG.'s Bd. 56 S. 220 gesagt wird, wenn sich die Strafanstalt wegen Beschäftigung der Gefangenen mit gewerblichen Unternehmern in Verbindung setzt. Es wird hierdurch ein privatrechtliches Verhältnis in Beziehung auf die Arbeitstätigkeit des Gefangenen geschaffen, woraus dem Staate als Vermögenssubjekt, als Fiskus, Rechte und Pflichten entstehen. Ebenso steht eine privatrechtliche Wirkung der Beschäftigung der Gefangenen in Frage, wenn etwa durch den Arbeitsbetrieb dritte Personen, nicht die Gefangenen, beschädigt werden (vgl. Entsch. des RG.'s in Zivils. Bd. 44 S. 225). In solchen Fällen kann nur davon gesprochen werden, daß die Schadenszufügung im Zusammenhange mit der Ausübung des Hoheitsrechts, bei Gelegenheit und aus Anlaß der Tätigkeit der öffentlichen Gewalt des Staates, erfolgt ist, nicht in Ausübung der öffentlichen Gewalt (vgl. Entsch. des RG.'s Bd. 54 S. 53, 157). Gegen den Gefangenen selbst aber tritt der Staat in der Strafvollstreckung, also auch bei ärztlicher Behandlung während und zum Zwecke des Strafvollzugs, nur als öffentliche Gewalt, als Staatshoheit, in keiner Weise als vermögensrechtliches Subjekt, als Träger privater Rechte und Pflichten, als Fiskus auf; der Gefangene ist es, gegen den sich gerade allein die öffentliche Gewalt als solche richtet.

Die ärztliche Behandlung des Klägers durch den Anstaltsarzt Dr. B., den das Berufungsgericht nach dem irrevisiblen Bremer Rechte als von der Staatsgewalt mit einem öffentlichen Amte betraut ansieht, und die Ausführung der von Dr. B. angeordneten Ohrenausspritzungen durch den Aufseher M. ist danach in Ausübung der öffentlichen Gewalt des Staates erfolgt. Ebenso gehört die Beaufsichtigung dieser Personen durch die dazu berufenen Vertreter des Staates diesem Gebiete an.

Der hier vertretene Standpunkt steht auch nicht etwa im Widerspruche damit, daß, wie der VI. Zivilsenat in den Entsch. des RG.'s Bd. 65 S. 117 hervorgehoben hat, der Anspruch auf Ersatz des durch die Verletzung einer öffentlichrechtlichen Pflicht entstehenden Schadens regelmäßig im geordneten Rechtswege zu verfolgen und nach den Vorschriften des bürgerlichen Rechts zu beurteilen ist und daß auf das Rechtsverhältnis der Parteien, soweit sich aus dem Gesetze nicht ein anderes ergibt, die Vorschriften des Bürgerlichen Gesetzbuchs anzuwenden sind. Der Staat kann allerdings, wenn er auf Ersatz des Schadens in Anspruch genommen wird, den seine Beamten durch Vernachlässigung ihrer Dienstobliegenheiten Dritten zugefügt haben, keine gesonderte Rechtsstellung um deswillen beanspruchen, weil den Beamten die von ihnen verletzte Pflicht als öffentlichrechtliche obliegt. Wird bei der Handhabung dieser Obliegenheit diejenige Sorgfalt außer acht gelassen, welche im Rechtsleben nach dem bürgerlichen Gesetze zu beobachten ist, so muß sich auch der Staat die Beurteilung der Handlungsweise seiner Beamten nach den allgemeinen Vorschriften des bürgerlichen Rechts (§§ 276, 823 BGB.) gefallen lassen, wie seine eigene Haftung für diese den allgemeinen Vorschriften der §§ 31, 89, 831 BGB. untersteht.

Vgl. Entsch. des RG.'s in Zivils. Bd. 52 S. 369, Bd. 54 S. 53. Jurist. Wochenschr. 1904 S. 353 Nr. 1.

Dies gilt aber nur, wenn es sich um die Verletzung einer öffentlichrechtlichen Pflicht auf einem Gebiete handelt, auf dem nicht ausschließlich die Ausübung eines Hoheitsrechts in Frage steht. Das ist namentlich der Fall in allen Verhältnissen gemischter Natur und insbesondere hinsichtlich der Verwaltung und Benutzung der öffentlichen Sachen und der öffentlichen Anstalten. Der Schade, der dadurch verursacht wird, daß Verpflichtungen verletzt sind, die einer Körperschaft des öffentlichen Rechts in Ansehung einer dem Gemeingebrauche gewidmeten Sache, eines zum dienstlichen Gebrauche bestimmten Grundstücks, Gebäudes oder einer solchen beweglichen Sache oder einer öffentlichen Verkehrsanstalt als Eigentümer, Besitzer, Bauherr oder Unternehmer obliegen, ist allerdings als in Ausführung privatrechtlicher Verrichtungen zugefügt anzusehen. So fallen z. B. Anordnungen und Handlungen, die nur aus Anlaß der Ausübung eines Hoheitsrechts erfolgen, jedoch ihrer Natur und Zweckbestimmung nach der staatlichen Vermögensverwaltung angehören, wie die Verwahrung, Untersuchung, Bei- oder Wegschaffung der zu den fiskalischen Beständen gehörenden Materialien als militärfiskalische Akte unter den Begriff der privatrechtlichen Verrichtungen (Entsch. des RG.'s Bd. 55 S. 171). Ebenso haftet der Staat nach den Vorschriften des Bürgerlichen Gesetzbuchs als Eigentümer eines Gerichtsgebäudes wegen eines durch die schlechte Beschaffenheit einer Einrichtung verursachten Schadens nach den Vorschriften des Bürgerlichen Gesetzbuchs (Deutsche Jur.Zeitg. 1905 S. 699), ferner als Eigentümer eines Bahnhofs (Entsch. des RG.'s in Zivils. Bd. 53 S. 276), als Betriebsunternehmer der Staatseisenbahnen (Gruchot's Beiträge Bd. 44 S. 1025, Entsch. des RG.'s Bd. 47 S. 328), als Straßenerbauer (Entsch. des RG.'s Bd. 47 S. 241). Anders ist dies dagegen, wenn es sich um einen von dem Beamten lediglich in Ausübung der ihm anvertrauten öffentlichen Gewalt Dritten zugefügten Schaden handelt.

Vgl. Urteil des VI. Zivilsenats vom 26. November 1908 in Seuffert's Bl. für Rechtsanw. Bd. 74 S. 384.

Dann tritt eine Haftung des Staates nur ein, wenn das Landesrecht, auf das Art. 77 EinfG. zum BGB. verweist, eine solche für den von dem Beamten verursachten Schaden zuläßt.

Eine Verletzung der §§ 839, 831, 31, 89, 276—278 BGB. und des Art. 77 EinfG. zum BGB. liegt hiernach nicht vor. Da nach bremischem Rechte der Staat für den von seinen Beamten bei Vornahme einer Amtshandlung in Ausübung der öffentlichen Gewalt des Staates verursachten Schaden nicht haftet, erweist sich die Revision hiernach als unbegründet.

Die Revision hat sich für ihren Standpunkt auch auf das Urteil des erkennenden Senats vom 23. Oktober 1908 (Rep. III. 5/08) berufen. Durch dieses Urteil war die Revision eines Gefangenen, der den sächsischen Staat wegen eines Schadens in Anspruch genommen hatte, der ihm infolge einer von dem Anstaltsarzte des Gefängnisses vorgenommenen angeblich unrichtigen Behandlung entstanden war, zurückgewiesen worden. Dies war damit begründet worden, daß der

Staat durch die Anstellung eines staatlich approbierten Arztes die im Verkehr erforderliche Sorgfalt im Sinne des § 831 Abs. 2 BGB. beobachtet habe. Jenes Urteil steht mit dem vorliegenden Urteile nicht im Widerspruche. Denn zu einer Prüfung der Frage vom heutigen Standpunkte aus lag nach der besonderen Lage des damaligen Falles keine Veranlassung vor, weil damals grundsätzlich die Haftung des sächsischen Staates nicht bezweifelt wurde."

RGZ. 132, 257

Haftet eine Stadtgemeinde für den Schaden, den ein von ihr ordnungsmäßig bestellter Berufsvormund durch pflichtwidriges, schuldhaftes Verhalten einem seiner Fürsorge anvertrauten Mündel zufügt?

EG. z. BGB. Art. 136. Preuß. AG. z. BGB. Art. 78 § 4. BGB. §§ 276, 839. RVerf. Art. 131 (Art. 34 GG.).

III. Zivilsenat. Urt. v. 31. März 1931.

I. Landgericht Breslau. II. Oberlandesgericht daselbst.

Der Berufsvormund der verklagten Stadtgemeinde, Pi., schloß am 11. Mai 1923 als gesetzlicher Vertreter der am 20. August 1922 unehelich geborenen Klägerin in deren Namen mit ihrem Erzeuger, dem Kaufmann Qu., einen Abfindungsvertrag, durch den sich der natürliche Vater verpflichtete, zur Abgeltung aller Unterhaltsansprüche die Summe von 1 500 000 M. zu zahlen. Der Vertrag wurde am 23. Mai 1923 vom Vormundschaftsgericht genehmigt. Wegen der inzwischen fortgeschrittenen Geldentwertung versuchte Pi. den Qu. zu veranlassen, von dem Vertrag Abstand zu nehmen. Da seine Bemühungen scheiterten, teilte er am 18. Juni 1923 dem Qu. die Genehmigung des Vormundschaftsgerichts mit und erhielt am 22. dess. Mon. die Abfindungssumme.

Die durch das Jugendamt der Stadt B. vertretene Klägerin klagte im Jahre 1926 gegen Qu. auf Feststellung der Unwirksamkeit des Vergleichs, hilfsweise auf Aufwertung der Vergleichssumme. Durch ein der Revision nicht zugängliches Urteil des Oberlandesgerichts wurde zwar der Abfindungsvertrag als durch die Geldentwertung nicht berührt für gültig erklärt, der Abfindungsbetrag aber unter Berücksichtigung seines Goldmarkwerts am Zahlungstage auf noch 381 RM. aufgewertet und die Klägerin mit $^{3}/_{4}$ der Kosten des Rechtsstreits belastet. Gegen seine Urteilsschuld von 381 RM. rechnete Qu. mit den ihm zu ersattenden Anwaltsgebühren auf, so daß die Klägerin tatsächlich nicht mehr als die 1 500 000 PM. erhalten hat.

Im Verfahren vor dem Oberlandesgericht war der jetzigen Beklagten der Streit verkündet worden.

Im nunmehrigen Rechtsstreit verlangt die Klägerin Zahlung einer Rente für die Jahre 1925 bis zum 20. August 1935, weil sie ihre Unterhaltsansprüche gegen Qu. durch Schuld des Pi. verloren habe, der den Abfindungsvertrag in der Form, wie geschehen, nicht hätte abschließen und durch Mitteilung der vormundschaftsgerichtlichen Genehmigung nicht hätte in Wirksamkeit setzen dürfen; außerdem müsse die Beklagte nach den Grundsätzen über Beamtenverschulden für das Versehen des Berufsvormundes aufkommen. Die Beklagte bestritt lediglich, daß der Berufsvormund fahrlässig gehandelt habe.

Das Landgericht entsprach dem Klagantrag; das Oberlandesgericht wies die Klage ab. Die Revision der Klägerin führte zur Aufhebung und Zurückverweisung.

Gründe:

Das Berufungsgericht nimmt an, daß das Jugendamt der verklagten Stadt B. als Vormund der Klägerin die Ausübung der vormundschaftlichen Obliegenheiten gemäß §§ 32, 35 des Reichsgesetzes für Jugendwohlfahrt vom 9. Juli 1922 (RGBl. I S. 633) seinem Mitglied oder Beamten Pi. übertragen habe. Dieser Ausgangspunkt ist rechtsirrig, da das genannte Gesetz erst am 1. April 1924, also lange nach den die Grundlage der Klage bildenden Vorgängen in Kraft getreten ist (vgl. Art. 1 EG. z. RJWG. vom 9. Juli 1922, RGBl. I S. 647, und Art. 4 der Vo. über das Inkrafttreten des Reichsgesetzes für Jugendwohlfahrt vom 14. Februar 1924, RGBl. I S. 110). Die Vormundschaft des Pi. konnte nur eine der auf Art. 136 EG. z. BGB. und Art. 78 § 4 Pr. AG. z. BGB. beruhenden und mit dem Inkrafttreten des Reichsgesetzes für Jugendwohlfahrt aufgehobenen Berufsvormundschaften (vgl. Art. 4 EG. z. RJWG.) sein. Art. 136 EG. z. BGB. und Art. 78 § 4 pr. AG. z. BGB. ermächtigten nämlich die Gemeinden, durch ortsstatutarische Bestimmungen einzelnen ihrer Beamten die Führung der Vormundschaft über die im Wege der Armenpflege zu betreuenden unehelichen Kinder zu übertragen. Ob und inwieweit das in B. ordnungsmäßig geschehen war, darüber fehlt bisher jede Erörterung. Dieser Mangel muß zur Aufhebung des angefochtenen Urteils führen.

Zur Sache selbst sei folgendes bemerkt: Keinesfalls können die Rechtsgrundsätze, die das Berufungsgericht für die Haftung einer Gemeinde wegen schuldhafter Pflichtverletzung eines Amtsvormunds im Sinne des Reichsgesetzes für Jugendwohlfahrt, sei es mit Recht oder Unrecht, gelten lassen will, insbesondere die von ihm in erster

Reihe angezogenen §§ 89, 31, 278 (soll wohl heißen § 276) BGB., ohne weiteres auf schuldhafte Schädigungen von Mündeln durch einen Berufsvormund im Sinne des Art. 78 § 4 pr. AG. z. BBG. angewendet werden. Bei solchen Schädigungen ist die Rechtslage vielmehr folgende.

Die Berufsvormundschaft trat kraft Gesetzes ein. Sie legte dem Berufsvormund inhaltlich zwar dieselben Pflichten auf, die dem gerichtsseitig bestellten Vormund nach §§ 1789, 1833 BGB. dem Mündel gegenüber obliegen, trug aber öffentlichrechtlichen, amtlichen Charakter. Zwar spricht der Gesetzgeber auch im § 1885 BGB. schlechthin von dem Amt eines Vormunds, er hat aber dabei ein Amt auf privatrechtlicher Grundlage mit privatrechtlichen Pflichten und Aufgaben im Auge, während der Berufsvormund die vormundschaftlichen Befugnisse nur in seiner Eigenschaft als Gemeindebeamter als Ausfluß staatlicher, also hoheitsrechtlicher Fürsorgepflicht ausübte (RGZ. Bd. 91 S. 384). Seine vormundschaftliche Tätigkeit war von seiner Eigenschaft als Gemeindebeamter nicht zu trennen und hatte in dieser ihre alleinige rechtliche Grundlage. Der Berufsvormund handelte bei Wahrnehmung der privatrechtlichen Belange der seinem Schutze und seiner Fürsorge anvertrauten Jugendlichen ebenso im öffentlichen Interesse und kraft öffentlicher Gewalt wie bei Erfüllung seiner sonstigen gemeindeamtlichen Aufgaben. Vernachlässigte er also bei Führung der Vormundschaft die durch die Umstände gebotene Sorgfalt und schädigte er dadurch die Interessen eines Mündels, so verletzte er auch die ihm diesem gegenüber obliegenden Amtspflichten im Sinne der §§ 276, 839 BGB. Nur trat an Stelle seiner Haftung gemäß Art. 131 RVerf. die der Gemeinde, deren Beamter er war. Der Fall liegt ebenso wie der im Urteil vom 3. Januar 1922 III 457/21 entschiedene, wo eine sächsische Gemeinde wegen fahrlässiger Mißgriffe eines Berufsvormunds in Anspruch genommen wurde und in der Revisionsinstanz, ebenso wie hier, nicht die Verantwortlichkeit der Gemeinde für schuldhafte Versehen des Vormunds, sondern nur die Schuldfrage sebst streitig war. Auch im jetzigen Rechtsstreit hat die Beklagte nie in Abrede gestellt, daß sie für den Schaden aufkommen müsse, den die Klägerin durch fahrlässiges Verhalten des Pi. erlitten haben sollte. Sie hat stets nur ein Verschulden des Berufsvormunds bestritten. Ein solches auf seiten des Pi. zu verneinen, dazu reichen jedoch die Gründe des Berufungsgerichts nach dem festgestellten Sachverhalt nicht aus.

Die Einholung und Erteilung der vormundschaftsgerichtlichen Genehmigung eines Rechtsgeschäfts nimmt für sich allein dem Vormund nicht die Verpflichtung ab, es selbst auf die Vorteile und Nachteile hin gewissenhaft zu prüfen, die es dem Mündel bringt oder nach den Erfahrungen des täglichen Lebens bringen kann. Sie befreit ihn nicht von den Folgen eines ihm in dieser Hinsicht zur Last fallenden Verschuldens. Freilich kann er unter Umständen dann entlastet erscheinen, wenn er nach der besonderen Lage des Falles die Genehmigung des Vormundschaftsgerichts für maßgebend halten und sie seiner Entschließung schlechthin zugrunde legen durfte (vgl. RGUrt. vom 6. Februar 1922 IV 365/21). Solche entlastenden Umstände stehen aber, soweit bisher erkennbar, dem Pi. für den Abfindungsvertrag nicht zur Seite. Es mag sein, daß der vorbehaltlose Abschluß des Vergleichs vom 11. Mai 1923 trotz der damals schon täglich fortschreitenden Teuerung und Geldentwertung dem Vormund an sich noch nicht als Verschulden anzurechnen ist, weil er die Klägerin nicht band, solange die vormundschaftsgerichtliche Genehmigung nicht erteilt und die erteilte dem Qu. nicht kundgetan war, und weil Qu., wie er eidlich bezeugt hat, einen Vergleich unter Vorbehalt von Nachforderungen des Mündels nicht abgeschlossen hätte. Bis zum 23. Mai 1923, d. h. bis zur Erteilung der vormundschaftsgerichtlichen Genehmigung, war aber der Wert der Papiermark reißend gefallen und der Lebenshaltungsindex ebenso reißend gestiegen. Diese Entwicklung der Geld- und Wirtschaftslage war dem Vormund auch nicht entgangen, ebensowenig der nachteilige Einfluß, den sie auf den Wert der Vergleichssumme ausübte. Gerade mit Rücksicht hierauf, d. h. „wegen der steigenden Geldentwertung suchte Pi.", wie nicht bestritten ist, „den Qu. zu veranlassen, von jenem Vertrage Abstand zu nehmen". Weiter ist unstreitig, daß er deshalb, „weil seine Bemühungen fruchtlos blieben, dem Qu. am 18. Juni 1923 die Vergleichsgenehmigung mitteilte". Daraus hat das Landgericht den Schluß gezogen, daß er es getan, weil er irrigerweise angenommen habe, er sei dem natürlichen Vater gegenüber dazu verpflichtet gewesen. Diese Feststellung hat die Beklagte im zweiten Rechtszuge nicht bekämpft; sie hat sich nur dagegen gewendet, „daß die rechtsirrige Auffassung des Berufsvormunds von seiner Mitteilungspflicht die Annahme eines Verschuldens rechtfertige". Eine andere Erklärung als der genannte Rechtsirrtum ist auch für das Verhalten des Pi. kaum denkbar. Denn nur so wird sein sonst sinnloser und überflüssiger Versuch verständlich, den Qu. nach der vormundschaftsgerichtlichen Genehmigung des Vergleichs zur Einwilligung in dessen Aufhebung zu bestimmen. In der Zeit vom Vergleichsschluß bis zum Tag der Mitteilung war der Wert einer Goldmark von 9636,09 M. auf 35 000 M. und der Lebenshaltungsindex von 3816 auf 7650 gestiegen; mit einem Abflauen des Währungsniedergangs konnte damals kein verständiger Mensch rechnen, jedenfalls war sein Ende nicht abzusehen.

§ 1829 BGB. enthält aber eine Schutzvorschrift zugunsten der Mündel, die es lediglich dem pflichtgemäßen Ermessen des Vormunds anheimgibt, eine Nachricht der vormundschaftsgerichtlichen Genehmigung dem Vertragsgegner zu übermitteln oder dies zu unterlassen und so die Wirksamkeit des genehmigten Rechtsgeschäfts herbeizuführen oder zu vereiteln (vgl. RGZ. Bd. 130 S. 148, ebenso RGUrt. vom 6. April 1921 V 480 20). Daß die nachträgliche vormundschaftsgerichtliche Genehmigung eines ohne sie abgeschlossenen Rechtsgeschäfts den Vormund etwa verpflichtet, die Genehmigung dem anderen Teil mitzuteilen, ist — auch dem Laien erkennbar — dem § 1829 BGB. nicht zu entnehmen. Ist daher Pi., wie auch die Revision geltend macht, nach dem, was in den Vorinstanzen unstreitig war, durch seine Unkenntnis vom Inhalt des § 1829 BGB. oder von dessen rechtlicher Tragweite zur Kundgabe der vormundschaftsgerichtlichen Genehmigung an den Erzeuger der Klägerin veranlaßt worden und hat er, wie aus seinem Zögern und seinen erfolglosen Bemühungen, den Qu. zum Rücktritt zu bewegen, erhellt, die Nachteile erkannt, die der Vertrag für sein Mündel hatte und bei dem verheerenden Abgleiten der Währung voraussichtlich noch weiter haben mußte, so liegt sein Verschulden klar zutage. Denn jeder Berufsvormund hat die selbstverständliche Pflicht, sich die für eine ordnungsmäßige Geschäftsführung und eine ebensolche Wahrnehmung der Mündelinteressen erforderliche Rechtskenntnis anzueignen und in Zweifels- oder sonstigen schwierigen Fällen sich an einen Rechtskundigen oder an eine etwa vorhandene städtische Auskunftsstelle zu wenden.

Demgegenüber sind, wie schon gesagt, die Erwägungen, die das Berufungsgericht dem Pi. unterstellt oder zu seinen Gunsten anstellt, nicht geeignet, ihn zu entlasten. Denn einmal waren die wirtschaftlichen Verhältnisse des Qu. nach seinem eidlichen Zeugnis derart, daß er beim Scheitern des Vergleichs einem ihm die Zahlung einer Monatsrente von 48 RM. auferlegenden Urteil stets hätte nachkommen können. Für eine etwaige gegenteilige Annahme und für den vom Berufungsgericht hervorgehobenen Verdacht, Qu. hätte nach der Tschechoslowakei verziehen und dadurch die Rechtsverfolgung erschweren können, lag nicht der geringste Anhalt vor. Einen solchen konnten seine geschäftlichen Beziehungen zur Tschechoslowakei unmöglich bieten. Sonst würde bei jedem Kaufmann, der mit dem Ausland Handelsgeschäfte treibt, ein Auswanderungsverdacht begründet sein. Wenn das Berufungsgericht dem Pi. schließlich zugute hält, daß auch eine fortlaufende Einklagung und Vollstreckung von Papiermark-Unterhaltsrenten der Klägerin nur entwertete Papiermarkbeträge gebracht haben würde, so hätte dadurch die Rechtslage des Mündels auf keinen Fall verschlechtert werden können. Der Klägerin wäre vielmehr bei einer künftigen, wenn auch vielleicht noch fernen Festigung der Währung die Möglichkeit offen geblieben, ihren natürlichen Vater zur Gewährung ausreichenden Unterhalts zu veranlassen. Abgesehen davon sind aber diese Erwägungen, wenn Pi., wie geschehen, aus Rechtsirrtum gehandelt hat, für sein Verhalten überhaupt nicht maßgebend und nicht ursächlich gewesen.

Uebergangsvorschriften

RGZ. 55, 314

Ist der Eigentümer eines zur Zeit des Inkrafttretens des Bürgerlichen Gesetzbuches mit einer Fischereiberechtigung belasteten Grundstückes verpflichtet, die Eintragung der Berechtigung in das Grundbuch zu bewilligen?

Einf.-Ges. zum BGB. Artt. 3, 69, 184.

VII. Zivilsenat. Urt. v. 25. September 1903.

I. Landgericht Magdeburg. II. Oberlandesgericht Naumburg a. S.

Gründe:

„Die Rechtsvorgänger der Kläger haben durch Vertrag vom 14. November 1800 das Fischereirecht an der sog. neuen Elbe, soweit das G.'sche Amtsrevier geht, von J. Ch. Z. in G. abgetreten erhalten, dem solches einige Jahre zuvor von der damaligen Landesherrschaft als vererbliches und veräußerliches Recht verliehen worden. Durch Vertrag zwischen den Berechtigten und dem Forstfiskus ist am 24. Juli 1857 die obere Grenze verändert, und ferner in einem zwischen jenen Personen geführten Prozesse durch Vergleich vom 8. November 1900 die Berechtigung in dem dort näher angegebenen Umfange anerkannt. Danach umfaßt dieselbe auch verschiedene Grundstücke, welche nicht Wasserstücke sind, sondern nach ihrer Kulturart als Holzung oder Wiese bezeichnet werden, und die wegen der darauf sich bildenden Löcher der Fischerei dienen. Diese Grundstücke sind auf einem überreichten Auszuge aus der Grundsteuermutterrolle vom 10. Mai 1901 bezeichnet. Die Kläger verlangen, unter der Behauptung, daß das Fischereirecht auf dem fraglichen Grund und Boden als dingliches ruhe, mit dem in erster Linie gestellten Antrage, daß der Beklagte darein willige, daß an der Stelle, an der die Grundstücke im Grundbuche verzeichnet sind, deren Belastung mit dem Fischereirechte eingetragen werde. Diesem Antrage, dem der Beklagte widersprochen hat, ist von den Vorinstanzen stattgegeben, indem jedoch in dem Berufungsurteile die Urteilsformel anders gefaßt ist. In diesem Erkenntnisse ist ausgeführt: die fragliche, im Bürgerlichen Gesetzbuche nicht normierte Berechtigung stelle sich als ein objektiv dingliches, subjektiv persönliches Recht dar. Sie müsse daher, um bei Veräußerungen der belasteten Grundstücke den Klägern nicht verlorenzugehen, sondern gegen den dritten Erwerber wirksam zu sein, in das Grundbuch eingetragen werden.

Hiergegen ist mit der Revision geltend gemacht, das Fischereirecht gehöre nicht zu den dinglichen Rechten des Bürgerlichen Gesetzbuches und sei deshalb auch nicht eintragungsfähig. Daran werde auch nichts geändert durch den Art. 184 Einf.-Ges. zum BGB., wonach Rechte, mit denen eine Sache zur Zeit des Inkrafttretens des Bürgerlichen Gesetzbuches belastet sei, mit dem sich aus den bisherigen Gesetzen ergebenden Inhalte und Range aufrechterhalten würden. Denn diese Bestimmung beziehe sich, soweit Grundstücke in Frage, nur auf eingetragene Rechte, wie vom V. Zivilsenate des Reichsgerichts ausgesprochen worden (Entsch. des RG.'s in Zivils. Bd. 48 S. 63 flg.).

Die Revision kann keinen Erfolg haben. Es handelt sich darum, ob infolge des angezogenen Art. 184 die dort erwähnten Rechte, welche zur Zeit des Inkrafttretens des Bürgerlichen Gesetzbuches nicht eingetragen waren, in Wegfall gekommen sind. Dies hat allerdings die angezogene Reichsgerichtsentscheidung ausgesprochen, mit der Begründung, daß nach dem Bürgerlichen Gesetzbuche die Belastung eines Grundstückes ausschließlich durch Eintragung vollzogen werden könne, und daß der Art. 184 mit dem Ausdruck „belastet ist" keinen anderen Begriff verbinde. Diese Anschauung kann nicht für zutreffend erachtet werden. Ihr ist auch von allen Seiten entgegengetreten, in welcher Beziehung auf die Ausführungen Planck's in dessen Kommentar zum BGB. Bem. 2 Abs. 2 flg. zum Art. 184, Habicht's in der Deutschen Juristen-Zeitung von 1901 S. 323 und Meisel's in der Jur. Wochenschrift von 1901 S. 590 verwiesen wird. Auf die an diesen Stellen gegebenen Auseinandersetzungen wird Bezug genommen. Der jetzt erkennende Senat braucht aber nicht, um jenem Urteile zu widersprechen, eine Entscheidung der vereinigten Zivilsenate in Gemäßheit des § 137 GVG. herbeizuführen. Denn es muß angenommen werden, daß der V. Zivilsenat seine in Rede stehende Ansicht nicht hat aussprechen wollen, soweit es sich um Rechte handelt, die in dem fraglichen Zeitpunkt auf Grund von Rechtssätzen zur Entstehung gelangt waren, welche den der Landesgesetzgebung vorbehaltenen Rechtsgebieten angehören. Dies ist daraus zu entnehmen, daß, wie nicht verkannt sein wird, der dingliche Charakter derartiger Rechte, der den letzteren zur Zeit des Inkrafttretens des Bürgerlichen Gesetzbuches beiwohnte, schon nach Art. 3 Einf.-Ges. zum BGB. als fortbestehend hingestellt ist. Zu der Kategorie der fraglichen vorbehaltenen Rechte gehören nun aber nach Art. 69 a. a. O. die landesgesetzlichen Vorschriften über Fischerei. Die für das in Frage stehende Rechtsgebiet in Betracht kommenden Bestimmungen lassen daran, daß die Fischereiberechtigung sich als eine objektiv dingliche darstellt, keinen Zweifel, wie solches auch von der Revision nicht bestritten wird." . . .

RGZ. 159, 121

1. Setzt die Anwendung des Art. 171 EG. z. BGB. voraus, daß die Kündigung beiden Vertragsteilen in gleicher Weise zustand?

2. Ueber den vertraglichen Ausschluß der Obhutpflicht des Entleihers (Mieters, Pächters).

EG. z. BGB. Art. 170, 171. BGB. §§ 278, 549 Abs. 2, § 603.

IV. Zivilsenat. Urt. v. 16. Januar 1939.

I. Landgericht Wiesbaden. II. Oberlandesgericht Frankfurt a. M.

Durch einen mit dem Oberpräsidenten (Verwaltung des Bezirksverbandes N.) zu W. am 28. Februar/6. März 1936 abgeschlossenen Vertrag übernahm das Bischöfliche Ordinariat zu L. die katholische Seelsorge in den Landesheilanstalten E., Ha., He. und W. gegen eine vom Bezirksverband zu zahlende Vergütung von jährlich 4000 RM. Mit der Klage fordert der Kläger die Zahlung der für das Rechnungsjahr 1937 zu entrichtenden Vergütung nebst 4 v. H. Zinsen seit Klagezustellung. Der Beklagte bittet um Klageabweisung. Er erhebt gegen die Klageforderung selbst keine Einwendungen, rechnet aber gegen sie mit einer Gegenforderung auf, der folgender Sachverhalt zugrunde liegt:

Durch Vertrag vom 6./9. Oktober 1857 gestattete Clemens Fürst von M. als Besitzer des Allodialgutes Ma. dem Bischof von L. sowie dessen Nachfolgern im Bistum, auf seinem Grund und Boden in Ma. zum Zwecke der Gründung einer Priesterstation eine Kirche samt Zubehörungen und ein Priesterhaus samt Nebengebäuden auf eigene Kosten zu bauen, und überwies ihm ferner die Nutznießung von 21 Morgen 135⅘ Ruten Acker und von 6 Morgen 72½ Ruten Wiesen so lange in Pacht, als die Priesterstation währe oder bis der Bischof das Pachtverhältnis behoben wissen wolle. Der Bischof verpflichtete sich für sich und seine Nachfolger im Bistum, für die Pachtung der „Bau- und Wirtschaftsgründe" jährlich einen Pachtzins von 154 Gulden an den jeweiligen Eigentümer des Allodialgutes Ma. abzuführen. Der Fürst widmete für sich und seine Nachfolger den gleichen Betrag von 154 Gulden als jährlichen Sustentationsbeitrag für die Priesterstation. Der Fürst und seine Nachfolger sollten während der Dauer des „Pachtzinsverhältnisses" unbestrittene Eigentümer der zum Bau der Kirche und der Priesterstation sowie zu deren Sustentation in die pachtweise Fruchtnießung übergebenen Grundstücke sein und bleiben. Andererseits sollten im Falle der Auflösung der Priesterstation nicht nur die überlassenen Gründe des Gutes Ma., sondern auch die auf ihnen aufgeführten Gebäude aller Art „ohne allen Entgelt für allenfällsige Baumaterialien und Kosten" in die freie Verfügung und Benutzung des Fürsten oder seiner Besitznachfolger übergehen, jedoch mit der Ausnahme, daß die Kirche und die ebenfalls zu errichtende Kreuzweganlage für ewige Zeiten nach Maßgabe der Kirchengesetze unter der Jurisdiktion des Diözesanbischofs der gottesdienstlichen Benutzung auch nach Auflösung der Priesterstation gewidmet bleiben sollten. Durch einen am 25./28. April 1873 mit dem Pater Custos der Custodie zu F. abgeschlossenen Vertrag überließ der Bischof dem Orden des hl. Franziskus von der strengen Observanz die Wallfahrtskirche zu Ma. zur Versehung des Wallfahrtsgottesdienstes, überwies ihm das Nutznießungsrecht an den bei der Wallfahrtskirche befindlichen Gebäuden und gestattete ihm, von den zum Fürstlich von M.'schen Allodialgute gehörigen Ländereien so viel unentgeltlich in Benutzung zu nehmen, als dem Oberen des Franziskanerordens zweckmäßig erscheine. Der Orden übernahm u. a. die Kosten für die Unterhaltung der Gebäude, soweit die Mittel des Klosters es gestatteten, und verpflichtete sich, die sämtlichen ihm zur Benutzung überwiesenen Realitäten mit der von jedem Inquilinen zu beanspruchenden Schonung und Fürsorge zu behandeln. Der Vertrag sollte so lange dauern, als der Franziskanerorden kanonisch bestehe und nicht durch die weltliche Macht gehindert werde, in Ma. ein Kloster zu unterhalten und die Wallfahrtsgottesdienste zu besorgen.

Am 30. März 1937 brannten vom Kloster Ma. Dachstuhl, Mansardenstock, Speicher und Bücherei ab. Der Brand war dadurch entstanden, daß der als Viehwärter beschäftigte Laienbruder V. in einem neben seiner Zelle unter dem Dache gelegenen Hohlraum auf Pappschachteln eine brennende Kerze aufgestellt und vergessen hatte, sie auszulöschen, als er wegging, um, wie ihm oblag, die Schweine zu füttern. In diesem Hohlraum, zu dem er dadurch Zugang erlangt hatte, daß er von seiner Zelle aus ein Loch durch die Wand brach, hatte er sich ein Versteck für Geld, das er aus dem Opferstock gestohlen hatte, und für solche Sachen angelegt, die er nach der Ordensregel nicht haben durfte. Der Bruder V. wurde u. a. wegen fahrlässiger Brandstiftung rechtskräftig bestraft.

Wegen dieses Brandschadens hat die N.'sche Brandversicherungsanstalt nach der Behauptung des Beklagten dem jetzigen Eigentümer der Gebäude, P. A. Fürst von M. in J., eine Entschädigung von über 30 000 RM. gezahlt. Sie hat von den auf sie übergegangenen Ersatzansprüchen des Fürsten gegen den Kläger einen Teilbetrag von 4000 RM. an den Beklagten abgetreten. Mit dieser Forderung rechnet der Beklagte gegen die Klageforderung auf. Der Kläger bestreitet, daß dem Fürsten von M. ihm gegenüber ein Ersatzanspruch wegen des Brandes entstanden sei. Das Landgericht hat den Beklagten nach dem Klageantrage verurteilt. Dieser hat Berufung eingelegt und im zweiten Rechtsgange unter der Behauptung, daß ihm die N.'sche Brandversicherungsanstalt einen weiteren Betrag von 2100 RM. abgetreten habe, Widerklage mit dem Antrage erhoben, den Kläger zur Zahlung von 2100 RM. zu verurteilen. Das Oberlandesgericht hat unter Abweisung der Widerklage die Berufung zurückgewiesen. Die Revision des Beklagten blieb erfolglos.

Gründe:

Das Berufungsgericht nimmt an, daß der Entscheidung des Rechtsstreits gemäß dem Grundsatze des Art. 170 EG. z. BGB. nicht das Recht des Deutschen Bürgerlichen Gesetzbuchs, sondern das alte Recht, mithin das in N. in Geltung gewesene Gemeine Recht zugrunde zu legen sei. Die Ausnahmevorschrift des Art. 171 EG. z. BGB. könne, selbst wenn das Rechtsverhältnis als Pachtverhältnis anzusehen sei, nicht Platz greifen. Diese Vorschrift setze voraus, daß das Recht zur Kündigung des Vertrages beiden Vertragsteilen zustehe. Im vorliegenden Falle stehe zwar dem Bischof das Recht zu, den Vertrag jederzeit, auch vor Aufhebung der Priesterstation, zu kündigen. Dagegen sei der Fürst von M. an das Schuldverhältnis so lange gebunden, als die Priesterstation bestehe. Da dies heute noch der Fall sei, habe für die Rechtsnachfolger des Fürsten seit dem Inkrafttreten des Bürgerlichen Gesetzbuchs keine Möglichkeit bestanden, das Vertragsverhältnis zur Auflösung zu bringen.

Was die Rechtsnatur des Vertragsverhältnisses anlange, so gehöre nach Gemeinem Recht zu einem Pachtvertrage als einer Unterart der sog. Sachmiete das Versprechen eines wirklichen Pachtzinses, d. h. eines Preises in Geld oder in Früchten, für die zeitweise Ueberlassung des Pachtgegenstandes. Mit Rücksicht darauf, daß der Fürst einen gleichhohen Betrag wie den Pachtzins von 154 Gulden als jährlichen Sustentationsbeitrag für die Priesterstation gewidmet habe, könne es schon für das zur Fruchtziehung überlassene Gelände zweifelhaft sein, ob nach dem Vertrage nicht in Wahrheit eine Ueberlassung ohne Gegenleistung gemeint gewesen sei. Jedenfalls beziehe sich aber der im Vertrage bestimmte „Pachtzins" nicht auf die Ueberlassung von Grund und Boden zum Bau der Priesterstation und der Kirche und zum Gebrauch für deren Zwecke. Diese Gebrauchsüberlassung sei, wie aus der stiftungsmäßigen Art des ganzen Rechtsgeschäfts hervorgehe, offenbar als unentgeltliche Gebrauchsüberlassung gedacht gewesen. Das darauf bezügliche Rechtsverhältnis sei also nach den Grundsätzen der gemeinrechtlichen Leihe (commodatum) und nicht nach denen der gemeinrechtlichen Sachmiete zu beurteilen. Zwar habe auch der Entleiher nach Gemeinem Recht die Obhutpflicht für die entliehene Sache. Im vorliegenden Falle sei aber anzunehmen, daß die Vertragsparteien die nicht auf Kosten des

Grundherrn, sondern auf Kosten des Klägers errichteten Gebäude von der den Entleiher in der Regel belastenden Obhutpflicht hätten ausnehmen wollen. Das ganze Rechtsverhältnis habe eine unverkennbare Aehnlichkeit mit dem Rechtsverhältnis zwischen dem Grundeigentümer und dem gemeinrechtlichen Superficiar, freilich ohne daß die nach § 8 des Nassauischen Stockbuchgesetzes vom 15. Mai 1851 erforderliche Eintragung des Rechts im Stockbuch hinzugekommen wäre. Gerade bei der gemeinrechtlichen Superficies habe aber die Regel gegolten, daß die Erhaltung oder Wiederherstellung des Gebäudes dem Superficiar nicht oblag, wenn sie ihm nicht besonders auferlegt worden war. Aus der Vertragsbestimmung, daß bei Beendigung des Vertragsverhältnisses auch die auf dem Grund und Boden errichteten Klostergebäude ohne Vergütung für die dafür aufgewendeten Kosten „in die freie Verfügung und Benutzung" des Fürsten oder seines Rechtsnachfolgers übergehen sollten, könne eine Obhutpflicht des Klägers nicht gefolgert werden. Denn diese Bestimmung erkläre sich aus dem gemeinrechtlichen Grundsatz „superficies solo cedit" und bedeute an und für sich nur, daß dem Kläger das Wegnahmerecht, das er für die Gebäude im Falle der Rückforderung der Grundstücke ohne gleichzeitigen Ersatz seiner Verwendungen gehabt haben würde, nicht zustehen sollte. Dies sei in Anbetracht der Freigebigkeit, die der Fürst durch den Abschluß des auf lange Sicht geschlossenen Vertrages bewiesen habe, sowie der Kosten, die der etwaige Abbruch der Gebäude dem Kläger verursacht haben würde, mehr oder weniger natürlich gewesen. — Selbst wenn aber angenommen werde, daß der Kläger nach dem Vertrage von der Obhutpflicht nicht befreit gewesen sei, müsse seine Haftung für den hier in Rede stehenden Schaden verneint werden. Die Ueberlassung der Klostergebäude an den Franziskanerorden habe keinen vertragswidrigen Gebrauch seitens des Klägers dargestellt. Nach Gemeinem Recht habe aber der Entleiher (übrigens auch der Mieter) für Verschulden eines Dritten, dem er den Gebrauch der anvertrauten (oder gemieteten) Sache überlassen habe, nur dann einzustehen, wenn ihm die Ueberlassung an den Dritten nicht gestattet gewesen oder wenn ihm (z. B. in der Auswahl des Dritten) ein eigenes Verschulden zur Last gefallen sei. Eine Vorschrift, wie die für alle Schuldverhältnisse geltende des § 278 BGB. oder wie die für Mietverhältnisse besonders aufgestellte des § 549 Abs. 2 BGB., sei dem Gemeinen Recht unbekannt gewesen. Auch die vorliegendenfalls noch in Betracht kommenden Partikularrechte (Mainzer Landrecht und Nassauisches Privatrecht) hätten keine entsprechenden Bestimmungen enthalten. Den Kläger treffe keine Schuld an der vom Klosterbruder V. begangenen fahrlässigen Brandstiftung, auch kein Vorwurf wegen der

Auswahl oder Beaufsichtigung des Franziskanerordens. Er sei daher nicht verpflichtet, selbst den Brandschaden zu ersetzen.

Die Revision greift die Auffassung des Berufungsgerichts als rechtsirrig an, daß Art. 171 EG. z. BGB. nur dann zur Anwendung der Vorschriften des Bürgerlichen Gesetzbuchs führe, wenn ein für beide Teile in Betracht kommender Kündigungstermin unausgenutzt verstrichen sei. Sie verweist darauf, schon früher seien sehr beachtliche Gründe für die Auslegung angeführt worden, daß Art. 171 auch für den Fall eine Ueberleitung anordne, wenn nur ein Teil kündigungsberechtigt sei. Jetzt aber habe sich die Lage durch Zeitablauf noch wesentlich geändert. Daß noch heute Miet- oder Pachtverhältnisse nach altem Recht beurteilt würden, müsse als ein unerwünschter Zustand bezeichnet werden, schon weil die abweichende Norm des früheren Rechts den heute noch lebenden Beteiligten nicht bekannt und nur mit Schwierigkeiten zu ermitteln sei. Hinzu komme, daß die Auslegung des Art. 171 in dem bisher herrschenden Sinne weitgehend zur Anwendung römischen Rechts führe, die gerade vom Standpunkte des nationalsozialistischen Rechtsdenkens aus einzuschränken sei. Die sich aus den Vorschriften des Bürgerlichen Gesetzbuchs gegenüber denen des römischen Rechts ergebenden Fortschritte könnten jedenfalls von dem jetzt herrschenden Standpunkt aus den Vertragsparteien, die unter der Herrschaft des früheren Rechts ein Rechtsverhältnis eingegangen seien, nicht auf die Dauer vorenthalten bleiben.

Nach dem Grundsatze des Art. 170 EG. z. BGB. bleiben für ein Schuldverhältnis, das vor dem Inkrafttreten des Bürgerlichen Gesetzbuchs entstanden ist, die bisherigen Gesetze maßgebend. Nur für die zur Zeit des Inkrafttretens des Bürgerlichen Gesetzbuchs bestehenden Miet-, Pacht- und Dienstverhältnisse sieht Art. 171 eine Ausnahme vor. Diese Ausnahmevorschrift wäre mithin von vornherein unanwendbar, wenn das durch den Vertrag vom 6./9. Oktober 1857 begründete Rechtsverhältnis nach dem Willen der Vertragschließenden eine unentgeltliche Gebrauchsüberlassung zum Gegenstande haben sollte, was nach den Darlegungen des Berufungsgerichts nahe liegt. Auch wenn aber Art. 171 EG. z. BGB. an sich für anwendbar erachtet wird, kann den die Rechtsprechung des Reichsgerichts bekämpfenden Ausführungen der Revision nicht gefolgt werden. Nach dieser Rechtsprechung, die mit der im Schrifttum durchaus vorherrschenden Ansicht übereinstimmt, setzt die Anwendung der Ausnahmevorschrift des Art. 171 voraus, daß die Kündigung beiden Vertragsteilen in gleicher Weise zustand (RGZ. Bd. 53 S. 170, Bd. 95 S. 110. Die in den Artikeln 170 flg. EG. z. BGB. getroffene Uebergangsregelung beruht auf dem Gedanken, daß die

Beteiligten sich die Rechtsform nach dem Rechte ausgewählt haben, wie es zur Zeit der Begründung des Rechtsverhältnisses bestand (Motive zum EG. S. 255/256; RGZ. Bd. 66 S. 220/221; RG. in JW. 1932 S. 2983 Nr. 10). Für Miet-, Pacht- und Dienstverhältnisse hat der Gesetzgeber zwar mit Rücksicht auf deren große Zahl und Bedeutung im öffentlichen Interesse eine baldige Unterstellung unter die Vorschriften des neuen Rechts für wünschenswert erachtet, diese Unterstellung aber von dem Unterbleiben einer nach den Vorschriften des bisherigen Rechts zulässigen Kündigung abhängig gemacht. Er ist hierbei von der Erwägung ausgegangen, daß die Vertragsparteien das zwischen ihnen bestehende Rechtsverhältnis stillschweigend dem neuen Recht unterwerfen, wenn sie es unter dessen Herrschaft fortsetzen, obwohl sie Gelegenheit hatten, es aufzulösen (Protokolle Bd. VI S. 499 bis 501). Ein solcher übereinstimmender Vertragswille kann aber nur angenommen werden, wenn beiden Teilen die Auflösung des Vertragsverhältnisses gestattet war. An der Maßgeblichkeit dieser Erwägungen hat sich inzwischen durch den Zeitablauf nichts geändert. Daher besteht keine Veranlassung, von der Auslegung, die Art. 171 EG. z. BGB. bisher in der Rechtsprechung des Reichsgerichts gefunden hat, abzugehen. Wenn die Revision es als unerwünscht bezeichnet, daß noch heute Miet- oder Pachtverhältnisse nach dem vor dem 1. Januar 1900 in Geltung gewesenen Recht beurteilt werden, so ist dem entgegenzuhalten, daß es sich hierbei nur noch um eine verhältnismäßig geringe Zahl von Rechtsverhältnissen handeln wird, und zwar um solche, die, wie das vorliegende, ein besonderes Gepräge tragen und für die daher die Erwägungen des Gesetzgebers, die zur Anordnung der grundsätzlichen Weitergeltung der Vorschriften des alten Rechts geführt haben, in erhöhtem Maße zutreffen. Schon aus diesen Gründen kann der Revision auch der Hinweis nicht zum Erfolg verhelfen, daß die Anwendung römischen (richtiger: Gemeinen) Rechts vom Standpunkte des nationalssozialistischen Rechtsdenkens aus einzuschränken sei. . . . . . . Unverwertbar ist ferner der Gesichtspunkt, daß den Vertragsparteien die sich aus den Vorschriften des Bürgerlichen Gesetzbuchs gegenüber denen des Gemeinen Rechts ergebenden Fortschritte nicht auf die Dauer vorenthalten bleiben könnten. In Wirklichkeit bedeutet die Hervorhebung dieses Gesichtspunktes nur, daß der Beklagte nach der für ihn gegebenen Interessenlage die Vorschriften des Bürgerlichen Gesetzbuchs gegenüber denen des Gemeinen Rechts als für ihn vorteilhafter ansieht. Das kann aber nicht ausschlaggebend sein.

Auch sonst ist im Berufungsurteil kein dem Beklagten nachteiliger Rechtsirrtum sachlich-rechtlicher Art erkennbar. Wenn das Berufungsgericht angenommen hat, daß für die Gebäude, die der

Kläger auf dem ihm überlassenen Grund und Boden errichtet hatte, eine Obhutpflicht gegenüber dem Fürsten von M. vertraglich ausgeschlossen gewesen sei, so beruht dies auf der rechtlich nicht zu beanstandenden und daher für das Revisionsgericht maßgebenden Auslegung der vertraglichen Bestimmungen. Rechtlich zutreffend ist es aber auch, daß nach dem in Nassau in Geltung gewesenen Gemeinen Recht (vgl. Sayn Das Nassauische Privatrecht S. VI, S. 13/14) selbst bei Bestehen einer Obhutpflicht sowohl der Entleiher wie auch der Mieter oder Pächter im Falle befugter Ueberlassung des Gebrauchs an einen Dritten für eine der Sache durch den Dritten zugefügte Beschädigung nur dann einzustehen hat, wenn ihm selbst, z. B. bei der Auswahl des Dritten, ein Verschulden zur Last fällt (Puchta Pandekten 12. Aufl. S. 487, 542 in Verb. mit S. 408; Windscheid-Kipp Lehrbuch des Pandektenrechts 9. Aufl., 2. Bd. S. 594/595, 739). Daß dem Kläger selbst keinerlei Verschulden an der Entstehung des Schadens zur Last zu legen ist, hat das Berufungsgericht ohne Rechtsirrtum angenommen.

Wie die Rechtslage auf Grund der Vorschriften des Bürgerlichen Gesetzbuchs, insbesondere der §§ 278 und 549 Abs. 2, zu beurteilen wäre, braucht hiernach nicht erörtert zu werden. Insbesondere kann es dahinstehen, ob nicht auch nach den Vorschriften des Bürgerlichen Gesetzbuchs eine Inanspruchnahme des Klägers wegen des entstandenen Brandschadens schon daran scheitern müßte, daß ihm für die Gebäude eine Obhutpflicht dem Fürsten von M. gegenüber vertraglich nicht oblag.

Preußisches Ausführungsgesetz zum Bürgerlichen Gesetzbuch

RGZ. 53, 150

1. . . .

2. Darf nach Art. 12 § 2 preuß. Ausf.-Ges. zum BGB. der Bürgermeister einer Stadt sich selbst, und nur für einen einzelnen Fall, als Urkundsperson bestellen?

V. Zivilsenat. Urt. v. 6. Dezember 1902.

Die Entscheidung ist abgedruckt unter „Freiwillige Gerichtsbarkeit".

RGZ. 70, 170

1. Rechtliche Natur des Anspruchs des Altenteilsberechtigten, im Falle des Art. 15 § 8 des preuß. Ausf.-Ges. zum BGB. anstatt der Naturalleistungen Entschädigung in Gelde zu verlangen.

2. Einfluß der Veräußerung des belasteten Grundstücks auf dieses Recht.

Art. 15 § 8 Ag. BGB.

V. Zivilsenat. Urt. v. 2. Januar 1909.

I. Landgericht Kottbus. II. Kammergericht Berlin.

Die Ehefrau des Klägers hatte das ihr gehörige Grundstück B. durch Vertrag vom 12. März 1907 an den Beklagten verkauft für den Preis von 21 000 M. und ein für ihren Ehemann, den Kläger, vorbehaltenes Ausgedinge. Als der Beklagte mit Leuten auf dem Grundstück erschien, um mitgekaufte Inventarienstücke fortzuschaffen, widersetzte sich dem der Kläger, der von dem Verkaufe des Grundstücks noch keine Kenntnis hatte, und es kam zu Tätlichkeiten, wobei der Kläger von dem Beklagten mißhandelt und körperlich verletzt wurde und einen Rippenbruch erlitt. Wegen dieser Mißhandlungen — mittels gefährlicher Werkzeuge — ist der Beklagte strafrechtlich verurteilt worden.

Der Kläger glaubte sich infolgedessen gesetzlich berechtigt, anstatt des Naturalausgedinges Geldentschädigung zu verlangen. Diese wurde ihm in 1. Instanz dahin zugesprochen, daß der Beklagte verurteilt wurde, an den Kläger vom 15. April 1907 ab im voraus am

15. Januar, 15. April, 15. Juli und 15. Oktober jeden Jahres 135 M. zu zahlen. Die Berufung des Beklagten hatte keinen Erfolg. Auf seine Revision wurde das Berufungsurteil aufgehoben.

Aus den Gründen:

„Tatsächlich beruht das Berufungsurteil auf dem Inhalte der vorgelegten Strafakten wider G. und insbesondere dem darin befindlichen ärztlichen Attest. Der Berufungsrichter erachtet danach für erwiesen, daß der Beklagte den Kläger bei dem . . . erwähnten Vorfall schwer mißhandelt habe.

. . . Auf Grund seiner tatsächlichen Feststellung nimmt der Berufungsrichter ferner an, daß der Beklagte, als der dem Kläger aus dem Ausgedinge Verpflichtete, durch sein Verhalten von vornherein eine solche Störung der persönlichen Beziehung zu dem Kläger veranlaßt habe, daß diesem nicht zugemutet werden könne, die Wohnung auf dem Grundstück zu beziehen, und erachtet sonach den Kläger gemäß Art. 15 § 8 des preuß. Ausf.-Ges. zum BGB. für berechtigt, von dem Beklagten statt der Wohnung und der andern auf dem Grundstück zu gewährenden Leistungen Entschädigung in Gelde zu verlangen.

Mit Recht sieht der Berufungsrichter in dem Verhalten des Beklagten eine solche Störung, wie Art. 15 § 8 a. a. O. voraussetzt, und es kann gegen die Anwendung dieser Vorschrift ein wesentliches Bedenken auch nicht daraus entnommen werden, daß der Beklagte zur Zeit des Vorfalls noch nicht auf dem verkauften Grundstück gewohnt hat und es auch später nicht bezogen haben soll. Denn wie der Berufungsrichter rechtlich unanfechtbar erwägt, wären doch persönliche Berührungen unvermeidlich gewesen, solange der Beklagte Eigentümer des Grundstücks war und es selbst bewirtschaftete. Es mußte aber dem Berufungsrichter auch darin beigetreten werden, daß dem Kläger die auf Grund des Art. 15 § 8 des Ausf.-Ges. zum BGB. erworbenen Rechte durch eine nachträgliche Verpachtung des Grundstücks nicht ohne weiteres entzogen werden konnten, da ja der Beklagte nach wie vor der zur Gewährung des Altenteils persönlich Verpflichtete blieb. Insoweit ist also die Anwendung der Vorschrift des Art. 15 § 8 gerechtfertigt und der wegen Verletzung dieser Vorschrift erhobene Revisionsangriff nicht begründet. Dagegen vermag die Anwendung des Gesetzes die Entscheidung nicht in vollem Umfange zu rechtfertigen; insbesondere beruht es auf Rechtsirrtum, wenn der Berufungsrichter den im Laufe des Rechtsstreits angeblich erfolgten Verkauf des Grundstücks für unerheblich erachtet.

Nach Art. 15 § 1 des Ausf.-Ges. begründet der „Leibgedingsvertrag" für den Erwerber des überlassenen Grundstücks die Verpflichtung, dem Berechtigten eine den übernommenen wiederkehrenden Leistungen entsprechende Reallast und eine den eingeräumten Nutzungs- und Gebrauchsrechten entsprechende persönliche Dienstbarkeit zu bestellen. Ist dies — wie hier zu unterstellen — geschehen, so ist damit der Vertrag insoweit erfüllt, und es entspringt dann die Verpflichtung zur Gewährung der in dem Vertrage als Ausgedinge versprochenen Leistungen unmittelbar auf dem Boden der dem Grundstück auferlegten Reallast, wobei es freilich nicht ausgeschlossen erscheint, daß unter besonderen Umständen der Konstituent der Reallast außerdem auch persönlich zu den den Gegenstand derselben bildenden Leistungen sich verpflichten wollte (vgl. Entsch. des RG.'s in Zivils. Bd. 45 S. 189). In der Regel aber haftet für diese Leistungen der Eigentümer als solcher — gleichviel, ob er Konstituent der Reallast ist, oder nicht — persönlich, aber nur für die während der Dauer seines Eigentums fällig werdenden Leistungen (§ 1108 BGB.), für die auch das Grundstück wie für die Zinsen einer Hypothekenforderung haftet (§ 1107 a. a. O.). Wenn also der Beklagte, wie er behauptet, im Laufe des Rechtsstreites das Grundstück verkauft und aufgehört hat Eigentümer zu sein, so konnte er mit der persönlichen Klage wegen später fällig werdender Leistungen nach § 258 ZPO. zwar belangt, aber nicht, wie geschehen, verurteilt werden.

Aber noch aus einem anderen Grunde kann der behaupteten Veräußerung des Grundstücks die rechtliche Bedeutung für die Entscheidung nicht abgesprochen werden. Wenn der Berufungsrichter dem Einwande die Berücksichtigung versagt, weil dem Kläger die gemäß Art. 15 § 8 erworbenen Rechte durch eine Veräußerung des Grundstücks nicht wieder entzogen werden könnten, so geht er offenbar davon aus, daß durch die das Zusammenleben der Parteien unmöglich machende Handlungsweise des Beklagten das durch die Bestellung und Eintragung des Altenteils begründete dingliche Rechtsverhältnis (Reallast, persönliche Dienstbarkeit) zugunsten des Berechtigten inhaltlich umgewandelt worden sei, dergestalt, daß fortan und für die ganze Dauer des Rechtsverhältnisses an die Stelle des Naturalauszuges nach dem Belieben des Berechtigten die geforderten Geldprästationen getreten wären. Diese Auffassung entspricht aber weder dem Sinne noch dem Wortlaut des Art. 15 § 8. Sie erscheint auch nicht vereinbar mit den Vorschriften über den Erwerb von Rechten an Grundstücken (§§ 873, 892 BGB.). Die Rechte, die Art. 15 § 8 dem Altenteilsberechtigten gegenüber dem verpflichteten Grundstückseigentümer verleiht, tragen, wie dort ausdrücklich ausgesprochen ist, den Charakter des Schadensersatzes.

und der verpflichtende Grund dieser Schadensersatzpflicht ist das Verschulden des Eigentümers, welches den Empfang der Naturalprästationen für den Berechtigten untulich macht (vgl. Materialien zum Ausf.-Ges. S. 81, 344). Der Schadensersatzanspruch selbst, d. h. das Recht, anstatt der Naturalleistung Geld zu verlangen, ist persönlicher Natur, wenngleich für die einzelnen Geldprästationen, wie für die Naturalprästationen, an deren Stelle sie getreten sind, das Grundstück gemäß § 1107 BGB. verhaftet bleibt. Aus der persönlichen Natur des Rechts auf Schadensersatz folgt aber, daß die Verpflichtung nur so lange fortbesteht und sich erneuert, als der zu ersetzende Schade, nämlich die Verhinderung des Berechtigten auf dem Grundstücke zu wohnen und die wiederkehrenden Leistungen in Empfang zu nehmen, fortdauert. Mit dem Eintritt eines neuen Eigentümers und Verpflichteten ist der persönliche Grund, welcher den Berechtigten an der Benutzung der Wohnung und der Empfangnahme der Naturalleistungen auf dem Grundstücke hinderte, weggefallen, und es müßten besondere Umstände vorliegen, um eine über die Besitzzeit des vorigen Eigentümers hinausgehende Schadensersatzpflicht des letzteren zu begründen. Das würde aber nicht die Entschädigungspflicht des Art. 15 § 8 sein, weil diese voraussetzt, daß der Schadensersatzpflichtige zugleich der zur Gewährung des Altenteils Verpflichtete ist. Jedenfalls bleibt die Substanz des durch die Eintragung des Altenteils als Reallast und persönlicher Dienstbarkeit begründeten dinglichen Rechts von den dem Berechtigten durch Art. 15 § 8 gegebenen Befugnissen unberührt, und nur die Schadensersatzpflicht des Verpflichteten in Gelde wird für den Fall geregelt, daß durch seine — des Verpflichteten — Schuld der Berechtigte an dem Genuß und Empfang der Naturalleistungen gehindert wird." . . .

RGZ. 101, 275

1. . . .

2. Ist nach Art. 15 § 7 preuß. Ausf.-Ges. zum BGB. der Rücktritt vom Vertrag wegen Nichterfüllung von Leibgedingspflichten auch demjenigen versagt, welcher sich bei der Veräußerung seines Grundstücks die Gewährung eines Leibgedinges zugunsten des Altsitzers hat versprechen lassen?

V. Zivilsenat. Urt. v. 2. Februar 1921.

Die Entscheidung ist abgedruckt unter „Bürgerlichs Recht, Schuldrecht".

Landesrecht

RGZ. 2, 196

Auslegung der §§ 142, 143 Tit. 8 Teil 1 des Allgemeinen Landrechts.

II. Hilfssenat. Urt. v. 8. April 1880.

I. Kreisgericht Frankfurt a. O. II. Kammergericht Berlin.

Im August 1879 begann der Kaufmann v. G. in Frankfurt a. O. mit einer Erhöhung des Hintergebäudes seines Grundstückes. Die Besitzerin des Nachbargrundstückes, Witwe W., widersprach, weil durch die beabsichtigte Aufsetzung eines Stockwerkes das — nach nur einen Meter breiten Hofe führende — Fenster ihrer Hinterstube im Erdgeschoß mit gänzlicher Verdunklung bedroht wurde. Sie klagte auf Verurteilung des v. G., den neuen Oberbau so weit abzutragen, und nur so hoch zu bauen, daß aus dem ungeöffneten Fenster der hinteren Parterrestube ihres Wohnhauses in vertikaler Richtung der Himmel erblickt werden könne.

Der Beklagte verlangte Abweisung; eventuell hielt er sich zur Zurückziehung nur soweit verpflichtet, daß man aus den Fenstern des zweiten Stockwerkes den Himmel zu erblicken vermöge.

Die Instanzrichter erkannten nach dem Klageantrag. Die Nichtigkeitsbeschwerde des Beklagten ist zurückgewiesen.

Aus den Gründen:

. . . „Die Bestätigung des verurteilenden ersten Erkenntnisses beruht auf § 142 ALR. I. 8.

Die Nichtigkeitsbeschwerde rügt Verletzung der §§ 142, 143 a. a. O. und der aus denselben sich ergebenden Rechtsgrundsätze:

1. Das Lichtrecht entsteht nur in betreff solcher Fenster, welche schon mindestens 10 Jahre in solcher Weise bestanden haben, daß man aus ihnen den Himmel erblicken konnte, und welche zugleich zu Behältnissen gehören, die nicht von einer anderen Seite, als derjenigen, in welcher sich die Fenster befinden, auf irgend eine Weise Licht erhalten.

2. Liegen die unter 1. aufgestellten Bedingungen vor, so ist zu unterscheiden, ob das Gebäude, zu welchem die Fenster gehören, noch von einer anderen Seite Licht erhält, oder ob dies nicht der Fall; im ersteren Falle muß der Anblick des Himmels

aus den Fenstern des zweiten Stockwerks, im letzteren Falle aber aus den Fenstern des ersten Stockwerkes unverhindert bleiben.

Dieser Verletzung soll sich der zweite Richter namentlich deshalb schuldig machen, weil er es für unerheblich halte:

a) ob sich in einer anderen Front des Gebäudes der Klägerin Fenster befinden;

b) daß in das fragliche Hinterzimmer vom Laden her durch die Türöffnung Licht eindringe.

Die Beschwerde erscheint bezüglich des Punktes b) begründet.

Der Streit betrifft die Auslegung der §§ 142, 143 a. a. O. Die von der Beschwerde unter 1. und 2. aufgestellten sog. Rechtsgrundsätze geben nur den Sinn wieder, welchen sie den Paragraphen beilegt. Dieser Auffassung kann aber nicht beigetreten werden.

Nachdem im § 141 a. a. O. verordnet ist, daß in der Regel jeder auf seinem Grund und Boden so nahe an der Grenze und so hoch bauen kann, als er will, bestimmen:

§ 142. Sind jedoch die Fenster des Nachbars, vor welchen gebaut werden soll, schon seit zehn Jahren oder länger vorhanden und die Behältnisse, wo sie sich befinden, haben nur von einer Seite her Licht, so muß der neue Bau so weit zurücktreten, daß der Nachbar noch aus den ungeöffneten Fenstern des unteren Stockwerkes den Himmel erblicken könne.

§ 143. Hat in diesem Falle das Gebäude des Nachbars, in welchem die Fenster sich befinden, noch von einer anderen Seite Licht, so ist es genug, wenn der neue Bau nur so weit zurücktritt, daß der Nachbar aus den ungeöffneten Fenstern des zweiten Stockwerkes den Himmel sehen könne.

§ 144. Sind aber die Fenster des Nachbars, vor welchen gebaut werden soll, noch nicht zehn Jahre vorhanden, so ist der Bauende bloß an die im § 139 bestimmte Entfernung gebunden.

Es kommt wesentlich darauf an, wie die Worte des § 143 „in diesem Falle" und „Gebäude" zu verstehen sind. Die richtige Bedeutung ergibt sich nur bei Zusammenhaltung der gedachten drei Paragraphen. Danach behandeln die §§ 142, 143 den Fall, wenn die Fenster des Nachbars schon seit mindestens zehn Jahren vorhanden, der § 144 aber den Fall, wenn sie noch nicht solange vorhanden sind. An den Hauptbedingungssatz in den §§ 142, 143 hinsichtlich der Dauer der Fensteranlage schließen sich unterscheidend die Gegensätze:

a) im § 142: wenn die Behältnisse, wo sich die Fenster befinden, nur von dieser Seite her Licht haben;

b) im § 143: wenn das Gebäude, in welchem sich die Fenster befinden, noch von e i n e r anderen Seite Licht hat.

Der Beschwerde ist nicht zuzugeben, daß die Worte des § 143 „in diesem Falle" sich auch auf den Unterscheidungssatz a) erstrecken. Es muß dies vielmehr mit dem früheren preußischen Obertribunale,

vgl. Entsch. desselben Bd. 45 S. 68,

verneint werden, ohne daß die dortige Annahme einer inkorrekten Fassung des § 143 geboten ist.

Die Beschwerde,

vgl. G r u c h o t , Beiträge Bd. 24 S. 67 flg.,

legt ferner ohne zureichenden Grund besonderes Gewicht darauf, daß im § 142 von „Behältnissen" und im § 143 vom „Gebäude" die Rede ist. Ihrer Folgerung, daß die Anwendung des § 143 nicht gerechtfertigt wird, wenn die B e h ä l t n i s s e noch von einer anderen Seite Licht haben, sondern daß es darauf ankomme, ob das Gebäude überhaupt von einer anderen Seite Licht empfange, läßt sich nicht beitreten. Von dem preußischen Obertribunale ist a. a. O. und in vielen Entscheidungen konsequent angenommen, daß unter dem Worte „Gebäude" im § 143 „Behältnisse" wie im § 142 gemeint sind. Derselben Ansicht sind: F ö r s t e r , Theorie 3. Aufl. Bd. 3 S. 152, und D e r n b u r g , Preuß. Privatrecht 2. Aufl. Bd. 1 S. 505. Die G e s e t z r e v i s o r e n , Pensum XIII. S. 72, 73, halten das Wort „Gebäude" nur für eine Ungenauigkeit des Ausdruckes. H e y d e m a n n , Preußisches Zivilrecht Bd. 1 S. 439, bezeichnet dies Wort als eine unnötige Abwechslung des Ausdruckes, und T e m m e , Preußisches Zivilrecht Bd. 1 S. 274, als irrtümlich, statt „Behältnis". Es erscheint auch im wesentlichen richtig, das Wort „Gebäude" als gleichbedeutend mit „Behältnissen" aufzufassen. Man braucht aber nicht bis zu der Annahme zu gehen, daß im § 143 der Ausdruck „Gebäude" ohne besonderen Grund, oder gar irrig gewählt sei. Denn der § 142 setzt voraus, daß die Behältnisse, vor denen gebaut werden soll, nur von der Bauseite durch Fenster unmittelbares Licht erhalten. Der § 143 aber betrifft den Fall, wenn die Behältnisse auch von einer anderen Seite Licht haben, ohne daß es prinzipiell von Erheblichkeit ist, ob das Licht, falls es ein genügendes, dem Raume gerade durch Fenster, ob es unmittelbar oder nur mittelbar zugeführt wird.

Vgl. Entsch. des Obertribunales Bd. 80 S. 273; S t r i e t h o r s t , Archiv Bd. 87 S. 21; G r u c h o t , Beiträge Bd. 16 S. 238; D e r n b u r g , a. a. O. S. 506.

Da bei der Beurteilung in dieser Hinsicht unter Umständen die Konstruktion des ganzen Gebäudes, nicht bloß der einzelnen Teile, in

Betracht gezogen werden muß, so erscheint es vollkommen entsprechend, daß hier statt des ohnedies nur uneigentlichen Ausdruckes „Behältnisse" (vgl. Adelung's deutsches Wörterbuch) das Wort „Gebäude" steht.

Endlich läßt es sich auch nicht für zutreffend erachten, wenn die Beschwerde ihre abweichende Auslegung auf die Absicht des Gesetzes stützt. Die Materialien zu den Vorschriften in Rede, namentlich die Aeußerung von Suarez bei der revisio monitorum, sind in Pensum XIII. S. 69 flg. der Gesetzrevision, sowie in Entsch. des Obertrib. Bd. 64 S. 31 flg., Bd. 80 S. 271 flg. mitgeteilt. Allerdings wird nach ihnen (einen bestimmten Sprachgebrauch betreffs der hier fraglichen Begriffe ergeben sie nicht) vom Gesetze beabsichtigt, zu verhindern, daß Gebäude bzw. Räume, welche bisher Licht hatten, durch Vorbau ganz unbrauchbar gemacht werden. Auch sind die den Lichtschutz bezweckenden Vorschriften nicht ausdehnend zu erklären, weil sie die aus dem Eigentume des Nachbars fließende Befugnis zum Bauen einschränken. Dadurch rechtfertigt sich aber nicht eine Auslegung, eine Art der Unterscheidung, welche — hinsichtlich der Frage einer anderen Lichtseite von den durch Vorbau betroffenen einzelnen Behältnissen und deren möglicher gänzlicher Unbrauchbarkeit absehend — mit dem Sinne der positiven Bestimmungen des Gesetzes in Widerspruch tritt (§ 46 der Einleitung zum Allgemeinen Landrecht; v. Savigny, System Bd. 1 S. 321 flg.).

Die Beschwerde ist also, soweit sie die in den beiden sogenannten Rechtsgrundsätzen niedergelegte Auslegung geltend macht und ausschließliches Gewicht darauf legt, ob in einer anderen Front des Gebäudes der Klägerin Fenster vorhanden, ob dasselbe von einer anderen Seite Licht hat, zu verwerfen. Dagegen erscheint die Rüge begründet, daß der Appellationsrichter den § 143 a. a. O. durch die Ausführung verletze: die Türöffnung, durch welche zur Zeit der Einnahme des Augenscheines aus dem nach vorn gelegenen Laden in das fragliche Hinterzimmer Licht eingedrungen, komme nicht in Betracht, da das im § 143 gedachte Licht ein solches sei, welches durch Oeffnungen oder Fenster in einer unmittelbar an das Freie stoßenden Wand eingelassen werde, nicht bloß ein solches, welches aus einem Vorgemache durch eine Tür falle (vgl. Schles. Archiv Bd. 1 S. 365). Es ist bereits oben hervorgehoben, daß im Falle des § 143 eine unmittelbare Lichtzuführung von der anderen Seite nicht erforderlich, sondern es nur wesentlich erscheint, daß das von der anderen Seite zufließende Licht ein hinreichendes ist, d. h. genügt, um dem Raum bzw. Behältnisse, die für seinen Gebrauch notwendige Helligkeit zu gewähren. Die vom zweiten Richter bezogenen Erkenntnisse erster und zweiter Instanz im Schlesischen

Archiv stützen ihre abweichende Ansicht besonders auf den § 137 Tit. 8 a. a. O. Dieser spricht aber von dem anderen Falle, wenn ein Eigentümer Licht in sein Gebäude bringen will. Hier handelt es sich um eine Verhinderung der Entziehung des vorhandenen Lichtes, wobei der bauende Nachbar nicht weiter eingeschränkt werden darf, als es das Gesetz für die Brauchbarkeit des im Lichtrechte befindlichen Gebäudes erfordert. Ob ein Raum von der anderen Seite hinreichendes Licht hat, ist im einzelnen Falle tatsächlich zu prüfen. Der Appellationsrichter hat aber eine solche Prüfung nicht vorgenommen, sondern den Einwand des Beklagten lediglich aus einem prinzipiellen Grunde verworfen. Deshalb war die in dieser Richtung erhobene Rüge für zutreffend zu erachten.

Ist somit die Beschwerde zwar zum Teil begründet, so muß doch bei freier Beurteilung der Sache das zweite Urteil aufrechterhalten werden. Die Klage richtet sich gegen die Erhöhung des Seitengebäudes des Beklagten. Auch auf Erhöhungen alter Gebäude finden die §§ 142, 143 a. a. O. Anwendung, wie mit dem Plenarbeschlusse des preußischen Obertribunals vom 11. Mai 1846,

vgl. Entsch. desselben Bd. 13 S. 28,

anzunehmen ist.

Das durch den Bau bedrohte Fenster der Klägerin ist, wie die Parteien einig, schon seit länger als zehn Jahren vorhanden.

Es fragt sich, ob das Gemach der Klägerin, worin das Fenster, noch von einer anderen Seite Licht hat. Dies ist nach dem Ergebnisse der Beweiserhebung zu verneinen. Der Raum ist eine Stube. Außer dem Fenster hat dieselbe Lichtöffnungen nicht. Nach der Einnahme des Augenscheines fällt in die Stube nur Licht von dem Laden her durch die dem Fenster gegenüberliegende Oeffnung einer — zur Zeit ausgehobenen — Türe. Es läßt sich dies Licht für ein hinreichendes nicht erachten.

Daher liegt der Tatbestand des § 142 a. a. O. vor, wodurch die Verurteilung des Beklagten gerechtfertigt wird."

RGZ. 63, 129

1. Fortdauernde Geltung des § 43 ALR. I. 22 für nicht eingetragene Grundgerechtigkeiten.

2. Begründet der Vertrag, wodurch ein dingliches Untersagungsrecht bestellt wird, für den Besteller der Grundgerechtigkeit auch eine fortdauernde persönliche Verpflichtung?

ALR. I. 22 §§ 13, 43. Einf.-Ges. zum BGB. Artt. 189 Abs. 3, 115, 218. Preuß. Ausf.-Ges. zum BGB. Art. 89 Ziff. 1 b.

V. Zivilsenat. Urt. v. 31. März 1906.

I. Landgericht Stettin. II. Oberlandesgericht daselbst.

Die Parteien, die Eigentümer zweier angrenzenden, am Meeresstrande in H. gelegenen Grundstücke sind, hatten im Jahre 1895 einen schriftlichen Vertrag geschlossen, wonach die Beklagte die Erlaubnis erhielt, auf der gemeinschaftlichen Grenze, im Anschluß an ein bereits vorhandenes Gebäude, eine massive Mauer bis zu einer Entfernung von 3½ m von der Strandböschung zu errichten, gleichzeitig aber auch die Verpflichtung übernahm, die Mauer nicht näher als 3½ m an die Böschung heranzubauen, und jede durch den Druck der aufzuführenden Mauer an der Böschung oder dem Bollwerk des klägerischen Grundstücks entstehende Beschädigung beseitigen zu lassen.

In der Zeit vom 15. März bis Anfang Juni 1902 baute die Beklagte auf ihrem Grundstück nach der See zu eine Halle und verlängerte dabei die im Vertrage von 1895 gestattete Grenzmauer bis an die Böschung und darüber hinaus. Dadurch fühlte sich die Klägerin verletzt, weil ihr, abgesehen von der Gefährdung der Böschung, die Aussicht nach dem Meeresstrand in der Richtung des Langenberges verbaut war. Sie war der Ansicht, daß die Beklagte nach dem Vertrage von 1895 in der ganzen Breite ihres Grundstücks mit dem Hallenbau 3½ m von der Böschung hätte fernbleiben, jedenfalls aber mit der Grenzmauer den durch eine Polizeiverordnung vom 29. April 1901 vorgeschriebenen Abstand von 2 m von der Grenze hätte einhalten müssen. Die Klägerin klagte, nachdem sie am 7. Juni 1902 schriftlichen Einspruch erhoben hatte, mit dem Antrage, die Beklagte zu verurteilen, die an der Grenze errichtete Mauer der neuen Halle, soweit sie näher als 3½ m an die Strandböschung herankommt, abzureißen.

Das Landgericht erkannte nach diesem Antrage, das Oberlandesgericht wies die Berufung der Beklagten zurück. Auf die Revision der Beklagten wurde das Berufungsurteil aufgehoben, und die Sache an das Berufungsgericht zurückverwiesen, aus folgenden

Gründen:

„Die Beklagte hatte eingewendet, der Vertrag von 1895 habe sich nur auf die damals zu errichtende Mauer, nicht aber auf spätere Bauten bezogen, und das Recht des Widerspruchs gegen die Ueberschreitung der gesetzlichen (polizeilichen) Baubeschränkungen habe die Klägerin eingebüßt (§§ 139 flg. 191 ALR. I. 8, § 43 I. 22), weil sie nicht alsbald gegen den Neubau eingeschritten sei. Ihr Sohn, der zur Führung aller ihrer Geschäfte Vollmacht gehabt habe, sei im April 1902 in H. gewesen und habe die damals bereits im Bau begriffene Mauer gesehen, auch der Klägerin Mitteilung gemacht.

Der Berufungsrichter hat die Richtigkeit dieser, von der Klägerin bestrittenen, Behauptung dahingestellt gelassen. Er nimmt an, daß der Vertrag von 1895 eine Grundgerechtigkeit zugunsten des klägerischen Grundstücks begründet, und so der Beklagten die dauernde Verpflichtung auferlegt habe, die Weiterführung der Mauer bis zur Böschung zu unterlassen, daß aber diese Grundgerechtigkeit auch im Falle der Richtigkeit jener Tatsache nicht erloschen sei, weil § 43 ALR. I. 22 durch Art. 89 Ziff. 1 b preuß. Ausf.-Ges. zum BGB. ausdrücklich aufgehoben, und in der Unterlassung des sofortigen Widerspruchs ein Verzicht oder ein Einverständnis der Klägerin nicht zu finden sei.

Diese Ausführungen werden von der Revision mit Recht angegriffen. Die Auslegung des Vertrags entzieht sich allerdings der Nachprüfung in der Revisionsinstanz, weil ein Rechtsirrtum dabei nicht ersichtlich ist. Geht man aber mit dem Berufungsrichter von der Annahme aus, daß der Vertrag dem Grundstücke der Beklagten eine Grundgerechtigkeit auferlegt habe, so sind auch, da diese unstreitig nicht zur Eintragung gelangt ist, nach Art. 189 Abs. 3 Einf.-Ges. zum BGB. für die Aufhebung der unter früherem Recht entstandenen Grundgerechtigkeit die früheren Gesetze maßgebend. Nach Art. 218 Einf.-Ges. hätten zwar diese früheren Vorschriften durch Landesgesetz geändert werden können; eine einfache Aufhebung aber war schon deshalb nicht möglich, weil es dann an Vorschriften für das Erlöschen nicht eingetragener Grundgerechtigkeiten gefehlt hätte. Eine solche Aufhebung ist denn auch in dem von dem Berufungsrichter angezogenen Art. 89 Ziff. 1 b preuß. Ausf.-Ges. zum BGB. nicht ausgesprochen worden; denn die Aufhebung, von der dort die Rede ist, bezieht sich nach dem Eingang des Art. 89 a. a. O. nicht auf die Uebergangsvorschriften, zu denen Art. 189 Einf.-Ges. gehört. Sie ist ausdrücklich „unbeschadet der Uebergangsvorschriften" erfolgt. Auffällig könnte es allerdings auf den ersten Blick erscheinen, und dieser Umstand mag den Berufungsrichter irregeführt haben, daß im Art. 89 die auf Grundgerechtigkeiten bezüglichen Vorschriften der §§ 55—242 ALR. I. 22 ausdrücklich aufrechterhalten worden sind. Dies hat aber mit den Uebergangsvorschriften als solchen nichts zu tun. Denn jene von der Aufhebung ausgenommenen Vorschriften bestimmen den Inhalt und das Maß der dort erörterten Grundgerechtigkeiten näher und sollen deshalb nach dem Vorbehalt im Art. 115 Einf.-Ges. zum BGB. auch für die Grundgerechtigkeiten des neuen Rechts bestehen bleiben (Motive zum preuß. Ausf.-Ges. S. 236; Habicht S. 417 Anm. 3).

Die Fortdauer des § 43 ALR. I. 22 für die nicht eingetragenen Grundgerechtigkeiten alten Rechts kann hiernach keinem Zweifel unterliegen.

Vgl. auch Dernburg, Bürgerl. Recht Bd. 3 § 172 S. 515 flg.; Turnau u. Förster, Liegenschaftsrecht, 2. Aufl. Bd. 1 S. 428.

Danach aber erlöschen Grundgerechtigkeiten „durch stillschweigende Einwilligung, wenn der Berechtigte wissentlich geschehen läßt, daß in der verpflichteten Sache Anstalten und Einrichtungen getroffen werden, die die Ausübung seines Rechts geradezu unmöglich machen". Die Einwilligung folgt aus dem wissentlichen Geschehenlassen; auf den Umstand, ob der Berechtigte den Verzichtswillen wirklich gehabt hat, kommt es nicht an (vgl. Entsch. des RG.'s in Zivils. Bd. 52 S. 79 und die dort angeführte ältere Rechtsprechung, an der festzuhalten ist). Demnach sind die von der Beklagten in der Berufungsinstanz unter Beweis gestellten Tatsachen erheblich, und es mußte behufs Erörterung dieser Tatsachen das Berufungsurteil aufgehoben werden.

Zwar hat die Klägerin die Entscheidung des Berufungsrichters damit zu rechtfertigen versucht, daß sie aus dem Vertrage vom Jahre 1895 nicht sowohl eine Grundgerechtigkeit, als vielmehr einen persönlichen Anspruch gegen die Beklagten herzuleiten versucht und geltend gemacht hat, für das Erlöschen dieses persönlichen Rechts seien nicht die oben erörterten Vorschriften, sondern die Vorschriften über obligatorische Rechte maßgebend; diese erforderten einen rechtsgültigen Verzicht, und ein solcher Verzicht liege nach der Feststellung des Berufungsrichters nicht vor. Nun mag es richtig sein, daß die Klage sich auch als Geltendmachung eines persönlichen Anspruchs hätte auffassen lassen, die Ausführungen der Klägerin scheitern aber an der Auslegung des Vorderrichters. Der Berufungsrichter hat, wie bereits erwähnt, ohne Rechtsirrtum festgestellt, daß durch den Vertrag von 1895 eine Grundgerechtigkeit begründet worden ist (§ 13 ALR. I. 22). Dagegen ist um so weniger anzukämpfen, als der § 1 des Vertrages als Vertragschließende ausdrücklich die eingetragenen Eigentümer der beiden in Betracht kommenden Grundstücke bezeichnet. War aber eine Grundgerechtigkeit begründet, so erschöpfte sich damit der Inhalt des Vertrags, und es kann nicht die Rede davon sein, daß etwa daneben noch eine persönliche Verbindlichkeit der Eigentümerin des dienenden Grundstücks begründet werden sollte. Ob dies bei einem Vertrage, durch den eine Grundgerechtigkeit bestellt wird, überhaupt möglich und denkbar ist, braucht hierbei nicht erörtert zu werden; denn es bedürfte dazu jedenfalls einer ausdrücklichen und zweifelsfreien Vereinbarung, die hier nicht vorliegt." . . .

RGZ. 67, 79 †

1. . . .*)

2. Anwendung der §§ 142, 143 ALR. I. 8 in Fällen, wo bestehende Fenster schon vor dem Neubau weniger Licht empfingen, als das durch die erwähnten Gesetzesvorschriften geschützte.

§§ 142, 143 I. 8 ALR.

V. Zivilsenat. Urt. v. 13. November 1907.

I. Landgericht Glatz. II. Oberlandesgericht Breslau.

Die Klägerin besaß in G. die zwischen der MinoritenStraße und der Brücktor-Brücke gelegenen Grundstücke (Häuser) Nr. 342/3, die ihren Eingang von der tiefer liegenden Minoriten-Straße hatten und im Erdgeschoß einen durchgehenden Lagerraum, in dem Oberstock 2 Zimmer (Stube und Küche) enthielten. Im Norden grenzte daran das Grundstück des Beklagten Nr. 344e, wo in einem Abstande von 0,97 m bis 1,73 m sich ebenfalls ein Gebäude befand. Das Erdgeschoß des klägerischen, im ganzen 5,70 m hohen Gebäudes empfing sein Licht von dem an der Westseite (nach der Minoriten-Straße zu) liegenden Hofe und durch drei in dem Zwischenraum der beiderseitigen Grundstücke angebrachte Fenster. Der Oberstock hatte außer 2 Fenstern an der Westseite und einem an der Ostseite noch 2 Fenster an dem Zwischenraum an der Nordseite, die ebenso wie die drei unteren Fenster seit mehr als 10 Jahren bestanden.

Das Haus des Beklagten wurde früher als Stallgebäude benutzt und war bis zum Dachfirst nur 7,20 m hoch, so daß man nach Angabe der Klägerin aus den beiden ungeöffneten Fenstern ihres Oberstocks zur Not noch den Himmel sehen konnte. Auf Grund einer am 1. Dezember 1905 von der städtischen Polizeiverwaltung genehmigten Bauzeichnung nahm jedoch der Beklagte, nachdem Verhandlungen über den Austausch der klägerischen Grundstücke ohne Erfolg geblieben waren, seit dem 2. April 1906 einen Umbau seines Gebäudes vor, der dieses um 3,70 m, also auf 10,90 m erhöhte. Wegen der dadurch bewirkten Beeinträchtigung der Lichtzuführung stellte die Klägerin, nachdem sie am 2. April 1906 beim Beginn des Baues für den Fall, daß die polizeilich genehmigte Zeichnung zur Ausführung gelange, geeignete Maßregeln zur Wahrung des Fensterrechts angekündigt hatte, mit der am 19. April 1906 zugestellten Klage den Antrag, der Beklagte solle verurteilt werden mit seinem Neubau so weit zurückzurücken, daß aus den ungeöffneten nördlichen Fenstern im oberen Stockwerk des klägerischen Gebäudes ein mittelgroßer Mensch in ungezwungener Stellung den Himmel sehen könne. Das Landgericht hat den Einwand des Beklagten, daß

*) Geringere Bedeutung.

die Klägerin jeden Anspruch verwirkt habe, weil sie nicht rechtzeitig nach § 43 ALR. I. 22 gegen den Neubau eingeschritten sei, verworfen und auf den weiteren Einwand des Beklagten, daß man schon vor dem Neubau aus den ungeöffneten Fenstern des klägerischen Oberstocks den Himmel überhaupt nicht habe sehen können, den Beklagten nach dem Klagantrage, jedoch mit der Einschränkung verurteilt, daß der Beklagte mit dem Neubau „nur bis zur Wiederherstellung des bisherigen Zustandes" zurückzurücken brauche. Das Oberlandesgericht hat die Berufung des Beklagten zurückgewiesen. Die Revision ist erfolglos geblieben aus folgenden

Gründen:

. . . „II. In der Sache selbst war der Revision der Erfolg zu versagen.

Die Entscheidung der Vorinstanzen ist, wenn man sie in dem vorerörterten Sinne auffaßt, nicht zu beanstanden; insbesondere ist es zutreffend, wenn der Berufungsrichter unter Hinweis auf die vom Reichsgericht (Entsch. in Zivils. Bd. 32 S. 189) aufgestellten Grundsätze den § 43 ALR. I. 22 im vorliegenden Falle nicht für anwendbar erachtet hat. Eine Revisionsrüge ist in dieser Beziehung auch gar nicht erhoben. Zu Unrecht aber rügt die Revision, daß der Vorderrichter die §§ 142, 143 ALR. I. 8 überhaupt zur Anwendung gebracht habe. Sie meint, diese Gesetzesvorschriften müßten außer Betracht bleiben, wenn schon bei dem bestehenden Zustande, wie der Beklagte behauptet, und der Berufungsrichter dahingestellt gelassen habe, aus den ungeöffneten Fenstern des oberen Stocks der Himmel nicht zu sehen gewesen sei; denn der vom Gesetz gewollte Zustand sei dann eben nicht herzustellen, und zu einer ausdehnenden Auslegung des Gesetzes liege kein Anlaß vor. Es handelt sich indessen gar nicht um eine ausdehnende Anwendung des Gesetzes. Die §§ 142, 143 ALR. I. 8 bestimmen die Grenze des Lichtschutzes für Fenster, die seit länger als 10 Jahren bestehen (vgl. Entsch. des RG.'s in Zivils. Bd. 32 S. 193, 197). Ist diese Grenze durch ausdrückliche oder stillschweigende Vereinbarung oder durch die tatsächliche Gestaltung der Dinge zu ungunsten der lichtempfangenden Fenster verschoben, so folgt daraus keineswegs, daß nunmehr der gesetzliche Lichtschutz ganz in Wegfall gekommen ist. Vielmehr versteht es sich von selbst, daß den Fenstern das Licht in dem geringeren Umfange, in dem sie es seit 10 Jahren genossen haben, auch in der Folge erhalten bleiben muß."

RGZ. 70, 263

Wie sind im Falle eines Besitzwechsels die außerordentlichen Gutslasten (Patronatsbeiträge) zu verteilen?

BGB. § 103.

V. Zivilsenat. Urt. v. 6. Februar 1909.

I. Landgericht Posen. II. Oberlandesgericht daselbst.

Der Kläger hatte durch notariellen Vertrag vom 22. August 1905 sein Rittergut T. an den Beklagten verkauft und demnächst aufgelassen. Er klagte einen am 1. Juli 1906 fällig gewordenen Kaufpreisteil von 20 000 M. ein. Der Beklagte wollte zwei Gegenforderungen im Betrage von 4099,96 M. und 500 M. aufrechnen, mit denen es folgende Bewandtnis hatte. Der jeweilige Besitzer des verkauften Gutes ist Patron der katholischen Pfarrkirche in W. Im Jahre 1904 war nach Beschluß der zuständigen Organe ein Stall nebst Schuppen für das Pfarrgehöft gebaut; von den Baukosten waren bei deren endgültiger Feststellung durch die Königliche Regierung im Januar 1906 dem Patron 4099,96 M. zugeteilt worden. Damals war Patron ein Herr v. Prz., der das Gut vom Beklagten gekauft hatte; ihm gegenüber hatte aber der Beklagte sich zur Abhaltung dieser Patronatslast verpflichtet. v. Prz. trat diesen Anspruch an die Kirchengemeinde ab, und auf deren Klage war dann der Beklagte zur Zahlung der genannten Summe sowie in die Prozeßkosten mit unstreitig mindestens 500 M. verurteilt worden.

Der Beklagte vertrat die Auffassung, daß der Kläger die Patronatsausgabe abhalten müsse, weil sie zu seiner Besitzzeit entstanden sei, und daß er ihm auch den Prozeß hätte von der Hand halten oder doch ihn im Prozeß unterstützen müssen. Der Kläger war dagegen der Ansicht, daß der Beklagte diese gemeine Last tragen müsse, weil sie erst nach dem Vertragsschluß fällig geworden sei.

In zweiter Instanz wurde die Aufrechnungseinrede verworfen. Die Revision des Beklagten wurde zurückgewiesen.

Gründe:

„Der Kaufvertrag der Parteien vom 22. August 1905 enthält zwar die allgemeine Bestimmung, daß Nutzungen und Lasten des verkauften Gutes mit dem Tage des Vertragsschlusses auf den Käufer übergingen; aber eine besondere Bestimmung, wie es mit dem jetzt streitigen Patronatsbeitrage verhalten werden solle, ist nicht getroffen. Daß eine der Parteien diese Zahlung außerhalb des Vertrages übernommen hätte, ist nicht erwiesen worden. Es fragt sich deshalb, wem sie gesetzlich obliegt. Die dafür maßgebende Vorschrift enthält der § 103 BGB., wonach die nicht bis zu einer bestimmten Zeit oder von einer bestimmten Zeit an zu tragenden Lasten einer Sache von dem dazu Verpflichteten insoweit zu tragen sind, als sie während der Dauer seiner Verpflichtung zu entrichten sind. Die Patronatslast ist unstreitig eine außerordentliche, nicht regelmäßig wiederkehrende Last.

Der erste Richter war der Ansicht, daß die Entrichtungspflicht mit der Entstehung der Last zusammenfalle, also dem Kläger obgelegen habe, da die Baukosten schon im Jahre 1904 erwachsen seien. Das Berufungsgericht führt dagegen aus: das preußische Landrecht allerdings habe in § 180 I. 11 für den Kauf vorgeschrieben, daß außerordentliche Lasten, auch wenn sie erst nach dem Kaufabschluß oder nach der Uebergabe auf die einzelnen Grundstücke verteilt würden, vom Verkäufer zu tragen seien, sofern die Verbindlichkeit zu der Entrichtung schon vorher vorhanden gewesen sei. Das Bürgerliche Gesetzbuch dagegen enthalte keine besondere Bestimmung für den Kauf, sondern gebe bezüglich der Fälligkeit von Leistungen nur die allgemeine Vorschrift in § 271, daß sie sich zunächst nach der Bestimmung der Parteien oder nach den Umständen zu richten habe. Solche Umstände seien hier darin gegeben, daß bei Bauten der in Rede stehenden Art eine Feststellung und Verteilung der Kosten durch die Regierung zu erfolgen habe; da vorher von den Beitragspflichtigen wegen Unkenntnis über die Höhe des Beitrages nicht gezahlt werden könne, so trete vorher auch nicht die für die Verpflichtung selbst nach § 103 BGB. entscheidende Fälligkeit ein, und sei folglich die Verpflichtung selbst im vorliegenden Falle nicht mehr zur Besitzzeit des Klägers entstanden.

Diese Entscheidung wird vergebens von der Revision angefochten. Es unterliegt keinem Zweifel, daß das Bürgerliche Gesetzbuch in § 103 die Zahlungsverpflichtung bei außerordentlichen Lasten der in Frage stehenden Art von dem Zeitpunkte abhängig macht, an dem sie zu entrichten, d. h. f ä l l i g , sind. In dem entsprechenden § 795 des ersten Entwurfs war auch der Ausdruck gebraucht, daß die Lasten von dem Verpflichteten zu tragen seien, während dessen Verpflichtungszeit sie „fällig geworden" seien. Wenn dafür später der Ausdruck gewählt worden ist, daß entscheide, wann sie „zu entrichten" seien, so ist das eine bloß redaktionelle Aenderung. In den Motiven zum ersten Entwurfe (Bd. 3 S. 76, 77) ist ausdrücklich erörtert, weshalb gerade der Zeitpunkt der Fälligkeit gewählt worden sei, und bei der zweiten Lesung ist ein Antrag auf Aenderung dieser Vorschrift im Sinne der erwähnten Bestimmung des preußischen Rechtes abgelehnt worden (Prot. Bd. 3 S. 25 Nr. 2 und Absatz vor A).

Weiter kann auch darüber kein Zweifel obwalten, daß der streitige Patronatsbeitrag erst mit der Verteilung der in Frage stehenden Baukosten über die Beitragpflichtigen durch die Königliche Regierung fällig geworden ist, und dies geschah im Januar 1906, also nicht mehr zur Besitzzeit des Klägers. Wenn auch die Baukosten schon im Jahre 1904 entstanden waren, und der Bauunternehmer möglicherweise schon damals Anspruch auf Befriedigung wegen Werklohns und etwa gelieferter Baumaterialien gehabt haben mag — was von dem Inhalt des Werkvertrages abhängt —, so konnte doch von einer Fälligkeit des vom Patron zu leistenden Beitrages nicht eher die Rede sein, als bis er festgestellt war. Nach § 789 ALR. II. 11 müssen die Kosten zum Bau zunächst aus dem Kirchenvermögen genommen und erst bei dessen Unzulänglichkeit von den Eingepfarrten und dem Patron aufgebracht werden (vgl. §§ 712, 720 a. a. O.). Es wird infolgedessen der Regel nach erst eine Berechnung und Verteilung der Kosten über die verschiedenen Beitragspflichtigen stattfinden müssen; jedenfalls ist sie im vorliegenden Fall erforderlich gewesen und von der Regierung bewirkt worden. Früher ist der Beitrag des Patrons also nicht fällig geworden.

Hiernach ist mit Recht dem Beklagten ein Anspruch auf Ersatz der von ihm abgehaltenen Patronatslast abgesprochen worden, und daraus ergibt sich ohne weiteres, daß er den Kläger auch nicht für die Kosten des — zudem überflüssigen — Prozesses mit der Kirchengemeinde verantwortlich machen kann."

RGZ. 98, 215

1. Begriff der Erbpacht nach preuß. Allg. Landrechte.

2. Ist Erwerb des Eigentums im guten Glauben an die Richtigkeit des Buchinhalts möglich, wenn in Abt. II des Grundbuchs für einen anderen als den eingetragenen Eigentümer ein Erbpachtrecht eingetragen steht?

Preuß. Ablösungsgesetz vom 2. März 1850 § 2; BGB. § 892.

V. Zivilsenat. Urt. v. 6. März 1920.

I. Landgericht Paderborn. II. Oberlandesgericht Hamm.

In einem am 18./21. Juni 1833 gerichtlich beurkundeten Vertrage hat die Kolonatsbesitzerin Anna Maria A. in Nordhagen dem D. F. daselbst „drei Stück zu dem A.'schen Kolonate gehörigen Landes, nebeneinander auf der Haube zunächst dem Busche gelegen" zur erbpachtlichen Benutzung übertragen, gegen einen von F. und seinen Nachfolgern an den zeitigen Besitzer des A.'schen Kolonats zu zahlenden jährlichen Kanon von 10 Talern. Die §§ 3 a und 7 des Vertrags lauten wie folgt: „3 a. Erbpächter, welcher das übernommene Grundstück zu einer Neubauerei benutzen will, ist befugt, mit Errichtung des Wohnhauses auf dem dazu bestimmten Platze schon jetzt zu verfahren. 7. Jedem Teile soll es freistehen, mit Ablauf von 100 Jahren von dem Kontrakte wieder abzugehen. Tritt dieser Fall ein, so steht es dem Erbpächter frei, die alsdann vorhandenen Gebäude abzubrechen . . ., indem die Erbverpächter das Grundstück nur so zurückverlangen können, wie es jetzt dem Erbpächter übergeben wird."

Eine diesem Vertragsinhalt entsprechende Eintragung ist in das Hypothekenbuch des Stadt- und Kreisgerichts P. auf dem Blatte des A.'schen Kolonats in Rubrik II auf Grund Dekrets vom 5. April 1837 erfolgt und später in das Grundbuch des Amtsgerichts D. übertragen worden. D. F., der Erbpächter, hat auf Grund des Erbpachtvertrags eine zusammenhängende Fläche der zu dem A.'schen Kolonate gehörigen Grundstücke in Besitz und Nutzung genommen, darunter auch die jetzt katastermäßig als Flur 11 Nr. 62/10 und 80/10 bezeichneten Parzellen, die nicht mehr „auf der Haube", sondern bereits „in dem Busche" liegen, und hat auf diesen ein Wohnhaus mit Stall und Scheune errichtet. Von ihm ist der Besitz und die Nutzung der Grundstücke durch Erbgang auf den Beklagten übergegangen. Das A.'sche Kolonat ging auf Katharina Theresia A., später Witwe H., über, die im Jahre 1874 als Eigentümerin eingetragen wurde. Sie verkaufte im Jahre 1901 das Kolonat an den Kaufmann Ignatz N. und dieser wurde auf Grund der ihm erteilten Auflassung im Dezember 1901 als Eigentümer eingetragen. N. verkaufte durch notariellen Kaufvertrag vom 10. Juli 1907 einen Teil des A.'schen Kolonats an den Kläger. In § 8 des Kaufvertrags war folgende Bestimmung getroffen:

„Auf einem Teil des Kaufobjekts befindet sich ein einem Dritten gehöriges Gebäude. Käufer tritt in dieses mit dem Dritten — einem Neubauer Liborius F. — laufende Pachtverhältnis ein, welches sich auch auf ungefähr 3 Morgen von diesem gepachteten Landes bezieht, und bezieht die von diesem seit 1. Juni 1907 zu zahlende Pacht bzw. hat Anspruch auf die sonstigen von dem Neubauer Liborius F. zu leistenden Verpflichtungen."

Für den an den Kläger verkauften Teil des A.'schen Kolonats wurde ein neues Grundbuchblatt angelegt und auf dieses in Abteilung II unter Bezugnahme auf den Vertrag vom 18. Juni 1833 eingetragen, daß dem D. F. drei Stück Landes usw. zur Erbpacht übergeben worden seien; diese Eintragung erfolgte aber nur bei den auf der Haube belegenen Parzellen 58, 59, 60, nicht bei den in dem Busche liegenden Parzellen 62/10 und 80/10, auf welchen das Haus des Beklagten mit Stallung und Scheune steht.

In dem gegenwärtigen Rechtsstreite verlangte der Kläger die Feststellung, daß er Eigentümer der in dem Busche liegenden Parzellen 62/10 und 80/10 sei, auf welchen die Gebäude des Beklagten stehen; der Beklagte beantragte Abweisung der Klage und hilfsweise im Wege der Widerklage Feststellung, daß er zur Herausgabe der Grundstücke nur gegen Zahlung von 7000 M. verpflichtet sei. Das Landgericht gab der Klage statt und wies die Widerklage ab. Das

Berufungsgericht wies durch das jetzt angefochtene Teilurteil die Berufung des Beklagten hinsichtlich der Klage zurück. Auf die Revision des Beklagten ist die Klage abgewiesen worden.

Aus den Gründen:

. . . „Der Berufungsrichter geht davon aus, daß das in dem Vertrage vom 18. 21. Juni 1833 für den D. F. begründete Recht ein Erbpachtrecht im Sinne des § 2 des Ablösungsgesetzes vom 2. März 1850 war und deshalb durch dieses Gesetz das Eigentum des Erbverpächters aufgehoben worden ist und der damalige Erbpächter, der Rechtsvorgänger des Beklagten, das volle Eigentum an den Grundstücken erlangt hat. Diese Rechtsauffassung begründet der Berufungsrichter mit der Ausführung, daß dem Rechtsvorgänger des Beklagten in dem Vertrage von 1833 ein vollständiges, ausschließliches und unbeschränktes sowie vererbliches Nutzungsrecht verliehen sei, für das die damaligen Vertragschließenden den Ausdruck „Erbpacht" gebraucht hätten, über dessen Bedeutung sie sich sicherlich einig gewesen seien. Es führt ferner aus, daß die Bestimmung des § 7 — derzufolge es jedem Teile freigestanden habe, mit dem Ablaufe von 100 Jahren von dem Kontrakte wieder abzugehen, und dem Erbpächter in solchem Falle habe freistehen sollen, die vorhandenen Gebäude abzubrechen — dem gesetzlichen Begriffe der Erbpacht nicht widerspreche. Die Bestimmung stelle sich nicht als eine feste zeitlich bestimmte Begrenzung des Rechtsverhältnisses, sondern lediglich als eine beiden Teilen zustehende Befugnis dar, den an sich zeitlich unbegrenzten Vertrag nach Ablauf von 100 Jahren einseitig aufzulösen; auch sei hiervon abgesehen, eine gewisse zeitliche Begrenzung des Vertrags mit dem gesetzlichen Begriffe der Erbpacht wohl vereinbar. Diese Ausführungen, deren Nachprüfung der Revisionsgegner angeregt hat, stehen mit der Rechtsprechung und der Rechtslehre, auf die sie Bezug nehmen, durchaus im Einklang und lassen eine Gesetzesverletzung nicht erkennen. — Weiter nimmt der Berufungsrichter an, daß auch die im gegenwärtigen Prozeß in Streit befindlichen Parzellen, auf denen das von den Rechtsvorgängern des Beklagten erbaute Wohnhaus mit Zubehör steht, und die jetzt katastermäßig als Flur 11 Nr. 62/10 und 80/10 bezeichnet sind, zu denjenigen Parzellen gehören, welche nach dem Willen der damaligen Vertragschließenden dem Erbpachtrecht unterworfen sein sollten und an denen deshalb eine Erbpachtgerechtigkeit zugunsten des Rechtsvorgängers des Beklagten entweder schon ursprünglich begründet oder doch vor dem Ablösungsgesetze von 1850 ersessen worden sei. Auch diese Ausführungen, die wesentlich auf tatsächlichem Gebiete liegen, lassen einen Rechtsirrtum nicht hervortreten.

Der Berufungsrichter nimmt aber an, daß der Beklagte das nach Vorstehendem von seinen Vorfahren durch Erbfolge auf ihn übergegangene Eigentum an dem Grundstücke wieder verloren habe dadurch, daß er seine Eintragung im Grundbuch als Eigentümer versäumte und daß die Grundstücke im Jahre 1901 von der im Grundbuch als Eigentümerin eingetragenen Witwe H. geb. A. (der Rechtsnachfolgerin der ursprünglichen Erbverpächterin) an den Kaufmann N. und von diesem im Jahre 1907 weiter an den Kläger veräußert worden seien. Denn es sei als erwiesen zu erachten, daß N. bei seinem Erwerb im Jahre 1901 das Eigentum des Beklagten und die Unrichtigkeit des Grundbuchs nicht gekannt habe. Er habe als Zeuge glaubwürdig bekundet, daß er damals die Verpachtung an den Beklagten für eine Zeitpacht gehalten, weil es den Parteien freigestanden habe, nach 100 Jahren von dem Vertrage wieder abzugehen; davon, daß der Beklagte als Eigentümer in Betracht kommen könne, habe er nichts gewußt; der damalige Grundbuchrichter habe ihn nicht darauf aufmerksam gemacht; von dem Ablösungsgesetze und der darin ausgesprochenen Aufhebung des Eigentums des Erbverpächters sei ihm ebenfalls nichts bekannt gewesen. Erst vor der Auflassung an den Kläger im Jahre 1907 habe ihn der Grundbuchrichter darauf hingewiesen, daß der Beklagte auf Grund des Gesetzes von 1850 Eigentümer geworden sei, falls Erbpacht vorliege; von dieser Mitteilung sei er auf höchste überrascht gewesen und er habe an ihrer Richtigkeit gezweifelt. Aus dieser Bekundung ergebe sich, daß N. die Unrichtigkeit des Grundbuchs nicht gekannt und demgemäß in gutem Glauben an dessen Richtigkeit gemäß § 892 BGB. Eigentum erworben habe. Dem Eigentumserwerbe des N. habe auch nicht entgegengestanden, daß auch die Erbpachtgerechtigkeit eingetragen gewesen sei. Diese Eintragung sei nicht (wie der Beklagte aufgestellt hatte) als Eintragung einer Verfügungsbeschränkung aufzufassen, die den gutgläubigen Erwerb des N. gehindert haben könnte. Denn die vor 1850 erfolgte Eintragung der Erbpachtgerechtigkeit habe damals den Erbverpächter in der Veräußerung der Grundstücke nicht beschränkt; durch das Gesetz von 1850 aber sei keine Verfügungsbeschränkung, sondern ein völliger Verlust der Verfügungsgewalt durch Aufhebung des Eigentums eingetreten; dadurch sei das Grundbuch unrichtig geworden und es wäre Sache des bisherigen Erbpächters gewesen, das Grundbuch in Einklang mit der nunmehrigen Sachlage zu bringen und dadurch Verfügungen des noch als Eigentümer eingetragenen Erbverpächters zu verhindern. Ebensowenig könne die Eintragung der Erbpacht als Widerspruch gegen die Richtigkeit des Grundbuchs angesehen werden. — Sei aber N. im Jahre 1901 Eigentümer geworden, so würde es dem Erwerbe des Eigentums von ihm durch den Kläger nicht entgegenstehen, wenn er nachträglich oder wenn der Kläger vor der Auflassung an ihn von der Unrichtigkeit des Grundbuchs Kenntnis erhalten haben sollte.

Diese Ausführungen sind, wie die Revision mit Grund rügt, nicht frei von Rechtsirrtum. Wenn auch die Eintragung der Erbpachtberechtigung in Abt. II des Grundbuchs weder als Eintragung einer Verfügungsbeschränkung im Sinne von § 892 Abs. 1 Satz 2 BGB. noch eines Widerspruchs gegen die Richtigkeit des Grundbuchs (§ 899), wodurch ein gutgläubiger Erwerb des Eigentums von der als Eigentümerin eingetragenen Witwe H. zugunsten des N. ausgeschlossen worden wäre, aufgefaßt werden kann, so kam doch jene Eintragung für die Frage in Betracht, welchen Inhalt das Grundbuch in Wirklichkeit hatte, da dieser Inhalt nicht nach der Eintragung in einer einzelnen Abteilung oder Spalte, sondern nach dem Zusammenhange der Eintragungen in den verschiedenen Abteilungen sich bestimmt und danach festzustellen ist (vgl. RGZ. Bd. 31 S. 311, Bd. 54 S. 248, Bd. 88 S. 27; O b e r n e c k, Reichsgrundbuchrecht, § 45 bei Anm. 30 S. 383).

Eingetragen war aber das Eigentum eines Erbverpächters und ein dieses Eigentum dinglich belastendes Erbpachtrecht. Ein solches Rechtsverhältnis ist nach dem jetzt geltenden Rechte unmöglich. Auf unmögliche Rechtsverhältnisse aber erstreckt sich, wie in der Rechtslehre und der Rechtsprechung des Reichsgerichts anerkannt ist, der öffentliche Glaube des Grundbuchs nicht (vgl. RGZ. Bd. 88 S. 27 und die dort angeführte Rechtslehre; ferner RGZ. Bd. 76 S. 374).

Daran kann auch dadurch nichts geändert werden, daß zu der Zeit, als die ursprüngliche Eintragung in das damalige Hypothekenbuch erfolgte, die Eintragung dem bestehenden Rechtszustand entsprach. Zwar hatte die Löschung des durch das Ablösungsgesetz von 1850 aufgehobenen Eigentumsrechts des Erbverpächters nach § 98 der preußischen Grundbuchordnung nicht von Amts wegen, sondern nur auf Antrag zu erfolgen. Auch kann zugegeben werden, daß sich die Vorschrift des § 54 der Reichsgrundbuchordnung, wonach eine ihrem Inhalte nach unzulässige Eintragung von Amts wegen zu löschen ist, nur auf solche Eintragungen bezieht, die schon zur Zeit der Eintragung unzulässig waren und nur durch Versehen des Grundbuchamts eingetragen sind (T u r n a u - F ö r s t e r GBO. zu § 54 II 2). Deshalb wäre es allerdings (wie dem Berufungsrichter zugegeben werden muß) Sache der zu Eigentümern gewordenen Erbpächter gewesen, die Eintragung auch äußerlich mit dem nunmehr bestehenden Rechtszustande in Einklang zu bringen. Aber daraus, daß sie dies unterlassen haben, folgt nicht, daß der nach Inkrafttreten des Ablösungsgesetzes bestehengebliebenen Eintragung des Erbverpächters noch eine materiellrechtliche Bedeutung beigemessen werden könnte, die als Grundlage für einen Erwerb in gutem Glauben gemäß § 892 BGB. zu dienen geeignet wäre. Die wahre rechtliche Bedeutung der Eintragungen ging seitdem auf Grund der nunmehr bestehenden gesetzlichen Lage dahin, daß der als Eigentümer eingetragene Erbverpächter sein Eigentum verloren hatte und der bisherige Erbpächter Eigentümer war. Diese Bedeutung war für den mit den gesetzlichen Bestimmungen Vertrauten auch erkennbar. Ob deshalb überhaupt davon gesprochen werden kann, daß das Grundbuch unrichtig gewesen ist, mag dahingestellt bleiben. Wenn auch auf Grund der Fassung, die der § 892 erhalten hat, der Schutz des guten Glaubens nicht auf die Unkenntnis der die Unrichtigkeit des Grundbuchs bedingenden Tatsachen abgestellt ist und somit auch dann nicht versagt, wenn der Erwerber infolge Rechtsirrtums die infolge außerhalb des Grundbuchs eingetretener rechtlicher Vorgänge herbeigeführte Unrichtigkeit des Grundbuchs nicht erkannt hat, so erstreckt der gute Glaube sich doch keinesfalls auf das Nichterkennen der wahren rechtlichen Bedeutung einer Eintragung, die in der Form, in der sie vorliegt, ein kraft gesetzlicher Veränderungen rechtlich unmöglich gewordenes Rechtsverhältnis kundgibt. Unter keinen Umständen konnte der Inhalt des Grundbuchs den Erwerber zu der Annahme führen, daß er ein von einer Erbpachtgerechtigkeit freies Eigentum erwerbe; der Erwerb eines mit einer solchen belasteten Eigentums aber war rechtlich unmöglich. Der Erwerber würde also einen durch den Inhalt des Grundbuchs nicht gerechtfertigten Erwerb gemacht haben, wenn ihm (wie es in dem Berufungsurteile zugunsten des Klägers geschehen ist) ein nicht mit einer Erbpachtgerechtigkeit belastetes Eigentum zugesprochen würde. Gänzlich unerheblich ist es schließlich, daß N. das als Erbpacht bezeichnete Rechtsverhältnis für eine Zeitpacht gehalten hat; denn zu diesem Irrtum gab der Inhalt des Grundbuchs keine Veranlassung." . . .

RGZ. 131, 60

Zur Frage des Eigentumserwerbs an An- oder Aufschüttungen am Ufer öffentlicher Flüsse nach preußischem Recht*).

Preuß. ALR. I 9 §§ 225, 244, 270; II 14 § 21; II 16 §§ 8 flg. Preuß. Gesetz betr. die Befugnisse der Strombauverwaltung gegenüber den Uferbesitzern an öffentlichen Flüssen (Strombauverwaltungsgesetz) vom 20. August 1883 (GS. S. 333).

---

*) Vgl. auch RGZ. 71, 63 (abgedruckt unter „Oeffentliches Recht, Wasserrecht").

V. Zivilsenat. Urt. v. 10. Dezember 1930.

I. Landgericht II Berlin. II. Kammergericht daselbst.

Als der Preußische Staat im Jahre 1879 den Katzengraben, einen Spreearm bei Berlin-Köpenick, durch Ausbaggerung schiffbar machte, ließ er ausgehobenen Boden an der Wasserseite eines oberhalb an die Spree stoßenden Grundstücks ablagern, das heute den Beklagten gehört. Durch diese Aufschüttung ist die Katasterparzelle K. Bl. 9 Nr. 985/1 von 17,04 a entstanden, über deren Eigentum die Parteien streiten. Der Staat hat die Eigentumsklage erhoben und beantragt, die Beklagten zu verurteilen: 1. die Parzelle sofort zu räumen; 2. ihre Benutzung und Nutzung in Zukunft zu unterlassen; 3. vom 1. April 1927 bis zur endgültigen Räumung ihm eine Entschädigung unter Zugrundelegung eines Jahresbetrags von 1363,20 RM. zu zahlen.

Beide Vorinstanzen wiesen die Klage ab. Die Revision des Klägers führte zur Aufhebung und Zurückverweisung.

Gründe:

Zwar ist das Berufungsgericht mit Recht dem Entscheidungsgrunde des ersten Richters nicht beigetreten, daß der ordentliche Rechtsweg versagt sei. Denn der Vortrag der Parteien läßt keinen Zweifel darüber, daß jede von ihnen den Anspruch erhebt, privatrechtlicher Eigentümer der streitigen Parzelle zu sein. Es handelt sich demnach um einen privatrechtlichen Eigentumsstreit im eigentlichen Sinne.

Nicht beizupflichten ist aber der sachlichen Beurteilung, die der Berufungsrichter dem Streitfall hat angedeihen lassen. Unstreitig handelt es sich um ein Grundstück, das — im Verhältnis zum Flusse — schon seit dem Jahre 1879 als selbständiges Landgrundstück besteht. Von der Annahme ausgehend, daß hier eine Anlandung im Sinne der Bestimmungen des preußischen Strombauverwaltungsgesetzes vom 20. August 1883 in Frage stehe, wenden beide Vorinstanzen Vorschriften dieses Gesetzes an, das Landgericht ohne jede Erörterung, weshalb dem Gesetze Rückwirkung auf einen Tatbestand von 1879 zukomme, das Kammergericht mit der Begründung, es ergebe sich aus der Vorschrift des § 5 Abs. 2 daselbst, daß § 5 Abs. 3 auch für schon vor dem Inkrafttreten des Gesetzes erfolgte künstliche Anlandungen gelte. Inwieweit dieser Begründung für eine Rückwirkung des Gesetzes vom 20. August 1883 beigetreten werden könnte (vgl. dazu Mahraun Das Strombauverwaltungsgesetz § 5 Anm. 3, bes. Abs. 3, S. 18), bedarf hier nicht der Entscheidung. Denn um eine Anlandung im Sinne der Vorschriften dieses Gesetzes handelt es sich im vorliegenden Fall überhaupt nicht, so daß seine Anwendung schon aus diesem Grunde entfällt. Nach seinen Eingangsworten hat § 5 des Gesetzes Anlandungen im Auge, die infolge von Anlagen der in § 3 gedachten Art, d. h. Deckwerken, Buhnen, Kupierungen oder anderen Stromregulierungswerken, „entstehen", also sog. künstliche (vgl. Abs. 4 das.) oder künstlich herbeigeführte Anlandungen im Gegensatz zu den natürlichen, die ohne menschliche Nachhilfe durch allmähliche Anspülung (§ 225 ALR. I 9) sich von selbst bilden und, wo das Gesetz von Anlandungen überhaupt spricht (§§ 8, 11), darunter mitbegriffen werden. Auch die künstlichen Anlandungen haben aber, wie der Ausdruck des Gesetzes zeigt, zur begrifflichen Voraussetzung, daß sie „entstehen", d. h. daß sie sich zwar unter menschlichem Zutun bilden, jedoch ohne unmittelbare Erschaffung durch menschliche Arbeit. An- oder Aufschüttungen dagegen, die unmittelbar durch menschliche Bodenbewegung geschaffen werden, fallen nicht unter den Begriff der Anlandung und sind als solche im Gesetz vom 20. August 1883 nicht Gegenstand einer Regelung gewesen. Sie mögen zwar bei Deckwerken, Buhnen, Kupierungen oder anderen Stromregulierungswerken tatsächlich vorkommen, werden aber insoweit im Gesetz nicht als rechtlicher Sonderbegriff behandelt, und es beruht auf Rechtsirrtum, wenn das Berufungsgericht auf eine An- oder Aufschüttung, die behufs bloßer Beseitigung ausgehobenen Bodens erfolgt, das Gesetz vom 20. August 1883 schon deshalb für anwendbar erachtet, weil die Ausbaggerung aus Anlaß einer Stromregulierungsarbeit geschah. Die Schiffbarmachung eines Wasserlaufteils, mag sie auch in Erweiterung der Fahrstraße bestehen, ist, als Ganzes betrachtet, kein Stromregulierungswerk oder (allgemeiner) keine Anlage im Sinne des § 3 des Gesetzes, wo vielmehr darunter einzelne Erdbauten verstanden werden. Es entspricht weder dem sprachlichen Ausdruck noch dem Sinn des Gesetzes, unter den „Anlandungen, die infolge von Anlagen der im § 3 gedachten Art entstehen", An- oder Aufschüttungen mitzubegreifen, die an einem von der Stelle der Stromregulierung räumlich getrennten Orte mit dem von dort wegzubringenden Baggerboden nur nebenher geschaffen werden. Das Gesetz vom 20. August 1883 hat hiernach für den Streitfall ganz außer Betracht zu bleiben (RGZ. Bd. 71 S. 66).

Als künstlich geschaffenes neues Landgrundstück schied die streitige Parzelle, wie der Kläger mit Recht ausführt, aus dem Bereich des öffentlichen Flusses und damit aus dem gemeinen Eigentum des Staates aus (§ 21 ALR. II 14). Sie wurde deshalb aber auch nicht mehr — wie gegen eine andere Ausführung des Klägers zu sagen ist — von der Rechtsänderung ergriffen, vermöge deren seit dem Inkrafttreten des preußischen Wassergesetzes vom 7. April 1913 privatrechtliches Eigentum des Preußischen Staates am Wasserlauf der Spree einschließlich des Flußbettes entstand (§ 7 das.). Auf diese Aenderung der Gesetzgebung kann daher der Kläger seinen Eigentumsanspruch nicht gründen.

Hatte aber die streitige Parzelle durch ihre Aufhöhung mit Naturnotwendigkeit (RGZ. Bd. 71 S. 63) die Eigenschaft einer dem Verkehr entzogenen Sache verloren und die Befähigung erlangt, Gegenstand freien Privateigentums zu sein, so unterlag sie, insofern sie zunächst herrenlos war, dem Aneignungsrecht des Staates; den Stromanliegern (Ufereigentümern) dagegen stand in Ansehung solcher Aufschüttungsgrundstücke nach dem Allg. Landrecht kein Aneignungsrecht zu (§ 8 ALR. I 9; §§ 3, 8 ALR. II 16; vgl. RGZ. Bd. 28 S. 209, Bd. 71 S. 63, auch Bd. 87 S. 26). Nach § 8 ALR. II 16 konnte der Staat Grundstücke, die noch niemandes Eigentum gewesen, für sich selbst in Besitz nehmen, aber auch an andere sowohl zum Eigentum als zur Nutzung überlassen; nach § 9 das. mußte aber, wer das Eigentum eines bisher herrenlosen Grundstücks durch eine stillschweigende Einwilligung des Staates erlangt zu haben behauptete, einen 44jährigen ruhigen Besitz (oder den Besitzstand des Jahres 1740) nachweisen. Zu der Behauptung des Klägers, daß er sich die streitige Parzelle im Sinne des § 8 ALR. II 16 angeeignet habe, ohne sie einem anderen zu überlassen, haben die Vorinstanzen bisher nicht Stellung genommen. Diese tatsächliche Frage läßt sich von hier aus nicht entscheiden. Es bedarf daher der Zurückverweisung der Sache zu anderweitiger tatsächlicher Erörterung. Hierbei ist auf folgendes hinzuweisen: Nach dem Parteivortrag ist zwar der Satz in den Entscheidungsgründen des Berufungsurteils „eine tatsächliche Besitznehmung (§ 7 ALR. I 9) behaupte der Kläger selber nicht" insoweit nicht zu beanstanden, als der Kläger nicht in Anspruch genommen hat, noch nach Beendigung der Aufschüttung auf dem Grundstück selbst äußere Besitzhandlungen vorgenommen zu haben. Daß er aber damit zugeben wollte, niemals Besitzer des neuen Grundstücks geworden zu sein, widerlegt sich schon durch seine Ausführung, wonach er in der Aufschüttung selbst die Besitzergreifungs- und Aneignungshandlung sieht, die ihn nach § 8 ALR. II 16 zum Eigentümer gemacht habe. Er hat weiter ausgeführt, daß erforderlichenfalls auch in der Inanspruchnahme des Eigentums bei Gelegenheit der Verkaufsverhandlungen von 1890/91, ferner in der damals von ihm veranlaßten katastermäßigen Aufnahme und Vermessung des Grundstücks und schließlich auch in der Erhebung der Klage Aneignungshandlungen zu sehen seien. Auf der anderen Seite wird das Berufungsgericht zu prüfen haben, ob nicht eine wirksame Ueberlassung der streitigen Parzelle durch den Fiskus an einen Rechtsvorgänger der Beklagten oder an diese selbst — zum Eigentum oder zur Nutzung — stattgefunden hat.

Die Möglichkeit des Eingreifens provinzialrechtlicher Besonderheiten hat das Berufungsgericht bisher nicht erörtert. Eine irrevisible Verneinung des Bestehens von solchen liegt darin nicht. Auch diese Prüfung wird geeignetenfalls nachzuholen sein (vgl. §§ 244, 270 ALR. I 9 sowie das in Strieth. Arch. Bd. 81 S. 73 abgedr. Erkenntnis des Obertribunals vom 24. November 1870).

RGZ. 137, 263

1. Ueber die Rechtsverhältnisse einer in der Nordsee an der ostfriesischen Küste neu entstehenden Insel.

2. Wer ist nach dem preußischen Wassergesetz Eigentümer einer Anlandung, welche an einer im Fluß gelegenen Insel durch allmähliche Anspülung entsteht?

BGB. § 928 Abs. 2. EG. z. BGB. Art. 65, 190. Preuß. ALR. §§ 225 flg. I 9, §§ 56 flg. II 15, §§ 3, 8 II 16. Preuß. Wassergesetz vom 7. April 1913 (GS. S. 53) — WG. — §§ 2, 14, 17.

V. Zivilsenat. Urt. v. 24. September 1932.

I. Landgericht Aurich. II. Oberlandesgericht Celle.

Die verklagte Deichgenossenschaft ist Eigentümerin eines nördlich von Greetsiel in Ostfriesland an der Leybucht verlaufenden Deiches. Im Wasser vor diesem hat sich, etwa von 1870 ab oder auch schon etwas früher, eine allmählich sich vergrößernde Landablagerung erhoben, die sich jetzt als grünbewachsene Marschlandinsel darstellt und „Hauener Hoge" genannt wird. Streitig ist, ob sie von vornherein als Insel entstanden ist oder zunächst als Anlandung am Festland, die erst später durch einen sich neubildenden Wasserlauf — Priel — von diesem abgetrennt wurde. Jede der Parteien nimmt für sich das Eigentum an der Insel, zum mindesten aber ein ausschließliches Aneignungsrecht in Anspruch. Der klagende Staat meint, es handle sich um eine im Meere entstandene Insel, während die Beklagte sie als Anlandung im Flußgebiet der Ems ansieht. Der Kläger begehrte die Feststellung, daß er Eigentümer der Insel sei oder das alleinige Aneignungsrecht habe und daß er allein zum Besitze berechtigt sei; ferner die Verurteilung der Beklagten zur Unterlassung von Eigentums- und Besitzstörung, hilfsweise zur Unterlassung jeder Handlung, durch die der jetzige Zustand der Insel geändert werde.

Nachdem das Landgericht die Klage abgewiesen hatte, erklärte das Oberlandesgericht, unter Klagabweisung im übrigen, den Kläger für alleinberechtigt, sich die Hauener Hoge anzueignen, und verurteilte die Beklagte, sich jeder Handlung zu enthalten, wodurch der jetzige Zustand der Insel geändert werde. Die Revision der Beklagten blieb ohne Erfolg.

Gründe:

Das Berufungsgericht läßt in tatsächlicher Beziehung unentschieden, ob das streitige Land von vornherein als Insel entstanden oder ob es ursprünglich eine Anlandung am Festland gewesen und erst nachträglich zur Insel geworden ist. Dem Standpunkt des Klägers tritt es darin bei, daß die Leybucht, in der die Hauener Hoge entstanden ist, bis zum Inkrafttreten des preußischen Wassergesetzes vom 7. April 1913, dem 1. Mai 1914, nicht zum Flußgebiet der Ems, sondern zur Nordsee gehört habe. Es prüft sodann die Rechtslage für den bis zum 1. Mai 1914 entstandenen Teil der Hauener Hoge, sowohl für den Fall der Entstehung als Insel wie für den einer Anlandung, und weiter die Rechtslage für die nach diesem Zeitpunkt eingetretene Erweiterung der Insel. Dabei kommt der Vorderrichter zu folgenden Ergebnissen:

1. Wegen des bis zum 1. Mai 1914 entstandenen Insellandes:

a) Da das Preuß. Allgem. Landrecht keine Bestimmungen über Eigentumserwerb an Inseln enthalte, die im Meere neu entstehen, so sei in seinem Geltungsbereich eine solche Insel als herrenloses Grundstück zu behandeln. Nach §§ 3, 8 ALR. II 16 habe der Staat ein Aneignungsrecht gehabt. An Stelle dieser Vorschrift sei nach deren Aufhebung durch Art. 89 Nr. 1 preuß. AG. z. BGB. trotz des Vorbehalts für das Landesrecht in Art. 65 EG. z. BGB. die Bestimmung des § 928 Abs. 2 BGB. in Verb. mit Art. 190 EG. z. BGB. getreten. Hiernach könne der Kläger das Eigentum dadurch erwerben, daß er sich als Eigentümer in das Grundbuch eintragen lasse. Diesen Gesetzesbestimmungen würde nach Art. 65 EG. z. BGB. in Verb. mit § 2 des Patents wegen Wiedereinführung des Preuß. Allgem. Landrechts vom 9. September 1814 (GS. S. 89) ostfriesisches Provinzialrecht vorgehen. Da aber solches für im Meer entstehende Inseln nicht festzustellen sei, verbleibe es bei dem nach den Vorschriften des Allgem. Landrechts und des Bürgerlichen Gesetzbuchs begründeten Aneignungsrecht des Staates.

b) Die vorerwähnten Bestimmungen über Eigentumserwerb an herrenlosen Grundstücken durch den Staat würden, weil die Vorschriften der §§ 225 flg. ALR. I 9 „Von der Alluvion" sich nur auf Anlandungen in Flüssen bezögen, auch auf Anlandungen am Meeresufer anzuwenden sein, wenn hier nicht ostfriesisches Provinzialrecht vorginge. Für Meeresanlandungen habe ein solches Recht dahin bestanden, daß diese mit ihrer Entstehung von selber in das Eigentum des Staates fielen. Dies Recht gehe nach § 2 des Patents vom 9. September 1814 dem Landrecht vor, weil letzteres keine Bestimmungen über den Gegenstand enthalte. Als Meeresanlandung würde die Hauener Hoge daher von ihrer Entstehung an Eigentum des Klägers geworden sein.

An diesen Ergebnissen werde nichts dadurch geändert, daß nach dem im preußischen Wassergesetz festgesetzten Endpunkt des Wasserlaufs der Ems die Leybucht ein Teil dieses Flusses sei, daher unter die Herrschaft dieses Gesetzes falle. Die Betimmung des § 14 WG., daß im Fluß entstehende Inseln dem Eigentümer des Wasserlaufs — hier also zunächst dem Preußischen Staate und nach Uebergang der Wasserstraße auf das Reich diesem — als Eigentum zuständen, habe keine rückwirkende Kraft. Vielmehr bleibe die bei Inkrafttreten des Wassergesetzes gegebene Rechtslage bestehen.

2. Bei der Erweiterung der Hauener Hoge seit Inkrafttreten des preußischen Wassergesetzes handle es sich um Anlandungen durch allmähliche Anspülung an eine bereits vorhandene Insel, die entweder als herrenlos dem Aneignungsrecht des Staates unterliege oder in dessen Eigentum stehe. Diese Anlandung teile auf Grund des hier anzuwendenden § 17 WG. die Rechtslage des Ufergrundstücks, an das sie sich anschließe. Deswegen unterliege auch die seit dem 1. Mai 1914 hinzugekommene Anlandungserweiterung entweder dem Aneignungsrecht des Klägers oder sie stehe in dessen Eigentum.

Aus den so gewonnenen Ergebnissen zieht das Oberlandesgericht folgenden Schluß: Die Hauener Hoge sei in ihrem ganzen gegenwärtigen Umfange, wenn sie ursprünglich als Anlandung entstanden sein sollte, Eigentum des Klägers. Wenn sie dagegen als Insel entstanden sein sollte, so sei sie herrenlos und der Kläger zur Aneignung dadurch, daß er sich als Eigentümer im Grundbuch eintragen lasse, berechtigt. Da der Kläger selbst das letztere behaupte, so müsse er dies ihm ungünstigere gegen sich gelten lassen. Er sei daher nicht als Eigentümer der Hauener Hoge anzusehen, wohl aber als aneignungsberechtigt. Das sei auf seinen Antrag unter Abweisung des weitergehenden Begehrens festzustellen. Daß der Kläger bereits Besitz von der Insel ergriffen habe, sei nicht erwiesen. Aber aus seiner Anwartschaft auf das Eigentum folge doch schon in entsprechender Anwendung des § 1004 BGB. seine Befugnis, der Beklagten Handlungen zu untersagen, die sein künftiges Eigentum beeinträchtigen könnten. Die Beklagte sei daher zur Unterlassung solcher Handlungen zu verurteilen.

Die Revision beanstandet die Annahme des Oberlandesgerichts, daß die Hauener Hoge im Meeresgebiet liege, weil sie auf Verletzung des materiellen Rechts und auf ungenügender Berücksichtigung der tatsächlichen Verhältnisse (Verstoß gegen § 286 ZPO.) beruhe. Schon nach der Verordnung des Bundesrats vom 10. November 1899 (RZBl. S. 380) sei die Grenze zwischen Fluß- und Meeresgebiet durch eine die Leybucht als zur Ems gehörig abgrenzende Linie bestimmt worden. Es handle sich um eine Anlandung im Fluß, die der Beklagten als Uferanliegerin gehöre.

Die Revision konnte keinen Erfolg haben.

Da nach Art. 65 EG. z. BGB. die landesgesetzlichen Vorschriften, welche dem Wasserrecht angehören, mit Einschluß der Vorschriften über Anlandungen und entstehende Inseln, unberührt bleiben, so sind die für das betreffende Rechtsgebiet ergangenen landesrechtlichen Vorschriften maßgebend; und zwar für Ostfriesland bis zum Inkrafttreten des preußischen Wassergesetzes das Preuß. Landrecht mit etwa von ihm zugelassenen Provinzialrechtsbestimmungen und die an seine Stelle getretenen Vorschriften des Bürgerlichen Gesetzbuchs. Für die Zeit vom 1. Mai 1914 an kommt aber das Wassergesetz in Betracht. Denn nach der dort bestimmten Abgrenzung des Flußgebietes der Ems von der Nordsee (§ 2 WG. mit Anlageverzeichnis der Wasserläufe erster Ordnung) durch die Verbindungslinie der westlichen Spitze der Westermarsch mit Ostpolder Siel gehört die Leybucht, in der die Hauener Hoge liegt, zum Flußgebiet. Sie unterliegt somit diesem Gesetze. Die Bestimmungen der §§ 14, 17 WG. über Eigentum an neuentstehenden Inseln und Anlandungen haben jedoch keine rückwirkende Kraft. Sie ändern die früher begründete Rechtslage nicht ab (vgl. das Urt. des erk. Senats v. 23. Februar 1929 V 336 27, abgedr. SeuffArch. Bd. 83 Nr. 150 und JW. 1929 S. 1980 Nr. 31). Im Preuß. Landrecht sind besondere Bestimmungen über Eigentumserwerb an Inseln und Anlandungen in Flüssen enthalten (§§ 225 flg. ALR. I 9, §§ 56 flg. das. II 15), während solche für Inseln und Anlandungen im Meere fehlen. Aber es ist nirgends bestimmt, wo der Fluß endet und das Meer beginnt. Vielmehr ist es im Herrschaftsgebiet des Landrechts Tatfrage, ob ein Gewässer Meer oder Fluß ist (vgl. ObTrib. Bd. 28 S. 314, Bd. 71 S. 223; Gruch. Bd. 52 S. 1214). Diese Frage ist, wie das Berufungsgericht mit Recht bemerkt, nach den für die allgemeine Auffassung maßgebenden natürlichen Verhältnissen zu beurteilen. Dem Vorderrichter ist nicht entgegenzutreten, wenn er dafür, ob das fragliche Gebiet noch zur Ems gehört, entscheidend sein läßt, ob eine Fortwirkung der Flußströmung bemerkbar ist und zugleich einander gegenüberliegende Ufer vorhanden sind, und wenn er bei dem Fehlen des letzteren die Leybucht nicht mehr als zur Ems gehörig, sondern als Meeresgebiet ansieht. Im Landrecht ist bei Regelung der die Flüsse betreffenden Rechtsverhältnisse häufig vom „Flußbett" die Rede, das zwei eingrenzende Ufer voraussetzt.

Für diese zur Anwendung der Vorschriften des Landrechts über Eigentumserwerb zu gewinnende Unterscheidung sind Bestimmungen und Anschauungen auf anderen Rechtsgebieten (Schiffahrt, Fischerei), für die ebenfalls die Begriffe „Fluß" und „Meer", dabei auch noch die Unterscheidung zwischen „See" und „Binnengewässern" oder „Küstengewässern" von Bedeutung sind, nicht maßgebend; denn die Abgrenzung zwischen Meer und Fluß ist für sie nicht einheitlich, sondern nach den jeweiligen praktischen Erfordernissen getroffen worden. So kann hier auch nicht die von der Revision erwähnte Bekanntmachung vom 10. November 1899, betr. Ausführungsbestimmungen zum § 25 des Flaggen-Gesetzes vom 22. Juni 1899, herangezogen werden; denn sie regelt nur die Grenzen der Seefahrt für das Flaggenrecht. Auch die nach den praktischen Bedürfnissen der Wasserwirtschaft vorgenommene Abgrenzung der Ems im Wassergesetz erlaubt keinen Rückschluß darauf, wo die Grenze früher nach allgemeiner Auffassung und nach geographischen Begriffen zu ziehen war. Die hierfür maßgebenden Verhältnisse hat das Oberlandesgericht vollständig und sorgfältig gewürdigt. Ein Rechtsirrtum ist bei seiner wesentlich auf tatsächlichem Gebiete liegenden Beurteilung nicht ersichtlich.

Die weiteren Ausführungen des Berufungsgerichts über das rechtliche Schicksal einer im Meere entstandenen Insel oder einer Meeresanlandung begegnen gleichfalls keinem rechtlichen Bedenken. Die herrenlose Insel im Meere konnte sich der Staat nach §§ 3, 8 ALR. II 16 aneignen. Diese Vorschrift ist mit dem Inkrafttreten des Bürgerlichen Gesetzbuchs laut Art. 190 EG. z. BGB. durch die des § 928 Abs. 2 BGB. ersetzt worden (vgl. RGZ. Bd. 71 S. 67), wonach der Kläger das Eigentum durch Eintragung im Grundbuch erwerben kann. Sollte es sich aber von vornherein nicht um eine Insel, sondern zunächst um eine Anlandung gehandelt haben, so fehlen auch hierfür besondere landesrechtliche Vorschriften und ist deswegen nach § 2 des zur Wiedereinführung des Landrechts in Ostfriesland ergangenen Patents vom 9. September 1814 das ostfriesische Provinzialrecht anzuwenden. Während nach den vom Reichsgericht nicht nachzuprüfenden Ausführungen des Berufungsrichters ein solches Provinzialrecht für neuentstehende Inseln nicht bestand, hat er für Anlandungen im Meeresgebiet ein solches — unangreifbar — dahin festgestellt, daß diese von selbst, also ohne Aneignungshandlung in das Eigentum des Staates fallen.

Wenn auch diese Rechtsgestaltung für den Teil der Hauener Hoge, der am 1. Mai 1914 vorhanden war, durch das Wassergesetz keine Aenderung erfuhr, so steht doch tatsächlich fest, daß sich die Insel seit diesem Zeitpunkt durch allmähliche Anspülung noch erweitert hat. Für diesen Zuwachs gilt das Wassergesetz, weil er erst unter seiner Herrschaft eingetreten ist und weil nach positiver Gesetzesbestimmung die Leybucht seitdem zum Flußgebiet gehört. Für solche Anlandung an Inseln, die im Flusse liegen, könnten § 14 und § 17 WG. in Betracht kommen. Nach jenem bleibt das Eigentum an einer im Wasserlauf hervortretenden Erderhöhung, die nicht mit dem Ufer zusammenhängt — einer Insel —, unverändert; d. h. der bisherige Eigentümer des Wasserlaufs ist auch Eigentümer der Insel. Nach § 17 Abs. 1 gehören durch allmähliche Anspülung entstandene Anlandungen den Anliegern. Die Erläuterungsbücher zum Wassergesetz wollen, soweit sie sich mit der Frage befassen, auf Anlandungen an Inseln nicht den § 17, sondern den § 14 anwenden (Holtz-Kreutz 4. Aufl. § 8 Anm. 3, § 14 Anm. 3, § 17 Anm. 6; Lenhard-Reichau § 14 Anm. 3), weil die in § 17 genannten „Anlieger" nur die Eigentümer von Ufergrundstücken seien, zu denen Inseln nicht gehörten. Holtz-Kreutz erkennen an, daß sich bei dieser Anschauung die Frage des Landanwuchses durch Anlandung an der Insel nicht immer befriedigend lösen lasse. Lenhard-Reichau wollen im Hinblick auf § 119 WG. (Unterhaltungspflicht) die Inseln auch als Ufergrundstücke ansehen (§ 119 Anm. 3). Im vorliegenden Falle würde die Anwendung des § 14 WG., wie das Berufungsgericht darlegt, zur Folge haben, daß die seit dem 1. April 1921 entstandene Anlandungsfläche in das Eigentum des Reichs gefallen wäre, weil das Eigentum am Fluß seit diesem Zeitpunkt von Preußen auf das Reich übergegangen ist (Staatsvertrag vom 31. März/26. September 1921), und daß die in der Zeit vom 1. Mai 1914 bis zum 1. April 1921 entstandene Anlandung Eigentum des Klägers wäre, während der früher entstandene Teil der Insel entweder im Eigentum des Klägers stände oder dessen Aneignungsrecht unterläge. Das Oberlandesgericht führt zutreffend aus, daß eine Gesetzesanwendung mit solcher Schlußziehung nicht richtig sein könne; dies namentlich auch angesichts der praktisch kaum lösbaren Schwierigkeit, festzustellen, wo nun die Grenzlinien der Insel liegen, wie sie am 1. Mai 1914 und am 1. April 1921 vorhanden waren. Der Wortlaut des § 17 Abs. 1 WG. nötigt keineswegs dazu, den Eigentümer eines Inselgrundstücks nicht als Anlieger im Sinne dieser Bestimmung anzusehen; während anderseits § 14 seinem Wortlaute nach nur recht gezwungen auf eine Anlandung anzuwenden sein würde, die keine Insel für sich ist. Es erscheint auch zulässig, zum Zwecke einer vernünftigen Gesetzesanwendung den Begriff „Anlieger" in § 17 Abs. 1 WG. auf den Eigentümer einer Insel zu erstrecken, obschon das in § 8 das., der das Eigentum an Wasserläufen zweiter oder dritter Ordnung regelt, nicht der Fall sein mag. Die Gesetzesvorarbeiten ergeben nichts zur Lösung der Frage. Nach dem Preuß. Landrecht, dem das Wassergesetz in seinen Bestimmungen über „Anlandungen" wesentlich folgt, ist eine Anlandung an eine Insel im Fluß wie eine solche an den Flußufern zu behandeln (vgl. R e h b e i n Entsch. 2. Aufl. Bd. 1 S. 877; K o c h bei § 225 ALR. I 9). Nach alledem ist dem Berufungsgericht dahin beizutreten, daß die durch allmähliche Anspülung entstehende Inselanlandung gemäß § 17 Abs. 1 WG. dem Rechtsschicksal der ganzen Insel folgt.

Aus diesen Gründen ist die Auffassung des Oberlandesgerichts zu billigen, daß die Hauener Hoge insgesamt, wenn sie ursprünglich als Anlandung am Festlande entstanden und erst später von diesem getrennt sein sollte, dem Kläger zu Eigentum gehört, und daß sie, wenn von vornherein als Insel entstanden, seinem durch Eintragung in das Grundbuch auszuübenden Aneignungsrecht unterliegt. Weil die Beklagte weder im einen noch im anderen Falle irgendwelche Rechte an der Hauener Hoge hat, und der Kläger selbst den ihm ungünstigeren Fall (Entstehung als Insel) behauptet, so durfte das Berufungsgericht ohne weitere Klärung der Sachlage annehmen, daß der Kläger noch kein Eigentum, wohl aber ein Aneignungsrecht an der Insel habe. Die hieraus gezogenen Urteilsfolgen — die Feststellung, daß der Kläger alleinberechtigt zur Aneignung sei, und die Verurteilung der Beklagen zur Unterlassung von Störungshandlungen — sind rechtlich bedenkenfrei.

Allgemeiner Teil des Bürgerlichen Gesetzbuches

Teil 1

Natürliche Personen

RGZ. 50, 203

Welche Gesichtspunkte sind maßgebend für die Frage, ob eine Entmündigung auszusprechen ist wegen Geisteskrankheit, oder wegen Geistesschwäche?

BGB. § 6.

IV. Zivilsenat. Urt. v. 13. Februar 1902.

I. Landgericht Potsdam. II. Kammergericht Berlin.

Der Kläger ist durch Beschluß des Amtsgerichtes zu Potsdam vom 13. August 1898 für geisteskrank erklärt. Er verlangt mittels Anfechtungsklage die Aufhebung dieses Beschlusses. Das Landgericht hat abweisend erkannt, und die hiergegen eingewendete Berufung ist von dem Kammergerichte durch Urteil vom 9. Juli 1901 zurückgewiesen worden.

Das Reichsgericht hat diese Entscheidung gebilligt aus folgenden

Gründen:

„Das Berufungsgericht stellt auf Grund der erhobenen Beweise fest, daß der auch heute noch bei dem Kläger vorhandene krankhafte Geisteszustand in gleicher Weise bereits am 13. August 1898 bestanden hat, und zwar in einem solchen Maße, daß er ihn schon damals unfähig machte, seine Angelegenheiten zu besorgen. Hiernach aber tritt es in eine Beurteilung darüber ein, ob dieser Zustand im Sinne des Gesetzes Geisteskrankheit oder Geistesschwäche ist.

Über den Unterschied dieser beiden Formen fehlerhafter Geistesbildung äußern sich die Entscheidungsgründe dahin: „Der Unterschied beider Begriffe ist . . . nur in dem Grade der geistigen Anomalie zu finden, und zwar nach der Richtung, ob die krankhafte Störung der Geistestätigkeit dem Erkrankten vollständig die Fähigkeit nimmt, die Gesamtheit seiner Angelegenheiten zu besorgen, oder ob sie ihm wenigstens noch diejenigen Fähigkeiten läßt, welche bei einem Minderjährigen von 7—21 Jahren in der Besorgung seiner Angelegenheiten vorausgesetzt werden können."

Der Vorderrichter entscheidet sich vorliegenden Falles im Hinblicke auf die von ihm für erwiesen erachteten Umstände für die erstere Alternative. „Das Berufungsgericht", heißt es zur Begründung dieser Annahme am Schlusse des Urteiles, „hat .. den Kläger infolge seines krankhaften geistigen Zustandes für geschäftsunfähig, nicht bloß für geschäftsbeschränkt erachtet und die Überzeugung gewonnen, daß der Kläger zur Zeit der Erlassung des Entmündigungsbeschlusses und auch jetzt noch infolge seiner geistigen Erkrankung in seiner freien Willensbestimmung derartig beeinträchtigt ist, daß er gänzlich an der Besorgung aller seiner Angelegenheiten behindert wird. Er war daher für geisteskrank im Sinne des § 6 Nr. 1 BGB. zu erachten."

Die Revision macht nun in erster Linie geltend, daß das Berufungsgericht den § 6 Nr. 1 a.a.O. durch Verkennung der Begriffe der Geisteskrankheit und Geistesschwäche verletze, indem es Geisteskrankheit für vorliegend halte, „wenn dem Erkrankten durch die krankhafte Störung der Geistestätigkeit die Fähigkeit, die Gesamtheit seiner Handlungen zu besorgen, vollständig genommen ist", Geistesschwäche aber alsdann, wenn diese Störung „ihm diejenigen Fähigkeiten zur Besorgung seiner Angelegenheiten läßt, welche bei einem Minderjährigen von 7—21 Jahren vorausgesetzt werden".

Die hiermit erhobene Rüge geht fehl.

Schon aus dem mitgeteilten Inhalte der Entscheidungsgründe geht hervor, daß die Vorinstanz bei Beurteilung der Fähigkeit der zu Entmündigenden, ihre Angelegenheiten zu besorgen, einen Unterschied hinsichtlich der Art und des Umfanges dieser Angelegenheiten nicht macht und vielmehr ausdrücklich davon ausgeht, daß nicht bloß bei der Entmündigung wegen Geisteskrankheit, sondern auch bei der Entmündigung wegen Geistesschwäche der zu Entmündigende unfähig zur Besorgung aller seiner Angelegenheiten sein muß. „Die Entmündigung", heißt es an einer anderen Stelle des Urteiles, „kann nach § 6 Nr. 1 BGB. nur aufrecht erhalten werden, wenn der Kläger wegen seiner geistigen Anomalie . . . unfähig ist, die Gesamtheit seiner Angelegenheiten vernünftig zu besorgen, und erst wenn dies anzunehmen ist, ist zu prüfen, ob die Entmündigung je nach dem Grade der geistigen Abnormität wegen Geisteskrankheit . . . oder nur wegen Geistesschwäche aufrecht zu erhalten ist." Das Berufungsgericht übersieht sonach nicht, daß die Entmündigung in dem Falle des § 6 Nr. 1 a.a.O. stets eine Unfähigkeit zur Besorgung aller Angelegenheiten erfordert, und daß geistige Gebrechen, welche den davon Betroffenen etwa nur verhindern, einzelne seiner Angelegenheiten oder einen bestimmten Kreis seiner Angelegenheiten, insbesondere seine Vermögensangelegenheiten, zu besorgen, zwar die Einleitung einer Pflegschaft (§ 1910 Abs. 2 a. a. O.), niemals aber die Entmündigung rechtfertigen können. Der von dem Vorderrichter hervorgehobene graduelle Unterschied hat an sich nur das größere oder geringere Maß derjenigen Einwirkungen im Auge, die in dem konkreten Falle durch die besondere Natur der Krankheit auf das Geistesleben des Kranken ausgeübt werden. Nur weil das Gesetz selbst, je nachdem diese Wirkungen schwerere oder minder schwere sind, in dem einen Falle (bei der Geisteskrankheit) gänzliche Geschäftsunfähigkeit, in dem anderen (bei der Geistesschwäche) eine bloß beschränkte Geschäftsfähigkeit als Folge der Entmündigung eintreten läßt, hebt der zweite Richter auch diese Seite der Frage hervor und prüft an der Hand der Sachverständigengutachten, ob Kläger ohne Schädigung für sich und andere wenigstens nicht noch diejenigen Rechte wahrzunehmen imstande ist, welche das Gesetz in § 114 BGB. den „Geistesschwachen" im Gegensatze zu den „Geisteskranken" auch nach stattgehabter Entmündigung noch vorbehält.

Zu beachten ist in dieser Hinsicht, daß der erste Entwurf des Bürgerlichen Gesetzbuches bei der Entmündigung wegen geistiger Anomalie zwischen Geisteskrankheit und Geistesschwäche noch nicht unterschied. Der § 28 desselben bestimmte im Abs. 1 allgemein: „Eine Person, welche des Vernunftsgebrauches beraubt ist, kann wegen Geisteskrankheit entmündigt werden." „Bloße Geistesschwäche, ungenügende Entwicklung der geistigen Kräfte", so wird in den Motiven Bd. 1 S. 62 ausgeführt, „im Gegensatz zum Mangel der Fähigkeit regelrechter Willensbestimmung, schließt die natürliche Geschäftsfähigkeit nicht aus und gibt deshalb keinen Grund zu einer Entmündigung wegen Geisteskrankheit ab. Ebenso kann eine mit einer solchen Schwäche behaftete Person nicht des vormundschaftlichen Schutzes für bedürftig erklärt und unter Vormundschaft gestellt werden (vgl. § 1727)." Hiernach blieb für die Geistesschwachen in diesem Sinne nur die Schutzvorschrift des § 1739 des Entwurfes übrig, wonach sie zur Besorgung ihrer Vermögensangelegenheiten unter Umständen einen Pfleger erhalten konnten.

Erst durch die Beschlüsse der zweiten Kommission wurde auf ärztliche Anregung auch die Entmündigung wegen „Geistesschwäche" zugelassen, eine Begriffsbestimmung aber für entbehrlich erachtet. In der Denkschrift zum Entwurfe (S. 9) wurde mit Bezug hierauf nur erklärt: „Die Voraussetzungen der Entmündigung hat der Entwurf (§ 6) dem geltenden Rechte gegenüber erweitert. In Übereinstimmung mit diesem bestimmt er zunächst, daß entmündigt werden kann, wer wegen Geisteskrankheit seine Angelegenheiten nicht zu besorgen vermag. Abgesehen von dem Hinweise auf den für die Entmündigung maßgebenden Gesichtspunkt, daß durch die Geisteskrankheit Unfähigkeit des Kranken zur Besorgung seiner Angelegenheiten bewirkt sein muß, ist eine nähere Kennzeichnung der die Entmündigung rechtfertigenden Geisteskrankheit, entsprechend den aus ärztlichen Kreisen hervorgegangenen Wünschen, unterblieben. Unter der gleichen Voraussetzung, wie wegen Geisteskrankheit, wird die Entmündigung zugelassen wegen Geistesschwäche. Auch derjenige, dessen geistige Kräfte unvollständig entwickelt sind, bedarf, wie besonders von ärztlicher Seite betont worden ist, des Schutzes gegen die nachteiligen Folgen seiner Einsichtslosigkeit und gegen die Ausbeutung derselben durch andere. Verneinung der vollen Geschäftsfähigkeit und allgemeine Fürsorge für die persönlichen und die Vermögensangelegenheiten des Geistesschwachen durch Bestellung eines Vormundes sind auch hier die gebotenen Schutzmittel. Im Unterschiede aber von der Entmündigung wegen Geisteskrankheit hat die Entmündigung wegen Geistesschwäche nicht völlige Geschäftsunfähigkeit, sondern nur eine Beschränkung der Geschäftsfähigkeit zur Folge, welche den Geistesschwachen einem Minderjährigen gleichstellt."

Wenn nun auch hierdurch die Meinung entstehen könnte, als ob nur die Geisteskrankheit als eine wirkliche Erkrankung, die Geistesschwäche dagegen als eine nur ungenügende, unvollkommene Entwicklung der geistigen Kräfte zu denken sei, so reichen doch die in dieser Richtung gegebenen bloßen Andeutungen in keiner Weise aus, um hierauf eine begriffsmäßige Unterscheidung zu gründen. Auch eine mangelhafte geistige Entwicklung kann ihren Ursprung in einer geistigen Erkrankung haben, und so fehlt es an jedem festen und unmittelbaren Anhalte dafür, wie der Gesetzgeber selbst sich den Unterschied zwischen beiden Formen in dem Falle des § 6 Nr. 1 BGB. gedacht hat. Schon die Motive Bd. 1 S. 61 bemerken über die besondere „Bezeichnung" der „sogenannten Geisteskrankheiten" und deren mehrfach übliche Einteilung in Raserei, Wahnsinn und Blödsinn:

„Jeder Versuch einer derartigen Scheidung ist bedenklich und zwecklos; bedenklich, weil nach dem Stande der Seelenheilkunde die einzelnen Formen oder Stadien der Geistesstörungen weder erschöpfend aufgezählt, noch untereinander abgegrenzt werden können; zwecklos, weil weder die Verschiedenheit der äußeren Anzeichen, noch der Umstand, ob die Störung vorzugsweise die eine oder die andere Seite der Geistestätigkeit ergreift, für die an einen solchen Zustand zu knüpfenden rechtlichen Folgen von maßgebender Bedeutung sein können."

Fehlt es nun aber hiernach an jedem zuverlässigen Merkmal eines wesentlichen Unterschiedes zwischen Geisteskrankheit und Geistesschwäche, so ergibt sich mit Sicherheit doch soviel, daß jene die schwerere, und diese die leichtere Form ist. Bei der Feststellung, ob die erstere oder die letztere im Sinne des § 6 Nr. 1 BGB. vorliegt, ist man im wesentlichen darauf angewiesen, aus der Stärke der Wirkung auf die Stärke der Ursache zu schließen und nach diesem Maßstabe zu bestimmen, ob das Denken, Wollen und Handeln des Kranken durch die Störung seiner Geisteskräfte in einem solchen Grade regelwidrig beeinflußt wird, daß er entweder, wie ein Kind, gänzlich geschäftsunfähig, oder nach Art eines Minderjährigen, der das siebente Lebensjahr vollendet hat, nur in beschränkter Weise geschäftsfähig erscheint. In dem ersteren Falle entspricht es der Absicht des Gesetzes, wie sie aus den entsprechend normierten Rechtsfolgen erkennbar wird, die Entmündigung wegen Geisteskrankheit, in dem zweiten, sie wegen Geistesschwäche eintreten zu lassen. Diese Entscheidung ist daher, mangels hierüber feststehender medizinischer Begriffe, keine psychiatrische, sondern eine überwiegend tatsächliche, welche der Richter trifft, und die nur zum Teil auf dem ärztlichen Gutachten, das den Stoff zu seinen Schlüssen liefert, beruht.“ ...

RGZ. 54, 42

Kann derjenige, dessen Namen ein anderer sich hat als Warenzeichen eintragen lassen, auf Grund des § 12 BGB. die Löschung des Zeichens verlangen?

II. Zivilsenat. Urt. v. 20. Februar 1903.

Die Entscheidung ist abgedruckt unter „Warenzeichenrecht“.

RGZ. 59, 337

Teilt die Ehefrau den Wohnsitz des Ehemannes, wenn er im Inlande belegen ist, auch in dem Falle, daß sie von dem Manne getrennt lebt und hierzu berechtigt ist?

BGB. § 10.

IV. Zivilsenat. Urt. v. 5. Januar 1905.

I. Landgericht I Berlin. II. Kammergericht daselbst.

Die Parteien hatten im März 1901 die Ehe miteinander geschlossen; die Beklagte hatte indes den Kläger bereits im September des nämlichen Jahres verlassen und seitdem von ihm getrennt gelebt. Nach ihrer Entfernung vom Kläger erhob sie bei dem Landgericht I in Berlin, seinem Wohnorte, Klage, und sie erwirkte ein rechtskräftig gewordenes Urteil dieses Gerichts vom 25. November 1901, durch das der jetzige Kläger schuldig erkannt wurde,

1. anzuerkennen, daß sie berechtigt sei, die Wiederherstellung des ehelichen Lebens zu verweigern,
2. ihr eine Unterhaltsrente von 1300 M. im Jahre zu zahlen.

Der Kläger behauptete in einer nunmehr von ihm auf Grund des § 323 ZPO. erhobenen Klage, daß seine Vermögensverhältnisse sich inzwischen verschlechtert hätten, und die Rente, zu deren Entrichtung er schuldig erkannt worden sei, herabgesetzt werden müsse, und beantragte, jenes Urteil dahin abzuändern, daß er vom Tage der Klagezustellung ab jährlich eine Unterhaltsrente von nur 300 M. in vierteljährlichen, zum voraus fälligen Teilbeträgen zu zahlen habe. Anhängig gemacht wurde von ihm der Rechtsstreit auch bei dem Landgericht I zu Berlin, in dessen Bezirk er noch seinen Wohnsitz hatte, während als Wohnort der Beklagten in der Klageschrift Charlottenburg angegeben war, und sie damals in Neu-Weißensee wohnte. Die Beklagte erhob im Hinblick hierauf die Einrede der örtlichen Unzuständigkeit des Gerichts. Vom Prozeßgericht wurde die Verhandlung hierauf beschränkt, die Einrede für begründet erachtet, und demgemäß die Klage abgewiesen. Auf die Berufung des Klägers wurde dagegen die Einrede der Unzuständigkeit verworfen, und die Sache zur weiteren Verhandlung und Entscheidung an das Landgericht zurückverwiesen. Die Revision der Beklagten blieb ohne Erfolg.

Aus den Gründen:

... „Im vorliegenden Fall ist, wie auch beide Instanzgerichte annehmen, für die Zuständigkeit der allgemeine Gerichtsstand der Beklagten maßgebend, und es steht deshalb zur Frage, wo dieser begründet ist. Das Landgericht ist der Ansicht, daß hierfür der Wohnsitz des Klägers, als des Ehemannes, nicht in Betracht komme, weil der Beklagten rechtskräftig die Befugnis zuerkannt sei, die Wiederherstellung des ehelichen Lebens zu verweigern, und sie tatsächlich von ihm getrennt lebe, zur Zeit der Klagezustellung aber in Charlottenburg ihren Wohnsitz gehabt habe, und deshalb das angerufene Landgericht I in Berlin nicht zuständig sei. Das Berufungsgericht hält dagegen letzteres Gericht für zuständig, weil der Kläger in dessen Bezirk wohne, und die Beklagte zufolge § 10 BGB. seinen Wohnsitz teile.

Die Entscheidung hängt davon ab, wie der §10 BGB. auszulegen ist. Die von dem Landgericht befolgte Auslegung ist nicht ohne Vorgang in der Literatur, da die Ansicht vertreten wird, daß die Frau gemäß § 10 BGB. den Wohnsitz des Mannes nicht teile und sich einen Wohnsitz selbständig begründen könne, wenn in der Wahl des Wohnsitzes von seiten des Mannes ein Mißbrauch seines Rechts liege, und sie ihm zufolge § 1354 Abs. 2 BGB. nicht zu folgen brauche. Vgl. Dernburg, Bürgerl. Recht Bd. 1 § 57 Ziff. V S. 145; Eck, Vorträge Bd. 1 S. 41; anscheinend auch Crome, System Bd. 1 § 46 Anm. 11, S. 223. Diese Auslegung ist indes nicht haltbar. Nach § 10 BGB. hat die Ehefrau einen gesetzlichen Wohnsitz, nämlich den des Ehemannes. Eine Ausnahme hiervon gilt einzig in dem Fall, daß der Ehemann nach Schließung der Ehe einen Wohnsitz im Auslande neu an einem Ort begründet, an den sie ihm nicht zu folgen braucht und nicht folgt. Dann kann sie selbständig einen Wohnsitz begründen. Ferner kann sie letzteres, wenn der Mann keinen Wohnsitz hat. Wenn dagegen der Mann einen Wohnsitz im Auslande hat, an den sie ihm folgen muß und stets, wenn er einen Wohnsitz im Inlande hat, bleibt es bei der Regel des § 10 Abs. 1 Satzes 1 BGB. Die Frau hat den abgeleiteten gesetzlichen Wohnsitz am Wohnsitz des Mannes, auch wenn sie tatsächlich von ihm getrennt lebt, und falls der Wohnsitz im Inlande liegt, selbst dann, wenn sie ihm nicht zu folgen braucht. Daß diese Regel beabsichtigt war, ergeben die Vorarbeiten zum Bürgerlichen Gesetzbuche, nämlich die Motive zu § 39 des 1. Entwurfs (Bd. 1 S. 74. 75), von dem das Bürgerliche Gesetzbuch im § 10 lediglich darin abweicht, daß es für den Fall der Verlegung des Wohnsitzes ins Ausland die gesetzliche Regel nur dann außer

Kraft treten läßt, wenn die Frau tatsächlich nicht folgt (vgl. Protok. der 2. Kommission Bd. 1 S. 41. 42). Der Wortlaut des § 10 BGB. steht hiermit durchaus im Einklang, und es wird denn auch die dem entsprechende, oben wiedergegebene Auslegung überwiegend für die richtige erachtet (vgl. Cosack, Lehrbuch 3. Aufl. Bd. 1 § 27 Ziff. I, und die Kommentare von Planck, § 10 Bem. 5, Rehbein, §§ 7—11 Bem. 4, Gareis, § 10 Bem. 4, v. Staudinger, § 10 Bem. 5). Bemerkt werden mag, daß hierdurch den Bedürfnissen des Rechtsverkehrs weit besser gedient wird, da die Voraussetzungen, unter denen nach der hier befolgten Auslegung die Ehefrau einen selbständigen Wohnsitz haben kann, leicht festzustellen sind, während die Ansicht, daß sie einen Wohnsitz selbständig auch dann zu begründen vermag, wenn sie dem Mann gemäß § 1354 Abs. 2 BGB. nicht zu folgen braucht, eine Entscheidung erfordert, die möglicherweise mit der größten Schwierigkeit verbunden ist.

Das vorstehend Erörterte gilt nicht, wenn unter Anwendung des § 1575 BGB. auf Aufhebung der ehelichen Gemeinschaft erkannt ist. Denn dann treten zufolge § 1586 BGB. die mit der Scheidung verbundenen Wirkungen, abgesehen von der Zulässigkeit einer neuen Eheschließung, im übrigen ein, und der abgeleitete Wohnsitz des § 10 hört auf (vgl. Planck a.a.O. § 10 Bem. 4). Es ist das die nämliche Folge, die im früheren Recht (§ 17 Abs. 1 ZPO. a.F.) mit der immerwährenden Trennung von Tisch und Bett verbunden war, und nach der bei den Vorarbeiten zum Bürgerlichen Gesetzbuch gehegten Absicht für diesen Fall, soweit ein solcher noch vorkommen könnte, im Einführungsgesetz besonders ausgesprochen werden sollte (vgl. Mot. zum 1. Entw. Bd. 1 S. 75; Entw. des Einf.-Ges. Art. 6 und dessen Begründung; Protok. der 2. Kommission Bd. 1 S. 42). Im Falle des § 1586 BGB. ist mithin die Frage, wo die Ehefrau ihren Wohnsitz hat, ebenfalls ohne Rücksicht auf den Wohnsitz des Mannes zu beantworten. Auch hieraus sind Schwierigkeiten nicht zu besorgen, da die Aufhebung der ehelichen Gemeinschaft ebenso wie deren etwaige Wiederherstellung zufolge § 55 des Gesetzes über die Beurkundung des Personenstandes (Art. 46 Einf.-Ges. zum BGB.) in das Heiratsregister eingetragen werden soll, also das eine wie das andere sehr leicht festzustellen ist.

Im vorliegenden Fall kommt ein selbständiger Wohnsitz der Beklagten nicht in Frage. Wie die Akten des Vorprozesses ergeben, hat die jetzige Beklagte damals nicht auf Aufhebung der ehelichen Gemeinschaft geklagt, sondern, abgesehen von der Aufhebung der ehemännlichen Verwaltung ihres Vermögens, auf Anerkennung, daß sie die Herstellung des ehelichen Lebens verweigern dürfe, und auf Gewährung von Unterhalt. Demgemäß ist durch das Urteil des Landgerichts vom 25. November 1901, dessen Abänderung jetzt vom Kläger begehrt wird, erkannt worden unter Anwendung der §§ 1353 Abs. 2, 1361 BGB. Danach ist in dem Vorprozeß nicht ein Urteil auf Aufhebung der ehelichen Gemeinschaft ergangen; vielmehr ist ein Urteil erlassen, das einer Eintragung in das Standesregister nicht fähig war und keinen dauernden Zustand geschaffen, sondern dem damaligen Beklagten, jetzigen Kläger, die Möglichkeit belassen hat, gemäß § 1353 BGB. die Wiederherstellung des ehelichen Lebens für den Fall zu verlangen, daß er die Beseitigung der gegenwärtig vorhandenen, die jetzige Beklagte zur Weigerung berechtigenden Gründe dartun könnte. Abgesehen davon, daß dieselbe dem Kläger jetzt nicht zu folgen braucht, ist mithin die Ehe der Parteien in voller Geltung geblieben, und deshalb hat die Beklagte ihren gesetzlichen Wohnsitz immer noch an dem Wohnsitz des Klägers, so daß sie auch hier ihren allgemeinen Gerichtsstand hat, und die vorliegende Klage bei dem zuständigen Gericht erhoben worden ist." ...

RGZ. 65, 277

Kann für eine noch nicht erzeugte Nachkommenschaft, der Zuwendungen gemacht worden sind, eine Hypothek eingetragen, oder auf sie eine abgetretene Hypothek überschrieben werden?

BGB. §§ 1, 331, 1913, 2101, 2106, 2162, 2178, 1113, 1115. GBO. §§ 79flg.

V. Zivilsenat. Beschl. v. 9. März 1907.

I. Amtsgericht Hamburg. II. Landgericht daselbst.

Die Frage ist bejaht worden.

Gründe:

„Der im November 1901 verstorbene Kaufmann E. H. zu H. hatte in seinem Testamente seinen außerehelichen Sohn K. K. und seine drei ehelichen Kinder zu gleichen Teilen zu Erben eingesetzt, und zwar in der Weise, daß die Hälfte des Nachlasses den vier Kindern bei vollendetem 25. Lebensjahre ausgekehrt, die andere Hälfte für die Enkelkinder belegt bleiben und diesen nach vollendetem 25. Lebensjahre ausgehändigt werden sollte. Doch sollten auch an dieser Hälfte die Kinder den lebenslänglichen Zinsgenuß haben. Die Vormundschaftsbehörde hat den Rechtsanwalt Dr. M. zum Pfleger der künftigen Abkömmlinge des K. K. bestellt. Dieser hat aus dem ihm von den Vollstreckern des H.schen Testamentes übergebenen Erbschaftsbetrage einen Teilbetrag zu 15000 M. von der im Grundbuche von H. Bd. 21 Blatt 1016 für die offene Handelsgesellschaft D. H. & M. eingetragenen Darlehnshypothek zu 30000 M. erworben. Durch Beschluß des Amtsgerichts, der von den Obergerichten bestätigt wurde, ist aber die Überschreibung der 15000 M. auf die künftigen etwaigen Abkömmlinge des K. K. wegen Fehlens eines rechtsfähigen Gläubigers abgelehnt worden. Die Firma D. H. & M. trat hierauf am 8. August 1906 diese Teilhypothek an „den minderjährigen K. K. als Erben von E. H. — Nacherbe ist des K. K. etwaige künftige Deszendenz, für welche ein Pfleger bestellt ist —" ab, zog aber am 5. November 1906 nach Bekanntwerden des in Bd. 61 S. 355 der Entscheidungen abgedruckten Urteils des Reichsgerichts ihren damaligen Überschreibungsantrag wieder zurück und beantragt nun abermals, daß die Abtretung „an die künftigen etwaigen Deszendenten des K. K." im Grundbuche eingetragen werde. Dieser Antrag wurde jedoch aufs neue durch Beschluß des Grundbuchamts vom 20. November 1906 abgewiesen, und das Landgericht hat durch Beschluß vom 18. Dezember 1906 die Beschwerde des Pflegers Dr. M. kostenpflichtig zurückgewiesen. Vom letztgenannten wurde weitere Beschwerde eingelegt, diese aber vom Oberlandesgerichte zu Hamburg dem Reichsgerichte deshalb vorgelegt, weil es mit der Begründung der erwähnten reichsgerichtlichen Entscheidung vom 14. Oktober 1905 nicht einverstanden ist.

Das Oberlandesgericht bezweifelt zunächst mit Unrecht, daß das genannte Urteil für die jetzige Gesetzgebung von Bedeutung sei. Der jetzt beschließende Senat wollte damals aussprechen und hat ausdrücklich ausgesprochen, daß nach dem Bürgerlichen Gesetzbuche die Eintragung einer Hypothek für die künftige, noch nicht erzeugte Nachkommenschaft eines bestimmten Menschen zulässig sei. Würde der Vorderrichter, wie er offenbar beabsichtigt, gegenteilig entscheiden, so würde er damit allerdings von der reichsgerichtlichen Entscheidung abweichen: der Fall des § 79 Abs. 2 GBO. ist somit gegeben, ohne daß es darauf anzukommen hat, daß das Reichsgericht damals nicht in einer Grundbuchbeschwerdesache, sondern in einem ordentlichen Rechtsstreite entschieden hat. Das Gesetz macht in dieser Hinsicht keinen Unterschied.

In der Sache selbst findet der beschließende Senat keinen Anlaß, von seiner früheren Meinung abzugehen, die er nunmehr unter Berücksichtigung der Einwendungen des Oberlandesgerichts, wie folgt, näher begründet

Es ist von jeher selbstverständlich gewesen und in § 1 BGB. ausdrücklich ausgesprochen, daß an sich und in Wirklichkeit nur der zur Welt geborene Mensch rechtsfähig ist. Nur für ihn und seine Mitmenschen ist die ganze Rechtsordnung geschaffen; diese hat zunächst keinen Grund, leblosen und nicht menschlichen Wesen die gleichberechtigte Teilnahme an ihren Einrichtungen zu gestatten. Ebenso gewiß ist aber, daß die Gesetzgebungen von jeher, gerade um die Rechtsordnung für die Menschen, als eigentliche und alleinige Rechtsträger, besser und zweckmäßiger auszugestalten, bloßen Gedankengebilden beim Rechnen mit Rechtsbegriffen gleiche oder ähnliche, wenn auch nur in der Vorstellung bestehende (fingierte) Rechtsfähigkeit zugestehen mußten, wie den Menschen selbst. Es sei hier nur auf die öffentlich-rechtlichen und bürgerlich-rechtlichen Gemeinschaften, die Stiftungen, die Lehens- und Fideikommißanwärter, die ruhende Erbschaft der früheren Rechte, hingewiesen. Was insbesondere die rechtliche Behandlung der noch nicht erzeugten (nondum concepti) Nachkommen anlangt, so war deren Rechts-, namentlich Erbfähigkeit im gemeinen Rechte zwar, sowie nach französischem Rechte und nach sächsischem Bürgerlichen Gesetzbuche verneint oder doch bestritten, aber z. B. im preußischen und bayerischen Rechte überwiegend anerkannt (vgl.

Motive zum Bürgerlichen Gesetzbuch Bd. 5 S. 12; Staudinger Bürgerliches Gesetzbuch Bd. 1 § 1 Note III; Entsch. des RG.'s in Zivils. Bd. 61 S. 355; Windscheid-Kipp Pand. Bd. 3 § 535 Anm. 5).

Das Bürgerliche Gesetzbuch konnte sich der Entscheidung über diese Fragen selbstverständlich nicht entziehen. Es mußte gleich den älteren Rechten eine (fingierte) Rechtsfähigkeit der sog. juristischen Personen ausdrücklich anerkennen (§ 89), ebenso die der eingetragenen Vereine (§ 21) und der Stiftungen (§ 80), konnte auch dem nicht entgegentreten, daß *Handels- und geordnete wirtschaftliche Gesellschaften*, wenn auch nicht geradezu als durchaus rechtsfähig, als juristische Persönlichkeiten, erklärt, doch als solche in allen nicht familienrechtlichen und dergleichen Rechtsbeziehungen auch fernerhin behandelt werden. Ebenso wie in diesem letzterwähnten Falle ist es auch in anderen Fällen denkbar, daß das Bürgerliche Gesetzbuch, ohne es ganz ausdrücklich zu erklären, bloß in der Vorstellung, noch nicht in Wirklichkeit bestehenden Wesen eine gewisse Rechtsfähigkeit zugestanden hat, und daß dies zugunsten der noch nicht Erzeugten geschehen ist, kann nicht bezweifelt werden.

Nach § 331 BGB. können Vereinbarungen unter Lebenden auch zugunsten eines noch nicht Erzeugten zweifellos geschlossen werden. Denn wenn der Abs. 2 dieser Gesetzesstelle davon spricht, daß der Versprechensempfänger vor der Geburt des Dritten stirbt, so ist dies allgemein und nicht etwa so zu verstehen, daß der Dritte stets zur Zeit der Vereinbarung wenigstens schon erzeugt, im Mutterleibe empfangen gewesen sein muß. Der § 2101 gestattet die Einsetzung einer noch nicht erzeugten Person als Nacherben, und die §§ 2162, 2178 setzen als selbstverständlich voraus, daß ein noch nicht Erzeugter — immer zu unterscheiden von der Leibesfrucht, dem nasciturus — mit Vermächtnissen bedacht werden kann. In § 1913 endlich heißt es wörtlich: „Insbesondere kann einem Nacherben, der noch nicht erzeugt ist . . . für die Zeit bis zum Eintritte der Nacherbfolge ein Pfleger bestellt werden".

Fragt man nun, wie alle diese Gesetzesbestimmungen rechtlich zu verstehen und in Einklang mit dem übrigen Inhalte des Gesetzes, insbesondere mit § 1, zu bringen sind, so könnte man vielleicht an eine im wesentlichen nur den Vertragsgenossen, den Haupt- und Vorerben betreffende, aber bedingte und durch Auflage (§§ 328 flg., 525 flg., 1940) beschwerte Zuwendung denken; aber damit wäre nichts gewonnen. Ein „Etwas" ist da, zu dessen Gunsten die Auflage gemacht ist, das bedingte Ansprüche darauf hat, die Vereitelung ihrer Ausführung schon jetzt verhindern, die Sicherung der Verwirklichung der Auflage schon jetzt fordern kann. Es geht auch nicht an, ein und dieselbe Person zum Träger von Rechten zu machen, die einander widerstreiten (vgl. § 181 BGB.). Es könnte ferner angenommen werden, daß an Stelle des noch nicht Erzeugten vorläufig der Staat kraft der Rechtsordnung selbst der Träger der betreffenden Rechte ist und diese durch die von ihm aufgestellten Pfleger einstweilen wahren und verwalten läßt. Hierzu fehlt aber jede Bestimmung und jeder Anhalt im Gesetze selbst, und es ist nicht Aufgabe des Staates, die Rechtsgüter seiner Angehörigen, die er nur schützen will, von Fällen gänzlicher Herrenlosigkeit abgesehen, sich selbst, wenn auch nur zeitweise, anzueignen und damit noch dazu eine besondere privatrechtliche Verantwortlichkeit zu übernehmen. Daß nicht etwa der Pfleger der Nichterzeugten selbst Träger ihrer Rechte sein soll und kann, ergibt sich aus allgemeinen Grundsätzen der Stellvertretung und daraus, daß er nach § 1913 dem (also für den) noch nicht Erzeugten aufzustellen ist, somit etwas Verschiedenes von diesem sein muß. Auch verbietet die Möglichkeit fortgesetzten Wechsels der Pfleger die bekämpfte Annahme (vgl. aber Endemann Lehrb. Bd. 1 S. 119, 719). Es bleibt sonach nur die auch nächstliegende und folgerichtigste Rechtsanschauung übrig, daß noch unerzeugten Nachkommen fingierte Rechtspersönlichkeit zwar nicht an sich, wohl aber dann verliehen ist, wenn sie als Dritte in einem Vertrage oder als Nacherben oder Vermächtnisnehmer in einer letztwilligen Verfügung gültig bedacht worden sind. Ist aber auf diese Weise einmal ihre Rechtsfähigkeit wirklich eingetreten, so ist die notwendige Folge hiervon, daß sie, soweit sich nicht von selbst aus der Eigentümlichkeit ihrer Stellung notwendige Ausnahmen ergeben, im Rechtsverkehre, namentlich im Forderungs- und Sachenrechte, den übrigen Rechtssubjekten gleichgestellt werden müssen, insbesondere Forderungen und dingliche Rechte wenigstens sicherungshalber erwerben, sie verlieren, darüber verfügen und als parteifähig darüber Rechtsstreitigkeiten führen können.

Wie schon in der mehrerwähnten Entscheidung des beschließenden Senats vom 14. Oktober 1905 ausgeführt, sprechen sich gerade für Hypothekbestellung zugunsten nicht erzeugter Nachkommenschaft die Motive zum Bürgerlichen Gesetzbuche Bd. 3 S. 641 deutlich genug in diesem Sinne aus, indem sie wörtlich sagen:

> „Der Gläubiger aber ist hinlänglich bestimmt, wenn das Grundbuch ergibt, daß die Eintragung für die künftigen Abkömmlinge einer dem Namen nach bezeichneten Person erfolgt ist. Sofern also nach anderweitigen Vorschriften auf den Fall, daß diese Person Abkömmlinge erhält, für dieselben eine Forderung begründet werden kann, muß das Grundbuchrecht die Bestellung für eine solche Forderung ermöglichen."

In den Anmerkungen hierzu weisen die Motive auf die betreffenden Paragraphen des Entwurfs hin. Wenn hiernach die Frage, ob für die Nichterzeugten eine Forderung begründet werden kann, allerdings der Rechtswissenschaft und der Rechtsprechung überlassen zu sein scheint, so muß doch diese Frage nach dem oben Ausgeführten bejaht werden, und auch die angeführte Stelle der Gesetzesbegründung spricht insofern für ihre Bejahung, als, wenn man sie verneinen wollte, die ganze Ausführung kaum nötig gewesen wäre. Man kann mit dem Oberlandesgerichte die Bedeutung und Tragweite der Begründung des Bürgerlichen Gesetzbuches im allgemeinen hier auf sich beruhen lassen, aber so viel ist doch jedenfalls gewiß, daß wenn ihr, wie im gegebenen Falle, bei den Beratungen des Gesetzes nirgends Widersprüche entgegengetreten sind, sie einen gewissen Anhalt dafür bietet, daß sich die sämtlichen an der Gesetzgebung mitwirkenden Kräfte ihre Meinung angeeignet haben, daß also das Gesetz selbst in diesem Sinne auszulegen ist. Der Vorderrichter verneint zwar auch ein wirtschaftliches Bedürfnis für Hypothekenerwerb Unerzeugter. Aber auf ein solches Bedürfnis kommt zunächst deshalb nichts an, weil nach obigem den nach §§ 331, 2162, 2178 bedachten Unerzeugten fingierte Rechtspersönlichkeit zugestanden werden muß, und sie dann folgerichtig und ohne Rücksicht auf wirtschaftliche Zweckmäßigkeit zum Erwerbe von Rechtsgütern befähigt sein müssen. Sodann aber muß, wie gerade auch der vorliegende Fall zeigt, nach allgemeinen Erfahrungen allerdings ein Bestreben und Bedürfnis vieler Erblasser, namentlich der Eltern, anerkannt werden, insbesondere bei zweifelhafter Lebensführung ihrer nächsten Erben und lebenden Abkömmlinge, aber auch ohne solchen Grund, der späteren, noch unerzeugten Nachkommenschaft Vermögen zu wahren. Der Weg des Familienfideikommisses oder der Stiftung ist hierbei häufig verschlossen oder doch angesichts der nur geringen zeitlichen Ausdehnung der beabsichtigten Vermögenserhaltung nicht sachentsprechend.

Keineswegs ist in Abrede zu stellen, daß eine Rechtseinrichtung, wie sie hier anerkannt wird, verschiedene Schwierigkeiten, namentlich dann im Gefolge haben kann, wenn im Laufe der Zeit die Entstehung der bedachten Nachkommenschaft unmöglich, oder wenn es ungewiß wird, ob solche geboren wurde oder nicht. Dies kann aber nicht zur Verwerfung dieser Rechtseinrichtung selbst führen. Übrigens können diese Schwierigkeiten bei vorsichtigem Verfahren der Vertragschließenden und letztwillig Verfügenden wohl vermieden werden, und der Gesetzgeber hat für Vermächtnisse an Nichterzeugte wenigstens und für deren Nichtverwirklichungsfall selbst durch § 2162 Abs. 2 und § 2178 entsprechende Fürsorge getragen. Bis zur Geburt des noch nicht erzeugten Vermächtnisnehmers bleibt das Vermächtnis im Vermögen des Erben, und länger als 30 Jahre soll es überhaupt nicht vorbehalten werden. Vor diesen Zeiten kann von einem e n d g ü l t i g e n Sach- und Forderungserwerb dieses Vermächtnisnehmers überhaupt nicht die Rede sein, sondern nur von seinem Rechte auf Ausschlagung oder etwaige Sicherung des Vermächtnisses. Ähnlich verhält es sich nach § 2106 Abs. 2 mit den zu Nacherben eingesetzten nicht erzeugten Abkömmlingen. Auch ihnen fällt die Erbschaft endgültig erst mit der Geburt an, aber bis dahin haben sie jedenfalls Ausschlagungs- und Sicherungsrechte nach Maßgabe des Gesetzes oder des Testamentes. Unzweifelhaft kann daher der noch nicht Erzeugte als fingiertes Rechtssubjekt zum mindesten s i c h e r u n g s h a l b e r dergleichen Rechte erwerben, namentlich dann, wenn dies, wie im gegebenen Falle, der Erblasser ausdrücklich angeordnet hat. Nach dem vorliegenden Tatbestande soll die Hälfte des Erbvermögens für die noch nicht erzeugten Enkel „belegt bleiben", somit gesichert werden, und dies muß gelten, mag man die Nachkommen des K. K., wie es zu geschehen scheint, als Nacherben oder als Vermächtnisnehmer auffassen.

Überdies muß das Oberlandesgericht gemäß § 1113 Abs. 2 BGB. selbst anerkennen, daß eine Hypothek auch für eine künftige Forderung bestellt werden kann, und der Grund, aus dem es diese Bestimmung nicht anwendet, nämlich das Fehlen eines rechtsfähigen Gläubigers, trifft nach dem oben Ausgeführten eben nicht zu.

Was die Stellung der Rechtswissenschaft und der Rechtsprechung zu den besprochenen Fragen anlangt, so haben sich diese, soweit ersichtlich, damit eingehender bisher noch nicht beschäftigt, doch wird mehrfach die Eintragbarkeit von Hypotheken für noch unerzeugte Nachkommen angenommen (vgl. Turnau-Förster Liegenschaftsrecht Bd. 1 S. 738; Kretschmar Sachenrecht S. 447; Predari GBO. S. 639; Biermann Sachenrecht S. 303; Sächs. Ausf.-VO. zur GBO. § 67; Fuchs Grundbuchrecht Bd. 1 S. 394; Gierke Deutsches Privatrecht Bd. 2 S. 878; OLG.-Rechtspr. Bd. 9 S. 354, Bd. 10 S. 72; Staudinger BGB. Bd. 1 § 1 Note III S. 31). Daß das, was für die Hypothekenbestellung gilt, auch für den zessionsweisen Hypothekenerwerb gelten muß, versteht sich von selbst.

Nach den vorstehenden Ausführungen muß der beschließende Senat bei seiner früheren Rechtsansicht beharren und in weiterer Anwendung der §§ 79, 80, 81 GBO. . . . die Beschlüsse der Vorderrichter aufheben und das Grundbuchamt anweisen, soweit nicht anderweitige Hindernisse entgegen stehen, die Teilhypothek, wie beantragt, auf die künftigen Nachkommen des K. K. zu überschreiben. Der Senat hatte sich lediglich mit der Frage der Eintragungsfähigkeit der in Rede stehenden Hypothekübertragung zu befassen: den Beteiligten und dem Grundbuchamte muß es überlassen bleiben, in welcher Weise sie etwa im Hinblick auf die oben angezogenen Gesetzesstellen (§§ 2162, 2178, 2106) die Erben- und Zinsgenußrechte des K. K. berücksichtigen und sicherstellen wollen."

RGZ. 71, 262

1. Sind die Vorschriften des § 12 BGB. auf das Recht zur ausschließlichen Benutzung eines Wappens entsprechend anzuwenden?

2. Verwendung eines Stadtwappens zur Kennzeichnung der Herkunft gewerblicher Erzeugnisse.

BGB. § 12.

IV. Zivilsenat. Urt. v. 27. Mai 1909.

I. Landgericht Aachen. II. Oberlandesgericht Köln.

Der Beklagte stellte in seiner Mineralwasserfabrik kohlensaure Füllungen eines Quellwassers her, dem er die Bezeichnung „Aachen-Burtscheider

Schloßbrunnen" gegeben hatte. Die gefüllten Flaschen versah er mit Aufschriftzetteln, die außer der angegebenen Bezeichnung das Wappen der Stadt Aachen und das Wappen der mit ihr zu einer Gemeinde vereinigten Stadt Burtscheid, sowie ein Bild seiner Fabrik, seine Schutzmarke und seinen Namen aufwiesen. Die Stadt Aachen glaubte, dem Beklagten die Verwendung ihres Wappens auf den Aufschriftzetteln verbieten zu können. Sie behauptete, dieses Recht stehe ihr als ein dem Namensrechte ähnliches Persönlichkeitsrecht zu. Durch die unbefugte Benutzung des Wappens werde ihr Interesse aus dem Grunde verletzt, weil auf diese Weise der Beklagte seinem Erzeugnisse den Anschein gebe, daß das Wasser den städtischen Thermalquellen entnommen sei. Die Befugnis, das tatsächlich aus diesen Quellen entnommene Wasser zu vertreiben, habe sie der Aktiengesellschaft „Kaiserbrunnen" eingeräumt. Sie beantragte, dem Beklagten unter Androhung von Geldstrafen zu untersagen, die Wappen auf den Etiketten der von ihm in den Handel gebrachten Flaschen mit Thermalwasser kohlensaurer Füllung anzubringen. Die Klage, die Berufung und die Revision hatten keinen Erfolg.

Aus den Gründen:

„Die Rüge der Revision, daß § 12 BGB. durch Nichtanwendung verletzt sei, geht fehl.

Soweit vor 1900 das Recht zum Gebrauche eines Wappens eine gesetzliche oder gewohnheitsrechtliche Anerkennung gefunden hatte, ist mit dem Inkrafttreten des Bürgerlichen Gesetzbuchs hierin eine Änderung nicht eingetreten. Denn die für das Bestehen dieser Berechtigung maßgebenden landesrechtlichen Normen enthielten öffentliches Recht und wurden durch Art. 55 EinfGes. zum BGB. nicht berührt. Daß auf dieser fortbestehenden objektivrechtlichen Grundlage für die klagende Stadtgemeinde das Recht erwachsen ist, das streitige Wappen als ihr Wappen mit Ausschließung anderer zu verwenden, ist unter den Parteien nicht streitig.

Das führt jedoch weder zu einer unmittelbaren noch auch für den vorliegenden Fall zu einer entsprechenden Anwendung des § 12, einer Gesetzesvorschrift, die nicht von der Entstehung und dem Inhalte des Namensrechts handelt, sondern unter der Voraussetzung seines Bestehens an bestimmte Verletzungen dieses Rechtes besondere bürgerlichrechtliche Folgen geknüpft hat. Denn was zunächst die unmittelbare Anwendung der Gesetzesstelle anlangt, so ist zwar das Wappenrecht, bestehend in der Befugnis, zur besonderen Kennzeichnung der eigenen Person außer der Wortbezeichnung des Namens auch das aus dem Unterscheidungszeichen der Waffenrüstung entwickelte Bildzeichen des Wappens anzuwenden, vielfach mit dem Namensrechte in der Person des Namens- und Wappenträgers verbunden. Das Wappenrecht bildet jedoch keinen Bestandteil des Namensrechts; es ist vielmehr ein von diesem verschiedenes, besonderes

Recht, auf das daher die namensrechtlichen Gesetzesvorschriften des bürgerlichen Rechtes an sich nicht Anwendung finden. Daß unter Umständen in der Verwendung eines fremden Wappens eine gleichzeitige Namenskundgebung gefunden werden könnte, ändert hieran grundsätzlich nichts.

Auf der anderen Seite besteht zwischen dem Namensrechte und dem Wappenrechte zunächst insofern eine Übereinstimmung, als auch das Namensrecht auf öffentlichrechtlichen Gesetzesvorschriften beruht. Die namensrechtlichen Vorschriften des Familienrechts gehören mit dazu, und nur die auf eigener Wahl beruhenden Vereinsnamen (§§ 57, 63, 64 BGB.), sowie die zur Firmenbildung verwendeten Personennamen stehen unter besonderen, hier nicht in Betracht kommenden bürgerlichrechtlichen Vorschriften. Es kommt hinzu, daß das Wappen in gleicher Weise wie der Name zur Kennzeichnung der Person seines Trägers bestimmt ist und daß deshalb, wenn die Berechtigung zum Wappengebrauche als ein absolutes, gegen jeden Unberechtigten wirksames Recht in der Rechtsordnung Anerkennung gefunden hat, diese Regelung dem gleichen Zwecke dient wie das Namensrecht. Wegen dieser unverkennbaren Rechtsähnlichkeit im Wesen und in der inneren Zweckbestimmung unterliegt es an sich keinem Bedenken, die zunächst nur für das Namensrecht gegebenen privatrechtlichen Schutzmittel — wie dies auch von seiten namhafter Schriftsteller des neuen Rechts, Planck BGB. Bem. 5 zu § 12, Dernburg, Bürgerl. R. Bd. 1 § 55 Anm. 20, Oertmann, BGB. Bem. 5b, c zu § 12 geschieht — auf Fälle einer gleichartigen Verletzung des Wappenrechts als entsprechend anwendbar gelten zu lassen. Dies sowohl dann, wenn es sich um das Wappen einer Einzelperson, als auch dann, wenn es sich um das Wappen einer Körperschaft des öffentlichen Rechts handelt (vgl. Gierke Deutsches Privatrecht Bd. 1 S. 411 und 730).

Allein eine Verletzung des Wappenrechts, die den Voraussetzungen des § 12 entspricht, liegt im Streitfalle nicht vor. Das Recht zum Gebrauche des streitigen Wappens hat der Beklagte der Klägerin nicht bestritten. Es könnte sich daher nur um den zweiten Fall des Paragraphen handeln, also um eine Rechtsverletzung, wie wenn das Interesse des Namensberechtigten dadurch verletzt wird, daß ein anderer unbefugt den gleichen Namen gebraucht. Diese Voraussetzung trifft hier nicht zu. Die Klägerin behauptet selbst nicht, daß der Beklagte sich das Recht angemaßt habe, ihr Wappen als sein eigenes Wappen zu führen. Das klägerische Wappenbild dient ihm nicht zur Selbstbezeichnung, er weist damit vielmehr nur auf die Herkunft des von ihm verwendeten Quellwassers und auf den Herstellungsort des von ihm in den Handel gebrachten gewerblichen Erzeugnisses hin. Als Wappenträger will er damit nicht sich, sondern gerade die klagende Stadtgemeinde bezeichnen. Nur wenn sich annehmen ließe, daß mit der Anbringung eines Wappens auf der Ausstattung eines gewerblichen Erzeugnisses der Verfertiger fälschlich auf sich selbst als auf den Wappenträger hindeute, das Interesse des berechtigten Wappeninhabers aber damit verletzt werde, würden für eine analoge Anwendung des § 12 die Voraussetzungen gegeben sein.

Immerhin kann die Benutzung eines Ortswappens, wenn sie zur Kennzeichnung gewerblicher Erzeugnisse, also zu einer Sachbezeichnung, dient, den Bestimmungen über den gewerblichen Rechtsschutz zuwiderlaufen. Der Berufungsrichter hat den erhobenen Anspruch nach dieser Richtung hin gleichfalls geprüft; ... seine Ausführungen enthalten aber auch insoweit keine Gesetzesverletzung.

Einen zeichenrechtlichen Schutz im Gebrauche ihres Wappens (§ 14 WZG.) konnte die Klägerin für sich nicht herstellen und gegen den Beklagten in Anspruch nehmen, weil gemäß § 4 Abs. 1 Nr. 2 WZG. Ortswappen als Warenzeichen überhaupt nicht, also auch nicht zugunsten der Ortsgemeinde selbst, in die Zeichenrolle eingetragen werden dürfen. Nach der unangefochtenen tatsächlichen Feststellung des Berufungsrichters liegt auch kein Verstoß gegen § 16 WZG. vor. Denn der Berufungsrichter hält es für ausgeschlossen, daß die Darstellung des Wappens auf den vom Beklagten hergestellten und in den Verkehr gebrachten Flaschen auf eine Irreführung über Beschaffenheit und Wert seiner Ware berechnet und dafür geeignet gewesen sei. Die Möglichkeit, ihren Anspruch unter diesem Gesichtspunkte mit Heranziehung des § 823 Abs. 2 BGB. (vgl. Entsch. des RG.'s in Zivils. Bd. 48 S. 118) zu begründen, war daher der Klägerin gleichfalls verschlossen.

Der Versuch, § 8 des Gesetzes zur Bekämpfung des unlauteren Wettbewerbes vom 27. Mai 1896 heranzuziehen, ist, wenn er in der Berufungsinstanz überhaupt unternommen wurde, nicht minder verfehlt. Ein Namensmißbrauch oder eine unbefugte Benutzung einer fremden Firma im Sinne dieser Gesetzesstelle kommt nicht in Betracht. Wollte man aber in der Art und Weise, wie die Aktiengesellschaft „Kaiserbrunnen" das aus den städtischen Thermalquellen in Aachen entnommene Wasser mit dem städtischen Wappen kennzeichnet, die „besondere Bezeichnung" ihres „Erwerbsgeschäftes" erblicken, so liegt eine auf Verwechselung berechnete und dazu geeignete Anwendung derselben Bezeichnung durch den Beklagten nicht vor. Denn der Berufungsrichter stellt fest, der Beklagte benutze das Wappen wesentlich anders als die Aktiengesellschaft „Kaiserbrunnen", und er hebt die augenfälligen Unterschiede in der Ausstattung der Flaschen einzeln hervor, die ihn zu der Überzeugung bringen, daß niemand das vom Beklagten vertriebene Wasser für Wasser halten werde, das aus den städtischen Quellen stamme oder unter Aufsicht der Stadt in den Verkehr gebracht werde. Dazu kommt, daß der Anteil, den die klagende Stadtgemeinde ihrer Behauptung nach von dem aus dem Unternehmen der genannten Aktiengesellschaft entfließenden Gewinne empfängt, ihr noch nicht das Recht gibt, die Ansprüche aus § 8 WettbewGes. für sich geltend zu machen, wie wenn es sich um ihr eigenes Geschäftsunternehmen handelte.

Schließlich beziehen sich auch die den Wappenschutz betreffenden Vorschriften des Strafgesetzbuchs (§ 360 Nr. 7 und 8, vgl. Ihering in den Jahrb. für Dgm. Bd. 23 S. 319 Anm.) nicht auf den Gebrauch von Ortswappen, so daß auf diesem Wege die Klägerin zu einer durchgreifenden Begründung ihres Klagebegehrens ebenfalls nicht gelangen kann." ...

RGZ. 74, 114

Sind die Vorschriften des § 12 BGB. auch auf den Namen eines eingetragenen Vereins anwendbar?

BGB. § 12.

IV. Zivilsenat. Urt. v. 7. Juli 1910.

I. Landgericht München I. II. Oberlandesgericht daselbst.

Der klagende Verein war im Vereinsregister des Amtsgerichts München I mit dem Namen „Verein für deutsche Schäferhunde" und mit dem Sitze in München seit dem 13. April 1901 eingetragen. Er behauptete, in seinem Namensrechte dadurch verletzt zu sein, daß sich der verklagte nicht eingetragene Verein den Namen „Süddeutscher Verein für deutsche Schäferhunde, Sitz München" beigelegt habe und daß er unter Nachahmung des von ihm, dem Kläger, zur kürzeren Bezeichnung seines Namens verwendeten Schriftzeichens „S. V." seinerseits den von ihm angenommenen Namen mit „S. V. V." abkürze. Mit der Klage, die gleichzeitig auf die Gesetzesvorschriften über unerlaubte Handlungen sowie über den Firmenschutz, den Schutz des Warenzeichens und über das Verbot des unlauteren Wettbewerbes gestützt war, verlangte der Kläger die Verurteilung des Beklagten, den ferneren Gebrauch dieses Namens und der Namensabkürzung zu unterlassen. Die Klage und die Berufung wurden zurückgewiesen. Die Revision hatte keinen Erfolg.

Aus den Gründen:

„Der Berufungsrichter ist rechtsgrundsätzlich davon ausgegangen, daß die in § 12 BGB. enthaltene Vorschrift über den Namensschutz an und für sich auch den eingetragenen Vereinen zustatten komme .... Die rechtliche Beurteilung des Klagevorbringens erwies sich in den Hauptpunkten als zutreffend.

Was zunächst den § 12 BGB. anlangt, so gehört er allerdings nach seiner Stellung im Systeme des Bürgerlichen Gesetzbuchs zu den unter der Betitelung „Natürliche Personen" zusammengefaßten Gesetzesvorschriften und erst der nächstfolgende Titel handelt von den „juristischen Personen". Allein der Wortlaut gestattet und die Gleichheit des Gesetzeszweckes erfordert eine Ausdehnung dieser Vorschrift auf den Namen wie der juristischen Person überhaupt, so auch der rechtsfähigen Vereine und unter ihnen insbesondere der eingetragenen Vereine. Beruht auch der

Vereinsname im Unterschiede vom Familiennamen und dem Namen öffentlicher Körperschaften auf freier Wahl, so hat er doch die nämliche Bestimmung: er dient als ein für die Öffentlichkeit bestimmtes, dem Namensträger beigelegtes Kennwort dazu, diesen in auffälliger Weise von seinesgleichen ständig zu unterscheiden. Auf dieses Ziel weisen im Bürgerlichen Gesetzbuche alle Vorschriften hin, die bei der Regelung des Vereinswesens vom Namen des Vereins handeln. Ein Verein, der seine Rechtsfähigkeit durch Eintragung erlangen will, ist nach § 57 Abs. 1 genötigt, einen bestimmten Namen anzunehmen. Die Rechtsgültigkeit einer jeden Veränderung dieses Namens hängt von der Erfüllung bestimmter, auch in das Gebiet des öffentlichen Rechts hinübergreifender Vorschriften ab (§§ 71, 33, 60—64). Das Gesetz trifft Fürsorge nicht nur für eine amtliche Feststellung, sondern auch für die amtliche Veröffentlichung und für die ständige Offenkundigkeit des Vereinsnamens (§§ 64, 66). Gestattet das Gesetz, daß sich im eingetragenen Vereine eine wechselnde Vielheit von Personen unter der Rechtsform eines einheitlichen, selbständigen Rechtsträgers zusammenschließt, so bedarf es solcher Vorschriften, um diesem Rechtsgebilde die Verkehrsfähigkeit zu sichern. Die Verkehrsfähigkeit würde aber im Rechtsverkehre wie im bürgerlichen Leben, wenn nicht aufgehoben, so doch in erheblichem Maße beeinträchtigt sein, stände es jedem andern frei, dem eingetragenen Vereine den amtlich beurkundeten und kundgegebenen Namen streitig zu machen oder sich desselben Namens zu bedienen.

Für eine entsprechende Anwendung des § 12 auf die juristischen Personen hat sich denn auch mit Recht die weit überwiegende Mehrheit der Schriftsteller ausgesprochen. Vereinzelte abweichende Meinungen haben entweder eine besondere Begründung überhaupt nicht gefunden, oder es sind die Bedenken, wie von Opet (Arch. f. zivil. Praxis Bd. 87 S. 373) teils aus der schon erwähnten äußeren Stellung des § 12, teils daraus hergenommen, daß bei der Entstehung dieser Gesetzesvorschrift von einer Erstreckung des zivilrechtlichen Namensschutzes auf „Verbandspersonen" abgesehen worden sei. Diese letztere Erwägung kann schon deshalb nicht für durchschlagend gehalten werden, weil die Kommission für die zweite Lesung, aus deren Beratungen die dem ersten Entwurfe eingefügte Gesetzesvorschrift hervorgegangen ist, es zwar abgelehnt hat, ausdrücklich vorzuschreiben, daß der beschlossene (mit § 12 BGB. gleichlautende) § 22 auch für Vereine gelte, immerhin aber in ihrer Mehrheit mit dem Inhalte des deswegen gestellten Antrages einverstanden war. Wissenschaft und Praxis würden, so lautet die Begründung der Ablehnung, von selbst erkennen, daß der § 22, obwohl er in dem von den natürlichen Personen handelnden Titel aufgenommen worden sei, auch für Vereine gelte (Protokolle Bd. 6 S. 115 unter XVI). . . .

Zutreffend hat der Berufungsrichter ferner die Anwendbarkeit der Vorschriften zum Schutze der Warenbezeichnungen verneint. . . . Die vom Kläger angewandte Namensabkürzung S.V. ist kein Warenzeichen.

Sie könnte freilich dem Kläger Anlaß zu einem Einschreiten auf Grund des § 12 BGB. in dem Falle geben, wenn man in der beanstandeten Abkürzung S.V.V. eine gemeinverständliche Wiedergabe des klägerischen Namens zu erblicken hätte....

Das angefochtene Urteil beruht im übrigen hauptsächlich auf tatsächlichen Erwägungen; so insbesondere bei der ... Frage, ob der Name, dessen sich der Beklagte zu seiner Selbstbezeichnung bedient, objektiv der gleiche Name ist wie der klägerische Vereinsname. Zutreffend hat der Berufungsrichter hierbei angenommen, daß geringfügige Abweichungen eine Gleichheit im Sinne des § 12 nicht ausschließen. Denn nicht darauf ist das entscheidende Gewicht zu legen, ob unter der Voraussetzung einer besonders darauf gerichteten sachkundigen Prüfung ein Unterschied wahrnehmbar ist, sondern eine Namensgleichheit besteht auch dann, wenn für den gewöhnlichen Verkehr mit einer Wahrnehmbarkeit des Unterschiedes nicht gerechnet werden kann. Gleichwohl ist im Berufungsurteile das Vorhandensein einer Namensgleichheit verneint worden. Der Unterschied der beiden Namen sei so klar, daß, wenn von den Beteiligten auch nur einige Sorgfalt angewendet werde, die Gefahr der Verwechselung nicht bestehe. Die Abkürzung S.V.V. aber sei, zumal bei der peinlichen Sorgfalt, mit der in diesen Kreisen auf solche Unterschiede geachtet werde, etwas ganz anderes, als die den klägerischen Namen darstellende Abkürzung S.V. An diese tatsächlichen Feststellungen ist das Revisionsgericht ... gebunden."...

RGZ. 78, 101

1. Sind die Vorschriften des § 12 BGB. auch auf den Namen eines nicht rechtsfähigen Vereins anwendbar?

2. Müssen im Falle der Klage wegen Verletzung des Namensrechts sämtliche Mitglieder des Vereins als Kläger auftreten?

3. Bleiben Mitglieder, die nach der Klageerhebung aus dem Vereine ausscheiden, klageberechtigt?

BGB. §§ 12, 54, 738. ZPO. §§ 50, 265.

V. Zivilsenat. Urt. v. 13. Dezember 1911.

I. Landgericht Bochum. II. Oberlandesgericht Hamm.

Im Jahre 1909 hatte der Gesangverein „Germania" in W., ein nicht rechtsfähiger Verein, sein Versammlungslokal bei dem Wirte A. In einer Versammlung vom 3. März 1909 wurde beschlossen, den Verein in das Lokal des Wirtes K. zu verlegen. Die Folge dieses Beschlusses war, daß eine Trennung der Vereinsmitglieder in eine Gruppe unter Führung von fünf Vorstandsmitgliedern und in eine andere Gruppe unter Führung des sechsten Vorstandsmitgliedes, des Wirtes A., eintrat. Die letztere Gruppe verblieb bei A., während die andere Gruppe fortan ihre Versammlungen und Übungsstunden bei K. abhielt. Beide Gruppen führten den Namen

„Gesangverein Germania", und jede behauptete, sie bilde die Fortsetzung des alten Vereins „Germania". Die Gruppe A. hatte die Vereinsutensilien.

54 Mitglieder des bei K. tagenden Vereins Germania erhoben gegen die Gruppe A. Klage mit dem Antrage, den verklagten Verein Germania, tagend bei Wirt A., zu verurteilen, dem aus den Klägern bestehenden Vereine Germania die Vereinsutensilien herauszugeben und sich des Gebrauchs des Namens „Germania" zu enthalten.

Der erste Richter verurteilte den Beklagten. Die Berufung hatte keinen Erfolg. Der Revision des Beklagten wurde stattgegeben.

Aus den Gründen:

(Es wird zunächst ausgeführt, die Annahme des Berufungsrichters sei nicht zu beanstanden, daß der beim Wirte K. tagende Verein den ursprünglichen Gesangverein „Germania" fortsetzt, dagegen der beim Wirte A. tagende, verklagte Verein ein neuer Verein sei und daß daher dieser Verein verpflichtet sei, die Vereinsutensilien an jenen Verein herauszugeben.)

„Ferner aber ist auch anzunehmen, daß jener Verein nach Maßgabe des § 12 BGB. berechtigt ist, von dem verklagten Vereine die Unterlassung des Gebrauchs des Namens „Germania" zu verlangen. Der IV. Zivilsenat hat in den Entsch. des RG.'s Bd. 74 S. 114 bereits ausgesprochen, daß, wiewohl § 12 BGB. unter den Titel „Natürliche Personen" gestellt sei und erst der nächstfolgende Titel von den „Juristischen Personen" handle, doch der Wortlaut und die Gleichheit des Gesetzeszweckes erfordere, diese Vorschirift auf den Namen wie der juristischen Person überhaupt, so auch der rechtsfähigen Vereine anzuwenden. Der erkennende Senat schließt sich dieser Rechtsauffassung an. Er trägt aber auch kein Bedenken, die Vorschrift des § 12 auf nicht rechtsfähige Vereine ebenfalls zur Anwendung zu bringen.

In der Rechtslehre ist die Ansicht überwiegend vertreten, daß auch für einen nicht rechtsfähigen Verein ein die verbundenen Einzelpersonen als Einheit zusammenfassender und bezeichnender Name unentbehrlich sei. Dieser Ansicht, auf die der VI. Zivilsenat in den Entsch. des RG.'s Bd. 60 S. 99 schon hingewiesen hat, ohne jedoch darüber zu entscheiden, ist beizutreten. Ihre Richtigkeit ergibt sich daraus, daß in § 54 Satz 2 BGB. über die Haftung aus einem „im Namen eines solchen Vereins" vorgenommenen Rechtsgeschäfte Bestimmung getroffen ist, daß nach § 50 Abs. 2 ZPO. der nicht rechtsfähige Verein verklagt werden kann und in dem Rechtsstreite die Stellung eines rechtsfähigen Vereins hat, daß ferner nach § 735 ZPO. zur Zwangsvollstreckung in das Vermögen eines nicht rechtsfähigen Vereins ein gegen den Verein ergangenes Urteil genügt und daß weiter nach § 213 KO. über das Vermögen eines solchen Vereins das Konkursverfahren stattfinden kann. Diese Vorschriften setzen augenscheinlich voraus, daß die Gesamtheit der Mitglieder durch einen Vereinsnamen zusammengefaßt ist, da andernfalls schwerlich im Namen des Vereins ein

Rechtsgeschäft vorgenommen werden könnte und die genannten Bestimmungen der Zivilprozeßordnung und der Konkursordnung kaum durchführbar wären. Überhaupt aber kann eine Vereinigung einer wechselnden Vielheit von Personen nach außen hin als Verein nur dann in die Erscheinung treten, wenn ihr eine Bezeichnung beigelegt ist, die in erkennbarer Weise die Mitglieder zu einem Ganzen zusammenschließt und zugleich geeignet ist, den Verein von seinesgleichen ständig zu unterscheiden.

Ist aber hiernach ein solcher Name vom Gesetze vorausgesetzt und für das Dasein des Vereins notwendig, so müßte sich, wenn angenommen werden sollte, daß dem nicht rechtsfähigen Vereine hinsichtlich des Namens vom Gesetze kein Schutz gewährt sei, wiewohl dem rechtsfähigen Vereine der Namensschutz zustehe, aus dem Gesetze ein bestimmter Anhalt hierfür ergeben. Dies ist nicht der Fall. Allerdings ist der nicht rechtsfähige Verein nicht eine juristische Person wie der rechtsfähige Verein. Vielmehr finden auf ihn nach § 54 Satz 1 BGB. die Vorschriften über die Gesellschaft Anwendung. Von nicht unwesentlicher Bedeutung aber ist zunächst, daß die Bestimmungen des § 54 in den Titel „Juristische Personen" aufgenommen worden sind. In einer zweiten Kommission, auf deren Beschlüssen § 54 beruht, waren diese Bestimmungen in § 676 den Vorschriften über die Gesellschaft angeschlossen worden. Die Kommission erkannte zwar an, daß die Gesellschaft nicht die passende Rechtsform für einen Verein mit wechselndem Mitgliederbestande sei, der bezwecke, sich dauernd und unter einer korporativen Verfassung zu konstituieren, lehnte aber wesentlich aus wirtschaftlichen und politischen Bedenken ab, jedem erlaubten Vereine mit korporativer Verfassung als solchem juristische Persönlichkeit beizulegen, und wollte den nicht rechtsfähigen Vereinen zunächst weder die Möglichkeit, als Vereine zu klagen, noch die, als Vereine verklagt zu werden, gewähren (Prot. Bd. 2 S. 457flg.). Im weiteren Verlaufe der Beratung wurden aber die Bestimmungen beschlossen, die demnächst als §§ 50 Abs. 2, 735 in die Zivilprozeßordnung aufgenommen worden sind, und wurde ferner vorbehalten, den § 676 in den Allgemeinen Teil einzustellen (Prot. Bd. 6 S. 117, 206flg.). Die Bundesratsvorlage setzte dann den § 676 als § 51 an die Stelle, an der sich jetzt § 54 im Bürgerlichen Gesetzbuche befindet. Hieraus ist zu entnehmen, daß, wenn es auch dabei verblieben ist, daß auf nicht rechtsfähige Vereine die Vorschriften über die Gesellschaft Anwendung zu finden haben, doch die nicht rechtsfähigen Vereine durch die Stellung unter den Titel „Juristische Personen" den rechtsfähigen Vereinen, wenigstens hinsichtlich der Persönlichkeitsrechte, haben nähergerückt werden sollen. Ferner sind nach dieser Richtung die gleichzeitig mit dem Bürgerlichen Gesetzbuch in Kraft getretenen Vorschriften der erwähnten §§ 50 Abs. 2, 735 ZPO. und § 213 KO. heranzuziehen. Aus ihnen ergibt sich, daß die nicht rechtsfähigen Vereine in sehr gewichtigen Rechtsbeziehungen, nämlich in den Rechtsstellungen als verklagte Parteien, als Vollstreckungsschuldner, als Gemeinschuldner den rechtsfähigen Vereinen gleichgestellt worden sind. Danach ist im Gesetze die genügende

Grundlage für die Annahme zu finden, daß auch den nicht rechtsfähigen Vereinen der Schutz ihres Namens aus § 12 BGB. zu gewähren ist. Dies ist auch in der Rechtslehre die herrschende Meinung, und selbst die Gegner erkennen an, daß es nicht dem Verkehrsbedürfnis entspreche, nicht rechtsfähige Vereine schutzlos dem Mißbrauche ihres Namens preiszugeben.

Da vorliegend der beim Wirte K. tagende Verein den ursprünglichen Gesangverein „Germania" fortsetzt, der verklagte Gesangverein „Germania" aber ein an dem nämlichen Orte gegründeter neuer Verein ist, so wird das Interesse jenes Vereins dadurch verletzt, daß der verklagte Verein unbefugt den gleichen Namen gebraucht, und da, wie sich aus dem Verhalten des Beklagten vor und in dem Rechtsstreite ergibt, weitere Beeinträchtigungen zu besorgen sind, so ist nach § 12 BGB. der Anspruch jenes Vereins auf Unterlassung des Gebrauchs seines Namens gerechtfertigt.

Die Revision greift sodann die Klageberechtigung der Kläger nach mehreren Richtungen an.

Ursprünglich klagten 54 Personen. Von diesen haben 4 Personen die Klage zurückgenommen, weil sie nach der Klageerhebung aus dem bei K. tagenden Vereine ausgeschieden sind. Sie sind, nachdem der Beklagte gegen die Klagerücknahme keinen Widerspruch erhoben und in dieser Hinsicht auch keinen Antrag gestellt hatte, in dem entscheidenden Teile des erstinstanzlichen Urteils nicht mehr als Kläger aufgeführt und kamen daher, wie der Berufungsrichter mit Recht erklärt, schon für die Berufungsinstanz nicht in Betracht.

Nach der Klageerhebung sind 7 Personen als Kläger in den Rechtsstreit neu eingetreten. Daß diese Personen erst nach der Klageerhebung Mitglieder des bei K. tagenden Vereins geworden und daher nicht zur Klage berechtigt seien (vgl. Nußbaum „Die nicht rechtsfähigen Vereine" in der Zeitschr. für Zivilprozeß B. 34 S. 147), ist vom Beklagten nicht geltend gemacht worden. Überhaupt hat der Beklagte gegen den Eintritt keinen Widerspruch erhoben. Es kann daher mit Rücksicht auf § 269 ZPO. dahingestellt bleiben, ob in dem Eintritte, auch wenn die 7 Personen schon zur Zeit der Klagerhebung Vereinsmitglieder gewesen wären, eine unzulässige Klagänderung zu erblicken wäre oder nur eine nach § 268 ZPO. zulässige Berichtigung der in der Klageschrift gewählten Bezeichnung der klagenden Partei (vgl. Urt. d. RG.'s in Gruchots Beiträgen Bd. 47 S. 1160).

Unstreitig sind nach der Klagerhebung von den Klägern 10 aus dem bei K. tagenden Vereine ausgeschieden. Die Revision bekämpft die Ausführung des Berufungsrichters, daß es der Abweisung der Klage der inzwischen ausgetretenen Mitglieder nicht bedürfe. Es ist jedoch dem Berufungsrichter beizutreten." (Zunächst wird ausgeführt, daß die 57 Personen als Gesamtheit der Mitglieder des Vereins Kläger sind in dem Sinne, daß, weil der Verein selbst nicht parteifähig ist, sie als die gesamten Mitglieder des Vereins klagen. Sodann heißt es weiter:) „Ist hiervon auszugehen, so sind die 10 Kläger, die nach der Klagerhebung aus dem Vereine ausgetreten sind, noch weiter als klageberechtigt zu erachten. Nach §§ 54, 738 BGB. sind infolge ihres Ausscheidens ihre Anteile an den Vereinsrechten den übrigen Vereinsmitgliedern zugewachsen. Diese Übertragung ihrer Anteile kraft Gesetzes nach Eintritt der Rechtshängigkeit stellt sich als eine Veräußerung dar, die nach § 265 Abs. 2 ZPO. keinen Einfluß auf den Prozeß hat. Daher haben die 10 Kläger ihre Klageberechtigung durch ihr Ausscheiden aus dem Vereine nicht verloren (vgl. Urt. d. RG.'s in Gruchots Beiträgen Bd. 45 S. 86).

Begründet dagegen ist der Angriff der Revision, der sich gegen die Annahme des Berufungsrichters richtet, daß es für die Entscheidung des Rechtsstreits gleichgültig sei, ob die zurzeit klagenden Mitglieder die Gesamtheit der Mitglieder des alten Vereins bildeten, weil auch jedes Vereinsmitglied auf Leistung an den Verein klagen könne und ihm dies Recht auch bezüglich des Anspruchs auf Unterlassung der Führung des Namens seines Vereins zustehe. Der Berufungsrichter beruft sich hierfür auf das in den Entsch. des RG.'s in Zivils. Bd. 70 S. 32 veröffentlichte Urteil des VI. Zivilsenats. Dort ist aber nur ausgesprochen, daß ein Gesellschafter berechtigt sei, eine zum Gesellschaftsvermögen gehörige Forderung in der Weise geltend zu machen, daß er die Leistung an alle Gesellschafter fordert; gefolgert wird dies aus der Vorschrift des § 2039 BGB., wonach, wenn ein Anspruch zum Nachlasse gehört, jeder Miterbe die Leistung an alle Erben verlangen kann, und aus dem in § 432 BGB. im allgemeinen aufgestellten Grundsatze, daß bei unteilbarer Leistung jeder Berechtigte Leistung an alle Berechtigte fordern kann.

Ob einem einzelnen Mitgliede eines nicht rechtsfähigen Vereins, wenn er einen Anspruch auf Leistung an alle Vereinsmitglieder geltend machen würde, eine gleiche Berechtigung zuzugestehen wäre, wiewohl das einzelne Vereinsmitglied zufolge der korporativen Verfassung des Vereins in weniger enger Beziehung zu dem Vereinsvermögen steht als der Gesellschafter zum Gesellschaftsvermögen, kann auf sich beruhen. Vorliegend ist geklagt auf Unterlassung des Gebrauchs des Namens des durch die Kläger gebildeten Vereins. Dieser Anspruch ist der Hauptanspruch, da durch seine Zuerkennung zugleich zum Ausdrucke gebracht wird, daß der verklagte Verein nicht den alten Verein Germania fortsetzt, sondern ein neuer Verein ist. Der weitere Anspruch auf Herausgabe der Vereinsutensilien ist nur ein Nebenanspruch. Jener Hauptanspruch ist nicht auf eine Leistung gerichtet, überhaupt auch kein vermögensrechtlicher Anspruch. Daß ein einzelnes Vereinsmitglied berechtigt wäre, für sich allein einen solchen Anspruch zu verfolgen, dafür bietet das Gesetz keinen Anhalt. Verletzt ist der Verein als solcher dadurch, daß sein Vereinsname vom verklagten Vereine unbefugt gebraucht wird. Daher müßte er selbst klagen, wenn er parteifähig wäre. Da ihm vom Gesetze, wie sich aus § 50 Abs. 2 ZPO. ergibt, zum Auftreten als Kläger die Parteifähigkeit nicht gewährt worden ist, müssen sämtliche Personen, die ihn als Mitglieder bilden, als Kläger auftreten (vgl. Entsch. des RG.'s in Zivils. Bd. 57 S. 92, auch Gruchots Beitr. Bd. 43 S. 749;

Jur. Wochenschr. 1899 S. 202 Nr. 66). Fehlt auch nur eine Person, die zur Zeit der Klagerhebung Mitglied des Vereins war, so sind die Kläger nicht als klageberechtigt zu erachten, weil dann nicht der durch die Gesamtheit der Mitglieder gebildete Verein als klagend anzusehen ist. Hiernach ist der Einwand des Beklagten erheblich, daß zur Zeit der Klagerhebung noch andere Personen als die 57 Kläger Mitglieder des bei K. tagenden Vereins gewesen seien." ...

RGZ. 91, 350†

1. Was ist unter dem unbefugten Gebrauch eines Namens in § 12 BGB. zu verstehen?

2. Kann ein Mitglied einer Gesellschaft m. b. H. eine Klage wegen Kreditgefährdung der Gesellschaft erheben?

3. ...*).

4. Kann eine Ehrverletzung durch irrtümliche tatsächliche Aufstellungen in einem zum Zwecke wissenschaftlicher Belehrung geschriebenen Buche begangen werden?

5. Liegt eine Ehrverletzung wider besseres Wissen deshalb vor, weil der Beschuldigte zum Zwecke gütlicher Einigung vor dem Rechtsstreit und während des Rechtsstreits erklärt hat, er sei zu der „Ansicht" gekommen, daß die behauptete Tatsache unrichtig sei?

BGB. §§ 12, 823, 824, 826. StGB. §§ 61, 67, 186, 187, 189.

VI. Zivilsenat. Urt. v. 3. Dezember 1917 i. S. Dierig (Kl.) w. L. D. (Bekl.). Rep. VI. 370/17.

I. Landgericht München I. II. Oberlandesgericht daselbs

Ein 1914 im Verlage des Beklagten erschienenes Buch „1848. Der Vorkampf deutscher Einheit und Freiheit. Urkunden, Berichte, Briefe" von Tim Klein gibt auf S. 81 ein im Aufstande der schlesischen Weber 1844 entstandenes Gedicht „das Blutgericht" wieder, das in Strophe 3 die Verse enthält:

„die Zwanziger die Henker sind,
die Dierig ihre Knechte."

Der Verfasser hat das Gedicht mit dieser Fassung der 3. Strophe aus einem Buche von Dr. A. Zimmermann, „Blüte und Verfall des Leinengewerbes in Schlesien", das in der Mitte der 80er Jahre erschienen war, übernommen. Der Kläger behauptete, daß der richtige Text des Weberliedes nicht „die Dierig ihre Knechte", sondern „die Diener ihre Knechte" sei, und fühlte sich durch den in der falschen Fassung gegen seine Familie und insbesondere seinen Vater, den damaligen Inhaber der nachmals dem Kläger gehörigen Leinenwarenfabrik Friedrich Dierig, gerichteten Vorwurf

* Vgl. dazu Bd. 155, S. 92; 156, S. 377 (beide abgedruckt unter „Schuldrecht")

der Bedrückung der Webereiarbeiter in seiner Ehre und in dem Rufe seines gewerblichen Unternehmens beeinträchtigt. Er erhob gegen den Beklagten als den Verleger des Buches Klage mit dem Antrage, dem Beklagten die Weiterveräußerung und das weitere Inverkehrbringen des Buches mit dem Worte „Dierig" in dem Gedicht auf S. 81, hilfsweise wenigstens in künftigen Auflagen des Buches, bei Vermeidung einer für jeden Zuwiderhandlungsfall festzusetzenden Geldstrafe zu verbieten.

Während der erste Richter diesem Antrag entsprach, wies das Oberlandesgericht die Klage ab. Die Revision wurde zurückgewiesen aus folgenden

Gründen:

„Im Gegensatze zum Landgericht, das den Klaganspruch sowohl wegen Verletzung des Namensrechts des Klägers auf Grund des § 12 BGB. wie aus § 823 Abs. 2 das. in Verb. mit § 189 StGB., ferner aus § 826BGB. und schließlich auch aus § 823 Abs. 2 BGB. in Verb. mit §§ 185 bis 187 StGB. für begründet ansah, erachtet das Berufungsgericht diesen Anspruch aus allen genannten rechtlichen Gesichtspunkten wie auch aus denjenigen des § 824 BGB., dessen Erörterung es hinzufügt, für unbegründet. Ein unbefugter Gebrauch des Namens Dierig liege nicht vor, und für die Tatbestände der übrigen angezogenen Gesetze fehle es an den gegenständlichen, noch mehr aber an den persönlichen Merkmalen. Soweit sich die Unterlassungsklage gegen die drohende Wiederholung von Behauptungen oder Verbreitungen richte, die die Ehre des Klägers oder seines verstorbenen Vaters verletzen oder Erwerb und Fortkommen des Klägers beeinträchtigen, sieht das Berufungsgericht eine Wiederholungsgefahr nicht als gegeben an, erachtet die Klage aber auch deshalb für unzulässig, weil die strafrechtliche Verfolgung zur Verfügung gestanden habe, die nun freilich verjährt sei. Im übrigen handle es sich bei dem von dem Beklagten verlegten Buche um eine wissenschaftliche Arbeit. Die Lesart „Dierig" in dem Gedichte habe der Verfasser mit diesem selber einem viele Jahre früher herausgegebenen wissenschaftlichen Werke entnommen; sie sei das Ergebnis einer wissenschaftlichen Untersuchung, das unrichtig sein möge, aber in dieser seiner Eigenschaft nicht als Behauptung einer Tatsache im Sinne des § 824 BGB. oder der §§ 185 bis 187 und 189 StGB. zu betrachten sei. Nach allen Seiten versage mithin die erhobene Klage.

Die Angriffe der Revision konnten keinen Erfolg haben.

Die erhobene Unterlassungsklage würde als begründet angesehen werden müssen, wenn dem Kläger darin beizutreten wäre, daß der Beklagte durch die Aufnahme des Webergedichtes mit der Lesart Dierig in das von ihm herausgegebene Buch sich des unbefugten Gebrauchs des Namens des Klägers schuldig gemacht und dadurch dessen Namensinteresse verletzt hätte (§ 12 BGB.). Dieser Tatbestand liegt indessen nicht vor. Der Name ist ein äußeres Kennzeichen der Person zur Unterscheidung von anderen Personen: das Namensrecht des § 12 BGB. ist das Recht auf den ausschließlichen Besitz dieses Kennzeichens, und der Schutz dieses Gesetzes soll verhüten, daß der Name der einen Person von einer anderen als Kennzeichen und Unterscheidungsmerkmal benutzt werde, die kein Recht darauf hat. Ein unbefugter Gebrauch des Namens im Sinne des § 12 ist deshalb nur gegeben, wenn der Name als Name zur Bezeichnung einer Person verwendet wird, der er nicht zukommt. Es wurde vom Reichsgericht in der Entscheidung vom 26. März 1906 (D. Jur.-Zeit. 1906 S. 543) dahingestellt gelassen und kann auch hier unerörtert bleiben, ob dieser Namensschutz sich auch auf den Fall erstrecken kann, wenn eine Person den Namen einer anderen nicht sich selbst, sondern Gestalten ihrer Phantasie in einem Roman oder einem Drama zulegt; immer handelt es sich insoweit noch um die Kennzeichnung einer Person mit einem Namen, der einer anderen berechtigterweise als Unterscheidungsmerkmal dient. Ausgeschlossen ist aber die Anwendung des § 12, wenn es sich gar nicht um den Namen, sondern um die Person selbst handelt. Es ist niemals eine Verletzung des Namensrechts, wenn der berechtigte Träger des Namens selbst mit diesem seinem Namen bezeichnet, von ihm aber etwas unrichtiges ausgesagt wird. So wenn jemand den Namen eines andern unter einen Aufruf setzt, nicht um sich damit zu bezeichnen, sondern um bei den Lesern den Eindruck zu erwecken, als habe der berechtigte Träger dieses Namens den Aufruf unterzeichnet. In solchen Fällen kann eine Ehrverletzung oder eine Schädigung wider die guten Sitten (§ 826 BGB.) in Frage kommen; eine Namensrechtsverletzung ist dagegen nicht gegeben. So ist der Tatbestand aber auch im gegebenen Falle. Der Beklagte hat nicht sich noch andern Personen unbefugterweise den Namen des Klägers beigelegt; er hat in einem von ihm herausgegebenen Buche auf Grund einer älteren Quelle ein Gedicht abgedruckt, worin der Name Dierig als Kennzeichen eines wirklichen Trägers dieses Namens, des in die schlesischen Weberunruhen des Jahres 1844 verstrickten Fabrikanten Dierig vorkommt. Von diesem wirklichen Träger des Namens wird in dem Gedichte sachlich ausgesagt, daß er sich mit dem Fabrikanten Zwanziger zusammen als dessen „Scherge" in der Bedrückung der Webereiarbeiter hervorgetan habe. Das Webergedicht in der Fassung, wie sie in das vom Beklagten verlegte Buch übergegangen ist, hat es ganz offensichtlich mit einem Manne zu tun, der wirklich Dierig hieß; von diesem werden nur Dinge ausgesagt, die nach der Behauptung des Klägers der geschichtlichen Wahrheit entbehren sollen. Dieser Tatbestand begründet nicht die Anwendung des § 12 BGB.

Auch die Anwendung des § 824 BGB. muß ausscheiden. Was in dem Gedicht in dem vom Beklagten herausgegebenen Buche von dem damaligen Träger des Namens Dierig, dem Leinenwarenfabrikanten Friedrich Dierig, dem Vater des Klägers, ausgesagt wird — unmittelbar, daß er in dem Webergedicht als Teilnehmer an der Handlungsweise des Fabrikanten Zwanziger aufgeführt werde, und mittelbar, daß dieser Dierig in dem Weberaufstand in den Augen der Arbeiter gleich Zwanziger und in dessen Gefolgschaft den Arbeitern gegenüber die Rolle eines Bedrückers gespielt habe —, ist nicht geeignet, den Kredit des Klägers zu gefährden oder seinen Erwerb und sein Fortkommen zu beeinträchtigen. Dies wäre denkbar, wenn der Kläger der gegenwärtige Nachfolger in dem gewerblichen Unternehmen seines Vaters wäre, über den jene Aussage sich verhält. Aber nach dem Tatbestande des Berufungsurteils war zwar das gewerbliche Unternehmen des Friedrich Dierig auf den jetzigen Kläger übergegangen; gegenwärtig und schon zur Zeit der Klagerhebung gehörte es ihm aber nicht mehr, war *vielmehr auf eine Gesellschaft* m. b. H. übertragen, die eine von ihm durchaus unterschiedene juristische Person ist. Es mag sich dabei um eine Familiengründung handeln, und es mögen an der Gesellschaft nur Familienmitglieder als Gesellschafter beteiligt sein; es ist aber unrichtig, wenn die Revision ihn noch als Teilhaber des Geschäfts bezeichnet. Der Gesellschafter einer Gesellschaft m. b. H. ist nicht Teilhaber des von dieser betriebenen Geschäfts; seine Person ist von der juristischen Person, die der Träger des Unternehmens ist, durchaus verschieden. Wenn daher dem gewerblichen Unternehmen, das noch jetzt unter der Firma Dierig von einer Gesellschaft m. b. H. betrieben wird, durch den Abdruck des Gedichts wirklich Nachteile für Kredit und Erwerb entstehen könnten, so ist der Kläger zur Verfolgung eines hierauf gegründeten Rechtsanspruchs nicht befugt. Inwiefern sonst der Kredit, der Erwerb und das Fortkommen des Klägers für seine Person, unabhängig von dem Fabrikunternehmen der Gesellschaft m. b. H., gefährdet oder geschädigt sein könnte, ist nicht abzusehen. Der Kläger hat auch in dieser Beziehung eine Begründung des Anspruches gar nicht versucht.

Es verbleiben demgemäß zur möglichen Begründung des Klaganspruchs weiter die rechtlichen Gesichtspunkte des § 826 BGB. oder des § 823 Abs. 2 BGB. in Verb. mit § 189 StGB. oder mit §§ 185 bis 187 StGB. . . . (Es folgen Ausführungen über die Zulässigkeit der vorbeugenden Unterlassungsklage, wenn die zu unterlassende Handlung durch Strafgesetz verboten bzw. wenn die Strafverfolgung verjährt ist, vgl. dazu jetzt: Bd. 155 S. 92; 156 S. 377 s. oben).

Das Berufungsgericht hat ohne Rechtsirrtum die Tatbestände der in Frage kommenden unerlaubten und zugleich strafbaren Handlungen, die der Kläger in der Herausgabe des von den dem Beklagten verlegten Buches erfüllt findet, verneint.

Ein Angriff gegen die Ehre des Klägers selbst, der ihn nach §§ 185 bis 187 StGB. in Verb. mit § 823 Abs. 2 BGB. zu einer Schadensersatzklage und, wenn zukünftige Angriffe gleicher Art zu besorgen sind, die übrigen Erfordernisse für die Unterlassungsklage vorausgesetzt, auch zu einer vorbeugenden Unterlassungsklage berechtigen könnte, liegt nicht vor. Die Veröffentlichung des Gedichts in dem vom Beklagten verlegten Buche berührt den Kläger persönlich nicht. Das Berufungsgericht stellt fest, daß das Buch eine Zusammenstellung von Lebensdokumenten eines bestimmten Zeitraums der vaterländischen Geschichte enthält, von dessen sozialen und Kulturzuständen es durch die aneinandergereihten Urkunden, Berichte, Briefe und Erinnerungen ein getreues Spiegelbild den Lesern bieten will. Das Buch erhebt nicht den Anspruch, ein Quellenwerk geschichtlicher Forschung zu sein. Trotzdem entbehrt es nicht des wissenschaftlichen Charakters; es will nicht der bloßen Unterhaltung, sondern der geschichtlichen Belehrung dienen. Eine politische Tendenz, indem sein Verfasser etwa vom Standpunkte der sozialdemokratischen Partei den Klassenkampf der Arbeiter gegen die gewerblichen Unternehmer fördern, die Partei der Weber gegen die Fabrikanten in dem Weberaufstand ergreifen, die Behauptungen und Vorwürfe des Weberliedes gegen die Fabrikanten sich zu eigen machen wollte, ist ihm fremd. Der Abdruck des Gedichtes soll nur ein Kulturbild der Zeit darbieten. Der Verfasser des Buches hat das Gedicht mit Quellenangabe einem schon 1885 erschienenen, durchaus wissenschaftlichen Buche über die Geschichte des Leinengewerbes in Schlesien von Dr. A. Zimmermann entlehnt und natürlich in der Fassung in sein Buch übernommen, in der es dort wiedergegeben war. Der Verfasser und der Verleger des neuen Buches waren berechtigt, dem in dem älteren wissenschaftlichen Buche, das aus den Kreisen der Leinenindustrie Schlesiens Anfechtungen gegen den Abdruck des Gedichtes in dieser Fassung, soweit bekannt, niemals erfahren hatte, wiedergegebenen Texte zu vertrauen. Ist dem Verfasser des älteren Buches ein Irrtum unterlaufen und dieser in das neue Buch übergegangen, so stellt dies eine rechtswidrige und unerlaubte Handlung überhaupt nicht dar (RGZ. Bd. 84 S. 294), und ganz und gar fehlt dem Abdrucke des Gedichts gegenständlich wie persönlich jede Beziehung auf die Person des gegenwärtigen Klägers, dessen Ehre und Ruf nicht dadurch geschädigt wird. Zutreffend bemerkt das Berufungsgericht, daß es an sich wohl denkbar wäre, daß ein Verfasser durch Abdruck des Weberliedes den Kläger hätte beleidigen wollen. Das setzt aber nach Lage der Sache eine beleidigende Absicht voraus, irgendeine persönliche feindliche Beziehung zu dem Kläger, für die es im gegebenen Falle an tatsächlichen Unterlagen vollständig fehlt.

Am ehesten wäre zu denken an den Tatbestand des § 189 StGB., die Beschimpfung des Andenkens eines Verstorbenen durch Behauptung oder Verbreitung einer unwahren Tatsache, welche diesen bei seinen Lebzeiten verächtlich zu machen oder in der öffentlichen Meinung herabzuwürdigen geeignet gewesen wäre. Denn in Beziehung auf die Person des Vaters des Klägers, des Fabrikanten Friedrich Dierig, der zur Zeit der Weberunruhen die später auf den Kläger und von diesem auf eine Gesellschaft m.b.H. übergegangene Leinenfabrik in Oberlangenbielau betrieb, enthält allerdings das Gedicht in der Fassung des Buches von Zimmermann wie in der des Buches von Tim Klein aus dem Munde der Arbeiter, in deren Kreisen das Weberlied entstand, die Behauptung der seine Ehre berührenden Tatsache, daß er gleich Zwanziger als Bedrücker der ihm unterstellten Arbeiter aufgetreten sei. Gilt hier zunächst alles vorher Ausgeführte über die Rechtswidrigkeit des Handelns des Beklagten, so kommt ferner in Betracht für den persönlichen (subjektiven) Tatbestand des Vergehens, daß § 189 StGB. zur Strafbarkeit des Täters ein Handeln wider besseres Wissen erfordert. Nach der Behauptung des Klägers soll der wirkliche Urtext des Gedichtes in den von den Archiven von Berlin und Breslau aufbewahrten Abschriften — die Urschrift selbst ist nicht bekannt — eine andere Lesart, nämlich „Diener“ anstatt „Dierig“ enthalten, auch soll tatsächlich Friedrich Dierig, auf den sich die Zimmermannsche Lesart des Gedichtes bezog, in dem Weberaufstande nicht die gleiche feindliche Stellung wie Zwanziger gegenüber den Arbeitern eingenommen haben. Daß die Kenntnis dieser Umstände dem Beklagten bei der Herausgabe des Buches nicht innegewohnt haben mag, will auch die Revision nicht bestreiten. Sie meint jedoch mit dem Landgericht aus den Erklärungen, die der Beklagte einmal schon vor dem Prozeß in einem Schreiben vom 16. Dezember 1915 und sodann während des Rechtsstreits im Sühnetermine vom 8. November 1916 vor dem Landgericht abgegeben hat, folgern zu können, daß nach diesen Erklärungen der Beklagte zu der Überzeugung gelangt sei und gelangt sein müsse, daß der Text des Gedichtes in seinem Buche und ebenso die darin von dem Vater des Klägers behauptete Tatsache unrichtig sei. Mindestens seit der Abgabe dieser Erklärungen handle er daher wider besseres Wissen. In dem ersteren Briefe, gerichtet an Christian Dierig, Gesellschaft m.b.H. in Oberlangenbielau, bekundet der Beklagte sein eigenes Interesse daran, daß die Bücher seines Verlages von sachlichen Mängeln wie von Druckfehlern nach Möglichkeit frei seien oder würden, und daß er den Verfasser des Buches um Aufklärung und eventuelle Richtigstellung des Streitpunktes ersucht habe. Er fügt hinzu, er persönlich „vermute“, daß es sich um einen Druckfehler der Quelle handle, und er schließe sich persönlich der „Ansicht“ an, daß es statt „Dierig“ richtig heißen müsse „Diener“, er sei auch bereit, bei einem Neudruck eine entsprechende Änderung zu veranlassen. In gleicher Weise lautet die zum Zwecke des Zustandekommens eines Vergleichs zur Verhandlung vom 8. November 1916 vom Beklagten abgegebene Erklärung dahin, er sei jetzt „auf Grund neuerlicher Überlegung“ zu der „Ansicht“ gekommen, daß der ursprüngliche Text im Gedichte „Diener“ und nicht „Dierig“ gelautet habe, weil es die Aufgabe der Diener, d. i. der Handlungsdiener, der Angestellten sei, die gewebten Stücke nachzuprüfen, und nur sie in der Lage seien, etwaige Webefehler zu verbergen. Das Berufungsgericht faßt nun aber in tatsächlicher Würdigung diese Erklärungen des Beklagten dahin auf, daß sie keineswegs eine neue gewonnene Überzeugung, ein neues besseres Wissen des Beklagten bezeugen, sondern allein die A n s i c h t, daß die von dem Kläger behauptete Wortfassung des Gedichtes erhebliche Gründe für sich habe, und die V e r m u t u n g, daß sie wahrscheinlich die richtige sei. Zur Vermeidung des Rechtsstreits und im Vergleichswege habe der Beklagte aus Entgegenkommen die Änderung der Stelle des Gedichtes angeboten; ein Beweis für eine wirkliche Überzeugung des Beklagten, ein sicheres Wissen, könne aus den Erklärungen nicht entnommen werden.

Mit dieser tatsächlichen Feststellung fällt aber das Tatbestandsmerkmal des § 189 StGB. und § 823 Abs. 2 BGB. wie zugleich dasjenige des § 826 BGB. Denn eine vorsätzliche Schädigung des Klägers in einer wider die guten Sitten verstoßenden Weise kann nicht für gegeben erachtet werden, wenn der Beklagte sich keiner Rechtswidrigkeit bewußt war. An dem Ergebnisse, zu dem das Berufungsgericht gelangt ist, vermögen auch die Auskünfte der Archive, die es nicht ausdrücklich gewürdigt, keinesfalls aber übersehen hat, nichts zu ändern, zumal ihnen in gewissem Maße wieder die Äußerung des Dr. *Zimmermann* entgegensteht, daß er sowohl wie die damals im Staatsarchiv zu Breslau, wo er das Gedicht eingesehen, beschäftigten Herren, mit denen er die Abschrift gelesen, auf dem arg mitgenommenen und schlecht geschriebenen Zettel das fragliche Wort als „Dierig" entziffert hätten, ein Umstand, der gegen die Bildung einer anderen Überzeugung des Beklagten, die Erlangung eines „besseren Wissens" sicher in Frage kommt. Dem Berufungsgerichte kann daher ein Rechtsvorstoß bei seiner Feststellung nicht zum Vorwurfe gemacht werden.

Bei dieser Sachlage bedarf es einer Prüfung der Frage nicht mehr, ob die Wiederholungsgefahr für die weitere Verbreitung des Buches mit dem Webergedicht in der Fassung „Dierig" vom Berufungsgerichte mit Recht verneint worden ist." ...

RGZ. 95, 268

1. ...

2. ...

3. Ist das Recht eines Ausländers zur Führung eines Namens in Deutschland nach deutschem Recht zu beurteilen?

4. Kann eine Anklage wegen unbefugter Führung eines adligen Namens auf § 360 Nr. 8 StGB. gestützt werden?

BGB. §§ 12, 823; EG. z. BGB. Art. 7flg., 28, 30; ZPO. §§ 12, 32; StGB. § 360 Nr. 8.

IV. Zivilsenat. Urt. v. 12. Dezember 1918.

Die Entscheidung ist abgedruckt unter „Zivilprozeß".

RGZ. 101, 169

Kann eine Stadtgemeinde nach § 12 BGB. auf Unterlassung des Gebrauchs der Bezeichnung „Stadttheater" klagen?

BGB. § 12.

IV. Zivilsenat. Urt. v. 5. Januar 1921.

I. Landgericht Duisburg. — II. Oberlandesgericht Düsseldorf.

Der Beklagte betreibt in seinem Hause in W. ein Restaurant mit Weinhandlung und veranstaltet dort Theateraufführungen. Das ganze Unternehmen hat er als „Stadttheater" bezeichnet. Die klagende Stadtgemeinde W. verlangt mit der Klage, daß er verurteilt werde, den Gebrauch der Bezeichnung „Stadttheater W." oder auch „Stadttheater" allein für dieses Unternehmen zu unterlassen. In den beiden ersten Rechtszügen ist die Klage abgewiesen worden. Die Revision hatte Erfolg.

Gründe:

Das Berufungsgericht führt aus: Zwar schütze der § 12 BGB. — auf den die Klage gestützt ist —, obgleich er unter dem Titel „natürliche Personen" stehe, auch das Namensrecht von juristischen Personen. Die Rechtsprechung habe ihn auch auf Fälle bezogen, in denen der Name nicht zur Bezeichnung der Person, sondern zur Förderung gewisser Zwecke der Person diene. Immer sei aber nötig, daß der Name der juristischen Person selbst in dieser Art gebraucht werde. Nun habe aber der Beklagte bei der Bezeichnung „Stadttheater" — die Bezeichnung „Stadttheater W." hat er unstreitig nicht gebraucht — gar nicht den Namen der Klägerin verwendet, da der Name der Klägerin „Stadt W." und nicht „Stadt" schlechthin laute, das Wort „Stadt" vielmehr lediglich eine Gattungsbezeichnung sei, welche zur Bezeichnung von gewerblichen Betrieben wie „Stadtkeller", „Stadtküche" und dergleichen vielfach gebraucht werde. Der Beklagte maße sich auch nicht etwa das Recht an, den Namen der Klägerin als seinen eigenen zu führen. Das Wort „Stadt" in „Stadttheater" diene ihm nicht zur Selbstbezeichnung. Letzteres sagt das Oberlandesgericht im Anschluß an die Entscheidung des Senats RGZ. Bd. 71 S. 265. Eine tatsächliche Feststellung, an die das Reichsgericht gebunden wäre, ist darin nicht enthalten. In der angeführten Entscheidung handelte es sich um den Gebrauch eines Ortswappens durch einen Gewerbetreibenden. Die Voraussetzungen des § 12 BGB. sind dort nicht für vorliegend erachtet worden, weil die Klägerin selbst nicht behauptete, daß der Beklagte sich das Recht angemaßt habe, ihr Wappen als sein eigenes zu führen, der Beklagte mit dem auf Wasserflaschen gebrauchten klägerischen Wappenbild vielmehr nur auf die Herkunft des verwendeten Quellwassers und auf den Herstellungsort des von ihm in den Handel gebrachten gewerblichen Erzeugnisses hinwies. Einen ähnlichen Fall der Anbringung eines Stadtwappens an der Ladentür und den Schaufenstern eines Schuhwarengeschäfts betrifft das bei Warneyer 1911 Nr. 468 abgedruckte Urteil des Senats. Dort wird gesagt, daß nach der Tatsachenwürdigung des Berufungsrichters eine unter § 12 BGB. fallende Verletzung des Namensrechtes nicht vorliege, und dabei bemerkt, die Annahme, daß jemand, der in Wo. das dort bekannte Stadtwappen an dem Laden eines Schuhwarengeschäfts erblicke, dabei auf den Gedanken kommen könnte, der Ladeninhaber führe dieses Wappen als sein eigenes und weise nicht vielmehr als Einwohner der Stadt lediglich auf diese seine Beziegung zur Stadtgemeinde hin, erscheine so fernliegend, daß sie nicht erst einer ausdrücklichen Ablehnung durch den

Berufungsrichter bedurft habe. Die vorliegende Sache kann eine wesentlich andere Beurteilung rechtfertigen.

Es gibt in vielen größeren Orten „Stadtküchen", bei denen nach den Anschauungen des Verkehrs jede Beziehung zur Stadtgemeinde ausgeschlossen ist. Wie sich der Gebrauch dieser Bezeichnung erklärt, ist nicht bekannt. Vielleicht hat man dabei zunächst an den Gegensatz zur Küche einer Privatwohnung gedacht und damit eine Küche bezeichnen wollen, aus der man fertig zubereitete Speisen beziehen kann, ohne selbst kochen zu müssen, und die außerhalb des eigenen Hauses „in der Stadt" gelegen ist. Ähnlich wird es sich vielfach mit den Bezeichnungen „Stadtkeller", „Stadtkapelle" und anderen verhalten. Die Bedeutung solcher Bezeichnungen kann im einzelnen je nach dem Ort und der dort herrschenden Verkehrsanschauung verschieden sein. Der Ausdruck „Stadttheater" ist mehrdeutig. Es kann darin der Gegensatz zu einem Dorftheater liegen. In diesem Sinne wird ihn der Beklagte nicht gebrauchen, und so wird er in W. auch jedenfalls im Verkehr nicht aufgefaßt. Möglich wäre, daß damit gesagt werden soll und darunter verstanden wird, daß das Theaterunternehmen des Beklagten das einzige in der Stadt (W.) sei, womit lediglich auf örtliche Verhältnisse hingewiesen würde. Daß diese Auffassung hier schon deshalb die allein mögliche sei, weil in W. ein anderer Theatersaal als der des Beklagten nicht vorhanden ist und der Beklagte dort allein die große Theaterkonzession besitzt, wie er behauptet, die Klägerin aber bestreitet, läßt sich nicht zugeben. Es kommt auf die dort herrschende Anschauung des Verkehrs an. Ein allgemeiner Erfahrungssatz dahin, daß die Bezeichnung „Stadttheater" niemals und nirgends auf andere als bloß örtliche Beziehungen zu einer Stadtgemeinde hindeuten könne, besteht nicht. Es gibt Theaterunternehmungen, die deshalb „Stadttheater" genannt werden, weil die Stadtgemeinde selbst die Unternehmerin ist oder das Unternehmen unterstützt oder andere ähnliche Beziehungen dazu unterhält. Es ist nicht ausgeschlossen, daß die Verkehrsanschauung in W. über das Unternehmen des Beklagten die gleiche ist. Das scheint das Berufungsgericht nicht erwogen zu haben. Zu berücksichtigen sind dabei insbesondere die Behauptungen der Klägerin darüber, wie die Bezeichnung „Stadttheater" für das Unternehmen in Gebrauch gekommen sei. Sie führt das nämlich darauf zurück, daß in früherer Zeit in dem jetzt dem Beklagten gehörigen Saal mit städtischer Unterstützung Theaterunternehmungen veranstaltet worden seien, denen die Stadtgemeinde den Gebrauch der Bezeichnung „Stadttheater" gegen die Verpflichtung zur Einhaltung einer bestimmten Spielzeit und eines bestimmten Spielplanes gestattet habe. Ist dem so, so würde die an sich schon naheliegende Möglichkeit, daß der Verkehr in W. mit der Bezeichnung des Unternehmens des Beklagten als „Stadttheater" die Vorstellung von weitergehenden als bloß örtlichen Beziehungen zu der Klägerin verbindet, noch nähergerückt werden. Besteht eine solche Verkehrsanschauung, so kann die Anwendung des § 12 BGB. gerechtfertigt sein. Zwar nennt der Beklagte sein Unternehmen nicht

„Stadttheater W.“, sondern nur „Stadttheater“, und bei strenger Haftung am Wortlaut könnte man deshalb bezweifeln, ob er unter solchen Umständen überhaupt den Namen der Klägerin gebraucht. Wenn indessen die Verkehrsauffassung mit der Bezeichnung „Stadttheater“ am Ort ihres Gebrauchs den angegebenen Sinn verbindet, so ist die Bedeutung dieser Bezeichnung keine andere als die „Stadttheater W.“, und die Benutzung der letzteren würde unbedenklich den Gebrauch des Namens der Klägerin in sich schließen. Allerdings ist im Schrifttum (v. Staudinger in Bl. f. RA. Bd. 62 S. 199) die Meinung geäußert worden, der rechtliche Name der Stadt München als juristischer Person sei nicht die bloße Ortsbezeichnung München, sondern „Stadtgemeinde München“ oder „Haupt- und Residenzstadt München“; aber dem kann nicht beigetreten werden. Der Name der klagenden Stadtgemeinde ist „W.“, und dieser deckt sich mit der Ortsbezeichnung. Ob das eine oder das andere gemeint ist, müssen Zusammenhang und Umstände ergeben. Mit „Stadtgemeinde“ wird nur die Art der juristischen Person näher bezeichnet. Jedenfalls kann unter der angegebenen Voraussetzung die entsprechende Anwendung des § 12 BGB. geboten sein, ebenso wie die Rechtsprechung dies bereits mehrfach bei unbefugtem Gebrauch des Wappens einer Person anerkannt hat. Die Verhältnisse können auch da, wo von unlauterem Wettbewerb nicht die Rede ist, so liegen, und regelmäßig wird es der Fall sein, daß eine Stadtgemeinde ein wesentliches Interesse daran hat, daß für ein gewerbliches Unternehmen nicht eine Bezeichnung gebraucht wird, die den Anschein erweckt, als ob es von ihr betrieben, unterstützt, geleitet werde oder zu ihr in ähnlichen Beziehungen stehe, wenn das tatsächlich nicht der Fall ist. Ein solches Interesse, mag es auf dem Gebiet des Vermögensrechts liegen oder idealer Natur sein, ist des Rechtsschutzes in gleicher Weise würdig und bedürftig wie der Name selbst, dessen Schutz das Gesetz ausdrücklich gewährleistet. Das hat das Berufungsgericht, wie die Revision mit Recht rügt, verkannt, und deshalb ist die Aufhebung des angefochtenen Urteils geboten. Die Sache wird an das Berufungsgericht zurückverwiesen, damit es unter Zugrundelegung der entwickelten Rechtsauffassung prüft, welchen Sinn der Verkehr in W. mit der fraglichen Bezeichnung verbindet und ob die übrigen Erfordernisse des § 12 BGB. vorliegen.

RGZ. 108, 230

1. Handelt es sich um eine Ehesache, wenn die Frau aus § 12 BGB. gegen den Mann klagt?

2. Liegt darin, daß der Ehemann eine andere Frauensperson als seine Ehefrau in das Fremdenbuch eines Gasthofs einträgt, ein Namensmißbrauch im Sinne des § 12 BGB?

BGB. § 12.

IV. Zivilsenat. Urt. v. 27. September 1923.

I. Landgericht III Berlin. — II. Kammergericht Berlin.

Der Beklagte hat im September 1921 einige Tage in einem Leipziger Gasthof mit der Tänzerin Juliette Bo. zusammengewohnt und in das dortige Fremdenbuch eingetragen: Dr. Fr., Harold, geb. 27. Juli 1877 und Frau Juliette geb. Bo., geb. 27. Oktober 1891. Die am 9. August 1891 geborene Klägerin, seine Ehefrau, erblickt darin einen unbefugten Gebrauch ihres Namens und hat beantragt, den Beklagten unter Androhung von Geldstrafen zur Unterlassung eines weiteren derartigen Namensmißbrauchs zu verurteilen. Sie ist in den Vorinstanzen mit ihrer Klage durchgedrungen. Auf die Revision des Beklagten ist das Urteil aufgehoben und die Klage abgewiesen worden.

Gründe:

Der Berufungsrichter verneint mit zutreffenden Gründen das Vorliegen einer Ehesache. Allerdings sind das Recht und die Pflicht der Ehefrau, den Namen des Mannes zu führen (§ 1355 BGB.), Wirkungen der Ehe. Sie entspringen dem persönlichen Verhältnis der Gatten. Werden sie von dem einen Eheteil verletzt, indem z. B. die Frau den Namen des Mannes zu führen sich weigert oder der Mann die Frau an der Führung seines Namens hindert, so steht dem anderen die Herstellungsklage aus § 1353 BGB. zu, um ein dem Wesen der Ehe entsprechendes Verhalten herbeizuführen. Die Klagemöglichkeit ist aber nicht auf § 1353 beschränkt. Das Recht der Frau auf Führung des Mannesnamens ist kein bloßes Recht der Ehegemeinschaft, obwohl es in ihr wurzelt, sondern besteht auch gegenüber der Allgemeinheit mit der Folge, daß es von jedem zu achten ist. Dafür spricht schon die Vorschrift des § 1577 BGB., wonach die geschiedene Ehefrau in der Regel den Familiennamen des Mannes behält. Zweifellos kann die Frau während der Ehe, und zwar auch ohne besondere Genehmigung des Mannes, einem Dritten den Gebrauch ihres nach § 1353 BGB. erworbenen Familiennamens auf Grund des § 12 BGB. untersagen (Gruch. Bd. 46 S. 127). Die Klage wegen Beeinträchtigung ihres Namensrechts aus § 12 BGB. muß ihr aber, sofern dessen Voraussetzungen vorliegen, auch gegen den Ehemann zustehen. Es handelt sich dabei nicht ausschließlich um das Innenverhältnis der Gatten, dessen Hineinziehen in einen der besonderen Sicherungen des Eheprozesses entbehrenden Rechtsstreit dem Wesen der Ehe widersprechen würde, sondern um ein absolutes Recht der Frau, das nicht das eheliche Verhältnis allein angeht und von dem Mann in gleicher Weise wie von jedem Dritten verletzt werden kann. Man wird aus diesen Gründen der Klägerin die Klage aus § 12 BGB. nicht versagen dürfen.

In der Sache selbst fragt es sich zunächst, ob der Beklagte, indem er im Fremdenbuch des Gasthofs eintrug: „Dr. Fr. und Frau Juliette geb. Bo., geb. 27. Oktober 1891" den Namen der Klägerin gebraucht hat. Vorausgesetzt wird in § 12 BGB. der Gebrauch des Personennamens. Wenn auch der vollständige Personenname der Klägerin in dem Eintrag nicht angegeben ist, so würde doch die Bezeichnung: „Dr. Fr. und Frau" zur namentlichen Kennzeichnung der Klägerin ausreichen, da sie nach der allgemeinen Verkehrsauffassung nichts anderes bedeuten würde als: Herr und Frau Dr. Fr., also nicht nur den bloßen Gattungsnamen (Frau), sondern auch den Familiennamen (Frau Fr.) enthalten würde. Nun hat der Beklagte dem Eintrag nicht den richtigen Vor- und Geburtsnamen der Klägerin (Margerethe geb. Bu.), sondern die Namen seiner Begleiterin (Juliette geb. Bo.) nebst deren Geburtsdatum beigefügt. Der Berufungsrichter nimmt an, der Zusatz habe nur nebensächliche Bedeutung und sei nicht geeignet, Dritte in der Vorstellung, daß die Klägerin, d. h. die Ehefrau genannt sei, zu beeinflussen. Dem ist beizupflichten. Der Name Frau Fr. steht ausschließlich der Klägerin zu. Diesen Namen hat der Beklagte in dem Eintrag einer anderen beigelegt. Daß er diese daneben mit ihrem wahren Vor- und Geburtsnamen bezeichnet hat, ist deshalb nicht erheblich, weil der vollständige Name der Ehefrau verkehrsüblich nicht angegeben zu werden pflegt und der hier aus polizeilichen Gründen hinzugefügte Vor- und Geburtsname jedenfalls in der Anschauung des Hotelpersonals und des Publikums gegenüber dem Familiennamen nicht von wesentlicher Bedeutung ist. Nur darauf kommt es an, ob nach dem Gesamteindruck der Bezeichnung der Gebrauch des gleichen Namens angenommen werden kann. Das ist hier mit dem Berufungsrichter zu bejahen.

Die Revision macht sodann geltend, daß ein unbefugter Gebrauch des Namens der Klägerin durch den Beklagten nicht vorliege, da er ihn nicht zur Bezeichnung seiner eigenen Person verwendet habe. In der Rechtslehre und Rechtsprechung wird überwiegend die Meinung vertreten, daß der Namensschutz des § 12 BGB. nicht auf die Fälle zu beschränken ist, in denen jemand seiner eigenen Person den Namen eines anderen beilegt, also den fremden Personennamen als eigenen führt. Ein Gebrauch des Namens kann vielmehr auch dann vorliegen, wenn jemand sonstwie den fremden Namen mit sich in Verbindung bringt, indem er ihn z. B. zur Bezeichnung seines Geschäfts, seiner Ware, seiner gewerblichen, künstlerischen und literarischen Erzeugnisse benutzt. Eine Stütze findet diese Ansicht bereits in der Entstehungsgeschichte des Gesetzes, nach der die Fassung: wer unbefugt den gleichen Namen „gebraucht", klarstellen sollte, daß die Vorschrift auch anwendbar sei, wenn jemand den fremden Namen „nicht zur Kennzeichnung seiner Person, sondern zu Reklamezwecken, zur Bezeichnung von Waren, auf Schildern usw. mißbrauche" (Protokolle der 2. Lesung Bd. 6 S. 113). Das Reichsgericht hat demgemäß in Fällen solcher Art den Namensschutz regelmäßig gewährt (RGZ. Bd. 54 S. 42, Bd. 74 S. 310, Bd. 100 S. 186; JW. 1901 S. 765; Warn. 1911 Nr. 222). Zu Zweifeln Anlaß bietet aber die weitere Frage, ob ein Namensgebrauch auch darin zu finden ist, daß jemand den Namen eines anderen nicht zur Kennzeichnung seiner eigenen Person oder seiner eigenen gewerblichen, wissenschaftlichen oder künstlerischen Tätigkeit (als Firmennamen, Warennamen, Buchtitel u. dgl.) verwendet, sondern ihn einem Dritten beilegt. Der Berufungsrichter bejaht dies, weil der „Gebrauch" des Namens jede Art der Benutzung in sich schließe. Die Vorschrift des § 12 BGB. darf indessen nach Sinn und Zweck des Gesetzes auf Fälle der zuletzt erwähnten Art nicht ohne weiteres ausgedehnt werden. In der Rechtswissenschaft wird die Frage, ob derjenige, der andere Personen mit einem ihnen nicht zukommenden Namen bezeichnet, von dem Namensträger auf Grund des § 12 BGB. in Anspruch genommen werden kann, verschieden beantwortet (vgl. Planck 2b zu § 12 BGB.). Das von der Revision in Bezug genommene Urteil des Reichsgerichts vom 15. März 1906 (DJZ. 1906 S. 543) erörtert ebenso wie das Urteil vom 3. Dezember 1917 (RGZ. Bd. 91 S. 350) den besonders liegenden Fall, wo erfundenen Gestalten (einer Scherzfigur in einem illustrierten Blatt und der Person eines Dichtwerks) die Namen wirklich vorhandener Personen beigelegt sind; von einer grundsätzlichen Entscheidung der Streitfrage konnten die Urteile absehen, da andere Erwägungsgründe den Ausschlag gaben. Der Senat verkennt nicht, daß in Ausnahmefällen auch bei der Bezeichnung eines anderen mit dem Namen eines Dritten § 12 BGB. Anwendung finden kann. Ein solcher Ausnahmefall würde namentlich dann gegeben sein, wenn durch die Benennung des anderen mit dem fremden Namen der Anschein der Zugehörigkeit des Benannten zur Familie des Namensträgers erweckt würde, so in dem vom Berufungsrichter angeführten Beispiel, wo die uneheliche Mutter ihr Kind unter dem Namen des Erzeugers auftreten läßt. Ein derartiger Sachverhalt liegt hier nicht vor. Im übrigen, also von besonders gestalteten Fällen abgesehen, wird § 12 BGB. gegenüber demjenigen, der lediglich einem anderen den Namen eines Dritten beilegt, regelmäßig nicht anwendbar sein. Denn die Namensanmaßung im Sinne dieser Vorschrift setzt einen vom Anmaßenden gewollten Zusammenhang zwischen seiner Person oder Tätigkeit und der Namensgebung voraus. Hieran fehlt es aber jedenfalls dann, wenn wie hier der Beklagte einer ihm fremden, in keinen vom Recht geschützten Beziehungen zu ihm stehenden Person den Namen der Klägerin beilegt. Ob etwa die Bo. aus § 12 BGB. in Anspruch genommen werden könnte, bedarf hier nicht der Erörterung. Im Verhältnis des Beklagten zur Klägerin hat der Gesichtspunkt in den Vordergrund zu treten, daß von ihm die Interessen der Klägerin nicht so sehr dadurch verletzt worden sind, daß er die Bo. als Frau Fr., sondern daß er sie als seine Frau bezeichnete; ihrem Rechtsschutzbedürfnis geschieht insofern vollkommen Genüge, als sie das Verhalten des Beklagten nach § 1568 BGB. als Scheidungsgrund geltend machen, vielleicht auch Ansprüche aus §§ 823, 826 BGB. gegen ihn erheben kann.

RGZ. 109, 213

Steht einer holländischen Aktiengesellschaft für ihren in abgekürzter Form gebrauchten Firmennamen der Schutz des § 12 BGB. zu?

BGB. § 12.

II. Zivilsenat. Urt. v. 26. September 1924.

I. Landgericht Cleve. II. Oberlandesgericht Düsseldorf.

Auf Grund der Anmeldung vom 7. Oktober 1921 ist für die Beklagte das Wortzeichen „Kwatta" für die Waren Butter und Margarine am 20. Februar 1922 in die Zeichenrolle des Patentamts unter Nr. 280968 eingetragen worden. Die Klägerin, eine seit Jahren bestehende und im Handelsregister zu Breda eingetragene holländische Aktiengesellschaft (Naamloze Vennootschap), die eine Schokoladen- und Kakaofabrik betreibt, ist im Juli 1922 mit dem Antrage klagbar geworden, die Beklagte zu verurteilen, u. a.

1. in die Löschung des Zeichens „Kwatta", Z.R. Nr. 280968, zu willigen,
2. es zu unterlassen, unter der Bezeichnung „Kwatta" Butter und Margarine in Verkehr zu bringen.

Das Landgericht hat die Klage abgewiesen, das Oberlandesgericht dem Antrage zu 1 und 2 stattgegeben. Die Revision war erfolglos.

Aus den Gründen:

... Mit dem Oberlandesgericht ist davon auszugehen, daß nach Art. 2 (vgl. Art. 8) der „Pariser Verbandsübereinkunft vom 20. März 1883 zum Schutze des gewerblichen Eigentums, revidiert in Brüssel am 14. Dezember 1900 und in Washington am 2. Juni 1911" (RGBl. 1913 S. 209flg.) die Klägerin, als holländische Aktiengesellschaft, in betreff ihres Handelsnamens in Deutschland den gleichen Schutz genießt wie eine deutsche Aktiengesellschaft. Es fragt sich daher, ob nach § 12 BGB. die Verurteilung der Beklagten, in die Löschung des Warenzeichens „Kwatta" einzuwilligen und das Inverkehrbringen von Butter und Margarine unter der Bezeichnung „Kwatta" zu unterlassen, gerechtfertigt wäre, wenn die Klägerin eine deutsche Aktiengesellschaft wäre. Das ist zu bejahen. Die Bestimmung des § 12, wonach der zum Gebrauch eines Namens Berechtigte, wenn sein Interesse dadurch verletzt wird, daß ein anderer unbefugt den gleichen Namen gebraucht, von dem anderen Beseitigung der Beeinträchtigung verlangen und, falls weitere Beeinträchtigungen zu besorgen sind, auf Unterlassung klagen kann, steht zwar in dem die Überschrift „Natürliche Personen" tragenden ersten Titel des Bürgerlichen Gesetzbuchs. Es ist jedoch in der Rechtslehre kaum noch streitig und vom Reichsgericht wiederholt ausgesprochen worden, daß die Bestimmung ihrem Zwecke nach auch zugunsten juristischer Personen gelten muß (RGZ. Bd. 74 S. 114, Bd. 78 S. 102), und zwar auch zugunsten juristischer Personen des Handelsrechts, insbesondere einer Aktiengesellschaft (vgl. RGZ. Bd. 100 S. 186). Allerdings hat der erkennende Senat angenommen, daß der Einzelkaufmann, der persönlich einen anderen als den in seiner Firma vorkommenden Namen führt, gegen eine Beeinträchtigung seines Firmenrechts durch Gebrauch dieses letzteren Namens von seiten eines anderen auf den Schutz des § 37

Abs. 2 HGB. angewiesen sei und den § 12 BGB. nicht in Anspruch nehmen könne (RGZ. Bd. 59 S. 284). Der Senat hat ferner einer offenen Handelsgesellschaft gegen die mißbräuchliche Benutzung des in ihrer Firma enthaltenen Personennamens ihrer Mitglieder durch einen anderen die Berufung auf § 12 a. a. O. mit der Begründung versagt, daß die offene Handelsgesellschaft kein Namensrecht, sondern nur ein Firmenrecht habe (RGZ. Bd. 88 S. 422). Allein die juristische Person des Handelsrechts, insonderheit die Aktiengesellschaft, ist, wie jede juristische Person, selbst die Trägerin ihres Namens, sie kann nur einen einzigen Namen haben, und dieser ihr Name ist im gewerblichen Verkehr ebenso schutzbedürftig und schutzwürdig wie der Name der natürlichen Person.

Der Namensschutz des § 12 BGB. ist aber auch, wie das Oberlandesgericht unter Hinweis auf das „Mitropa"-Urteil des Landgerichts I in Berlin vom 11. Dezember 1917 (JW. 1918 S. 381 Nr. 1) zutreffend ausgeführt hat, einer Aktiengesellschaft nicht etwa nur dann zu bewilligen, wenn ihr Name gerade in der Form, wie er im Handelsregister eingetragen steht, von einem anderen unbefugt gebraucht wird. Vielmehr genügt schon der unbefugte Gebrauch eines Bestandteils des Firmennamens, vorausgesetzt, daß dieser Bestandteil schlagwortartigen Charakter hat, daß die Aktiengesellschaft ihn im Verkehr als Abkürzung ihres Namens verwendet, und daß die beteiligten Verkehrskreise sich daran gewöhnt haben, in ihm den Namen der Aktiengesellschaft zu erblicken. Alle diese Voraussetzungen sind nach der rechtlich nicht zu beanstandenden Feststellung des Oberlandesgerichts hier gegeben. Das Wort „Kwatta" ist das einzig eigenartige in der Firma der Klägerin, sie bedient sich seiner im Verkehr zur abgekürzten Bezeichnung ihrer Firma, und in weiten Kreisen, namentlich vom kaufenden Publikum, wird „Kwatta" als der Name der Klägerin angesehen. Auch unterliegt es keinem Bedenken, daß die Klägerin, obgleich der Absatz ihrer Schokoladen- und Kakaofabrikate in Deutschland nach Beendigung des Krieges erheblich zurückgegangen ist, ein wirtschaftliches Interesse daran hat, daß die Beklagte, die Butter und Margarine fabriziert und vertreibt, nicht nur von dem firmenartigen, sondern auch von jedem sonstigen Gebrauche des Wortes „Kwatta" im geschäftlichen Verkehr ausgeschlossen wird. Denn die Klägerin hat weder auf die Güte der Fabrikate der Beklagten, noch auf deren Geschäftsgebaren überhaupt irgendwelchen Einfluß, und braucht sich schon deshalb die Benutzung ihres Namens durch die Beklagte nicht gefallen zu lassen. Demgemäß fordert sie mit Recht, daß die Beklagte in die Löschung des Warenzeichens „Kwatta" einwillige (RGZ. Bd. 74 S. 311) und das — nach der hinreichend begründeten Überzeugung des Oberlandesgerichts beabsichtigte — Inverkehrbringen von Butter und Margarine unter dieser Bezeichnung unterlasse.

Die Revision ist sonach zurückzuweisen, ohne daß es noch der Erörterung bedarf, ob nicht der vom Oberlandesgericht festgestellte Sachverhalt die Aufrechterhaltung des angefochtenen Urteils auch auf Grund des § 16 UWG. rechtfertigen würde (vgl. RGZ. Bd. 108 S. 272).

RGZ. 170, 265

1. Zur Frage der Verwechslungsgefahr, wenn in zwei sonst hinreichend unterscheidbaren Firmen der gleiche Familienname vorkommt.

2. Ist ein gewerbliches Unternehmen, das seine Warenerzeugung und den Warenumsatz vorübergehend eingestellt hat, als erloschen anzusehen, wenn es Maßnahmen getroffen hat, um seinen Betrieb jederzeit wiederaufnehmen zu können?

BGB. § 12. UnlWG. § 16.

II. Zivilsenat. Urt. v. 7. Januar 1943.

Die Entscheidung ist abgedruckt unter „Unlauterer Wettbewerb".

RGZ. 171, 30

1. Genießen besondere Geschäftsbezeichnungen und Firmenschlagworte Namensschutz nach § 12 BGB?

2. Geht der Namensschutz und der Schutz besonderer Geschäftsbezeichnungen bei Gaststätten über deren örtlichen Wirkungskreis hinaus?

BGB. § 12. UnlWG. §§ 1, 16.

II. Zivilsenat. Urt. v. 22. März 1943.

Die Entscheidung ist abgedruckt unter „Unlauterer Wettbewerb".

RGZ. 171, 67

Darf sich der Pächter eines gewerblichen Unternehmens, der dieses und die darin hergestellten Waren unter Einwilligung des Verpächters mit dessen Namen bezeichnet hat, dieses Namens hierzu auch dann noch bedienen, wenn er das Unternehmen vom Verpächter käuflich erworben hat? Kann er sich gegenüber dem Verlangen des Veräußerers, den Gebrauch des Namens hinfort zu unterlassen, auf einen ihm zustehenden Ausstattungsbesitz im Sinne des § 25 WZG. berufen?

BGB. § 12.

II. Zivilsenat. Urt. v. 15. April 1943.

I. Landgericht Ulm. II. Oberlandesgericht Stuttgart.

Durch Vertrag vom 31. August 1926 pachteten der Zweitbeklagte Friedrich M. und seine Ehefrau die damals der Gräflich Fugger-Kirchberg-Weißenhornschen Standesherrschaft gehörige Schloßbrauerei i. O., die in

Handelsregister unter der Firma „Gräflich Fugger-Kirchberg-Weißenhorn'sche Schloßbrauerei O." eingetragen war. Die Firma, die nach der Verpachtung des Unternehmens auf Veranlassung des Registergerichts durch den Zusatz „Inhaber Friedrich M., Braumeister in O., auf Grund Pachtvertrags" ergänzt worden war, wurde in dieser Form nicht benutzt. Der Zweitbeklagte bediente sich ihrer in den Abkürzungen „Schloßbrauerei O." und „Gräfl. Fuggersche Schloßbrauerei", je mit der Beifügung „Fr. M.", verwendete auch Briefbogen mit dem Wappen der Standesherrschaft.

Am 7. August 1939 verkaufte der Kläger als Rechtsnachfolger der Standesherrschaft das Brauereianwesen samt der Einrichtung sowie der gesamten Kundschaft an den Zweitbeklagten. Nach § 7 des Vertrages sollte dieser berechtigt sein, für die Brauerei die Firma „Schloßbrauerei O." weiterzuführen. Der Zweitbeklagte brachte den Brauereibetrieb in eine Kommanditgesellschaft, die Erstbeklagte, ein, die er durch Vertrag vom 29. März 1939 mit seinen Kindern gegründet hatte. Als deren Firma wurde am 8. April 1940 die Bezeichnung „Schloßbrauerei O. Friedrich M." eingetragen.

Der Zweitbeklagte, der das von ihm hergestellte Bier ursprünglich als „O.er Bier" vertrieben hatte, benutzte dafür außerdem und seit dem Jahre 1930 ausschließlich die Bezeichnung „Fuggerbräu". Mit ihr sind die Biergläser der von ihm belieferten Gaststätten versehen. Auch die Schilder der Bierflaschen lauten so. In den von ihm belieferten Gaststätten brachte der Zweitbeklagte Schilder zum Aushang, die unter dem Gräflich Fuggerschen Familienwappen die Aufschrift „Fugger-Bräu O. Fr. M." oder „Gräflich Fuggersche Schloßbrauerei O." enthalten. Auch die Bieruntersetzer tragen die zuletzt genannte Inschrift mit dem Fuggerschen Familienwappen.

Der Kläger hat, nachdem ein im August 1941 begonnener Briefwechsel mit dem Zweitbeklagten erfolglos geblieben war, im Februar 1942 unter Berufung auf § 12 BGB., hilfsweise auf § 24 WZG. und § 16 UnlWG. Klage erhoben mit dem Antrage, den Beklagten zu untersagen, 1. das von der Erstbeklagten hergestellte Bier unter der Bezeichnung „Fuggerbräu" feilzuhalten und in Verkehr zu bringen und diese Bezeichnung auf Bieruntersetzern, Schildern und sonstigen Gegenständen im Geschäftsbetriebe der Erstbeklagten anzubringen oder solche Gegenstände in Gebrauch zu nehmen, 2. das Gräflich Fuggersche Wappen auf Briefköpfen und Bieruntersetzern oder sonstwie zu führen, 3. die Bezeichnung „Gräfl. Fuggersche Schloßbrauerei O." in ihrem Geschäftsbetriebe zu führen. Der Kläger ist der Meinung, der Zweitbeklagte sei, seitdem er die Brauerei käuflich erworben habe, nicht mehr befugt, den Namen Fugger mit dem Unternehmen in Verbindung zu bringen. Soweit er, der Kläger, während der Dauer der Pachtung gegen eine Benutzung dieses Namens nichts eingewendet habe, weil er Eigentümer des Betriebs geblieben sei und auf ihn habe Einfluß nehmen können, habe sich dies mit dem Verkaufe des Unternehmens an den Zweitbeklagten geändert. Schon die Bestimmung im Kaufvertrage vom 7. August 1939, daß dieser fortan nur die Firma „Schloßbrauerei O." führen dürfe, zeige, daß ihm der Name „Fugger" weiterhin habe verschlossen sein sollen.

Die Beklagten haben um Klageabweisung gebeten und entgegnet: Der Gebrauch des Wappens sowie der mit dem Klageantrag 3 beanstandeten Firmenbezeichnung werde künftig unterbleiben. Der Kläger müsse aber angesichts der Zeitverhältnisse dulden, daß die mit diesen Kennzeichnungen versehenen Gegenstände aufgebraucht würden. Von einer Bezeichnung ihres Bieres als „Fuggerbräu" könnten die Beklagten hingegen nicht absehen. Die Bezeichnung sei zu einem wertvollen Bestandteil des Geschäfts geworden und mit diesem auf sie übergegangen.

Der Kläger hat erklärt, daß er sich der Bewilligung einer zeitlich begrenzten Aufbrauchsfrist nicht widersetze.

Das Landgericht hat der Klage stattgegeben, den Beklagten jedoch gestattet, die vorhandenen Biergläser, Untersetzer und Aschenbecher mit der Aufschrift „Fuggerbräu" sowie die vorhandenen Bieruntersetzer mit dem Gräflich Fuggerschen Wappen bis 1 Jahr nach Kriegsschluß aufzubrauchen. Hiergegen haben die Beklagten Berufung eingelegt mit dem Antrage, den Klageantrag 1 in vollem Umfang abzuweisen, hilfsweise den Aufbrauch der vorhandenen Biergläser und Aschenbecher ohne Fristbestimmung zu gestatten. Der Kläger hat im Wege der Anschlußberufung beantragt, die Aufbrauchsfrist abzukürzen. Das Berufungsgericht hat die Anschlußberufung des Klägers zurückgewiesen und auf die Berufung der Beklagten unter Zurückweisung des weitergehenden Rechtsmittels eine Aufbrauchung der beanstandeten Gegenstände ohne Befristung zugelassen.

Die Revision der Beklagten, die sich lediglich gegen das Verbot der Bezeichnung „Fuggerbräu" für das von der Erstbeklagten hergestellte Bier richtete, blieb ohne Erfolg. Auf die Anschlußrevision des Klägers wurde die den Beklagten nachgelassene Aufbrauchung der Gegenstände zeitlich befristet.

Aus den Gründen:

1. Zur Revision der Beklagten:

Das Berufungsgericht geht zutreffend davon aus, daß der Kläger durch den Gebrauch der Bezeichnung „Fuggerbräu" seitens der Beklagten in seinem Namensrecht betroffen werde, weil der Verkehr diese Bezeichnung mit der Gutswirtschaft des Klägers, deren Bestandteil die Brauerei jahrelang gewesen sei, und damit mit diesem selbst in Verbindung bringe. § 12 BGB. hat, ebenso wie § 16 UnlWG., zur Voraussetzung, daß ein nicht unerheblicher Teil des Verkehrs in einem ihm entgegentretenden Namen einen Hinweis auf denjenigen erblickt, der ihm unter diesem Namen bekannt ist. Daß in der Bezeichnung „Fuggerbräu" der Name des Klägers nur teilweise wiederkehrt und daß es auch andere Vertreter des Namens Fugger gibt, schließt die Annahme eines Hinweises auf den Kläger nicht aus. Die Beziehung zu ihm ergibt sich — jedenfalls für den örtlichen Bereich, auf den sich das Absatzgebiet der Brauerei erstreckt —, schon aus deren langjähriger räumlicher Verbindung mit dem Gutsbetrieb und dem Umstande, daß beide Betriebe bis zur Verpachtung der Brauerei an den Zweitbeklagten in der Hand des Klägers vereinigt waren und späterhin, bis zum Verkaufe der Brauerei, ihm mindestens zu Eigentum verblieben. Danach besteht die Gefahr, daß der Kläger auch weiterhin als Träger des Brauereiunternehmens angesehen wird, wenn es sich als „Fuggerbräu" bezeichnet oder sein Erzeugnis unter diesem Namen anbietet. Sich hiergegen zu schützen, hat der Kläger schon insofern Grund, als er keinesfalls hinzunehmen braucht, daß sich die Beklagten ohne besondere Befugnis hierzu seines Namens in einer Weise bedienen, die auf geschäftliche Beziehungen zu ihm schließen läßt und damit die Gefahr einer Verwechslung wenigstens im weiteren Sinne begründet. Ob sein Interesse, wie er behauptet, auch dadurch verletzt wird, daß er Weiterungen mit dem Fürsten Fugger-Babenhausen zu befürchten hat, oder weil er selbst beanspruchen kann, die Bezeichnung „Fuggerbräu" ungehindert benutzen zu dürfen, falls er beabsichtigen sollte, seine Brauerei in Oberd. wieder zu eröffnen, kann dahingestellt bleiben. Es bedarf keines weiteren Eingehens darauf, ob beides, wie die Revision geltend macht, schon aus wettbewerblichen Gründen außer Betracht zu bleiben hätte. Soweit das Berufungsgericht ferner mit dem Kläger für möglich hält, daß der Betrieb der Beklagten einmal auf eine Großbrauerei übergehe, welche die Bezeichnung Fuggerbräu für ihren erweiterten Bierabsatz benutzen könne, mag diese Annahme allerdings wesentlich an Wahrscheinlichkeit verlieren, wenn das Berufungsgericht, wie die Revision bemerkt, irrtümlich davon ausgegangen ist, daß der Sohn des Zweitbeklagten, der als Brauereifachmann den Betrieb habe übernehmen können, im Kriege gefallen sei. Aber auch hierauf kommt es nicht entscheidend an. Um ein Interesse des Klägers an der Verhütung des unbefugten Gebrauchs der Bezeichnung Fuggerbräu durch die Beklagten darzutun, genügt die Gefahr einer dadurch verursachten Verwechslung, die nach dem oben Ausgeführten besteht.

Die Beklagten halten sich für berechtigt, sich der Bezeichnung Fuggerbräu auch weiterhin zu bedienen, weil sie für die Brauerei Verkehrsgeltung erlangt habe und einen ihr anhaftenden Vermögenswert darstelle, der beim Erwerbe des Unternehmens auf sie übergegangen sei. Sie sind ferner der Meinung, der Kläger müsse die Verwendung der Bezeichnung Fuggerbräu durch sie dulden, weil er sie genehmigt habe; er habe angesichts des von ihm jahrelang gebilligten Zustandes einer Weiterbenutzung der Bezeichnung bei Abschluß des Kaufvertrags ausdrücklich widersprechen müssen, wenn er insoweit eine Änderung habe eintreten lassen wollen. Die Ansicht des Berufungsgerichts, daß keiner dieser Gründe den Standpunkt der Beklagten rechtfertige, wird von der Revision zu Unrecht bekämpft.

Es kann, wie auch das Berufungsgericht annimmt, dahingestellt bleiben, ob die Bezeichnung Fuggerbräu als Name der Brauerei oder als Hinweis auf das aus ihr stammende Bier in der Tat in dem Maße Anerkennung im Verkehr gefunden hat, daß von einer Ausstattung im Sinne des § 25 WZG. gesprochen werden könnte. Soweit es dem Zweitbeklagten während der Dauer des Pachtverhältnisses gelungen ist, dem Namen Fuggerbräu als Bezeichnung für den Brauereibetrieb oder das dort hergestellte Bier Geltung zu verschaffen, erwuchs ihm daraus ein Ausstattungsbesitz nur insofern, als er als Pächter in der Lage war, den Namen Fugger zur Kennzeichnung seines Unternehmens und seines Erzeugnisses zu verwenden. Eine Benutzung des Namens wäre für ihn von vornherein nicht in Betracht gekommen, wenn nicht der Kläger oder sein Rechtsvorgänger es für tragbar oder auch wünschenswert erachtet hätten, daß der bekannte Name Fugger als der des Eigentümers der Brauerei auch während deren Verpachtung nach außen in die Erscheinung trete und seine Werbekraft ausübe. Nur die durch das Pachtverhältnis begründete Beziehung des Zweitbeklagten zum Verpächter und dessen Einverständnis bildeten die Grundlage, auf der jener den Namen Fugger benutzen durfte und der sich daraus ergebenden Kennzeichnungswirkung teilhaftig werden konnte. Die Anerkennung des Namens im Verkehr galt nicht der Person des Zweitbeklagten als des Inhabers des Brauereibetriebs, sondern der unerachtet der Verpachtung bestehenden Verbundenheit des Betriebs mit dem Namensträger. Dann konnten aber dem Zweitbeklagten Rechte aus einer etwaigen Verkehrsgeltung der Bezeichnung Fuggerbräu auch nur so lange zustatten kommen, als die durch das Pachtverhältnis begründeten Beziehungen zum Kläger bestanden. Er verlor sie, sobald sich die Verhältnisse änderten und die Verbindung des Klägers mit dem Brauereiunternehmen durch dessen Verkauf endgültig erlosch. Damit entfielen die Voraussetzungen, unter denen die Bezeichnung Fuggerbräu berechtigt war, und der Kläger war nicht gehindert, einer weiteren Verwendung seines Namens für das ihm nunmehr fernstehende Unternehmen entgegenzutreten (vgl. JW. 1936 S. 923 Nr. 12a). Der Revision kann nicht gefolgt werden, wenn sie meint, durch die Beendigung des Pachtverhältnisses und den Verkauf der Brauerei habe sich an den für die namensrechtliche Stellung des Klägers maßgebenden Verhältnissen nichts geändert, da dieser auch schon während des Pachtverhältnisses keinerlei Einfluß auf die Gestaltung des Brauereibetriebs habe nehmen können. War der Kläger schon nach allgemeinem Pachtrecht befugt, die Pächter zu einem vertragsmäßigen Gebrauch der Sache (und damit insbesondere zur Herstellung eines wettbewerbsfähigen Bieres) anzuhalten, so sicherte ihm auch der Pachtvertrag vom 31. August 1926 das Recht, bei drohender Gefährdung des Betriebs (so bei Konkurs der Pächter oder Wegfall der persönlichen Leitung durch den Zweitbeklagten) einzuschreiten und das Pachtverhältnis zu beenden. Erst mit dem Verkaufe des Unternehmens verlor er jede Möglichkeit der Einwirkung. Die damit gegebene Veränderung der Sachlage war bedeutsam genug, um auch auf die Befugnis der Beklagten zur Beibehaltung des Namens Fuggerbräu Einfluß auszuüben; sie konnten nicht erwarten, daß ihnen der Kläger seinen Namen auch fernerhin zum Gebrauch für ein Unternehmen zur Verfügung stellen werde, das seinem Einfluß gänzlich entrückt war. Die Revision vermag ebensowenig mit Erfolg zu bestreiten, daß die Beibehaltung der Bezeichnung Fuggerbräu nicht auch zu einer Irreführung des Verkehrs habe führen können. Das Berufungsgericht geht mit Recht davon aus, daß die tatsächlichen und rechtlichen Verhältnisse, unter denen der Zweitbeklagte diese Bezeichnung verwendet hat und die Beklagten sie weiter benutzen, nicht allenthalben bekannt zu sein brauchen. Da es für den Verbraucher entscheidend darauf ankommt, daß ein unter dem Namen Fuggerbräu angebotenes Bier aus einer Brauerei stammt, die zum Kläger als dem Inhaber des Fuggerschen Besitzes in Beziehung steht, so wäre eine solche, durch den Namen Fuggerbräu hervorgerufene Annahme jedenfalls unrichtig, wenn sich die Beklagten, wie es jetzt der Fall ist, auf eine derartige Beziehung nicht mehr berufen können. Es genügt nicht, daß das Bier in derselben Braustätte und von demselben Betriebsinhaber hergestellt wird, von dem es früher unter der damals mit Recht geführten Bezeichnung Fuggerbräu ausging.

Auch eine vertragliche Gestattung des Gebrauchs der Bezeichnung Fuggerbräu steht den Beklagten nicht zur Seite. Das Berufungsgericht erwägt zutreffend, daß eine ausdrückliche Genehmigung hierzu beim Abschluß des Kaufvertrags vom 7. August 1939 unstreitig nicht erteilt worden sei, daß es aber auch an Umständen fehle, aus denen ein solches Einverständnis als stillschweigend gegeben habe gefolgert werden können. Es verweist auch hier mit Recht darauf, daß, wenn der Kläger den Gebrauch der Bezeichnung Fuggerbräu durch den Zweitbeklagten als Pächter gebilligt habe, diese Genehmigung infolge der mit dem Verkaufe des Unternehmens eingetretenen Veränderung der Sachlage nicht auch als über diesen Zeitpunkt hinaus wirksam habe betrachtet werden können, daß es vielmehr Sache des Beklagten gewesen wäre, sich des fortdauernden Einverständnisses des Klägers zu versichern. Gegen dessen Erteilung sprach schon, wie das Berufungsgericht zutreffend hervorhebt, der Umstand, daß die Beklagten nach dem Kaufvertrage nicht berechtigt sein sollten, den Namen Fugger in der Firma beizubehalten, daß ihnen vielmehr nur die Bezeichnung „Schloßbrauerei O." eingeräumt wurde. Sie hatten angesichts dieser Beschränkung erst recht keinen Anlaß, ein Einverständnis des Klägers mit der Weiterbenutzung der Bezeichnung „Fuggerbräu" anzunehmen.

Den Verwirkungseinwand, den die Beklagten daraus herleiten, daß der Kläger sie auch nach dem Erwerbe des Brauereiunternehmens zwei Jahre lang die Bezeichnung Fuggerbräu habe gebrauchen lassen, ohne hiergegen einzuschreiten, hält das Berufungsgericht für unbegründet. Es führt hierzu aus, bei der nur allmählich zunehmenden Verbreitung des Bieres der Beklagten habe der Kläger noch nicht gegen Treu und Glauben im Verkehr gehandelt, wenn er zunächst untätig geblieben sei. Erst die Mitteilung des

Zweitbeklagten, daß er mit Rücksicht auf einen von dritter Seite erwirkten Warenzeichenschutz an dem Worte Fugger beabsichtige, für sich selbst die Bezeichnung Fuggerbräu als Warenzeichen eintragen zu lassen, habe dem Kläger hinreichenden Anlaß geboten, seine Rechte zu wahren, zumal da auch die Beklagten bis dahin in der Bezeichnung ihres Bieres nicht einheitlich verfahren seien und zu der von ihnen früher benutzten Bezeichnung „O.er Bier" hätten zurückkehren können. Diese Erwägungen des Berufungsgerichts sind rechtlich nicht zu beanstanden. Inwieweit es mit den Grundsätzen von Treu und Glauben vereinbar war, wenn sich der Kläger in Erwartung der weiteren Entwicklung der Dinge zunächst eines Vorgehens enthielt, liegt im wesentlichen auf tatsächlichem Gebiet. Wenn die Revision geltend macht, der Kaufvertrag würde nicht unter den in ihm enthaltenen Bedingungen zustande gekommen sein, falls der Kläger verlangt hätte, daß die für das Unternehmen wertvolle Bezeichnung Fuggerbräu nicht weitergeführt werde, so verkennt sie, daß es, wie vorher ausgeführt, nicht Sache des Klägers war, die Frage nach der Beibehaltung jener Bezeichnung zur Sprache zu bringen, daß vielmehr angesichts der veränderten Umstände die Beklagten eine Klärung hätten herbeiführen müssen. Daß sie es nicht getan haben, kann nicht zu Lasten des Klägers gehen.

2. (Es folgen Ausführungen zur Anschlußrevision des Klägers.)

RGZ. 172, 129

1. Unter welchen Voraussetzungen kann ein der Umgangssprache entnommenes, einen Allgemeinbegriff wiedergebendes Wort („Fettchemie") in der Verwendung als Firmenbestandteil die Bedeutung eines für die Firma kennzeichnenden Schlagwortes erlangen?

2. Wie weit reicht der Namenschutz aus einem solchen zum Firmenkennzeichnen gewordenen Allgemeinbegriff?

BGB. § 12. UnlWG. § 16.

II. Zivilsenat. Urt. v. 1. November 1943.

Die Entscheidung ist abgedruckt unter „Unlauterer Wettbewerb".

Juristische Personen

RGZ. 51, 66

Ist ein Verein, welchem seine Satzungen das Recht geben, unter gewissen Voraussetzungen die Ausschließung eines Mitgliedes zu beschließen, zu dieser Ausschließung auch alsdann noch befugt, wenn die Mitgliedschaft des Auszuschließenden zur Zeit der Beschlußfassung bereits erloschen ist?

BGB. §§ 25—53.

IV. Zivisenat. Urt. v. 6. März 1902.

I. Landgericht Kiel. II. Oberlandesgericht daselbst.

Aus den Gründen:

... „Der Berufungsrichter hatte nur nachzuprüfen, ob der Beklagte auf Grund seiner Satzungen, unabhängig von den dabei in Betracht kommenden materiellen Voraussetzungen, befugt war, die Ausstoßung des Klägers zu beschließen. Er hat diese Prüfung vorgenommen und ist dabei, abweichend von dem ersten Richter, ohne Rechtsirrtum zu einem verneinenden Ergebnis gelangt.

Die Vereinssatzungen mit der dazu gehörigen sog. Standesordnung vom 20. Dezember 1898 bilden die autonome Grundlage, auf welcher das Rechtsverhältnis des verklagten Vereins zu seinen Mitgliedern in erster Linie beruht. Ihr Inhalt verstößt nicht gegen die zwingenden Vorschriften in §§ 25—53 BGB., sofern letztere hier anwendbar sein würden. Durch die gemäß § 12 der Satzungen geschehene Aufnahme wird der Aufgenommene Mitglied des Vereines und hierdurch vermöge freier Willensentschließung dessen Satzungen unterworfen. Dieses Rechtsverhältnis dauert, solange die Mitgliedschaft dauert. Die Beendigung der letzteren aber löst auch das Band wieder, welches die Mitglieder mit dem Vereine verknüpft.

Hieraus folgt, daß ein ausgeschiedenes Mitglied von dem Augenblicke an, wo es ausscheidet, unbeschadet seiner aus dem Gesellschaftsverhältnisse entsprungenen, etwa noch unerledigten vermögensrechtlichen Verpflichtungen, auch dem Machtbereiche der Satzungen entrückt wird. Auch das auf § 3 der Standesordnung sich gründende Ausschließungsrecht des Vereines ist ihm gegenüber hierdurch erloschen. Ausgeschlossen werden können nur Mitglieder des Vereines. Der § 3 der Standesordnung bestimmt:

> „Mitglieder, welche das Ansehen des ärztlichen Standes oder die Interessen des Vereins oder seiner Mitglieder schädigen, können auf Antrag des Vorstandes .... aus dem Verein ausgeschlossen werden."

Wie es satzungswidrig und daneben zugleich sinn- und zwecklos sein würde, Nichtmitglieder, welche niemals Mitglieder waren, von der Mitgliedschaft auszuschließen, ebenso verstößt es gegen die Satzungen und nicht minder gegen die Regeln der Logik, die Ausschließung solcher Nichtmitglieder zu beschließen, die dem Vereine früher zwar angehört haben, aber zur Zeit des Ausschließungsbeschlusses nicht mehr angehören.

In dem vorliegenden Falle ist tatsächlich festgestellt, daß der Kläger bei dem Vorsitzenden des verklagten Vereines schon am 1. Februar 1901, also 14 Tage vor der Fassung des Ausschließungsbeschlusses, seinen Austritt angemeldet hat. Nach dem Inhalte der Satzungen, insbesondere des § 12 Abs. 5 derselben, ist es zweifellos, daß er seitdem aufgehört hat,

Vereinsmitglied zu sein. Disziplinarmaßregeln, zu deren Verhängung die Satzungen den Verein, bzw. dessen Organe gegenüber seinen Mitgliedern ermächtigen, sind fortan gegen ihn nicht mehr zulässig. Wenn die Satzungen für den Kläger nicht mehr gelten, so entfällt damit der einzige Rechtsgrund, der eine solche Anwendung ihm gegenüber zu rechtfertigen vermöchte.

Hiernach aber war auch die Generalversammlung des Beklagten am 14. Februar 1901 nicht mehr befugt, auf Grund des § 3 der Standesordnung den Ausschluß des Klägers zu beschließen.

Wenn das Landgericht seinen entgegengesetzten Standpunkt damit zu stützen versucht, daß der freiwillige Austritt des Klägers die Beschlußfassung über seine Ausschließung nicht habe hemmen können, weil das Ausschließungsverfahren durch das Befaßtsein des Schiedsgerichtes mit der Angelegenheit bereits begonnen hatte, und somit nur dessen Fortsetzung und Beendigung in Frage stand, so macht schon das Berufungsgericht hiergegen mit Recht geltend, daß auch eine solche Fortsetzung und Beendigung weder in allgemeinen Rechtsgrundsätzen, noch auch in den besonderen Vorschriften der Satzungen seine Rechtfertigung findet. Abzuweisen ist namentlich der von dem Beklagten angerufene Vergleich zwischen dem Ausschließungsverfahren nach § 3 der Standesordnung und dem gegen einen Rechtsanwalt anhängigen ehrengerichtlichen Verfahren. Es liegt auf der Hand, daß für die Frage, ob durch die Löschung des Anwaltes in der Rechtsanwaltsliste ein Verfahren erledigt wird, welches auf Grund von Staatsgesetzen und im öffentlichen Interesse stattfindet, andere Grundsätze maßgebend sein müssen, als in dem gegenwärtigen Falle, wo nur die Anwendung einer privatstatuarischen Maßregel gegen ein Vereinsmitglied den Gegenstand bildet (vgl. Erkenntnis des Ehrengerichtshofs vom 29. Januar 1886, preuß. Just.-Min.-Bl. S. 69). Auch das gegen einen Beamten eingeleitete förmliche Disziplinarverfahren duldet einen Vergleich hiermit nicht, und zwar ganz abgesehen davon, daß in der Praxis sogar streitig ist, ob nicht auch in Fällen dieser Art das Verfahren durch die Entlassung des Beschuldigten aus dem Amte ohne weiteres sich erledigt (vgl. Urt. des preuß. Obertribunals vom 1. Dezember 1871, Just.-Min.-Bl. 1872 S. 14, und Erkenntnis des großen Disziplinarsenats des Kammergerichts vom 17. September 1883, mitgeteilt bei Müller, Die Preußische Justizverwaltung 5. Aufl. S. 505)."

RGZ. 53, 276

1. Durch welche Merkmale unterscheidet sich der „andere verfassungsmäßig berufene Vertreter" des § 31 BGB. von der zu einer Verrichtung bestellten Person des § 831?

2. Wie werden diese Merkmale insbesondere bei der Vertretung des Staates als juristischer Person bestimmt?

3. Eigenes Verschulden des verfassungsmäßig berufenen Vertreters neben dem des Angestellten aus vernachlässigter Aufsicht.

BGB. §§ 31, 89, 823 Abs. 2, 831.

VI. Zivilsenat. Urt. v. 15. Januar 1903.

I. Landgericht Erfurt. II. Oberlandesgericht Naumburg a. S.

Der Ehemann der Klägerin, der als Zimmermann in Erfurt beschäftigt war, aber in Arnstadt wohnte, kam am 2. Februar 1900 abends 6½ Uhr, als er den Platz vor dem Bahnhofsgebäude in Erfurt überschritt, um in das letztere zu gelangen und mit dem Zuge 6 Uhr 38 Minuten nach seinem Wohnorte zu fahren, zu Falle. Er erlitt durch den Fall eine innere Verletzung, die eine Bauchfellentzündung zur Folge hatte; an dieser starb er nach wenigen Tagen.

Die Klägerin nahm für den ihr durch denTod ihres Ernährers entstandenen Schaden den Beklagten in Anspruch, weil der Vorplatz vor dem Bahnhofsgebäude, dem § 20 der Erfurter Straßenordnung zuwider, trotz der herrschenden Glätte nicht mit abstumpfendem Material bestreut gewesen, und infolgedessen ihr Ehemann ausgeglitten und gestürzt sei.

Das Landgericht wies die Klage ab; das Oberlandesgericht erklärte auf die Berufung der Klägerin den Anspruch der Klägerin dem Grunde nach für gerechtfertigt. Auf die vom Beklagten eingelegte Revision ist das Urteil aufgehoben worden aus folgenden

Gründen:

„Der § 20 der Erfurter Straßenordnung vom 22. März 1897 bestimmt, daß bei eintretender Winterglätte die Bürgersteige, Fußwege und Straßenübergänge mit Sand, Asche oder anderem abstumpfenden Material so bestreut werden müssen, daß während der Stunden von 7 Uhr morgens bis 9 Uhr abends der Entstehung gefahrbringender Glätte nach Möglichkeit vorgebeugt wird.

Das Berufungsurteil nimmt als zutreffend an, daß den Beklagten als Eigentümer des Bahnhofsvorplatzes die Verpflichtung trifft, für die Ausführung der in der Straßenordnung vorgeschriebenen Streuarbeiten zu sorgen, und daß er für den durch die Außerachtlassung dieser Vorschrift verursachten Schaden nach Maßgabe des § 823 BGB. aufzukommen hat, wenn entweder ein Verschulden eines „verfassungsmäßig berufenen Vertreters" (§§ 31, 89 BGB.) vorliegt, oder bei der Auswahl der zu der Verrichtung bestellten Personen die erforderliche Sorgfalt nicht ausgeübt worden ist (§ 831 BGB.). Das Berufungsgericht stellt nun fest, daß am Unfallsabend nicht genügend gestreut gewesen ist, und daß die Sorge für die Befolgung der Straßenordnung dem Bahnmeister R. dienstlich übertragen war. Im Gegensatze zum ersten Urteil erachtet es diesen aber nicht für eine zu einer Verrichtung bestellte Person im Sinne des § 831 BGB., sondern für einen verfassungsmäßigen Vertreter des Beklagten, weil er selbständig zu entscheiden hatte, ob und wann gestreut werden sollte, mithin im Sinne des Urteils des I. Zivilsenats des Reichsgerichts vom 29. September 1897 (Entsch. des RG.s in Zivils. Bd. 39 S. 183) innerhalb des ihm angewiesenen Geschäftskreises zum selbständigen Handeln berufen gewesen sei, und weil er ferner das Personal anzunehmen hatte, dessen er zur Ausführung der durch § 20 der Straßenordnung gebotenen Verrichtungen bedurfte, deshalb also auch rechtsgeschäftliche Vertretungsmacht gehabt hatte, wie diese die Entscheidung des VI. Zivilsenats des Reichsgerichts vom 17. Dezember 1900 (Entsch. a. a. O. Bd. 47 S. 328) erfordere. R. habe nach der Beweisaufnahme nicht ordnungsmäßig für das Streuen gesorgt und fahrlässigerweise gegen die Straßenordnung verstoßen; infolge der durch ihn verschuldeten Glätte des Bahnhofsvorplatzes sei G. zu Falle gekommen; dieser Fall habe dessen Tod und damit den Schaden der Klägerin verursacht, für den Beklagter nach § 823 Abs. 2 BGB. aufkommen müsse.

Gegen diese Ausführungen richtet sich die Revision, die die Verletzung der §§ 31, 89 BGB. rügt. Der Bahnmeister R. sei zu Unrecht als ein verfassungsmäßig berufener Vertreter des verklagten Eisenbahnfiskus angesehen worden; die Bahnmeister seien lediglich ausführende Organe, für deren Handlungen und Unterlassungen der Fiskus nur nach Maßgabe des § 831 BGB. hafte. Die Verfassung des verklatgen Eisenbahnfiskus sei in der ordnungsmäßig publizierten Verwaltungsordnung für die preußischen Staatsbahnen vom 15. Dezember 1894 (GS. 1895 S. 11) und den auf ihrer Grundlage ergangenen Geschäftsanweisungen enthalten, und nach diesen Bestimmungen seien es die Vorstände der Betriebsinspektionen, denen die Fürsorge für das Grundeigentum des Beklagten übertragen sei.

Der Revisionsangriff war für begründet zu erachten.

Die beiden Entscheidungen des Reichsgerichts, auf die sich das Berufungsgericht für seine Entscheidung beruft, sind auf der Grundlage des alten Rechts, des preußischen Allgemeinen Landrechts und des gemeinen Rechts, ergangen. Es kann dahingestellt bleiben, ob von den Gesichtspunkten aus, die die Wissenschaft und Rechtsprechung in der Frage, ob und inwieweit die juristische Person für Delikte ihrer Organe einzustehen habe, für das Geltungsgebiet dieser Rechte entwickelt haben, die Entscheidung des Berufungsgerichts für gerechtfertigt erachtet werden könnte. Denn der vorliegende Rechtsfall ist, wie auch der Berufungsrichter nicht verkennt, der Zeit seiner Entstehung entsprechend nach dem Rechte des Bürgerlichen Gesetzbuchs zu beurteilen; dieses aber hat die Haftung der juristischen Personen und des Staates für die Dritten zum Schaden gereichenden Handlungen und Unterlassungen ihrer Vertreter und Angestellten auf eine neue gesetzliche Grundlage gestellt, und aus der Auslegung seiner Bestimmungen, für die die ältere Rechtsprechung von Wert, aber nicht maßgebend sein kann, ist der Standpunkt für die Entscheidung der den gegenwärtigen Rechtsstreit beherrschenden Fragen zu gewinnen.

Diese Auslegung aber ergibt, daß weder die Selbständigkeit des Handelns an sich, noch die rechtsgeschäftliche Vertretung als solche die entscheidenden Merkmale der Personen sind, für deren Handlungen nach dem neuen Recht die juristische Person und der Staat als privatrechtliches Vermögenssubjekt die Haftung zu übernehmen haben.

Während der erste Entwurf des Bürgerlichen Gesetzbuchs nur eine allgemeine Vertretung der juristischen Person durch den Vorstand (§ 44) und dementsprechend auch nur eine Haftung der Korporation für den durch diese allgemeine Vertretung, durch den Vorstand oder ein Mitglied desselben, widerrechtlich angerichteten Schaden kannte (§ 46; dazu Motive zum ersten Entwurf Bd. 1 S. 102), hat der zweite Entwurf, und ihm folgend das zum Gesetz gewordene Bürgerliche Gesetzbuch den Kreis der Vertreter der juristischen Person erweitert; das Bürgerliche Gesetzbuch bestimmt in § 30, daß durch die Satzung neben dem Vorstande für gewisse Geschäfte die Bestellung besonderer Vertreter vorgesehen werden kann, die dann im Zweifel, mithin nicht notwendigerweise, auch die rechtsgeschäftliche Vertretungsmacht innerhalb des ihnen zugewiesenen Geschäftsbereiches auszuüben haben. Im Anschlusse an diesen gesetzgeberischen Gedanken (vgl. Protokolle der zweiten Lesung Bd. 1 S. 521) ist nun auch die Verantwortlichkeit der juristischen Person auf die rechtswidrigen Handlungen dieser besonderen Vertreter in § 31 BGB. ausgedehnt worden; sie sind die anderen verfassungsmäßig berufenen Vertreter dieses Paragraphen. Die Verhandlungen der zweiten Lesung ergeben, daß hierbei an Personen gedacht ist, die zwar zur Leitung der Korporation nicht berufen sind, denen aber eine mehr oder weniger umfangreiche Tätigkeit auf einem größeren sachlichen oder örtlichen Geschäftsgebiete übertragen ist. Das rechtliche Merkmal, das diese Personen von den sonstigen Angestellten unterscheidet, für welche die Körperschaft nicht nach Maßgabe des § 31, sondern nur nach § 831 BGB. haftet, ist hiernach ihre Berufung zur Tätigkeit innerhalb eines Geschäftsbereiches durch die Satzung der Körperschaft, bei dem Staat und anderen öffentlich-rechtlichen Körperschaften durch die ihre Verwaltungsorganisation regelnden Bestimmungen. Diejenigen Beamten und Angestellten dagegen, die nicht durch die Satzung oder die organisatorischen Verwaltungsbestimmungen zu ihrer Tätigkeit berufen sind, sondern ihren dienstlichen Auftrag wiederum auf diese berufenen Personen zurückführen, sind nicht Vertreter der Körperschaft und des Staates nach § 31 BGB.; sie sind zu Verrichtungen im Sinne des § 831 BGB. bestellt, mögen diese Verrichtungen im übrigen mehr oder weniger, oder gar nicht selbständig sein, mögen sie den Charakter rechtsgeschäftlicher Vertretung tragen oder nicht, und mögen sie aus einzelnen oder einer Mehrheit von Verrichtungen, zeitlich vorübergehenden oder dauernden, bestehen.

Es erhellt hieraus, daß die Auffassung des Berufungsgerichts, das, ohne die Art der Bestellung des Bahnmeisters R. zu prüfen, ihm den Charakter eines verfassungsmäßig berufenen Vertreters im Sinne des § 31

BGB. zuerkennt, weil er eine, in der Verwaltung der fiskalischen Station der Staatseisenbahnen an sich untergeordnete, dienstliche Verrichtung nach selbständiger Entschließung auszuführen hatte und zudem die Befugnis besaß, in Ausübung einer ebenso untergeordneten rechtsgeschäftlichen Vertretungsmacht die für die Ausführung der Verrichtung erforderlichen Hilfskräfte anzunehmen, rechtsirrig ist und dem Gesetze nicht entspricht. Zutreffend hat der Revisionskläger auf die Quelle hingewiesen, aus der die Entscheidung, ob der Angestellte des Eisenbahnfiskus als ein verfassungsmäßig berufener Vertreter zu erachten ist, oder nicht, zu schöpfen ist. Es sind dies die durch den Allerhöchsten Erlaß, betr. Umgestaltung der Eisenbahnbehörden, vom 15. Dezember 1894 erlassene Verwaltungsordnung für die Staatseisenbahnen und die auf Grund des Vorbehalts in § 2 dieser Verwaltungsordnung von dem Minister der öffentlichen Arbeiten erlassenen Geschäftsanweisungen für die Königlichen Eisenbahndirektionen, die Vorstände der Eisenbahnbetriebsinspektionen, der Eisenbahnmaschineninspektionen, der Eisenbahnwerkstätteninspektionen, Eisenbahntelegrapheninspektionen, Eisenbahnverkehrsinspektionen und der Bauabteilungen vom 17. Dezember 1894 (Eisenbahnverordnungsblatt 1895 S. 37, 49, 54, 57, 60, 63, 68), die als besondere Verwaltungszweige neben der allgemeinen, durch die Eisenbahndirektionen geführten Verwaltung in der Verwaltungsordnung aufgeführt werden. Nach der Geschäftsanweisung für die Vorstände der Eisenbahnbetriebsinspektionen (§ 5) ist diesen, und zwar auch mit gewissen rechtsgeschäftlichen Funktionen, die Erhaltung und Verwaltung des Grundeigentums des Eisenbahnfiskus übertragen. Der Vorstand der Betriebsinspektion, nicht der Bahnmeister, dem im vorliegenden Falle offenbar von seiten des ersteren die Ausführung oder die spezielle Sorge für die ordnungsmäßige Reinerhaltung und Bestreuung im Falle von Winterglätte dienstlich aufgetragen war, erscheint hiernach als der andere verfassungsmäßig berufene Vertreter des Eisenbahnfiskus, für dessen Verschulden dieser nach § 31 BGB. einzustehen hat. Der Bahnmeister dagegen ist ein Beamter, der im Sinne des § 831 BGB. zu Verrichtungen bestellt ist, und für dessen schuldhafte Handlungen oder Unterlassungen bei Ausführung jener Verrichtungen der verklagte Eisenbahnfiskus nicht haftet, wenn er bei seiner Auswahl die im Verkehr erforderliche Sorgfalt beobachtet hatte.

Eine Prüfung nach der letzteren Richtung hat der erste, nicht aber der Berufungsrichter, den sein Rechtsstandpunkt zu einer solchen nicht veranlassen konnte, vorgenommen. Indessen hängt die Entscheidung des Rechtstsreits nicht von dieser nachzuholenden Prüfung allein ab. Sache des Beklagten, als des Eigentümers des Bahnhofsvorplatzes, ist es, für die Erfüllung der in der Straßenordnung den Eigentümern auferlegten Pflichten Sorge zu tragen, und von dieser Verhaftung kann sich der Beklagte nicht schlechthin durch den Nachweis befreien, daß er eine geeignete Person zu der Verrichtung bestellt habe. Für die Unterlassung im einzelnen Falle zwar kann er nach Maßgabe des § 831 BGB. die Verantwortung ablehnen, wenn er die Bestellung einer geeigneten Person dartut. Einer besonderen Leitung der Ausführung der Verrichtung im Sinne des § 831 Abs. 1 bedurfte diese ihrer Natur nach nicht. Davon verschieden ist aber die allgemeine Beaufsichtigung der Beamten und ihrer Dienstverrichtungen, die dem Beklagten in seinen verfassungsmäßig berufenen Vertretern obliegt, und deren Unterlassung ihm als ein Verschulden dieser Vertreter zugerechnet werden muß. Wenn aus dieser Vernachlässigung ein Schade erwächst, ist die juristische Person, obwohl sie eine geeignete Person zu der Verrichtung bestellt hatte, nach § 823 BGB. gleichwohl haftbar (vgl. Urteil des erkennenden Senats vom 20. November 1902, Jurist. Wochenschr. 1903 Beil. 1 S. 9). Ist durch Vernachlässigung der Aufsichtspflicht ein gesetzwidriger Zustand eingerissen, sind gesetzliche Vorschriften, die dem Schutze Dritter dienen (§ 823 Abs. 2 BGB.), dauernd unbeachtet geblieben, so ist für die Nichtbeachtung nicht allein die Person verantwortlich, der die Befolgung aufgetragen war, sondern auch die juristische Person, deren Vertreter die Nichtbeachtung duldete, obwohl er sie abstellen konnte und mußte.

Im gegebenen Falle ist in der Beweisaufnahme zur Sprache gebracht worden, daß in dem Winter, in dem sich der Unfall ereignete, nicht nur vereinzelt, sondern der Regel nach das Streuen bei Glätte ungenügend besorgt worden sei . . .; ist dies richtig, und war dieser gesetzwidrige Zustand ein dauernder und für jedermann auffälliger, so konnte er auch dem aufsichtführenden Vorstande der Betriebsinspektion (vgl. §§ 4, 5 der Geschäftsanweisung) nicht verborgen bleiben. Ferner sind nach der Beweisaufnahme zu den Streuarbeiten, obwohl die Straßenordnung diese erforderlichenfalls bis 9 Uhr abends vorschreibt, und bei dem starken Verkehr, dem der Vorplatz des Bahnhofs einer größeren Stadt ausgesetzt ist, hier eine besondere Sorgfalt in der Befolgung der Vorschrift erwartet werden müßte, Angestellte verwendet worden, deren Dienst um 5 Uhr abends zu Ende ging . . .; auch der Dienst des Bahnmeisters R. war um 6 Uhr beendet. Es fragt sich mit Rücksicht hierauf, ob die verfassungsmäßig berufenen Vertreter des Beklagten die geeigneten Anordnungen getroffen haben, die die regelmäßige Erfüllung der gesetzlichen Verpflichtung aus der Straßenordnung ermöglichten und gewährleisteten, oder ob nicht etwa die Mangelhaftigkeit der Verrichtungen auf mangelhafte Anordnungen und Anweisungen über ihre Ausführung zurückzuführen ist. Auch nach diesen Richtungen, in denen die Anführungs- und Beweispflicht für ein Verschulden der Vertreter des Beklagten die Klägerin trifft, bedarf der Sachverhalt einer weiteren Prüfung und Aufklärung, für die von dem Fragerecht der Zivilprozeßordnung Gebrauch zu machen ist.“ . . .

RGZ. 57, 93

Kann die Haftung eines Vereins aus § 31 BGB. bei Kollektivvertretung desselben nur dann angenommen werden, wenn ein

gemeinsames Handeln aller Vertreter vorliegt? Gilt derselbe Grundsatz für Gesellschaften mit beschränkter Haftung?

BGB. § 31.

III. Zivilsenat. Urt. v. 19. Februar 1904.

I. Landgericht Lüneburg. II. Oberlandesgericht Celle.

Der Beklagte hatte im Wege der Aufrechnung und Widerklage eine Schadensersatzforderung geltend gemacht, welche er darauf stützte, daß er durch arglistige Vorspiegelungen eines Geschäftsführers der klagenden Gesellschaft m. b. H. namens G. zu dem Abschluß eines ihn schädigenden Vertrages mit einem Restaurateur M., welchem Vertrage auch die Klägerin beigetreten war, verleitet worden sei. Hinsichtlich dieses Schadensersatzanspruchs sagen die

Gründe:

„Das Berufungsgericht hat diesen Schadensersatzanspruch in Übereinstimmung mit dem ersten Richter für unbegründet erachtet, weil zur Zeit der Abgabe dieser behaupteten betrügerischen Erklärungen neben G. auch noch der Braumeister H. Geschäftsführer der klagenden Gesellschaft gewesen sei, hiernach aber gemäß § 35 des Gesetzes, betreffend die Gesellschaften mit beschränkter Haftung, nur beide gemeinsam handelnd die Gesellschaft rechtsgeschäftlich hätten vertreten können. Dies gelte auch für die Haftung aus § 31 des Bürgerlichen Gesetzbuchs. Danach sei ein Verein für den Schaden verantwortlich, den der Vorstand oder ein Mitglied des Vorstandes durch eine in Ausübung der ihm zustehenden Verrichtungen begangene Handlung einem Dritten zufüge. Habe aber eine Gesellschaft mit beschränkter Haftung mehrere zu gemeinsamer Vertretung berufene Geschäftsführer, so sei die einem derselben zur Last fallende zum Schadensersatz verpflichtende Handlung nicht in Ausführung der ihm zustehenden Verrichtungen, nicht in Beziehung auf seine rechtsgeschäftliche Vertretungsmacht begangen und deshalb nicht geeignet, eine Ersatzpflicht der Gesellschaft zu begründen.

Diese Ausführung ist rechtsirrtümlich; sie verletzt den § 31 BGB. Denn wenn das Berufungsgericht annimmt, daß eine Haftung aus § 31 bei Kollektivvertretungen nur dann angenommen werden könne, wenn ein gemeinsames Handeln aller Vertreter vorliege, so faßt es den Begriff der dem Vorstande bzw. seinen Mitgliedern zustehenden Verrichtungen zu eng. Der Begriff der Verrichtung umfaßt (vgl. auch Planck, Bürgerl. Gesetzbuch, Bem. 3 zu § 31) nicht bloß die Handlungen, die in Ausübung der Vertretungsmacht vorgenommen sind, sondern auch die den Vorstandsmitgliedern als solchen obliegenden rein tatsächlichen Verrichtungen. Es kann nicht zweifelhaft sein, daß, wenn, wie auch vorliegend, die Funktionen der Kollektivvertreter geteilt sind, indem der eine die Fabrikation, der andere den kaufmännischen Betrieb leitet, und wenn dann durch eine gesetzwidrige Anordnung in der Fabrik eine Gesundheitsbeschädigung verursacht wird, die juristische Person, hier die Gesellschaft m. b. H., haftet, obwohl der kaufmännische Vertreter mit dieser Anordnung nichts zu tun gehabt hatte. Ebenso werden, wenn auch der Abschluß eines Rechtsgeschäfts nur durch alle Vertreter erfolgen kann, die Vorbereitung desselben, die Vorverhandlungen, regelmäßig zu den Verrichtungen des kaufmännischen Geschäftsführers gehören, und wird daher auch wegen eines nur von diesem dabei verübten Betruges, wie er vorliegend gerade in Frage steht, die juristische Person verantwortlich. Wenn endlich die Klägerin bei der mündlichen Verhandlung noch in Frage stellte, ob denn der § 31, wie überhaupt die allgemeinen Vorschriften des zweiten Titels des Allgemeinen Teils des Bürgerlichen Gesetzbuchs, auch auf die durch ein besonderes Gesetz geregelten Gesellschaften m. b. H. Anwendung fänden, so kann dies gar nicht zweifelhaft sein, da das Gesetz über Gesellschaften m. b. H. über das Wesen einer juristischen Person nichts enthält, allgemein aber anerkannt wird, daß eine Gesellschaft mit beschränkter Haftung als uristische Person zu gelten hat, wie ja auch der § 22 BGB. sie mitumfaßt."

RGZ. 60, 94†

1. Beurteilung der Frage, ob eine Personenvereinigung als Gesellschaft, oder als ein nicht rechtsfähiger Verein, der als verklagte Partei Parteifähigkeit hat, anzusehen ist.

2. . . . *)

BGB. §§ 54, 705 flg.

VI. Zivilsenat. Urt. v. 2. Februar 1905.

I. Landgericht Nürnberg. II. Oberlandesgericht daselbst.

Zu Anfang des Jahres 1902 fanden zwischen Feingoldschlägereibesitzern Nürnbergs und Schwabachs Verhandlungen über die Bildung einer Vereinigung statt, durch die eine Regelung der Produktion, sowie die Einhaltung gewisser Mindestverkaufspreise erreicht werden sollte. Zugleich wurde versucht, mit den in der Feingoldschlägerei beschäftigten Gewerbegehilfen eine Einigung über die Grundsätze zu erzielen, die fortan im Verhältnis zwischen den Arbeitgebern und Arbeitnehmern gelten sollten.

Die Verhandlungen hatten nach beiden Richtungen Erfolg. Es wurde eine Vereinigung von Feingoldschlägereibesitzern gegründet, deren Verhältnisse in einer Urkunde vom 18. März 1902 eingehend geregelt wurden. Ebenso kam eine das gleiche Datum tragende, als „Tarif" bezeichnete Vereinbarung zwischen den Arbeitgebern und Arbeitnehmern zustande, welche Normen über die Arbeitszeit, über die Löhne und deren Berechnung, sowie über das Lehrlingswesen, die Arbeitsvermittlung und die Austragung etwa entstehender Streitigkeiten enthielt. In den §§ 15 und 16 des Tarifs war bestimmt, daß organisierte Arbeiter und Arbeiterinnen der Feingoldschlägerbranche nur in „tariftreuen Betrieben" Beschäftigung nehmen dürften, andererseits die Inhaber der tariftreuen Geschäfte verpflichtet

*) Geringere Bedeutung.

sein sollten, Arbeiter und Arbeiterinnen anderer Schlägergewerbe, sowie nichtorganisierte Arbeiter nicht einzustellen. Die Aufnahme neuentstehender Betriebe in die Tarifgemeinschaft sollte während des ersten Jahres der Vertragsdauer unstatthaft sein. Als Vertragschließende waren in § 1 des Tarifs genannt: „die dem Feingoldschlägereigewerbe Deutschlands angehörenden Prinzipale" einerseits und die in diesem Gewerbe beschäftigten Arbeiter und Arbeiterinnen, vertreten durch den Deutschen Metallarbeiterverband andererseits. In § 22 war bestimmt, als Organe zur Durchführung des Tarifs sollten gelten „die beiderseitigen Organisationen, seitens der Prinzipale: die Feingoldschlägervereinigung Deutschlands, seitens der Arbeiter und Arbeiterinnen: der Deutsche Metallarbeiterverband, bzw. die von beiden Organisationen ernannten Vertreter". Der Tarif sollte zunächst auf die Dauer eines Jahres vom 20. März 1902 ab gelten, seine Dauer sich aber stets um ein Jahr verlängern, sofern er nicht mindestens zwei Monate vor Ablauf gekündigt sei. Die Vereinigung der Feingoldschläger erwählte statutengemäß vier Mitglieder, darunter die beiden Mitbeklagten Br. und T., zu Geschäftsführern.

Die beiden Kläger hatten vor der Begründung der Vereinigung in Schwabach je ein Feingoldschlägereigeschäft betrieben, im Jahre 1901 aber wegen der damals in der Branche bestehenden ungünstigen Verhältnisse, und weil über ihre Betriebe wegen Herabsetzung der Gehilfenlöhne von dem Deutschen Metallarbeiterverbande die Sperre verhängt worden war, den Betrieb eingestellt. Sie trugen im Jahre 1902, unter der Mitteilung, daß sie ihren Geschäftsbetrieb wieder aufnehmen würden, auf Aufnahme in die Vereinigung an; es wurde diese aber für die Dauer des ersten Geschäftsjahres der Vereinigung abgelehnt. Sie waren der Meinung, daß dieses Verhalten der Vereinigung und ihrer Mitglieder eine unerlaubte Handlung im Sinne von § 826 BGB. darstelle, und forderten Schadensersatz, indem sie Klage gegen die Vereinigung und gegen die beiden Mitglieder derselben, Br. und T., als Gesamtschuldner erhoben.

Von den Beklagten wurde geltend gemacht, daß die Vereinigung kein parteifähiges Rechtssubjekt, eine Klage wider sie also rechtlich nicht möglich sei; übrigens bestritten sie, daß gegen die Kläger eine rechtswidrige Handlung vorgenommen worden sei.

Die erste Instanz wies die Klage ab; dagegen erklärte das Oberlandesgericht den Klaganspruch dem Grunde nach für berechtigt. Das Reichsgericht hob das Berufungsurteil auf und verwies die Sache an das Berufungsgericht zurück.

Aus den Gründen:

„Das Berufungsgericht nimmt an, daß die mitverklagte Vereinigung ein nicht rechtsfähiger Verein im Sinne von § 54 BGB. sei, obwohl sie in der als Gesellschaftsvertrag bezeichneten Urkunde vom 18. März 1902 Gesellschaft, und die Mitglieder Gesellschafter genannt seien. Denn die

Vereinigung stelle sich nicht als eine zwischen bestimmten Personen unter Ausschluß anderer erfolgter Zusammenschluß dar, der keinen Wechsel der Personen ohne dadurch bedingte Änderung oder Erneuerung des Vertrages zuließe, wie es den Regeln der Gesellschaft entspreche; sie sei vielmehr satzungsgemäß vom Wechsel der Mitglieder unabhängig. Ebenso sei sie durch die Bestimmungen, welche in den Satzungen über die Funktionen und Befugnisse der Geschäftsführer und diejenigen der Versammlung der Mitglieder und über die Einberufung der Versammlungen getroffen seien, körperschaftlich organisiert. ...

Der hiergegen gerichtete Angriff war nicht als begründet anzuerkennen. Allerdings ist die über die Errichtung der Vereinigung aufgesetzte Urkunde als Gesellschaftsvertrag bezeichnet, und es ist darin immer nur von einer Gesellschaft und Gesellschaftern die Rede, und in allen Einzelbestimmungen sind, wie nicht verkannt werden soll, konsequent Ausdrücke und Wendungen gebraucht, die an sich für die Annahme sprechen, daß die Beteiligten nicht einen Verein, sondern eine Gesellschaft ins Leben zu rufen gewillt gewesen seien. Indes ist hieraus ein durchschlagender Grund für die Annahme, daß die zu der Vereinigung zusammengetretenen Personen bewußtermaßen ihrer Verbindung den rechtlichen Charakter einer Gesellschaft im Sinne von §§ 705flg. BGB., im Gegensatze zu einem nicht eingetragenen Vereine, zu verleihen beabsichtigt hätten, nicht zu entnehmen. Denn da, wie die Beklagten selbst angegeben haben, die Vereinigung nicht in das Vereinsregister eingetragen werden sollte, auf sie also nach § 54 BGB. grundsätzlich die rechtlichen Vorschriften über die Gesellschaft Anwendung zu finden hatten, so erscheint hierdurch die gewählte Ausdrucksweise hinreichend erklärt. Als entscheidend für die Beurteilung der rechtlichen Natur der Vereinigung ist deshalb der sachliche Inhalt der Urkunde vom 18. März 1902 anzusehen; nach diesem aber ist die Vereinigung als ein Verein im Sinne von § 54 BGB. und § 50 ZPO. (vgl. auch § 213 KO.) anzusehen.

Wie sich aus § 6 des Vertrages vom 18. März 1902 ergibt, ist die Vereinigung von Feingoldschlägern der Städte Nürnberg, Schwabach und Fürth begründet worden; es ist aber in § 14 bestimmt, daß jeder Inhaber einer zur Zeit in Deutschland bestehenden Feingoldschlägerei in die Vereinigung aufgenommen werden könne, und zwar durch einfachen Majoritätsbeschluß der Versammlung der Mitglieder, und diese ist nach § 9 beschlußfähig, wenn mehr als die Hälfte der Gesellschafter anwesend sind. Andererseits ist nach § 9 Abs. 4 und § 10 die Ausschließung von Gesellschaftern ebenfalls durch Majoritätsbeschluß der Gesellschafterversammlung zulässig. Nach den weiteren Bestimmungen in § 13 soll die Gesellschaft weder durch den Tod, noch durch die Ausschließung eines Gesellschafters, noch durch die Eröffnung des Konkurses über das Vermögen eines solchen aufgelöst, vielmehr unverändert unter den verbliebenen Gesellschaftern fortgesetzt werden.

Durch diese Bestimmungen ist der verklagten Vereinigung der Charakter einer Verbindung mit veränderlichem Personenbestande verliehen worden, und die ganze Sachlage weist darauf hin, daß durch diese Bestimmungen nicht etwa bloß Fürsorge für zwar mögliche, aber nicht zu erwartende Fälle getroffen werden sollte, sondern daß bei einigermaßen längerem Bestande der Vereinigung mit Veränderungen in dem Personenbestande bestimmt gerechnet wurde. Schon in der Versammlung vom 16. März 1902, in welcher der mit dem Deutschen Metallarbeiterverbande vereinbarte Tarif zur Annahme gelangte, waren 54 Besitzer von Feingoldschlägereien vertreten; weitere Mitglieder traten am 14. und 21. April 1902 bei. Da ferner der Zweck der Gesellschaft dahin geht, die Produktion in der Branche der Feingoldschlägerei unter Anpassung an die mit den Arbeitnehmern geschlossene Tarifgemeinschaft der Nachfrage entsprechend zu regeln, sowie bestimmte Mindestpreise festzuhalten, so mußte naturgemäß die Absicht der zu der Vereinigung zusammengetretenen Feingoldschläger darauf gerichtet sein, die überwiegende Mehrzahl der ihrer Branche angehörenden Industriellen,vor allem die Inhaber der größeren BetriebeDeutschlands, für die Vereinigung zu gewinnen, da nur dann Aussicht dafür vorhanden war, die von ihr in Aussicht genommenen Maßnahmen erfolgreich durchführen zu können, und dadurch günstigere Verhältnisse in dem Gewerbebetriebe der an der Vereinigung beteiligten Unternehmer zu schaffen. Dementsprechend ist von der Vereinigung beschlossen worden, einzelne Feingoldschlägereibesitzer zum Beitritt aufzufordern; auch sind Verhandlungen mit den Dresdener Feingoldschlägern, unter der Aufforderung, der „Konvention" beizutreten, angeknüpft worden. Bei der Ausdehnung, die hiernach der Vereinigung gegeben werden sollte und zur Erreichung des angestrebten Zwecks gegeben werden mußte, war der Natur der Sache nach mit Sicherheit darauf zu rechnen, daß ein Wechsel in dem Bestande der zahlreichen Mitglieder nicht ausbleiben könne. Dem steht nicht entgegen, daß, gleichwie die „Tarifgemeinschaft", so auch der Gesellschaftsvertrag vom 18. März 1902 zunächst nur für die Dauer eines Jahres geschlossen war. Denn die Fortdauer über diesen Zeitpunkt hinaus war in beiden Verträgen in Aussicht genommen. . . .

Die verklagte Vereinigung stellt sich somit als eine Verbindung dar, für welche ein Wechsel in dem Mitgliederbestande nach ihrem Wesen und ihrer Gestaltung von selbst und mit Notwendigkeit gegeben war und sich auch durch einfache Majoritätsbeschlüsse der Mitgliederversammlung sollte vollziehen können.

Was die Organisation der Vereinigung betrifft, so ist auch sie in einer Weise geregelt, die derjenigen eines Vereins entspricht. Die Leitung der Geschäfte und insbesondere die Vertretung nach außen ist vier aus dem Kreise der Vereinigung von der Mitgliederversammlung zu erwählenden Geschäftsführern übertragen, während die diesen nicht zugewiesenen Angelegenheiten der Mitgliederversammlung vorbehalten sind, die nach einfacher Majorität entscheidet, und deren Beschlüssen sich jedes Mitglied unterwerfen muß. Wenn bei Regelung der Vertretungsmacht der Geschäftsführer nicht von Prozessen der Gesellschaft, sondern von solchen der Gesellschafter gesprochen wird, so findet dies ebenfalls seine Erklärung darin, daß die Vereinigung nicht die Eigenschaft einer juristischen Person erlangen sollte, und somit für alle Fälle, wo die Vereinigung klagend aufzutreten hatte, davon auszugehen war, ein Prozeß werde nur in der Weise geführt werden können, daß dabei alle Mitglieder der Vereinigung als Kläger auftreten.

Von der Revision ist für die von ihr vertretene Meinung der Umstand verwertet worden, daß in dem Vertrag vom 18. März 1902 der Vereinigung kein Name, unter dem sie nach außen als Einheit erscheinen könnte, beigelegt worden ist. In der Tat ist mehrfach die Ansicht vertreten, daß für einen Verein, im Gegensatz zu einer Gesellschaft im Sinne der §§ 705flg. BGB., eine die verbundenen Einzelpersonen als Einheit zusammenfassender und bezeichnender Name unentbehrlich sei (vgl. Dernburg, Bürgerl. Recht Bd. 1 § 79 unter II; Gierke, Vereine ohne Rechtsfähigkeit S. 10; Eck, Vorträge S. 49; andererseits Nußbaum, im Sächs. Archiv Bd. 10 S. 345). Indes würde sich, auch wenn man dies als richtig anzuerkennen hätte, daraus kein durchschlagender Grund gegen die jetzt in Rede stehende Annahme der Vorinstanz ergeben. Denn jedenfalls ist nicht als erforderlich anzusehen, daß ein solcher Name durch das Statut der Vereinigung bestimmt sein müsse; es genügt vielmehr, wenn diese bei ihrem Auftreten nach außen sich tatsächlich eines die Gesamtheit der Mitglieder bezeichnenden Namens bedient. Dies muß bezüglich der verklagten Vereinigung angenommen werden. ...

Nach alledem stellt sich die verklagte Vereinigung als eine dauernde Verbindung einer größeren Anzahl von Personen zur Erreichung eines ihnen gemeinsamen Zwecks dar, die sich eine die wesentlichen Merkmale korporativer Organisation enthaltende Gestaltung gegeben hat, einen Gesamtnamen führt, und bei welcher ein Wechsel in dem Mitgliederbestande, und zwar nicht vermöge besonderen Ausnahmerechts, sondern naturgemäß infolge des Wesens der Vereinigung, stattfindet.

Damit sind alle Merkmale gegeben, welche für einen Verein im Sinne von § 50 Abs. 2 ZPO. erfordert werden können. Da, wie oben bemerkt worden ist, nicht anzunehmen ist, daß die Beteiligten durch die bei der Redigierung des „Gesellschaftsvertrages" gewählte Ausdrucksweise bewußt ihrer Vereinigung den Charakter einer Gesellschaft, nicht eines Vereins, zu verleihen beabsichtigt hätten, kann unerörtert bleiben, ob ein solcher Wille für eine Verbindung, bei welcher die für einen Verein charakteristischen Merkmale vorliegen, dergestalt als maßgebend anzusehen sein würde, daß damit auch die Anwendung der öffentlich-rechtlichen Vorschrift in § 50 Abs. 2 ZPO., wonach ein nicht rechtsfähiger Verein verklagt werden kann, ausgeschlossen werden könnte.

Auch der Zweck, den die verklagte Vereinigung verfolgt, und die Art, wie das geschieht, spricht für die Annahme, daß sie ein Verein sei. Das ihr gesetzte Ziel, die Produktion der deutschen Feingoldschlägerei auf das durch die Nachfrage gegebene Maß einzuschränken und die Preise und die Verkaufsbedingungen angemessen zu gestalten, soll nicht durch einen gemeinsamen Geschäftsbetrieb erreicht werden; jedes Mitglied soll vielmehr völlig selbständig und in Konkurrenz mit den übrigen sein Geschäft weiter betreiben und sich nur nach den bezeichneten Richtungen gewissen, durch die Vereinigung jeweilig festzusetzenden Beschränkungen unterwerfen. Von Erzielung eines Gesellschaftsgewinnes ist hiernach nicht die Rede; ebensowenig ist die Bildung eines Gesellschaftsvermögens vorgesehen; die Mitgliederbeiträge sollen vielmehr, soweit sie nicht zur Bestreitung der Auslagen der Vereinigung selbst gebraucht werden, an eine gewerbliche Unterstützungskasse abgeführt werden.

Die verklagte Vereinigung ist hiernach von der Vorinstanz mit Recht als parteifähig angesehen worden.

... Was den von den Klägern erhobenen Schadensersatzanspruch selbst anlangt, so hat das Berufungsgericht folgendes festgestellt:

Die beiden Kläger hätten sich, auch nachdem sie ihre Geschäftsbetriebe eingestellt gehabt — B. im März, H. im Juni 1901 —, nach wie vor zur Genossenschaft der Schwabacher Feingoldschläger gehalten und seien von diesen auch als Genossen betrachtet worden; B. sei sogar Schriftführer der Genossenschaft gewesen und habe als solcher das Antwortschreiben verfaßt, durch das die Schwabacher Genossenschaft der von der Nürnberger Feingoldschlägereigenossenschaft im Januar 1902 ausgegangenen Anregung zur Gründung einer auf Hebung des Gewerbes gerichteten Vereinigung zugestimmt habe. Beide Kläger seien auch durch den Vorstand der Schwabacher Genossenschaft H. zu einer am 24. Februar 1902 in Nürnberg abgehaltenen Versammlung, in welcher über die Begründung einer solchen Vereinigung verhandelt worden sei, eingeladen worden, und ebenso sei ihnen, wie den übrigen Schwabacher Feingoldschlägern, das Protokoll über die in jener Versammlung gefaßten Beschlüsse mitgeteilt worden; von beiden sei auch um diese Zeit ein Beitrag zur Bestreitung der entstandenen Druckkosten erhoben worden.

In der Hoffnung, daß die geplante Vereinigung zustande kommen, und dadurch eine Besserung der Geschäftsverhältnisse ihrer Branche eintreten würde, hätten sich beide Kläger entschlossen, ihre Geschäfte wieder zu eröffnen. ... Hiervon hätten die Mitglieder der Schwabacher und der Nürnberger Genossenschaft Kenntnis erlangt. Gleichwohl sei das Gesuch der beiden Kläger, in die zu bildende Vereinigung aufgenommen zu werden, abgelehnt worden.

Die Vertreter der Arbeitnehmer seien bei Eröffnung der von ihnen mit den vereinigten Arbeitgebern angeknüpften Verhandlungen über den Tarif bereit gewesen, die über die Betriebe der Kläger früher verhängte Sperre aufzuheben, und hätten das auch den mit ihnen verhandelnden Arbeitgebern mitgeteilt. Von diesen sei aber verlangt worden, daß die

Sperre aufrechterhalten bleibe, und zwar in der Weise, daß davon der Abschluß des Tarifvertrages zwischen den Arbeitgebern und den Arbeitnehmern abhängig gemacht worden sei. Die Vertreter der letzteren hätten sich bemüht, die Aufnahme der Kläger in die Tarifgemeinschaft herbeizuführen, sich aber schließlich genötigt gesehen, um im Interesse der Arbeiter das Zustandekommen des Tarifes nicht zu gefährden, in die Aufrechterhaltung der über die Kläger verhängten Sperre zu willigen.

Durch das Verhalten der Arbeitgeber, nämlich durch die Verweigerung der Zulassung der Kläger zu der Vereinigung der Feingoldschläger und durch die Aufrechterhaltung der von dem Metallarbeiterverbande über die Kläger verhängten Sperre, seien diese an ihrem Vermögen geschädigt worden, indem ihnen die Gewinnung brauchbarer Gewerbegehilfen zeitweilig unmöglich gemacht oder doch ungemein erschwert worden sei, und die vereinigten Arbeitgeber seien sich auch wohl bewußt gewesen, daß ihr Vorgehen gegen die Kläger diese Folge haben müsse.

Die beiden Beklagten T. und Br. hätten an dem Beschluß, den Klägern die nachgesuchte Aufnahme in die Vereinigung der Arbeitgeber zu verweigern, teilgenommen. Der Ausschluß der Kläger aus der Tarifgemeinschaft und die damit veranlaßte Geschäftssperre habe nur den Zweck gehabt, die Konkurrenz der Kläger zu beseitigen und dadurch den eigenen Gewerbebetrieb der vereinigten Feingoldschläger günstiger zu gestalten. Der Grund, den man den Klägern gegenüber und auch bei den Verhandlungen mit den Vertretern der Arbeitnehmer für ihre Ausschließung von der Tarifgemeinschaft angegeben habe, daß diese „Neuanfänger" seien, die für das erste Jahr des Bestehens der Tarifgemeinschaft von dieser ferngehalten werden müßten, sei tatsächlich unzutreffend gewesen, da es sich um alte Betriebe gehandelt habe, die nur infolge der ungünstigen Verhältnisse zeitweilig eingestellt gewesen seien, und es sei das auch gar nicht der wahre Grund der vereinigten Arbeitgeber gewesen; diese hätten vielmehr nur die momentane Geschäftsniederlegung der Kläger unter Vorschützung des formalen Grundes, daß diese Neuanfänger seien, benutzt, um deren fernere Konkurrenz zu verdrängen.

Diese Feststellungen reichen nicht aus, die angefochtene Entscheidung zu rechtfertigen; es bedarf vielmehr noch einer weiteren Klarstellung des Sachverhalts.

Von den Klägern ist in den Vorinstanzen die Meinung vertreten worden, es sei eine unerlaubte Handlung im Sinne von § 826 BGB. schon darin zu befinden, daß ihnen der Beitritt zu der verklagten Vereinigung grundlos verweigert, und hierdurch in Verbindung mit dem Abschluß der Tarifgemeinschaft die Ausübung ihres Gewerbebetriebes unmöglich gemacht worden, und daß dieser Erfolg von der verklagten Vereinigung beabsichtigt gewesen sei. Die Beklagten haben demgegenüber geltend gemacht, daß die erwähnten Maßnahmen der verklagten Vereinigung sich als Ausübung eines Rechts im Sinne von § 226 BGB. darstellten, und aus ihnen ein

Schadensersatzanspruch der Kläger nur dann abgeleitet werden könnte, wenn jene Maßnahmen nur den Zweck haben könnten, den Klägern Schaden zuzufügen.

Diese letztere Auffassung, der sich die erste Instanz im wesentlichen angeschlossen hat, ist zweifellos unbegründet, und zwar schon deshalb, weil es sich bei der Nichtaufnahme der Kläger in die verklagte Vereinigung und bei dem Abkommen mit den Arbeitnehmern vom 18. März 1902 lediglich um eine kraft der allgemeinen Freiheit an sich erlaubte Handlung, keineswegs um die Ausübung eines besonderen Rechts handelt. Außerdem ist die ihr zugrunde liegende Auslegung des § 826 und die Auffassung des Verhältnisses dieser Vorschrift zu der in § 226, wie das Reichsgericht schon öfter ausgesprochen hat (vgl. Entsch. in Zivils. Bd. 58 S. 214flg.), unrichtig.

Dagegen ist von den Beklagten mit Recht in Abrede gestellt worden, daß in den vorstehend erwähnten Akten der verklagten Vereinigung und ihrer Mitglieder eine unerlaubte Handlung im Sinne von § 826 BGB. überhaupt enthalten sei. Wenn sich eine größere Anzahl Gewerbetreibender zu einer Vereinigung zusammenschließt, um durch von ihnen getroffene Maßregeln den an der Vereinigung Beteiligten Vorteile für ihren Gewerbebetrieb zu erzielen, so enthält es keinen Verstoß gegen die guten Sitten, wenn einem oder mehreren Gewerbetreibenden derselben Branche der nachgesuchte Beitritt zu der Vereinigung und dadurch die Teilnahme an den durch diese gebotenen Vorteilen versagt wird, und zwar auch dann nicht, wenn die Verweigerung der Aufnahme für die davon Betroffenen erhebliche Nachteile für ihren Gewerbebetrieb zur Folge hat. Hierbei ist es auch ohne Bedeutung, ob diese Aufnahme nach den Satzungen der Vereinigung zulässig wäre, oder nicht, und die Nichtaufnahme nimmt auch nicht dadurch den Charakter einer wider die guten Sitten verstoßenden Handlung an, daß sie deshalb erfolgt, weil die der Vereinigung angehörenden Gewerbetreibenden den Wettbewerb derjenigen, deren Zulassung zu dem Vereine abgelehnt wird, fürchten und durch die Fernhaltung von diesem beseitigen oder abschwächen wollen. Es ist daher im vorliegenden Falle unerheblich, ob die Kläger im Sinne der Satzungen des verklagten Vereins Neuanfänger waren; war dies, wie die Vorinstanz annimmt, nicht der Fall, so folgt daraus nur, daß die verklagte Vereinigung nach ihren Satzungen die Kläger aufnehmen durfte, keineswegs aber stand diesen ein Recht auf die Aufnahme zu; dies würde selbst dann nicht der Fall sein, wenn bei richtiger Handhabung der Satzungen die Aufnahme der Kläger hätte erfolgen sollen, da diese, als außerhalb des Vereins stehend, keinen Anspruch auf Einhaltung der Satzungen haben.

An der vorstehenden Beurteilung kann auch der Umstand nichts ändern, daß gleichzeitig mit der Begründung der Vereinigung das als Tarifgemeinschaft bezeichnete Abkommen mit den Arbeitnehmern der Branche getroffen worden ist. Wenn dort in § 15 vereinbart ist, daß die durch den Deutschen Metallarbeiterverband vertretenen Arbeiter und Arbeiterinnen nur in „tariftreuen" Betrieben Beschäftigung nehmen sollten, so ist damit nicht bestimmt, daß diese Arbeitnehmer ausschließlich bei den der verklagten Vereinigung angehörenden Industriellen arbeiten dürften, sondern nur, daß sie auf Arbeitgeber beschränkt sein sollten, die sich bezüglich ihres Verhältnisses zu den Arbeitern den in dem Tarif getroffenen Bestimmungen unterwerfen würden. Es kann deshalb dahingestellt bleiben, ob es als Verstoß gegen die guten Sitten betrachtet werden könnte, wenn die Vereinbarung dahin gegangen wäre, daß die von dem Metallarbeiterverband vertretenen Arbeitnehmer ausschließlich bei der verklagten Vereinigung angehörenden Feingoldschlägern arbeiten dürften; eine Frage, gegen deren Bejahung übrigens wesentliche Bedenken erhoben werden könnten.

Es kommt hiernach nur noch die Behauptung der Kläger in Betracht, daß bei den mit den Vertretern der Arbeitnehmer über den Tarif gepflogenen Verhandlungen von den Vertretern der Arbeitgeber verlangt und durchgesetzt worden sein soll, daß die von dem Deutschen Metallarbeiterverbande im Jahre 1901 über die Betriebe der beiden Kläger verhängte Arbeitersperre noch für die Dauer eines Jahres, von dem Inkrafttreten des Tarifs an gerechnet, aufrechterhalten blieb. Dieses Anführen erscheint an sich geeignet, einen Schadensersatzanspruch aus § 826 BGB. zu begründen. Wenn ein Gewerbetreibender oder eine Mehrzahl von solchen einen Verband von Arbeitnehmern, insbesondere einen solchen von dem Umfang und dem Einfluß wie der Deutsche Metallarbeiterverband, vorsätzlich dazu bestimmt, den an dem Verbande beteiligten Arbeitnehmern zu verbieten, bei einem bestimmten Arbeitgeber Beschäftigung zu nehmen, und wenn dies geschieht zu dem Zwecke, um diesem Arbeitgeber den Betrieb seines Geschäfts unmöglich zu machen oder zu erschweren und dadurch dessen Konkurrenz zu beseitigen, so verstößt dieses Verhalten der betreffenden Gewerbetreibenden nicht etwa bloß gegen die Grundsätze, von denen sich Männer von vornehmer Denkungsart und feinem Anstandsgefühl im geschäftlichen Leben leiten lassen, sondern es geht auch weit über das hinaus, was nach dem allgemeinen Volksbewußtsein und nach der sittlichen Auffassung aller billig und gerecht Denkenden im geschäftlichen Wettbewerb als erlaubt gilt.

Im vorliegenden Falle ist von dem Berufungsgerichte festgestellt, daß die beiden Kläger im Jahre 1901 ihre Geschäftsbetriebe eingestellt hatten, weil die Geschäfte schlecht gingen, und die bei ihnen damals tätigen Arbeiter auf eine Herabsetzung der Löhne nicht eingehen wollten, und daß damals über ihre Betriebe von dem Deutschen Metallarbeiterverbande die Sperre verhängt worden ist.

In den ersten Monaten des Jahres 1902 haben, so stellt das Berufungsgericht weiter fest, die Kläger den Entschluß gefaßt, ihre Betriebe wieder aufzunehmen, und Maßregeln zur Ausführung dieses Entschlusses getroffen, und sie sind dabei bereit gewesen, in ihren Geschäften sich ganz den Normen anzupassen, die bei den Verhandlungen zwischen den Nürnberger und Schwabacher Feingoldschlägereibesitzern einer- und den in dieser Branche tätigen Arbeitnehmern andererseits festgestellt werden würden. Hiervon haben sowohl die ersteren als auch die Vertreter der Arbeitnehmer Kenntnis erlangt. Diese sind deshalb bereit und entschlossen gewesen, die Aufhebung der im Jahre 1901 über die Geschäfte der Kläger vom Metallarbeiterverbande verhängten Sperre herbeizuführen; es ist dies aber, und zwar allein deshalb unterblieben, weil bei den Verhandlungen zwischen den Vertretern der Arbeitgeber und denjenigen der Arbeitnehmer von den ersteren verlangt worden ist, daß die über die Kläger verhängte Arbeitersperre noch ein Jahr aufrechterhalten werde, und davon, daß dies geschehe, das Zustandekommen des Tarifvertrages geradezu abhängig gemacht worden ist. Es ist dies von seiten der Vertreter der Arbeitgeber, wie das Berufungsgericht ebenfalls als erwiesen erachtet, geschehen, um unter Benutzung der zeitweiligen Betriebseinstellung der Kläger deren Konkurrenz zu verdrängen.

Nach diesen an sich einwandfreien Feststellungen des Berufungsurteils kann kein Zweifel darüber bestehen, daß bei jenen Verhandlungen durch Vertreter der Arbeitgeber in einer den guten Sitten zuwiderlaufenden Weise vorsätzlich den Klägern Schaden zugefügt worden ist. Die Feststellungen reichen aber nicht aus, die Annahme zu begründen, daß für den den Klägern entstandenen Schaden die jetzigen Beklagten aufzukommen haben.

Es ist, was die beiden Beklagten Br. und T. anlangt, nicht festgestellt, daß sie selbst bei den in Frage stehenden Verhandlungen in der vorstehend bezeichneten Weise auf die Vertreter der Arbeitnehmer eingewirkt haben, oder daß sie bezüglich dessen, was insoweit von anderen Personen geschehen ist, als Anstifter oder Gehilfen anzusehen seien.

Was aber die verklagte Vereinigung betrifft, so ist gleichfalls unaufgeklärt geblieben, inwiefern sie für jene rechtswidrige Beeinflussung der Vertreter der Arbeitnehmer verantwortlich zu machen sei. Es ist nicht festgestellt, daß durch einen einstimmig oder auch nur durch Majorität gefaßten Beschluß diejenigen Personen, welche die Verhandlungen mit den Arbeitnehmern führten, angewiesen oder ermächtigt worden seien, die Aufrechterhaltung der Sperre über die beiden Kläger zu verlangen, oder daß dies auch nur mit Vorwissen der Mitgliederversammlung geschehen sei. Ebensowenig ist aber auch festgestellt, daß diejenigen Personen, welche das erwähnte Verlangen gegenüber den Vertretern der Arbeitnehmer gestellt und durchgesetzt haben, Vertreter der Vereinigung gewesen seien; es steht nicht einmal fest, daß diese zu der in Betracht kommenden Zeit bereits bestanden hat. Es kann deshalb für jetzt unentschieden bleiben, ob, wenn die rechtswidrige Beeinflussung der Arbeitnehmer durch zu Geschäftsführern der Vereinigung bestellte Personen erfolgte, diese dabei aber auf eigene Hand ohne einen dahingehenden Beschluß der übrigen Vereinsmitglieder gehandelt haben, sich hieraus eine Haftung des verklagten Vereins ableiten ließe, ob insbesondere der von einzelnen Seiten vertretenen Meinung, daß die Bestimmung in § 31 BGB. auch auf nicht eingetragene Vereine anzuwenden sei, würde beigepflichtet werden können.

Das angefochtene Urteil mußte hiernach aufgehoben, und die Sache zur nochmaligen Verhandlung und Entscheidung an das Berufungsgericht zurückverwiesen werden." ...

RGZ. 73, 187

1. Ist die willkürliche Ausschließung eines Mitgliedes aus einem Verein zulässig, wenn die Vereinssatzung darüber nichts enthält?

2. Gehören die Vereinsnormen über die Ausschließung von Mitgliedern zur Satzung des Vereins, und unterliegt deshalb ihre Aufhebung den Anforderungen der §§ 71, 60—64, 66 Abs. 2 BGB?

BGB. §§ 35, 54.

IV. Zivilsenat. Urt. v. 23. März 1910.

I. Landgericht Freiburg. II. Oberlandesgericht Karlsruhe.

Der Kläger gehörte dem unter dem Namen „Verein Freiburger Ärzte" in F. bestehenden verklagten Vereine seit dem 31. Oktober 1896 als Mitglied an. Nach § 2 der Satzungen vom 6. Dezember 1895 besteht der Zweck dieses Vereins in der Pflege der Kollegialität, sowie in der Förderung der Wissenschaft und der Standesinteressen. Der Verein hat am 26. Juni 1903 neue Satzungen angenommen und am 22. Oktober 1903 die Eintragung in das Vereinsregister erlangt. Am 15. Mai 1908 beschloß die Mitgliederversammlung des Vereins mit 26 gegen 14 Stimmen bei 6 Stimmenthaltungen, den Kläger aus der Liste der Vereinsmitglieder zu streichen. Die Veranlassung zu dieser Ausschließung bestand darin, daß der Kläger im Mai 1907 eine unentgeltliche Sprechstunde für Unbemittelte im Anschluß an seine Privatklinik eingerichtet und dies öffentlich bekanntgemacht hatte. Der Vorstand des Vereins hatte hierin eine Verletzung der ärztlichen Standespflichten erblickt und zunächst gegen den Kläger bei dem ärztlichen Ehrengericht in Freiburg Anzeige erstattet. Der Kläger war wegen dieser Verfehlung durch Urteil des Ehrengerichts vom 21. September 1907 zu einer Warnung verurteilt worden. Seine Berufung hatte in der Hauptsache keinen Erfolg gehabt; nur von der Tragung der Kosten der Berufungsinstanz war er durch das Urteil des Ehrengerichtshofes vom 12. Februar 1908 mit der Begründung entbunden worden, daß das nicht völlig konsequente Verhalten des „Vereins Freiburger Ärzte" in der Poliklinikenfrage für ihn eine gewisse Entschuldigung bilde.

Der Kläger behauptete, seine Ausschließung sei sachlich nicht begründet; sie habe aber auch nicht in dem durch die Vereinssatzungen vorgesehenen Verfahren stattgefunden. In dieser Beziehung verwies er auf den mit § 5 der Satzungen vom 26. Juni 1903 übereinstimmenden § 4 der Satzungen vom 6. Dezember 1895, wonach jedes Mitglied nach seiner Aufnahme einen Abdruck der Satzungen, der Standes- und der Kassenordnung erhält und sich durch Namensunterschrift zu deren Befolgung verpflichtet, sowie darauf, daß in der hier erwähnten Standesordnung des Vereins vom 7. Dezember 1888 zwar die Möglichkeit einer Ausschließung aus dem Vereine, immerhin aber nur nach voraufgegangenem schiedsrichterlichen Verfahren durch folgende Bestimmungen vorgesehen sei. Das Schiedsgericht soll nach § 10 der Standesordnung aus dem Vorsitzenden des Vereins oder dessen Stellvertreter und aus zwei Mitgliedern oder den Ersatzmännern dieser Mitglieder bestehen; „der Angeklagte" — so heißt es weiter — „hat das Recht der Ablehnung der einzelnen Mitglieder des Schiedsgerichts, für welche dann die Ersatzmänner einzutreten haben." Zu den Verhandlungen, die mündlich oder geheim zu führen sind, können nach § 11 Zeugen geladen werden. Sodann bestimmt § 13: „Das Urteil kann lauten auf: 1. Freisprechung, 2. Belehrung, 3. Verweis, 4. Antrag an den Verein zur Ausschließung. Will sich ein Kläger oder Beklagter bei dem Urteile des Schiedsgerichts nicht beruhigen, so kann er Berufung an den ärztlichen Ausschuß Badens einlegen."

Im gegebenen Falle hat das schiedsgerichtliche Verfahren nicht stattgefunden. Mit dem Klagantrage beansprucht der Kläger die Feststellung, daß der Ausschließungsbeschluß vom 15. Mai 1908 unwirksam sei. Der Beklagte beantragt, die Klage abzuweisen und macht geltend, die Standesordnung vom 7. Dezember 1888 sei seit der Geltung des badischen Gesetzes vom 10. Oktober 1906, die Rechtsverhältnisse des Sanitätspersonals betreffend, außer Wirksamkeit getreten, da alle ärztlichen Disziplinarsachen nach diesem Gesetze in dem darin verordneten ehrengerichtlichen Verfahren zu erledigen seien. Über die Ausschließung aus dem Verein enthielten die Satzungen keine Bestimmung. Der Kläger sei ausgeschlossen worden, weil die Mehrheit der Vereinsmitglieder ihn in dem Vereine nicht mehr habe dulden wollen. Das sei keine Disziplinarmaßregel, sondern lediglich eine Betätigung der Souveränität des Vereinswillens.

Das Landgericht gab dem Klagantrage mit der Begründung statt, daß die seiner Annahme nach durch das Gesetz vom 10. Oktober 1906 nicht berührten Vorschriften der Standesordnung über das schiedsgerichtliche Verfahren einzuhalten gewesen wären, jedoch nicht eingehalten worden seien. Auf die vom Beklagten eingelegte Berufung wies das Oberlandesgericht abändernd die Klage ab. Es läßt dahingestellt, ob das schiedsgerichtliche Verfahren der Standesordnung neben dem Gesetze vom 10. Oktober 1906 in Geltung geblieben sei. Jedenfalls sei infolge eines Vereinsbeschlusses vom 21. Dezember 1906, auf den sich der verklagte Verein in zweiter Instanz berufen hatte, die Standesordnung seit dem Mai 1907 außer Kraft getreten. Dieser Beschluß der Mitgliederversammlung vom 21. Dezember 1906 lautete wie folgt:

„Die Funktionen des bisherigen Schiedsgerichts werden bis zu der nach der neuen Ärzteordnung vollzogenen Wahl der Ehrengerichte dem Gesamtvorstande des Vereins übertragen."

Die in dem Beschlusse erwähnte Wahl der Ehrengerichte fand aber im Mai 1907 statt. Somit — führt das Oberlandesgericht weiter aus — fehle es jetzt an einem Organe, das satzungsmäßig zur Ausschließung von Mitgliedern des verklagten Vereins berufen sei. Da aber die Ausschließung aus einem Verein auch dann zulässig sei, wenn die Vereinssatzung eine Bestimmung darüber nicht enthalte, so sei jetzt die Mitgliederversammlung des verklagten Vereins zuständig, über die Ausschließung zu beschließen. Die sachliche Nachprüfung des Ausschließungsbeschlusses liege dem Gerichte nicht ob. Eine formelle Ordnungswidrigkeit habe der Kläger selbst nicht behauptet. Die Revision des Klägers führte zur Wiederherstellung des landgerichtlichen Urteils.

Aus den Gründen:

. . . „Die Entscheidung hängt davon ab, ob der Annahme des Berufungsrichters beigetreten werden kann: ein Verein dürfe, auch wenn seine Satzung nichts darüber enthält, ein Mitglied nach freiem Belieben ausschließen; die Ausschließungsbefugnis beruhe auf der Autonomie des Vereins; sie entspreche den Bedürfnissen des Verkehrs und ohne sie könne der Verein seine Existenz nicht behaupten. Das trifft zunächst auf nicht rechtsfähige Vereine deshalb nicht zu, weil bei ihnen nach § 54 in Verbindung mit §§ 737, 723 Abs. 1 Satz 2 BGB. die Zulässigkeit der Ausschließung davon abhängt, daß in der Person des auszuschließenden Mitgliedes ein wichtiger Grund zur Ausschließung entstanden ist. Es kann im gegebenen Falle davon abgesehen werden, zu untersuchen, ob mit der Erlangung der Rechtsfähigkeit — mag sie auf einer Eintragung in das Vereinsregister, oder auf staatlicher Verleihung beruhen — das Ausschließungsrecht des Vereins unter derselben gesetzlichen Einschränkung wie vorher bestehen bleibt. Denn der Beklagte hat nicht behauptet, daß der Kläger ihm zur Ausschließung einen wichtigen Grund gegeben habe; er will ihn vielmehr lediglich durch Betätigung „der Souveränität des Vereinswillens" ausgeschlossen haben, weil die Mehrheit der Mitglieder ihn nicht länger in dem Vereine habe dulden wollen. In keinem Falle aber geht das bis dahin beschränkte Ausschließungsrecht des Vereins durch die Entstehung der Rechtsfähigkeit in ein unbeschränktes, zum freien Belieben der Mitgliederversammlung oder eines andern Vereinsorgans gestelltes Recht über.

Hat man bei der Gründung des Vereins oder bei einer Neuregelung seiner Verfassung durch die Vereinssatzung nicht für nötig befunden, der Vereinsversammlung oder einem andern Vereinsorgane ein solches Recht der willkürlichen Ausschließung beizulegen, so ist es schlechterdings nicht verständlich, wie sich aus den Anforderungen des Verkehrs oder gar aus der Rücksicht auf die dem Verein zu gewährende Existenzmöglichkeit eine derartige Rechtsfolge ergeben sollte. Gerade im Gegenteil ließe es sich als Regel annehmen, daß das Bestehen des Vereins aufs ernstlichste gefährdet sein würde, wenn seine Mitglieder nicht rechtlich dagegen geschützt wären, daß die Zufallsmehrheit einer ordnungsmäßig berufenen Versammlung sie durch eine in ihr freies Belieben gestellte Ausschließung aus dem Vereine maßregeln, dadurch aber in ihrem Ehrempfinden verletzen oder sie auch vermögensrechtlich schädigen könnte. Mit der „Autonomie“ des Vereins hat die Ausschließung eines einzelnen Mitgliedes überhaupt nichts zu tun. Will man den Begriff der Selbstgesetzgebung nicht sinnwidrig auf das ganze Gebaren des Vereins ausdehnen, so läßt sich darunter nur das Recht verstehen, sich seine Satzung und damit seine Verfassung, soweit sie nicht auf gesetzlichen Vorschriften beruht, selbst zu geben (§ 25 BGB.). Dadurch aber, daß der Verein einem einzelnen Mitgliede die Mitgliedschaft entzieht, handelt er entweder — sofern er sich dieses Recht satzungsmäßig beigelegt hat — in Ausübung bestehender Rechte und vollführt alsdann einen Akt nicht der Autonomie, sondern der Vereinsverwaltung (vgl. Entsch. des RG.s in Zivils. Bd. 49 S. 154), oder er bricht die Verfassung. Denn diese gewährleistet, soweit sie nicht einzelne Mitglieder durch Einräumung besonderer Einzelrechte bevorzugt (§ 35 BGB.), allen anderen Mitgliedern die gleichen Mitgliedschaftsrechte.

Sonderrechte darf der Verein nach § 35 BGB. ohne die Zustimmung des bevorrechtigten Mitgliedes nicht beeinträchtigen; und zwar weder durch eine Verwaltungsmaßregel noch auch durch einen Akt der Selbstregelung seiner Verfassung. In beiden Beziehungen steht er gegenüber den allgemeinen Mitgliedschaftsrechten der einzelnen Mitglieder allerdings freier da; er kann also z. B. für alle Mitglieder Bestimmungen treffen, die in gleichmäßiger Weise die Benutzung des Vereinsvermögens (Gebrauch der Vereinsräume für ihre Privatzwecke, Benutzung der Vereinsbücherei usw.) gegen früher einschränken. Er kann jedoch nicht durch einen bloßen Verwaltungsakt einzelnen Mitgliedern oder einer Gruppe von ihnen einen Vorzug einräumen oder, was dem gleich käme, die Rechte der anderen im Vergleich zu ihnen heruntersetzen. Will er dies tun, so bedarf es hierzu einer Satzungsänderung mit den dafür gesetzlich (§§ 33, 71, 60—64 BGB.) oder satzungsmäßig (§ 40) vorgeschriebenen Erfordernissen.

Muß hiernach davon ausgegangen werden, daß schon die Einzelrechte des Mitgliedes in dieser Weise unter dem Schutze des Gesetzes stehen und von dem Vereine nicht durchbrochen werden dürfen, so kann vollends keine Rede davon sein, daß die von den Mitgliedschaftsrechten begrifflich unterschiedene Mitgliedschaft selbst (vgl. § 38 BGB.), in der sich die Gesamtheit aller Mitgliedschaftsrechte, der Sonderrechte ebensowohl wie der allgemeinen Mitgliedschaftsrechte vereinigt findet, einer freien und willkürlichen Verfügung des Vereins oder einzelner Vereinsorgane unterworfen sei — immer vorausgesetzt, daß die Satzung darüber nichts enthält. Der Verein kann deshalb die Schranken, die er den Mitgliedschaftsrechten gegenüber einzuhalten hat, auch nicht in der Weise durchbrechen, daß er ein Mitglied ausschließt und es dadurch aller seiner Einzelrechte überhaupt entsetzt. Schon die Erwägung, daß nach vernünftigem Ermessen dem Odium einer willkürlichen Ausschließung doch höchstens der ausgesetzt sein könnte, der sich freiwillig einer in der Satzung vorgesehenen so weit gehenden Machtbefugnis durch seinen Beitritt oder durch sein Verbleiben im Verein unterworfen hat, müßte, wenn alle anderen Gründe versagen, mit Notwendigkeit zu einer derartigen Gesetzesauslegung hinführen.

Es kommt aber noch ein zweiter Grund hinzu, aus dem das Berufungsurteil gleichfalls aufgehoben werden müßte, wenn nicht schon der bisher erörterte erste Grund die Aufhebung und zugleich die Wiederherstellung des landgerichtlichen Urteils erforderlich machte. Auch die Voraussetzung nämlich, von der der Berufungsrichter ausgegangen ist, daß das, was die Standesordnung vom 7. Dezember 1888 über die Ausschließung von Vereinsmitgliedern enthält, keinen Teil der Vereinssatzung bilde, und daß die Vorschriften der Standesordnung rechtswirksam außer Kraft gesetzt worden seien, gibt zu erheblichen Bedenken rechtlicher Art Veranlassung. Was den Inhalt der Standesordnung anlangt, so würde, solange nicht durch weitere Erörterungen vor dem Richter der Tatfrage eine andere Annahme nahegelegt wird, aus ihren Vorschriften zu entnehmen sein, daß es zum unfreiwilligen Ausscheiden eines Mitgliedes aus dem Vereine nur dann kommen sollte, wenn mit allen Kautelen, die in den §§ 10flg. zugunsten des „angeklagten" Mitgliedes vorgesehen waren, im schiedsgerichtlichen Verfahren die Entscheidung erging, es solle „der Antrag an den Verein zur Ausschließung" gestellt werden, und daß, sobald diese Voraussetzung erfüllt war, es nun noch der Mitgliederversammlung überlassen blieb, dem Ausschließungsantrage stattzugeben oder nicht. Haben die Bestimmungen der Standesordnung diese Bedeutung gehabt, so bildeten sie einen Teil der Satzung; dies um so mehr, als die unter der Aufschrift „Satzungen" zusammengefaßten Vereinsnormen auf die Standesordnung Bezug nehmen. Denn was zur Satzung des Vereins gehört, bestimmt sich nicht nach der formellen Einreihung unter eine mit diesem Worte äußerlich zusammengefaßte Anzahl von Vereinsparagraphen, sondern nach dem Inhalt der von dem Vereine erlassenen allgemeinen, die Vereinsverhältnisse regelnden Vorschriften. Diese enthalten Satzungsnormen, wenn sie die Verfassung des Vereins betreffen, und zur Verfassung wiederum gehört jedenfalls alles, was sich auf die Zusammensetzung des Vereins, seinen Personenbestand bezieht, darum nicht nur die Bestimmungen über den Eintritt und Austritt der Mitglieder (§ 58 Nr. 1 BGB.), sowie über die Entstehung der Mitgliedschaft in anderer Weise, z. B. gemäß §§ 38, 40 durch Übertragung oder durch Erbfall, sondern es gehören dazu ebenso alle Vorschriften, durch die ein unfreiwilliger Verlust der Mitgliedschaft vorgesehen ist. Alle diese die Verfassung des Vereins betreffenden Vorschriften, auch wenn sie weder gemäß § 57 BGB. in der Satzung enthalten sein müssen, noch auch gemäß § 58 in ihr enthalten sein sollen, bilden einen Teil der Satzung. Der Berufungsrichter geht deshalb wiederum von einer falschen Voraussetzung aus, wenn er Schlüsse daraus zieht, daß der Vorstand des Vereins, als er diesen zur Eintragung in das Vereinsregister anmeldete, nicht verpflichtet gewesen sei, außer den „Satzungen“ auch noch die Standesordnung dem Registerrichter gemäß § 59 Abs. 2 Nr. 1 einzureichen. Hat weder der Registerrichter noch auch die nach § 61 flg. zuständige Verwaltungsbehörde dies bemängelt und die Vorlegung der Standesordnung verlangt, so mag dies darin seinen Grund gehabt haben, daß bei einem Vereine, der so offensichtlich wie der verklagte Verein gemeinnützigen Zwecken diente, auch ohne weitere Prüfung Bedenken öffentlich-rechtlicher Art (§ 61 Abs. 2) gegen seine Eintragung nicht aufkommen konnten. Dann aber konnten sich zum mindesten sehr erhebliche Zweifel gegen die Annahme des Berufungsrichters ergeben, daß die unterbliebene Einreichung der Standesordnung die Rechtsfolge hatte, ihre Vorschriften im Falle der Änderung von den in den §§ 71, 60—64 BGB. gestellten Anforderungen zu befreien, und daß deshalb der Beschluß des Vereins vom 21. Dezember 1906, auch ohne in das Vereinsregister eingetragen zu werden, Rechtswirksamkeit erlangte (§ 71 Abs. 1 Satz 1).

In keinem Falle wäre die Landesgesetzgebung imstande gewesen, die Bestimmungen der Standesordnung über die Ausschließung von Mitgliedern aus dem verklagten Verein außer Kraft zu setzen. Denn diese Bestimmungen beruhen auf der den rechtsfähigen Vereinen durch § 25 BGB., also reichsgesetzlich, gewährleisteten Befugnis, sich ihre Verfassung selbst zu geben, also auf der sog. Autonomie der Vereine. Für einen Eingriff der Landesgesetzgebung würde nach Artt. 82, 218 EinfGes. zum BGB. nur dann Raum sein, wenn im vorliegenden Falle die Rechtsfähigkeit des verklagten Vereins nicht auf seiner Eintragung in das Vereinsregister, sondern auf staatlicher Verleihung beruhte. Es kommt mithin nicht darauf an, ob etwa das badische Gesetz vom 10. Oktober 1906, die Rechtsverhältnisse des Sanitätspersonals betreffend (Gesetz- und Verordnungsblatt S. 491), Vorschriften enthält, die so verstanden werden könnten, daß sie einer Fortgeltung der einschlägigen Bestimmungen, die in der Standesordnung des verklagten Vereins enthalten sind, entgegenständen. Übrigens würde dies auch unbedingt zu verneinen sein.

Es braucht indessen der Frage, ob die Ausschließung des Klägers aus dem verklagten Verein auch nach der formalen Seite hin den zu stellenden Anforderungen insofern nicht entsprochen hat, als dabei die Vorschriften der Standesordnung unbefolgt geblieben sind, nicht weiter nachgegangen zu werden. Denn selbst wenn in dieser Beziehung eine nochmalige Verhandlung der Sache in zweiter Instanz etwa zu einem dem Beklagten günstigen Ergebnisse führen könnte, bleibt immer noch bestehen, daß selbst dann der Kläger nicht, wie geschehen, nach freier Willkür von der Mitgliederversammlung ausgeschlossen werden durfte. Dieser Grund aber führt nicht nur zur Aufhebung des Berufungsurteils, sondern die Sache war auch zur Zurückweisung der Berufung des Beklagten für spruchreif zu erachten.“ . . .

RGZ. 74, 21

Wann ist ein städtischer Gasdirektor verfassungsmäßig bestellter Vertreter der Stadtgemeinde, insbesondere auf Grund der preußischen Städte-Ordnung von 1853?

BGB. §§ 30, 31, 89. Preuß. Städte-Ordnung von 1853 §§ 11, 56 Nr. 6.

VI. Zivilsenat. Urt. v. 2. Juni 1910.

I. Landgericht Stettin. II. Oberlandesgericht daselbst.

Aus den Gründen:

„Die Klägerin nimmt die Stadtgemeinde Stettin auf Ersatz des Schadens in Anspruch, der ihr durch eine Gasexplosion, die am 21. August 1906 in einem Stettiner Hause stattfand, an dem sie gerade auf der Straße vorüberging, mittels Verletzung ihres Körpers und ihrer Gesundheit zugefügt worden ist. Es ist festgestellt, daß eine der Ursachen der Explosion in einer fehlerhaften Legung eines Stückes der Gasrohrleitung bestand, wodurch ein Bruch desselben in der Erde und weiter ein Ausströmen und Eindringen des Gases in jenes Haus verursacht worden war. Hierfür soll der Stettiner Gasdirektor Kn. oder ein unterer Angestellter der städtischen Gasanstalt verantwortlich gewesen sein, und deswegen die Beklagte entweder nach § 823 Abs. 1 oder nach § 831 Abs. 1 oder nach § 836 Abs. 1 BGB. haften. Von diesen Begründungsarten kann indes in dieser Instanz die aus § 831 hergeleitete sofort wieder ausgeschieden werden, weil das Berufungsgericht angenommen hat, daß die Beklagte bei der Auswahl der in Betracht kommenden Angestellten die im Verkehr erforderliche Sorgfalt beobachtet habe und weil hiergegen rechtliche Bedenken weder vorliegen, noch in der Revisionsinstanz von der Klägerin erhoben worden sind. Im übrigen hat das Berufungsgericht die Klage deshalb abgewiesen, weil, während hier von einer vertraglichen Haftung der Beklagten keine Rede sein könne, der Gasdirektor Kn., dessen etwaiges Verschulden allein in Frage kommen könne, kein verfassungsmäßig berufener Vertreter der Stadt im Sinne des § 31 vgl. m. § 89 Abs. 1 BGB. gewesen sei. Hiermit würde in der Tat jeder Anspruch sowohl aus § 823 beseitigt sein, als auch aus § 836, insofern im übrigen der fehlerhaften Gasrohreinrichtung gegenüber die Beklagte die im Verkehr erforderliche Sorgfalt durch Anstellung eines, wie festgestellt, vertrauenswürdigen Gasdirektors betätigt haben würde. . . . Bei dieser Sachlage kann die sonst sehr wohl aufzuwerfende Frage dahingestellt bleiben, ob § 836 auf diesen Fall überhaupt anwendbar ist.

Da gegen die sonst noch in den Entscheidungsgründen des vorigen Urteils vorkommenden Rechtsansichten keinerlei Bedenken vorliegen, so bleibt nur noch die Frage zu erörtern übrig, ob das Berufungsgericht mit Recht die Eigenschaft des Gasdirektors Kn. als verfassungsmäßig berufenen Vertreters der Beklagten verneint hat. Da ist nun zunächst die Rüge ganz grundlos, daß es den § 30 BGB. übersehen habe. Indem das Oberlandesgericht untersuchte, ob Kn. ein „anderer verfassungsmäßig berufener Vertreter“ (bei Vereinen im Gegensatze zum Vorstande, dem bei preußischen Stadtgemeinden der meisten Provinzen der Magistrat entspricht) der Beklagten gewesen sei, hat es gerade denjenigen Teil des § 31 erörtert, der sich auf den § 30 zurückbezieht.

Auch sonst aber ist der Entscheidung des Berufungsgerichts beizustimmen. Allerdings muß der Klägerin zugegeben werden, daß sie schwer zu vereinigen ist mit der Auffassung, welche dem in den Entsch. in Zivils. Bd. 70 S. 119flg. abgedruckten Urteile des erkennenden Senates zugrunde liegt, in dem ein ordnungsmäßig angestellter Stadtbaumeister ohne Rücksicht darauf, ob die Anstellung auf Grund einer organisatorischen Verwaltungsbestimmung oder nur durch einen einzelnen Beschluß von Magistrat und Stadtverordneten erfolgt war, für einen verfassungsmäßig berufenen Vertreter der Stadtgemeinde im Sinne der §§ 30, 31, 89 Abs. 1 BGB. erklärt worden ist. Aber diese Auffassung kann auch nicht aufrecht erhalten, und es muß zu dem wahren Sinne der a.a.O. Bd. 53 S. 277ff. veröffentlichten Entscheidung zurückgegriffen werden, wonach nur die durch ein Gesetz oder durch eine gleichwertige allgemeine (bei einer Stadtgemeinde also statutarische) organisatorische Bestimmung vorgesehenen Beamten als Vertreter dieser Art zu gelten haben, vorausgesetzt natürlich, daß sie nach der betreffenden Bestimmung überhaupt Vertretungsgewalt Dritten gegenüber haben sollen. Daß ein solcher Fall hier nicht vorliegt, ist vom Berufungsgerichte bedenkenfrei festgestellt worden. Wie sich hiergegen etwas aus § 11 oder aus § 56 Nr. 6 der preußischen Städte-Ordnung von 1853 ergeben könnte, ist nicht abzusehen. Wenn in der Sache IV. 679/08 durch Urteil vom 30. September 1909 der IV. Zivilsenat es für nicht rechtsirrtümlich erklärt hat, daß das Berufungsgericht einen Markthalleninspektor als einen verfassungsmäßig berufenen Vertreter der Stadtgemeinde Danzig hatte gelten lassen, so mag es vielleicht sein, daß hierbei eine Verschiedenheit der rechtlichen Auffassung des damals erkennenden Senats von der hier dargelegten mitgewirkt hat; dies tritt jedoch nicht klar genug zutage, um dem jetzt erkennenden Senate eine Anrufung der vereinigten Zivilsenate als gerechtfertigt erscheinen zu lassen, zumal da der IV. Zivilsenat dort ausdrücklich erklärt hat, grundsätzlich nicht von der Rechtsprechung des sechsten in dieser Frage abzuweichen.

Daher war hier die Revision zurückzuweisen.“ ...

RGZ. 74, 250

1. Über das Verhältnis der Beamtenhaftung des § 839 BGB. zu der allgemeinen Haftung für unerlaubte Handlungen, insbes. nach § 823 Abs. 1 BGB.

2. Kann der wegen Fahrlässigkeit in Anspruch genommene Beamte den Beschädigten nach § 839 Abs. 1 BGB. auch an den Fiskus des Staates verweisen, der den Beamten angestellt hat?

3. **Sind die für den Kaiser Wilhelm-Kanal angestellten Lotsen Beamte, für deren unerlaubte Handlungen der Reichsfiskus nach §§ 89, 31 BGB. einzustehen hat?**

I. Zivilsenat. Urt. v. 12. Oktober 1910.

Die Entscheidung ist abgedruckt unter „Bürgerliches Recht, Schuldrecht".

RGZ. 74, 371

Unter welchen Voraussetzungen ist eine lediglich auf Gelderwerb gerichtete Personenvereinigung im Sinne des § 54 BGB. als ein nicht rechtsfähiger Verein anzusehen, der als verklagte Partei und als Widerkläger Parteifähigkeit hat?

ZPO. § 50 Abs. 2.

VII. Zivilsenat. Urt. v. 25. Oktober 1910.

I. Landgericht I Berlin. II. Kammergericht daselbst.

Aus den Gründen:

„Der Berufungsrichter weist sowohl die Klage als auch die Widerklage mit der Begründung ab, die Beklagte und Widerklägerin sei nicht parteifähig, da sie als ein nicht rechtsfähiger Verein in Sinne des § 54 BGB. nicht anzusehen sei und deshalb der § 50 ZPO. keine Anwendung finde, nach dem nicht rechtsfähige Vereine verklagt werden und auch Widerklage erheben können. Diese, eine sachliche Prüfung der gegenseitigen Ansprüche der Parteien ausschließende, Entscheidung läßt sich bei Zugrundelegung des unstreitigen Sachverhalts nicht aufrecht erhalten, weil der nach § 56 ZPO. von Amts wegen zu berücksichtigende, vom Berufungsrichter als vorhanden angenommene Mangel der Parteifähigkeit der Beklagten nicht besteht.

Der VI. Zivilsenat des Reichsgerichts hat in den Entsch. in Zivils. Bd. 60 S. 94, 99 den Begriff des nicht rechtsfähigen Vereins dahin bestimmt: er sei eine dauernde Verbindung einer größeren Anzahl von Personen zur Erreichung eines ihnen gemeinsamen Zweckes, die sich eine die wesentlichen Merkmale korporativer Organisation enthaltende Gestaltung gegeben hat, einen Gesamtnamen führt und bei der ein Wechsel im Mitgliederbestande stattfindet, und zwar nicht vermöge besonderen Ausnahmerechts, sondern naturgemäß infolge des Wesens der Vereinigung. Dieser Begriffsbestimmung hat sich der I. Zivilsenat des Reichsgerichts in seinem Urteile vom 20. Oktober 1906 (vgl. Seuff. Arch. Bd. 62 S. 129, Holdheim, Monatsschrift 1907 S. 45) angeschlossen und schließt sich auch der jetzt erkennende Senat an. Das vor jener Entscheidung des

. Zivilsenats liegende Urteil desselben Senats vom 26. Mai 1906 (Rep. I 420.05), das die Revisionsbeklagte zu ihren Gunsten verwerten will, kann gegenüber der neueren Entscheidung dieses Senats um so weniger maßgebend sein, als es eine Vereinigung betraf, „die von vornherein auf eine engbegrenzte Dauer berechnet war", der es also an einem wesentlichen Begriffsmerkmale des nicht rechtsfähigen Vereins fehlte. Daß aber jene Merkmale sämtlich für die hier verklagte Erdölbohrgesellschaft zutreffen, ergibt sich aus den übereinstimmenden Angaben der Parteien und dem Inhalte des Statuts der Beklagten. In diesem bezeichnet sich die Beklagte selbst widerspruchsvoll einmal als eine „Gemeinschaft nach Bruchteilen im Sinne des 15. Titels des Bürgerlichen Gesetzbuches" (§ 1) und dann als „Gesellschaft" (§ 2), also als eine Vereinigung im Sinne des 14. Titels daselbst. Es kommt aber hierauf nicht an. Für die Entscheidung der Frage, welche Rechtsnatur eine rechtliche Vereinigung von Personen haben soll, ist zwar lediglich der Wille der die Vereinigung zur Entstehung bringenden Beteiligten von ausschlaggebender Bedeutung; maßgebend ist aber nicht die von ihnen gewählte Bezeichnung, sondern der objektive Inhalt der für ihre Rechtsverhältnisse nach innen und außen hin von ihnen gegebenen vertraglichen Bestimmungen.

Daß die Beklagte eine dauernde Verbindung darstellen sollte, ergibt sich unmittelbar aus ihrem in § 1 angegebenen Zwecke, Gerechtsame auf Erdöl und sonstige Mineralien zu erwerben, diese durch Bohrungen aufzuschließen, auszubeuten oder durch Veräußerung an andere zu verwerten. Der hiernach auf Gelderwerb gerichtete Zweck ließ sich nur durch lange fortgesetzten Betrieb erreichen. Daß ein solcher beabsichtigt war, ist auch daraus zu entnehmen, daß die Beklagte für die erfahrungsmäßig längere Zeit beanspruchenden Tiefbohrungen wertvolle Bohrmaschinen angeschafft hat. Wenn auch Vereine, insbesondere zur Zeit der Geltung des früheren Rechts, in den meisten Fällen nicht materielle, sondern ideale Zwecke verfolgten, so ist doch jedenfalls aus dem jetzigen Rechte kein Grund dafür herzuleiten, daß bloß auf Erwerb gerichtete Personenverbindungen als Vereine im Sinne des § 54 BGB. nicht angesehen werden könnten.

Es handelt sich bei der Beklagten auch um die Verbindung einer größeren Anzahl von Personen zur Erreichung des bezeichneten ihnen gemeinsamen Zweckes. Andernfalls wäre es nicht zu erklären, daß nach § 3 des Statuts die Beteiligung an der Beklagten in tausend Anteile zerlegt ist. Die Organisation der Beklagten ist eine korporative. Sie hat einen die Gesamtheit der Mitglieder nach außen und auch nach innen „gegenüber jedem einzelnen Gesellschafter" vertretenden Vorstand, dessen Mitglieder, die nicht als konkrete Personen, z. B. einzelne Mitglieder, sondern nur abstrakt als Organe der Beklagten bestimmt sind und die nicht einmal Mitglieder der Beklagten zu sein brauchen, auf mindestens zwei Jahre von der Generalversammlung gewählt werden (§ 4flg.). Für die Betätigung der Gesellschaft nach außen hin treten ihre einzelnen Mitglieder völlig gegen den allein handelnden Vorstand zurück. Auch in der Generalversammlung ist dem einzelnen Mitgliede Stimmrecht nicht für seine Person, sondern für je einen Anteil eine Stimme eingeräumt. Die Beklagte führt einen Gesamtnamen, unter dem sie geschäftlich handelt. Unter diesem Namen hat sie auch den mit der Klägerin vereinbarten Vertrag vom 29./31. Januar 1904 geschlossen und im jetzigen Rechtsstreite die Widerklage angestellt. Der Name der einzelnen Mitglieder, die anscheinend auch der Klägerin unbekannt sind, ist dabei ebensowenig hervorgetreten, wie das bei Rechtshandlungen juristischer Personen (Aktiengesellschaften, Gewerkschaften usw.) zutrifft. Der Wechsel des Mitgliederbestandes ist im Statute offenbar nicht als Ausnahme, sondern als ein häufig eintretendes und der Natur der Sache nach unvermeidliches Ereignis angesehen. Das ergibt sich schon aus der großen Anzahl der Gesellschaftsanteile und der leichten Art der Übertragung der über sie gebildeten Anteilscheine, die zur Umschreibung nur die Vorlegung des Anteilscheins beim Vorstande, die Beibringung einer unbeglaubigten Abtretungserklärung und einen schriftlichen Antrag des neuen Erwerbers erfordert, ohne daß dabei irgend eine Beteiligung oder Kenntnis vom Wechsel bei den übrigen Mitgliedern der Beklagten hinzukommen müßte. Ein gemeinschaftliches Vermögen ist vorhanden, das nach § 5 vom Vorstande verwaltet wird.

Der Berufungsrichter legt bei der Begründung seiner Annahme, die Beklagte sei als Verein nicht anzusehen, entscheidendes Gewicht darauf, daß das Statut keine Bestimmung darüber enthält, daß nur das Gesellschaftsvermögen für Verbindlichkeiten der Gesellschaft haften solle. Eine derartige ausdrückliche Beschränkung der persönlichen Haftbarkeit der Vereinsmitglieder auf das Vereinsvermögen ist aber keineswegs ein charakteristisches Merkmal des nicht rechtsfähigen Vereins. Nur so viel ist anzuerkennen, daß als Regel anzunehmen ist, die Vollmacht des Vorstandes solle nach dem Willen der Mitglieder auf deren Verpflichtung mit ihren Anteilen am Vereinsvermögen beschränkt sein. Diese Auffassung hat das Reichsgericht wiederholt vertreten (vgl. Entsch. in Zivils. Bd. 63 S. 65, Jurist. Wochenschr. 1907 S. 136 Nr. 16). Der von der Revision vermißten Bestimmung bedurfte es hiernach in dem Statute nicht; eine ausdrückliche Anordnung wäre vielmehr nur erforderlich gewesen, um die Haftbarkeit der Mitglieder mit ihrem eigenen Vermögen zu begründen.

Wenn endlich nach § 6 des Statuts, auf den die Revision besonders hinweist, in den Grundbüchern, und soweit es sonst vom Vorstande zur Vermeidung von Legitimationsschwierigkeiten für zweckdienlich erachtet wird, die Vermögensstücke der Gesellschaft auf den Namen des Vorstandsvorsitzenden eingetragen werden sollen, der dann eine Rückzession aller ihm zugeschriebenen Vermögensstücke den übrigen Vorstansdsmitgliedern zu erteilen und bei Beendigung seines Amts die Umschreibung auf den Namen seines Nachfolgers zu bewirken hat, so kann auch hierin nur eine auf bloß praktischen Rücksichten beruhende, aber die rechtliche Struktur der Gesellschaft nicht berührende Vorschrift gefunden werden, die zur Erleichterung und Vereinfachung des Geschäftsverkehrs der Gesellschaft dienen soll.

Da hiernach die Passivlegitimation der Beklagten und ihre Befugnis zur Anstellung der Widerklage als vorhanden anzusehen sind, muß das Berufungsurteil aufgehoben und der Rechtsstreit zur sachlichen Prüfung der von den Parteien erhobenen Ansprüche in die Vorinstanz zurückverwiesen werden."

RGZ. 78, 52

Hat ein Mitglied eines nicht rechtsfähigen Vereins gegen die Vorstandsmitglieder, nachdem ihr Amt durch Zeitablauf beendigt ist, einen Rechtsanspruch darauf, daß sie eine Mitgliederversammlung zum Zwecke der Neuwahl eines Vorstandes einberufen?

BGB. §§ 54, 705, 709, 710, 713.

V. Zivilsenat. Urt. v. 2. Dezember 1911.

I. Landgericht I Berlin. II. Kammergericht daselbst.

In dem Berliner Ortsvereine des Allgemeinen Deutschen Metallarbeiter-Verbandes waren 1908 Streitigkeiten über die Besetzung der Vorstandsämter ausgebrochen. Zwei Generalversammlungen im Februar und im März hatten einen neuen Vorstand gewählt. Die Zusammenberufung dieser Versammlungen aber war nicht ordnungsmäßig erfolgt, so daß eine gültige Wahl nicht vorlag.

Im August 1909 erhob ein Mitglied des Vereins gegen den alten Vorstand, dessen Amtsdauer am 31. März 1908 abgelaufen war, Klage mit dem Antrage, ihn zu verurteilen, binnen zwei Wochen eine Mitgliederversammlung mit der Tagesordnung „Neuwahl des Vorstandes" ordnungsmäßig einzuberufen.

Die Klage hatte in der ersten Instanz Erfolg, wurde aber vom Berufungsgerichte abgewiesen. Das Reichsgericht hat die Revision des Klägers zurückgewiesen, aus folgenden

Gründen:

... „Der Berufungsrichter gelangt ... zur Abweisung der Klage, weil mit dem 31. März 1908 das Amt des bis zu diesem Tage gewählten bisherigen Vorstandes erloschen, der Vorstand eines nicht rechtsfähigen Vereins nach Ablauf seines Amtes nicht mehr Vorstand und daher nicht mehr in der Lage sei, die dem Vorstande obliegenden Funktionen, wie die Einberufung einer Generalversammlung, auszuüben. Dieser Rechtsauffassung ist beizutreten.

Die Bildung eines Vereins, dessen Bestand vom Wechsel der Mitglieder unabhängig ist, hat zur notwendigen Voraussetzung, daß in einer

Satzung ein Vorstand als leitendes Organ vorgesehen ist (vgl. Entsch. des RG.'s in Zivils. Bd. 60 S. 98; Jur. Wochenschr. 1906, S. 452 Nr. 4). Auf Vereine, die nicht rechtsfähig sind, finden nach § 54 BGB. die Vorschriften über die Gesellschaft Anwendung. Der Satzung eines solchen Vereins ist daher hinsichtlich der Rechtsbeziehungen der Vereinsmitglieder zueinander die gleiche rechtliche Bedeutung beizumessen, wie dem Gesellschaftsvertrage (§ 705 BGB.) für die Rechtsverhältnisse zwischen den Gesellschaftern. Sind demnach Vereinsmitglieder zu Mitgliedern des in der Satzung vorgesehenen Vorstandes satzungsgemäß erwählt, so sind sie hinsichtlich ihrer Rechte und Verpflichtungen gegenüber den übrigen Vereinsmitgliedern denjenigen Gesellschaftern gleichzustellen, welchen gemäß § 710 BGB. die Führung der Geschäfte im Gesellschaftsvertrage übertragen worden ist. Daraus mag, wenn nach der Satzung, wie vorliegend, die Vorstandsmitglieder nur für eine bestimmte Zeit zu wählen sind und demnächst eine Neuwahl in einer Mitgliederversammlung stattzufinden hat, zu folgern sein, daß jedes Vereinsmitglied, wenn dem Vorstande oder einzelnen Vorstandsmitgliedern, wie der Kläger geltend macht, die Einberufung der Mitgliederversammlung nach der Satzung obliegt, einen Rechtsanspruch gegen die Vorstandsmitglieder darauf hat, daß von ihnen eine Mitgliederversammlung zum Zwecke der Neuwahl des Vorstandes rechtzeitig, also vor Ablauf ihrer Amtszeit, einberufen wird. Wenn die Vorstandsmitglieder die rechtzeitige Erfüllung dieser etwaigen Verpflichtung unterlassen haben, mögen sie den Vereinsmitgliedern, die dadurch etwa Schaden erlitten haben oder sonst in ihren rechtlichen Interessen beeinträchtigt worden sind, dafür aufzukommen haben, insbesondere zum Ersatze des entstandenen Schadens verpflichtet sein.

Nicht aber kann anerkannt werden, daß gegen die Vorstandsmitglieder nach Ablauf ihrer Amtszeit ein Anspruch der Vereinsmitglieder auf Einberufung einer Mitgliederversammlung zu dem genannten Zwecke besteht. Das Amt der Vorstandsmitglieder ist mit dem Ende der in der Satzung festgesetzten Dauer ihrer Amtszeit ebenso erloschen, wie im Falle ihres Todes oder ihrer nach Satzung oder Gesetz zulässigerweise erfolgten Absetzung vom Amte. Allerdings bestimmen sich ihre Rechte und Verpflichtungen gemäß dem auf sie anzuwendenden § 713 BGB. nach den für den Auftrag geltenden Vorschriften der §§ 664—670 BGB. Aber diese Vorschriften enthalten keine Bestimmungen nach der Richtung, daß der Beauftragte nach Beendigung der für den Auftrag festgesetzten Zeitdauer zur weiteren Besorgung der übertragenen Geschäfte befugt oder gar verpflichtet wäre.

Zwar könnte in Frage kommen, ob nicht auf die Vorstandsmitglieder eines nicht rechtsfähigen Vereins auch die in § 713 nicht angeführten weiteren Vorschriften des Bürgerlichen Gesetzbuchs über den Auftrag entsprechend zur Anwendung zu bringen seien. Jedoch auch von diesen Vorschriften kommt bezüglich der Fortsetzung der Geschäfte nur § 674 in Betracht, und hiernach gilt der Auftrag, wenn er in anderer Weise als durch Widerruf erlischt, lediglich zugunsten des Beauftragten als fortbestehend, bis der Beauftragte von dem Erlöschen Kenntnis erlangt oder das Erlöschen kennen muß. Hieraus ergibt sich nicht, daß die Vorstandsmitglieder nach der ihnen bekannten Beendigung ihrer Amtszeit noch befugt wären, die Geschäfte des Vereins weiterzuführen, sei es auch zu dem Zwecke, die Wahl eines neuen Vorstandes herbeizuführen; insbesondere nicht, daß eine solche Befugnis noch bestehen könnte, wenn, wie vorliegend, mehrere Jahre seit der Beendigung der Amtszeit vergangen sind. Jedenfalls ist aus den genannten Vorschriften eine den Vereinsmitgliedern gegenüber bestehende Rechtsverpflichtung früherer Vorstandsmitglieder, ihre Vorstandstätigkeit zu dem bezeichneten Zwecke fortzusetzen, in keiner Weise zu entnehmen. Ebensowenig läßt sich aus sonstigen gesetzlichen Bestimmungen die Annahme einer solchen Verpflichtung rechtfertigen.

Dem Einwande des Klägers, daß es bei der vorstehenden Rechtsauffassung überhaupt an der Möglichkeit fehle, eine Generalversammlung zur Neuwahl eines Vorstandes einzuberufen, begegnet der Berufungsrichter mit der Ausführung, § 29 BGB. — wonach das zuständige Amtsgericht in dringenden Fällen, soweit die erforderlichen Mitglieder des Vorstandes fehlen, sie für die Zeit bis zur Hebung des Mangels auf Antrag eines Beteiligten zu bestellen hat — finde allerdings auf nicht rechtsfähige Vereine keine Anwendung; jedoch sei, wenn ein Vorstand nicht vorhanden sei, jedes Mitglied des nicht rechtsfähigen Vereins befugt, eine Mitgliederversammlung zu berufen. Ob dies zutreffend ist, bedarf vorliegend einer Entscheidung nicht. Bemerkt mag nur werden, daß, wenn eine solche Befugnis des einzelnen Vereinsmitgliedes weder aus seiner nach dem Gesetze zu bestimmenden Rechtsstellung, noch aus besonderen Bestimmungen der Satzung zu entnehmen ist, gleiches zu gelten hat, wie wenn die Befugnis der zu Geschäftsführern bestellten Gesellschafter zur Geschäftsführung aus diesem oder jenem Grunde aufhört. Nach der Regel des § 709 BGB. steht dann die Führung der Geschäfte den Gesellschaftern gemeinschaftlich zu. Entsprechend sind beim Fehlen eines Vorstandes die Geschäfte des Vereins vorderhand von den Vereinsmitgliedern gemeinschaftlich zu führen. Demgemäß haben sie, wenn die Wahl eines neuen Vorstandes erfolgen soll, gemeinschaftlich darauf hinzuwirken, daß eine Mitgliederversammlung zu diesem Zwecke stattfindet." ...

RGZ. 79, 409

Kann, wenn der Vorstand eines Vereins die von der Mitgliederversammlung vorgenommene Wahl eines Mitgliedes in ein Organ des Vereins nicht gelten läßt, von dem gewählten Mitgliede gegen den Verein darauf geklagt werden, daß er die Wahl anerkenne und daß ihm Gelegenheit zu einer der Wahl entsprechenden Betätigung gegeben werde?

BGB. §§ 25, 27 Abs. 2.

IV. Zivilsenat. Urt. v. 13. Juni 1912.

I. Landgericht I Berlin. II. Kammergericht daselbst.

Der Kläger gehörte dem verklagten, jetzt in das Vereinsregister eingetragenen Vereine seit dem Jahre 1897 als Mitglied an. Er trat im Jahre 1904 aus und wurde im Jahre 1907 wieder aufgenommen. Der Verein hat nach seinen Satzungen nicht nur einen Vorstand, einen Ausschuß und andere Organe, sondern auch ein als „Ehrenrat" bezeichnetes Vereinsorgan. In der Mitgliederversammlung vom 6. Oktober 1910 wurde der Kläger zum Mitgliede des Ehrenrats gewählt. Er ist jedoch zu den Geschäften des Ehrenrats von dem Vorstande nicht zugezogen worden, weil die Vereinssatzungen die Bestimmung enthalten, daß die Mitglieder des Ehrenrats dem Vereine mindestens fünf Jahre angehören müssen. Der Kläger hat darauf gegen den Verein mit dem Antrage Klage erhoben, 1. festzustellen, daß die Dauer seiner Mitgliedschaft unter Hinzurechnung der früheren Dauer vom Mai 1897 bis Juli 1904 zu berechnen sei; 2. den Beklagten zu verurteilen, ihn als gewähltes Mitglied des Ehrenrats anzuerkennen und zu den Sitzungen einzuladen.

Die Klage ist abgewiesen und die Berufung des Klägers zurückgewiesen worden, weil beide Vorinstanzen der Meinung sind, daß nach den Vereinssatzungen die Wählbarkeit in den Ehrenrat eine Mitgliedschaft voraussetze, die in ununterbrochener Dauer fünf Jahre umfasse.

Die Revision wurde zurückgewiesen aus folgenden

Gründen:

„Wäre anzuerkennen, daß Meinungsverschiedenheiten und Zerwürfnisse, die in der hier behaupteten Art zwischen einem Vereinsvorstande und der Mitgliederversammlung entstehen, auf die Klage eines davon betroffenen Mitglieds zu einem Einschreiten der Zivilgerichte Veranlassung geben könne, so würde der erkennende Senat kein Bedenken getragen haben, der Revision stattzugeben." (Wird näher ausgeführt.) „Für die Revisionsinstanz war jedenfalls davon auszugehen, daß die Wahl des Klägers in den „Ehrenrat" des Krankenpflegervereins der Satzung nicht widersprochen hat. Ihr kommt jedoch nicht die Bedeutung zu, daß der Kläger dadurch in seinem Verhältnisse zum Verein ein Sonderrecht oder ein besonders bevorzugtes Mitgliedschaftsrecht erlangt hat, so daß der Streit darüber, ob ihm bei den Veranstaltungen des Vereins Gelegenheit zu einer der Wahl entsprechenden Betätigung gegeben werden müsse, als bürgerliche Rechtsstreitigkeit mit dem Vereine zum Austrage zu bringen wäre. Dem stände schon, was die Person des Beklagten anlangt, die Erwägung entgegen, daß der Verein doch gerade selbst durch das verfassungsmäßig dazu berufene Organ, nämlich durch die Versammlung der Mitglieder, den Kläger für diese Tätigkeit bestimmt, ihm also die Anerkennung als Mitglied des Ehrenrats keineswegs vorenthalten hat, während, wenn der Vorstand, ohne verfassungsgemäß mit der Wahlprüfung befaßt zu sein, den Kläger von den Geschäften des „Ehrenrats" ausschließt, dieses außerhalb der Befugnisse des Vorstandes liegende satzungswidrige Verhalten doch nicht von dem Verein als solchem vertreten zu werden braucht. Es handelt sich lediglich um eine die innere Ordnung des Vereins betreffende Angelegenheit. Die Aufrechterhaltung dieser Ordnung und die innere Regelung des Tuns und Treibens im Vereine bei der Verfolgung satzungsmäßiger Zwecke ist so wenig Aufgabe der Gerichte wie irgendwelcher anderen Staatsbehörden. Mißachtet in dieser Beziehung der Vorstand den sich in einer regelrechten Wahl kundgebenden Willen der Mitgliederversammlung, so ist es Sache der Versammlung selbst, ihrem Willen Nachdruck zu verschaffen. Auch einem dabei beteiligten Mitgliede bietet sich alsdann kein anderer Weg als die Anrufung der Versammlung. Daß es dieser nicht an den nötigen Machtmitteln fehlt, ihren Willen dem Vorstande gegenüber durchzusetzen, ergibt § 27 Abs. 2 BGB., wonach die Versammlung im äußersten Falle sogar dazu schreiten kann, die Bestellung des Vorstandes zu widerrufen und den Vorstand aus willfährigen Mitgliedern zusammenzusetzen. Dagegen würde es auf einen Eingriff in die inneren Vereinsangelegenheiten hinauskommen und darum der Verfassung des Vereins und dem § 25 BGB. zuwiderlaufen, wollte man zum Zwecke der Ausübung eines Drucks auf den Vorstand es zulassen, daß unter Umgehung der Mitgliederversammlung um derartiger Dinge willen der ordentliche Richter angerufen wird. Erst dann, wenn der Vorstand den Weg zur Mitgliederversammlung den Mitgliedern überhaupt abschneidet, indem er satzungswidrig eine Einberufung der Versammlung verweigert, hat die Rechtsprechung sich geneigt gezeigt, die davon betroffenen und damit zugleich in der Ausübung ihres wichtigsten Mitgliedschaftsrechts beeinträchtigten Mitglieder nicht nur auf das durch § 37 Abs. 2 BGB. geregelte Verfahren zu verweisen, sondern auch eine Klage auf Einberufung der Versammlung, diese aber wohlbemerkt nicht gegen den Verein, sondern gegen die widerstrebenden Mitglieder des Vorstands zuzulassen (Urteile des Reichsgerichts vom 26. September 1908 I 616/07 und vom 8. Februar 1912 IV 222/11 Jur. Wochenschr. 1912 S. 410[34], vgl. auch Entsch. des RG.'s in Zivils. Bd. 78 S. 52 flg.).

Abgesehen von dem Antrag auf Anerkennung seiner Wahl und auf Verurteilung zur Einladung in die „Ehrenratssitzungen" hat der Kläger auch noch gefordert, daß die Dauer seiner Mitgliedschaft durch richterliches Urteil festgestellt werde. Läuft dieser Antrag nur darauf hinaus, nach Maßgabe der Satzung für deren Anwendung auf den Kläger einen allgemeinen Grundsatz zur Anerkennung zu bringen, so entspricht er seinem Gegenstande nach den Anforderungen des § 256 ZPO. überhaupt nicht. Steht er aber in besonderen Beziehungen zu dem auf Anerkennung der Wahl und auf Beteiligung bei den Geschäften des „Ehrenrats" gerichteten ferneren Antrage, so entbehrt er der Selbständigkeit und fällt mit diesem Antrage.

Wiewohl nach alledem das Reichsgericht der Begründung des Berufungsurteils nicht beizutreten vermochte, hat aus den dargelegten Gründen die angefochtene Entscheidung selbst gem... 563 ZPO. aufrechterhalten werden müssen."

RGZ. 80, 189

1. Kann durch die Vereinssatzung wirksam vorgeschrieben werden, daß die von der Mitgliederversammlung beschlossene Ausschließung eines Mitglieds gerichtlich nicht anfechtbar sei?

2. Wird das Ergebnis der Abstimmung durch das Abgeben unbeschriebener Stimmzettel beeinflußt?

GVG. § 13. BGB. §§ 32, 33.

IV. Zivilsenat. Urt. v. 10. Oktober 1912.

I. Landgericht Posen. II. Oberlandesgericht daselbst.

Der Kläger hat dem verklagten, in das Vereinsregister eingetragenen Verein als Mitglied angehört. Nach § 15 der Satzung dieses Vereins kann ein Mitglied, wenn es erwiesenermaßen den Verein erheblich geschädigt hat oder durch sein Benehmen das Ansehen des Vereins erheblich beeinträchtigt, durch Beschluß einer Hauptversammlung ausgeschlossen werden. Dazu gehört nach weiterer Bestimmung der Satzung, daß die Ausschließung von dem Schieds- oder Ehrengerichte des Vereins beantragt wird. Der Beschluß der Hauptversammlung erfordert nach § 27 der Satzung eine Mehrheit „von drei Vierteln der erschienenen stimmberechtigten Mitglieder". Die Ausschließung soll, wie § 15 der Satzung vorschreibt, gerichtlich nicht angefochten werden können.

Am 13. Januar 1911 wurde von der Versammlung der Vereinsmitglieder über die von dem Schiedsgerichte beantragte Ausschließung des Klägers Beschluß gefaßt. Anwesend waren 64 Mitglieder. Die Abstimmung geschah durch Stimmzettel. Es stimmten 47 Mitglieder für die Ausschließung, 12 Mitglieder stimmten dagegen und 5 Mitglieder gaben unbeschriebene Stimmzettel ab. Auf Grund dessen teilte der Vorstand dem Kläger mit, daß er aus dem Verein ausgeschlossen sei. Der Kläger hat hierauf gegen den Verein mit dem Antrag, ihn zur Anerkennung seiner Mitgliedschaft zu verurteilen, Klage erhoben. Er macht u. a. geltend, daß die nach der Satzung zu einer Ausschließung erforderliche Mehrheit durch den Beschluß vom 13. Januar 1911 nicht erreicht sei, weil sich diese Mehrheit nach der Anzahl nicht der an der Abstimmung mit sachlichen Erklärungen teilnehmenden, sondern der erschienenen Mitglieder bestimme. Von den erschienenen 64 Mitgliedern hätten 48 für die Ausschließung stimmen müssen. Mit 47 bejahenden Stimmen sei also die Ausschließung nach der Satzung nicht zustande gekommen.

Das Landgericht ist dem Kläger hierin beigetreten und hat daraufhin festgestellt, „daß der Beschluß der Hauptversammlung des verklagten Vereins vom 13. Januar 1911, durch den der Kläger aus dem Verein ausgeschlossen ist, ungültig ist." Auf die Berufung des Beklagten wies das Oberlandesgericht die Klage ab. Die Revision des Klägers führte zur Wiederherstellung des landgerichtlichen Urteils mit einer Fassungsänderung (Feststellung, daß der Kläger durch den Beschluß aus dem Verein nicht ausgeschlossen sei).

Aus den Gründen:

... „Nicht beschwert ist der Kläger dadurch, daß der Berufungsrichter angenommen hat, § 15 der Vereinssatzung stehe der Zulässigkeit des ordentlichen Rechtswegs nicht entgegen. Obwohl die Parteien in der Revisionsinstanz hierauf nicht eingegangen sind, durfte in dieser Beziehung eine Nachprüfung nicht unterbleiben. Das Reichsgericht ist dem Berufungsrichter beigetreten. Der Streit darüber, auf welche Weise und zu welcher Zeit der Kläger aus dem beklagten Verein ausgeschieden ist, stellt seinem Gegenstande nach eine bürgerliche Rechtsstreitigkeit dar. Er unterliegt gemäß § 13 GVG. der Entscheidung durch die ordentlichen Gerichte, es sei denn, daß in rechtswirksamer Weise ein schiedsgerichtliches Verfahren dafür angeordnet ist (§§ 851, 852, 1048 ZPO.). Eine derartige Anordnung ist in der Satzung des beklagten Vereins nicht enthalten. Beschließt das als „Schiedsgericht" bezeichnete Vereinsorgan, bei der Mitgliederversammlung die Ausschließung eines Mitglieds zu beantragen, so ist dies nicht ein Rechtsspruch in streitiger Sache, sondern eine Verwaltungsmaßregel in einer inneren Angelegenheit des Vereins. Beschließt alsdann die Versammlung, dem Antrage zu entsprechen, so handelt es sich dabei um die Frage, ob dem einzelnen Mitgliede gegenüber ein satzungsmäßiges Recht ausgeübt werden soll. Zur Entscheidung über die sachlichen Gründe solcher Rechtsausübung sind nach feststehender Rechtsprechung die Gerichte überhaupt nicht berufen. Dagegen kann dem durch den Ausschließungsbeschluß betroffenen Mitgliede beim Nichtbestehen einer schiedsgerichtlichen Zuständigkeit das rechtliche Gehör nicht abgeschnitten werden, wenn es dem Verein gegenüber geltend machen will, die beschlossene Ausschließung entspreche in den äußeren Bedingungen des Zustandekommens nicht den Anforderungen der Satzung. Denn dabei handelt es sich um die Grenzen des Ausschließungsrechts. Was § 15 der Satzung des beklagten Vereins anlangt, so nimmt der Berufungsrichter ohne Rechtsverstoß an, es werde mit der darin vorgesehenen Unanfechtbarkeit des Ausschließungsbeschlusses nur auf die ohnehin bestehende Nichtzuständigkeit der Gerichte zur Entscheidung über die sachlichen Gründe der Ausschließung hingewiesen. Wäre dies anders und hätte man jene Satzungsvorschrift so zu verstehen, daß die Versammlung auch im Umfange der sonst den Gerichten obliegenden Entscheidung, also über die Erfüllung der äußeren Bedingungen einer Ausschließung in unanfechtbarer Weise selbst zu befinden hatte, so würde damit der Versammlung eine Entscheidung in eigener Sache anvertraut sein. Eine derartige Bestimmung ist wirkungslos (vgl. Entsch. des RG.'s in Zivils. Bd. 55 S. 326; Jur. Wochenschr. 1906

S. 396 Nr. 26). Sie widerstreitet, wie der Berufungsrichter mit Recht annimmt, den öffentlichrechtlichen Normen, die in bürgerlichen Rechtsstreitigkeiten den Beteiligten das richterliche Gehör gewährleisten. Die aus § 15 der Satzung hergeleitete Einrede des Beklagten ist daher mit Recht zurückgewiesen worden.

Im Ergebnis ist dem Berufungsrichter ferner darin beizutreten, daß die Voraussetzungen der erhobenen Feststellungsklage nach § 256 ZPO. bestehen geblieben sind, auch wenn der Kläger seinen Austritt aus dem Verein im Laufe des Rechtsstreits erklärt hat. Unter dieser Voraussetzung hat der Kläger immer noch ein schutzwürdiges Interesse daran, durch gerichtliche Entscheidung alsbald bestätigt zu erhalten, daß vor der Erklärung des Austritts seine Mitgliedschaft durch den Versammlungsbeschluß vom 13. Januar 1911 ihr Ende noch nicht gefunden hatte, womit zugleich ausgesprochen wird, daß der Kläger nicht ausgestoßen, sondern freiwillig ausgeschieden ist. Von der Dauer der Mitgliedschaft abgesehen, ist die Bedeutung einer solchen Entscheidung für die Ehre, für die gesellschaftliche Stellung und möglicherweise für das spätere Fortkommen des davon Betroffenen auch schon in ähnlichen Fällen als ein geeigneter Grund angesehen worden, das Vorhandensein eines rechtlichen Interesses an der alsbaldigen Feststellung anzuerkennen (vgl. Jur. Wochenschr. 1905 S. 315 Nr. 1, Entsch. des RG.'s in Zivils. Bd. 78 S. 134flg.).

In der Sache selbst hängt die Entscheidung davon ab, wie § 27 der Vereinssatzung verstanden werden muß, insofern als darin über die Ausschließung von Mitgliedern durch die Mitgliederversammlung folgendes vorgeschrieben ist:

> Alle Beschlüsse erfolgen durch einfache Stimmenmehrheit; ... Ausgenommen sind Beschlüsse über ... Ausschluß von Mitgliedern. ... Bei diesen Beschlüssen ist eine Mehrheit von drei Vierteln der erschienenen stimmberechtigten Mitglieder erforderlich. ...

Der Berufungsrichter meint, wenn ermittelt wird, wieviel bejahende Stimmen zu einer Ausschließung erforderlich seien, dürften bei richtiger Auslegung stimmberechtigte Mitglieder, die bei der Abstimmung unbeschriebene Stimmzettel abgäben, nicht mitgezählt werden. Er rechnet daher im gegebenen Falle von den 64 erschienenen stimmberechtigten Mitgliedern entsprechend der Anzahl der weißen Zettel 5 Mitglieder nicht mit, bemißt also die erforderliche Mindestzahl der bejahenden Stimmen auf $^{3}/_{4}$ von 59 gleich $44^{1}/_{4}$ und hält danach durch 47 Stimmen, die sich für die Ausschließung erklärt haben, das Erfordernis der Dreiviertelmehrheit für erreicht. Diese Annahme beruht aber auf einer Auslegung, die den Wortlaut der Satzung nicht etwa nur, wie der Berufungsrichter zugibt, gegen sich hat, sondern hiermit überhaupt unvereinbar ist. Die Satzung schließt durch ihre Fassung jeden Zweifel darüber aus, daß das Mehrheitserfordernis von dem Erscheinen und nicht von der Erklärung der erschienenen Mitglieder abhängt. Maßgebend ist die Anwesenheitszahl und nicht die Zahl der Stimmen, die auf die zur Abstimmung gestellte Frage mit einer sachlichen Antwort eingehen. Ein gewisser Spielraum verbleibt dabei für die Auslegung in Beziehung auf den Zeitpunkt, in dem das mitzuzählende Mitglied erschienen sein muß — eine Frage, die im vorliegenden Falle ohne Bedeutung ist. Dagegen liegt es nicht mehr in den Grenzen der Auslegungsmöglichkeit, von solchen Mitgliedern, die auf die Aufforderung zur Stimmabgabe sich nicht entfernt, sondern eine Antwort, gleichviel welche, gegeben haben, anzunehmen, sie seien bei der Beschlußfassung nicht erschienen gewesen oder, was dasselbe sagen will, sie seien unter den bei der Beschlußfassung erschienenen Mitgliedern, auf die es nach der Satzung ankommt, nicht mitzuverstehen. War das der Wille derer, die dem Vereine die Satzung gaben, so fehlt es ihm an der Erklärung, und ohne diese kann dem Willen eine rechtsgestaltende Bedeutung nicht beigemessen werden. Das Erscheinen in der Versammlung geht der Abstimmung voraus. Ein Mitglied aber, das durch sein Verhalten bei der Abstimmung der zu beantwortenden Frage in irgendeiner Form ausweicht oder die Antwort geradehin ablehnt, hört damit nicht auf, bei der Abstimmung erschienen zu sein. Das gilt auch von dem, der einen unbeschriebenen Stimmzettel abgibt.

Richtig ist nun zwar, daß § 27 der Satzung mit § 32 Abs. 1 Satz 3 BGB. insofern wörtlich übereinstimmt, als dort gleichfalls vorgeschrieben ist, daß bei der Beschlußfassung der Mitgliederversammlung des Vereins die Mehrheit der erschienenen Mitglieder entscheidet. Der Berufungsrichter verweist darauf, daß diese Gesetzesvorschrift von der überwiegenden Mehrheit der Schriftsteller in seinem Sinne ausgelegt werde, daß nämlich auch nach ihrer Meinung die erschienenen Mitglieder, wenn sie sich der Stimme enthalten oder weiße Stimmzettel abgäben, als nicht erschienen anzusehen seien. Er bemerkt jedoch selbst, daß die Vertreter dieser Ansicht sich jeder Begründung enthalten haben, und sucht sie seinerseits in weit ausgesponnenen Darlegungen aus der Entstehungsgeschichte des Gesetzes herzuleiten. Der Umstand, daß in den Protokollen der II. Lesung des Entw. z. BGB. Bd. 1 S. 512flg. zu IV. auf § 126 II, 6 ALR. als auf ein Muster für die über die Beschlüsse eines mehrgliedrigen Vorstandes zu erlassende Gesetzesvorschrift hingewiesen worden ist, dient ihm zum Anhalte dafür, daß er unter Beachtung der im § 126 enthaltenen Zurückverweisung auf § 52 und sodann auf § 62 desselben Landrechtstitels zu dem Ergebnisse kommt: in § 32 BGB. bedeute „die Mehrheit der erschienenen Mitglieder" wie im § 62 II, 6 „die Mehrheit der Stimmen". Unter Stimmen aber versteht er nur die bejahenden und verneinenden und nicht auch die ausweichenden Stimmen. Der Berufungsrichter fügt in Anlehnung an Tecklenburg (Arch. f. bürg. R. Bd. 23 S. 360flg.) einen weiteren Grund hinzu. Er geht davon aus, es handle sich bei einer Ausschließung um eine zur Abstimmung gestellte „positive Alternative". In einem solchen Falle komme es darauf an, für die positive Alternative die größtmöglichste Stimmenzahl zu erhalten. Darum aber seien weiße Zettel für das Ergebnis der Abstimmung überhaupt nicht in Betracht zu ziehen.

Allen diesen Ausführungen kann nicht beigetreten werden. Die weit hergeholte Heranziehung des § 62 II, 6 ALR. ist für die Auslegung des § 32 BGB., vollends aber für die Auslegung der hier vorliegenden Vereinssatzung wertlos. Ob bei Auslegung des § 32 Abs. 1 Satz 3 BGB. genügende Gründe bestehen, von dem Wortlaute, sei es allgemein, sei es für besondere Fälle, so weit abweichen, daß Stimmenthaltungen oder das Abgeben unbeschriebener Stimmzettel dem Nichterscheinen gleichzustellen sind, kann unerörtert bleiben. Näher liegt es, bei der Auslegung des § 27 der Vereinssatzung den § 33 Abs. 1 Satz 1 BGB. heranzuziehen. Denn diese Gesetzesvorschrift handelt von einem bestimmten Falle, in dem, ebenso wie durch § 27 der Vereinssatzung, das Mehrheitserfordernis vergrößert und eine Mehrheit „von drei Vierteilen der erschienenen Mitglieder" verlangt wird. Zugleich ist dies einer der mehreren Fälle, auf den sich die auszulegende Satzungsvorschrift bezieht, nämlich der Fall der Satzungsänderung. Geradehin unrichtig aber ist es, daß da, wo das Gesetz oder die Satzung das Mehrheitserfordernis gegen die allgemeine Regel verschärft, dies in dem Bestreben geschehe, für die positive Alternative eine möglichst große Stimmenzahl zu erzielen. Im Gegenteil richtet sich die Absicht solcher Vorschriften gerade gegen das Zustandekommen der Änderung. Sie begünstigen die Beibehaltung des bisherigen Zustandes, also die Nichtänderung der Satzung und so auch die Erhaltung bestehender Mitgliedschaften. Es liegt daher auch ganz im Sinne solcher Vorschriften, daß die unbeschriebenen Stimmzettel bei der Ermittelung der erforderlichen Mindestzahl von Stimmen, die sich positiv für die Satzungsänderung oder für die Ausschließung zu erklären haben, mitgezählt werden. Daß sie auf diese Weise das Stimmgewicht der bejahenden Stimmen abschwächen und das der verneinenden Stimmen vergrößern, beruht auf der verordneten Maßgeblichkeit der Anwesenheitszahl und nicht der Anzahl der auf die Frage sachlich eingehenden Stimmen. Mitglieder aber, die sich der Abstimmung enthalten oder weiße Stimmzettel abgeben, gehören mit den verneinenden Stimmen zu denen, die n i c h t für die Ausschließung gestimmt haben. Unzutreffend ist es auch, wenn der Berufungsrichter in Erwägung zieht, daß die zur Abstimmung gestellte Frage eine verneinende Fassung erhalten dürfe wie etwa die: „wer ist gegen den Ausschluß?" Denn es handelt sich um die Entziehung der Mitgliedschaft, in einer solchen Frage aber läge eine Aufforderung, über deren Bestehenbleiben abzustimmen; das Verbleiben im Vereine braucht nicht erst von der Versammlung beschlossen zu werden.

Ob Stimmenthaltungen und unbeschriebene Stimmzettel das Mehrheitserfordernis in dem Falle nicht beeinflussen, wenn es sich, wie in § 251 Abs. 1 HGB. und in § 47 Abs. 1 GmbHG. vorgeschrieben ist, nach der „Mehrheit der abgegebenen Stimmen" richtet, bedarf hier keiner Erörterung. Ebensowenig kann es für die Auslegung der Satzung des verklagten Vereins von Bedeutung sein, wenn Statuten einer Aktiengesellschaft die für gewisse Beschlüsse „eine Mehrheit von drei Vierteilen des in der

Generalversammlung vertretenen Grundkapitals" erfordern, unter Berücksichtigung des Zweckes der Vorschrift und nach der Natur der Sache so auszulegen sind, daß nur solche Aktien zu berücksichtigen sind, deren anwesende Inhaber bei der Entscheidung sachlich mitwirken wollen (Entsch. des RG's. in Zivils. Bd. 20 S. 140flg.). Aber wenn man auch in Anlehnung an diese reichsgerichtliche Entscheidung davon ausgeht, daß es dem klaren Wortlaute der Satzungsvorschrift gegenüber noch darauf ankommt, hierfür eine innere Rechtfertigung zu finden, so ergibt sich diese, wie dargelegt, eben daraus, daß es in der Satzung darauf abgesehen ist, in den durch § 27 bezeichneten Fällen nicht auf eine Erleichterung geplanter Veränderungen, sondern durch das verschärfte Mehrheitserfordernis auf möglichste Erhaltung des bestehenden Zustandes hinzuwirken." . . .

RGZ. 81, 206

1. Erlangt ein Verein durch Eintragung in das Vereinsregister die Rechtsfähigkeit, obwohl sein Zweck auf einen wirtschaftlichen Geschäftsbetrieb gerichtet ist oder sonstige Vorbedingungen der Eintragung nicht erfüllt sind?

2. Unterliegt die Frage, ob die im § 45 Abs. 5 KrankVersG. aufgestellten gesetzlichen Voraussetzungen des Einschreitens der Aufsichtsbehörde gegeben und die ihr dort gesteckten Grenzen eingehalten sind, der Prüfung der ordentlichen Gerichte?

BGB. §§ 21, 22. FGG. §§ 159, 142, 143.

III. Zivilsenat. Urt. v. 17. Januar 1913.

I. Landgericht Halle a. d. S. II. Oberlandesgericht Naumburg.

Die Kläger begehren Feststellung der Ungültigkeit zweier Verträge vom 6. Dezember 1910 und 9. März 1911, die der Magistrat der Stadt H. im Namen der Kläger und einer weiteren Ortskrankenkasse „als Aufsichtsbehörde gemäß § 45 Abs. 5 des Krankenversicherungsgesetzes" behufs Regelung der ärztlichen Versorgung der Krankenkassenmitglieder abgeschlossen hat. Nachdem ihnen sämtliche H.'sche Krankenkassenärzte zum 30. September 1910 gekündigt hatten, zogen die Krankenkassen, da sie in H. keinen Ersatz finden konnten und die von den dortigen Ärzten geforderte freie Arztwahl nicht einführen wollten, Ärzte von auswärts heran. Der Magistrat hielt diese Ärzte sowohl nach ihrer Zahl als auch nach Befähigung und Tüchtigkeit nicht für ausreichend zur gehörigen ärztlichen Versorgung der Krankenkassenmitglieder, zumal die epidemisch auftretenden Krankheiten im Herbst 1910 erheblich zunahmen. Er forderte daher in einem Schreiben vom 8. November 1910 die Krankenkassen auf, bis zum 25. desselben Monats den Nachweis zu erbringen, „daß der Kasse für je 1500 ihrer Mitglieder und deren kurberechtigten Angehörigen mindestens ein in jeder Beziehung leistungsfähiger Arzt, Spezialisten ungerechnet, zur Verfügung stehe", und stellte in Aussicht, daß er sonst gemäß § 45 Abs. 5 KrankVerG. die Befugnisse und Obliegenheiten der Kassenorgane selbst auf Kosten der Kasse wahrnehmen werde. Nachdem der klagende Krankenkassenverband der Auffassung des Magistrats in einem Schreiben vom 24. desselben Monats entgegengetreten war, erklärte der Magistrat durch Brief vom 25. desselben Monats, daß er es nunmehr selbst übernehme, die ausreichende ärztliche Versorgung der Kassenmitglieder herbeizuführen, daß er insoweit von jetzt an die Befugnisse und Obliegenheiten der Kassenorgane an deren Stelle ausübe und daß sich diese deshalb jeder hierher gehörenden Tätigkeit bis auf weiteres zu enthalten, insbesondere keine Verträge über Anstellung von Kassenärzten mehr abzuschließen hätten. Der Magistrat schloß darauf zunächst mit dem Verein der Ärzte zu H. (E. V.) am 6. Dezember 1910 den eingangs erwähnten Vertrag ab, in dessen § 20 der Übergang sämtlicher Rechte und Pflichten aus dem Vertrag auf den Verband H.scher Kassenärzte vereinbart wurde, sobald dieser die Rechte einer juristischen Person erlange. Nach Eintragung des Verbandes in das Vereinsregister, am 19. Januar 1911, wurde darauf der zweite oben erwähnte Vertrag vom 9. März 1911 geschlossen, durch den der verklagte Verband an die Stelle des Vereins der Ärzte zu H. gesetzt und der erste Vertrag in verschiedenen Punkten abgeändert wurde.

Die Kläger haben die Klage auf Feststellung erhoben, daß dem Beklagten gegenüber den Klägern aus den Verträgen vom 6. Dezember 1910 und 9. März 1911 Rechte nicht zustehen; hilfsweise haben sie die Feststellung beantragt, daß gewisse Paragraphen des Vertrags und der angefügten Bestimmungen über die ärztliche Kontrollkommission, jeder für sich und in jedem seiner einzelnen Sätze, rechtsungültig seien.

Das Landgericht wies die Klage ab, die Berufung der Kläger hatte keinen Erfolg. Ihre Revision ist, von einem hier nicht interessierenden Punkte abgesehen, ebenfalls zurückgewiesen worden.

Aus den Gründen:

... „Der Klagantrag auf Feststellung, daß dem Beklagten keine Recht aus dem Vertrage vom 9. März 1911 zustehen, ist von dem Vorderrichter mit Recht für zulässig, aber für unbegründet erklärt worden.

1. Die Kläger stützen die Unwirksamkeit dieses Vertrags zunächst darauf, daß der verklagte Verein zu Unrecht seine Eintragung in das Vereinsregister durchgesetzt, diese erschlichen habe; sein Zweck sei in Wahrheit auf einen wirtschaftlichen Geschäftsbetrieb gerichtet. Diese Behauptung wird von dem Berufungsrichter mit der Begründung für unerheblich erklärt, der Prozeßrichter habe die Rechtsfähigkeit eines eingetragenen Vereins nicht nachzuprüfen. Dem ist beizupflichten.

In der Rechtslehre herrscht lebhafter Streit über die Frage, welche Wirkung dem Mangel einer der Vorbedingungen, an die das Gesetz die Eintragung eines Vereins in das Vereinsregister knüpft, auf die Rechtsfähigkeit des trotzdem eingetragenen Vereins beizumessen ist. Von den verschiedenen vertretenen Ansichten verdient mit Rücksicht auf das Verkehrsinteresse, den Wortlaut und den Zweck der Vorschrift des § 21 BGB. diejenige den Vorzug, welche dem in das Vereinsregister eingetragenen Verein bis zur Löschung der Eintragung die Rechtsfähigkeit beimißt, obwohl wesentliche Vorbedingungen nicht erfüllt sind, und welche nur das zur Führung des Vereinsregisters berufene Amtsgericht und die diesem übergeordneten Instanzen für befugt erklärt, in den durch §§ 159, 142, 143 FGG. geordneten Verfahren den Mangel der Voraussetzungen zu prüfen, so daß derjenige, welcher einen auf einen wirtschaftlichen Geschäftsbetrieb gerichteten Vereinszweck oder das Fehlen einer sonstigen wesentlichen Voraussetzung behauptet, bei dem Registergerichte die Löschung der Eintragung anregen muß. Diese Ansicht ist allerdings von der Mehrheit der zweiten Kommission zur Beratung des Bürgerlichen Gesetzbuchs ausdrücklich mißbilligt und ein Antrag, eine ihr entsprechende Bestimmung in das Gesetz aufzunehmen, abgelehnt worden, weil kein Bedürfnis dazu vorliege, durch eine besondere gesetzliche Bestimmung die Folge auszuschließen, daß eine unter Verstoß gegen zwingende Normativbestimmungen erfolgte Eintragung die Rechtsfähigkeit nicht begründe (Prot. Bd. 1 S. 559, 566). Trotzdem ist die hier vertretene Ansicht als die dem Sinn und Zwecke des Gesetzes entsprechende zu erachten.

Nach den übereinstimmenden Äußerungen in den verschiedenen Abschnitten der Entstehung des Bürgerlichen Gesetzbuchs (Mot. Bd. 1 S. 88flg., Prot. Bd. 1 S. 494flg., Denkschr. S. 16flg., KommBer. des Reichstags S. 1937flg., stenogr. Ber. über die zweite Beratung im Reichstage S. 2735) ist das System der freien Körperschaftsbildung abgelehnt und in § 21 BGB. das sog. System der Normativbestimmungen gewählt worden, weil es die öffentliche Feststellung des Entstehens der juristischen Person in sich schließe und der Verkehrssicherheit volle Rechnung trage. Mit Rücksicht auf die eingreifende Bedeutung des Unterschieds zwischen einer Gesellschaft und einem rechtsfähigen Vereine, sowohl für die Rechtsbeziehungen der Mitglieder zu dem Vereinsvermögen, als auch vor allem für dritte Personen, die mit dem Verein in Rechtsbeziehungen treten, wurde es für geboten erachtet, die Frage, ob eine Gesellschaft oder ein rechtsfähiger Verein vorliege, von Anfang an durch einen öffentlichen Akt, die Eintragung in das Vereinsregister, klarzustellen und so die für den Rechtsverkehr erforderliche Sicherheit zu gewähren. Sinn und Zweck des Gesetzes ist es also, im Interesse der Verkehrssicherheit durch Eintragung in das öffentliche Vereinsregister jeden Zweifel an der Rechtsfähigkeit des Vereins zu beseitigen.

Mit diesem Sinn und Zwecke des Gesetzes ist die Ansicht unvereinbar, daß die Rechtsfähigkeit des Vereins nicht nur von der Eintragung, sondern außerdem davon abhängig sei, daß die für wesentlich erachteten Vorbedingungen der Eintragung vorliegen, und daß die Frage, ob dies der Fall sei, der Nachprüfung der verschiedenen Prozeßgerichte, Richter der freiwilligen Gerichtsbarkeit und sonstigen Behörden unterliege, die über das Bestehen von Rechten und Pflichten des eingetragenen Vereins, über die Gültigkeit der von ihm oder ihm gegenüber vorgenommenen Rechtshandlungen u. a. zu befinden haben. Denn nach dieser Ansicht müßte jeder, der mit einem eingetragenen Verein in Rechtsverkehr tritt, mit der Möglichkeit rechnen, daß dem Vereine später die Rechtsfähigkeit abgesprochen wird, und könnte sich selbst dann nicht auf das öffentliche Vereinsregister verlassen, wenn bereits eine die Rechtsfähigkeit des Vereins bestätigende gerichtliche Entscheidung, selbst des Reichsgerichts ergangen wäre. Denn an diese sind die Gerichte nicht gebunden, die in einem anderen Rechtsstreit oder Verfahren der freiwilligen Gerichtsbarkeit die Frage zu prüfen haben. Der Verein könnte also in dem einen Rechtsstreit oder Verfahren der freiwilligen Gerichtsbarkeit für rechtsfähig, in einem anderen für nicht rechtsfähig erklärt werden. Diese Möglichkeit ist um so mehr gegeben, als über das Vorhandensein der Voraussetzungen, jedenfalls über die praktisch vor allem bedeutsame Frage des Vereinszweckes, im Einzelfalle leicht verschiedene Ansichten herrschen können. Von der Verkehrssicherheit, die nach dem Willen des Gesetzgebers durch das Erfordernis der Eintragung in das Vereinsregister herbeigeführt werden sollte, würde dann keine Rede sein können, vielmehr würden die mit dem System der freien Körperschaftsbildung verbundenen Gefahren, die gerade durch Annahme des Systems der Normativbestimmungen vermieden werden sollten, zu einem erheblichen Teile bestehen bleiben.

Die hier vertretene Ansicht findet auch in dem Gesetze selbst eine Stütze. § 21 macht nach seinem Wortlaute: „Ein Verein, dessen Zweck nicht auf einen wirtschaftlichen Geschäftsbetrieb gerichtet ist, erlangt Rechtsfähigkeit durch Eintragung in das Vereinsregister des zuständigen Amtsgerichts“ die Rechtsfähigkeit nicht von der Bedingung abhängig, daß die Voraussetzungen der Eintragung wirklich gegeben sind, nicht einmal davon, daß der Zweck wirklich auf einen nicht wirtschaftlichen Geschäftsbetrieb gerichtet ist. Er bestimmt nicht, daß die Eintragung zu den sonstigen Vorbedingungen als weitere Bedingung hinzukommen muß, sondern er knüpft die Rechtsfähigkeit lediglich an die Eintragung. Der Wortlaut des § 21 entspricht völlig dem des § 22: „Ein Verein, dessen Zweck auf einen wirtschaftlichen Geschäftsbetrieb gerichtet ist, erlangt ... Rechtsfähigkeit durch staatliche Verleihung.“ § 22 ist aber dahin zu verstehen, daß der auf einen wirtschaftlichen Geschäftsbetrieb gerichtete Vereinszweck die Bedingung ist nur für die Zulässigkeit, nicht für die Wirksamkeit der staatlichen Verleihung, daß die Verleihung vielmehr auch beim Fehlen der gesetzlichen Voraussetzungen die Rechtsfähigkeit schafft. Dies wird fast allgemein anerkannt, und die gegenteilige Meinung ist unvereinbar mit der Bedeutung des Staatsakts der Verleihung. Daher rechtfertigt die Gleichheit des Wortlauts auch die entsprechende Auslegung des § 21.

Für die Ansicht, daß ein eingetragener Verein, auch beim Mangel einer wesentlichen Vorbedingung, bis zur Löschung im Vereinsregister die

Rechtsfähigkeit besitzt, spricht auch folgende Erwägung. Bei der in der Eintragung in das Vereinsregister zum Ausdruck kommenden gerichtlichen Entscheidung handelt es sich um einen Staatsakt, durch den eine Rechtspersönlichkeit geschaffen wird, einerlei ob man letztere mit der Eintragung allein oder nur dann entstehen läßt, wenn zugleich die sonstigen Vorbedingungen erfüllt sind. Hat nun das Gesetz einen solchen rechtsgestaltenden Akt, der für einen großen Personenkreis Bedeutung hat, in die Hände einer bestimmten Behörde gelegt und zugleich vorgeschrieben, auf welchem Wege dessen Aufhebung erwirkt werden kann, so ist grundsätzlich, auch ohne ausdrücklichen Ausspruch im Gesetz, im Interesse der Verkehrssicherheit anzunehmen, daß der Mangel der gesetzlichen Voraussetzungen des Aktes nur auf dem vorgeschriebenen Wege geltend gemacht werden kann und daß der Staatsakt bis zu einer auf diesem Wege erfolgenden Änderung allen gegenüber wirksam ist, daß die Entscheidung darüber, ob auch seine Voraussetzungen vorgelegen haben, nicht gelegentlich durch die verschiedenen Gerichte oder Behörden, die zufällig über eine aus dem Staatsakte sich ergebende Folgerung zu befinden haben, mit möglicherweise verschiedenem Ergebnis, sondern nur einheitlich in dem dazu bestimmten Verfahren erfolgen kann. Dieser Grundsatz ist z. B. auf die Volljährigkeitserklärung, die Entmündigung, die Anordnung einer Vormundschaft oder Pflegschaft anwendbar. Dem entspricht die ständige Rechtsprechung der Zivilsenate des Reichsgerichts, wonach nur das Vormundschaftsgericht und die diesem übergeordneten Instanzen über die Voraussetzungen der Anordnung einer Vormundschaft oder Pflegschaft zu entscheiden haben, und die Gültigkeit einer solchen Anordnung von den Prozeßgerichten nicht in Zweifel gezogen werden kann (vgl. in erster Linie Jur. Wochenschr. 1891 S. 434 Nr. 79, ferner Entsch. des RG.'s in Zivils. Bd. 9 S. 184, Bd. 34 S. 415flg., Jur. Wochenschr. 1903 Beil. S. 64). Auch dieser Grundsatz rechtfertigt die Ansicht, daß der Eintragung in das Vereinsregister bis zu ihrer Löschung, trotz des Fehlens einer gesetzlichen Voraussetzung, die Wirkung der Begründung der Rechtsfähigkeit beizulegen ist, und zwar ohne Unterschied zwischen den verschiedenen Voraussetzungen, da das Registergericht darüber zu entscheiden hat, ob sie sämtlich erfüllt sind.

Die Streitfrage, ob der Löschung der Eintragung eines Vereins in dem Vereinsregister rückwirkende Kraft beizumessen ist, bedarf hier keiner Erörterung, da der verklagte Verein noch eingetragen ist. Die Entscheidung, daß einem eingetragenen Vereine, solange er eingetragen ist, die Rechtsfähigkeit zukommt, genügt zur Abweisung des ersten Klagegrundes.

2. Die Kläger haben ihre Klage ferner damit begründet, die in § 45 Abs. 5 KrankVersG. aufgestellten gesetzlichen Voraussetzungen des Einschreitens der Aufsichtsbehörde hätten nicht vorgelegen, außerdem habe der Magistrat der Stadt H. durch den Abschluß des streitigen Vertrags mit Rücksicht auf dessen Inhalt und Dauer die der Aufsichtsbehörde durch § 45 Abs. 5 gewährten Befugnisse überschritten. Auch diese beiden Klage-

begründungen rechtfertigen die Klage nicht. Das Krankenversicherungsgesetz hat in § 45 Abs. 6 bestimmt, daß die von der Aufsichtsbehörde auf Grund des Abs. 5 getroffenen Anordnungen von dem Vorstand oder der Generalversammlung der Krankenkasse als rechtlich nicht begründet im Wege des Verwaltungsstreitverfahrens oder, wo ein solches nicht besteht, im Wege des Rekurses nach §§ 20, 21 GewO. angefochten werden können. Damit ist nicht nur, wie das Reichsgericht (Entsch. in Zivils. Bd. 72 S. 278) bereits ausgesprochen hat, für Anfechtung dieser Anordnungen gegenüber der Aufsichtsbehörde der Rechtsweg ausgeschlossen, sondern den ordentlichen Gerichten allgemein die Prüfung der Rechtsgültigkeit dieser Anordnungen entzogen. Durch diese gesetzliche Bestimmung ist genügend zum Ausdrucke gebracht, daß die Entscheidung darüber, ob die Aufsichtsbehörde von der ihr im Gesetz erteilten Befugnis zu Unrecht Gebrauch gemacht hat — sei es, weil die gesetzlichen Voraussetzungen des Einschreitens überhaupt nicht gegeben waren oder weil sie die ihr gesteckten Grenzen überschritten hat —, nur in dem dort bestimmten Verfahren von den Verwaltungsgerichten oder von den Verwaltungsbehörden zu treffen ist. Daß die Vorschriften des § 45 Abs. 5, 6 auch gegenüber Krankenkassenverbänden Anwendung finden, ist in dem angeführten Urteile (Entsch. des RG.'s in Zivils. Bd. 72 S. 278) bereits ausgeführt.

Die Revision meint freilich, wenn die Voraussetzungen des Einschreitens der Aufsichtsbehörde von dem Prozeßgerichte nicht nachzuprüfen seien, hätte dem Antrage der Kläger auf Aussetzung der Verhandlung bis zur Entscheidung der schwebenden verwaltungsgerichtlichen Verfahren entsprochen werden müssen. Dieser Angriff geht schon deshalb fehl, weil es § 148 ZPO. in das Ermessen des Gerichts stellt, ob es von der Aussetzungsbefugnis Gebrauch machen will oder nicht; ein Rechtsverstoß ist daher in der Ablehnung des Antrags nicht zu finden. Es bedarf deshalb keines Eingehens auf die von der Revision bekämpfte Ansicht des Berufungsgerichts, daß, wenn die Anordnungen der Aufsichtsbehörde gemäß § 45 Abs. 5 KrankVersG. auf dem in Abs. 6 vorgeschriebenen Wege mit Erfolg angefochten sind, trotzdem die von der Aufsichtsbehörde namens der Kasse geschlossenen Verträge in Kraft bleiben, daß also die Aufhebung der Anordnungen Dritten gegenüber keine rückwirkende Kraft hat. Bis zu dieser Aufhebung bestehen die Verträge jedenfalls zu Recht, so daß zur Zeit dem Antrag auf Ungültigkeitserklärung nicht entsprochen werden kann. . . .

Bei Prüfung der Gültigkeit der Einzelbestimmungen des Vertrags ist davon auszugehen, daß die Aufsichtsbehörde nach § 45 Abs. 5 die Befugnisse der Kassenorgane, d. h. des Vorstandes und der Generalversammlung, zu übernehmen befugt ist und in dem vorliegenden Falle übernommen hat und daß, wie ausgeführt, die Einhaltung der in § 45 Abs. 5 bestimmten Schranken der Prüfung des Prozeßgerichts nicht unterliegt. Daher können die einzelnen Vertragsbestimmungen nur dann im ordentlichen Rechtswege für nichtig erklärt werden, wenn sie auch im Falle ihrer Vereinbarung durch den Vorstand mit Zustimmung der Generalversammlung nach den Vorschriften des bürgerlichen Rechtes der Gültigkeit entbehren würden." ...

RGZ. 82, 294

Zur Frage nach der Haftung dessen, der im Namen eines nichtrechtsfähigen Vereins ein Rechtsgeschäft vornimmt. Wann wird im Namen des Vereins gehandelt? Stillschweigender Verzicht auf die Haftung.

BGB. § 54 Satz 2.

II. Zivilsenat. Urt. v. 22. Mai 1913.

I. Landgericht II Berlin. II. Kammergericht daselbst.

In Berlin hatte sich in der Zeit nach dem 1. Januar 1900 unter dem Namen „Deutsch-Rumänisches Handelssyndikat" eine Personenvereinigung gebildet zu dem Zwecke, Bergwerkseigentum und Mutungen durch Ausbeutung oder Veräußerung zu verwerten. Nach den Satzungen sollte die Vereinigung 30 Jahre dauern; das Vermögen war in 1500 verbriefte Anteile zerlegt; Organe waren ein Aufsichtsrat und die Generalversammlung. Die Vereinigung wurde weder in das Vereins- noch in das Handelsregister eingetragen. Zu den Aufsichtsratsmitgliedern gehörte im Jahre 1910 der Beklagte.

Am 20./24. Oktober 1910 schloß der Kaufmann Sch. mit diesem „Handelssyndikat" einen Vertrag, wodurch er zum geschäftsführenden Vorstandsmitgliede ernannt wurde und 50 Stammanteile gegen Barzahlung von 35000 M. erwarb, zugleich aber sich bis zum 31. Dezember 1910 den Rücktritt vorbehielt. Für den Fall, daß der Rücktritt rechtzeitig erklärt würde, sollte das Handelssyndikat verpflichtet sein, die 35000 M. bis spätestens 1. April 1911 gegen Rückempfang der Anteilscheine zurückzugeben. Im Eingange des Schriftstücks war gesagt: „Die unterzeichneten, von dem Aufsichtsrate des Deutsch-Rumänischen Handelssyndikats zu diesem Zwecke bestellten Mitglieder des ersteren bestätigen Herrn Sch. ihre mündliche Vereinbarung in folgender Weise" ... Unterschrieben war der Vertrag „in Vertretung und Vollmacht des Aufsichtsrats" von dem Beklagten sowie einem anderen Aufsichtsratsmitgliede. Dahinter folgte noch der Satz: „Der Vorstand des Deutsch-Rumänischen Handelssyndikats erklärt hiermit sein Einverständnis mit vorstehender Bestätigung", mit den Unterschriften der Mitglieder des Vorstandes.

Am 16. Dezember 1910 zeigte Sch. an, daß er vom Vertrage zurücktrete. In einem Schreiben vom 29. jenes Monats, das „im Namen des Aufsichtsrats" des Handelssyndikats von dem Beklagten unterzeichnet war, wurde ihm dies bestätigt und wiederholt versprochen, er werde die 35000 M. bis zum 1. April 1911 zurückerhalten. Da die Rückzahlung nicht erfolgte, trat Sch. seine Ansprüche an die Klägerin ab. Diese beschritt den Rechtsweg gegen den Beklagten. In erster Linie berief sie sich auf die Vorschrift des § 54 Satz 2 BGB.; außerdem behauptete sie, der Beklagte habe dem Sch. zugesagt, auch persönlich für alles aufzukommen.

Während das Landgericht den Beklagten antragsgemäß zur Zahlung von 35000 M. nebst Zinsen Zug um Zug gegen Rückgabe der 50 Anteilscheine verurteilte, sprach das Kammergericht zunächst durch Zwischenurteil aus, daß die Klage auf § 54 Satz 2 BGB. nicht gestützt werden könne; nach einer Beweisaufnahme wies es sodann durch Endurteil die Klage ab. Die Revision hatte Erfolg.

Gründe:

„Die Entscheidung des Kammergerichts, § 54 Satz 2 BGB. greife nicht Platz, beruht auf Rechtsirrtum.

Daß das „Deutsch-Rumänische Handelssyndikat" einen nicht rechtsfähigen Verein und keine bloße Gesellschaft darstellt, wird in dem Zwischenurteile nicht verkannt. Die hierfür in der Rechtsprechung des Reichsgerichts aufgestellten Merkmale — dauernde Verbindung einer größeren Anzahl von Personen, korporative Organisation, Gesamtname, Anlegung auf wechselnden Mitgliederbestand — liegen sämtlich vor (vgl. Entsch. in Zivils. Bd. 60 S. 94, Bd. 74 S. 371, Bd. 76 S. 27). Zutreffend wird auch angenommen, daß Sch., der mit dem Verein einen Vertrag schloß, im Sinne des § 54 Satz 2 ein „Dritter" war. Dagegen glaubt das Kammergericht, der Beklagte habe bei Unterzeichnung der beiden Urkunden, des Vertrags vom 20./24. Oktober und des Schreibens vom 29. Dezember 1910, nicht im Namen des Vereins gehandelt. Zur Begründung dieser Ansicht hat es folgendes ausgeführt:

Indem sowohl der Aufsichtsrat wie der Vorstand die Vertragsurkunde unterzeichneten, sei zum Ausdruck gebracht worden, daß sich jedes dieser beiden Vereinsorgane mit den Befugnissen, aber auch nur in den Grenzen beteiligen wollte, die in der Satzung bestimmt seien. Der Aufsichtsrat und mit ihm der Beklagte habe sich daher nur hinsichtlich der Wahl Sch.'s in den Vorstand beteiligt. Sei dem Sch., wie behauptet werde, gesagt worden, der Beklagte sei vom Aufsichtsrat ermächtigt, für diesen den Vertrag zu schließen, so habe sich das nur auf denjenigen Teil des Vertrags beziehen können, für welchen der Aufsichtsrat als Kontrahent in Betracht gekommen sei. Das Abkommen über die Übernahme und die eventuelle Rückgabe der 50 Stammanteile, woraus der Klageanspruch hergeleitet werde, sei sonach für das Syndikat nicht von dem Beklagten oder dem Aufsichtsrate, sondern von dem Vorstande selbst abgeschlossen worden. Selbst wenn sich aber der Beklagte namens des Aufsichtsrats auch an dem Abschlusse gerade dieses Abkommens betätigt haben sollte, ergebe doch die Genehmigungsklausel am Schlusse der Urkunde für jedermann erkennbar, daß der Beklagte und der Aufsichtsrat hierbei in Vollmacht des Vorstandes gehandelt hätten. Auch in diesem Falle sei als „Handelnder" im Sinne des § 54 Satz 2 nur der Vorstand, der Vollmachtgeber, anzusehen. Dasselbe gelte von dem

Schreiben vom 29. Dezember 1910, das allerdings nur von dem Beklagten namens des Aufsichtsrats unterzeichnet sei. Daß hier der Aufsichtsrat nur für den Vorstand tätig geworden sei, könne schon nach dem Inhalt des Schreibens keinem Zweifel unterliegen.

Rechtsirrig und unhaltbar ist zunächst der Schluß, den das Kammergericht aus der Zuständigkeit der Organe des Handelssyndikats zu ziehen versucht. Durch die Satzung waren dem Vorstand im wesentlichen die Vertretung und die laufende Geschäftsführung, dem Aufsichtsrate die Wahl der Vorstandsmitglieder sowie die Kontrolle zugewiesen. Der Beklagte und sein Aufsichtsratsgenosse würden daher allein nicht ermächtigt gewesen sein, den Vertrag Sch.'s mit bindender Wirkung für den Verein abzuschließen. Daraus folgt aber keineswegs, daß der Beklagte bei dem Vertragsschlusse nur teilweise, nämlich nur insoweit, als seine satzungsmäßige Zuständigkeit reichte, tätig geworden sei. Es ist nicht klar, wie man sich eine solche Teilung überhaupt als möglich vorstellen soll. Das Handeln, Tätigwerden, ist doch ein tatsächlicher Vorgang. Unbestreitbar hat der Beklagte den ganzen Vertrag mit allen seinen Bestimmungen durchberaten und durchgesprochen und durch seine Unterschrift in jedem einzelnen Punkte gebilligt. Der Umstand, daß er allein nicht imstande war, den Verein zu verpflichten, konnte an der Erstreckung seines Handelns auf den gesamten Vertrag nichts ändern, sondern hat nur dazu geführt, daß außer ihm noch andere Personen für den Verein aufgetreten sind.

Sodann ist es ein schiefer Gegensatz, wenn das Kammergericht untersucht, ob der Beklagte im Namen des Aufsichtsrats oder des Vorstandes gehandelt habe, und wenn es sich dann für den Vorstand entscheidet. Es heißt in dem Vertrage, daß Sch. „vom Deutsch-Rumänischen Handelssyndikat" 50 Stammanteile übernehme; daß „beide Parteien" berechtigt seien, vierteljährlich zu kündigen; daß bei Kündigung Sch.'s „die Gesellschaft" ein nach der Zeit der Kündigung abgestuftes Abfindungsrecht ausüben dürfe; endlich daß im Falle eines Rücktritts Sch.'s vor Ende 1910 „dem Handelssyndikat" die hier streitige Rückerstattungspflicht obliege. Da mithin die Rechte und Verpflichtungen, die in dem Vertrage festgesetzt wurden, für Sch. und den Verein zur Entstehung gelangen sollten, handelte der Beklagte ebenso wie die Mitunterzeichner im Namen des Vereins. Die hinzugefügten Worte „im Namen des Aufsichtsrats" gaben nur den Grund an, wie er dazu kam, für den Verein aufzutreten. Für die Anwendung des § 54 Satz 2 BGB. ist eine solche Angabe ohne jede Erheblichkeit. „Im Namen des Vorstandes" hat der Beklagte die Urkunden nicht unterschrieben. Hätte er es aber getan, so würde es gleichwohl dabei bleiben, daß er namens des Vereins gehandelt hätte. Er würde dann nur eine von den Vorstandsmitgliedern erteilte Untervollmacht behauptet haben. Die Bezugnahme auf den Vorstand wäre immer eine Bezugnahme auf den Vorstand als solchen, d. h. als Vertretungsorgan, gewesen. Auf die Vorstandsmitglieder als Einzelpersonen hätte der Beklagte sich nicht bezogen, so daß er auch bei dieser Ausdrucksweise mittelbar als Vertreter des Vereins aufgetreten wäre.

Für solche Fälle ist in der Literatur streitig, ob nach § 54 Satz 2 BGB. ebenso, wie es das Reichsgericht Entsch. in Zivils. Bd. 55 S. 302, Jur. Wochenschr. 1909 S. 231 Nr. 30 für § 200 Abs. 1 HGB. und § 11 Abs. 2 GmbHG. angenommen hat, außer dem Handelnden auch diejenigen persönlich verpflichtet sind, mit deren Einverständnis der Handelnde auftritt. Daß der Handelnde selbst haftet und bei gemeinschaftlichem Handeln mehrerer jeder einzelne von ihnen, darüber herrscht kein Streit. Eine Meinungsverschiedenheit hierüber ist bei dem klaren Wortlaute des Gesetzes auch nicht wohl denkbar. Wenn das Kammergericht meint, im Falle des Handelns „im Namen des Vorstandes" sei nur der Vorstand, nicht der zum Vorstand nicht gehörige Substitut, verhaftet, so scheint es eine Anwendung des § 164 BGB. im Auge zu haben. Eine solche kann nach keiner Richtung in Frage kommen. Vertretener wäre nie der Vorstand gewesen, sondern immer nur der Verein, und an der Tatsache, daß ein Substitut in dem gesetzten Falle Handelnder ist, läßt sich nicht rütteln (vgl. auch Nußbaum im Sächs. Archiv Bd. 10 S. 348flg.).

Das Kammergericht hat weiter noch ausgeführt, da Sch. gewußt habe, daß der Beklagte eine persönliche Haftung nicht übernehmen wollte, verstoße der Anspruch gegen Treu und Glauben. Nötigenfalls müsse man einen stillschweigenden Ausschluß der Haftung annehmen, denn der Kaufpreis für die Stammanteile sei in die Kasse des Syndikats geflossen, weshalb auch nur das Syndikat selber, nicht aber die dafür handelnden Personen, für die Rückerstattung hätten aufkommen sollen. Auch diese Entscheidungsgründe gehen fehl. Der Anspruch aus § 54 Satz 2 BGB. ist ein gesetzliches, nicht ein vertragsmäßiges Recht, das mithin davon, ob der Handelnde in die entsprechende Verpflichtung positiv willigt, in keiner Weise abhängt. Maßgebend für den Erlaß der Vorschrift war die Rücksicht auf diejenigen, welche sich mit dem Vertreter eines nichtrechtsfähigen Vereins einlassen. Der Bestand eines Vereinsvermögens, erwog man, sei für Dritte nicht erkennbar; es fehle auch an jeder Gewähr dafür, daß das Vermögen nicht ohne Rücksicht auf die Gläubiger verteilt werde; ebenso fehle es an dem Schutze, den § 42 Abs. 2 BGB. im Falle der Überschuldung des Vereinsvermögens den Gläubigern gewähre. Daher müsse der Dritte befugt sein, sich an den handelnden Vertreter zu halten (vgl. Prot. der II. Kommission Bd. 2 S. 459). Wer von einem auf solchen Gesetzeserwägungen beruhenden Rechte Gebrauch macht, wird von dem Vorwurfe, gegen Treu und Glauben zu verstoßen, nicht berührt.

Allerdings gehört die Vorschrift des § 54 Satz 2 dem nachgiebigen Rechte an. Es ist möglich, wie dies auch schon der erkennende Senat im Urteile vom 4. Juli 1911, Rep. II. 76/11, in Übereinstimmung mit dem VI. Zivilsenat (Entsch. des RG.'s in Zivils. Bd. 73 S. 104, Jur. Wochenschr. 1912 S. 187 Nr. 2) ausgesprochen hat, ihre Anwendung vertragsmäßig auszuschließen. Allein mit der Unterstellung eines stillschweigenden Ausschlusses muß vorsichtig verfahren werden, wenn anders der Gedanke des Gesetzgebers verwirklicht werden soll. Schließt jemand für einen nichtrechtsfähigen Verein einen Vertrag, so wird die Sache in den meisten Fällen so liegen, daß weder er selbst noch sein Vertragsgegner von dem Eingreifen der Vorschrift eine Vorstellung hat. Nicht selten kann auch als wahrscheinlich angesehen werden, daß der Handelnde, wenn er darum gefragt worden wäre, die Übernahme einer persönlichen Haftung abgelehnt haben würde. Dies allein genügt nicht, um einen auf Abweichung vom Gesetze gerichteten Vertrag anzunehmen. Irgendwelche schlüssigen Umstände konkreter Art hat aber das Kammergericht nicht festgestellt. Die Tatsache, daß die Rückerstattungspflicht den Verein treffen sollte, ist mit einem Ausschlusse der gesetzlichen Haftung der Handelnden für die Rückerstattung schlechterdings nicht gleichbedeutend. Muß doch im Namen des Vereins gehandelt sein, wenn § 54 Satz 2 überhaupt Anwendung finden soll." ...

RGZ. 85, 355

Kann ein ausgeschlossenes Mitglied gegen den Verein auf Feststellung der Unwirksamkeit des Ausschließungsbeschlusses klagen, ohne in dem durch die Satzung vorgeschriebenen Verfahren die höheren Vereinsstellen angerufen zu haben?

BGB. § 39.

IV. Zivilsenat. Urt. v. 22. Oktober 1914.

I. Landgericht Elberfeld. II. Oberlandesgericht Düsseldorf.

Der Vorstand des beklagten Vereins hatte durch Beschluß vom 20. Januar 1911 den Kläger, ein langjähriges Vereinsmitglied, aus dem Verein ausgeschlossen. Der Kläger focht diesen Beschluß in dem durch die Satzung des Vereins vorgesehenen Verfahren an, hatte damit aber keinen Erfolg. Der Vorstandsbeschluß wurde vielmehr sowohl durch die Mitgliederversammlung des Vereins vom 12. Februar 1912 als auch späterhin durch die Vorstände der höheren Verbände, dem der Verein angehört, bestätigt. Darauf beschritt der Kläger in einem Vorprozesse den ordentlichen Rechtsweg, und auf seine gegen den beklagten Verein erhobene Klage traf das Landgericht in Elberfeld durch Urteil vom 20. Dezember 1913 die Feststellung, daß der Kläger noch Mitglied des Vereins sei. Dieses Feststellungsurteil war damit begründet, daß die Einberufung der Mitgliederversammlung vom 12. Februar 1912 den Anforderungen der Satzung nicht entsprochen habe, weil die Einladung der durch Krankheit an der Teilnahme verhinderten Mitglieder unterblieben und auch der Gegenstand der Beschlußfassung in der mitgeteilten Tagesordnung ungenügend angegeben gewesen sei. Der Beklagte ließ das Urteil rechtskräftig werden.

Bevor jedoch die Rechtskraft eintrat, faßte der Vorstand des Vereins am 9. Januar 1913 nochmals einstimmig den Beschluß, den Kläger aus dem Verein auszuschließen, und teilte durch ein Schreiben vom 11. Januar 1913 diesen Beschluß dem Kläger mit. Nunmehr hat der Kläger, ohne in dem satzungsmäßig vorgeschriebenen Verfahren die dem Vorstand übergeordneten höheren Vereinsstellen anzurufen, von neuem bei Gericht Klage erhoben und wiederum darauf angetragen, festzustellen, daß er noch Mitglied des beklagten Vereins sei.

Das Landgericht gab dem Klagantrage statt, indem es auch jetzt die Formerfordernisse der Ausschließung für nicht erfüllt erachtete; denn der Kläger habe keine Gelegenheit gehabt, sich vor dem Vorstande zu verteidigen, und es sei ihm auch in dem Beschlusse der Ausschließungsgrund nicht angegeben worden. Auf die Berufung des Beklagten hat das Oberlandesgericht den Kläger mit der Klage abgewiesen. Die Revision wurde zurückgewiesen aus folgenden

Gründen:

„Die Entscheidung hängt allein von der Frage ab, ob ein Vereinsmitglied, das durch Beschluß des hierfür satzungsmäßig zuständigen Vorstandes aus dem Verein ausgeschlossen ist, die Satzungsvorschriften über die Anfechtung des Beschlusses durch Anrufung der Mitgliederversammlung oder eines anderen höheren Vereinsorgans umgehen und auf der Stelle die Unwirksamkeit des Beschlusses durch gerichtliche Klage geltend machen, insbesondere auf richterliche Feststellung des Fortbestehens seiner Mitgliedschaft antragen kann. Für das Recht des Bürgerlichen Gesetzbuchs ist diese Frage durch die reichsgerichtliche Rechtsprechung noch nicht unmittelbar entschieden worden. Der erkennende Senat hat sie jedoch in Sachen R. wider den Freiwilligen Unterstützungsverein der Breslauer Gewerbegehilfen (Rep. IV. 586/12) durch Urteil vom 13. März 1913 in bezug auf eine erlaubte Privatgesellschaft des preußischen Rechtes bereits verneint und ist dabei einem Urteile des Reichsoberhandelsgerichts vom 7. März 1877 (Entsch. des ROHGer. Bd. 22 S. 103flg.) gefolgt, worin die gleiche Entscheidung in Ansehung eines aus einer eingetragenen Genossenschaft ausgeschlossenen Mitgliedes getroffen war. Es unterliegt keinem Bedenken, das nämliche für die Vereine des jetzt geltenden Rechts nach Bürgerlichem Gesetzbuch anzunehmen.

Wird durch die Satzung eines Vereins eine Anfechtung der Ausschließung in der Weise zugelassen, daß dem ausgeschlossenen Mitgliede die Anrufung eines übergeordneten Vereinsorgans freigestellt ist, so kommt dadurch der eine Satzungsnorm enthaltende Wille zum Ausdruck, daß im Falle der Anrufung bis zur Entscheidung der höchsten dafür vorgesehenen Vereinsinstanz die Ausschließung nicht als endgültig beschlossen gelten darf, daß jedoch die Nichtanrufung der höheren Vereinsinstanz als Unterwerfung unter den Ausschließungsbeschluß zu gelten hat. Wer sich deshalb durch seinen Beitritt zum Verein an derartige Satzungsvorschriften bindet, muß im Falle seiner Ausschließung den satzungsmäßig ihm gewiesenen Weg der Anfechtung beschreiten, wenn sein Verhalten nicht in gleicher Weise beurteilt werden soll, wie wenn er freiwillig aus dem Verein ausgeschieden wäre. Daß hierin eine unzulässige Beeinträchtigung oder eine gänzliche Abschneidung des ordentlichen Rechtsweges läge, kann der Revision nicht zugegeben werden. Die Möglichkeit einer Anrufung des Richters bleibt, wenn das ausgeschlossene Mitglied in dem satzungsmäßig vorgeschriebenen Verfahren nicht zum Ziele gelangt, ihm inner noch gewahrt. Sie führt in den Grenzen, die dafür nach allgemeinen Rechtsgrundsätzen überhaupt bestehen, zur gerichtlichen Entscheidung über die Rechtsgültigkeit des von dem obersten Vereinsorgan über die endgültige Bestätigung der Ausschließung gefaßten Beschlusses. Im übrigen dient die Regelung eines Instanzenzuges innerhalb des Vereins auf der einen Seite zum größeren Schutze der Mitglieder gegen übereilte und unbillige Ausschließungsbeschlüsse und schützt auf der anderen Seite auch den Verein dagegen, daß, bevor das Ausschließungsverfahren die satzungsmäßig vorgesehenen Wege erneuter reiflicher Erwägung durchlaufen hat, er vorzeitig mit Prozessen überzogen und für unfertige, weil noch nicht endgültige Beschlüsse im ordentlichen Rechtswege verantwortlich gemacht werden darf. Wenn daher der Kläger die Umgehung der satzungsmäßig zur Beschlußfassung an höherer Stelle berufenen Vereinsorgane damit zu rechtfertigen sucht, daß es ihm freistände, auf das Recht zu deren Anrufung Verzicht zu leisten, so steht ihm entgegen, einmal daß es sich hierbei zugleich um eine Beeinträchtigung der satzungsmäßigen Rechte des Vereins handelt, und sodann daß vermöge seiner Gebundenheit an die Vereinssatzung die Abstandnahme von der Anrufung der höheren Vereinsinstanzen eine dem freiwilligen Austritt gleichstehende Annahme und Anerkennung des Ausschließungsbeschlusses in sich schließt. Auch die dem Ausschließungsbeschlusse und dem Verfahren der unteren Vereinsinstanz etwa anhaftenden formellen Mängel verlieren dadurch ihre rechtliche Erheblichkeit und rechtfertigen nicht eine Übergehung der satzungsmäßig zuständigen höheren Vereinsstellen. Denn, wie der erkennende Senat in Sachen Deutscher Musikverein gegen J. Rep. IV. 354/12 durch Urteil vom 9. Januar 1913 (Warneyer 1913 Nr. 182) näher dargelegt hat, erstreckt sich die Beschlußfassung des über die endgültige Ausschließung entscheidenden höheren Vereinsorgans nicht nur auf die sachliche Rechtmäßigkeit und auf die administrative Zweckmäßigkeit der Ausschließung, sondern ebenso auf die Frage, ob das die endgültige Entschließung nachsuchende Vereinsmitglied durch Verfahrensmängel der nachgeordneten Vereinsinstanz oder durch äußere Mängel des von ihr erlassenen Beschlusses in seinen formellen Rechten verkürzt ist. Damit erledigt sich die Rüge der Revision, daß der Ausschließungsbeschluß vom 9. Januar 1913, weil er auf einem „tumultuarischen Verfahren" beruhe, überhaupt rechtsunwirksam sei.

Daß die formelle Beanstandung des früheren Ausschließungsbeschlusses durch das im Vorprozeß ergangene rechtskräftige Urteil einer erneuten

Ausschließung des Klägers nicht entgegenstand, auch wenn sie aus demselben sachlichen Grunde beschlossen wurde, haben beide Vorderrichter mit Recht angenommen, und dies ist auch vom Kläger in der Revisionsinstanz nicht mehr in Zweifel gezogen worden." ...

RGZ. 90, 173

1. Ist die Zustellung eines Urteils wirksam, wenn es von allen bei seiner Erlassung beteiligten Richtern unterschrieben ist, im Eingangsvermerk aber fälschlich andere Richter als bei der Entscheidung mitwirkend genannt sind?

2. Besteht eine Vermutung dafür, daß die Mitglieder eines nicht rechtsfähigen Vereins ihre Haftbarkeit für Verbindlichkeiten, welche der Vorstand im Namen des Vereins eingegangen ist, satzungsgemäß auf ihre Anteile am Vereinsvermögen beschränkt haben?

ZPO. §§ 313 Nr. 2, 315, 317 Abs. 2. BGB. §§ 54, 714.

III. Zivilsenat. Urt. v. 24. April 1917.

I. Landgericht Naumburg a. S. II. Oberlandesgericht daselbst.

Der Beklagte gehört einem nicht rechtsfähigen Verein, dem Jagdverein, an, dessen Mitglieder sich zur gemeinsamen Ausübung der Jagd zusammengeschlossen haben. Am 22. Oktober 1914 veranstaltete der Verein eine Stöberjagd. Der Kläger, welchen er zur Leistung von Treiberdiensten angenommen hatte, wurde dabei von einer Schrotladung derart getroffen, daß er das rechte Auge verloren hat. Nach seiner Behauptung soll der Beklagte der unglückliche Schütze gewesen sein oder wenigstens zugleich mit anderen Jagdteilnehmern auf die herannahende Treiberkette geschossen haben. Der Kläger nahm ihn wegen der Folgen des Schusses indessen nicht nur auf Grund des § 823 Abs. 1 oder des § 830 Satz 2 BGB., sondern auch als Vertragsschuldner in Anspruch, weil der Vorstand des Jagdvereins seine Fürsorgepflicht aus § 618 BGB. ihm gegenüber schuldhaft nicht erfüllt habe und der Beklagte für die vertraglichen Verbindlichkeiten des Vereins nach den §§ 54, 714, 427 BGB. auch persönlich als Gesamtschuldner hafte.

Das Landgericht und das Oberlandesgericht erachteten den letztgenannten Klagegrund für unbegründet und erkannten auf einen Eid für den Beklagten über die Schußabgabe. Die Revision des Klägers hatte Erfolg.

Gründe:

„In dem auf Grund der mündlichen Verhandlung vom 3. November 1916 ergangenen, am 10. November verkündeten Urteile des Oberlandesgerichts waren als Entscheidungsrichter (§ 313 Nr. 2 ZPO.) aufgeführt: Senatspräsident R., die Oberlandesgerichtsräte K. und S., Amtsgerichtsrat M. und Landgerichtsrat D. Unterschrieben war das Urteil indessen von den vier zuletzt genannten Richtern und vom Oberlandesgerichtsrat B. In dieser Form war das Urteil ausgefertigt und von dem Prozeßbevollmächtigten des Beklagten dem des Klägers am 5. Dezember 1916 zugestellt worden. Dieser hatte bereits am 29. November die Berichtigung der Unstimmigkeit zwischen den Unterschriften und dem Vermerk am Kopfe des Urteils beantragt. Das Urteil wurde nunmehr dem Inhalte des Sitzungsprotokolls vom 3. November entsprechend auf Grund des § 319 ZPO. durch Beschluß vom 1. Dezember dahin berichtigt, daß nicht Senatspräsident R., sondern Oberlandesgerichtsrat B. bei der Urteilsfällung mitgewirkt habe. Dieser Beschluß ist von Amts wegen beiden Parteien am 6. Dezember und das Urteil mit ihm dem Prozeßbevollmächtigten des Beklagten von dem des Klägers am 8. des genannten Monats zugestellt worden. Der die Einlegung der Revision enthaltende Schriftsatz ist am 8. Januar 1917 bei dem Reichsgericht eingegangen. Die Revisionsfrist wäre daher versäumt, wenn die Zustellung vom 5. Dezember wirksam wäre (§ 552 ZPO.). Das ist indessen zu verneinen.

Der I. und der V. Zivilsenat des Reichsgerichts haben bereits ausgesprochen (vgl. Gruchot, Bd. 46 S. 1078 und Jur. Wochenschr. 1903 S. 383 Nr. 6), daß die Zustellung eines Urteils, das von anderen Richtern als von denen unterzeichnet ist, welche nach dem Eingangsvermerke die Entscheidung getroffen haben, nicht geeignet ist, eine Rechtsmittelfrist in Lauf zu setzen. Freilich war die Sachlage damals insoweit eine andere, als der Eingangsvermerk objektiv richtig, dagegen eine Unterschrift von seiten eines an der Urteilsfällung nicht beteiligten Richters geleistet war, während hier die Unterschriften von denjenigen Richtern, welche tatsächlich bei der Entscheidung mitgewirkt haben, herrühren, der Eingangsvermerk aber falsch gefaßt war. Beide Fälle sind jedoch sachlich gleich zu beurteilen. Denn durch den Vermerk am Kopfe des Urteils soll bezeugt werden, daß die in ihm aufgeführten Personen die Urteilsfinder waren. § 313 Nr. 2 ZPO. steht aber mit § 315 a. a. O. derart in untrennbarem Zusammenhange, daß ein Urteil nur dann im Sinne des letzteren als unterschrieben gelten kann, wenn der Eingangsvermerk und die Unterschriften sich decken. Solange das nicht zutrifft, darf nach § 317 Abs. 2 ZPO. eine Urteilsausfertigung nicht erteilt werden. Geschieht es doch, so ist sie einer wirksamen Zustellung nicht fähig, weil die Parteien auf die Befolgung der im öffentlichen Interesse gegebenen Vorschriften der §§ 313 Nr. 2, 315, 317 Abs. 2 a. a. O. nicht verzichten können. Am 5. Dezember lag also — den Parteien erkennbar — ein im Sinne des Gesetzes vollständiges Urteil noch nicht vor, so daß seine Zustellung auf den Beginn der Rechtsmittelfrist keinen Einfluß ausüben konnte. Diese Zustellung wurde auch durch die vom 6. Dezember nicht wirksam, denn abgesehen davon, daß diese nicht auf Betreiben einer Partei (§ 317 Abs. 1 a. a. O.), sondern von Amts wegen erfolgte, hatte sie nicht das berichtigte Urteil, sondern nur den Berichtigungsbeschluß zum Gegenstande. Die an sich ordnungsmäßige Urteilszustellung vom 8. Dezember kann aber erst von diesem Tage an Rechtswirkungen äußern. Denn die

Zustellung ist eine Handlung, ein tatsächlicher Akt, der, wenn er einmal wirkungslos vorgenommen ist, rechtlich ebenso anzusehen und zu behandeln ist, als wenn überhaupt nichts geschehen wäre. Er kann daher durch nachträgliche Handlungen nicht ergänzt und nicht rückbezüglich mit Rechtswirkung ausgestattet werden. Das muß hier um so mehr gelten, als die Zustellung vom 5. Dezember von dem Beklagten, die vom 8. Dezember dagegen von dem Kläger veranlaßt, im ersteren Falle also dieser, im letzteren der Beklagte der Zustellungsempfänger war.

In der Sache selbst war der Revision stattgegeben. Der Satz, daß eine Haftung des Beklagten aus § 618 BGB. überhaupt nicht zu begründen sei, ist rechtsirrig. Unstreitig hat der Jagdverein den Kläger als Treiber angenommen, also mit ihm einen Dienstvertrag geschlossen. Dieser verpflichtete den Verein, die unter seiner Anordnung oder Leitung vorzunehmenden Dienstleistungen des Klägers derart zu regeln, daß eine Gefahr für dessen Leben und Gesundheit so weit ausgeschlossen war, als die Natur seiner Dienste es gestattete. Erfüllten die, welche für den Verein zu handeln berufen waren, diese vertragliche Fürsorgepflicht nicht und kam der Kläger dadurch zu Schaden, so war ihm der Verein ersatzpflichtig. Dann aber war — was das Oberlandesgericht verkannt hat — nach den §§ 54, 714, 427 BGB. auch die Möglichkeit einer gesamtschuldnerischen Haftbarkeit der Mitglieder, also auch des Beklagten, mit dem eigenen Vermögen gegeben.

Auf einen nicht rechtsfähigen Verein finden nach § 54 BGB. die Vorschriften über das Gesellschaftsrecht Anwendung. Der Vorstand ist daher, wenn und soweit ihm im Innenverhältnis die Befugnis zur Geschäftsführung zusteht, im Zweifel auch nach außenhin ermächtigt, die Vereinsmitglieder zu vertreten (§ 714 BGB.). Der Umfang der Vollmacht, d. h. der Berechtigung des Vorstandes, im Einzelfalle für die Vereinsmitglieder handelnd aufzutreten, bestimmt sich nach der Satzung. In ihr findet sie ihre Grundlage und zugleich ihre Schranken. Der Dritte, der mit einem Vereinsvorstand einen Vertrag abschließt, muß sich wie jeder, der sich mit einem Bevollmächtigten in rechtsgeschäftliche Verhandlungen einläßt, nach dem Umfange der Vollmacht in dem angedeuteten Sinne erkundigen, wenn er sich nicht der Gefahr einer Schädigung aussetzen will. Soweit sich der Vorstand aber im Rahmen seiner satzungsmäßigen Befugnisse hält, sind die von ihm für den Verein begründeten Rechte und Pflichten, da dieser ebensowenig wie die Gesellschaft des bürgerlichen Rechtes eine selbständige juristische Persönlichkeit darstellt, tatsächlich Rechte und Pflichten der einzelnen Vereinsmitglieder. Daraus folgt weiter, daß mangels anderweiter Regelung die Vereinsmitglieder für die Vereinsschulden mit ihrem Privatvermögen einzustehen haben.

Nun hindert sie aber nichts, die nachgiebigen Bestimmungen des Gesellschaftsrechts durch das dem Gesellschaftsvertrage gleichstehende Statut abzuändern oder auszuschließen. Deshalb hat im Einklange mit der Mehrzahl der Schriftsteller ... auch das Reichsgericht bereits wiederholt ausgesprochen, daß eine ausdrückliche oder stillschweigende Satzungsbestimmung zulässig und wirksam ist, durch welche die Ermächtigung, die Mitglieder über das Vereinsvermögen hinaus zu verpflichten, dem Vorstande versagt wird (vgl. RGZ. Bd. 63 S. 65, Bd. 74 S.374, Jur. Wochenschr. 1907 S. 136 Nr. 16, 1910 S. 227/28 Nr. 2 und Urteil vom 5. Oktober 1916 Rep. VI. 189/16). Bei dem Fehlen einer derartigen ausdrücklichen Vorschrift ist es Sache der Auslegung, aus dem sonstigen Satzungsinhalt, aus dem Vereinszweck, aus der Zahl und dem Stande der Mitglieder, überhaupt aus der Gesamtheit der Umstände zu ermitteln, ob von den Vereinsmitgliedern eine Vollmachtsbeschränkung in dem erörterten Sinne gewollt und erkennbar zum Ausdruck gebracht ist. Sie wird in einer großen, vielleicht in der Mehrzahl der Fälle unschwer zu bejahen sein, aber eine Vermutung zugunsten der Haftungsbeschränkung der Mitglieder besteht nicht. Eine solche Vermutung würde mit dem Wortlaute des § 54 BGB. unvereinbar sein und den Unterschied, welchen der Gesetzgeber hinsichtlich der Rechtsstellung der rechtsfähigen und der nicht rechtsfähigen Vereine nun einmal gemacht hat, teilweise wieder verwischen. Sie würde auch nicht selten, z. B. dann, wenn eine kleine, allerdings dem Wechsel unterworfene Anzahl wohlhabender Personen lediglich zur Verfolgung von Genuß- oder Vergnügungszwecken sich zusammengetan hat und, was nicht immer offenkundig, kein oder nur ein unbedeutendes Vereinsvermögen vorhanden ist, zu Schädigungen der Vereinsgläubiger führen, welche das Gesetz nicht nur nicht gewollt, sondern gerade zu vermeiden beabsichtigt hat. Auch aus dem zweiten Satze des § 54 a.a.O. läßt sich die Vermutung nicht herleiten. Denn er bestimmt nur, daß derjenige, welcher namens eines Vereins handelt, mit seinem Privatvermögen dem Vertragsgegner stets, d. h. auch im Falle der satzungsmäßigen Beschränkung der Vorstandsvollmacht hafte, nicht aber, daß eine solche Beschränkung schlechthin zu unterstellen sei. Von der Pflicht, den Umfang der Mitgliederhaftung in jedem einzelnen Falle an der Hand der einschlägigen Verhältnisse einer Prüfung zu unterziehen, haben auch die oben genannten Urteile des Reichsgerichts den Richter nicht entbinden wollen.“ . . .

RGZ. 91, 1

Welche Personen sind als besondere, neben dem Vorstande satzungsmäßig bestellte Vertreter im Sinne der §§ 30, 31 BGB. anzusehen?

BGB. §§ 30, 31.

VI. Zivilsenat. Urt. v. 8. Oktober 1917.

I. Landgericht Breslau. II. Oberlandesgericht daselbst.

Die Breslauer Zweigniederlassung der unter 1 verklagten Aktiengesellschaft hatte im April 1903 dem Kaufmann K. in Breslau eine Sauggaskraftanlage zur Erzeugung elektrischen Lichtes käuflich geliefert. Da der Betrieb dieser Anlage anfangs August 1905 polizeilich untersagt wurde, setzte sie den Motor mit einem Schomburgschen Vergaser in Verbindung; in dieser Weise wurde dann die Beleuchtungsanlage vom 9. bis 19. August 1905 in Betrieb genommen. An letzterem Tage wurde der Vergaser wieder entfernt und die Sauggaskraftanlage in ihrer ursprünglichen Gestalt in Betrieb gesetzt. Am 21. August 1905 wurde der Vergaser wiederum angebracht, da er zwei Beamten eines anderen Werkes, nämlich dem Ehemann und Vater der Kläger und dem Zivilingenieur A., zur Probe vorgeführt werden sollte.

Bei der Herstellung der Verbindung zwischen dem von der Beklagten zu 1 gelieferten Motor und dem Schomburgschen Vergaser war der bei der Breslauer Zweigniederlassung der Beklagten zu 1 angestellte Ingenieur Ba. beteiligt. Als nunmehr der Apparat in dem Keller des K.schen Grundstücks in Betrieb gesetzt wurde, entstand eine Explosion der Beleuchtungsanlage, durch welche fünf Personen, darunter auch der Erblasser der Kläger, getötet wurden.

Wegen des ihnen hierdurch entstandenen Schadens verlangten die Kläger eine Rente.

Während das Landgericht den Klaganspruch auch der mitbeklagten Aktiengesellschaft gegenüber dem Grunde nach für gerechtfertigt erklärte, wurde die Klage dieser Beklagten gegenüber vom Oberlandesgericht abgewiesen. Die Revision der Kläger hatte insoweit Erfolg.

Aus den Gründen:

„Mit Recht rügt die Revision die Verletzung der §§ 30, 31 BGB. In dieser Hinsicht steht folgendes fest:

Der Schomburgsche Vergaser, der bereits in der Zeit vom 9. bis 19. August 1905 von der Breslauer Zweigniederlassung der Beklagten zu 1 dem K. geliefert und in Gebrauch genommen war, um bei der von der Beklagten zu 1 dem K. gelieferten Beleuchtungsanlage verwendet zu werden, ist in derselben Weise auch an dem Unfalltage bei dem Probebetriebe zur Verwendung gelangt. Bei diesem Probebetrieb und bei der an diesem Tage erfolgten Installation der Anlage war auch mit Genehmigung oder mindestens mit Wissen eines der Leiter der Breslauer Zweigniederlassung, nämlich des den abwesenden ersten Ingenieur L. vertretenden Ingenieurs B., der bei der Breslauer Zweiganstalt der Beklagten zu 1 angestellte Ingenieur Ba. tätig.

Ferner ist die Explosion nach den insoweit übereinstimmenden Gutachten der gerichtlichen Sachverständigen ausschließlich auf den Mangel an Sicherungen an dem Apparat zurückzuführen. Das Berufungsgericht hat aber auf Grund der Bekundungen der Sachverständigen und in Übereinstimmung mit diesen auch angenommen, daß B. bei Anwendung der gehörigen Aufmerksamkeit die Möglichkeit der Explosion hätte voraussehen und für die Anbringung von Sicherungen vor der Benutzung des Apparates hätte Sorge tragen müssen.

Das Berufungsgericht hat nun zwar die Haftbarkeit des Beklagten B. für die Folgen des Unfalls gemäß §§ 823, 844 BGB. bejaht, gleichwohl aber die der Beklagten zu 1 verneint, weil es — im Gegensatz zum ersten Richter — zu der Annahme gelangt ist, die §§ 30, 31 BGB. könnten im vorliegenden Falle keine Anwendung finden. Diese Annahme beruht auf der Erwägung, daß die Bestellung besonderer Vertreter der Zweigniederlassung im Sinne des § 30 BGB. in der Satzung nicht vorgesehen sei. Der Direktor Z. und der Ingenieur L. sowie dessen Stellvertreter, der Ingenieur B., denen Vollmacht zu der Besorgung der Geschäfte der Zweigniederlassung in Breslau erteilt war, seien deshalb nur als „Handlungsbevollmächtigte", nicht aber als besondere Vertreter anzusehen.

Diese Ausführungen geben nach mehrfacher Richtung hin zu rechtlichen Bedenken Anlaß.

Schon die Schlußfolgerung, daß jene Personen deshalb, weil ihnen „die Besorgung der Geschäfte der Zweigniederlassung und zugleich Handlungsvollmacht" erteilt sei, nur als „Angestellte, Beamte, Handlungsbevollmächtigte" der Gesellschaft, nicht aber als besondere Vertreter im Sinne des § 30 BGB. anzusehen seien, muß als rechtsirrtümlich bezeichnet werden. Denn die Erteilung einer „Handlungsvollmacht", die in erster Linie nur für das innere Verhältnis zwischen dem Bevollmächtigten und dem Machtgeber von Bedeutung ist, schließt die Eigenschaft eines „Vertreters" im Sinne des § 30 BGB. keineswegs aus. Dementsprechend hat es denn auch der erkennende Senat bereits in der Entscheidung Rep. VI. 189/14 vom 21. September 1914 (Warneyer 1915 Nr. 317) als nicht rechtsirrtümlich angesehen, daß das Berufungsgericht einen zur Leitung einer Filiale bestellten Prokuristen, also eine Person, der eine besonders weitgehende Handlungsvollmacht erteilt war, als Vertreter im Sinne des § 30 BGB. betrachtet hat.

Auch die weitere Annahme des Oberlandesgerichts, daß die Direktoren und Leiter der Zweigniederlassung Breslau um deswillen als Vertreter im Sinne des § 30 BGB. nicht anzusehen seien, weil ihre Bestellung in der Satzung der beklagten Gesellschaft nicht vorgesehen sei, gibt zu rechtlichen Bedenken Anlaß. Wie das Reichsgericht neuerdings in ständiger Rechtsprechung angenommen hat, ist es nicht erforderlich, daß die Satzung selbst die Bestellung besonderer Vertreter anordnet; vielmehr ist dem Erfordernis, daß die neben dem Vorstande vorhandenen besonderen Vertreter als auf Grund einer Bestimmung der Satzung bestellt anzusehen sind, schon dann genügt, wenn satzungsmäßig die Errichtung einer Zweigniederlassung vorgesehen ist, die ohne weiteres die Bestellung besonderer Vertreter für diese erforderlich macht (Warneyer 1915 Nr. 317; Rep. VI. 2/17 vom 26. Februar 1917). Es hängt alsdann lediglich von der Auslegung der Satzung ab, ob die als Leiter einer solchen Zweigniederlassung bestellten Personen als „besondere Vertreter" im Sinne der §§ 30, 31 BGB. anzusehen sind oder nicht.

Mit dieser Auffassung stehen auch die in RGZ. Bd. 74 S. 21, 255 und Jur. Wochenschr. 1912 S. 338 Nr. 2 abgedruckten Urteile keineswegs in Widerspruch. In den jenen Entscheidungen zugrunde liegenden Fällen handelte es sich um Personen, die entweder nicht auf Grund organisatorischer oder satzungsmäßiger Bestimmungen angestellt oder nicht mit einer rechtsgeschäftlichen Vertretungsmacht ausgestattet waren. Wenn es insbesondere in der Entscheidung vom 4. Januar 1912 (Jur. Wochenschr. S. 338) heißt, daß nur der durch die Satzung vorgesehene Beamte, der Vertretungsgewalt Dritten gegenüber hat, als verfassungsmäßiger Vertreter zu gelten habe, so ist gerade im vorliegenden Falle satzungsmäßig die Errichtung von Zweigniederlassungen der Beklagten zu 1 vorgesehen, und es ist auch ferner den Leitern der hier in Betracht kommenden Zweigniederlassung Breslau in deren Anstellungsverträgen eine rechtsgeschäftliche Vertretungsmacht übertragen worden. Macht aber die verfassungsmäßig errichtete Zweigniederlassung für die Zwecke ihres Betriebes die Bestellung solcher mit Vertretungsmacht nach außen ausgestatteter Leiter notwendig, so können diese als auf Grund der Satzung berufene besondere Vertreter im Sinne der §§ 30, 31 BGB. angesehen werden.

Danach wird man als „besondere neben dem Vorstande für gewisse Geschäfte satzungsmäßig bestimmte Vertreter" solche Personen anzusehen haben, deren Bestellung entweder in der Satzung selbst vorgesehen ist, oder die auf Grund einer Bestimmung der Satzung oder kraft entsprechender organisatorischer Anordnungen bei denjenigen Körperschaften des öffentlichen Rechtes, für welche eine „Satzung" im engeren Sinne nicht besteht, rechtsgeschäftlichen Vertretung der Körperschaft oder des Vereins für einzelne oder alle Geschäfte berufen und ermächtigt sind.

Diese Auffassung, die dem Sinne und Zwecke des Gesetzes allein gemäß ist, ergibt sich auch aus dessen Entstehungsgeschichte.

Im ersten Entwurfe des Bürgerlichen Gesetzbuchs war eine der Vorschrift des § 30 entsprechende Bestimmung überhaupt nicht enthalten. Erst bei der zweiten Lesung (Protokolle Bd. 1 S. 520) wurde der Antrag gestellt, als § 45a folgende Bestimmung einzuschalten:

„Zur Vertretung des Vereins bei der Führung seiner Geschäfte können neben dem Vorstande Beamte oder sonstige Vertreter bestellt sein. Die Vollmacht derselben erstreckt sich im Zweifel auf alle Handlungen, welche die Führung von Geschäften von der Art der ihnen übertragenen gewöhnlich mit sich bringt."

Hierzu wurde der Unterantrag gestellt, den Satz 1 folgendermaßen zu fassen:

„Durch die Verfassung kann bestimmt werden, daß neben dem Vorstande noch weitere Vertreter für die Führung gewisser Geschäfte bestellt werden können."

Mit diesem Unterantrage wurde der § 45a angenommen und dabei hervorgehoben, daß der Gesetzesvorschlag dem Vorgange des Art. 235

HGB. (in der Fassung des Gesetzes vom 18. Juli 1884) folge. Der Art. 235 HGB. lautete:

„Der Betrieb von Geschäften der Gesellschaft, sowie die Vertretung der Gesellschaft in bezug auf diese Geschäftsführung kann auch sonstigen Bevollmächtigten oder Beamten der Gesellschaft zugewiesen werden. In diesem Falle bestimmt sich die Befugnis derselben nach der ihnen erteilten Vollmacht; sie erstreckt sich im Zweifel auf alle Rechtshandlungen, welche die Ausführung derartiger Geschäfte gewöhnlich mit sich bringt."

Wenn diese Vorschrift auch in dem jetzigen Handelsgesetzbuche keine Aufnahme gefunden hat, vielmehr als überflüssig gestrichen ist (vgl. Denkschrift S. 139), so läßt doch der Hinweis darauf bei den Beratungen der zweiten Kommission zum Entwurfe des Bürgerlichen Gesetzbuchs deutlich erkennen, welche Personen der Gesetzgeber als „besondere Vertreter" im Sinne des § 30 BGB. angesehen wissen will. Es ist also auch aus der Entstehungsgeschichte des Gesetzes zu folgern, daß unter den besonderen Vertretern im Sinne jener Vorschrift alle diejenigen Personen einbegriffen werden müssen, die in der Lage und ermächtigt sind, den Verein nach bestimmten Richtungen hin rechtsgeschäftlich zu vertreten, sofern ihre Bestellung in der Satzung oder in sonstigen organisatorischen Vorschriften eine rechtliche Unterlage hat.

Nach dieser Richtung hin hat das Berufungsgericht den Sachverhalt bisher nicht geprüft, so daß schon aus diesem Grunde auf die Revision der Kläger die Aufhebung des angefochtenen Urteils erfolgen muß, soweit die Klage gegen die Mitbeklagte zu 1 abgewiesen worden ist." ...

RGZ. 94, 318

Haftet eine Bank, deren Vorstand in geschäftlichen Angelegenheiten Auskunft erteilt, wegen einer wissentlich unrichtigen, von einer ihrer Depositenkassen instruktionswidrig erteilten Auskunft auf Schadensersatz?

BGB. §§ 30, 31, 826.

VI. Zivilsenat. Urt. v. 3. Februar 1919.

I. Landgericht I Berlin. II. Kammergericht daselbst.

Die Weinhandlung W. Schl. & Co. in Berlin stand mit dem Sch.schen Bankverein, Depositenkasse Charlottenburg, Stuttgarter Platz, in Geschäftsverbindung. Im Frühjahr 1913 richtete sie an die Klägerin die Anfrage, ob diese ihr Ware auf Kredit liefern und Wechsel diskontieren wolle, wobei sie ihre vorgenannte Bankverbindung als Referenz aufgab. Daraufhin schrieb die Klägerin am 2. April 1913 an den Bankverein „Charlottenburg, Stuttgarter Platz 13" und ersuchte um Auskunft über W. Schl. & Co., es interessiere sie vor allem, zu erfahren, ob man der Firma einen Kredit bis zu zirka 20000 M. in Ruhe bewilligen könne. Die Anfrage wurde unter dem 8. April 1913 von der Depositenkasse beantwortet, deren damalige Vorsteher F. und H. das Schreiben unterzeichnet haben. In der Auskunft wird zunächst der Inhaber von W. Schl. & Co. als ein „äußerst tüchtiger, intelligenter und versierter Geschäftsmann" bezeichnet, der das seit 1862 bestehende Geschäft 1896 von seinem Vater übernommen habe. Man bringe der Firma in Lieferantenkreisen Vertrauen entgegen, sie erziele durch ihre Filialen, etwa 160 an Zahl, bedeutenden Umsatz. Dann heißt es: „Zahlungen erfolgten, soweit wir beobachten konnten, stets prompt. Auch sollen der Firma seitens wohlhabender Verwandten des Inhabers reichliche Mittel zur Verfügung stehen." Die Klägerin trat nunmehr mit Schl. in Geschäftsverbindung, ihrer Behauptung nach auf Grund dieser Auskunft, lieferte an Schl. auf die Bestellungen vom 19. April und 10. Mai 1913 Wein und diskontierte auch Wechsel. W. Schl. & Co. geriet aber im Juli 1913 in Konkurs. Die Klägerin berechnet den ihr durch die Geschäftsverbindung mit Schl. entstandenen Schaden auf 17839,03 M. und hat den Bankverein dafür verantwortlich gemacht. An Stelle des Bankvereins ist seine Rechtsnachfolgerin, die jetzige Beklagte, getreten.

Vom Landgericht wurde die Klage abgewiesen, dagegen hat das Kammergericht den Klaganspruch dem Grunde nach für gerechtfertigt erklärt. Die Revision der Beklagten blieb erfolglos.

Aus den Gründen:

„Das Berufungsgericht geht davon aus, daß die Klägerin und der Bankverein nicht in Vertragsbeziehungen zueinander standen und auch durch die Auskunft nicht in solche getreten sind, daß vielmehr die Beantwortung der Anfrage der Klägerin eine Gefälligkeit war. Die Klägerin könne daher ihren Schadensersatzanspruch nur auf §§ 826, 30, 31 BGB. oder auf §§ 831, 826 das. stützen. Nach beiden Richtungen sei er dem Grunde nach gerechtfertigt. Die Auskunft sei absichtlich irreführend und auf Täuschung berechnet. Ob es für die Beurteilung der geschäftlichen Lage der Firma Schl. von Bedeutung sei, daß ihr der Bankverein am 16. Januar 1913 den bis dahin gegen Sicherstellung gewährten Kredit auf den 17. April 1913 gekündigt hatte, möge dahingestellt bleiben, jedenfalls habe sich seitdem die Lage der Firma so gestaltet, daß an ihrem Zusammenbruche nicht zu zweifeln gewesen sei. F. habe das ganz genau gewußt. Er habe der Firma einen ungedeckten Kredit von über 500000 M. eingeräumt und dies durch falsche Buchungen verdeckt, da er gewußt habe, daß der Bankverein diese Kreditgewährung nicht genehmigt haben würde; er habe Schl. solange als möglich halten wollen. Diese Kreditierung verschweige die Auskunft. Daß sie für die Beurteilung der Kreditwürdigkeit von Schl. von ausschlaggebender Bedeutung sei, habe dem F. nicht verborgen sein können, er habe auch damit gerechnet, daß der Klägerin der Verlust ihrer Forderung drohe, wenn sie an Schl. auf Kredit liefere. Zehn Tage nach Erteilung der Auskunft habe F. die Flucht ergriffen. Auf die Auskunft habe die Klägerin vertrauen dürfen, da sie von einer Großbank erteilt sei; sie sei hierdurch zu dem

Geschäftsverkehr mit Schl. bestimmt worden. F. sei aber ein satzungsmäß bestellter besonderer Vertreter des Bankvereins gewesen und habe bei Erteilung der Auskunft in Ausführung der ihm zustehenden Verrichtungen gehandelt; der Bankverein habe daher für sein Verhalten einzustehen.

Die Revision macht geltend, daß zwar in der Satzung des Bankvereins die Errichtung von Depositenkassen vorgesehen sei, daß darin aber nichts über die Stellung ihrer Vorsteher und namentlich über deren Vertretungsbefugnis gesagt werde. Sie meint, das Berufungsgericht habe nicht ausreichend geprüft, welcher Art die Stellung der Depositenkassenvorsteher im allgemeinen und namentlich bei dem Bankvereine gewesen sei; sie sei nach den Instruktionen bei dem Bankverein eine unselbständige gewesen. Die einzelnen den Vorstehern zugewiesenen Geschäfte seien nicht richtig gewürdigt; welche Machtbefugnisse das Publikum den Vorstehern zuschreibe, sei unerheblich.

Der Angriff ist nicht begründet. Wenn die Satzung des Bankvereins in § 1 die Errichtung von Depositenkassen vorsieht, so erklärt sie diese Kassen hierdurch für satzungsmäßige Einrichtungen. Hiermit allein ist freilich die Anwendbarkeit des § 30 BGB. auf die Vorsteher noch nicht gegeben; dazu wird vielmehr noch gefordert, daß sie als besondere Vertreter für gewisse Geschäfte neben dem Vorstande bestellt sind. Sie müssen für einen gewissen Geschäftskreis eine selbständige Stellung haben, was damit vereinbar ist, daß sie im allgemeinen und namentlich im Innenverhältnis dem Vorstande gegenüber untergeordnet sind. Diese Voraussetzungen treffen für die Vorsteher der Depositenkassen des Bankvereins zu. Im Anschluß an ein Urteil des Reichsgerichts vom 8. Januar 1917 (Jur. Wochenschr. S. 285 Nr. 5) führt das Berufungsgericht zunächst allgemein aus, daß die Depositenkassen die Geschäfte des Bankiers mit dem Publikum besorgen, daß sie Rat bei geschäftlichen Dispositionen erteilen und Kredit gewähren, wobei sie in der Regel eine umfassende Vertretungsmacht besitzen. In bezug auf die Vorsteher der Depositenkassen des Bankvereins im besonderen aber wird festgestellt, daß sie insbesondere Aufträge auf Ankauf und Verkauf von Wertpapieren entgegenzunehmen haben, daß sie selbständig die Sicherstellung bei Abschluß von Börsentermingeschäften prüfen und bestimmen und nur dann an die vorherige Genehmigung der Zentrale gebunden sind, wenn Ausnahmen von der allgemeinen Regel gemacht werden sollen, daß sie innerhalb bestimmter Beleihungsgrenzen Vorschüsse auf Wertpapiere gewähren und in gewissem Umfange Wechseldiskontierungen vornehmen dürfen. Daß ihnen sonach eine Vertretungsbefugnis im Sinne des § 30 BGB. zusteht, kann nicht zweifelhaft sein.

Für die Folgen einer von einem solchen Vertreter vorgenommenen unerlaubten Handlung haftet die juristische Person aber nur dann, wenn die Handlung in Ausführung der dem Vertreter zustehenden Verrichtungen stattgefunden hat (§ 31 BGB.). Für den Umfang dieser Verrichtungen gilt die Regel, daß sich die Vertretungsmacht eines solchen Vertreters im Zweifel auf alle Rechtsgeschäfte erstreckt, die der ihm zugewiesene Geschäftskreis gewöhnlich mit sich bringt. Trifft diese Voraussetzung in einem gegebenen Falle zu, so ist es Dritten gegenüber ohne Bedeutung, ob die vorgenommene Handlung dem Vertreter nach seiner Bestellung oder seiner Dienstinstruktion im Verhältnis zu dem ihm vorgesetzten Vorstande der juristischen Person erlaubt oder verboten war, es sei denn, daß der Dritte die Einschränkung der Vertretungsbefugnis kannte oder kennen mußte (vgl. RGZ. 86 S. 87flg. und das oben angeführte Urteil des Senats vom 8. Januar 1917). Das Berufungsgericht hat nun die Frage, ob die Erteilung von Auskünften zu den handelsgebräuchlichen Verrichtungen einer Bank überhaupt oder doch zu denen des Bankvereins gehört habe, bejahend beantwortet, wobei es für das letztere mit Recht darauf hinweist, daß in der Zentrale des Bankvereins Formulare für die Übersendung von Auskünften vorhanden waren und noch im Jahre 1912 beschafft wurden. Von den Depositenkassen aber sagt es, daß das Publikum mit ihnen in erster Linie in Geschäftsverbindung trete und daß ihre vertretungsberechtigten Organe als die eigentlichen Ratgeber der Geschäftskreise anzusehen seien. Von der Depositenkasse Charlottenburg im besonderen wird sodann festgestellt, daß sie in nicht unerheblichem Umfang Auskünfte erteilt hat. War aber somit die Sachlage die, daß der Bankverein als solcher Auskünfte in geschäftlichen Angelegenheiten erteilte, daß er weiter für den geschäftlichen Verkehr mit dem Publikum besondere Einrichtungen, die Depositenkassen, geschaffen und sie zur Erfüllung dieser Aufgabe mit umfangreichen Vertretungsbefugnissen ausgestattet hat, so kann es nicht als rechtsirrig betrachtet werden, wenn das Berufungsgericht die Depositenkassenvorsteher des Bankvereins nach außen hin auch in bezug auf die Erteilung einer Auskunft als zur Vertretung des Bankvereins berechtigt ansieht und daher den Bankverein für die Handlungsweise F.s haften läßt. An die Auskunft der Handelskammer in Berlin, nach der es nicht zu dem Geschäftskreise von Vorstehern der Depositenkassen einer Großbank gehören soll, über Kunden der Bank dritten Personen, mit denen die Bank nicht in Geschäftsverbindung steht, Auskunft zu erteilen, war es nicht gebunden. Wenn der Bankverein den Depositenkassenvorstehern mündlich und schriftlich verboten hat, direkt Auskünfte an Dritte zu erteilen, so hat das nur Bedeutung für ihr Innenverhältnis zu der Zentrale der Gesellschaft, denn eine Verlautbarung dieses Verbots, etwa durch öffentliche Bekanntmachung, ist dem Publikum gegenüber nach der Feststellung des Berufungsgerichts nicht erfolgt. Es kommt auch nicht auf den von der Revision hervorgehobenen Umstand an, daß es der Direktion des Bankvereins nicht bekannt gewesen sei, daß die Depositenkasse in Charlottenburg und vielleicht noch andere Kassen tatsächlich Auskünfte erteilten. Denn auch dann, wenn das zutrifft und daher von einer Duldung dieses Verfahrens durch die Zentrale nicht die Rede sein kann, läßt sich hieraus nicht auf eine nach außen hin wirksame Einschränkung der dem Depositenkassenvorsteher im Zweifel zuzusprechenden Befugnisse schließen.

Durch diese Ausführungen wird die Haftung der Bank für die unrichtige Auskunft grundsätzlich gerechtfertigt.“ ...

RGZ. 100, 1

1. Ist der Prozeßweg über die Feststellung der Zugehörigkeit zu einem eingetragenen Verein nach erfolgter Kündigung zulässig, wenn das Mitglied unter Geschäftsaufsicht gestellt ist und der Aufsichtsrichter die Ermächtigung erteilt hat, die Vertragserfüllung abzulehnen?

2. Liegt den Rechtsbeziehungen zwischen Mitglied und Verein ein gegenseitiger Vertrag zugrunde?

BGB. § 38.

IV. Zivilsenat. Urt. v. 29. April 1920.

I. Landgericht II Berlin. II. Kammergericht daselbst.

Die Beklagte ist auf Grund ihrer Beitrittserklärung vom 7. September 1916 Mitglied des klagenden Vereins geworden. Nachdem sie später in Gemäßheit der Verordnung über die Geschäftsaufsicht zur Abwendung des Konkurses (Bekanntmachung vom 14. Dezember 1916, RGBl. S. 1363) unter Geschäftsaufsicht gestellt worden war, hat sie durch Schreiben vom 7. November 1918, beim Kläger eingegangen am 18. November, mit Ermächtigung des Amtsgerichts in Neukölln als des Aufsichtsgerichts ihre Mitgliedschaft fristlos gekündigt. Nach § 3 der Vereinssatzung endigt die Mitgliedschaft durch Kündigung nur dann, wenn diese ein Jahr vorher erfolgt ist.

Mit der Klage wird Feststellung begehrt, daß die Mitgliedschaft der Beklagten erst am 18. November 1919 erloschen ist. Das Landgericht hat die Klage abgewiesen. Auf die Berufung des Klägers ist im zweiten Rechtszug nach dem Klagantrag erkannt worden. Die Revision ist zurückgewiesen aus folgenden

Gründen:

1. § 9 der VO. vom 14. Dezember 1916 bestimmt: „Wenn ein gegenseitiger Vertrag zur Zeit der Anordnung der Geschäftsaufsicht von dem Schuldner und von dem anderen Teil noch nicht oder noch nicht vollständig erfüllt ist, so kann der Schuldner mit Ermächtigung des Gerichts die Erfüllung ablehnen." Diese Ermächtigung ist im Streitfall von dem Aufsichtsrichter als dem Richter der freiwilligen Gerichtsbarkeit erteilt worden. Die Vorinstanzen stehen auf dem Standpunkt, daß die Frage, ob die Kündigung wirksam, ob also die Beklagte noch Mitglied des klagenden Vereins ist, der Nachprüfung des Prozeßrichters unterliegt. Dem ist beizupflichten. Allerdings sind nach § 19 die Beschlüsse des Gerichts unanfechtbar, soweit, was hier zutrifft, die Verordnung nichts anderes bestimmt. Die Vorschrift ist im Interesse der Beschleunigung des Verfahrens gegeben und soll, wie den Ausnahmefällen in §§ 27, 42, 59, 68 entnommen werden muß, die sonst im Verfahren der freiwilligen Gerichtsbarkeit statthafte Beschwerde ausschließen. Eine andere Frage aber ist, ob dann, wenn geltend

gemacht wird, daß es sich von vornherein nicht um einen Fall des § 9 handle, weil die materiellrechtlichen Voraussetzungen für den Ermächtigungsbeschluß nicht gegeben seien, der Prozeßweg beschritten werden kann. Diese Frage ist zu bejahen. Es handelt sich um die Zulässigkeit des ordentlichen Rechtswegs gegenüber dem Verfahren der freiwilligen Gerichtsbarkeit. Behauptet ein Beteiligter, daß ein Rechtsverhältnis der in § 9 bezeichneten Art, also ein gegenseitiger Vertrag, überhaupt nicht bestehe, so muß die endgültige Entscheidung dieser Rechtsfrage nach allgemeinen Grundsätzen dem Prozeßrichter überlassen bleiben. Sie liegt nicht im Rahmen der Zuständigkeit des Aufsichtsrichters, der über die bloße Zweckmäßigkeitsfrage zu befinden hat und von der Befugnis der Ermächtigung in einem Fall, für den sie nicht gegeben ist, keinen Gebrauch machen darf.

2. In der Sache selbst ist zu prüfen, ob es sich bei den Rechtsbeziehungen der Parteien um einen gegenseitigen, noch nicht oder nicht vollständig erfüllten Vertrag handelt. Daß die Vorschrift des § 9 der VO. vom 14. Dezember 1916 sich auf die sog. synallagmatischen Verträge im Sinne des § 17 KO., §§ 320ff. BGB. bezieht, kann nicht zweifelhaft sein (vgl. die Begründung der VO. bei Güthe-Schlegelberger, Kriegsbuch Bd. 3 S. 915). Die Beklagte ist der Ansicht, daß ihre satzungsmäßigen Leistungen (Zahlung von Beiträgen und Strafen, Innehaltung der Kalkulationsvorschriften und der Zahlungs- und Lieferungsbedingungen) durch die Gegenleistungen des Vereins (Vertretung ihrer Interessen gegenüber den Lieferanten und Abnehmern, Überwachung der übrigen Mitglieder) bedingt, daß also Leistungen und Gegenleistungen kraft des bestehenden, sich aus der Satzung ergebenden Vertragsverhältnisses voneinander abhängig seien. Diese von der Revision näher begründete Auffassung ist in Übereinstimmung mit dem Berufungsrichter abzulehnen.

Die Aufnahme der Beklagten in den Verein, die gemäß § 3 der Satzung nach schriftlicher Meldung beim Vorstand auf Grund eines Mehrheitsbeschlusses des Ausschusses erfolgte, stellt sich als ein Rechtsgeschäft des Personenrechts dar. Soweit dabei auf Grund der Satzung schuldrechtliche Verbindlichkeiten der Beklagten gegenüber dem Kläger entstanden sind, z. B. auf Zahlung von Beiträgen, Strafen usw., beruhen sie auf einem einseitigen Schuldverhältnis des Mitglieds zum Verein. Daß der Verein als Entgelt für diese Leistungen seinerseits bestimmte Gegenleistungen übernommen habe (als solche käme die Gewährung gewisser Vorteile, insbesondere der Schutz der Geschäftsinteressen des Mitglieds gegenüber Dritten und anderen Mitgliedern in Betracht), läßt sich nicht behaupten und jedenfalls der Satzung nicht entnehmen. Sofern in dieser Beziehung Rechtsansprüche der Beklagten überhaupt bestehen, handelt es sich um Rechte, deren Grundlage nicht ein besonderes Versprechen, sondern die Mitgliedschaft als solche bildet, weil sie Veranstaltungen des Vereins zum Gegenstand haben, die dem allgemeinen Vereinszwecke, nämlich dem Schutze und der Förderung der gewerblichen Interessen aller Mitglieder, zu dienen bestimmt sind. Ebensowenig wie die aus der Aktienzeichnung sich ergebende Einlagenpflicht durch die Pflicht zur Aushändigung der Aktienurkunde wechselseitig bedingt ist (RGZ. Bd. 79 S. 177), ist die Leistungspflicht des Vereinsmitglieds davon abhängig, daß der Vorstand des Vereins das zur Erreichung des Vereinszwecks Erforderliche vornimmt.

Die Revision sucht auszuführen, daß das Rechtsverhältnis ähnlich wie bei Gesellschaften zu beurteilen sei. Allerdings wird der Gesellschaftsvertrag, obwohl er kein reiner Austauschvertrag ist, den gegenseitigen Verträgen zugezählt. Das gilt aber nur insoweit, als durch ihn unmittelbar Rechte und Pflichten der Gesellschafter, namentlich in Ansehung der Beitragsleistungen, begründet sind (RGZ. Bd. 78 S. 303). Auf rechtsfähige Vereine läßt sich dieser Satz deshalb nicht anwenden, weil eine gegenseitige Verpflichtung zu Leistungen, wie sie im Verhältnis der Gesellschafter untereinander durch § 705 BGB. ausdrücklich bestimmt ist, zwischen Vereinsmitgliedern nicht besteht, solche Leistungen vielmehr nur als einseitige Verbindlichkeiten dem Vereine gegenüber in Frage kommen können.

RGZ. 103, 265

Zur Haftung geselliger, mit juristischer Persönlichkeit ausgestatteter Vereine für die Rückgewähr der von ihren Mitgliedern im Garderoberaum' des Vereinsgebäudes abgelegten Sachen.

BGB. §§ 55—79.

VII. Zivilsenat. Urt. v. 9. Dezember 1921.

I. Landgericht Elberfeld. II. Oberlandesgericht Düsseldorf

Der Kläger ist Mitglied des beklagten Kasinos. Am 8. November 1919 besuchte er abends etwa um 7 Uhr dessen Gesellschaftsräume, wobei er im Vorzimmer, wo sich die Garderobe befindet, seinen Pelzmantel im Werte von angeblich 25000 M. ablegte. Als er gegen 7 Uhr 45 Minuten den Heimweg antreten wollte, stellte sich heraus, daß der Mantel inzwischen gestohlen war. Der Kläger begehrt vom Beklagten Schadensersatz und hat zunächst einen Teilbetrag von 5000 M. eingeklagt. Das Landgericht gab dem Anspruche statt. Auf Berufung des Beklagten wurde die Klage abgewiesen. Die Revision des Klägers führte zur Aufhebung des Berufungsurteils.

Gründe:

Unzweifelhaft ist die beklagte Kasinogesellschaft im Gegensatz zu den Gesellschaften des bürgerlichen Rechts auf eine unbestimmte Anzahl und einen Wechsel ihrer Mitglieder angelegt und daher im Rechtssinne als ein Verein anzusehen. Wie aus der unstreitigen Tatsache, daß diesem Kasino durch Königliche Verordnung juristische Persönlichkeit verliehen ist, mit Sicherheit gefolgert werden darf, hat der Verein schon zur Zeit des Inkrafttretens des Bürgerlichen Gesetzbuchs bestanden. Ältere landesgesetzliche Vorschriften, die deshalb nach Art. 82 EG. z. BGB. für die Verfassung des Vereins hätten maßgeblich bleiben können, kommen indes für den hier erheblichen Bereich des ehemals rheinisch-französischen Rechts nicht in Frage. Darum sind mit den Vorinstanzen die hier streitigen Rechtsbeziehungen an der Hand von Grundsätzen zu beurteilen, die sich dem im allgemeinen geltenden deutschen bürgerlichen Recht entnehmen lassen (vgl. übrigens Art. 123 EG. z. BGB.).

Der Streit der Parteien betrifft Verhältnisse des inneren Vereinslebens, zu deren Regelung in erster Reihe der Verein selbst berufen war. Sein Klubhaus enthielt und enthält ein Vorzimmer, das den Vereinsmitgliedern bei Besuch der Gesellschaftsräume als Garderobenraum zur Ablegung der Überkleider bereitgestellt ist. Das ist eine in Gebäuden von Kasinogesellschaften übliche Einrichtung, darauf abzielend, die Vereinsmitglieder während ihres Aufenthaltes in den Gesellschaftsräumen der Sorge um ihre Überkleider zu entheben. Zur gehörigen Erfüllung des Zwecks bedarf es noch näherer Anordnungen, namentlich wegen der Überwachung der Kleiderablage, und diese können durch die Satzung, die grundlegende Organisation des Vereins, oder durch die Mitgliederversammlung, das oberste Vereinsorgan, oder auch durch den Vorstand, das ständige geschäftsführende Organ (vgl. §§ 25, 32, 26 BGB.), getroffen werden. Beim beklagten Verein war der Punkt durch die Satzung nicht geregelt, und die Angelegenheit, wie das Berufungsurteil darlegt, in folgender Weise geordnet. In der Zeit vor dem Kriege war ein Pförtner angestellt, der die Garderobe bewachte. Darauf war dort ein Kriegsbeschädigter anwesend, der beim Anziehen und Ablegen der Kleider behilflich war. Später, nach Angabe des Klägers im Sommer 1919, nach Angabe des Beklagten im Jahre 1916, erließ der Vorstand dem Ökonom die diesem solange auferlegte Pflicht, einen Pförtner anzustellen. Zu der Zeit, als sich der Diebstahl ereignete, war nur die Aufwärterin E. zeitweise in der Garderobe anwesend. Wegen ihrer anderweiten Dienstpflichten als Aufwärterin konnte sie nicht ständig in der Garderobe verweilen. Gegen die Legitimation des Vorstandes, in solcher Weise die Verhältnisse der Kleiderablage zu regeln, sind durchgreifende Bedenken nicht geltend gemacht und auch diesseits nicht zu erheben.

Auf der so gegebenen sachlichen Grundlage prüft das Berufungsurteil, ob in bezug auf den abhanden gekommenen Mantel des Klägers zwischen den Parteien stillschweigend durch schlüssiges Verhalten ein besonderer Verwahrungsvertrag zustande gebracht war. Das Urteil verneint die Frage in der Erwägung, unter den Umständen, wie sie hier vorliegen, sei von seiten des Beklagten nicht ohne weiteres der Wille kundgegeben, die im Garderobenraum abgelegten Kleidungsstücke in Obhut und Verwahrung zu nehmen, und habe auch eine Übernahme des Besitzes am Mantel des Klägers durch den Beklagten, wie sie der § 688 BGB. vorschreibt, nicht stattgefunden. Insoweit bietet die Urteilsbegründung keinen Anlaß zu durchschlagenden rechtlichen Bedenken. Es rechtfertigt sich deshalb, das

Vorliegen eines selbständigen Verwahrungsvertrags und eine Haftung des Beklagten für den entstandenen Schaden, die sich aus einem solchen Vertrage herleiten ließe, zu verneinen.

Sodann untersucht das Berufungsurteil, ob aus dem Gesellschaftsvertrag — womit das dem Personenrecht angehörende Rechtsgeschäft der Aufnahme eines neuen Vereinsmitgliedes gemeint ist (vgl. RGZ. Bd. 100 S. 1) — die Nebenverpflichtung des beklagten Vereins, die der vorliegenden Ersatzklage als Stütze dienen könnte, abzuleiten ist, für die sichere Aufbewahrung der im Garderobezimmer abgelegten Überkleider seiner Mitglieder zu sorgen. Auch diese Frage verneint das Urteil, und zwar mit der des näheren begründeten Erwägung, die zur Zeit des Diebstahls bestehende Einrichtung habe, worüber auch der Kläger nicht in Zweifel gewesen sei, eine genügende Bewachung der Garderobe nicht gewährleistet, die Vereinsmitglieder hätten mit der vorhandenen, der Satzung nicht widersprechenden Einrichtung rechnen müssen, so wie sie war, es sei ihre Sache gewesen, zu prüfen, ob sie ihnen „zur eigenen Aufbewahrung" der abgelegten Überkleider genügte. Der hiermit angedeutete Teil der Urteilsbegründung muß jedoch im wesentlichen Einklang mit Ausführungen der Revision rechtlich beanstandet werden.

Grundsätzlich ist davon auszugehen, daß, wie schon bemerkt wurde, der Verein durch Bereitstellung eines Garderobezimmers seinen Mitgliedern während des Besuchs der Gesellschaftsräume des Klubhauses die Sorge um ihre Überkleider abnahm. Wenn der den abgelegten Überkleidern gewährte Schutz eine Abschwächung dadurch erfuhr, daß eine persönliche Aufsicht nicht mehr ständig durch einen mit der Bewachung beauftragten Angestellten stattfand, sondern nur noch zeitweilig durch die Aufwärterin, die auch andere Obliegenheiten hatte, so ging das in erster Linie nicht die Mitglieder, sondern den Verein selbst an. Es war Sache der Vereinsorgane, einer sich daraus ergebenden Erhöhung der Gefahr des Abhandenkommens von Kleidungsstücken durch geeignete Vorkehrungen entgegenzuwirken. Mittel dazu hätten sich, wie man annehmen darf, finden lassen. So würde schon eine Anordnung und deren Durchführung, daß die Aufwärterin für die Zeiten, wo sie den Garderoberaum unbeaufsichtigt lassen mußte, die äußere Zugangstür von innen abschloß, vermutlich kaum minderen Schutz wie eine persönliche Überwachung geboten haben. In der früheren Zeit, wo die Garderobe durch Angestellte des Vereins ständig bewacht wurde, konnte kein Zweifel darüber obwalten, daß als vereinsrechtliche Nebenverpflichtung eine Haftung des Vereins für Rückgewähr der im Garderoberaum abgelegten Überkleider oder für Schadensersatz bestand. Solange nicht nach Abschwächung der persönlichen Überwachung die Vereinsorgane dazu schritten, durch ausdrückliche Bekanntgabe an die Mitglieder eine Haftung des Vereins für den Verlust von Garderobe auszuschließen, durften die Mitglieder darauf rechnen und vertrauen, daß an dem früheren Haftungsverhältnisse nichts geändert war. Soweit sie überhaupt wußten, daß der den abgelegten Kleidungsstücken im Aufbewahrungsraum gewährte Schutz tatsächlich erheblich gemindert war, durften sie annehmen, der Verein wolle die damit verknüpfte Erhöhung der Schadensgefahr selbst tragen. In der Vorinstanz haben die Parteien darüber gestritten, ob es im E.er Kasino üblich geworden war, die Überkleider mit in die Klubräume zu nehmen. Das angefochtene Urteil entscheidet den Punkt nicht, legt aber in einem dem Kläger ungünstigen Sinne Gewicht darauf, daß den Mitgliedern solche Mitnahme freigestanden habe. Hiermit wird das Urteil den Sachverhältnissen nicht gerecht. Es kann nicht als verkehrsüblich gelten, daß die Mitglieder eines zur Pflege guter und in angemessenen Formen gehaltener Geselligkeit bestehenden Kasinos die Gesellschaftsräume mit Überkleidern und bei ungünstiger Witterung etwa auch mit Überschuhen und Schirmen betreten und solche Sachen dort ablegen. Soweit es im E.er Kasino tatsächlich zu solcherÜbung gekommen sein sollte, wäre dies aus der Befürchtung von Verlusten zu erklären, ohne daß darum bis zu der am 8. November 1919 noch nicht erfolgten ausdrücklichen Ausschließung einer Haftung des Vereins für Abhandenkommen von Garderobe den Mitgliedern, welche die Kleiderablage im Garderoberaum benutzten, anzusinnen gewesen wäre, hiervon Abstand zu nehmen. Hilfsweise unterstellt auch das Berufungsurteil, daß eine Mitnahme der Mäntel in die Gesellschaftsräume nicht angängig gewesen wäre, und erwägt für diesen Fall, es wäre dann, vorbehaltlich des statutenmäßigen Rechts, auf Abänderung in der Generalversammlung zu dringen, immer noch Sache der Mitglieder gewesen zu prüfen, ob sie, was in ihrem freien Belieben stand, unter diesen Umständen den Klub weiter besuchen wollten oder nicht. Hiermit ist bei dem Versuche, die dem Kläger ungünstige Entscheidung zu rechtfertigen, den Vereinsmitgliedern zugemutet, auf das hauptsächlichste aus der Mitgliedschaft fließende Wertrecht des Besuchs der Klubräume zu verzichten. Diese Zumutung widerstrebt aber dem ganzen Wesen des inneren Vereinsverhältnisses, während sie von dem Ausgangspunkte des Berufungsurteils aus, daß die Sorge und Haftung für die abgelegten Überkleider lediglich Sache der Vereinsmitglieder war, nicht als unschlüssige Folgerung erscheint. Dies bietet einen mittelbaren Gegengrund gegen die Grundauffassung des Berufungsrichters.

Hiernach war, ohne daß zurzeit auf weitere Streitpunkte einzugehen wäre, das angefochtene Urteil aufzuheben und die Sache an das Berufungsgericht zurückzuverweisen.

RGZ. 107, 386

1. Unter welchen Umständen unterliegt der Beschluß eines Vereins auf Ausschließung eines Mitgliedes der sachlichen Nachprüfung durch die Gerichte?

2. Wann kann in einem solchen Beschluß ein Verstoß gegen § 826 BGB. erblickt werden?

IV. Zivilsenat. Urt. v. 20. Dezember 1923.

I. Landgericht Würzburg. — II. Oberlandesgericht Bamberg.

Der Kläger, der sich im Februar 1920 als Arzt in O. niedergelassen hat, ist seit 8. Februar 1920 Mitglied des dort bestehenden eingetragenen Vereins Kassenarztverein O.; die Zugehörigkeit zu diesem Verein ist nach den mit der Ortskrankenkasse bestehenden Vereinbarungen die notwendige Voraussetzung für die Zulassung eines Arztes zur Ausübung kassenärztlicher Praxis für die genannte Krankenkasse. Der Kläger geriet schon bald in Meinungsverschiedenheiten einerseits mit der Ortskrankenkasse, anderseits mit dem gleichfalls in O. wohnenden Vereinsvorsitzenden Dr. S. und anderen Vereinsmitgliedern; es fanden hierwegen wiederholt Vereinsversammlungen statt, und in der Versammlung vom 24. April 1921 wurde der Beschluß gefaßt, daß der Kläger aus dem Verein ausgeschlossen werde. Er hat deswegen Klage gegen den Verein erhoben mit dem Antrag, den bezeichneten Beschluß aufzuheben und festzustellen, daß er noch Mitglied des Vereins sei. Das Landgericht wies die Klage ab, das Oberlandesgericht wies die Berufung des Klägers zurück. Die Revision des Klägers hatte Erfolg.

Gründe:

Der Beschluß über die Ausschließung des Klägers aus dem Verein stützt sich auf die §§ 7 und 3 der Satzung. In § 7 heißt es: „Der Ausschluß muß erfolgen, wenn die Bedingungen für die Mitgliedschaft in § 3 nicht mehr zutreffen"; in § 3 sind zunächst die allgemeinen Voraussetzungen für die Erlangung der Mitgliedschaft aufgezählt und sodann in Abs. 2 bestimmt: „Ärzte, welche zu begründeten Bedenken Anlaß geben, daß ein kollegiales Zusammenwirken mit ihnen unmöglich ist, und solche, welche aus auf gleicher Grundlage errichteten Vereinen ausgeschlossen sind, haben keinen Rechtsanspruch auf die Mitgliedschaft".

Der Kläger bestreitet, daß in seiner Person Gründe vorlägen, die nach der angeführten Bestimmung der Satzung seine Ausschließung mit der sich daraus ergebenden schwerwiegenden Folge seiner Ausschließung von der Ausübung der Praxis bei den Angehörigen der Ortskrankenkasse rechtfertigen könnten. Über diese Folge hat er folgendes vorgetragen: Wie sich die Verhältnisse in neuerer Zeit entwickelt hätten, könne ein Arzt nur mit Hilfe der Kassenpraxis soviel erwerben, daß er zu leben vermöge; die freie Praxis sei außerordentlich zurückgegangen. Von seinem vor der Ausschließung erzielten Jahresverdienst von 12000 M träfen nur 2000 M auf die freie Praxis. Es sei ihm deshalb durch den Verlust der Kassenpraxis die Existenzmöglichkeit genommen. Zum Ergreifen eines anderen Berufs, wie auch zur Verlegung seiner Tätigkeit an einen anderen Ort fehlten ihm die Mittel; übrigens würde auch eine solche Verlegung ihm keine Hilfe bringen, weil er an jedem anderen Orte die gleichen Vereins- und Kassenverhältnisse antreffen und nach Ausschließung aus einem Verein bestimmt keine Aufnahme in einen anderen finden würde. Er behauptet, was ihm vom Beklagten vorgeworfen werde, bilde keinen Verstoß gegen die Vereinssatzung; es handle sich hauptsächlich darum, daß der Vereinsvorsitzende Dr. S. die Konkurrenz des Klägers in O. unangenehm empfunden und sie zu beseitigen gestrebt habe. Dr. S. habe ganz offensichtlich auf die Schädigung des Klägers und die Vernichtung seiner Existenz hingearbeitet und dabei die Unterstützung der übrigen Vereinsmitglieder und des Krankenkassenvorstands gefunden.

Das Berufungsgericht ist nicht auf eine Prüfung dieser Behauptungen des Klägers eingegangen, sondern hat nur geprüft, ob das in der Satzung für die Ausschließung eines Mitglieds vorgeschriebene Verfahren eingehalten sei, und hat diese Frage bejaht. Zu einer Prüfung des Ausschließungsbeschlusses auf seine sachliche Berechtigung erachtet es sich nicht für befugt angesichts der ständigen Rechtsprechung, wonach in der Frage der Ausschließung von Mitgliedern in die Selbständigkeit der Vereinsverwaltung nicht eingegriffen werden und deshalb die sachliche Richtigkeit des Vereinsbeschlusses vom Gericht nicht nachgeprüft werden dürfe.

Es ist richtig, daß eine ständige Rechtsprechung in diesem Sinne vorliegt; an ihr ist auch im allgemeinen festzuhalten, soweit nicht aus der Entwicklung des Vereinswesens in neuerer Zeit, namentlich auch bezüglich solcher ärztlicher Vereine und ihrer Beziehungen zum Krankenkassenwesen, sich die Notwendigkeit einer Einschränkung ergibt. Nach der Behauptung des Klägers sind die nämlichen Ärzte, die die Mitglieder des beklagten Vereins sind, außerdem noch in dem O'.er ärztlichen Bezirksverein zusammengeschlossen und pflegen dort ihre persönlichen und allgemeinen beruflichen Interessen, während der Kassenarztverein ausschließlich geschäftlichen Zwecken, dem Verkehr mit der Ortskrankenkasse und der Regelung der Kassenpraxis, diene; ist das richtig, so nähert sich der beklagte Verein, wenn auch nicht seiner rechtlichen Gestaltung nach, so doch in seiner Wirksamkeit den Erwerbsgenossenschaften, die unter besonderer Gesetzgebung stehen und bei denen namentlich die Nachprüfung der Vereinsbeschlüsse über Ausschließung von Mitgliedern durch das Gericht erfolgt. Wenn ferner, wie der Kläger vorträgt und das Berufungsgericht als richtig unterstellt, die Zugehörigkeit zum Kassenarztverein eine notwendige Voraussetzung für die Gewinnung des Lebensunterhalts für einen Arzt ist, dann versagt für solche Fälle die Erwägung, mit welcher in der erwähnten Rechtsprechung das Nachprüfungsrecht der Gerichte verneint wird, die Erwägung nämlich, daß das Mitglied durch den in seinem freien Belieben stehenden Eintritt sich der Vereinsgewalt freiwillig vorbehaltlos unterworfen habe und deshalb gegen die darauf gestützten Maßnahmen kein gerichtliches Einschreiten verlangen könne.

In Fällen wie hier, wo die Zugehörigkeit zum Verein geradezu eine Lebensfrage für die Mitglieder bildet, muß dem Gericht eine sachliche Nachprüfung des Ausschließungsbeschlusses nach der Richtung gestattet sein, ob nicht in dem Vorgehen des Vereins gegen das Mitglied eine offenbare Unbilligkeit zu finden ist; insoweit ist den in der Rechtslehre vielfach hervorgetretenen Anschauungen, auf die auch die Vorinstanzen hinweisen, beizupflichten. Die Notwendigkeit einer solchen Einschränkung der bisherigen Rechtsprechung hat der Senat auch schon im Schlußsatze des Urteils RGZ. Bd. 106 S. 120 angedeutet.

Zur Prüfung der Frage der Unbilligkeit bedarf es einer gegenseitigen Abwägung des der Ausschließung zugrunde gelegten satzungswidrigen Verhaltens und der aus der Ausschließung für den Kläger sich ergebenden Folgen; nach beiden Richtungen liegen aber noch keine Feststellungen vor, so daß hierwegen die Zurückverweisung der Sache vor den Tatrichter erfolgen muß. Von Belang für die Billigkeitsfrage kann auch noch sein, ob die anderen Vereinsmitglieder ihrerseits dem Kläger das entsprechende Maß kollegialen Entgegenkommens gezeigt haben, und ob nicht eine Einwirkung auf ihn auch durch weniger strenge Mittel zu erreichen gewesen wäre; insoweit liegen zwar Parteibehauptungen, aber keine Feststellungen vor. Weiter kann für diese Frage von Bedeutung sein die wenig bestimmte Fassung der einschlägigen Satzungsbestimmung, nach der sich der Kläger keineswegs ohne weiteres über einen von ihm begangenen Verstoß gegen die Satzung klar zu sein brauchte.

Eine sachliche Prüfung des Vorgehens des Beklagten gegen den Kläger hätte aber das Berufungsgericht auch schon aus einem anderen Grunde vornehmen sollen. Der Kläger hatte nicht nur geltend gemacht, daß der Ausschließungsbeschluß keine genügende Stütze in der Satzung finde, sondern auch, daß er gegen die guten Sitten verstoße und den Beklagten nach § 826 BGB. schadensersatzpflichtig mache. Wenn das zutrifft, so kann dadurch das Verlangen des Klägers nach Beseitigung des Ausschließungsbeschlusses unter dem Gesichtspunkt des § 249 BGB. — Herstellung des Zustandes, wie er ohne die schadenstiftende Handlung bestehen würde — gerechtfertigt werden. Der Antrag, der unrichtigerweise dahin gefaßt ist, daß das Gericht den Beschluß des Vereins aufheben solle (JW. 1905 S. 315 Nr. 1 a. E.), kann in der künftigen Verhandlung berichtigt werden.

Die Behauptungen des Klägers über ein gegen die guten Sitten verstoßendes, auf seine Schädigung abzielendes Verhalten des beklagten Vereins sind oben angeführt. Das Berufungsgericht lehnt, ohne auf Einzelheiten einzugehen, die Berücksichtigung jener Behauptung auch unter dem Gesichtspunkt des § 826 ab; es begründet dies einerseits durch Hinweis auf das Protokoll über die Versammlung vom 24. April 1921, aus dem zu ersehen sei, daß der Ausschließungsbeschluß nicht auf Willkür, Gehässigkeit oder gar Schikane zurückzuführen sei, daß vielmehr die Vereinsmitglieder aus sachlichen Gründen für den Ausschluß des Klägers gestimmt hätten; anderseits durch Hinweis auf das Urteil des RG. in JW. 1903 Beil. S. 40 Nr. 83. Die Berufung auf dieses Urteil geht aber schon deshalb fehl, weil der Sachverhalt ein anderer ist; dort ist ausdrücklich hervorgehoben, der Kläger habe selbst nicht behauptet, daß der Verein den Willen gehabt habe, ihn zu schädigen, während im vorliegenden Falle diese Behauptung von vornherein aufgestellt war. Daß Maßnahmen eines Vereins, durch welche die Existenz des Betroffenen völlig oder nahezu untergraben wird, unter § 826 BGB. fallen können, ist wiederholt ausgesprochen worden (RGZ. Bd. 64 S. 158, Bd. 93 S. 302; JW. 1914 S. 460 Nr. 2), und die Anwendung des § 826 wird auch nicht, wie das Berufungsgericht anzunehmen scheint, ohne weiteres dadurch ausgeschlossen, daß die die Maßnahme beschließenden Vereinsmitglieder ihr Vorgehen als berechtigt ansehen; vielmehr genügt ein objektiver Verstoß gegen die guten Sitten (RGZ. Bd. 79 S. 23). Das landgerichtliche Urteil, das vom Berufungsurteil allgemein in Bezug genommen wird, hatte die Anwendbarkeit der in den Urteilen RGZ. Bd. 64 S. 158, Bd. 93 S. 304 ausgesprochenen Grundsätze über die Wirkung des § 826 deshalb verneint, weil es sich in jenen Fällen um Maßregeln gegen Außenstehende, hier um solche gegen ein Vereinsmitglied handle. Eine derartige Unterscheidung ist nicht berechtigt; wenn eine Maßnahme des Vereins ihrem Inhalt und ihrer Wirkung nach gegen § 826 verstößt, so kann es keinen Unterschied machen, ob sie sich gegen einen Außenstehenden oder gegen ein Mitglied richtet; der Gesichtspunkt, daß sich das Mitglied freiwillig der Vereinsgewalt unterworfen habe, würde gegenüber Maßnahmen von einer unter § 826 fallenden Art überhaupt nicht wohl durchgreifen können, versagt aber jedenfalls bei einem Verein, wo, wie oben schon erwähnt, der Eintritt gar nicht auf freier Entschließung beruhte.

Zu einer Erörterung der Frage, ob das Recht des Vereins zur Ausschließung von Mitgliedern eine Einschränkung erleidet durch den „kassenärztlichen Mantelvertrag" zwischen den Krankenkassen- und Ärzte-Verbänden (vgl. RGZ. Bd. 106 S. 120), gibt die Prozeßlage keinen Anlaß.

RGZ. 108, 160

Kann die Vereinssatzung wirksam bestimmen, daß der Austritt einem Mitglied nicht gestattet ist, gegen das ein ehrengerichtliches Verfahren im Verein anhängig ist?

BGB. § 39.

II. Zivilsenat. Urt. v. 5. Mai 1924.

I. Landgericht Erfurt. II. Oberlandesgericht Naumburg a. d. S.

Der Kläger war Mitglied des beklagten Zahnärztlichen Vereins. Im April 1921 wurde gegen ihn beim Ehrengericht des Vereins eine Klage erhoben, die Klageschrift ging ihm am 3. Mai zu. Er erklärte darauf am 16. Mai durch einen an den Vereinsvorsitzenden gerichteten Brief seinen Austritt. Es wurde ihm erwidert, daß nach der Satzung der Austritt mit sofortiger Wirkung nicht möglich sei; das Verfahren wurde weitergeführt

Am 11. Dezember 1921 verurteilte das Ehrengericht den Kläger zu einem Verweis und zu den Kosten des Verfahrens. Da der Kläger trotz Aufforderung die Kosten nicht bezahlte, erkannte das Ehrengericht durch Beschluß vom 1. September 1922 auf seine Ausschließung aus dem Verein. Der Kläger bekämpfte mit der im März 1922 erhobenen Klage zunächst die Gültigkeit des ehrengerichtlichen Urteils vom 11. Dezember 1921 und wendete sich, nachdem inzwischen der erwähnte Ausschließungsbeschluß vom 1. September 1922 ergangen war, auch gegen diesen. Er beantragte festzustellen, daß er seit dem 17. Mai 1921 nicht mehr Mitglied des Vereins und daß das gegen ihn erlassene Urteil vom 11. Dezember 1921 rechtsungültig und er nicht verpflichtet sei, die ihm durch dieses Urteil auferlegten Kosten zu tragen; ferner, daß er durch seinen freiwillig erklärten Austritt aus dem Verein ausgeschieden und nicht durch ehrengerichtliches Urteil ausgeschlossen worden sei. Das Landgericht wies die Klage ab, das Oberlandesgericht gab ihr statt. Die Revision des Beklagten hatte keinen Erfolg.

Gründe:

Die Parteien sind zwar darüber einig, daß der Kläger zur Zeit nicht mehr Mitglied des beklagten Vereins ist. Trotzdem ist die Feststellung über die Art der Beendigung der Mitgliedschaft zulässig (JW. 1914 S. 460 Nr. 2), und zwar um so mehr, als die Frage, ob der Kläger trotz seiner Austrittserklärung vom Mai 1921 noch im Dezember Mitglied war, maßgebend ist für Rechtsfolgen, die noch in der Gegenwart wirksam sind, nämlich dafür, ob der Kläger zur Zahlung der Kosten des Verfahrens verpflichtet ist, das nach seiner Austrittserklärung gegen ihn weitergeführt wurde und das zu seiner Verurteilung zur Kostentragung geführt hat.

Der Streit dreht sich in erster Reihe um die Frage, welche Bedeutung dem Abs. 3 des § 10 der Satzung des beklagten Vereins beizumessen ist; § 10 lautet:

Die Mitgliedschaft erlischt:
1. durch freiwilligen Austritt,
2. durch Ausschließung,
3. durch den Tod.

Der freiwillige Austritt muß dem Kassierer des Vereins durch eingeschriebenen Brief bis zum 31. Dezember mitgeteilt werden, falls Befreiung vom Beitrage für das nächste Vereinsjahr stattfinden soll.

Ein freiwilliges Ausscheiden aus dem Verein ist nicht mehr möglich, sobald gegen ein Mitglied seitens des Vereinsehrengerichts ein Verfahren anhängig gemacht ist.

Der Kläger macht geltend, daß der Abs. 3 des § 10 mit der zwingenden Vorschrift in § 39 BGB. unvereinbar und deshalb ungültig sei, und das Berufungsgericht ist ihm darin beigetreten. Die Revision meint dagegen, die fragliche Vorschrift sei zulässig und gültig, weil nach § 39 Abs. 2 der

Verein das Recht habe, einer Austrittserklärung für die Dauer von zwei Jahren die Wirksamkeit abzusprechen, und weil die Zeit, für die hier der Kläger festgehalten werden solle, diese zweijährige Dauer nicht überschreite.

Der Senat tritt der Anschauung des Berufungsgerichts bei, daß die streitige Bestimmung der Satzung mit § 39 Abs. 2 nicht vereinbar und deshalb ungültig ist. Nach Prot. Bd. 1 S. 535 liegt dem § 39, wie dem ganzen Bürgerlichen Gesetzbuch, eine gegen übermäßige Bindung der Person gerichtete Tendenz zugrunde; Abs. 2 ist daher als eine Ausnahmevorschrift anzusehen, die nach bekannten Rechtsgrundsätzen nicht ausdehnend auszulegen ist. Auf welchen Erwägungen die Vorschrift in Abs. 2 beruht, ist aus der Entstehungsgeschichte nicht zu entnehmen; man wird wohl die Geldgebarung des Vereins gegen Schädigungen durch plötzlichen Austritt vielleicht zahlreicher Mitglieder haben schützen wollen. Jedenfalls ist es etwas wesentlich verschiedenes, ob für die Wirksamkeit der Austrittserklärung eine zeitliche Frist festgesetzt wird oder ob die Wirksamkeit von sachlichen Bedingungen abhängig gemacht wird. Es ist klar, daß das Verhältnis zwischen dem Verein und einem Mitglied, das sich vom Verein losgesagt hat und von ihm nur noch zu dem Zweck einer Bestrafung oder Ausschließung zeitweilig festgehalten wird, kaum noch als Mitgliedschaft im eigentlichen Sinne bezeichnet werden kann; von Ausübung von Mitgliedsrechten kann bei einem solchen Verhältnis nicht wohl die Rede sein.

Die grundsätzliche Verschiedenheit der zeitlichen Fristsetzung und einer Bestimmung, wie sie hier vorliegt, ergibt sich auch, wie das Berufungsurteil zutreffend ausführt, aus der Ungewißheit darüber, in welchem Zeitpunkt nach der streitigen Bestimmung die Austrittserklärung des Mitglieds wirksam wird, wann nämlich das den Austritt hindernde Verfahren sein Ende erreicht hat. Bezeichnend in dieser Hinsicht ist der Umstand, daß im Streitfalle der Verein, nachdem zunächst das eingeleitete Verfahren zur Verhängung eines Verweises gegen den Kläger geführt hatte, ihn trotzdem immer noch als Mitglied ansah und dreiviertel Jahr später, nachdem er längst im Prozeß die Wirksamkeit seiner Austrittserklärung geltend gemacht hatte, seine Ausschließung beschloß. Er will dies darauf gründen, daß damals der Kläger die ihm auferlegten Kosten des ursprünglichen Verfahrens noch nicht bezahlt gehabt habe, und meint, vor der Vollstreckung des ergangenen Urteils sei das Verfahren nicht zu Ende, also der Austritt nicht wirksam. Aber eine Beitreibung der Kosten, eine Vollstreckung des Urteils nach dieser Richtung, war mit inneren Mitteln des Vereins überhaupt nicht zu erreichen, sondern konnte nur durch Anrufung der Gerichte erfolgen. Ein solcher Rechtsstreit — der übrigens gar nicht eingeleitet worden zu sein scheint — könnte nicht mehr als ein Verfahren des Vereinsehrengerichts angesehen werden. Es zeigt sich so, daß eine derartige Bestimmung die feste zeitliche Grenze nicht ersetzen kann.

Im Urteil des Senats RGZ. Bd. 90 S. 310 ist eine dem Abs. 2 des § 39 nicht völlig entsprechende Beschränkung der Austrittsmöglichkeit als gültig anerkannt worden, aber dort handelte es sich um eine rein zeitlich wirkende Beschränkung und die Nichtübereinstimmung mit § 39 Abs. 2 lag nur in der Wortfassung.

Im Schrifttum wird die Anschauung des Beklagten von Delius vertreten (Verwaltungsarchiv Bd. 22 S. 254, Recht 1913 Sp. 23), welcher derartige Bestimmungen für gültig hält und den Vereinen ihre Aufnahme in die Satzung empfiehlt. Aber schon die Grundlage, von der Delius dabei ausgeht, seine weitgehende Auffassung von einer dem Verein gegen seine Mitglieder oder früheren Mitglieder zustehenden „Jurisdiktion", kann nicht als zutreffend anerkannt werden; vgl. dagegen Heinsheimer, Mitgliedschaft und Ausschließung S. 65 bei Fußnote 1. Auch Ebner, Deutsches Vereinsrecht S. 41, erklärt Bestimmungen der fraglichen Art für ungültig.

Bei der grundsätzlichen Verschiedenheit einer bloß zeitlichen und einer sachlichen Beschränkung des Austritts hat das Berufungsgericht mit Recht dem Vorbringen des Beklagten keine Bedeutung beigemessen, daß der Verein durch eine andere, den zeitlichen Gesichtspunkt in den Vordergrund schiebende Fassung der fraglichen Bestimmung den von ihm verfolgten Zweck hätte erreichen können. Auf die Frage, wie weit dies angängig wäre, braucht daher nicht eingegangen zu werden.

RGZ. 110, 145

Genügt bei der Gesamtvertretung schon das Verschulden eines der Vertreter, um eine Haftung der vertretenen juristischen Person aus vertraglichem Verschulden zu begründen?

BGB. §§ 31, 166, 278.

VI. Zivilsenat. Urt. v. 30. Januar 1925.

I. Landgericht Nürnberg. II. Oberlandesgericht daselbst.

Die Klägerin hat am 10. März 1922 mit der Beklagten einen Milchlieferungsvertrag geschlossen, durch den die Beklagte sich verpflichtete, ihr die gesamte überschüssige Milch, mindestens aber 2800 l täglich zu liefern.

Die Beklagte hat von Mitte August 1923 die Milchlieferung eingestellt. Sie behauptet, am 15. Dezember 1922 den Vertrag durch ihr dazu beauftragtes Vorstandsmitglied H. gekündigt zu haben. Ihr Vorstand bestand aus mehreren Mitgliedern, von denen mindestens je zwei nur zusammen vertretungsberechtigt waren. Die Klägerin bestreitet die Kündigung und verlangt wegen schuldhafter Nichterfüllung des Vertrags von der Beklagten die Zahlung einer im Vertrag vereinbarten Vertragsstrafe. Die Beklagte hält sich zu deren Zahlung u. a. darum nicht für verpflichtet, weil sie nach dem Bericht des H. an die Kündigung habe glauben können und deshalb nicht schuldhaft die Erfüllung unterlassen habe. Das Landgericht hat die Entscheidung von einem Eide des gesetzlichen Vertreters der Klägerin abhängig gemacht. Das Berufungsgericht hat die Klage abgewiesen. Die Revision hatte Erfolg.

Aus den Gründen:

Rechtsirrig sind die Ausführungen, mit denen das Berufungsgericht die schuldhafte Nichterfüllung der Beklagten verneint. Ihm kann zugegeben werden, daß, wenn die Beklagte des Glaubens sein konnte, der Vertrag sei ordnungsmäßig gekündigt, ein Verschulden ihrerseits ausgeschlossen sein würde. Aber dieser Glaube wurde nicht dadurch hergestellt, daß das Vorstandsmitglied H. den anderen Vorstandsmitgliedern berichtete, daß er gekündigt habe. Denn wenn dies nicht richtig gewesen ist und H. selber auch das Vorliegen einer Kündigung ohne Verschulden nicht annehmen konnte, so stand schon sein Verschulden der Beklagten entgegen. Es ist verfehlt, ihn dabei in Gegensatz zu dem „Vorstand als solchen" zu bringen. Sollte er damit als Beauftragter des Vorstandes von diesem unterschieden sein, so bleibt zu berücksichtigen, daß H. die Kenntnis, die er als Beauftragter des Vorstandes gewonnen hat oder hätte gewinnen müssen, auch in seiner Eigenschaft als Vorstandsmitglied gehabt hat oder hätte haben müssen. Wenn er aber dem Gesamtvorstand gegenübergestellt sein sollte und das Berufungsgericht etwa davon ausgegangen ist, daß die Beklagte nur dann für die Nichterfüllung des Vertrags einzustehen hat, wenn die sämtlichen Vorstandsmitglieder oder mindestens die vertretungsberechtigte Zahl derselben ein Verschulden gezeigt haben, so liegt in letzterem ein Rechtsirrtum. Denn auch bei der Gesamtvertretung genügt schon das Verschulden eines Vertreters, um eine Haftung der vertretenen juristischen Person zu begründen. Dies ist für die Verbindlichkeiten aus unerlaubter Handlung vom Reichsgericht wiederholt ausgesprochen worden (RGZ. Bd. 57 S. 94, Bd. 74 S. 257, Bd. 78 S. 353), muß in gleicher Weise aber auch für die Haftung aus vertraglichem Verschulden gelten. Die Grundsätze über die Wirksamkeit und rechtlichen Folgen einer Willenserklärung im Falle der Gesamtvertretung dürfen auf die Haftung für ein Verschulden des Vertreters bei der Erfüllung des Vertrags nicht ausgedehnt werden. Dies verbietet sich schon darum, weil dort, wo es sich um Willenserklärungen handelt, der Vertragsgegner zwar in der Lage ist, auf die Erfüllung der sich aus der Gesamtvertretung ergebenden Rechtsbedingungen Bedacht zu nehmen, dagegen nicht darauf Einfluß hat, daß sich die berufene Zahl der Gesamtvertreter auch bei der Erfüllung des Vertrags betätigt oder gar darauf hinwirken kann, daß das die Haftung begründende Verschulden an der Nichterfüllung des Vertrags bei allen Gesamtvertretern zu verzeichnen ist. In diesen Fällen kommen überhaupt nur tatsächliche Vorgänge in Betracht, für welche die rechtsgschäftliche Vertretungsmacht keine Rolle spielt (Recht 1918 Nr. 960). Maßgebend ist allein das Verhältnis zum Geschäftsherrn bei der Verrichtung. Aus diesem aber ergibt sich auch die

Haftung für das Verschulden eines von mehreren Vorstandsmitgliedern bei der Vertragserfüllung, gleichviel ob sie aus § 31 oder aus § 278 BGB. hergeleitet wird. Deshalb muß sich die Beklagte, soweit das Verschulden an der Nichterfüllung des Vertrags durch die Kenntnis oder fahrlässige Unkenntnis eines einzelnen Vorstandsmitglieds von der Nichtkündigung des Vertrags vermittelt wird, diese auch entgegenhalten lassen.

RGZ. 119, 184

Welche Rechtsfolgen hat ein den Vereinszweck ändernder, wegen Verstoßes gegen § 33 Abs. 1 S. 2 BGB. ungültiger Vereinsbeschluß, der von der Mehrheit durchgeführt wird? Kann die satzungstreue Minderheit der Mitglieder, insbesondere eines eingetragenen Vereins, Herausgabe des Vereinsvermögens von der Mehrheit verlangen?

BGB. §§ 33, 21.

IV. Zivilsenat. Urt. v. 1. Dezember 1927.

I. Landgericht Naumburg a. d. S. II. Oberlandesgericht daselbst.

Der Turnverein Turnerbund Z. ist im Jahre 1902 gegründet und ins Vereinsregister eingetragen worden. Der Zweck des Vereins ist nach der Satzung „Gelegenheit und Anleitung zu geregelten Turnübungen zu geben als Mittel zur körperlichen und sittlichen Kräftigung, sowie die Pflege deutschen Volksbewußtseins und vaterländischer Gesinnung". § 1 bestimmt ferner, daß alle politischen und Parteibestrebungen ausgeschlossen sind und daß der Verein Mitglied der Deutschen Turnerschaft ist. In einer Mitgliederversammlung vom 4. Juli 1920 wurde mit 57 gegen 8 Stimmen beschlossen, aus der Deutschen Turnerschaft auszutreten, zum Arbeiterturnerbund überzutreten und den § 1 der Satzung entsprechend zu ändern. Die in der Minderheit gebliebenen Mitglieder schlossen sich, ohne den Austritt zu erklären, zu einer Sondergruppe unter dem Namen Turn- und Spielabteilung Z. zusammen und ließen am 23. April 1925 die Vereinigung unter dem Namen Turn- und Sportklub Z. ins Vereinsregister eintragen.

Dieser Verein klagt im vorliegenden Rechtsstreit gegen den Turnverein Turnerbund Z. auf Herausgabe des Vereinsvermögens.

Die Vorinstanzen wiesen die Klage ab. Die Revision des Klägers hatte Erfolg.

Gründe:

Das Reichsgericht hat in einer Reihe von Entscheidungen, die sich auf nicht rechtsfähige Vereine beziehen (Recht 1912 Nr. 541, SeuffArch. Bd. 77 Nr. 53, Urt. v. 31. Januar 1924 IV 266/23, JW. S. 237 Nr. 24) die Rechtsfolgen eines den Vereinszweck ändernden Beschlusses, der wegen Verstoßes gegen die Vorschrift des § 33 Abs. 1 Satz 2 BGB. der Gültigkeit ermangelt, folgendermaßen beurteilt: Der Zusammenschluß der Mehrheit zur Durchführung des neuen Vereinszwecks kommt der Bildung eines neuen Vereins gleich. Die in der Minderheit gebliebenen, auf dem Boden der bisherigen Satzung stehenden Mitglieder bilden, auch wenn sie zur Unterscheidung von der Mehrheit einen anderen Namen annehmen, die Fortsetzung des ursprünglichen Vereins. Hieran wird auch dadurch nichts geändert, daß die Mehrheit die Absicht haben mag, den alten Verein fortzusetzen. Eine andere Beurteilung kann nur dann Platz greifen, wenn die Minderheit kein Interesse an der Fortsetzung des Vereins hat und sich ausdrücklich oder stillschweigend außerhalb des Vereins stellt.

Das Berufungsgericht meint, diese Grundsätze seien auf den vorliegenden Fall nicht anwendbar, da es sich hier um einen eingetragenen Verein handle. Es wird unterstellt, daß der den satzungsmäßig festgestellten Vereinszweck ändernde Beschluß vom 4. Juli 1920 ungültig sei. Durch diese Ungültigkeit seien aber Bestand und Rechtspersönlichkeit des eingetragenen Vereins nicht berührt worden. Die in der Minderheit gebliebenen Mitglieder seien allerdings zunächst nicht aus dem Verein ausgeschieden; dies sei aber dann dadurch geschehen, daß sie im Jahre 1925 einen besonderen Verein gegründet und dessen Eintragung ins Vereinsregister unter dem Namen Turn- und Sportklub Z. bewirkt hätten. Damit sei eine neue Rechtspersönlichkeit begründet worden, die mit dem bestehen gebliebenen alten Turnverein Turnerbund Z. in keinem rechtlichen Zusammenhang stehe.

Diese Ausführungen unterliegen durchgreifenden rechtlichen Bedenken. Auch in diesem Rechtszug ist zu unterstellen, daß der Beschluß vom 4. Juli 1920 eine Änderung des Vereinszwecks enthielt und als bloßer Mehrheitsbeschluß ungültig war. Auszugehen ist sodann von der unstreitigen Tatsache, daß die in der Minderheit gebliebenen Mitglieder nicht aus dem Verein ausgetreten sind. Für die Annahme, daß diese Mitglieder kein Interesse an der Fortsetzung des Vereins gehabt und sich stillschweigend außerhalb des Vereins gestellt hätten, geben die Feststellungen des Berufungsgerichts keinen Anhalt. Richtig ist, daß die Ungültigkeit des gedachten Beschlusses noch nicht den Bestand des Vereins in Frage stellen konnte; im übrigen kann aber dem Berufungsgericht in der Beurteilung der Folgen der Ungültigkeit des Beschlusses nicht zugestimmt werden. Vom Standpunkt der Rechtsprechung des Senats lief der Zusammenschluß der Mehrheit zur Durchführung des neuen Vereinszwecks auf die Bildung eines neuen Vereins hinaus. Dieser Beurteilung steht der Umstand nicht entgegen, daß es sich hier um einen eingetragenen Verein handelt. Es kann unentschieden bleiben, ob eine der Vorschrift des § 33 Abs. 1 Satz 2 BGB. entsprechende Änderung des Vereinszwecks bereits eine Aufhebung des alten Vereins bedeutet (vgl. Oertmann Anm. 3a zu § 33 BGB.). Jedenfalls aber kann das Vorgehen einer Mehrheit, die sich über die gedachte, den Schutz der Minderheit bezweckende Vorschrift hinwegsetzt und einen anderen als den satzungsmäßig festgelegten Vereinszweck verfolgt, nur in dem Sinne aufgefaßt werden, daß die Mehrheit sich vom Verein lossagen und einen neuen Verein mit verändertem Vereinszweck gründen will. Denn der Schutzvorschrift ist unbedenklich zu entnehmen, daß der satzungsmäßig festgelegte Zweck für das Wesen der Rechtspersönlichkeit des Vereins maßgebend ist. Das Verhalten der Mehrheit ist somit einem Austritt aus dem Verein gleichzustellen. Treten nunmehr die Organe des Vereins auf, um den ungesetzlichen Beschluß durchzuführen, so sind ihre Handlungen der Minderheit gegenüber unwirksam; sie haben ihr gegenüber kein Recht mehr, über das Vereinsvermögen zu verfügen. Aus der Loslösung der Mehrheit vom Verein aber folgt, daß die Rechtspersönlichkeit des Vereins bei der Minderheit verbleibt und daß die Minderheit, die an der Satzung, insbesondere am alten Vereinszweck, festhält und sich ihrerseits neu konstituiert, indem sie neue Organe wählt, in Wirklichkeit den Verein fortsetzt. In diesem Falle kann hiernach unbedenklich die Minderheit die Herausgabe des Vereinsvermögens von der Mehrheit verlangen. Wollte man dagegen annehmen, daß sämtliche Mitglieder Träger der Rechtspersönlichkeit des Vereins bleiben, so würde man zu unannehmbaren Ergebnissen gelangen. Die in der Minderheit gebliebenen Mitglieder würden durch eine im Rechtsweg erwirkte Feststellung der Ungültigkeit des Beschlusses über die Änderung des Vereinszwecks praktisch nicht viel erreichen, wenn die Mehrheit gleichwohl auf dem satzungswidrigen Standpunkt verharrt und ihn durch die ihr angehörigen Vereinsorgane durchsetzt. Die satzungstreuen Mitglieder dürfen nicht zum Austritt aus dem Verein und zum Verzicht auf die Nutzung des Vereinsvermögens genötigt werden. Das Rechtsempfinden fordert, daß umgekehrt die Mehrheit, welche die Änderung des Vereinszwecks auf gesetzmäßigem Wege nicht durchzusetzen vermag, ihrerseits aus dem Verein ausscheidet und damit auf die Vorteile der Nutzung des Vereinsvermögens verzichtet.

Es fragt sich weiter, ob im vorliegenden Fall die Minderheit die bei ihr verbliebene Rechtspersönlichkeit etwa dadurch verloren hat, daß sie unter verändertem Namen in das Vereinsregister eingetragen worden ist. Daß die Änderung des Namens allein diese Wirkung nicht haben kann, bedarf keiner näheren Ausführung. Im übrigen läßt sich die Auffassung vertreten, daß die bereits vorhandene Rechtsfähigkeit durch Eintragung in das Vereinsregister nicht beseitigt werden konnte, daß vielmehr in einem solchen Falle der nach § 21 BGB. eintretenden Erlangung der Rechtsfähigkeit eine nur formale Wirkung zukommt. Wollte man aber auch annehmen, daß die Minderheit durch Eintragung in das Vereinsregister eine neue Rechtspersönlichkeit erworben hat, so steht doch nichts im Wege, diese als Fortsetzung der früheren Rechtspersönlichkeit anzusehen. Es ist auf die Rechtsprechung des Reichsgerichts zu verweisen, wonach im Falle der Eintragung eines bisher nicht eingetragenen Vereins ins Vereinsregister das neue Rechtssubjekt als Fortsetzung des schon vorher vorhandenen Rechtsgebildes anzusehen ist (vgl. RGZ. Bd. 85 S. 256; SeuffArch. Bd. 67 Nr. 171, Bd. 77 Nr. 53). In jedem Falle steht also hier hinter dem klagenden Verein der alte Turnverein Turnerbund Z.; er tritt jetzt nur anders, insbesondere unter einem anderen Namen in die Erscheinung. Die Eintragung ins Vereinsregister steht also dem Klaganspruch nicht entgegen.

Verfehlt ist endlich auch der vom Revisionsbeklagten erhobene Einwand, daß der Kläger, wenn er den eingetragenen Turnverein Turnerbund Z. darstelle oder fortsetze, nicht eben diesen Verein verklagen könne. Dabei ist übersehen, daß nach obigen Ausführungen die Mehrheit dadurch, daß sie, wie zu unterstellen, an dem ungültigen Beschluß vom 4. Juli 1920 festgehalten und ihn durchgeführt hat, aus dem Turnverein Turnerbund Z. ausgeschieden ist. Nur äußerlich setzen diese früheren Mitglieder und die ihnen inzwischen etwa beigetretenen Personen den alten eingetragenen Verein fort. In Wirklichkeit bilden sie einen trotz Beibehaltung des Namens von diesem verschiedenen Verein. Dieser wäre zwar, immer die Ungültigkeit des gedachten Beschlusses vorausgesetzt, als nicht eingetragener Verein anzusehen, könnte aber verklagt werden (§ 50 Abs. 2 ZPO.) und wäre auch der richtige Verklagte, weil er sich im Besitz des Vermögens des eingetragenen Turnvereins Turnerbund Z. befindet.

RGZ. 122, 266

Darf ein Verein nach dem Austritt eines Mitglieds einen Beschluß des Inhalts herbeiführen, daß die Ausschließung beschlossen worden wäre, wenn das Mitglied nicht schon ausgetreten wäre? . . .

BGB. §§ 25, 39. ZPO. § 256.

IV. Zivilsenat. Urt. v. 5. November 1928.

I. Landgericht Potsdam. II. Kammergericht Berlin.

Die beklagte „Familienversammlung" ist ein auf Grund des Statuts vom 15. März 1860 mit landesherrlicher Genehmigung ins Leben getretener rechtsfähiger Verein. Der Kläger, der ihr Mitglied war, hat durch Schreiben an den Vorstand vom 8. August 1925 seinen Austritt erklärt. Der Vorstand der Beklagten bekannte sich zum Empfang dieser Erklärung durch Schreiben vom 8. Mai 1926 mit dem Bemerken, daß er, da das Familienstatut den Austritt jederzeit gestatte, die Austrittserklärung entgegennehmen müsse, ohne das (angeblich von ihm bereits vor der Austrittserklärung eingeleitete) Ehrenratsverfahren durchführen zu können. Durch Schreiben vom 7. Juni 1926 teilte er dem Kläger mit, daß die auf den 6. Juli 1926 einberufene Familienversammlung über einen Antrag, ihn aus der Familie auszuschließen, beschließen werde. Der Kläger erhob Widerspruch gegen die Zulässigkeit einer solchen Beschlußfassung. In der Versammlung der Mitglieder vom 6. Juli 1926 wurde dann ein Beschluß folgenden Wortlauts gefaßt:

„Nachdem die Vorgänge der Angelegenheit des . . . (Klägers) der Familie vorgetragen und eingehend erörtert sind, beschließt die Familie, jede Gemeinschaft mit ihm abzubrechen, und erklärt, daß sie seinen Ausschluß aus der Familie ausgesprochen hätte, wenn ... (der Kläger) nicht seinen Austritt selbst bereits erklärt hätte."

Der Vorstand teilte diesen Beschluß durch Schreiben vom 27. Juli 1926 dem Kläger und ferner dem Altherrenverband eines studentischen Korps und dem Johanniterorden (Verbänden, denen der Kläger angehört) sowie der Deutschen Adelsgenossenschaft mit.

Die Klage richtet sich u. a. auf die Feststellung der Rechtsunwirksamkeit des Beschlusses. Das Landgericht hat ihr stattgegeben. Die Berufung der Beklagten wurde zurückgewiesen. Auch ihre Revision hatte keinen Erfolg.

Aus den Gründen:

Das Berufungsgericht bezeichnet den Beschluß vom 6. Juli 1926 deshalb als rechtsunwirksam, weil er eine Beleidigung des Klägers enthalte und im Sinne des § 826 BGB. sittenwidrig sei. Die formelle Zulässigkeit des Beschlusses zu beanstanden, weil er zu einer Zeit ergangen ist, als der Kläger nicht mehr Mitglied der Beklagten war, lehnt das Berufungsgericht ab. Es geht zwar davon aus, daß sich die Beklagte dem Kläger gegenüber auf den Standpunkt stelle, er sei als ihr früheres Mitglied trotz seines Austritts verpflichtet, sich die in dem Beschluß liegende, seine Ehre und gesellschaftliche Stellung schwer beeinträchtigende Maßregelung gefallen zu lassen, verwertet diesen Umstand aber nur zur Begründung der verfahrensrechtlichen Voraussetzungen der Feststellungsklage nach § 256 ZPO.

Die Rechtswirksamkeit des Beschlusses ist indessen schon wegen seiner formellen Unzulässigkeit zu verneinen. Wie in der Rechtsprechung des Reichsgerichts feststeht, ist ein Verein, dem seine Satzung das Recht gibt, die Ausschließung eines Mitglieds zu beschließen, zu dieser Ausschließung nicht mehr befugt, wenn die Mitgliedschaft des Auszuschließenden zur Zeit der Beschlußfassung bereits durch eine wirksame Austrittserklärung erloschen ist (RGZ. Bd. 51 S. 66, Bd. 78 S. 134; JW. 1905 S. 315 Nr. 1, 1914 S. 460 Nr. 2). Dieser Rechtssatz ist nicht nur daraus hergeleitet, daß eine Mitgliedschaft, die nicht mehr vorhanden ist, auch nicht mehr entzogen werden kann, sondern auch daraus, daß eine Disziplinarmaßregel, zu deren Verhängung die Satzung eines Vereins dessen Organe gegenüber den Mitgliedern ermächtigt, nicht mehr zulässig ist, wenn der Betroffene aufgehört hat, Vereinsmitglied zu sein. Im ersten der angeführten Urteile ist dies ausdrücklich ausgesprochen und zugleich dargelegt, daß das ehrengerichtliche Verfahren gegen einen Rechtsanwalt und das förmliche Disziplinarverfahren gegen einen Beamten nicht zur Vergleichung herangezogen werden können. Auch im zweiten Urteil ist hervorgehoben, daß gegenüber einer dem Verein nicht mehr angehörigen Person der Verein keine Gerichtsbarkeit mehr ausüben kann. Diese Erwägung steht aber nicht nur einem nachträglichen Ausschließungsbeschluß, sondern auch dem entgegen, daß ein Verein nach dem Austritt eines Mitglieds einen Beschluß des nach der Satzung für die Ausschließung zuständigen Vereinsorgans des Inhalts herbeiführt, die Ausschließung würde beschlossen worden sein, wenn das Mitglied nicht bereits ausgetreten wäre. Ein solcher Fall liegt hier vor, wo die im verklagten Verein zusammengeschlossene Familie, also der verklagte Verein, mit dem am 6. Juli 1926 gefaßten Beschluß, jede Gemeinschaft mit dem Kläger abzubrechen, eine Erklärung des eben angegebenen Inhalts verbunden hat, und zwar (nach der rechtlich einwandfreien Sachwürdigung des Berufungsgerichts), um damit eine „Maßregelung" des „gewissermaßen als Angeklagter behandelten" Klägers vorzunehmen und seine „Ächtung" zu erzielen. Mit dieser Anmaßung der Vereinsgewalt über den dem Verein nicht mehr angehörigen Kläger hat die Beklagte die der Vereinsgewalt auch bei einem Familienverband gesetzten Grenzen in unzulässiger Weise überschritten. Der angefochtene Beschluß, den das Berufungsgericht zutreffend als ein einheitliches Ganzes betrachtet, ist aus diesem Grunde rechtsunwirksam. Es braucht deshalb auf die vom Berufungsgericht hierfür gegebene, von der Revision insbesondere wegen der Anwendbarkeit des § 826 BGB. bekämpfte Begründung nicht eingegangen zu werden. . . .

RGZ. 130, 375

Ist der Austritt aus einem eingetragenen Verein ohne Einhaltung der satzungsmäßigen Kündigungsfrist zulässig, wenn ein wichtiger Grund vorliegt?

BGB. § 39.

IV. Zivilsenat. Urt. v. 23. Oktober 1930.

I. Landgericht Hamburg. II. Oberlandesgericht daselbst.

Der Kläger ist dem Erstbeklagten, dem Reichsverband der Zahnärzte Deutschlands, als Mitglied beigetreten und dadurch gleichzeitig Mitglied des Zweitbeklagten (eines Landesverbandes) und des Drittbeklagten (eines Bezirksverbandes) geworden. Er ist ferner Mitglied des Vereins der Kassen-Zahnärzte für das Wirtschaftsgebiet Groß-Hamburg e. V. (im folgenden Kassenverein genannt). Der Reichsverband stand bis Ende März 1929 in einem Vertragsverhältnis zu den Ersatzkassen des Verbandes kaufmännischer Berufskrankenkassen. Mit ihnen trat durch Vertrag vom 5. April 1929 der Kassenverein in ein gleiches Vertragsverhältnis. Die Beklagten haben nun ihren Mitgliedern die kassenärztliche Behandlung der Mitglieder des Verbandes kaufmännischer Berufskrankenkassen untersagt, während der Kassenverein seine Mitglieder verpflichtet hat, diejenigen des Verbandes kaufmännischer Berufskrankenkassen zu kassenärztlichen Preisen zu behandeln. Der Kläger hat deshalb mit Schreiben vom 22. April 1929 seinen sofortigen Austritt aus dem Reichsverband erklärt. Dieser hat ihn auf § 5 der Satzung verwiesen, wonach der Austritt durch eine spätestens am 1. Juli abzugebende Erklärung nur zum 31. Dezember erfolgen kann. Daraufhin hat der Kläger mit der Klage die Feststellung beantragt, daß er seit dem 26. April 1929 nicht mehr Mitglied der verklagten Vereine sei. Das Landgericht erkannte antragsgemäß. Das Berufungsgericht wies die Klage ab. Die Revision des Klägers führte zur Aufhebung und Zurückverweisung.

Gründe:

Soweit das Berufungsgericht ausführt, daß den Vorschriften der §§ 228, 904 BGB. und des Art. 159 RVerf. kein Recht zum sofortigen Austritt aus den verklagten eingetragenen Vereinen zu entnehmen sei, kann ihm nicht entgegengetreten werden. Die Revision erhebt insofern auch keine Rüge. Sie beanstandet lediglich die Auffassung des Vorderrichters, daß der Austritt aus einem eingetragenen Verein nicht mit dem Vorliegen eines wichtigen Grundes gerechtfertigt werden könne, weil es an einer entsprechenden Vorschrift im Gesetz und in der Satzung fehle. Der Kläger hatte hierzu folgendes geltend gemacht: Der Reichsverband sei mit der Zugehörigkeit seiner Mitglieder auch zum Kassenverein bisher einverstanden gewesen. Zwischen beiden Verbänden habe bestes Einvernehmen geherrscht; es hätten Vereinbarungen bestanden, wonach vom Kassenverein benannte Mitglieder in die Vorstände des Reichsverbandes gewählt werden sollten. Der Kassenverein habe dann ohne sein (des Klägers) Zutun den Vertrag vom 5. April 1929 geschlossen und seinen Mitgliedern die Behandlung der Kassenkranken zur Pflicht gemacht, während gleichzeitig der Reichsverband seinen Mitgliedern die kassenärztliche Behandlung untersagt habe. Beide Verbände stellten bei Nichterfüllung dieser Verpflichtungen disziplinare Bestrafung, insbesondere Geldstrafen bis zu 3000 RM. und Ausschließung in Aussicht. Der Reichsverband habe bereits ein entsprechendes Verfahren gegen ihn (den Kläger) eingeleitet mit der Folge, daß er von der Disziplinarkammer aus dem Verband ausgeschlossen worden sei. Der Konflikt der Pflichten sei für diejenigen Zahnärzte, welche Mitglieder beider Verbände seien, nicht anders zu lösen, als daß ihnen der Austritt aus einem von beiden zugestanden würde. Die Wahl müsse dem Mitglied überlassen bleiben. Es komme aber hinzu, daß der Vorstand des Reichsverbandes den Abbruch der Verbindung mit dem Verband kaufmännischer Berufskrankenkassen verschuldet habe.

Mit dem Berufungsgericht ist davon auszugehen, daß für den gegebenen Fall weder im Gesetz noch in der Satzung ein Recht zu sofortigem Austritt aus wichtigem Grunde ausdrücklich anerkannt ist. Dadurch wird ein solches Recht aber noch nicht ohne weiteres ausgeschlossen. Derartiges ergibt sich auch nicht aus der Fassung des § 39 Abs. 2 BGB. und des § 5 Nr. 2 der Satzung. Die letztere Bestimmung, wonach die Möglichkeit des freiwilligen Austritts an eine spätestens am 1. Juli zum Schluß des Kalenderjahres zulässige Kündigung geknüpft ist, schließt sich offenbar an die Regelung des Gesetzes an, wonach durch die Satzung bestimmt werden kann, daß der Austritt nur am Schluß eines Geschäftsjahrs oder erst nach Ablauf einer Kündigungsfrist zulässig ist, die höchstens zwei Jahre betragen darf. Damit ist lediglich eine Abweichung von der Regel des § 39 Abs. 1

BGB. zugelassen, wonach die Mitglieder zum fristlosen Austritt aus dem Verein berechtigt sind; mit der Frage, wie es beim Vorliegen eines wichtigen Grundes zu halten ist, hat die im Gesetz und Satzung getroffene Regelung nichts zu tun.

Ein Anhaltspunkt für die Beantwortung der zu entscheidenden Rechtsfrage ist nach Auffassung des Klägers daraus zu gewinnen, daß ein Vereinsmitglied aus wichtigem Grunde auch dann ausgeschlossen werden könne, wenn die Ausschließung in der Satzung nicht vorgesehen sei. Einen dahingehenden Rechtsgrundsatz hat das Reichsgericht bisher nicht aufgestellt (vgl. Oertmann BGB. 3. Aufl. Anm. 3 zu § 35 S. 140, wo die drei sich gegenüberstehenden Meinungen wiedergegeben sind, und Heinsheimer in JW. 1929 S. 847 Anm. zu Nr. 4). Dem im RGRKomm. § 39 Anm. 2 Satz 1 angeführten Urteil des erkennenden Senats vom 19. Mai 1924 lag ein Tatbestand zugrunde, nach dem die Ausschließung in der Satzung vorgesehen und nur ihr Grund nicht bezeichnet war. Des Umweges über die Ausschließung eines Mitglieds bedarf es aber nicht, da aus folgenden Gründen und in dem sich daraus ergebenden Umfang die Zulässigkeit des fristlosen Austritts beim Vorliegen eines wichtigen Grundes bejaht werden muß.

Mit Oertmann, der a. a. O. auf §§ 626, 723, 737 BGB. und § 70 HGB. verweist, ist es als leitender Gedanke des bürgerlichen und des Handelsrechts anzuerkennen, daß ein in die Lebensbetätigung der Beteiligten stark eingreifendes Rechtsverhältnis dann vor Ablauf der festgesetzten Zeit gelöst werden kann, wenn ein wichtiger Grund das erfordert. Dieser Gedanke hat auch für das Vereinsrecht und für die Frage des fristlosen Austritts Gültigkeit. Entscheidend ist, ob bei Berücksichtigung der gesamten Umstände des Einzelfalls ein Verbleiben im Verein bis zum Ablauf der satzungsmäßigen Kündigungsfrist eine unerträgliche Belastung bedeutet, die dem Mitglied nicht zugemutet werden kann. Diese Frage wird nur in Fällen ganz besonderer Art bejaht werden dürfen. Im allgemeinen wird das Mitglied darauf zu verweisen sein, daß der Austritt in der Satzung an eine Frist gebunden ist und daß es sich ihr durch den Beitritt zum Verein unterworfen hat. Soll dann gleichwohl festgestellt werden, daß die Einhaltung der Frist nicht zumutbar ist, so müssen in erster Linie die Belange und die Zwecke des Vereins, im Zusammenhang damit auch die Folgen eines sofortigen Austritts für ihn und der Grund für die Festsetzung einer Kündigungsfrist in Betracht gezogen werden. Diese Dinge werden in der Regel den Interessen des Mitglieds vorzugehen haben, gegen die sie abzuwägen sind. Selbstverständlich kann ein Grund dann nicht im Rechtssinne als wichtig anerkannt werden, wenn (wie hier behauptet ist) das Mitglied ihn allein oder doch wesentlich mitverschuldet hat.

Von diesem rechtlichen Gesichtspunkt aus hat das Berufungsgericht bisher den Sachverhalt nicht geprüft. Nach den aufgestellten Behauptungen besteht aber die Möglichkeit, daß ein wichtiger Grund gegeben ist. Es sei darauf verwiesen, daß nach dem Sachvortrag des Klägers der verklagte

Reichsverband den Konflikt selbst verschuldet haben soll, nachdem er sich vorher mit der gleichzeitigen Zugehörigkeit zum Kassenverband einverstanden erklärt habe, daß aber jedes Verschulden des Klägers in Abrede gestellt worden ist. Auch ist zur Zeit mangels gegenteiliger tatsächlicher Feststellungen davon auszugehen, daß es dem Kläger nicht zur Last fällt, wenn er sich in dem eingetretenen Konfliktsfalle für den Kassenverband entschieden hat, und daß er dann die Ausschließung als eine ungerechtfertigte Kränkung empfinden durfte. Dafür, daß die angedrohte Geldstrafe (wie das Berufungsgericht in anderem Zusammenhang ausführt) nur einmal hätte verhängt werden können, findet sich kein Anhalt in den Bestimmungen der Satzung, soweit sie dem Revisionsgericht vorliegen.

RGZ. 134, 375

Haftet eine juristische Person nach § 31 BGB., wenn die Handlung des Vorstandsmitglieds darin bestand, daß er als Kollektivvertreter die Unterschriftszeichnung der juristischen Person, z. B. auf einem Wechsel, durch unbefugte Beisetzung des Namens eines Mitzeichnungsberechtigten bewirkte?

BGB. § 31.

II. Zivilsenat. Urt. v. 22. Dezember 1931.

I. Landgericht Wiesbaden. II. Oberlandesgericht Frankfurt a. M.

Die Klägerin macht eine Forderung aus Wechseln über 8000 RM. nebst Zinsen geltend, für welche sie die Beklagte aus § 31 BGB. für haftbar hält. Die Wechsel rühren daher, daß der Geschäftsführer der Beklagten, B., im August 1927 von der Klägerin ein persönliches Darlehen von 10000 RM. erbat und erhielt, worüber die Klägerin von B. Wechsel mit der Unterschrift der verklagten Genossenschaft verlangte. B. übergab der Klägerin damals vor Empfang der Darlehenssumme drei auf insgesamt 10000 RM. lautende Wechsel, die sein Akzept und an der Stelle des Ausstellers und ersten Giranten je den Firmenstempel der Beklagten mit den Unterschriften des B. und des zweiten Geschäftsführers, Sch., trugen. Bei Fälligkeit dieser Wechsel, im November 1927, zahlte B. 2000 RM. ab und gab der Klägerin über den Restbetrag von 8000 RM. gegen Rückgabe der alten Papiere drei auf zusammen 8000 RM. lautende neue Wechsel, die in bezug auf Akzept, Ausstellervermerk und erstes Indossament den früheren vollkommen entsprachen. Die Klägerin bezeichnet die auf allen Wechseln unter dem Firmenstempel der Beklagten befindliche Unterschrift des Sch. als von B. gefälscht und hält danach die Haftung der Beklagten für die Wechselsummen für begründet, weil B. die Papiere in seiner Eigenschaft als Geschäftsführer der Beklagten und im Rahmen der ihm zustehenden Verrichtungen an die Klägerin begeben habe. Die Beklagte wandte ein: B. habe das Wechselgeschäft im eigenen Namen gemacht, ein Fall des

§ 31 BGB. liege daher nicht vor. Die Wechsel seien überdies verjährt. Der Klägerin sei auch kein Schaden erwachsen.

Das Landgericht gab der Klage statt, das Oberlandesgericht wies sie ab. Die Revision der Klägerin war erfolglos.

Gründe:

Die Klägerin verfolgt gegen die Beklagte keinen Wechselanspruch, sondern eine Schadensersatzforderung, die auf Grund einer unerlaubten Handlung ihres Vorstandsmitglieds, des B., gemäß § 31 BGB. geltend gemacht wird. Das angefochtene Urteil hält die Voraussetzungen einer solchen gesetzlichen Haftung der Beklagten nicht für gegeben, weil B., obwohl er die Firmenzeichnung der Beklagten sowohl auf den ursprünglichen wie auf den Prolongations-Wechseln durch Nachahmung der Unterschrift des zweiten Geschäftsführers gefälscht habe, doch bei dem Darlehens- und bei dem Diskontierungsgeschäft als Privatmann und nicht in seiner Eigenschaft als Vertreter der Beklagten tätig geworden sei. Die Revision greift die Schlüssigkeit dieser Erwägungen vergeblich an. Auch sie unterstellt, daß B. den Diskontierungsvertrag im eigenen Namen abgeschlossen habe, sie hält es aber für rechtsirrig, daß das Berufungsgericht die Entscheidung überhaupt auf das Diskontierungsgeschäft abstelle, und sieht den die Haftung der Beklagten nach § 31 BGB. begründenden Umstand in der Fälschung der Unterschrift des Sch. Dem kann nicht beigetreten werden. Das Berufungsgericht sagt schon mit Recht, daß durch die Fälschung an sich gar kein Schaden eingetreten sei, der eine Haftung der Beklagten nach der erwähnten Vorschrift begründen könnte. Schadenbegründend für die Klägerin war allein das Diskontierungsgeschäft, bei dem sie dem B. auf falsche Wechsel 10000 RM. lieh, und dieses Geschäft hat eben B. nach der nicht angefochtenen Feststellung des Vorderrichters rein als Privatmann abgeschlossen, ohne Bezugnahme auf seine Stellung bei der Beklagten. Hiervon geht übrigens auch die Klägerin selbst aus. Dabei nimmt das angefochtene Urteil mit durchweg zutreffenden Erwägungen weiter an: durch die scheinbare Wechselzeichnung der Beklagten allein sei noch keine Beteiligung dieser Genossenschaft an dem Diskonterungsgeschäft herbeigeführt worden, insbesondere habe ihr Indossament nicht notwendig eine solche Beteiligung begründet; der Klägerin habe es vielmehr genügt, mit der Unterschrift der Beklagten versehene Wechsel, über die zu verfügen B. legitimiert gewesen sei, als Sicherheit für das Darlehen in die Hand zu bekommen.

Im übrigen kann auch keine Rede davon sein, daß B., wie die Revision annimmt, bei Herstellung der Wechselzeichnung der Beklagten in Ausführung ihm zustehender Verrichtungen gehandelt hätte. Wenn er, wie unstreitig ist, die Beklagte in Gemeinschaft mit dem zweiten Geschäftsführer vertreten konnte, so war er allein überhaupt nicht in der Lage, eine Wechselzeichnung für sie herzustellen, auch nicht dadurch, daß er etwa die Unterschrift des Mitvorstands fälschte. Die Fälschung einer fremden Unterschrift, die zu einem Rechtsakt erforderlich war, kann selbstverständlich nicht in den Rahmen seines Geschäftskreises gefallen sein. Begründete eine solche rechtswidrige Handlung eines Vorstandsmitgliedes die Haftung der juristischen Person nach § 31 BGB., so würde das die Erreichung des der Kollektivvertretung zugrunde liegenden Sicherungszweckes vollkommen vereiteln, weil durch Anwendung des § 31 a. a. O. die im Erfordernis des Zusammenwirkens mehrerer Vertreter enthaltene Gewähr für die Ordnungsmäßigkeit der Geschäfte der juristischen Person (vgl. § 25 GenG.) gerade in den Fällen außer Kraft gesetzt würde, wo sie am wirksamsten sein muß, nämlich bei deliktischem Handeln eines Vertreters(RGUrt. vom 4. April 1928 IV 708/27). Gewiß sind nach der Rechtsprechung da, wo eine Gesamtvertretung besteht, auch Delikte eines einzelnen Vertreters als solche der juristischen Person anzusehen (RGZ. Bd. 57 S. 93, Bd. 74 S. 250; JW. 1913 S. 587 Nr. 1, 1917 S. 593 Nr. 1; LZ. 1913 Sp. 140 Mr. 5). Wo jedoch das Delikt des Vertreters lediglich in einer Fälschung der Unterschriftszeichnung der juristischen Person besteht, kann es logischerweise nicht als solches der juristischen Person betrachtet werden, weil diese bloß in der gesetz- oder satzungsmäßigen Weise verbindlich zeichnen kann.

RGZ. 135, 242

1. Haftet der nicht rechtsfähige Verein für rechtswidrige Schadenszufügungen seiner Vertreter?

2. Sind die Satzung eines nicht rechtsfähigen Vereins, der ein Gewerbe ausübt, und die Vorschriften der §§ 33, 147 Nr. 1 GewO. Schutzgesetze zugunsten anderer Gewerbetreibender?

BGB. §§ 823, 831. GewO. §§ 33, 147 Nr. 1 in der Fassung des Notgesetzes vom 24. Februar 1923 (RGBl. I S. 147) Art. I §§ 1, 4.

VIII. Zivilsenat. Urt. v. 18. Februar 1932.

I. Landgericht I Berlin. II. Kammergericht daselbst.

Im Bereiche des Hauptversorgungsamts B. besteht seit dem Jahre 1920 eine Wohlfahrtseinrichtung in Gestalt einer Gesellschaft der Beamten, Angestellten und Arbeiter des Amts zum Zwecke des Einkaufs von Lebens- und Genußmitteln des täglichen Bedarfs und ihrer Abgabe an die Mitglieder. Später wurde diese Gesellschaft in einen nicht rechtsfähigen Verein, den Zweitbeklagten, umgewandelt. Der Geschäftsbetrieb des Vereins, der sich in ehemals militärischen Gebäuden befand, wo auch das Hauptversorgungsamt untergebracht war, lag in der Hand des dazu eingesetzten Wirtschaftsausschusses („Wiko"). Im mittleren Teile des in Frage kommenden Häuserblocks betrieb der Kläger eine Wirtschaft (Kantine) auf Grund eines mit dem Deutschen Reich am 29. Mai 1925 abgeschlossenen Mietvertrags. In anderen Gebäuden dieses Häuserviertels wurden der

Wiko vom Reich nacheinander Erfrischungsräume teils gegen Miete, teils unentgeltlich überlassen.

Der Kläger behauptet: Seit Mitte 1925 habe die Wiko seinen Betrieb dadurch zu schädigen unternommen, daß sie trotz satzungsmäßigen Verbots an außerhalb des Versorgungsamts stehende Personen Waren verabreicht, insbesondere auch Angehörige anderer Behörden sowie Mitglieder von Sportvereinen bewirtet und sogar die von der Straße eintretenden Besucher mit Waren beliefert habe; die vorgesetzten Beamten des Hauptversorgungsamts hätten unter Mißbrauch der Dienstgewalt den untergebenen Beamten und Angestellten den Besuch seines Ausschanks untersagt; die Wiko habe ihn infolge ihrer Unterstützung mit öffentlichen Geldern in seinen Preisen unterboten; trotz amtlichen Verbots habe sie ihr schädigendes Verhalten fortgesetzt, ohne von den leitenden Beamten daran gehindert zu werden; auch sei sein Gewerbebetrieb durch Erschwerung des Zugangs beeinträchtigt, ja zeitweise unmöglich gemacht worden. Deswegen hat der Kläger aus dem Mietverhältnisse und aus unerlaubter Handlung, auch wegen unlauteren Wettbewerbs, Schadensersatzansprüche gegen die beiden Beklagten erhoben.

Die Klage blieb in allen drei Rechtszügen erfolglos.

Aus den Gründen:

... Nicht zu billigen sind die Erwägungen, mit denen das Berufungsgericht zur Abweisung des Klagbegehrens gegen den Zweitbeklagten gelangt ist, soweit dieses auf unerlaubte Handlungen im Sinne der §§ 823 flg. BGB. gestützt war. Hier nimmt das Urteil an, der Kläger würde nur dann mit seinen Schadensersatzansprüchen durchzudringen vermögen, wenn an dem unerlaubten Verhalten alle Vereinsmitglieder beteiligt gewesen wären oder allen ein Verschulden zur Last fiele; unerlaubte Handlungen könnten nur von Einzelpersonen, aber nicht von Gesamthänderschaften wie Personenverbänden, also auch nicht von dem Beklagten als einem nicht rechtsfähigen Verein begangen werden; deshalb ließe sich keine Haftung des Vereinsvermögens begründen. In der Rechtsprechung des Reichsgerichts steht indessen fest, daß § 831 BGB. anzuwenden ist, wenn ein nicht rechtsfähiger Verein für den Schaden haftbar gemacht werden soll, den seine Vertreter in Ausführung von Verrichtungen, zu denen sie bestellt sind, einem Dritten widerrechtlich zugefügt haben. Das Berufungsgericht hätte daher prüfen müssen, ob die Voraussetzungen des § 831 BGB. vorliegen, insbesondere ob eine widerrechtliche Schadenszufügung im Sinne dieser Vorschrift erweisbar ist, in welchem Falle dem verklagten Verein der in § 831 Abs. 1 Satz 2 BGB. vorgesehene Entlastungsbeweis zu Gebote gestanden hätte.

Allein durch die Unterlassung des Berufungsgerichts ist der Kläger nicht beschwert (§ 563 ZPO.). Denn die Tatsachen, mit denen der Kläger eine widerrechtliche Schadenszufügung dartun wollte, sind rechtlich nicht geeignet, den Tatbestand einer unerlaubten Handlung im Sinne der §§ 823ff. BGB. zu erfüllen. Nach seiner Darstellung soll die Wiko in Nichtbeachtung ihrer eigenen Vereinssatzung Waren an Nichtmitglieder abgegeben und teils ohne die erforderliche polizeiliche Erlaubnis, teils unter Überschreitung der von der Polizeibehörde bei der Erlaubniserteilung gesetzten Schranken gewirtschaftet und durch solches Verhalten den Kläger geschädigt haben. Weder die eigene Vereinssatzung des Zweitbeklagten noch die Vorschriften der §§ 33, 147 Nr. 1 GewO. stellen Schutzgesetze im Sinne des § 823 Abs. 2 BGB. dar, die geeignet wären, dem Kläger, wie von ihm gewünscht, zu Hilfe zu kommen. Gesetz im Sinne dieser Vorschrift ist jede Rechtsnorm (Art. 2 EG. z. BGB.). Dieser Begriff umfaßt alle von der Rechtsordnung festgestellten Regeln im Gegensatz zu den Normen, die durch Rechtsgeschäft für bestimmte Verhältnisse aufgestellt sind. Satzungen von nicht rechtsfähigen Vereinen fallen unter die rechtsgeschäftlichen Bestimmungen, aber nicht unter den Begriff des Gesetzes (RGRKomm. § 823 Anm. 14 II, § 25 Anm. 2; die abweichende Entscheidung in RGZ. Bd. 49 S. 150 [155] bezieht sich auf die Satzung eines rechtsfähigen Vereins; vgl. auch RGZ. Bd. 86 S. 283). Sie haben, soweit sie für das Verhalten des Vorstands maßgebend sind, nur die Bedeutung von Geschäftsanweisungen, deren Nichteinhaltung wohl die zuwiderhandelnden Vertreter dem Verein gegenüber haftbar machen kann, nicht aber ohne das Hinzutreten von Umständen, die eine Haftbarkeit des Vereins Dritten gegenüber ohnehin begründen, nach außen rechtserzeugend für diese zu wirken vermag. Auch auf die bezeichneten Vorschriften der Gewerbeordnung kann sich der Kläger zu seinem Schutz nicht berufen, weil sie nicht dazu bestimmt sind, dem Schutze des einzelnen, mit dem Täter im Wettbewerb stehenden Gewerbeunternehmers im Gegensatz zur Gesamtheit zu dienen. Mögen sie auch die Wirkung haben, dem einzelnen zu nützen, so haben sie doch nicht die Bestimmung, gerade dem einzelnen einen Rechtsschutz zu verleihen (RGZ. Bd. 79 S. 85 [91], Bd. 100 S. 142 [146]). Anders als für die Aufrichtung des Genehmigungszwangs in § 16 GewO., der Nachteile, Gefahren und Belästigungen abzuwenden bezweckt, welche durch die örtliche Lage oder die Beschaffenheit der Betriebsstätte für das Publikum überhaupt, vornehmlich aber für die Besitzer und Bewohner der benachbarten Grundstücke entstehen können (vgl. dazu RGUrt. v. 13. Juli 1909 V 508/08, abgedr WarnRspr. 1909 Nr. 505 und JW. 1909 S. 493 Nr. 16; RGZ. Bd. 100. S. 146), waren für die Einführung der „Konzessionspflicht" der Gast- und Schankwirtschaft und des Kleinhandels mit Branntwein oder Spiritus (§ 33 GewO.) lediglich sitten- und sicherheitspolizeiliche Gründe maßgebend. Neben der persönlichen Zuverlässigkeit sei — so heißt es in der amtlichen Begründung des Gesetzentwurfes vom 4. März 1869 (Reichstag des Norddeutschen Bundes, I. Legislaturperiode, Sitzungsperiode 1869 Nr. 13 S. 67) — auch die Bedingung eines geeigneten Lokals aufgestellt, weil gerade in der Einrichtung der Lokalitäten eine Garantie gegen den Mißbrauch gesucht werden müsse. Die Bedürfnisfrage müsse aufrechterhalten werden, um die Möglichkeit zu gewähren, der aus der Vervielfältigung von Schenken, namentlich in ländlichen und Fabrik-Distrikten, drohenden Förderung der Unsittlichkeit vorzubeugen. Das Gewerbe der Schankwirtschaft setze weder Vorbildung noch ein erhebliches Kapital voraus, erfordere also gerade wegen seiner leichten Zugänglichkeit für Personen, denen die gewerbliche Arbeit nicht zusage, im Interesse der guten Sitten eine Beschränkung. Weder bei der Verabschiedung der Gewerbeordnung noch bei den späteren Änderungen des § 33 GewO., insbesondere der durch das Notgesetz vom 24. Februar 1923 verfügten, ist eine von diesen Grundgedanken abweichende Absicht des Gesetzgebers zutage getreten, namentlich nicht etwa in der Richtung, daß es abgesehen von der Rücksicht auf das Allgemeinwohl, insbesondere auf die Bekämpfung des Alkoholmißbrauchs und den Schutz der Jugend, darauf — wenn auch nur nebenbei — angekommen wäre, andere Gewerbetreibende vor den Nachteilen ihnen lästiger Wettbewerbshandlungen zu sichern. Ob ein Gesetz etwa neben dem Schutze der Gesamtheit unmittelbar auch den Schutz des einzelnen im Auge hat, darüber muß im einzelnen Falle aus der Fassung des Gesetzes selbst oder aus den Gründen, die für seine Erlassung bestimmend waren, Klarheit zu gewinnen sein. Für die Vorschriften der §§ 33, 147 Nr. 1 GewO. (Art. I §§ 1, 4 NotG.) fehlt es an jedem Anhalt, daß es auf einen Schutz anderer Gewerbetreibender abgesehen gewesen wäre. Nach der Rechtsprechung des Reichsgerichts muß aber der „andere", der nach § 823 Abs. 2 BGB. Schadensersatzansprüche erheben zu können meint, gerade zu denen gehören, deren Schutz das Gesetz gewollt oder wenigstens mit gewollt hat (RGZ. Bd. 128 S. 298 [300]). Der Kläger kann sich nicht auf einen solchen Schutz berufen.

Endlich kann das Tatsachenvorbringen des Klägers auch in sonstiger Beziehung — abgesehen von dem Gesichtspunkt des unlauteren Wettbewerbs, den aber das Berufungsgericht mit zutreffenden, auch von der Revision nicht beanstandeten Gründen abgelehnt hat — rechtlich keinen Schadensersatzanspruch begründen. Insbesondere kommt § 823 Abs. 1 BGB. nicht in Frage. Unter gewissen Voraussetzungen muß allerdings der eingerichtete und ausgeübte Gewerbebetrieb als geschütztes Rechtsgut im Sinne des § 823 Abs. 1 angesehen werden. Dies gilt aber nur dann, wenn sich der Eingriff unmittelbar gegen den Bestand des Gewerbebetriebs richtet, wenn der Betrieb tatsächlich gehindert oder seine rechtliche Zulässigkeit verneint und seine Schließung oder Einschränkung verlangt wird, nicht aber schon dann, wenn die Handlung bloß auf den Ertrag des Geschäfts nachteilig einwirkt (RGZ. Bd. 79 S. 224 [226], Bd. 102 S. 223 [225], Bd. 126 S. 93 [96]). Nach der ständigen Rechtsprechung des Reichsgerichts fällt die Aussicht auf Erwerb und auf Gewinnung von Kundschaft nicht zusammen mit dem Gewerbebetrieb als solchem und ist nicht in dieser Weise geschützt (RGRKomm. § 823 BGB. Anm. 9 und die dort angeführten Erkenntnisse). Daß und inwiefern aber die Vertreter des Zweitbeklagten gegen den Bestand des Gewerbebetriebs des Klägers als solchen, etwa durch tatsächliche Verhinderung von Betriebshandlungen oder durch Bedrohung oder gewaltsame Abhaltung der Kundschaft des Klägers, rechtswidrige Schadenshandlungen verübt hätten, ist dem Vorbringen des Klägers nicht zu entnehmen. Die Entscheidung des Berufungsgerichts erweist sich demnach auch in dieser Richtung, wenn auch aus anderen als den von ihm erwogenen Gründen, als richtig (§ 563 ZPO.).

RGZ. 140, 23

Unterliegt der Beschluß eines Vereins auf Ausschließung eines Mitglieds der sachlichen Nachprüfung?

BGB. §§ 25, 32.

IV. Zivilsenat. Urt. v. 16. Februar 1933.

I. Landgericht Köln. II. Oberlandesgericht daselbst.

Der Kläger, der außerordentlicher Universitätsprofessor ist und ärztliche Praxis ausübt, ist 1921 Mitglied des verklagten Allgemeinen ärztlichen Vereins e. V. geworden. Dessen Ehrenrat hat ihn am 8. Dezember 1931 aus dem Verein „ohne Abbruch der kollegialen Beziehungen" ausgeschlossen. Der Berufungsausschuß des Vereins hat diese Entscheidung am 6. Januar 1932 bestätigt. Mit der Klage greift der Kläger den Beschluß als satzungswidrig, offenbar unbillig und unter dem Gesichtspunkt des § 826 BGB. an. Er begehrt die Feststellung, daß die beiden Beschlüsse ungültig seien und daß der Beklagte ihm zum Ersatz des durch die Ausschließung entstandenen und noch entstehenden Schadens verpflichtet sei. Die Vorinstanzen wiesen die Klage ab. Die Revision des Klägers führte zur Aufhebung und Zurückverweisung.

Aus den Gründen:

... Das Berufungsgericht vertritt den Standpunkt, zur Ermöglichung der sachlichen Nachprüfung genüge nicht die vom Kläger behauptete offenbare Unbilligkeit der Ausschließung, jene setze vielmehr außerdem voraus, daß das Verbleiben im Verein für ihn eine Daseinsfrage, eine Lebensnotwendigkeit sei. Dem ist nicht beizutreten. Allerdings ist auszugehen von dem Grundsatz der die Verhängung von Strafen umfassenden Selbstverwaltung des Vereins, der einen Eingriff in die Entscheidungen seiner Organe, soweit sie das in der Satzung geregelte Verfahren beachtet haben, regelmäßig nicht duldet und deshalb eine sachliche Nachprüfung ausschließt. Die Entwicklung aber, die das Vereinswesen genommen hat, insbesondere die Bedeutung, die einzelne Vereine für die Rechts- und Wirtschaftsordnung gewonnen haben, mußte zu der Erkenntnis führen, daß es eine Anzahl von Fällen gibt, in denen der angeführte Grundsatz dem Bedürfnis zu weichen hat, die Entschließungen der Vereinsorgane auf eine offenbare Unbilligkeit nachzuprüfen. Dieses Bedürfnis ist keineswegs an die Voraussetzung zu knüpfen, daß die Ausschließung die Existenz des ausgeschlossenen Mitglieds völlig untergraben würde. Vielmehr muß es jedenfalls als ausreichend angesehen werden, wenn es sich um einen die Belange des Volksganzen oder eines nicht unerheblichen Volksteils berührenden Verein von sozialer, wirtschaftlicher oder kultureller Bedeutung handelt, und wenn das Mitglied eines solchen Vereins durch die Ausschließung in wichtigen Lebensbeziehungen betroffen wird. Daß dabei nicht nur geldliche, sondern auch ideelle Belange in Betracht kommen, versteht sich von selbst.

Der hier eingenommene Rechtsstandpunkt wird auch durch die bisherige Rechtsprechung des Reichsgerichts gestützt. Vgl. RGZ. Bd. 106 S. 127, Bd. 107 S. 386; ferner die Urteile des erkennenden Senats vom 27. November 1924 IV 337/24, abgedr. SeuffArch. Bd. 79 Nr. 1 (Siedlungsverein), vom 13. Juni 1927 IV 862/26, abgedr. JRdsch. 1927 Rspr. Nr. 1497 (Ärzteverband), vom 22. September 1927 IV 165/27, abgedr. JW. 1928 S. 2208 Nr. 3 (Arbeitgeberverband), vom 5. November 1928 IV 830/27, abgedr. LZ. 1929 Sp. 324 (Familienstiftung), vom 5. Dezember 1929 IV 68/29 (Offiziervereinigung) und vom 6. Januar 1930 IV 744/28 (Sektion Berlin des Deutsch-Österreichischen Alpenvereins). In diesen Fällen ist die Nachprüfung von Strafbeschlüssen auf etwaige offenbare Unbilligkeit für zulässig erachtet worden. Sie ist nach der besonderen Lage des Falles abgelehnt im Urteil vom 6. Juli 1931 IV 41/31 (Schwäbischer Architekten- und Ingenieurverein Augsburg). Zu Unrecht glaubt das Berufungsgericht, sich auf die angeführte Entscheidung RGZ. Bd. 107 berufen zu können. Auch dort ist nicht das Erfordernis aufgestellt, daß die Zugehörigkeit zum Verein (einem Kassenarztverein) Lebensfrage für das ausgeschlossene Mitglied sei, sondern nur diese damals festgestellte Tatsache der Entscheidung zugrundegelegt worden.

Entgegen steht auch nicht der Umstand, daß in der Satzung der Rechtsweg als ausgeschlossen bezeichnet ist (vgl. die erwähnten Urteile vom 13. Juni 1927 und vom 5. November 1928).

Daß im vorliegenden Fall die Voraussetzungen gegeben sind, unter denen nach Vorstehendem die Nachprüfung des Ausschließungsbeschlusses auf die behauptete offenbare Unbilligkeit geboten ist, kann keinem Zweifel unterliegen. Der verklagte Verein umfaßt die Ärzte der Stadt K. bis auf einen geringen Bruchteil. Er ist die Standesorganisation dieser Ärzte und hat sich nach der Satzung die Wahrung der gesamten Standesbelange zur Aufgabe gestellt; er will das Ziel u. a. durch gemeinsame Wahrung der aus der Berufstätigkeit sich ergebenden Belange seiner Mitglieder erreichen. Der Kläger ist, wie ohne weiteres erhellt, sowohl als Arzt wie auch als Universitätsprofessor in erheblichem Grade, und zwar sowohl nach der geldlichen wie nach der ideellen Seite von dem Ansehen abhängig, das ihm zuteil wird und das eine wesentliche Herabminderung erfährt, wenn er mit der Strafe der Ausschließung aus dem verklagten Verein behaftet bleibt.

Wie die hiernach zu prüfende Frage der behaupteten offenbaren Unbilligkeit der Ausschließung zu beantworten ist, kann nur durch eine Abwägung der gesamten Umstände des Falles ermittelt werden. . . .

RGZ. 143, 1

Kann durch die Satzung eines nichtrechtsfähigen Vereins bestimmt werden, daß Mitglieder, die sich durch Austritt einer Bestrafung entziehen, auf eine schwarze Liste zu setzen sind und damit als ausgeschlossen gelten?

BGB. §§ 39, 54.

IV. Zivilsenat. Urt. v. 2. November 1933.

I. Landgericht Stettin. II. Oberlandesgericht daselbst.

Die Frage ist verneint worden aus folgenden, zugleich den Sachverhalt ergebenden

Gründen:

Nach dem unstreitigen Sachverhalt ist der St.er Sportclub E. V. — S.S.C. —, dem der Kläger angehörte, als solcher Mitglied des Beklagten, des Verbandes P.scher Sportvereine — V.P.S. —. Nach § 2 Abs. 1 der Satzung des V.P.S. bezweckt dieser Verband, die Mitglieder der ihm angeschlossenen Vereine durch sportliche Übungen körperlich und sittlich zu heben und beizutragen zu ihrer Erziehung zu tüchtigen Staatsbürgern. Der einzelne Verein besteht trotz des Beitritts zu diesem Verband fort; die Vereinsmitglieder treten aber nach Maßgabe der Satzung des Verbandes auch in unmittelbare Beziehungen zu diesem und seinen Organen, da nur so der Zweck des Verbandes zu erreichen ist, wie er in dessen Satzung (§ 2 Abs. 1) aufgestellt ist und wie ihn der Verein mit dem Beitritt zu dem seinigen macht (RG. in SeuffArch. Bd. 59 Nr. 118). Dementsprechend sind die Mitglieder des S.S.C. gemäß § 3 Nr. 5 und § 40 der Satzung des Beklagten dessen Rechtsprechung in sportlichen Angelegenheiten unterworfen, und sie unterliegen den in § 49 dieser Satzung aufgezählten Strafen, insbesondere dem zeitigen und dauernden Ausschluß gemäß § 7 Abs. 2 und 3 der Satzung.

Wie gleichfalls feststeht, ist der Kläger am 3. Mai 1931 rechtswirksam aus dem S.S.C. ausgetreten und damit zugleich aus den Rechtsbeziehungen zu dem verklagten Verband ausgeschieden. Nach § 6 der Satzung des S.S.C. stand dem Kläger der Austritt aus dem Klub jederzeit frei, und er unterstand daher mit seinem Austritt grundsätzlich nicht mehr der Gerichtsbarkeit des verklagten Verbandes (RGZ. Bd. 122 S. 266 [S. 268]); davon geht zutreffend auch das Berufungsgericht aus.

Die Klage wendet sich dagegen, daß der Kläger durch Beschluß des Vorstandes des Beklagten vom 8. Dezember 1931 gemäß § 62 Abs. 1 Nr. 2 der Satzung des Beklagten auf die schwarze Liste gesetzt worden sei. Nach der Bestimmung des § 62 Abs. 1 dieser Satzung, die sich unter dem Abschnitt V „Meldewesen" befindet, werden auf die schwarze Liste gesetzt: Schuldner, die die Fristen nach § 61 nicht innehalten (Nr. 1), Mitglieder, die sich der Bestrafung durch Austritt entziehen (Nr. 2), Mitglieder von Vereinen, die unter Hinterlassung von Schulden aus dem Verband ausgetreten sind (Nr. 3), und Mitglieder wegen Handlungen, die das Ansehen „unseres“ Sports und Verbandes schädigen (Nr. 4). Der Kläger ist von dem Vorstand des Beklagten am 1. Mai 1931 gemäß § 7 Nr. 1 der Satzung auf ein Jahr aus dem Verbande ausgeschlossen worden, weil er bei einem Fußballspiel eine unsportliche Äußerung getan haben soll. Der Beschluß hat keine Rechtswirksamkeit erlangt, weil der Kläger vor der Zustellung aus dem S.S.C. ausgetreten ist. Das Berufungsgericht hat angenommen, daß der Kläger sich durch seinen Austritt der Bestrafung entzogen habe, und daß er satzungsgemäß auf die schwarze Liste gesetzt worden sei. Nach § 62 Abs. 2 gelten „Mitglieder, die auf die schwarze Liste gesetzt werden, als ausgeschlossen und dürfen von keinem Verein aufgenommen werden, bevor nicht ihre Streichung von der schwarzen Liste erfolgt ist.“

Das Berufungsgericht will die Worte „gelten als ausgeschlossen“ nur auf solche Mitglieder beziehen, die im Zeitpunkt, wo sie auf die schwarze Liste gesetzt wurden, noch Mitglied waren (Nr. 1 und 4), nicht aber auf solche, die in diesem Zeitpunkt bereits ausgetreten waren (Nr. 2 und 3). Diese Unterscheidung ist indessen, wie die Revision mit Recht geltend macht, nicht möglich. Denn indem der § 62 Abs. 2 von den Mitgliedern spricht, die auf die schwarze Liste gesetzt werden, bezieht er sich ausnahmslos auf alle diese Mitglieder, also auf die in Nr. 1 bis 4 des vorangehenden Absatzes aufgezählten Personen. Alle diese Mitglieder, also auch solche, die sich der Bestrafung durch Austritt entziehen, sollen als ausgeschlossen gelten. Sie werden also nachträglich mit dem Makel des Ausschlusses behaftet, gleichviel ob sie förmlich ausgeschlossen werden oder ob dieser Erfolg durch die Setzung ihres Namens auf die schwarze Liste unter Bezugnahme auf § 62 Abs. 1 Nr. 2 der Satzung herbeigeführt wird. Der Senat hat schon in RGZ. Bd. 122 S. 268 als Folge des Grundsatzes, daß ein Verein gegenüber einer ihm nicht mehr angehörigen Person keine Gerichtsbarkeit mehr ausüben darf, ausgesprochen, daß es unzulässig ist, wenn ein Verein nach dem Austritt eines Mitgliedes einen Beschluß des nach der Satzung für die Ausschließung zuständigen Vereinsorgans des Inhalts herbeiführt, die Ausschließung würde beschlossen worden sein, wenn das Mitglied nicht bereits ausgetreten wäre. Nun enthielt zwar der Vereinsbeschluß in jenem Fall eine Maßregelung des damals schon ausgetretenen Mitglieds und damit die Anmaßung einer Vereinsgewalt über ein dem Verein nicht mehr angehöriges Mitglied für ein Tun, das zur Zeit seiner Mitgliedschaft begangen war, während hier das frühere Mitglied als ausgeschlossen gelten soll, weil es, ohne den Ausgang des Verfahrens, also die Bestrafung oder Nichtbestrafung für ein früheres Tun abzuwarten, ausgetreten sei. Beide Fälle begegnen sich in der Frage der Ausübung einer Vereinsgewalt über ein dem Verein nicht mehr angehöriges Mitglied. Sie unterscheiden sich darin, daß hier die Satzung selbst der Vereinsgewalt noch über den Zeitpunkt des freiwilligen Austritts hinaus Geltung verschaffen und ein früheres Mitglied einer Maßregelung unterwerfen will, und zwar nicht wegen eines früheren Tuns, sondern wegen seines Austrittes selbst.

Daß dies zulässig sei, bezweifelt die Revision mit Recht. Nach der nach § 40 BGB. zwingenden Bestimmung des § 39 Abs. 1 BGB. sind die Mitglieder zum Austritt aus dem Verein berechtigt. Durch die Satzung kann bestimmt werden, daß der Austritt nur am Schlusse eines Geschäftsjahres oder erst nach dem Ablauf einer Kündigungsfrist — die höchstens 2 Jahre betragen darf — zulässig ist (§ 39 Abs. 2). Der Senat hat in RGZ. Bd. 108 S. 160 flg. den Standpunkt eingenommen, daß eine Satzungsbestimmung des Inhalts, daß ein freiwilliges Ausscheiden aus dem Verein nicht mehr möglich sei, sobald der Verein gegen ein Mitglied ein ehrengerichtliches Verfahren anhängig gemacht habe, mit der zwingenden Bestimmung des § 39 BGB. unvereinbar und deshalb ungültig sei. Der vorliegende Fall liegt insofern nicht gleich, als der freie Austritt aus dem S.S.C. nach Maßgabe des § 6 der Satzung dieses Vereins ausdrücklich gestattet ist. Die Frage ist nur, ob dieses Austrittsrecht durch § 62 Abs. 1 Nr. 2 Abs. 2 der Satzung des Beklagten derart verkümmert wird, daß diese Bestimmung als unvereinbar mit § 39 BGB. zu betrachten ist. Die Frage ist mit der Revision im Gegensatz zum Berufungsgericht zu bejahen. Es kommt nicht darauf an, ob der Austritt des Vereinsmitgliedes, wie in RGZ. Bd. 108 S. 160, unmittelbar von der unzulässigen sachlichen Bedingung abhängig gemacht wird, oder ob das Mitglied dadurch am Austritt verhindert wird oder verhindert werden kann, daß es für den Fall des Austritts unter gewissen sachlichen Voraussetzungen so angesehen werden soll, als ob es ausgeschlossen worden wäre. Denn dieser Makel, mit dem das Mitglied nachträglich behaftet wird, und der einer Bestrafung gleich zu achten ist, kann — trotzdem sich diese Satzungsbestimmung in dem Abschnitt „Meldewesen", und nicht in dem Abschnitt „Rechtsprechung" befindet — die Entschließung des Mitglieds über den Austritt bis zu einem gewissen Grade hemmen, der der Absicht des § 39 BGB. zuwiderläuft, eine übermäßige Bindung der Person zu verhindern. Das kann um so mehr erschwerend wirken, wenn bei Einleitung eines Verfahrens, dessen Ausgang weder in der Schuldfrage noch in Art und Maß der Strafe für das Mitglied erkennbar ist, die Freiheit der Willensentschließung durch die Gefahr beeinträchtigt wird, statt einer Freisprechung oder einer vielleicht nur geringen Bestrafung wegen der bloßen Nichtgestellung zur Aburteilung, mit dem Makel behaftet zu werden, als ausgeschlossen zu gelten. Dem läßt sich auch nicht, wie das Berufungsgericht es getan hat, mit der Erwägung begegnen, daß es nach § 62 Abs. 3 der Satzung des Beklagten in der Hand des Klägers liege, die Streichung von der schwarzen Liste herbeizuführen, wenn er sich jetzt der Rechtsprechung des Beklagten freiwillig unterstelle. Daß dies überhaupt möglich wäre, bezweifelt die Revision mit Recht, weil der Kläger aus dem S.S.C. ausgetreten ist und daher der Satzung des Beklagten gar nicht mehr untersteht. Nach § 62 Abs. 3 und 5 dieser Satzung müßte er vielmehr erst von der schwarzen Liste gestrichen und dann bei dem S.S.C. neu gemeldet werden. Es kommt darauf jedoch nicht an. Auch wenn der Kläger sich der Rechtsprechung des Beklagten nicht stellt und nicht stellen will, obwohl er es könnte, ist die Satzungsbestimmung, wonach er als ausgeschlossen gilt und auf die schwarze Liste zu setzen ist, ungültig, weil eine nachträgliche Maßregelung wegen seiner Nichtgestellung auf einer nach § 39 BGB. unwirksamen Satzungsbestimmung beruht. Wohin diese Bestimmung des § 62 führt, zeigt die Tatsache, daß der Kläger durch den Beschluß des Vorstandes vom 1. Mai 1931 nur auf ein Jahr ausgeschlossen werden sollte. Wegen seines Austritts aber wird er durch den Beschluß des Vorstandes vom 8. Dezember 1931 in Wirklichkeit härter getroffen als für sein früheres Tun, weil er nunmehr als dauernd ausgeschlossen gilt. In der Androhung dieser einer Bestrafung gleichzuachtenden Maßregelung, daß der Kläger aus seinem Verein als ausgeschlossen gelte und von dem Beklagten auf die schwarze Liste gesetzt werden solle, liegt eine Verkümmerung seines Rechts zum freien Austritt aus dem S. S. C., das nur unter den Voraussetzungen des § 39 Abs. 2 BGB. hätte eingeschränkt werden können. Das genügt, um jene Satzungsbestimmung dem Kläger gegenüber für unwirksam zu erklären. Es besteht aber auch für eine solche Satzungsbestimmung bei einem Verein kein Bedürfnis. Denn der Verein ist in der Lage, den Austritt eines Mitgliedes nach Maßgabe des § 39 Abs. 2 BGB. zu befristen, so daß ihm bei entsprechender Bemessung der Kündigungsfrist die Möglichkeit offensteht, eine disziplinare Bestrafung, insbesondere auch den Ausschluß noch während des Laufes dieser Kündigungsfrist herbeizuführen.

Da der Beschluß des Vorstandes des Beklagten vom 8. Dezember 1931 nur eine sachliche Rechtsverletzung enthält, so ist der Antrag auf Löschung des Namens des Klägers in der schwarzen Liste unbegründet. Dagegen ist der Hilfsantrag des Klägers begründet, soweit er die Feststellung erstrebt, daß dieser Beschluß rechtsunwirksam ist. Für den zweiten Teil des Hauptantrags, der die Bekanntmachung der Löschung erstrebt, kann es sich nur noch darum handeln, ob der Beklagte zu verurteilen ist, die hier getroffene Feststellung der Rechtsunwirksamkeit des Beschlusses in der gleichen Weise zu veröffentlichen, wie der Beschluß selbst veröffentlicht worden ist. Die Frage ist zu bejahen. Mit dieser Veröffentlichung wird die Beseitigung der dem Rechtsgut der Ehre des Klägers zugefügten Beeinträchtigung begehrt. Es könnte sich fragen, ob hierzu, wie bei der vorbeugenden Unterlassungsklage, der widerrechtliche Eingriff in dieses Rechtsgut ohne Rücksicht auf ein Verschulden des Beklagten genügen würde. Wie vom erkennenden Senat schon in seiner Entscheidung vom 15. November 1928 IV 16/28 (JW. 1929 S. 245 Nr. 3), ausgeführt worden ist, hat das Reichsgericht bisher in denjenigen Fällen, in denen der Verletzte sich gegen die Beseitigung einer fortdauernden Beeinträchtigung wendet, nur eine Klage aus unerlaubter Handlung gewährt in der Richtung auf Wiederherstellung des verletzten Rechtsguts (§ 249 BGB.). Die Grundlagen dieses Anspruchs sind hier in § 823 Abs. 2 BGB., § 185 StGB. zu finden. Daß der Beschluß des Vorstandes des Beklagten, der eine innere Vereinsangelegenheit betraf, in einer öffentlichen Tageszeitung mit Namennennung (unter „Amtliches" in der Beilage Sport — Turnen — Spiel) veröffentlicht worden ist, setzte den Kläger in der breiteren Öffentlichkeit herab, und dies war geeignet, ihn in seiner Ehre zu kränken. Daß damit der Beklagte keine Ehrenkränkung beabsichtigt hat, mag unterstellt werden. Allein es genügt schon das Bewußtsein dieser Ehrenkränkung auf seiten des Vorstandes der Beklagten, das nicht verneint werden kann, sofern nur dem Vorstand bei seiner Veröffentlichung der Schutz des § 193 StGB. nicht zur Seite stand. Wäre die Bekanntgabe des Beschlusses nur gegenüber den beteiligten Vereinen und Verbänden geschehen, so würde dem Beklagten der Schutz des § 193 StGB. nicht zu versagen sein. Aber die Veröffentlichung in einer Tageszeitung ist auch dann nicht als zur Wahrung berechtigter Interessen geschehen zu betrachten, wenn diese Tageszeitung dem Beklagten zur Mitteilung von Verbandsangelegenheiten dient. Solange solche veröffentlichten Verbandsmitteilungen nur Dinge berühren, die einer breiteren Öffentlichkeit nicht vorenthalten zu werden brauchen, mag sich ein Verein dieser Tageszeitung bedienen. Betreffen aber diese Verbandsangelegenheiten Mitteilungen, die geeignet sind, den Ruf des davon Betroffenen zu schädigen oder ihn in seiner Ehre vor einem Personenkreise herabzusetzen, für den eine solche Mitteilung nicht bestimmt ist, so versagt der Schutz des § 193 StGB.

RGZ. 143, 212

1. Haftet die Gesamtheit der Mitglieder eines nichtrechtsfähigen Vereins, wenn sie sich zur Erfüllung einer gegenüber einem Mitglied bestehenden Vereinsverpflichtung des Vorstandes bedient, für dessen fahrlässige Nichtbeachtung der im Verkehr erforderlichen oder nur der Sorgfalt, welche er in eigenen Angelegenheiten anzuwenden pflegt?

2. Kann § 708 BGB. durch die Vereinssatzung auch stillschweigend ausgeschlossen werden?

BGB. §§ 54, 276, 277, 278, 708.

IV. Zivilsenat. Urt. v. 18. Januar 1934.

I. Landgericht Bonn. II. Oberlandesgericht Köln.

Die Beklagte veranstaltete im Juni 1927 in C. ein Vogel- und Königschießen, an dem der Kläger, der damals noch Mitglied des Vereins war, als Zuschauer teilnahm. Er wurde im Verlaufe des Schießens durch eine zurückprallende Kugel am linken Auge verletzt. Er behauptet, der Vorstand der Beklagten habe in grobfahrlässiger Weise angeordnet oder zum mindesten zugelassen, daß der durch das Schießen schadhaft gewordene Kugelfang unsachgemäß wieder instand gesetzt worden sei. Dadurch sei das Zurückprallen der Kugel verursacht worden. Für das schuldhafte Verhalten des Vorstandes müsse die Beklagte einstehen. Der Kläger verlangt Schadensersatz.

Die Vorinstanzen haben die Ansprüche auf Zahlung von 5612 RM. sowie eine jährliche Rente von 1200 RM. dem Grunde nach für gerechtfertigt erklärt. Die Revision der Beklagten blieb erfolglos.

Aus den Gründen:

Die Beklagte bezeichnet sich in ihrer Satzung als Schützengesellschaft St. Sebastianus und ist unter diesem Namen verklagt worden; sie ist, wie unstreitig, als selbständige Trägerin von Rechten und Pflichten, also als juristische Person, nicht anerkannt. Die Annahme des Berufungsgerichts, daß sie als ein nichtrechtsfähiger Verein im Sinn des § 54 BGB. zu betrachten sei, begegnet keinem rechtlichen Bedenken .Denn sie ist eine auf die Dauer berechnete Verbindung einer größeren Anzahl von Personen zur Erreichung eines gemeinsamen Zweckes, die nach ihrer Satzung körperschaftlich organisiert ist, einen Gesamtnamen führt und auf einen wechselnden Mitgliederbestand angelegt ist. Damit sind die Merkmale gegeben, die in der Rechtsprechung des Reichsgerichts (RGZ. Bd. 95 S. 192) für notwendig, aber auch für ausreichend gefunden werden, um den nichtrechtsfähigen Verein als ein körperschaftliches Gebilde zu kennzeichnen und ihn damit von der Gesellschaft zu unterscheiden. Denn auch der nichtrechtsfähige Verein ist keine Gesellschaft, wenn auch nach § 54 Satz 1 BGB. die Vorschriften über die Gesellschaft auf ihn Anwendung finden. Das hat zur Folge, daß zwar als Inhaber des Vereinsvermögens, als Träger der Rechte und Verbindlichkeiten des Vereins die Mitglieder in ihrer gesamthänderischen Vereinigung anzusehen sind, daß aber nachgiebige Vorschriften des Gesellschaftsrechts, falls sie für einen Verein nicht passen, durch die Satzung auch stillschweigend ausgeschlossen werden können (RGZ. Bd. 113 S. 135). Von diesen Grundsätzen ist auch das Berufungsgericht ausgegangen. Es hat angenommen, daß die Beklagte den Kläger an dem Königschießen habe teilnehmen lassen und daß sie daher Vorkehrungen in der Richtung habe treffen müssen, daß der Kläger nach menschlicher Voraussicht nicht mehr gefährdet werden würde, als es beim Schießen unvermeidlich sei, und zwar betrachtet es diese Vereinsverpflichtung als eine solche, die der Mitgliedergesamtheit obgelegen habe.

Die Revision hält dies für rechtsirrig, jedoch zu Unrecht. Nach § 9 der Satzung der Beklagten war der Kläger als Vereinsmitglied zur Teilnahme an dem Königschießen verpflichtet. Es gehörte also auch zu seinen Mitgliedschaftsrechten, an der Veranstaltung teilzunehmen. Dem entsprach auf der Vereinsseite die vom Berufungsgericht mit Recht festgestellte Verpflichtung, die von den Mitgliedern in ihrer Gesamtheit zu erfüllen war. Die Revision kommt aus dem irrigen Gesichtspunkt, daß der nichtrechtsfähige Verein eine Gesellschaft sei, zu der Anschauung, daß wechselseitige Berechtigungen und Verpflichtungen derart, daß jedes Mitglied gleichzeitig gegenüber allen anderen berechtigt und verpflichtet sei, nicht angenommen werden könnten. Damit wird verkannt, daß Mitgliedschaftsrechte in Frage stehen und daß diesen Rechten gegen den Verein nicht Pflichten einzelner, sondern Vereinsverpflichtungen gegenüberstehen, deren Träger jedem einzelnen gegenüber immer die Mitgliedergesamtheit ist; daraus folgt, daß ein Schaden des einzelnen Mitgliedes, für den der Verein aufzukommen hat, von allen, auch von dem verletzten Mitglied selbst getragen werden muß. Das zeigt sich darin, daß die Vollstreckung in das Vereinsvermögen (§ 735 ZPO.) auch das verletzte Mitglied trifft, das an diesem Vermögen mitberechtigt ist.

Zur Erfüllung dieser Vereinsverpflichtung, die auf satzungsmäßiger, also rechtsgeschäftlicher Grundlage erwachsen war (RGZ. Bd. 135 S. 245; JW. 1930 S. 3473 Nr. 3), hat sich die Mitgliedergesamtheit, wie das Berufungsgericht ohne Rechtsirrtum angenommen hat, des Vorstandes als ihres Erfüllungsgehilfen bedient, und sie haftet daher für dessen Verschulden zwar nicht nach § 31, aber nach § 278 BGB. Der Vorstand selbst aber hat nach Meinung des Berufungsgerichts die gesundheitliche Schädigung des Klägers durch eine zurückprallende Kugel infolge unzureichender Vorkehrungen fahrlässig verursacht (§ 276 BGB.).

Die Revision beruft sich demgegenüber auf die §§ 277, 708 BGB., wonach ein Gesellschafter bei Erfüllung der ihm obliegenden Verpflichtungen nur für diejenige Sorgfalt einzustehen hat, welche er in eigenen Angelegenheiten anzuwenden pflegt.

Das Berufungsgericht hat die Anwendbarkeit dieser Paragraphen verneint, weil die Beschränkung der Haftung des Vorstandes und der Vereinsmitglieder auf die Sorgfalt in eigenen Angelegenheiten mit dem körperschaftlichen, von dem Wechsel der Mitglieder unabhängigen Wesen der Beklagten unvereinbar und daher vertragsmäßig als ausgeschlossen anzusehen sei. Das ist rechtlich nicht zu beanstanden.

Die Vorschrift des § 708 BGB. entstammt dem römischen Recht und ist von diesem in die neueren Gesetzgebungen übernommen worden (Preuß. ALR. I 17 § 211; Sächs. BGB. § 1371; schweiz. Obligationenrecht Art. 538; HGB. a. F. Art. 94). In der Kommission für die zweite Lesung des Entwurfs zum Bürgerlichen Gesetzbuch (Protokolle II S. 418/20) wurde an diesem überkommenen Rechtssatze, der sich in seiner Anwendung bewährt habe, festgehalten, und er wurde trotz entgegenstehender Bedenken auch mit einem psychischen Moment, das in dem Wesen des Gesellschaftsverhältnisses begründet liege, gerechtfertigt. Dieses Moment bestehe darin, daß Personen, die miteinander einen Gesellschaftsvertrag einzugehen beabsichtigen, sich gegenseitig so nehmen wollten, wie sie einmal seien, daß jeder Teil von vornherein die Individualität des anderen ins Auge fasse und daher nur verlange, daß er in den gemeinschaftlichen Angelegenheiten dieselbe Sorgfalt übe wie in seiner eigenen. Angesichts dieses rechtspolitischen Grundes, der zur Aufnahme des § 708 in das BGB. geführt hat, vertritt der Berufungsrichter mit Recht die Auffassung, daß die mildere Haftung des Gesellschafters im Hinblick auf den persönlichen Charakter des Gesellschaftsverhältnisses geschaffen worden sei. Dieses persönliche Verhältnis, das bei einer Gesellschaft unter den Gesellschaftern zu bestehen pflegt, wird beim nicht rechtsfähigen Verein meistens fehlen, schon weil er auf einem wechselnden Mitgliederbestand angelegt ist. Hinzu kommt hier, worauf schon der Berufungsrichter zutreffend hingewiesen hat, daß die Zahl der Vereinsmitglieder zur Zeit des Unfalls etwa 55 bis 60 betragen hat und daß der Beitritt jedem über 20 Jahre alten Bürger von C. offensteht, ohne daß etwa ein einstimmiger Beschluß über die Aufnahme eines Mitgliedes erforderlich wäre. Aus diesen Umständen durfte der Berufungsrichter, ohne daß dies als rechtsirrtümlich beanstandet werden konnte, den Schluß ziehen, daß die nachgiebige Vorschrift des § 708 durch die Satzung wegbedungen worden, daß also an die Haftung des Vorstandes und der Vereinsmitglieder der normale Maßstab des § 276 BGB. anzulegen sei. . .

Die Revision hat schließlich die von dem Berufungsrichter nicht behandelte Frage des Haftungsumfanges aufgeworfen. Sie hat jedoch auf den Ausgang dieses Rechtsstreits keinen Einfluß. Da der Verein kein selbständiger Träger von Rechten und Pflichten ist, müssen auch die Vereinsschulden grundsätzlich von den Mitgliedern in ihrer gesamthänderischen Vereinigung getragen werden, und zwar unbeschränkt. So wenig wie bei der Gesellschaft für die Gesellschaftsschulden nur das Gesellschaftsvermögen haftet, ist die Haftung der Vereinsmitglieder für die Vereinsschulden ohne weiteres auf das Vereinsvermögen beschränkt. Dagegen ist in der Rechtsprechung des Reichsgerichts ständig anerkannt worden, daß unter bestimmten Voraussetzungen die Haftung der Mitglieder für Vereinsschulden auf das Vereinsvermögen beschränkt werden kann. Ob eine solche Beschränkung der Haftung hier angenommen werden könnte, braucht nicht untersucht zu werden. Denn der Kläger hat den Verein als solchen verklagt (§ 50 Abs. 2 ZPO.), und er ist daher, wenn er ein obsiegendes Urteil erlangt, gleichviel ob die Mitglieder nur mit dem Vereinsvermögen oder darüber hinaus persönlich und gesamtschuldnerisch haften, nur in der Lage, dieses Urteil in das Vereinsvermögen, nicht aber in das Privatvermögen der einzelnen Mitglieder zu vollstrecken (§ 735 ZPO.). Um die Mitglieder unbeschränkt belangen zu können, würde er eines gegen sie gerichteten Titels bedürfen. Das wäre auch im Falle der Auflösung des Vereins nicht anders, obwohl nach Auseinandersetzung des Vereinsvermögens und Auflösung der Vereinsorganisation eine Zwangsvollstreckung gegen den Verein nicht mehr möglich wäre. Es erübrigt sich sonach, die Frage nach dem Haftungsumfang in diesem Rechtsstreit zu entscheiden, weil die Haftbarkeit des Vereins nicht von der Frage berührt wird, ob seine Mitglieder nur unter Beschränkung auf das Vereinsvermögen oder ob sie unbeschränkt haftbar sind.

RGZ. 145, 311

1. Kann aus einem Vertrage, den der gesetzliche Vertreter einer juristischen Person unter erkennbarem Mißbrauch seiner Vertretungsmacht abschließt, der Vertragsgegner einen Anspruch

auf Erfüllung oder auf Schadensersatz wegen Nichterfüllung herleiten?

2. Hat der Vertragsgegner wenigstens einen Anspruch auf Ersatz des Vertrauensinteresses?

BGB. §§ 31, 89, 179, 278, 826.

VI. Zivilsenat. Urt. v. 5. November 1934.

I. Landgericht III Berlin. II. Kammergericht daselbst.

Die klagende Aktiengesellschaft wurde am 12. September 1928 gegründet; zugleich wurde Dr. B. zu ihrem Vorstand bestellt. Der Zweck der Gründung war der Erwerb des Dr. B. gehörigen Grundstücks T.straße 14 in B., in das auf Betreiben eines Hypothekengläubigers die Zwangsvollstreckung angeordnet worden war. Um die Mittel zum Erwerbe zu beschaffen, hatte Dr. B. sich mit dem Bankier E. in Verbindung gesetzt, der seinerseits geschäftliche Beziehungen zu dem damaligen Verbandsdirektor des Beklagten, D., hatte. Zunächst wurde beabsichtigt, eine Darlehnshypothek unter Ausbietungsgewähr des Beklagten aufzunehmen, jedoch zerschlug sich dieser Plan, weil dem in Aussicht genommenen Geldgeber die von D. namens des Beklagten ausgestellte Erklärung nicht genügte. Sodann sollte der Beklagte Wertpapiere als Zusatzdeckung für den Geldgeber zur Verfügung stellen, und D. verpflichtete sich namens des Beklagten unter dem 1. November 1928 schriftlich gegenüber der Klägerin, ihr 2 Millionen Gold-Kommunalobligationen oder Hypothekenpfandbriefe bis zum 10. November 1928 zu liefern, die sie lombardieren könne. Inzwischen hatte die Klägerin am 25. September 1928 mit Hilfe einer ihr von E. zur Verfügung gestellten Bietungskaution das Grundstück ersteigert und den Zuschlag erhalten. Der auf den 3. November 1928 anberaumte Verteilungstermin wurde auf ihren Antrag auf den 14. November 1928 verlegt. Die Papiere wurden aber nicht geliefert, D. wurde bald darauf seines Amtes enthoben. Das Grundstück wurde, da die Klägerin nicht zahlen konnte, wieder versteigert und dem betreibenden Gläubiger zugeschlagen.

Die Klägerin verlangt Schadensersatz, in erster Reihe wegen Nichterfüllung des Versprechens vom 1. November 1928, das sie als für den Beklagten bindend erachtet, hilfsweise aus den §§ 31, 89 BGB. wegen unerlaubten Verhaltens des D. und wegen Pflichtvernachlässigung der Aufsichtsorgane des Beklagten. Sie hat zunächst auf einen Teilbetrag von 10000 RM. nebst Zinsen Klage erhoben. Der Beklagte bestreitet ihre Klagbefugnis wegen Abtretungen und Pfändungen des Klaganspruchs. Er hält nach seiner Satzung und nach seiner Zweckbestimmung das Versprechen für nichtig, macht geltend, daß D. seine Vertretungsbefugnis mißbraucht und die Klägerin diesen Mißbrauch gekannt habe oder doch mindestens habe erkennen müssen, ferner daß das Versprechen als Mittel zu einem von der Klägerin verfolgten sittenwidrigen Zweck nichtig sei, nämlich dem Zweck, durch Erstehung des Grundstücks die Mietverträge zu vorzeitigem

Erlöschen zu bringen, endlich daß er das Versprechen wegen Drohung und arglistiger Täuschung angefochten habe. Er wirft der Klägerin in jedem Fall mitwirkendes Verschulden vor und bestreitet den Schaden auch der Höhe nach.

Beide Vorinstanzen wiesen die Klage ab. Auch die Revision der Klägerin blieb erfolglos.

Gründe:

Das Berufungsgericht nimmt zugunsten der Klägerin an, daß die Abtretungen und Pfändungen wegen des von ihr behaupteten sehr viel größeren Schadens den Klagantrag unberührt lassen, hält aber weder einen Schadensersatzanspruch wegen Nichterfüllung des Abkommens vom 1. November 1928 noch einen solchen wegen des Verhaltens des D. oder anderer Verbandsorgane für begründet. Was die Revision hiergegen anführt, kann nicht durchschlagen.

Begründet ist zwar ihr Bedenken gegen die Ansicht des Berufungsgerichts, daß das Versprechen vom 1. November 1928 schon nach § 31 Nr. 1c der Satzung des Beklagten mangels Mitunterschrift des Ausschußvorsitzenden nicht verbindlich sei... (Hierzu wird ausgeführt, daß es sich nicht um ein Darlehn, auch nicht um ein Darlehnsversprechen, sondern um Leihe handle. Dann wird fortgefahren:)

Wenn aber hierfür die Satzung des Beklagten keine Mitunterschrift des Ausschußvorsitzenden fordert, so erklärt sich das daraus, daß ein derartiges Geschäft nach der von Rechtsirrtum freien Annahme des Berufungsgerichts den Zwecken des Beklagten ganz fremd war, so daß bei Festlegung der Satzung gar nicht der Gedanke hatte auftauchen können, für ein solches Geschäft ein besonderes Erfordernis aufzustellen. Was das Berufungsgericht über die „Verbandsfremdheit" des Versprechens vom 1. November 1928 sagt, wird von der Revision vergeblich angegriffen. Nach den §§ 1, 14 des preuß. Gesetzes betreffend die öffentlichen Feuerversicherungsanstalten vom 25. Juli 1910 (GS. S. 241) und nach § 3 der Satzung ist der Beklagte ein gemeinnütziger Verband zur Förderung der öffentlichen Feuerversicherung, insbesondere durch die Beschaffung einer über die Versicherungspflicht der einzelnen Anstalten hinausgehenden Versicherungsgelegenheit. Daß nach § 19 des Gesetzes und nach den §§ 9, 16 der Satzung Überschüsse mündelsicher angelegt sind, ist zwar, wie der Revision zugegeben werden mag, an sich nur eine Vorschrift für die innere Verwaltung; aber auch diese konnte vom Berufungsgericht ohne Rechtsirrtum zur Klarstellung des Verbandszwecks herangezogen werden. Mit diesem Zweck hatte es schlechterdings nichts zu tun, wenn D. der Klägerin behilflich war, das Grundstück T.straße 14 in der Zwangsversteigerung zu erwerben, ein Grundstück, das den Beklagten gar nichts anging. Wie D. zu dieser Hilfeleistung gekommen ist, stellt das Berufungsgericht auf Grund seiner Aussage fest. Er hatte namens der Beklagten schon andere Spekulationsgeschäfte betrieben, hatte dabei nicht den gewünschten Erfolg gehabt und ergriff diese Gelegenheit, um entstandene oder drohende Schäden durch die von der Klägerin zu zahlende Vergütung auszugleichen... (Wird näher ausgeführt.)

Aus dieser Verbandsfremdheit hat das Berufungsgericht nun nicht ohne weiteres die Nichtigkeit des Abkommens gefolgert. Es läßt die Richtigkeit der Rechtsansicht dahingestellt, daß eine juristische Person des öffentlichen Rechts außerhalb ihrer Zweckbestimmung überhaupt nicht rechtswirksam handeln könne, einer Ansicht, die Lassar in seinem zu dieser Sache erstatteten Rechtsgutachten unter Berufung namentlich auf Gierke (Die Genossenschaftstheorie und die deutsche Rechtsprechung S. 630flg.) und Dernburg (Preuß. Privatrecht Bd. 1 S. 111) sowie in Anlehnung an zwei Reichsgerichtsentscheidungen vertreten hat; diese (SeuffArch. Bd. 40 S. 389; Recht 1907 Nr. 2497) begrenzen jedoch, wie Lassar anerkennt, nur die Befugnisse der gesetzlichen Vertreter der juristischen Person. Das Berufungsgericht begnügt sich damit, daß zweckfremde Rechtsgeschäfte einer juristischen Person dem Geschäftsgegner keinesfalls dann Rechte gewähren, wenn er die Zweckfremdheit bei Anwendung der im Verkehr erforderlichen Sorgfalt erkennen mußte. Dem ist unbedenklich beizustimmen. Es liegt in solchem Fall zugleich ein dem Gegner erkennbarer Mißbrauch der Vertretungsmacht vor, der ihm entgegengehalten werden kann, wenn er daraus Rechte herleiten will. Ohne Rechtsirrtum folgert das Berufungsgericht das aus § 826 BGB. Für den Mißbrauch einer Vollmacht ist es in der Rechtsprechung des Reichsgerichts anerkannt (Gruchot Bd. 71 S. 607; JR. 1931 Nr. 821a, 1932 Nr. 434, 1933 Nr. 277 und 992; RGZ. Bd. 71 S. 219 [222]; RGUrt. vom 20. September 1934 VI 160/34). Es liegt kein Grund vor, den Mißbrauch einer gesetzlichen Vertretungsbefugnis anders zu behandeln (vgl. RGZ. Bd. 58 S. 356; RGRKomm. z. BGB. § 166 Anm. 4), wenn auch anzuerkennen ist, daß bei einer juristischen Person des öffentlichen Rechts die Erkennbarkeit des Mißbrauchs für den Geschäftsgegner meistens schwieriger sein wird als bei einer rechtsgeschäftlichen Vollmacht. Wenn darüber hinaus in der Entscheidung des VI. Zivilsenats (RGZ. Bd. 71 S. 222) bei gesetzlicher Vertretungsbefugnis eine Kollusion zwischen dem gesetzlichen Vertreter und dem Geschäftsgegner als erforderlich erachtet worden ist, so wird daran nicht festgehalten. Bei Kollusion ist die Einrede des unerlaubten Rechtserwerbs gegeben (exceptio doli praeteriti oder specialis, §§ 826, 853 BGB.)[1]), bei einem Mißbrauch der Vertretungsmacht, den der Gegner bei Anwendung der erforderlichen Sorgfalt hätte erkennen müssen, die Einrede der unerlaubten Rechtsausübung (exceptio doli praesentis oder generalis, § 826 BGB.)[1]). Die Entscheidung RGZ. Bd. 57 S. 389 hat nur für das Wechselrecht Bedeutung; die Entscheidung RGZ. Bd. 9 S. 148 beruht auf nicht mehr geltendem Recht.

Danach mußte die Feststellung des Berufungsgerichts, daß der Vorstand der Klägerin bei Anwendung der erforderlichen Sorgfalt den Miß-

[1]) Vgl. Gadow in Iher.J. Bd. 84 S. 174flg. (S. 196).

brauch hätte erkennen müssen, den D. mit seiner Vertretungsbefugnis trieb, zur Abweisung des auf das Abkommen gestützten Anspruchs führen. An der Verbandsfremdheit des Geschäfts konnte, entgegen der Meinung der Revision, kein Zweifel bestehen... (Wird ausgeführt.)

Einen Schadensersatzanspruch aus den §§ 31, 89 BGB. kann die Klägerin, insoweit sie ihn auf Verschulden des D. bei der Führung der Vertragsverhandlungen oder auf einen von ihm begangenen Verstoß gegen § 826 BGB. stützen will, gegen den Beklagten nicht erheben. Auch insoweit steht ihr die Feststellung entgegen, daß sie den von D. mit seiner Vertretungsmacht getriebenen Mißbrauch hätte erkennen müssen (RGZ. Bd. 94 S. 318 [320]). Es bedarf daher keiner Untersuchung, ob D. die ihm zur Last gelegte Handlung in Ausführung der ihm zustehenden Verrichtungen oder nur bei deren Gelegenheit begangen hat (RGZ. Bd. 117 S. 61 [65]; JW. 1928 S. 2433 Nr. 1), ob der Zusammenhang, wie Kipp in dem in diesem Rechtsstreit erstatteten Gutachten angenommen hat, ein innerer, oder, wie Lassar und das Berufungsgericht angenommen haben, nur ein äußerer war. Ebendasselbe würde gelten müssen, soweit der Beklagte aus dem Gesichtspunkt des § 278 BGB. für das Verschulden des D. beim Vertragsschluß in Anspruch genommen werden sollte. In jeder Hinsicht ist entscheidend, daß D. durch Mißbrauch der ihm eingeräumten Vertretungsmacht seine Dienstpflicht gegenüber dem Beklagten verletzt hat und daß der Vorstand der Klägerin diesen Mißbrauch hätte erkennen müssen. Bei dieser Sachlage steht jedem auf das Verhalten des D. gestützten Anspruche, mag er gegen den Beklagten auf das Erfüllungsinteresse oder nur auf das Vertrauensinteresse gehen, die Einrede der unerlaubten Rechtsausübung (§ 826 BGB.) entgegen. Ebenso haftet nach § 179 Abs. 3 Satz 1 BGB. selbst der Vertreter weder auf das Erfüllungs- noch auf das Vertrauensinteresse, wenn der andere Teil den Mangel der Vertretungsmacht kannte oder kennen mußte.

Eine andere Frage ist, ob der Beklagte wegen mangelnder Beaufsichtigung des D. unter dem Gesichtspunkt des Verschuldens anderer Organe des Beklagten beim Vertragsschluß in Anspruch genommen werden kann und ob unter diesem Gesichtspunkt eine Abwägung des beiderseitigen Verschuldens nach § 254 BGB. denkbar ist. Allein auch eine solche Haftung des Beklagten kommt hier nicht in Frage, weil das Berufungsgericht auf Grund der Beweisaufnahme tatsächlich feststellt, daß D. das Geschäft ebenso wie seine anderen Millionengeschäfte unter bewußter Umgehung der übrigen Verbandsorgane gemacht hat.

RGZ. 146, 376

1. Welche Geschäfte sind als neue Geschäfte im Sinne des § 49 BGB. anzusehen?

2. Kann ein Anspruch aus einem Bürgschaftsvertrag wegen Fehlens oder Wegfallens der Geschäftsgrundlage unbegründet sein?

BGB. §§ 48, 49, 242, 765.

VI. Zivilsenat. Urt. v. 4. Februar 1935.

I. Landgericht Berlin. II. Kammergericht daselbst.

Der Jungdeutsche Orden, eingetragener Verein, bediente sich der Tageszeitung „Der Jungdeutsche“ als seines Mitteilungsorgans. Herausgegeben wurde diese Zeitung von der Firma „Deutsche Presse GmbH.“ An dieser Gesellschaft war der Hochmeister des Jungdeutschen Ordens nach der Feststellung des Berufungsgerichts allein oder wesentlich beteiligt. Die Zeitung wurde bei der Klägerin gedruckt. Diese hatte der „Deutschen Presse“ einen Wechselkredit eingeräumt, der am 7. Juli 1933 77654,57 RM. betrug. Durch eine Urkunde von diesem Tage übernahm der verklagte Jungdeutsche Orden, der sich damals schon in Liquidation befand, für diese Schuld die selbstschuldnerische Bürgschaft. Auf Grund dieser Bürgschaft verlangt die Klägerin von dem Beklagten Zahlung von 8500 RM. nebst Zinsen. Der Beklagte ist in allen drei Rechtszügen unterlegen.

Gründe:

1. Das Berufungsgericht hat angenommen, daß die Übernahme der Bürgschaft in den Rahmen der dem Liquidator des Beklagten nach § 49 BGB. obliegenden Geschäfte falle. Hiergegen wendet sich die Revision. Sie macht geltend, daß es für den Beklagten als politischen Verein grundsätzlich nicht in den Bereich der Liquidationsgeschäfte gehören könne, eine Bürgschaft für Verpflichtungen zu übernehmen, die den Verein als solchen nicht im geringsten angingen und seinem Wesen nach nichts angehen könnten. Falls die Klägerin auch nur die geringste Sorgfalt angewendet hätte, hätte ihr das nicht entgehen können. Diese Rüge ist nicht begründet.

Nach § 49 BGB. haben die Liquidatoren die laufenden Geschäfte zu beendigen, die Forderungen einzuziehen, das übrige Vermögen in Geld umzusetzen, die Gläubiger zu befriedigen und den Überschuß den Anfallberechtigten auszuhändigen. Das Gesetz enthält dann den Zusatz: Zur Beendigung schwebender Geschäfte können die Liquidatoren auch neue Geschäfte eingehen. Die Frage, in welcher Weise bei der Umgrenzung dieser Vorschrift einerseits dem Zweck der Liqudation, dem für die Tätigkeit der Liquidatoren in § 48 Abs. 2 BGB. eine grundlegende Bedeutung zugemessen ist, anderseits den Erfordernissen des redlichen Verkehrs Rechnung zu tragen ist, hat bereits bei der Entstehung des Gesetzes im Rahmen etwaiger allgemeiner Umgrenzung der Befugnisse, die sich aus gesetzlicher Ermächtigung ergeben, eingehende Erörterung gefunden (Prot. der II. Komm. Bd. 6 S. 136flg.), ist aber im Schrifttum nicht einheitlich beantwortet worden. Von den verschiedenen Auffassungen, die in dieser Beziehung vertreten sind (vgl. Planck BGB. Bem. 2 zu § 49), haben zwei auszuscheiden, die den in Betracht kommenden Belangen nur je nach einer Richtung Rechnung tragen. Dahin gehört einmal die Auffassung, daß die Vertretungsmacht der Liquidatoren unbeschränkt sei und die Liquidatoren nur dem Verein für die Geschäftsführung im Sinne des § 49 verantwortlich seien. Das ist weder mit § 48 Abs. 2, wonach die Liquidatoren die rechtliche Stellung des Vorstands nur haben, soweit sich nicht aus dem Zweck der Liquidation etwas anderes ergibt, noch mit § 49 zu vereinigen. Anderseits ist die Ansicht abzulehnen, daß die Vertretungsmacht der Liquidatoren auf die zum Zweck der Liqudation in § 49 bezeichneten Geschäfte derart beschränkt sei, daß alle Geschäfte, die nicht gegenständlich jenem Zweck entsprechen, außerhalb der Vertretungsmacht lägen. Damit würden die Belange des redlichen Geschäftsverkehrs völlig außer acht gelassen werden. Denn ob ein neues Geschäft *im Sinne* des § 49 *wirlkich zur Beendigung* der schwebenden Geschäfte dient, ist vom Vertragsgegner oft nicht zu erkennen, und zwar gerade in Fällen, in denen auch bei Beobachtung der im Verkehr erforderlichen Sorgfalt für den Antragsgegner kein Anlaß vorliegt, irgendwelche Erkundigung einzuziehen. Der Verkehr kann in solchen Fällen nicht dadurch zu Schaden kommen, daß nachträglich festgestellt wird, der Zweck des einzelnen neuen Geschäfts habe dem Ziel der Abwicklung der Geschäfte des Vereins in Wirklichkeit nicht gedient. Man wird es daher als ausreichend ansehen müssen, wenn jedes Geschäft, das in den Rahmen der in § 49 bezeichneten Geschäfte fallen kann, grundsätzlich als solches angesehen wird. Das wird nur dann nicht gelten können, wenn die erforderliche sorgfältige Prüfung des Sachverhalts durch den Dritten ergibt, daß das Geschäft im einzelnen Fall nicht geeignet ist, als Liquidationsgeschäft zu dienen (vgl. Planck a. a. O.; Staudinger BGB. Bem. VI zu § 49; Staub-Pinner HGB., 14. Aufl., Anm. 19 zu § 149; RGRKomm. BGB. Bem. 2 zu § 49). Auch in dem RGZ. Bd. 72 S. 236 [240] abgedruckten Urteil, das sich mit einem nach dem Genossenschaftsgesetz zu beurteilenden Sachverhalt zu befassen hatte, ist die Notwendigkeit betont, die dringenden Bedürfnisse des praktischen Lebens bei dieser Frage zu berücksichtigen und den Begriff des neuen Geschäfts möglichst eng und den des schwebenden Geschäfts möglichst weit zu fassen. Auf die weitere, im Schrifttum streitige Frage, wie es mit der Beweislast hinsichtlich der Beobachtung der erforderlichen Sorgfalt durch den Dritten zu halten sei, braucht hier nicht eingegangen zu werden, da der Sachverhalt dazu nicht nötigt. Denn das Berufungsgericht nimmt folgendes an:

Da die „Deutsche Presse“ die Zeitung des Jungdeutschen Ordens gedruckt habe, habe der Außenstehende annehmen müssen, daß zwischen dem Beklagten und der „Deutschen Presse“ irgendwelche rechtsgeschäftliche Bindungen beständen. Nur in einem solchen Fall habe die Möglichkeit einer Bürgschaftsübernahme bestanden, und dann sei auch die Möglichkeit eines Abwicklungsgeschäfts gegeben gewesen. Diese auf tatsächlichem Gebiet liegenden Ausführungen können durch die Darlegungen der Revision nicht erschüttert werden. Ihr kann nicht zugegeben werden, daß ein in Liquidation befindlicher politischer Verein eine Bürgschaftsverpflichtung überhaupt nicht eingehen könne. Ein wichtiges Mittel zur Erreichung der Zwecke eines solchen Vereins ist das gedruckte Wort und damit die Benutzung eines Presseorgans. Beziehungen des Vereins „Jungdeutscher Orden" — auch rechtsgeschäftlicher Art — zu der Druckerei, welche die Zeitung „Der Jungdeutsche" druckte, konnten ohne Rechtsirrtum als naheliegend angesehen werden, zumal der Hochmeister des Ordens an dem Unternehmen der „Deutschen Presse", wenn nicht allein, so doch wesentlich beteiligt war. Außerdem konnte es im Rahmen der abzuwickelnden Angelegenheiten gerade eines politischen Vereins liegen, bei dem Bevorstehen der Beendigung seiner Tätigkeit für die Verbreitung der von ihm vertretenen Gedanken durch die Stützung des Verlags und damit des bisherigen Vereinsorgans in der Zukunft Sorge zu tragen.

2. Der Beklagte hat den Antrag auf Abweisung der Klage in zweiter Reihe damit begründet, daß die Geschäftsgrundlage der Bürgschaftsübernahme das Fortbestehen des Verlags und der von diesem bisher herausgegebenen Zeitung sowie die Beibehaltung des Hauptschriftleiters gewesen, aber weggefallen sei. Das Berufungsgericht hat diesen Einwand im wesentlichen mit folgender Begründung zurückgewiesen: Der Beklagte sei in der vor der Bürgschaftsübernahme liegenden Verhandlung vom 5. Juli 1933, an der sein Liquidator teilgenommen habe, darauf hingewiesen worden, daß der Jungdeutsche Orden bereits in einigen Teilen des Deutschen Reichs verboten worden sei und daß auch für Preußen mit einem derartigen Verbot gerechnet werden müsse. Gerade die Unsicherheit des Fortbestehens der Zeitung, deren Schicksal mit dem des Ordens untrennbar verbunden gewesen sei, habe die Klägerin veranlaßt, Sicherstellung ihrer Forderung zu verlangen. Die Bürgschaftsverpflichtung sei also nicht auf Grund der Annahme des Fortbestehens der Zeitung eingegangen worden.

Die von der Revision hiergegen erhobenen Rügen können nicht durchgreifen. Es mag nicht ausgeschlossen sein, daß auch ein Bürgschaftsvertrag derart auf bestimmten, beim Abschluß des Vertrags zu Tage getretenen Vorstellungen der Beteiligten beruht, daß die Geltendmachung des Bürgschaftsanspruchs beim Fehlen oder Wegfallen jener Grundlagen gegen § 242 BGB. verstoßen kann. Immerhin würde bei Anwendung dieses Grundsatzes gerade bei der Bürgschaft besondere Vorsicht geboten sein, da der Gläubiger durch die Verpflichtung des Bürgen nur ein Recht erwerben soll, und es wird im allgemeinen näher liegen, jenen Vorstellungen nur dann Bedeutung beizumessen, wenn sie in eine Beziehung zum Inhalt des Vertrags in der Form der Bedingung gesetzt werden. Im vorliegenden Fall stehen den Ausführungen der Revision die tatsächlichen Feststellungen des Berufungsgerichts entgegen. Die Revision betont, daß der Gedanke der Bürgschaftsübernahme von der Klägerin ausgegangen sei. Die zu sichernde Verpflichtung der Schuldnerin sei in einem Zahlungsplan festgelegt worden. Es sei vom Beklagten schriftsätzlich dargelegt worden, daß vom Preußischen Ministerium des Innern erklärt worden sei, gegen das Fortbestehen einer Gesinnungsgemeinschaft von der Art des Beklagten und gegen das Fortbestehen der dieser dienenden Zeitung bestehe kein Bedenken; nur müsse diese ihren Namen ändern. Diese Erklärungen seien der Klägerin mitgeteilt worden, und diese selbst habe sich mit Rücksicht darauf zunächst eine

Rückfrage bei den in Betracht kommenden amtlichen Stellen vorbehalten. Der Zahlungsplan sei erst in der Folgezeit aufgestellt worden, und dann erst sei die Bürgschaftsverpflichtung übernommen worden. Die Darstellung des Beklagten über den weiteren Verlauf der Dinge — Androhung des Verbots der Zeitung, Abtretung der Geschäftsanteile der „Deutschen Presse", Ausschaltung des Hochmeisters des Ordens und des Schriftleiters der Zeitung auf Veranlassung und unter Mitwirkung des Preußischen Ministeriums des Innern — wäre nach Meinung der Revision vom Berufungsgericht durch Beweiserhebung klar zu stellen gewesen. Alles das vermag der Revision nicht zum Siege zu verhelfen. Ob die Klägerin die von dem Beklagten vertretene Auffassung, die Zeitung werde auf Grund der behaupteten Zusicherungen weiter bestehen und die „Deutsche Presse" demgemäß in der Lage sein, ihren Verpflichtungen gemäß dem Stundungsplan nachzukommen, mit solcher Sicherheit teilte, daß sie selbst nur auf dieser Grundlage die Bürgschaft des Beklagten wünschte, ist eine Frage rein tatsächlicher Natur und war deshalb nur vom Berufungsgericht zu beantworten. Daß die Feststellung des Gegenteils durch das Berufungsgericht auf Rechtsirrtum beruht, ist nicht anzuerkennen. Man kann gegen die Auffassung der Revision sehr wohl erwägen, daß die Klägerin keinen Anlaß gehabt hätte, auf der Bürgschaftsübernahme zu bestehen, wenn sie die Zahlungsfähigkeit der „Deutschen Presse" auch für die Zukunft als vollkommen gesichert ansah, und daß die Umstellung der Zeitung auf einen anderen Namen ohne weiteres eine Unsicherheit in der Zahl der künftigen Bezieher mit sich brachte. Das Interesse der Klägerin für die Frage, wie sich die preußische Verwaltung zu dem künftigen Bestehen der Zeitung stelle, läßt sich auch in der Weise erklären, daß die Klägerin davon die Gewährung der Stundung an Stelle des wiederholt ausgesprochenen Zahlungsverlangens abhängig machen wollte. Dann kann es nicht darauf ankommen, ob der Zusammenbruch der Zeitung und damit des Verlages in der von dem Beklagten behaupteten Weise zu erklären ist. Es beruht nach alledem nicht auf Rechtsirrtum, wenn das Berufungsgericht die von dem Beklagten vorgetragene eigene Beurteilung der damaligen Sachlage als einen Irrtum im Beweggrund ansieht, dem rechtlich keine Erheblichkeit zukommt, da er sich nicht auf einen zum Vertragsinhalt erhobenen Umstand bezieht.

RGZ. 147, 11

1. Inwieweit muß der Ausschließungsbeschluß die Gründe der Ausschließung aus einem Verein enthalten?

2. In welchem Umfange hat das Gericht die Berechtigung der Ausschließung nachzuprüfen?

3. Können bei der Entscheidung Ausschließungsgründe berücksichtigt werden, die im Rechtsstreit neu vorgebracht worden sind?

BGB. §§ 25, 32.

IV. Zivilsenat. Urt. v. 10. Januar 1935.

I. Landgericht Bielefeld. II. Oberlandesgericht Hamm.

Der Kläger ist aus dem verklagten Verein, dem er als Mitglied angehört hat, durch Beschluß der Mitgliederversammlung vom 8. Januar 1932 dauernd ausgeschlossen worden. Er wehrt sich dagegen und beantragt, festzustellen, daß er zu Unrecht aus dem verklagten Verein ausgeschlossen und noch dessen Mitglied sei. Beide Instanzen haben die Klage abgewiesen. Die Revision des Klägers führte zur Aufhebung und Zurückverweisung.

Gründe:

Das Berufungsgericht ist zutreffend davon ausgegangen, daß es seiner Nachprüfung unterliegt, ob das für die Ausschließung des Klägers aus dem verklagten Verein vorgeschriebene Verfahren eingehalten sei. Es hat angenommen, daß an der förmlichen Rechtmäßigkeit der Ausschließung des Klägers Zweifel nicht bestehen könnten, weil die Mitgliederversammlung vom 8. Januar 1932, die den Kläger ausgeschlossen habe, unter Beachtung des § 7 der Satzung einberufen sei und mit der dort vorgeschriebenen Stimmenzahl gegen den Kläger entschieden habe und weil der Kläger die insoweit aufgestellten Behauptungen des Beklagten unbeanstandet gelassen habe, obwohl ihm durch das Urteil des Landgerichts und in der mündlichen Verhandlung vor dem Berufungsgericht zu erkennen gegeben sei, daß er nur durch nähere Angaben über die Art der Satzungsverletzung diese seine Behauptung mit Erfolg aufrechterhalten könne. Danach hat das Berufungsgericht ohne Rechtsirrtum angenommen, daß die Einlassung des Beklagten insoweit als unbestritten hinzunehmen sei. Die Revision glaubt als Verstoß gegen § 7 der Satzung rügen zu können, daß die Tagesordnung, mit der die Mitgliederversammlung einberufen sei, nur gelautet habe: „Antrag des Vorstandes auf Ausschluß des Dr. M. aus dem Verein". Darin liege keine ordnungsmäßige Mitteilung der Tagesordnung. Dieser Auffassung ist jedoch nicht beizupflichten, weil die Tagesordnung nur die Aufgabe erfüllen soll, die Mitglieder im allgemeinen zu unterrichten, worüber verhandelt werden soll. Diesen Zweck erfüllt aber hier die Tagesordnung durchaus. Dagegen sind in anderer Beziehung die förmlichen Rügen des Klägers von dem Berufungsrichter nicht erschöpfend gewürdigt worden. Der Kläger hat schon in der Klage gerügt und diese Rüge in der Berufungsbegründung unter Bezugnahme auf die Klage wiederholt, daß ihm irgendwelche Gründe, die zu seinem Ausschluß geführt hätten, nicht mitgeteilt worden seien und daß er überhaupt nicht wisse, weshalb sein Ausschluß erfolgt sei. Darauf hat der Beklagte erwidert, daß der Kläger ordnungsmäßig geladen, aber nicht erschienen sei, und daß er in der Sitzung zur Stellungnahme in jeder Hinsicht Gelegenheit gehabt haben würde. Mit dieser Einlassung wird nur klargestellt, daß dem Kläger das rechtliche Gehör nicht versagt worden sei, was er seinerseits nicht in Zweifel gezogen hat; es wird aber nichts dafür beigebracht, aus welchen Gründen der Kläger ausgeschlossen worden ist. Die Satzungen des Beklagten sehen im § 7 keine willkürliche, an Gründe nicht gebundene Ausschließung vor, vielmehr ist bestimmt, daß Mitglieder, welche die Belange des ärztlichen Vereins oder Standes in schwerer Weise schädigen oder Beschlüsse der Mitgliederversammlung nicht befolgen, ausgeschlossen werden können, wenn das dort vorgeschriebene Verfahren eingehalten worden ist. Sind hiernach in der Satzung bestimmte sachliche Voraussetzungen für die Ausschließung eines Mitgliedes aufgestellt, so muß nach der ständigen Rechtsprechung des Senats der Ausgeschlossene von den Gründen seiner Ausschließung in Kenntnis gesetzt werden, und zwar sind diese Gründe regelmäßig in den Ausschließungsbeschluß selbst aufzunehmen. Eine Ausnahme ist nur zuzulassen, wenn die Gründe der Ausschließung dem Ausgeschlossenen bekannt und hinsichtlich ihrer tatsächlichen Unterlagen außer Streit sind. Denn in diesem Falle würde es eine leere Förmlichkeit sein, wenn man eine nähere Begründung des Ausschließungsbeschlusses verlangen wollte (RG. in SeuffArch. Bd. 79 Nr. 1; Urteile des erkennenden Senats vom 10. November 1930 IV 659/29 und IV 660/29, vom 16. November 1931 IV 135/31 und vom 2. Juni 1932 IV 18/32).

Von diesen Gesichtspunkten aus hat das Berufungsgericht die Sach- und Rechtslage nicht beurteilt. Es hat weder festgestellt, daß der Ausschließungsbeschluß mit Gründen versehen worden ist, noch daß dem Kläger diese Gründe mitgeteilt worden sind. Festgestellt ist nur, daß der Kläger unter Bezugnahme auf § 7 der Satzung ausgeschlossen worden ist. Daß ihm dieser Beschluß durch Schreiben des verklagten Vereins vom 14. Januar 1932 mitgeteilt worden ist, hat der Kläger in der Klage vorgetragen. Dem Erfordernis einer Begründung entspricht ein Beschluß dieses Inhalts nicht, weil er nichts weiter enthält als die Berufung darauf, daß er in Anwendung des § 7 der Satzung gefaßt sei; das ist nicht geeignet, den Ausgeschlossenen darüber aufzuklären, in welchen Handlungen und auf Grund welcher tatsächlichen Annahmen Verstöße gegen diesen Paragraphen gefunden worden sind. Dem Erfordernis einer Begründung ist auch um deswillen nicht genügt, weil der Beschluß dem Gericht keine Möglichkeit gibt, das ihm in gewissen Grenzen zustehende sachliche Nachprüfungsrecht auszuüben, das der Kläger gleichfalls zu seinen Gunsten angerufen hat. Daß der Kläger über die Gründe, die zu seiner Ausschließung geführt haben, im klaren gewesen sei und daß sie hinsichtlich ihrer tatsächlichen Unterlagen außer Streit seien, hat das Berufungsgericht nicht festgestellt. Das kommt, soweit ersichtlich, auch gar nicht in Frage. In dem Berufungsurteil sind verschiedene Tatsachengruppen erörtert, die vom Beklagten im Rechtsstreit zur Rechtfertigung der Ausschließung vorgeschützt worden sind und die das Berufungsgericht als geeignet zu dieser Rechtfertigung angesehen hat. Es fehlt an einer Feststellung, daß diese Tatsachen bei der Beurteilung der Mitgliederversammlung vorgelegen und für sie den Ausschließungsgrund abgegeben haben. Das Berufungsgericht beurteilt die Sach- und Rechtslage so, als ob es selbst über die Ausschließung zu befinden und nicht bloß das Ermessen der Mitgliederversammlung in gewissen Grenzen nachzuprüfen hätte, und hält daher, wie die Revision mit Recht rügt, nicht auseinander, was der Beklagte im Rechtsstreit vorgebracht hat und was Gegenstand der Beschlußfassung der Mitgliederversammlung war.

Bei Anwendung des sachlichen Nachprüfungsrechts geht der Berufungsrichter zutreffend davon aus, daß eine richterliche Nachprüfung der Ausschließung auf ihre sachliche Richtigkeit von dem Betroffenen regelmäßig nicht verlangt werden kann, da in die Selbständigkeit der Vereinsverwaltung in dieser Beziehung nicht eingegriffen werden soll. Eine Ausnahme von dieser Regel ist nur nach der Richtung zuzulassen, daß das Gericht zur Entscheidung darüber angerufen werden kann, ob nicht die Ausschließung offenbar unbillig sei oder gar eine sittenwidrige Handlung im Sinne des § 826 BGB. darstelle (Urt. des erkennenden Senats vom 5. November 1928 IV 830/27 in LZ. 1929 Sp. 323 Nr. 1). Für die erste Voraussetzung dieses Nachprüfungsrechts ist nicht erforderlich, daß das Verbleiben im Verein für den Betroffenen eine Lebensnotwendigkeit ist; es muß vielmehr als ausreichend angesehen werden, wenn die Mitgliedschaft bei einem die Belange eines nicht unerheblichen Volksteils berührenden Verein von sozialer, kultureller oder wirtschaftlicher Bedeutung in Frage steht und wenn das Mitglied eines solchen Vereins durch die Ausschließung in wichtigen Lebensbeziehungen betroffen wird. Daß dies hier zutrifft, begegnet keinem rechtlichen Bedenken. Diesem Nachprüfungsrecht steht auch nicht der Umstand entgegen, daß nach der Satzung (§ 7 Satz 2) gegen den Beschluß der Mitgliederversammlung kein Rechtsmittel gegeben ist (RGZ. Bd. 140 S. 23 [25]). Dagegen hat das Berufungsgericht die Grenzen des sachlichen Nachprüfungsrechts nicht beachtet. Es hält sich für berechtigt, den Ausschluß des Klägers auch in sachlicher Hinsicht auf seine Berechtigung zu untersuchen. Nachzuprüfen haben die Gerichte, wenn kein Verstoß gegen § 826 BGB. vorliegt, nur, ob der Ausschluß offenbar unbillig ist. Diese Nachprüfung auf eine offenbare Unbilligkeit schließt nicht in sich, daß ein förmlich und sachlich auf satzungsmäßiger Grundlage ruhender Beschluß auf seine Richtigkeit nachzuprüfen wäre. Ist der Beschluß ohne Verletzung wesentlicher Verfahrensvorschriften zustande gekommen und ruht er in seiner sachlichen Begründung auf satzungsmäßiger Grundlage, so kann es sich für das Gericht nicht mehr darum handeln, ob der Ausgeschlossene schuldig ist, sondern nur darum, ob es offenbar nicht billig ist, ihn für die feststehende Schuld, sei es wegen der Schwere der Straffolge, sei es wegen der minderen Schwere der Verfehlungen, durch die Strafe dauernder Ausschließung büßen zu lassen. Auch insoweit ist daher das Berufungsurteil rechtlich zu beanstanden. Denn es prüft weder, was die Mitgliederversammlung gegen den Kläger festgestellt hat und ob dies satzungsmäßig einwandfrei war, noch ob die Sühne als offenbar unbillig erachtet werden könnte, sondern beurteilt von sich aus, ob das Prozeßvorbringen des Beklagten die Ausschließung in sachlicher Beziehung als gerechtfertigt erscheinen läßt, ohne die Frage, auf die es ankommt, zu berühren, nämlich was die Mitgliederversammlung beschlossen hat, und ob dies, wenn satzungsgemäß einwandfrei, offenbar unbillig ist oder nicht. Der Kläger ist auch dadurch beschwert, weil er verlangen kann, daß dem Urteil zugrunde gelegt wird, was die Mitgliederversammlung festgestellt hat.

Das angefochtene Urteil ist hiernach nicht aufrechtzuerhalten. Zur Endentscheidung ist die Sache jedoch nicht reif, weil sie weiterer tatsächlicher Aufklärung bedarf. Sollte sich bei der erneuten Verhandlung ergeben, daß ein begründeter Beschluß der Mitgliederversammlung entweder nicht ergangen oder dem Kläger nicht mitgeteilt worden ist, so wäre die Ausschließung des Klägers nicht rechtswirksam erfolgt. Sollte sich das Gegenteil ergeben, also dem Kläger ein mit Gründen versehener Ausschließungsbeschluß mitgeteilt worden sein, so wird klar zu stellen sein, ob diese Ausschließung sachlich auf satzungsmäßiger Grundlage ruht, und wenn dies der Fall ist, ob sie offenbar unbillig ist oder nicht. Angesichts dieser Sach- und Rechtslage braucht zur Zeit auf die einzelnen Revisionsrügen im übrigen nicht eingegangen zu werden. Nur zweierlei ist hierzu zu bemerken: Die Revision macht mit Recht geltend, daß, anders als bei Geltendmachung eines wichtigen Grundes zur Kündigung, den nur das Gericht zu beurteilen hat, neue Ausschließungsgründe nicht nachgeschoben werden können. Ausschließungsgründe, die nicht Gegenstand der Beschlußfassung durch die Mitgliederversammlung gewesen sind, kommen daher für das Gericht nicht in Betracht, da es nicht hierüber zu urteilen, sondern nur den Ausschließungsbeschluß nachzuprüfen hat. Sie können lediglich Gegenstand einer neuen Beschlußfassung durch die zuständigen Vereinsorgane sein. Es besteht aber angesichts der Rügen der Revision Anlaß, die Frage zu prüfen, wieweit das gerichtliche Nachprüfungsrecht, ob die Ausschließung offenbar unbillig ist, zu erstrecken ist. Insoweit ist folgendes zu sagen: Bei seiner Beurteilung hat das Gericht die gesamten Umstände des Falls zu berücksichtigen. Dazu gehört auf der einen Seite die Schwere der Strafe und ihrer Folgen für den Betroffenen, auf der anderen Seite dessen satzungswidriges Verhalten und seine Bedeutung für den Verein und die von diesem satzungsgemäß zu verfolgenden Zwecke. Die Revision meint, der Berufungsrichter habe die Grenzen dieses Nachprüfungsrechts insofern überschritten, als er nicht nur den Vorwurf, daß der Kläger sich auf seinen Briefköpfen des Vermerks „Röntgen" bedient habe, obwohl er keine Röntgeneinrichtung besessen habe, sondern auch die Art der Prozeßführung des Klägers als Ausschließungsgrund nachgeschoben habe. Ob das erste der Fall ist, wird bei der erneuten Verhandlung nachzuprüfen sein. Was das zweite anlangt, so ergibt sich zeitlich von selbst, daß das Prozeßverhalten des Klägers nicht Gegenstand der Prüfung der Mitgliederversammlung gewesen sein kann. Nachgeschobene Ausschließungsgründe können aber auch nicht zur Rechtfertigung eines ohne sie offenbar unbilligen Ausschlusses herangezogen werden. Denn für die Frage, ob der Ausschluß offenbar unbillig ist, kommen nur diejenigen Tatumstände in Betracht, die die Mitgliederversammlung bei ihrer Beschlußfassung berücksichtigt hat.

RGZ. 148, 154

Nach welchen Rechtsgrundsätzen und in welchem Umfang haftet der Verleger einer Tageszeitung für die Schäden, die durch die Veröffentlichung einer Falschmeldung über die ungünstige Vermögenslage eines Beziehers erwachsen?

BGB. §§ 31, 249, 276, 463, 534, 823, 824, 830, 831, 844. ZPO. § 256. Reichsgesetz über die Presse vom 7. 5. 1874 (RGBl. S. 65) — PreßG. §§ 7, 21

VI. Zivilsenat. Urt. v. 20. Juni 1935.

Das Urteil ist abgedruckt unter „Bürgerliches Recht, Schuldrecht".

RGZ. 151, 229

Kann der Verein eine vom Vorstande gemäß der Satzung gegen ein Mitglied festgesetzte Geldstrafe einklagen, wenn die Satzung gegen die Straffestsetzung die Berufung an ein Schiedsgericht zuläßt, das Schiedsgericht aber über die von dem Mitgliede eingelegte Berufung infolge Unwirksamkeit der Satzungsbestimmung über seine Zusammensetzung nicht entschieden hat?

BGB. §§ 25, 32.

IV. Zivilsenat. Urt. v. 11. Mai 1936.

I. Landgericht Wuppertal-Elberfeld. II. Oberlandesgericht Düsseldorf.

Der inzwischen aufgelöste und in Liquidation getretene Kläger ist 1900 als Arbeitgeberverband für das bergische Industriegebiet gegründet worden und umfaßte als Mitglieder dortige Arbeitgeber. Die Erstbeklagte, deren Mitgesellschafter der Zweitbeklagte ist, war Mitglied des Klägers. Im Herbst 1931 hielt die Textilindustrie eine Lohnsenkung für geboten. Der Kläger kündigte deshalb den in seinem Bereich geltenden Tarifvertrag und beschloß, da die Tarifparteien sich nicht einigten und den Schlichter nicht anriefen, in der Mitgliederversammlung vom 4. November 1931 einstimmig, daß bei sämtlichen textilindustriellen Mitgliedsfirmen durch einheitlichen Anschlag die Einzelarbeitsverträge am 7. November 1931 zum 21. desselben Monats zu kündigen seien.

Da die Erstbeklagte diesen ihr mit genaueren Anweisungen mitgeteilten Beschluß nicht befolgte, rief der Vorstand des Klägers eine Gesamtausschußsitzung ein, in der beschlossen wurde, gemäß § 57 der Verbandssatzungen die verklagte Firma wegen der Zuwiderhandlung gegen die Beschlüsse der Verbandsorgane mit einer Geldstrafe zu belegen, die auf den fünffachen Jahresmitgliedsbeitrag mit 13768 RM. festgesetzt wurde. Die verklagte Firma legte dagegen beim Verbandsschiedsgericht Berufung ein, das nach der Satzung unter Ausschluß des Rechtsweges über die Straffestsetzung endgültig zu entscheiden hatte. Es kam aber nicht zu dieser Entscheidung, da der von der Erstbeklagten benannte Schiedsrichter sein Amt niederlegte und die Bestellung eines Ersatzschiedsrichters vom Landgericht und Oberlandesgericht abgelehnt wurde, weil die in der Satzung enthaltene Schiedsgerichtsklausel durch die veränderte Lage ihre Gültigkeit verloren habe.

Der Kläger geht davon aus, daß die Straffestsetzung rechtskräftig geworden sei, und fordert von den Beklagten als Gesamtschuldnern mit der Klage die Zahlung eines Teilbetrags von 6100 RM. nebst Zinsen. Landgericht und Oberlandesgericht haben die Klage abgewiesen. Die Revision des Klägers hatte keinen Erfolg.

Gründe:

Das Berufungsgericht ist davon ausgegangen, daß die von den verfassungsmäßig zuständigen Organen eines rechtsfähigen Vereins gegen Vereinsmitglieder verhängten Strafen von den ordentlichen Gerichten nur in gewissen Grenzen nachgeprüft werden können. Es hat dann in ausführlichen Darlegungen das Ergebnis gewonnen, die vom Kläger vorgenommene Bestrafung der Erstbeklagten sei unwirksam, denn sie erscheine nach den besonderen Umständen als offenbar unbillig. Die Revision wendet sich gegen die dafür gegebene Begründung. Es ist jedoch nicht erforderlich, auf den Inhalt des Berufungsurteils im einzelnen und auf die Revisionsangriffe einzugehen, da sich die angefochtene Entscheidung aus einem vom Berufungsgericht nicht verwendeten Grunde im Ergebnis als richtig erweist.

Wenn der Kläger mit der Klage die Verurteilung der Beklagten zur Zahlung des Strafbetrags fordert, so will er damit die Durchführung der festgesetzten Strafe mit Hilfe der Gerichte erreichen. Damit diese Hilfe gewährt werden kann, ist es eine notwendige Voraussetzung, daß eine nach der Satzung des Klägers endgültige Straffestsetzung vorliegt; denn solange nicht sämtliche satzungsmäßig dazu berufenen Organe oder Stellen über die Bestrafung entschieden haben, liegt noch kein Ausspruch vor, der als Ausfluß der Vereinsautonomie für das Vereinsmitglied bindend ist und deshalb nach den Vorschriften der Zivilprozeßordnung durchgesetzt werden kann. Die Straffestsetzung, die zur Grundlage der Klage verwendet ist, ist aber nicht endgültig geworden.

Gemäß § 57 Abs. 2 der Satzung des Klägers ist die Strafe durch den Gesamtausschuß des Klägers festgesetzt worden. Gegen den Beschluß dieses Organs steht dem bestraften Mitgliede nach der Satzung die Berufung an ein Schiedsgericht zu, welches unter Ausschluß des ordentlichen Rechtswegs endgültig über die Straffestsetzung entscheidet. Unstreitig hat die

Erstbeklagte die Berufung rechtzeitig eingelegt. Sie hat auch, wie es in der Satzung vorgesehen ist, einen Schiedsrichter ernannt. Dieser aber hat sein Amt niedergelegt. Einen neuen Schiedsrichter hat die Erstbeklagte nicht ernannt. Der Versuch, einen Schiedsrichter durch das ordentliche Gericht gemäß § 1029 ZPO. ernennen zu lassen, ist gescheitert; denn das Oberlandesgericht hat die Unwirksamkeit der Schiedsgerichtsklausel in der Satzung angenommen und mit Beschluß vom 12. Juli 1934 (Deutsche Justiz 1934 S. 1510) den Antrag abgelehnt.

Das Berufungsgericht hat aus diesem Sachverhalt gefolgert, daß es unmöglich sei, die in der Satzung vorgesehene Entscheidung des Schiedsgerichts herbeizuführen, und angenommen, es müsse nun so angesehen werden, als sehe die Satzung kein Rechtsmittel gegen die Straffestsetzung des Gesamtausschusses vor, hat diese Straffestsetzung also als endgültig behandelt. Das ist rechtsirrig. Die Strafbefugnis eines Vereins gegen seine Mitglieder kann nicht weiter gehen, als sie in der Satzung bestimmt ist; denn sie besteht in den Grenzen, in denen sich die Mitglieder ihr durch die Zugehörigkeit zum Verein unterworfen haben. Eine Unterwerfung ist aber nur insoweit anzunehmen, als der Inhalt der Satzung die Folgen der Zugehörigkeit zum Verein regelt.

Nach der Satzung des Klägers konnte die Erstbeklagte gegen die Straffestsetzung des Gesamtausschusses die Berufung einlegen. Das hat sie getan. Damit aber verlor nach dem klaren Inhalt der Satzung die Straffestsetzung ihre Wirkung; die Entscheidung über die Bestrafung ging im ganzen Umfange auf das in der Satzung vorgesehene Schiedsgericht über. Solange dieses nicht gegen die Beklagte entschieden hat, liegt kein endgültiger, also auch kein verbindlicher Strafbeschluß vor, kann deswegen nicht auf Zahlung der Strafe mit Erfolg geklagt werden. Das Schiedsgericht hat nicht entschieden, und seine Entscheidung kann auch nicht mehr herbeigeführt werden, weil die Schiedsgerichtsklausel mit einer die Parteien bindenden Wirkung für ungültig erklärt ist. Daß die Erstbeklagte nach Wegfall des ersten von ihr ernannten Schiedsrichters keinen neuen ernannt hat, bleibt für die Entscheidung bedeutungslos; denn, nachdem die Schiedsgerichtsklausel überhaupt als unwirksam erkannt ist, bestand auch für die Beklagte keine Pflicht zur Ernennung eines Schiedsrichters. Es bleibt nur zu prüfen, welche rechtlichen Folgen der Wegfall des in der Satzung vorgesehenen Schiedsgerichts hatte. Daß als Folge nicht die Endgültigkeit der ersten Straffestsetzung eingetreten sein kann, ist oben schon dargelegt worden. Es könnte aber noch in Betracht gezogen werden, ob nicht nunmehr an Stelle des von der Satzung vorgesehenen Schiedsgerichts das ordentliche Gericht über die Bestrafung zu entscheiden hätte. Diese Möglichkeit besteht jedoch nicht. Dabei kann es dahingestellt bleiben, ob der Erstbeklagten darin zu folgen wäre, daß das Schiedsgericht der Satzung kein Schiedsgericht der Zivilprozeßordnung sei, da es über den Tatbestand nicht nur nach rechtlichen Erwägungen zu entscheiden, sondern darüber hinaus zu befinden hätte, ob eine Bestrafung überhaupt angezeigt wäre. Auch wenn ein Schiedsgericht im Sinn der Zivilprozeßordnung vorliegen würde, so ergibt sich doch aus der Satzung, daß es als ein Organ des Vereins betrachtet werden muß. In § 57 der Satzung wird das Vereinsmitglied in der Auswahl des von ihm zu benennenden Schiedsrichters beschränkt, denn dieser Schiedsrichter muß Mitglied des Verbandes oder Vertreter einer Verbandsfirma sein. Dieselben Erfordernisse sind aufgestellt für den Schiedsrichter, den der Vorstand des Klägers ernennen sollte. Beachtet man, daß durch diese Regelung das Schiedsgericht, soweit es überhaupt möglich war, zu einer Einrichtung des Vereins gemacht wurde, daß es ferner zur Aufgabe hatte, die auf der Vereinsautonomie beruhende Strafbefugnis zur Aufrechterhaltung der Vereinszucht auszuüben, so muß es als Vereinsorgan beurteilt werden. Dann aber entspricht es nicht seinem Wesen, daß es bei Unmöglichkeit seiner Bildung durch die ordentlichen Gerichte ersetzt werden könnte.

Die Straffestsetzung, auf die sich der Klaganspruch stützt, ist somit keine endgültige und kann auch nicht mehr endgültig im Sinn der Satzung werden. Aus diesem Grunde steht dem Kläger der Zahlungsanspruch nicht zu, ist also seine Klage mit Recht abgewiesen worden.

RGZ. 152, 129

Unter welchen Voraussetzungen haftet eine Dorfgemeinde für Gesundheitsschädigungen, die durch das bleihaltige Wasser der von ihr betriebenen Wasserleitung verursacht werden?

BGB. §§ 31, 89, 276, 278, 823.

II. Zivilsenat. Urt. v. 26. Juni 1936.

Die Entscheidung ist abgedruckt unter „Bürgerliches Recht, Schuldrecht".

RGZ. 154, 343

1. Liegt ein wirtschaftlicher Geschäftsbetrieb eines Vereins vor, wenn der Gewinn der Vereinstätigkeit nicht dem Verein selbst, sondern seinen Mitgliedern zufließt?

2. Liegt ein wirtschaftlicher Geschäftsbetrieb eines Vereins auch dann vor, wenn die Vereinstätigkeit nicht auf den Austausch vermögenswerter Leistungen gerichtet ist?

BGB. §§ 21, 22.

IV. Zivilsenat. Beschl. v. 26. April 1937.

I. Amtsgericht Dortmund. II. Landgericht daselbst.

Sachverhalt und Entscheidung ergeben sich aus den

Gründen:

Der beschwerdeführende Sterbeunterstützungsverein H. — weiterhin kurz der „Verein" genannt — ist zufolge der Verfügung des Amtsgerichts vom 25. November 1932 in das Vereinsregister eingetragen worden. Die damaligen Satzungen des Vereins enthielten folgende Bestimmungen:

2. Zweck: Der Verein bezweckt die Unterstützung seiner Mitglieder beim Tode von Familienangehörigen und die Unterstützung von Familienangehörigen beim Tode von Mitgliedern. Er steht seinen Mitgliedern und ihren Familienangehörigen bei der Durchführung der Bestattung sowie bei den durch den Todesfall entstehenden Rechtsfragen mit Rat und Tat zur Seite. Er gewährt ferner seinen Mitgliedern kostenlose Rechtsberatung in Miete- und Rentenangelegenheiten.

Zur Erfüllung des Vereinszweckes schließt der Verein einen Kollektivversicherungsvertrag mit einer soliden Lebensversicherungsgesellschaft ab. Über die Wahl der Gesellschaft beschließt der Vorstand. Der Verein übernimmt selbst kein Versicherungsrisiko. Für das Versicherungsverhältnis gelten die Bestimmungen des Vertrages mit der Versicherungsgesellschaft.

4. Beiträge: Der monatliche Beitrag beträgt 85 Pfennig, das Eintrittsgeld eine Reichsmark.

5. Sterbegeld: Beim Tode eines Mitglieds wird ein Sterbegeld von RM. 150,— gewährt. Außerdem zahlt der Verein ein Sterbegeld von RM. 150,— beim Tode der Ehefrau eines Mitglieds und von RM. 25 bis 75, gestaffelt nach dem Alter, beim Tode eines Kindes.

6. Vorstand: Der Vorstand besteht aus vier Mitgliedern, nämlich dem Vorsitzenden, dem stellvertretenden Vorsitzenden und zwei Beisitzern.

Der Vorstand wird durch die Mitgliederversammlung auf unbestimmte Zeit bestellt.

8. Geschäftsführung: Der Vorstand ist berechtigt, zur Erledigung der laufenden Geschäfte besoldete Hilfskräfte einzustellen. Er kann ferner für die Einziehung der Beiträge besondere Vertrauensleute bestellen und ihnen für ihre Tätigkeit eine Vergütung gewähren. Die beiden geschäftsführenden Vorstandsmitglieder können für ihre Tätigkeit eine angemessene Vergütung beanspruchen, über die der Vorstand entscheidet.

Der Verein hatte bereits vor seiner Eintragung in das Vereinsregister, nämlich am 28. Januar 1932, mit der „G.", Deutsche Versicherungs-Aktien-Gesellschaft in D., einen Kollektivvertrag über eine Sterbegeldversicherung seiner Mitglieder geschlossen. Die beiden geschäftsführenden Vorstandsmitglieder des Vereins sind Agenten der G. Sie suchen durch Druckschriften und durch beauftragte Werber Mitglieder für den Verein zum Zweck ihrer Teilnahme an der Sammelversicherung zu gewinnen. Nach einer am 2. Dezember 1933 beschlossenen, auch schon zur Eintragung in das Vereinsregister angemeldenten, aber noch nicht eingetragenen Satzungsänderung sollen die in Betracht kommenden Satzungsbestimmungen künftig wie folgt lauten:

§ 2. Zweck: Der Verein bezweckt, seinen Mitgliedern vorteilhaften finanziellen Schutz für den Todesfall (Sterbekasse) zu beschaffen, und zwar nicht allein für das Mitglied, sondern auch für die gesamten Familienangehörigen. Der Verein steht seinen Mitgliedern bzw. deren Familienangehörigen bei der Durchführung der Bestattung sowie bei den durch den Todesfall entstehenden Rechtsfragen mit Rat und Tat zur Seite. Der Verein wird ferner, soweit Mittel zur Verfügung stehen, in Not geratene Mitglieder geldlich unterstützen. Über den Empfang der zu gewährenden Unterstützung entscheidet der Unterstützungsausschuß. Damit der in § 2 genannte Zweck restlos erreicht wird, ist mit der „G.", Deutsche Versicherungs-Aktien-Gesellschaft in D., welche die Gewähr für eine ordentliche Erfüllung ihrer Verpflichtungen bietet, ein Vertrag abgeschlossen worden. Der Verein übernimmt selbst kein Versicherungsrisiko.

§ 4. Beiträge: Der monatliche Beitrag für die Sterbegeldversicherung auf Risikobasis beträgt RM. 0,85 einschl. RM. 0,10 Hebegebühr für jedes Mitglied. Das Eintrittsgeld beträgt RM. 1,—.

§ 5. Leistungen der „G.", Deutsche Versicherungs-Aktien-Gesellschaft an das Mitglied: Beim Tode eines Mitglieds zahlt die „G." eine Sterbehilfe von RM. 150,—; außerdem beim Tode eines Kindes ... nach dem Alter des Kindes gestaffelte ... Sterbebeihilfen von RM. 25 bis 75,—. Auf die Leistungen besteht ein Rechtsanspruch, soweit der Verein für die von ihm zu erfüllenden Leistungen seinerseits Leistungen der Vertragsgesellschaft „G." erhält. Das Mitglied kann den Anspruch auch direkt gegenüber der „G." geltend machen.

§ 8. Geschäftsführung: Die durch die Geschäftsführung entstehenden Kosten sind von der Vertragsgesellschaft dem geschäftsführenden Vorstand zu erstatten. Der Vorstand ist berechtigt, zur Erledigung der laufenden Geschäfte besoldete Hilfskräfte einzustellen; er kann ferner für den Einzug der Beiträge besondere Vertrauensleute bestellen und ihnen für ihre Tätigkeit eine Vergütung gewähren. Die beiden geschäftsführenden Vorstandsmitglieder können für ihre Tätigkeit eine angemessene Vergütung, welche die Vertragsgesellschaft an den geschäftsführenden Vorstand zahlt, beanspruchen. Über die Höhe dieser Vergütung entscheidet der Vorstand...

§ 9. Die Generalversammlung: ...

Diese Satzungen treten außer Kraft, wenn der gem. § 2 abgeschlossene Kollektivversicherungsvertrag aufgehoben wird, sofern nicht die Erfüllung der satzungsgemäßen Leistungen durch den Abschluß eines neuen Kollektivversicherungsvertrags sichergestellt wird ...

Ende des Jahres 1935 erhob der Polizeipräsident in Dortmund gemäß § 43 Abs. 2, § 44 BGB. in Verbindung mit Art. 2 der preuß. Verordnung zur Ausführung des Bürgerlichen Gesetzbuchs vom 16. November 1899 (GS. S. 562) im Verwaltungsstreitverfahren Klage gegen den Verein mit dem Antrag, dem Verein die Rechtsfähigkeit zu entziehen; die Klage wurde damit begründet, der Verein habe im Laufe der Zeit begonnen, wirtschaftliche Zwecke zu verfolgen. Das Bezirksverwaltungsgericht hat durch Urteil vom 3. März 1936 die Klage des Polizeipräsidenten abgewiesen mit der Begründung, daß der Verein von Anfang an wirtschaftliche Zwecke verfolgt habe.

Nunmehr leitete das Amtsgericht als Registergericht auf Grund der §§ 159, 142 FGG. das Verfahren zwecks Löschung des Vereins von Amts wegen ein, weil dieser von vornherein einen wirtschaftlichen Geschäftsbetrieb bezweckt habe und deshalb nicht hätte eingetragen werden dürfen. Das Amtsgericht benachrichtigte gemäß § 142 Abs. 2 FGG. den Verein von der beabsichtigten Löschung, indem es ihm zugleich eine Frist zur Geltendmachung eines Widerspruchs bestimmte. Der Verein hat am 7. Juli 1936 gegen die beabsichtigte Löschung Widerspruch erhoben und ihn schriftlich begründet. Das Amtsgericht hat den Widerspruch des Vereins zurückgewiesen. Die vom Verein eingelegte sofortige Beschwerde hat das Landgericht zurückgewiesen. Dagegen hat der Verein sofortige weitere Beschwerde eingelegt, in der er ausführt, die Entscheidung beruhe auf einer Verletzung des § 21 BGB.

Das Kammergericht erachtet im Ergebnis die weitere Beschwerde des Vereins für unbegründet. Er führt aus, der Zweck des Vereins sei sowohl nach seiner ursprünglichen Satzung als nach der noch nicht eingetragenen Satzungsänderung vom 2. Dezember 1933 auf einen wirtschaftlichen Geschäftsbetrieb gerichtet; ein wirtschaftlicher Geschäftsbetrieb des Vereins liege vor, da infolge der Vermittlungstätigkeit des Vereins seinen Mitgliedern der wirtschaftliche Vorteil billigeren Versicherungsschutzes zufließe. Das Kammergericht möchte daher die weitere Beschwerde des Vereins zurückweisen. Es glaubt jedoch, hieran durch den Beschluß des Reichsgerichts vom 30. Oktober 1913 IV B 3/13 (RGZ. Bd. 83 S. 231) und durch dessen Urteil vom 22. Juni 1916 IV 93/16 (RGZ. Bd. 88 S. 332) gehindert zu sein; denn in dem erstgenannten Beschluß sei das Vorliegen eines wirtschaftlichen Geschäftsbetriebs bei einem Verein der Kassenärzte vom Reichsgericht deswegen verneint worden, weil der den Mitgliedern infolge der Tätigkeit des Vereins zufließende Vorteil der Zulassung zur Kassenpraxis kein Entgelt für die vermittelnde Tätigkeit des Vereins darstelle; und in dem zweitgenannten Urteil vom 22. Juni 1916 sei bei einem Haus- und Grundbesitzerverein vom Reichsgericht die Einreihung in die Klasse der Vereine mit wirtschaftlicher Zweckbestimmung sogar schon um deswillen abgelehnt worden, weil ein Hausbesitzerverein nicht das Bestreben habe, eigenen wirtschaftlichen Gewinn für den Verein selbst zu erzielen.

Das Kammergericht hat deshalb die weitere Beschwerde gemäß § 28 Abs. 2 FGG. dem Reichsgericht zur Entscheidung vorgelegt.

Das Kammergericht hat die Voraussetzungen des § 28 Abs. 2 FGG. jedenfalls insoweit mit Recht für gegeben erachtet, als es sich um das an zweiter Stelle genannte Urteil des beschließenden Senats vom 22. Juni 1916 handelt. Zu der im Schrifttum wie in der Rechtsprechung sehr umstrittenen Frage, was im Sinne der §§ 21 und 22 BGB. unter einem wirtschaftlichen Geschäftsbetrieb zu verstehen ist, wird in diesem Urteil in einer Weise Stellung genommen, die so verstanden werden muß, daß es für die Entscheidung, ob ein wirtschaftlicher Geschäftsbetrieb vorliegt, wesentlich darauf ankomme, ob durch die Vereinstätigkeit ein eigener wirtschaftlicher Gewinn für den Verein erzielt werde. Ein wirtschaftlicher Gewinn erscheint nach jener Entscheidung nicht als gegeben, wenn der Gewinn der Vereinstätigkeit nicht dem Verein selbst, sondern seinen Mitgliedern unmittelbar zufließt. Die in diesem Urteil zum Ausdruck gelangte Rechtsauffassung müßte dazu führen, im vorliegenden Fall bei dem Verein das Vorhandensein eines wirtschaftlichen Geschäftsbetriebs zu verneinen, da sich die Vereinstätigkeit hier nach den Feststellungen der Vorinstanzen in der Vermittlung eines billigeren Versicherungsschutzes für seine Mitglieder erschöpft, während der Verein selbst keinen eigenen Gewinn aus seiner Vermittlungstätigkeit erzielt; es müßte nach dieser Rechtsauffassung dem Verein die Eigenschaft eines nichtwirtschaftlichen und deshalb der Eintragung in das Vereinsregister fähigen Vereins im Sinne des § 21 BGB. zuerkannt und der Widerspruch des Vereins gegen die vom Amtsgericht beabsichtigte Löschung im Vereinsregister für begründet erklärt werden. Dieser Rechtsauffassung will sich aber das Kammergericht nicht anschließen; es hat daher nach § 28 Abs. 2 FGG. die Sache dem Reichsgericht vorgelegt zur Entscheidung darüber, ob an der in dem genannten Urteil ausgesprochenen Rechtsmeinung festgehalten werden soll.

Der beschließende Senat ist bei Prüfung dieser Frage zu dem Ergebnis gelangt, daß an der in dem Urteil vom 22. Juni 1916 geäußerten Rechtsmeinung, daß von einem wirtschaftlichen Geschäftsbetrieb eines Vereins nur die Rede sein könne, wenn die Vorteile des Geschäftsbetriebs dem Verein als solchem zugute kommen, nicht festzuhalten ist. Zunächst ist dabei zu beachten, daß dieses Urteil die Klage eines Vereinsmitgliedes gegen einen eingetragenen Verein betraf, die auf Feststellung der Ungültigkeit eines gegen das Mitglied ergangenen Ausschließungsbeschlusses gerichtet war, und daß dort zu entscheiden war über die Frage, ob es sich dabei um einen nichtvermögensrechtlichen Anspruch handelte, wegen dessen ohne Rücksicht auf den Wert des Beschwerdegegenstandes die Revision zulässig war. Der beschließende Senat hat diese Frage bejaht, weil der Verein in das Vereinsregister eingetragen war und weil sich aus der Satzung nichts ergab, was dahin hätte führen können, dem Verein im Gegensatz zur Annahme des Registergerichts eigenwirtschaftliche Ziele und Bestrebungen zuzuschreiben. In diesem Zusammenhang findet sich dann die Bemerkung, daß ein eigener wirtschaftlicher Gewinn für den Verein selbst nicht erzielt werden sollte und daß der Umstand, daß es dem Verein auch darum zu tun sei, seine Mitglieder in ihrer wirtschaftlichen Berufstätigkeit zu fördern, nicht dazu führen könne, ihn in die Klasse der Vereine mit wirtschaftlicher Zweckbestimmung einzureihen. Von der in diesem Urteil in dem erwähnten besonderen Zusammenhang gemachten Bemerkung abgesehen, geht die sonstige Rechtsprechung des Reichsgerichts aber nicht dahin, daß der eigene Vorteil des Vereins selbst für die Frage, ob ein wirtschaftlicher Geschäftsbetrieb vorliegt, entscheidend sei. So hat sich der beschließende Senat in seiner vorausgegangenen Entscheidung vom 30. Oktober 1913 (RGZ. Bd. 83 S. 231 [235]) auf den Standpunkt gestellt, daß es keinen Unterschied macht, ob der Vorteil aus dem Geschäftsbetrieb dem Verein selbst oder unmittelbar den Vereinsmitgliedern zufließt. Auch eine spätere Entscheidung des II. Zivilsenats vom 29. Juni 1931 (RGZ. Bd. 133 S. 171 [176, 177]) geht erkennbar von der Auffassung aus, daß ein Verein, dessen Geschäftsbetrieb seinen Mitgliedern materielle Vorteile bringt, an sich als ein wirtschaftlicher Verein anzusehen ist — wenn auch der überwiegend ideale Zweck des Vereins (worüber am Schluß noch zu sprechen sein wird) trotzdem unter Umständen eine Eintragung des Vereins in das Vereinsregister rechtfertigen kann. Aus dieser letzteren Entscheidung ergibt sich gleichzeitig die Berührung, die zwischen dem Vereinsrecht des Bürgerlichen Gesetzbuchs und dem Genossenschaftsrecht besteht. Das Reichsgesetz über die Erwerbs- und Wirtschaftsgenossenschaften vom 1. Mai 1889 eröffnet Vereinigungen (im Gesetz wird für sie der Ausdruck „Vereine" und „Gesellschaften" in gleichbedeutendem Sinne gebraucht), welche die Förderung des Erwerbs oder der Wirtschaft ihrer Mitglieder mittels gemeinschaftlichen Geschäftsbetriebs bezwecken, die Möglichkeit, Rechtsfähigkeit durch Eintragung in das Genossenschaftsregister zu erlangen. Das Reichsgesetz über die Erwerbs- und Wirtschaftsgenossenschaften gehört zu denjenigen reichsgesetzlichen Vorschriften, von denen das Bürgerliche Gesetzbuch in § 22 spricht, wo der Weg gezeigt wird, auf dem Vereine, deren Zweck auf einen wirtschaftlichen Geschäftsbetrieb gerichtet ist, zur Rechtsfähigkeit gelangen können. Also ist der Schluß gerechtfertigt, daß das Bürgerliche Gesetzbuch einen Verein, dessen Geschäftsbetrieb seinen Mitgliedern wirtschaftliche Vorteile verschafft und verschaffen soll, als einen Verein ansieht, dessen Zweck auf einen wirtschaftlichen Geschäftsbetrieb gerichtet ist und dem daher die Eintragung in das Vereinsregister verschlossen ist. Diese Ansicht, daß auch ein Verein, dessen Tätigkeit einen wirtschaftlichen Gewinn oder Vorteil nicht für den Verein selbst, sondern nur unmittelbar für die Vereinsmitglieder abwirft und abzuwerfen bestimmt ist, als ein wirtschaftlicher Verein aufzufassen ist und deshalb in der Regel nicht in das Vereinsregister eingetragen werden kann, muß auch als die im Schrifttum herrschende bezeichnet werden (Staudinger-Riezler Komm. z. BGB. 10. Aufl. § 21 Anm. 13; Oertmann

Komm. z. BGB. § 21 Bem. 1 b β, ββ; Warneyer BGB. § 21 Bem. II; RGRKomm. z. BGB. § 21 Bem. 2).

Die vorstehenden Ausführungen ergeben, daß die Vorlegung dieser Sache an das Reichsgericht gemäß § 28 Abs. 2 FGG. geboten war, da das Kammergericht mit Recht davon ausging, daß seiner als richtig anzuerkennenden Rechtsauffassung das Urteil des beschließenden Senats vom 22. Juni 1916 im Wege stand. Der Senat hat nunmehr nicht nur zu entscheiden, daß an der im Urteil vom 22. Juni 1916 zum Ausdruck gelangten Auffassung nicht festzuhalten ist, sondern er hat über die weitere Beschwerde, die der Verein eingelegt hat und mit der er seinen Widerspruch gegen die vom Registergericht beabsichtigte Löschung im Vereinsregister weiterverfolgt, ihrem ganzen Umfang nach zu entscheiden. Deshalb sind die weiteren Voraussetzungen und Merkmale einer Erörterung zu unterziehen, die von der Rechtsprechung und im Schrifttum aufgestellt worden sind, um zu einer richtigen Auslegung dessen zu gelangen, was in den § 21 und 22 BGB. als ein wirtschaftlicher Geschäftsbetrieb bezeichnet wird.

Zu den wesentlichen Merkmalen eines wirtschaftlichen Geschäftsbetriebs gehört, daß es sich um eine nach außen gewendete, auf Verschaffung von wirtschaftlichen Vorteilen gerichtete, entgeltliche Betätigung dauernder Art handelt. Es liegt kein Geschäftsbetrieb vor, wenn sich die Vereinstätigkeit auf die innere Verwaltung des Vereins — auf die Einziehung der Vereinsbeiträge, Miete von Vereinsräumen, Anstellung von Vereinsangestellten — beschränkt, ohne die kein Verein, zumal bei größerem Umfang, bestehen kann. Die geschäftliche Tätigkeit des Vereins braucht nicht auf Erzeugung oder Umsatz von Gütern gerichtet zu sein; eine Vermittlungstätigkeit, wie sie auch sonst auf den verschiedensten Gebieten des gewerblichen Lebens als Geschäft betrieben wird (§ 1 Abs. 2 Nr. 7 HGB.: Geschäfte der Agenten und Handelsmäkler), erfüllt das Erfordernis eines wirtschaftlichen Geschäftsbetriebs. Der wirtschaftliche Vorteil, auf den die Tätigkeit gerichtet ist, kann nicht nur in der Erlangung eines Vermögensvorteils, sondern auch in der Verhütung von Vermögensschädigungen bestehen; er braucht sich nicht in der Erzielung von Gewinn, sondern kann sich auch in der Verbilligung des Bezuges oder Verbrauches äußern. Daß es sich ferner bei dem wirtschaftlichen Vorteil, auf den die Vereinstätigkeit gerichtet ist, nicht um den eigenen wirtschaftlichen Vorteil des Vereins selbst zu handeln braucht, sondern daß es auch gerade der wirtschaftliche Vorteil der Vereinsmitglieder sein kann, der die Vereinstätigkeit zu einem wirtschaftlichen Geschäftsbetrieb im Sinne der §§ 21, 22 BGB. stempelt, ist schon oben des näheren auseinandergesetzt worden.

Daß die vorstehend aufgeführten Merkmale eines Vereins mit wirtschaftlichem Geschäftsbetrieb auf den Verein zutreffen, dessen Tätigkeit in der Vermittlung eines billigen Versicherungsschutzes seiner Mitglieder für den Todesfall (Sterbegeld) besteht, bedarf einer weiteren Erörterung nur noch für eines dieser Merkmale, nämlich für das Erfordernis der Entgeltlichkeit der Vereinstätigkeit. Mit der Frage der Entgeltlichkeit der Vereinstätigkeit befaßt sich der Beschluß des beschließenden Senats vom 30. Oktober 1913, der in RGZ. Bd. 83 S. 231 zum Abdruck gelangt ist und der dem Kammergericht, wie bereits bemerkt worden ist, zu dem Bedenken Anlaß gegeben hat, daß auch hier seine Rechtsauffassung in Widerspruch stehe zu der in jenem Beschluß zum Ausdruck gelangten Rechtsmeinung. Dieses Bedenken des Kammergerichts ist jedoch nicht begründet. Jener Beschluß des beschließenden Senats vom 30. Oktober 1913 bezieht sich auf den besonderen Fall eines Kassenärztevereins. Der Senat war darin der in einem Beschluß vom 4. April 1913 (DJZ. 1913 Sp. 644 KGJ. Bd. 44 A S. 156) niedergelegten Auffassung des Kammergerichts entgegengetreten, daß es sich bei der Tätigkeit der Kassenärztevereine um die Vermittlung und den Abschluß von Verträgen über die in der ärztlichen Tätigkeit liegenden wirtschaftlichen Werte handle. In Wirklichkeit handelte es sich bei der Tätigkeit der Kassenärztevereine um den Abschluß von Kollektiv- oder Mantelverträgen mit den Krankenkassen, deren wesentlicher Inhalt in der Einigung über gewisse Vertragsbedingungen bestand, die wirksame Verpflichtungskraft erst durch den Abschluß späterer Einzelverträge erlangten (vgl. die Besprechung des kammergerichtlichen Beschlusses vom 4. April 1913 in dem Aufsatz „Die Eintragungsfähigkeit der Ärztevereine", DJZ. 1913 Sp. 1237flg.). Solche Kollektivverträge können nicht Gegenstand eines wirtschaftlichen Geschäftsbetriebes sein. Sie sind nicht auf den Austausch vermögenswerter Leistungen gerichtet. Keine Partei wird durch sie reicher oder ärmer (DJZ. a. a. O. Sp. 1240). Das ist auch die Meinung, der das Reichsgericht in seinem mehrerwähnten Beschluß vom 30. Oktober 1913 Ausdruck verleiht (a. a. O. S. 235/236), indem es ausführt: den Vereinsmitgliedern erwachse als Erfolg dieser Tätigkeit des Kassenärztevereins zwar die Möglichkeit, bei den im Vereinsgebiet bestehenden Krankenkassen als Kassenärzte tätig zu sein, daß aber dieser Erfolg, die Zulassung zur kassenärztlichen Praxis, den Mitgliedern nicht als Entgelt oder als Gegenleistung für die Vermittlertätigkeit des Vereins zuteil werde, sondern auf Grund einer vertraglichen Bindung, zu der sich die Kassen, veranlaßt durch die vermittelnde Tätigkeit der Vereine, aus eigener Entschließung verstanden hätten. Gemeint ist damit die Bindung, welche die Krankenkassen in den — auf Grund der in dem Kollektivvertrag mit dem Ärzteverein enthaltenen Bedingungen abgeschlossenen — Dienstverträgen mit den einzelnen Ärzten übernommen haben. Da es also, so wird vom Senat weiter ausgeführt, bei dem Betrieb eines Kassenärztevereins ganz an einem Entgelt für eine vom Verein entfaltete Arbeitstätigkeit — sei es, daß das Entgelt dem Verein selbst oder unmittelbar den Vereinsmitgliedern zufließe — fehle, könne von einem wirtschaftlichen Geschäftsbetrieb eines Kassenärztevereins unmöglich gesprochen werden.

Diese Auffassung des Reichsgerichts steht der Beurteilung, die das Kammergericht dem gegenwärtig zur Entscheidung stehenden Fall des Sterbeunterstützungsvereins zuteil werden läßt, nicht im Wege. Die Tätigkeit, die diesem Sterbeunterstützungsverein von seiner Satzung zugewiesen und von ihm entfaltet worden ist, unterscheidet sich wesentlich von der satzungsmäßigen Aufgabe und Tätigkeit jener Kassenärztevereine. Bei dem Verein handelt es sich nach den tatsächlichen Feststellungen, welche die Vorinstanzen getroffen haben und an die das Gericht, das über die weitere Beschwerde zu entscheiden hat, gebunden ist, um einen nach kaufmännischen Gesichtspunkten eingerichteten Versicherungsvermittlungsbetrieb. Dieser Verein verfolgt, wie das Landgericht feststellt, nur den Zweck, das Sterbegeldversicherungsgeschäft der Versicherungs-Aktiengesellschaft G. zu führen; er wirbt für die G., zieht für sie die Beiträge ein und vermittelt beim Versicherungsfall die Auszahlung. Der Verein ist nach Ansicht des Landgerichts eine auf Veranlassung der G. geschaffene Einrichtung. Die Gründer und jetzigen geschäftsführenden Vorstandsmitglieder des Vereins sind Angestellte oder Agenten der Versicherungsgesellschaft G., die den Verein ganz nach deren Weisungen leiten und beaufsichtigen. Der in den Satzungen niedergelegte sonstige Vereinszweck — Beistand bei der Durchführung der Bestattung, Unterstützung in Not geratener Mitglieder, Rechtsberatung in Miete- und Rentenangelegenheiten — ist nach der Überzeugung des Landgerichts eine Tarnung, womit der Verein lediglich seine Eintragung ins Vereinsregister erreichen wollte; in Wirklichkeit übt der Verein, wie dem landgerichtlichen Beschluß entnommen werden muß, die letztgenannten Tätigkeiten überhaupt nicht aus. Die G. erspart sich, wie das Landgericht in seinem Beschluß weiter darlegt, durch den Abschluß des Kollektivversicherungsvertrags mit dem Verein die Bearbeitung vieler tausend Einzelversicherungen; die Vereinsmitglieder haben dagegen durch diese Verwaltungsvereinfachung den Vorteil, daß sie die Verwaltungskosten, die sonst entstehen würden, nicht aufzubringen brauchen und entsprechend geringere Prämien zahlen. Es wird also hier vom Landgericht der verbilligte Versicherungsschutz, der den Vereinsmitgliedern als wirtschaftlicher Vorteil ihrer Vereinszugehörigkeit von der G. gewährt wird, als die Gegenleistung der G. dafür angesehen, daß ihr der Verein die kostspielige Werbe- und Verwaltungsarbeit abnimmt, die sonst die G. für einen solchen Kleinversicherungsbetrieb selbst aufzubringen haben würde. Das Landgericht geht also erkennbar von der Auffassung aus, daß hier vermögenswerte Leistungen gegeneinander ausgetauscht werden, daß die Gewährung des billigen Versicherungsschutzes das Entgelt der G. für die vom Verein übernommene Werbe- und Verwaltungstätigkeit darstellt und daß zwischen beiden nicht nur — wie das Kammergericht in seinem Vorlagebeschluß geltend macht — ein einfacher ursächlicher Zusammenhang besteht. Daß diese Beurteilung des Sachverhalts durch das Landgericht irgendwie von Rechtsirrtum beeinflußt wäre, ist nicht ersichtlich. — Das Erfordernis der Entgeltlichkeit, das der beschließende Senat in seinem Beschluß vom 30. Oktober 1913 als ein für den Begriff eines wirtschaftlichen Geschäftsbetriebs wesentliches Merkmal aufgestellt hat, besteht zu Recht. Das Erfordernis der Entgeltlichkeit führte im Falle des Kassenärztevereins zur Bejahung der Eintragungsfähigkeit, da es sich dort, wie dargelegt, um eine unentgeltliche Vereinstätigkeit und daher nicht um einen wirtschaftlichen Geschäftsbetrieb handelte. Im vorliegenden Falle führt das Merkmal der Entgeltlichkeit dazu, daß die Eintragungsfähigkeit verneint werden muß, weil der Verein satzungsgemäß eine entgeltliche, auf den wirtschaftlichen Vorteil seiner Mitglieder gerichtete Tätigkeit entfaltet.

Das Kammergericht weist am Schlusse seines Vorlagebeschlusses noch darauf hin, daß auch ein Verein mit wirtschaftlichem Geschäftsbetrieb dann in das Vereinsregister eingetragen werden kann, wenn der Hauptzweck des Vereins kein wirtschaftlicher, sondern ein idealer Zweck ist. Auf diesem Standpunkt steht auch das Reichsgericht in ständiger Rechtsprechung. Der mehrerwähnte Beschluß des Senats vom 30. Oktober 1913 gibt seiner Entscheidung, daß ein Kassenärzteverein eintragungsfähig ist, am Schlusse noch die selbständige weitere Begründung, daß die Bestrebungen eines solchen Vereins zur Erhaltung eines leistungsfähigen Ärztestandes dem Allgemeinwohl dienen und daß deshalb bei ihm die ideale Seite des Vereinszwecks auf jeden Fall überwiegt. Für die gegenwärtige Entscheidung über die Eintragungsfähigkeit des Vereins kommt dieser Gesichtspunkt nicht in Betracht. Denn, wie das Kammergericht zutreffend ausführt, kann bei einem Verein, der sich mit der Vermittlung von Versicherungsschutz für seine Mitglieder befaßt, von einem überwiegenden idealen Zweck nicht die Rede sein.

Die weitere Beschwerde des Vereins war daher als unbegründet zurückzuweisen.

RGZ. 157, 228

1. Ist eine Auskunft als solche ein Rechtsgeschäft?

2. Kann der Geschäftsherr, der aus § 831 BGB. haftet, weil der Verrichtungsgehilfe arglistig handelte, dem Geschädigten dessen — fahrlässiges — Verschulden entgegenhalten, das bei der Entstehung des Schadens mitgewirkt hat?

3. Haftet eine juristische Person nach § 831 BGB. für ein vorsätzliches rechtswidriges Handeln eines Verrichtungsgehilfen auch dann, wenn diesem die Verrichtung nur zusammen mit einer anderen Person zusteht und beide die Verrichtung ausführten?

4. Wird die Eigenschaft eines besonderen Vertreters aus § 30 BGB. dadurch ausgeschlossen, daß der Vertreter an Weisungen und Anordnungen eines übergeordneten Organs gebunden ist?

5. Kann darin, daß die juristische Person keinen besonderen Vertreter nach § 30 BGB. bestellt, ein als unerlaubte Handlung der juristischen Person zu vertretender Organisationsmangel liegen?

6. Stellt der Geschäftsbetrieb der Preußischen Staatsbank (Seehandlung) einen privatrechtlichen Geschäftskreis dar?

7. Waren die Mitglieder der Generaldirektion dieser Staatsbank im Jahre 1925 zum mindesten „besondere" Vertreter im Sinne des § 30 BGB?

BGB. §§ 30, 31, 826, 831.

VI. Zivilsenat. Urt. v. 9. März 1938.

Die Entscheidung ist abgedruckt unter „Bürgerliches Recht, Schuldrecht".

RGZ. 158, 185

Über Stiftungsgeschäft, Verfassung und Satzung einer Stiftung.

BGB. §§ 81, 85.

IV. Zivilsenat. Urt. v. 3. Oktober 1938.

I. Landgericht Bartenstein. II. Oberlandesgericht Königsberg.

Die Beklagte ist eine Stiftung bürgerlichen Rechts.

Sie ist als katholische Fürsorgeerziehungsanstalt durch das J.-Stift (Waisenhaus) in H. begründet worden. In ihr sollte der Provinzialverband seine Fürsorgezöglinge katholischer Konfession unterbringen. Der Gründung war am 31. März 1903 ein Vertrag des Provinzialverbandes mit dem J.-Stift vorausgegangen, in welchem der Vorstand der Beklagten zur Berichterstattung über die anvertrauten Zöglinge an den Landeshauptmann zum 1. April und 1. Oktober jeden Jahres verpflichtet, dem Provinzialverband auch das Recht eingeräumt wurde, die Anstalt in eigene Verwaltung zu übernehmen, falls der Verwaltungsrat der Beklagten seinen Vertragspflichten nicht nachkäme (§ 7). In die schriftlich festgelegten Satzungen war diese Verpflichtung nicht ausdrücklich aufgenommen worden. In § 2 der Satzung war jedoch bestimmt, daß dem Landeshauptmann das Recht zustehe, Bestimmungen über die Pflege und Behandlung der Zöglinge zu treffen und sich von dem Zustande der Anstalt zu überzeugen, und der Vertrag vom 31. März 1903 blieb auch nach der Gründung der Beklagten wirksam. Am 6. Juli bis 10. August 1916 wurde alsdann auch ein Vertrag unter den Parteien abgeschlossen, der im wesentlichen die gleichen Bestimmungen enthielt wie der Vertrag von 1903. Der letztere wurde gleichzeitig aufgehoben. An die Stelle des Vertrags von 1916 trat schließlich ein Vertrag vom 5. Februar bis 2. März 1921, in welchem dem Kläger das gleiche alte Recht zugesprochen wurde.

Mit der Behauptung, daß der Vorstand der Beklagten seine Vertragspflichten verletzt habe, verlangte der Kläger mit der Klage auf Grund des

Vertrages die Abgabe der Verwaltung des Stifts in seine Hände und Vollmachterteilung, hilfsweise Abgabe der Verwaltung und Übergabe des Erziehungshauses. Das Landgericht hat den Kläger abgewiesen. — Vor dem Berufungsgericht führte der Kläger aus, in den Verträgen von 1903, 1916 und 1921 seien Bestimmungen enthalten gewesen, die Satzungscharakter hätten; in dem Vertrag von 1921 habe zumindest eine Satzungsänderung gelegen, durch welche das ihm zustehende Recht satzungsmäßig festgelegt worden sei, so daß er seinen Anspruch auch auf die Satzung stütze. Das Berufungsgericht hat die Beklagte verurteilt, die Stiftung E. zum Zwecke der Ausübung eigener Verwaltung an den Kläger herauszugeben und an ihn diejenigen Vorstandsrechte abzugeben, welche die Leitung der Fürsorgeerziehung betreffen. Die Revision der Beklagten blieb ohne Erfolg.

Gründe:

Das Berufungsgericht hält den Anspruch für gerechtfertigt, weil das Recht des Klägers auf Übernahme der Anstalt in eigene Verwaltung auch satzungsgemäß festgelegt sei, es sich nicht nur um eine vertragliche Abmachung handele und die tatsächlichen Voraussetzungen für das in der Satzung festgelegte Recht des Klägers erfüllt seien. Die Angriffe der Revision gegen diese Entscheidung sind nicht gerechtfertigt.

Die Verfassung einer Stiftung wird durch das Stiftungsgeschäft bestimmt, das der schriftlichen Form bedarf (§§ 85, 81 BGB.). Das Stiftungsgeschäft ist die auf Begründung der Stiftung gerichtete Willenserklärung des Stifters, die einseitig, aber auch vertraglich festgelegt sein kann. Der Vorgang bei der Stiftung war hier folgender:

Der Erzpriester Dr. S. wandte sich am 20. Februar 1904 an den Regierungspräsidenten mit der Bitte, für die Beklagte Korporationsrechte zu erwirken. Ein Satzungsentwurf und ein Auszug aus dem Vertrag des J.-Stifts mit der Provinz vom 31. März 1903 waren beigefügt. Auf Grund dessen reichte der Regierungspräsident eine von Dr. S. am 17. Juli 1904 ausgestellte Stiftungsurkunde, einen Statutenentwurf und den Auszug aus dem vom J.-Stift mit der Provinzialverwaltung abgeschlossenen Vertrage vom 31. März 1903 an den zuständigen Minister ein mit dem ausdrücklichen Hinweis, daß Umfang und Organisation der Beklagten sich aus diesem Vertrage vom 31. März 1903 ergäben. Der Minister vermißte nach seinem Schreiben vom 28. Januar 1905 unter anderem eine Klarstellung, von wem die Stiftung ins Leben gerufen werden solle und wie die Vermögensverhältnisse lägen, wies auch darauf hin, daß das Stiftungsgeschäft der Schriftform bedürfe. Nach einer Ergänzung der Satzungen wurde, während der Vertrag vom 31. März 1903, die Stiftungsurkunde vom 17. Juli 1904 und die ergänzten Satzungen vom 18. Mai 1905 dem Minister als Unterlage vorlagen, die landesherrliche Genehmigung der Stiftung unter dem 30. August 1905 erteilt. In der Genehmigungsurkunde selbst wurde erklärt, daß die Stiftung auf Grund der Satzungen vom 18. Mai 1905 genehmigt werde.

Diese Gründungsvorgänge lassen außer Zweifel, daß der Inhalt des Stiftungsgeschäfts sich aus den überreichten drei Urkunden ergeben, daß insbesondere auch der Vertrag für Organisation und Umfang der Stiftung maßgebend sein sollte, wie dies in dem Schreiben des Regierungspräsidenten ausdrücklich hervorgehoben war. Die Willenserklärung, die als das Stiftungsgeschäft anzusehen ist, umfaßte somit den Inhalt aller drei Urkunden und im gleichen Sinne wurde auch die landesherrliche Genehmigung unter Zugrundelegung des Inhalts aller drei Urkunden erteilt, wenn auch in dem Genehmigungsschreiben selbst nur die schriftliche Satzung vom 18. Mai 1905 genannt worden ist. Was zur Satzung gehört, bestimmt sich nicht nach der Einreichung eines Schriftstücks, das eine unter diesem Worte Satzung zusammengefaßte Anzahl von Paragraphen enthält (vgl. RGZ. Bd. 73 S. 193), sondern nach dem gesamten Inhalt des Stiftungsgeschäfts (§ 85 BGB.). Eine Unvollständigkeit in der schriftlichen Satzungsurkunde ist insoweit unschädlich. Die Satzung ist aus dem gesamten Stiftungsgeschäft zu ergänzen. Nach dem Vertrage vom 31. März 1903 greifen die Rechte des Klägers in die Befugnisse der ordentlichen Organe unter gegebenen Voraussetzungen tief ein und sind so maßgebend für die Gründung der Stiftung, daß, wie auch das Schreiben des Regierungspräsidenten ausdrücklich hervorhebt, kein Zweifel daran möglich ist, daß die Vertragsbestimmungen von vornherein vorgesehene satzungsmäßige Bindungen bedeuten, die ihrem Sinne nach für die ganze Zeit der Zusammenarbeit von Provinz und Stiftung gelten sollten, in diesem Sinne am 30. August 1905 die staatliche Genehmigung erhalten und daher bei jedesmaliger lediglich formeller Erneuerung des Vertrags auf derselben alten Grundlage einer erneuten staatlichen Genehmigung nicht bedurft haben. Der Vertrag vom 31. März 1903 gab ein Recht zur Kündigung des Verhältnisses von Provinz und Stiftung erst nach Tilgung des Darlehns, welches das Stift erhielt. Auch die Umstellung des Vertrags unter Ausscheiden des J.-Stifts und Eintreten der Beklagten an die Stelle des J.-Stifts war von vornherein vorgesehen und war den Behörden durch Schreiben vom 21. Juli 1904 von vornherein bekannt. Bei Erneuerung und Umstellung der Verträge kann selbstverständlich der Sinn der alten Vertragsbestimmung als einer satzungsmäßigen Festlegung nicht geändert worden sein. Um eine Satzungsänderung handelt es sich also nicht, wenn in dem Vertrage von 1921 die alten Rechte der Klägerin erneut festgestellt werden. Damit entfallen alle aus der Erwägung einer Satzungsänderung gezogenen Folgerungen der Revision. Einer erneuen Genehmigung der Aufsichtsbehörde bedurfte es nicht. Das Berufungsgericht stellt fest, daß das Verhalten des Vorstandes der Beklagten das Vertrauen des Klägers schwer erschüttern mußte und erschüttert hat, weil der Vorstand sich bewußt sein mußte, daß er sofort hätte Bericht erstatten müssen, wie es auch sonst bei wichtigeren Umständen immer üblich gewesen war. Der Kläger hatte selbstverständlich das größte Interesse, die seiner Obhut unterstellten Zöglinge vor schweren sittlichen Gefahren sofort und nachdrücklich zu bewahren und über schwere sittliche Verfehlungen der Aufsichtspersonen sofort unterrichtet zu werden, um für eine schnelle und sichere Abstellung sorgen zu können. Eine Vernachlässigung dieser Pflicht zu sofortiger Berichterstattung ist vom Berufungsgericht ohne Rechtsirrtum als Grundlage für die in § 9 des Vertrags vorgesehene satzungsmäßige Berechtigung des Klägers auf Übernahme der Anstalt in eigene Verwaltung angesehen worden.

RGZ. 161, 203

1. Umfaßt das staatliche Aufsichtsrecht die Bestellung von Vertretern einer Stiftung als Ersatz fortfallender oder behinderter Organe?

2. . . .

BGB. §§ 80, 839.

IV. Zivilsenat. Urt. v. 9. Oktober 1939.

Die Entscheidung ist abgedruckt unter „Gesellschaftsrecht, Bergrecht".

RGZ. 161, 288

1. Umfaßt das staatliche Aufsichtsrecht die Bestellung von Vertretern einer Stiftung als Ersatz fortgefallener oder behinderter Organe?

2. Erstreckt sich die Amtspflicht städtischer Beamter auch auf den Bereich der von der Stadt verwalteten Stiftungen, die eigene Rechtspersönlichkeit besitzen?

BGB. §§ 84, 839.

IV. Zivilsenat. Urt. v. 9. Oktober 1939.

Die Entscheidung ist abgedruckt unter „Bürgerliches Recht, Schuldrecht".

RGZ. 162, 202

1. Unter welcher Voraussetzung ist der Rendant einer Sparkasse ihr verfassungsmäßig berufener besonderer Vertreter?

2. Zur Frage des ursächlichen Zusammenhangs.

3. Wann beginnt die Verjährung des Schadensersatzanspruchs aus unerlaubter Handlung?

4. Kommt gegenüber vorsätzlichem Handeln des Schädigers Fahrlässigkeit des Geschädigten in Betracht?

BGB. §§ 30, 31, 249, 254, 826, 852.

VI. Zivilsenat. Urt. v. 6. Dezember 1939.

I. Landgericht Bochum. II. Oberlandesgericht Hamm.

Beim ehemaligen Amt B. bestand eine Amtssparkasse. Infolge der Eingemeindung des Amtes in die Stadt B. ist die Beklagte Rechtsnachfolgerin der Amtssparkasse geworden. Zu deren Beamten gehörte der Sparkassenhauptrendant M. „Direktor" der Amtssparkasse war der inzwischen verstorbene Ha., stellvertretender Direktor war J. M. war Eigentümer eines Baugrundstücks in B., das mit 4500 RM. Sicherungshypotheken zugunsten der Amtssparkasse belastet war, und einer kleinen ländlichen, mit 2000 RM. belasteten Besitzung. Er hatte schon im Jahre 1924 beabsichtigt, das B.er Grundstück zu bebauen, hatte diese Absicht aber aus Mangel an Mitteln fallen lassen. Im Jahre 1927 nahm er das Vorhaben wieder auf, obwohl er kein anderes Eigenvermögen als jene beiden Grundstücke besaß. Er beschaffte sich Mittel durch die Beleihung des Baugrundstücks, übertrug die Bauleitung dem Architekten Ho. und durch diesen am 1. August 1927 die Ausführung des Baues dem Kläger. Der Bau wurde fertiggestellt, der Kostenanschlag dabei aber überschritten. Der Kläger blieb mit einer Restforderung von 26000 RM. unbefriedigt, das Grundstück kam unter Zwangsverwaltung. M. trat in den Ruhestand und ist zur Bezahlung außerstande.

Wegen des Schadens, den der Kläger infolge von Zinsverlust und von Kreditaufnahmen auf mindestens 40000 RM. beziffert, nimmt er die Beklagte als Gesamtrechtsnachfolgerin der Amtssparkasse in Anspruch, weil deren Organe dem M. bei der Finanzierung des Bauvorhabens unredliche Hilfe geleistet hätten. Das Baugrundstück wurde nämlich folgendermaßen beliehen: Die Amtssparkasse gewährte zunächst eine Hypothek von 46400 RM., wovon aber 4500 RM. auf die Löschung der schon bestehenden Belastung verwandt wurden. Die Siedlungsabteilung der Stadt B. gewährte aus Mitteln der Hauszinssteuer eine Hypothek von 6600 RM., die Städtische Sparkasse in B. ebenfalls eine Hypothek von 6600 RM. und schließlich die Amtssparkasse wegen der Überschreitung des Kostenanschlags nochmals eine Hypothek von 6600 RM. Zur Erlangung des besonders vorteilhaften Darlehns aus der Hauszinssteuer mußte nach den dafür geltenden Richtlinien der Antragsteller außer dem eigenen Grundstück ein eingezahltes und zugunsten der Siedlungsabteilung gesperrtes Eigenkapital von mindestens 10 v. H. der Baukosten nachweisen. Da M. kein solches Eigenkapital besaß, wurde von der ersten, von der Amtssparkasse bewilligten Hypothek ein Betrag von 12000 RM. abgezweigt und als Sparkassenguthaben des M. gebucht; das darüber ausgestellte Sparbuch wurde zugunsten der Siedlungsabteilung gesperrt, und es wurde ihr mitgeteilt, daß ihr das Guthaben verpfändet sei. Der Kläger will sich zur Übernahme der Bauausführung darum entschlossen haben, weil öffentliche Behörden die Baugelder dargeliehen hätten und er angenommen habe, daß die Geldbeschaffung dabei gewissenhaft geprüft worden sei; er will sich auch danach erkundigt haben. Mit der Klage hatte er nur einen Teilbetrag seines Schadens von 1500 RM. nebst Zinsen geltend gemacht; er hat seinen Antrag aber im ersten Rechtsgang auf 6100 RM. nebst Zinsen erweitert.

Die Beklagte hat nach der Beweisaufnahme zwar nicht mehr bestritten, daß der Siedlungsabteilung das Vorhandensein von Eigenkapital des M. auf die angegebene Weise vorgetäuscht worden war. Sie bestreitet aber, daß der Sparkassendirektor Ha. bei der Täuschung beteiligt gewesen sei, sowie daß der Vorstand damit etwas zu tun gehabt habe, und vertritt die Ansicht, daß weder Ha. noch ein anderer der in Betracht kommenden Beamten verfassungsmäßig berufener Vertreter der Amtssparkasse gewesen sei; für die sorgfältige Auswahl der Beamten hat sie Beweis angetreten. Sie bestreitet ferner, daß die Ausstellung des Sparbuchs für die Entschließung des Klägers irgendwie ursächlich gewesen sei, da er sich um die Geldbeschaffung für den Bau überhaupt nicht gekümmert und dessen Ausführung schon begonnen habe, bevor die Hauszinsteuerhypothek bewilligt worden sei. Sie macht weiter geltend, daß die Amtssparkasse schon durch die erste Beleihung in Höhe von 50 v. H. statt der sonst üblichen 40 v. H. des Bau- und Bodenwertes, sodann aber durch die Nachbewilligung von 6600 RM. nach Überschreitung des Kostenanschlages gezeigt habe, daß ihr allein alles daran liege, die Bezahlung der Bauschulden zu ermöglichen. Auf diese Überschreitung und auf die Sorglosigkeit des Klägers führt sie seinen Schaden zurück. Sie wirft ihm auch vor, daß er es an genügender Sorgfalt habe fehlen lassen, um zu seinem Gelde zu kommen, und erhebt die Einrede der Verjährung.

Das Landgericht hat die Beklagte nach dem erweiterten Klageantrage verurteilt, das Oberlandesgericht ihre Berufung zurückgewiesen. Ihre Revision blieb ohne Erfolg.

Gründe:

Nach den Feststellungen des Berufungsgerichts fällt dem Vorstande der Amtssparkasse selbst kein Verstoß gegen die guten Sitten zur Last. Der satzungsmäßig aus 8 Mitgliedern bestehende Vorstand hat sich darauf beschränkt, für das Bauvorhaben eine Hypothek in Höhe von 50 v. H. des Bau- und Bodenwertes an Stelle der sonst üblichen 40 v. H. und noch vor der Eintragung dieser Hypothek die Löschung der Sicherungshypotheken von 4500 RM. zu bewilligen, beides wahrscheinlich aus Entgegenkommen gegen M., aber ohne nachweisliche Kenntnis von dessen Vermögenslage und dessen Absicht, von der Siedlungsabteilung eine Hauszinssteuerhypothek zu erhalten. Dagegen nimmt das Berufungsgericht ein Zuwiderhandeln gegen die guten Sitten bei dem Sparkassendirektor Ha. und bei dessen Vertreter J., namentlich bei Ha. an. Diesem war, wie das Berufungsgericht feststellt, die Vermögenslage des M. bekannt, und mit seinem Einverständnis ist der Plan erdacht und ausgeführt worden, dem M. zur Erlangung einer Hauszinsteuerhypothek dadurch behilflich zu sein, daß der Siedlungsabteilung durch Anlegung eines Sparbuchs das Vorhandensein von Eigenkapital des M. vorgetäuscht wurde. Zwar nimmt das Berufungsgericht nicht an, daß die vollendete Täuschung der Siedlungsabteilung für den Schaden des Klägers ursächlich gewesen sei, und zwar schon darum nicht, weil von dieser die Hypothek erst bewilligt worden sei, als der Kläger den Bauauftrag schon längst angenommen und mit den Bauarbeiten begonnen habe, weil er auch nicht bewiesen habe, daß er sich vorher bei der Siedlungsabteilung nach der Geldbeschaffung für den Bau erkundigt habe. Dagegen findet das Berufungsgericht die Ursache für den Schaden des Klägers darin, daß M. durch die ihm von Ha. gemachte Zusage, ihn auf die angegebene Weise zu unterstützen, zu dem Bauvorhaben, das er sonst wie das im Jahre 1924 vorangegangene hätte fallen lassen müssen, ermutigt und endgültig bestimmt worden sei. Dabei sind Ha. und J., wie das Berufungsgericht weiter feststellt, sich darüber klar gewesen, daß selbst bei Bewilligung einer Hauszinssteuerhypothek in der erhofften Höhe von 13200 RM. die Darlehensmittel nicht ausreichen konnten, die Baukosten zu decken, sondern daß ein erheblicher Betrag — das Berufungsgericht berechnet ihn auf 15000 RM. — übrig bleiben mußte, zu dessen Deckung es an eigenen Mitteln des M. und sonstigen Mitteln fehlte. Hieraus entnimmt das Berufungsgericht, Ha. habe die Möglichkeit, daß der Bauausführende Schaden leiden könne, auf sich beruhen lassen. Es sieht in Ha. einen verfassungsmäßigen berufenen besonderen Verteter der Amtssparkasse im Sinne des § 30 BGB., weil er nach § 10 der Satzung die Kassengeschäfte, die Buch- und Rechnungsführung zu besorgen gehabt habe, und macht für seine Verfehlung die Beklagte als Rechtsnachfolgerin der Amtssparkasse nach § 31 BGB. haftbar. Die Einrede der Verjährung weist es zurück, weil der Kläger erst durch die Beweisaufnahme in diesem Rechtsstreit Kenntnis von dem Hergang und der Rolle, die Ha. und J. dabei spielten, erhalten, vorher nur Verdacht gehabt habe. Es hält seinen Schadensersatzanspruch aber nur insoweit für begründet, als Ha. und J. den Schaden hätten voraussehen können, und bestimmt diese Grenze unter Zugrundelegung eines Eigenkapitals von 6544 RM., das gefehlt habe, und der Vorbelastung von 4500 RM., die erst habe beseitigt werden müssen, auf 11044 RM. Die Überschreitung des Kostenanschlages scheidet es aus und läßt andererseits die wegen dieser Überschreitung bewilligte Nachbeleihung von 6600 RM. außer Betracht. Eine Verteilung des Schadens nach § 254 BGB. lehnt das Berufungsgericht ab, weil der Kläger weder bei der Entstehung noch bei der versuchten Abwendung oder Minderung des Schadens grob fahrlässig gehandelt habe. Da der Antrag des Klägers sich noch unter 11044 RM. hält, so spricht es ihm den verlangten Betrag zu.

Was die Revision hiergegen anführt, kann ihr nicht zum Erfolge verhelfen.

In erster Reihe beanstandet sie, daß das Berufungsgericht in Ha. einen verfassungsmäßig berufenen Vertreter im Sinne des § 30 BGB. gesehen hat. Sie will ihn nur als einen „zu einer Verrichtung Bestellten" (§ 831 BGB.) gelten lassen. Allein der Ansicht des Berufungsgerichts ist beizutreten. Der aus 8 Mitgliedern bestehende Vorstand, der nicht ständig zusammenblieb, sondern sich nach § 4 der Satzung monatlich mindestens einmal versammelte, war zwar das allgemeine Willensorgan der Amtssparkasse. Er vertrat sie gerichtlich und außergerichtlich (§ 3) und verpflichtete sie durch Urkunden in bestimmter Form (§ 7). Aber er war nach der Art seiner Zusammensetzung ungeeignet, alle vorkommenden Geschäfte zu besorgen. Darum bestimmte § 5, daß er die Geschäfte soweit zu besorgen habe, als sie nicht „Beamten" der Sparkasse übertragen seien. Diese Übertragung erstreckte sich nach § 10 auf die Kassengeschäfte, die Buch- und Rechnungsführung, kurz auf die Geschäfte der laufenden Verwaltung (*RGZ. Bd. 104 S. 205*). *Sie* waren von einem Rendanten, einem Gegenbuchführer und einem Kassierer zu besorgen. Nun waren zu der hier in Betracht kommenden Zeit mehrere Rendanten angestellt, und der leitende war der „Sparkassendirektor" Ha.; sein Vertreter war J. Diese Beamten waren nach § 10 der Satzung verfassungsmäßig berufene besondere Vertreter (§ 30 BGB.) für die laufenden Geschäfte, die der Vorstand nicht selbst besorgen konnte, für die es jedoch bei genügender Ausgestaltung der Verfassung an einem nach dieser berufenen Vertreter nicht fehlen durfte. Zu den laufenden Sparkassengeschäften gehört die Ausstellung von Sparbüchern, ein alltäglicher Vorgang. Hierfür war also Ha. verfassungsmäßig berufener besonderer Vertreter der Amtssparkasse (vgl. § 15 der Satzung); in Ausführung dieser ihm zustehenden Verrichtung hat er die Ausstellung des Sparbuchs für M. angeordnet und ihm schon vorher zugesagt. Ob er dabei seine Befugnisse überschritten hat, da M. auf das Sparbuch keine Einzahlung leistete, ist für die Anwendung des § 31 BGB. unerheblich. Denn § 31 BGB. setzt nicht voraus, daß der verfassungsmäßig berufene Vertreter sich in den Grenzen seiner Vertretungsmacht gehalten hat, wie denn von einer berechtigten Vertretung bei Vornahme einer unerlaubten Handlung nicht wohl die Rede sein kann (RGRKomm. z. BGB. Bem. 2 zu § 31 S. 98). Die Vorschrift umfaßt gerade die Fälle, in denen eine Handlung des Vertreters durch seine rechtsgeschäftliche Vertretungsmacht nicht gedeckt wird (JW. 1917 S. 593 Nr. 1 [S. 594]). Soweit hiermit von der Entscheidung des ehemaligen VIII. Zivilsenats vom 2. Februar 1931 (RGZ. Bd. 131 S. 239 [247]) abgewichen wird, bedarf es nach Art. 2 des Gesetzes vom 28. Juni 1935 (RGBl. I S. 844) keiner Anrufung des Großen Senats; nach dem Inkrafttreten dieses Gesetzes ist jene Ansicht des ehemaligen VIII. Zivilsenats in der Rechtsprechung des Reichsgerichts, soweit ersichtlich, nicht mehr hervorgetreten.

Ebensowenig begründet ist die Rüge der Revision, daß das Berufungsgericht die Grundsätze über den ursächlichen Zusammenhang verkannt habe. Wenn es angenommen hat, die durch Täuschung erwirkte Bewilligung der Hauszinssteuerhypothek sei nicht mehr ursächlich für den Schaden des Klägers gewesen, so konnte es dennoch feststellen, daß die vorangegangene Zusage des Ha., bei der Täuschung mitzuwirken, den Schaden verursacht habe. Das war keineswegs, wie die Revision meint, ein und dasselbe. Diese Zusage hat, wie das Berufungsgericht feststellt, M. bestimmt, sein Bauvorhaben auszuführen und den Bauvertrag mit dem Kläger zu dessen Schaden zu schließen. Das ist nicht nur nach der Ausdrucksweise der Revision ein ursächlicher Zusammenhang „im rein mechanistischen Sinne", sondern ein mit der allgemeinen Erfahrung durchaus übereinstimmender, „adäquater" Zusammenhang im Rechtssinne.

Auch die Verjährungseinrede hat das Berufungsgericht mit ausreichender Begründung zurückgewiesen. Welche Bewandtnis es mit der Anlegung des Sparbuchs für M. gehabt hat, ist erst durch die Beweisaufnahme in diesem Rechtsstreit, namentlich durch die Aussage des J., aufgeklärt worden. Wenn das Berufungsgericht angenommen hat, der Kläger habe bis dahin zwar Verdacht, aber keine Kenntnis des wirklichen Hergangs gehabt, insbesondere keine Kenntnis davon, welche Rolle ein verfassungsmäßig berufener Vertreter in der Person des Ha. in dieser Angelegenheit gespielt hat, so liegt darin kein Rechtsirrtum. Seinen Klageantrag hatte der Kläger schon vor der Beweisaufnahme auf 6100 RM. nebst Zinsen erhöht.

Worin der Schaden des Klägers besteht, soweit dafür die Beklagte nach § 31 BGB. zu haften hat, ergibt das Urteil zur Genüge. Für die Überschreitung des Kostenanschlages hat das Berufungsgericht die Beklagte nicht verantwortlich gemacht, wohl aber dafür, daß Ha. ein Bauunternehmen gefördert hat, für das von vornherein die vorhandenen Mittel nicht ausreichten.

Endlich ist eine Verteilung des Schadens nach § 254 BGB. vom Berufungsgericht mit genügender Begründung abgelehnt worden. Soweit die Revision ein Mitverschulden des Klägers bei der Entstehung seines Schadens (§ 254 Abs. 1 BGB.) berücksichtigt wissen will, geht sie von der irrigen Ansicht aus, daß die Beklagte nur nach § 831 BGB., nicht nach § 31 BGB. hafte. Bei Anwendung des § 31 BGB. steht aber die Ansicht des Berufungsgerichts, daß gegenüber der sittenwidrigen und vorsätzlichen Schädigung eine einfache Fahrlässigkeit des Klägers nicht in Betracht komme, mit der festen Rechtsprechung des Reichsgerichts in Einklang (RGZ. Bd. 148 S. 58). Nicht ganz so liegt es allerdings bei der Frage, was der Kläger zur Abwendung oder Minderung des Schadens tun mußte (§ 254 Abs. 2 BGB.). Ob hierbei nur grobe Fahrlässigkeit des Klägers zu berücksichtigen wäre, wie das Berufungsgericht annimmt, und nicht auch einfache (RG. a. a. O.), kann indessen in diesem Falledahinge stellt bleiben. Denn die Feststellungen des Berufungsgerichts ergeben, daß der Kläger ausreichende, aber vergebliche Versuche unternommen hat, von M. Befriedigung zu erlangen. Danach trifft ihn insoweit auch nicht der Vorwurf einfacher Fahrlässigkeit.

RGZ. 163, 21

1.—2. . . .

3. Zum Begriff des „verfassungsmäßig berufenen Vertreters" im Sinne des § 31 BGB. bei den Kapitalgesellschaften des Handelsrechts.

4.—7. . . .

BGB. §§ 31, 426, 823, 826. Verordnung über den Kraftfahrzeugverkehr vom 16. März 1928 (RGBl. I S. 91) — KFVO. — § 3.

II. Zivilsenat. Urt. v. 17. Januar 1940.

Die Entscheidung ist abgedruckt unter „Bürgerliches Recht, Schuldrecht".

RGZ. 170, 22

1. Kann die Widmungserklärung des Stifters durch eine Erklärung der Stiftungsbehörde ersetzt werden?

2. Wann kommt einer behaupteten Stiftung, solange es ungewiß ist, ob sie entstanden ist, für den darüber geführten Rechtsstreit die Parteifähigkeit zu?

ABGB. § 646. ÖstZPO. § 7. (§§ 80, 81 BGB.)

VIII. Zivilsenat. Urt. v. 9. September 1942.

I. Landgerichtliche Zweigstelle Iglau. II. Deutsches Oberlandesgericht Prag.

Anton H. hinterließ bei seinem Tod eine letztwillige Verfügung, die als „Testament" bezeichnet war; sie enthielt im ersten Absatz eine Anordnung über sein Begräbnis, ordnete im zweiten Absatz eine Reihe von Vermächtnissen an und bestimmte im dritten Absatz: „Den Rest meines Vermögens vermache ich einer Stiftung, welche ich nachträglich dem Testament anschließen werde." Die Landesbehörde erklärte, daß sie die Bestimmung des Anton H., der Rest seines Vermögens solle einer Stiftung „für wohltätige Zwecke zukommen", als gültige Widmung zur Errichtung einer Stiftung annehme und die Stadt Mähr. B. mit der Stiftungsverwaltung betraue, der auch die Ausfertigung des Stiftsbriefes obliege. Zum Nachlaß des Anton H. gaben dessen gesetzliche Erben auf Grund des Gesetzes und die Finanzprokuratur in B. im Namen der Stiftung des Anton H. auf Grund des Testamentes die Erberklärung ab. Das Abhandlungsgericht verwies die gesetzlichen Erben auf den Rechtsweg und gab ihnen unter Setzung einer Frist auf, zur Geltendmachung ihrer Erbrechte die Klage zu überreichen.

Die gesetzlichen Erben haben gegen die Stiftung des Anton H. Klage mit dem Begehren erhoben, daß der als Testament bezeichnete letzte Wille des Anton H. vom 10. Januar 1941 nur als Vermächtnis in Kraft, als Testament aber ungültig sei. Das Landgericht hat der Klage Folge gegeben, das Oberlandesgericht hat sie aus sachlichen Gründen abgewiesen. Auf die Revision der Kläger wurde ausgesprochen, daß die Stiftung nicht entstanden und daß die von der Finanzprokuratur für die Stiftung abgegebene Erberklärung unwirksam sei.

Gründe:

Eine Erbfolge tritt in der Regel (§ 545 ABGB.) nur ein, wenn die als Erbe bezeichnete Person zur Zeit des Erbanfalls vorhanden ist. Von dieser

Regel bestimmt § 22 ABGB. eine Ausnahme zugunsten der Leibesfrucht. Entsprechend ist der Fall zu beurteilen, daß nicht eine schon bestehende Stiftung, sondern eine im letzten Willen vorgesehene, erst nach dem Tode des Erblassers zu errichtende Stiftung als Erbin eingesetzt oder mit einem Vermächtnis bedacht wird.

Eine Stiftung entsteht dadurch, daß der Stifter einseitig seinen Willen erklärt, ein Vermögen einem bestimmten Zweck zu widmen, daß die Stiftungsbehörde diese Erklärung entgegennimmt und die Widmung nach ihrem freien Ermessen genehmigt (vgl. Herrnritt, Das österr. Stiftungsrecht S. 35). Hierbei kann die Willenserklärung des Erblassers, das Stiftungsgeschäft mit der Zeugung, die Entgegennahme der Erklärung durch die Stiftungsbehörde mit der Empfängnis, die Genehmigung der Stiftung mit der Geburt des Kindes verglichen werden. Fehlt es an der Willenserklärung oder an der Genehmigung, so kann eine Rechtsperson der Stiftung ebensowenig entstehen wie die natürliche Person des Kindes ohne Zeugung und ohne Geburt. In einem solchen Fall ist die Erbeinsetzung und das Vermächtnis ohne Wirkung, weil die Person fehlt, die Erbe oder Vermächtnisnehmer werden soll.

Zur Entstehung der Stiftung ist die Willenserklärung des Stifters erforderlich, daß er ein Vermögen einem bestimmten Zwecke widme. Ferner ist die Genehmigung der Stiftungsbehörde notwendig. Die Willenserklärung des Stifters allein bewirkt ebensowenig wie ein Erlaß der Stiftungsbehörde allein die Entstehung der Stiftung. Erst wenn beides gegeben ist, besteht die Rechtspersönlichkeit. Fehlt die Willenserklärung des Stifters, so kann eine Erklärung der Stiftungsbehörde die fehlende Willenserklärung des Stifters nicht ersetzen. Ist eine Willenserklärung des Stifters vorhanden, so kann sie durch eine Erklärung der Stiftungsbehörde nicht abgewandelt werden. Die Stiftungsbehörde kann lediglich durch Mitgestalten des Stiftsbriefes auf die Organisation der Stiftung Einfluß nehmen. Sie kann, wenn die Stiftung bereits errichtet, also als Rechtspersönlichkeit bereits entstanden ist, eine Änderung (Permutation) des ursprünglichen Stiftungszwecks vornehmen, wenn dieser nicht mehr durchführbar ist.

Ob die Stiftungsbehörde die vorhandene Willenserklärung des Stifters genehmigen will, entscheidet sie nach eigenem Ermessen. Wenn sie genehmigen will, kann sie die Stiftung nur so genehmigen, wie sie der Stifter wollte. Hat sie dies nicht vor, so muß sie die Genehmigung versagen. Sie kann aber nicht einen nicht vorhandenen Willen genehmigen und dadurch den fehlenden Willen des Stifters durch ihren Willen ersetzen. Fehlt die Willenserklärung des Stifters, so entsteht auch durch eine irrtümliche „Genehmigungserklärung der Stiftungsbehörde“ die Stiftung nicht. Die Rechtspersönlichkeit kommt nicht zur Entstehung.

Im vorliegenden Fall ist zu prüfen, ob eine Stiftungserklärung des Anton H. vorliegt. In den Worten „Den Rest meines Vermögens vermache ich einer Stiftung, welche ich nachträglich dem Testament anschließen werde“, ist kein Zweck genannt, dem das Vermögen gewidmet ist. Es ist vielmehr nur gesagt, daß die Errichtung einer Stiftung in Aussicht genommen sei und in einem späteren Anschluß an das Testament vorgenommen werden solle. Diese Erklärung wäre damit zu vergleichen, daß ein Erblasser sagt, er wolle sich noch einen Sohn zeugen, der sein Erbe werden soll; wenn er dann keine Zeugungshandlung vornimmt, so hat die Erklärung seiner Absicht keine Wirkung. Die Landes- und Stiftungsbehörde hat hier die Lücke im Testamente, die Unterlassung der Angabe des Zwecks, dadurch beseitigen wollen, daß sie in ihrem Erlaß erklärt hat, sie nehme die Bestimmung des letzten Willens, wonach der Rest des Vermögens einer Stiftung „für wohltätige Zwecke" zufallen solle, als gültige Widmung an. Die Worte „für wohltätige Zwecke" sind aber in dem Testament selbst nicht enthalten. Wären sie darin enthalten gewesen, dann hätte eine zur Errichtung der Stiftung ausreichende Willenserklärung vorgelegen. Da sie fehlten, liegt eine Stiftungserklärung nicht vor. Die fehlende Erklärung kann von der Stiftungsbehörde auch nicht durch die Einfügung von Worten, die im Testament nicht enthalten sind, ersetzt werden. Da die Stiftungserklärung des Anton H., die Angabe des Zwecks der Widmung, im Testamente fehlt, vielmehr einer späteren Erklärung vorbehalten ist, so ist die Stiftung als Rechtspersönlichkeit nicht entstanden.

Ist die Stiftung nicht entstanden, so ist die Klage anscheinend gegen eine nicht vorhandene Person erhoben worden. Es entsteht daher die Frage, ob über die Klage, daß keine Erbeinsetzung der Stiftung vorliege, durch Sachurteil erkannt werden kann oder ob das Verfahren wegen des Mangels der Parteifähigkeit einzustellen oder als nichtig zu erklären ist (vgl. Sperl Lehrbuch S. 168; Jonas-Pohle ZPO. Bem. B zu § 50). Der Vergleich der Stiftung mit der Leibesfrucht reicht zur Beantwortung dieser Frage nicht aus. Die Ungewißheit, ob eine Zeugung vorliegt, ob eine Leibesfrucht vorhanden ist, wird durch die Feststellung der natürlichen Tatsache der Schwangerschaft beseitigt. Die Ungewißheit, ob diese Leibesfrucht auch wirklich zu einer Person wird, wird durch die natürliche Tatsache behoben, daß ein lebendes Kind geboren wird oder nicht. Wenn auch die Genehmigung der Stiftungsbehörde einer feststellbaren natürlichen Tatsache gleichgestellt werden kann, so beruht die Beantwortung der Frage, ob eine als Stiftungsakt erforderliche Willenserklärung vorliegt, nicht auf der Feststellung, daß überhaupt eine Erklärung abgegeben wird, sondern auf der rechtlichen Beurteilung, ob die abgegebene Erklärung zur Errichtung einer Stiftung hinreicht. Diese rechtliche Beurteilung ist Sache des Gerichts. Sie kann aber nur dann stattfinden, wenn während der Dauer der Ungewißheit die Stiftung als bedingt bestehend, als „Rechtssubjekt", kurz als Partei angesehen wird.

Gesetzt den Fall, in einer Klage würde behauptet, daß letztwillig eine Stiftung durch Aussetzung eines Vermächtnisses errichtet worden sei, und jetzt würde vom Erben die Herausgabe des Vermächtnisses gefordert, so muß doch, wenn der Erbe bestreitet, daß überhaupt eine Stiftung entstanden ist, der behaupteten Stiftung die Möglichkeit gegeben sein, als

Klägerin aufzutreten, weil ja erst durch das Urteil über das Klagebegehren die Frage entschieden werden soll, ob die Stiftung entstanden und damit parteifähig geworden ist. Gesetzt den Fall, ein Erblasser würde in seinem Testament die zu errichtende Stiftung A als Erbin einsetzen, in einem späteren Testament diese Verfügung widerrufen und die zu errichtende Stiftung B als Erbin einsetzen, so müßte, wenn die Stiftung A die Gültigkeit des zweiten Testamentes anficht, die Frage, welche Stiftung zu Recht besteht und als Erbin eingesetzt worden ist, in einem Rechtsstreit klargestellt werden, obgleich das Urteil notwendig das Nichtbestehen einer der beiden Stiftungen feststellt, der Prozeß daher zwangsläufig mit einer nicht bestehenden Stiftung durchzuführen wäre.

Nimmt das Urteil das Bestehen an, wenn auch nur als Vorfrage, so ist damit das Vorhandensein der Stiftung ausgesprochen, auch wenn dieses bejahende Urteil falsch, nämlich das Bestehen der Stiftung ausgesprochen wäre, obgleich in Wirklichkeit die Voraussetzungen dafür fehlen. Durch dieses Urteil wäre, solange es nicht beseitigt ist, das Vorhandensein der Stiftung festgestellt. Nur wenn das Urteil die Vorfrage verneint und damit ausspricht, daß die behauptete Stiftung als Rechtssubjekt nicht besteht, wäre eine Fortsetzung des Prozesses über die Vorfrage hinaus und auch ein Leistungsurteil in der Regel nicht möglich. Es ist aber sogar der Fall denkbar, daß eine Leistungsklage gegen eine nicht bestehende Stiftung erforderlich ist. Das wäre z. B. dann der Fall, wenn das Testament eines Erblassers eine zureichende Stiftungserklärung und eine Erbeinsetzung der Stiftung enthält, alsdann der Nachlaß ihr eingeantwortet, im Grundbuch ihr Eigentum an den Nachlaßliegenschaften eingetragen, nachträglich aber ein zweites gültiges Testament aufgefunden wird, worin das erste Testament, die Stiftungserklärung und die Erbeinsetzung der Stiftung widerrufen und eine andere erbfähige Person als Erbe eingesetzt wird. Infolge des Widerrufes lag hier zur Zeit des Todes des Erblassers keine Stiftungserklärung vor, die Stiftung konnte nicht entstehen. Da sie aber als Eigentümerin im Grundbuch eingetragen ist, so kann der wirkliche Erbe die Herausgabe der Liegenschaften nur von der nichtentstandenen Stiftung verlangen.

Die Möglichkeit eines solchen Leistungsbegehrens spielt im vorliegenden Fall keine Rolle. Für diesen genügt es, daß während der Ungewißheit der bloß behaupteten Stiftung eine bedingte Parteifähigkeit zuerkannt wird. Im Falle der Ungewißheit muß der bloß behaupteten Stiftung eine bedingte Parteifähigkeit zuerkannt werden. Wollte man verlangen, daß zuerst über das Entstandensein der Stiftung durch Feststellungsurteil oder durch die Entscheidung über einen Zwischenantrag erkannt sein müßte, so könnte auch diese Feststellung nur getroffen werden, wenn die behauptete Stiftung schon in einem Rechtsstreit als Partei aufzutreten vermag.

Im vorliegenden Falle hat das Berufungsgericht das Feststellungsbegehren, daß die Stiftung nicht Testamentserbe sei, abgewiesen und damit ausgesprochen, daß die Stiftung entstanden und gültiger Testamentserbe geworden ist. Würde dieses Urteil rechtskräftig werden, so könnte nachträglich das Bestehen der Stiftung nicht mehr in Frage gezogen werden; denn durch das Urteil ist das Entstandensein und die Parteifähigkeit der Stiftung bejaht. Würde das Urteil des Berufungsgerichts in Rechtskraft erwachsen, so wäre eine nachträgliche Klage auf Ungültigkeit und Unwirksamkeit dieses Urteils wegen seiner Rechtskraftwirkung ausgeschlossen. Deshalb muß es möglich sein, dieses Urteil zu überprüfen. Dies kann aber nur in Fortsetzung des Rechtstreits im Rechtsmittelverfahren geschehen. Allerdings wird sich dieses zunächst nur soweit mit dem Urteil zu befassen haben, als die Frage in Betracht kommt, ob die Stiftung besteht. Solange nicht rechtskräftig hierüber entschieden, solange es ungewiß ist, ob eine Rechtspersönlichkeit vorliegt, so lange ist die behauptete Stiftung als Partei anzusehen. Sobald das Rechtsmittelgericht findet, daß die Rechtsfähigkeit durch das Berufungsgericht zu Unrecht angenommen worden ist, sobald es feststellt, daß die Stiftung als Rechtspersönlichkeit nicht ins Leben getreten ist, daß der behaupteten Stiftung keine Rechtsfähigkeit zukommt und die von ihr als einer nicht bestehenden Person abgegebene Erberklärung wirkungslos ist, ist eine Fortführung des Rechtsstreits abgeschnitten. Die verneinende Feststellung, daß keine Rechtspersönlichkeit vorhanden ist, kann und muß in Urteilsform ergehen, da hierdurch über die Frage entschieden wird, ob die bedingte Parteifähigkeit wegen Nichtentstehens der Stiftung wieder beseitigt wird. Eine Aufhebung oder Einstellung des Verfahrens ohne Urteil kommt nicht in Betracht, da sonst jede Möglichkeit abgeschnitten wäre, festzustellen, ob die Stiftung entstanden ist oder nicht.

Nach alledem ist der Revision stattzugeben. Das Urteil des Revisionsgerichts hat aber den Spruch so zu fassen, daß er klar zum Ausdruck bringt, was das Klagebegehren festgestellt haben wollte. Deshalb ist auszusprechen, daß die Stiftung des Anton H. nicht entstanden und daß die im Namen der Stiftung von dem Finanzprokurator abgegebene Erberklärung wirkungslos ist.

Sachen

RGZ. 62, 248

Ist das Gebälk, welches, miteinander zu dem Dachgeschosse verbunden, in einem Neubau auf das Mauerwerk gesetzt ist, ohne mit diesem vermauert und verankert zu sein, als wesentlicher Bestandteil des Neubaues anzusehen?

BGB. §§ 93. 94.

V. Zivilsenat. Urt. v. 3. Januar 1906.

I. Landgericht Stettin. II. Oberlandesgericht daselbst.

Der Kläger war als Hypothekengläubiger auf dem dem Beklagten zu 1 gehörenden Grundstücke, das im Grundbuche von T. Bd. 23 Bl.

Nr. 1220 verzeichnet war, eingetragen. Auf diesem Grundstücke wurde ein Neubau errichtet, zu dem der Beklagte zu 2 dem Beklagten zu 1 das Holz geliefert hatte mit der Vereinbarung, daß sämtliche von ihm zu dem Neubau gelieferten Hölzer sein Eigentum bleiben sollten, bis sie entweder vermauert, oder bezahlt seien. Die Hölzer wurden weder vermauert noch bezahlt. Da der Beklagte zu 1 in Zahlungsschwierigkeiten geriet, wollte der Beklagte zu 2 auf Grund seines Eigentumsvorbehalts im Einverständnisse mit dem Beklagten zu 1 die von ihm gelieferten Hölzer von dem Neubau wieder wegnehmen. Der Kläger war der Meinung, die Hölzer hafteten für seine Hypothek als wesentliche Bestandteile des Neubaues, da sie zur Herstellung des Gebäudes bereits eingefügt gewesen seien und sich ohne Beschädigung des Mauerwerks nicht hätten entfernen lassen. Er erwirkte deshalb beim Amtsgericht St. eine einstweilige Verfügung, wodurch bei Vermeidung einer Geldstrafe bis zu 1500 M. oder entsprechender Haft dem Beklagten zu 2 die Wegnahme von Balken des auf dem Grundstücke des Beklagten zu 1 befindlichen Dachgeschosses, und dem Beklagten zu 1 die Gestattung dieser Wegnahme untersagt wurde, und beantragte beim Landgerichte, die einstweilige Verfügung für rechtmäßig zu erklären. Beklagte baten um Aufhebung der einstweiligen Verfügung. Das Landgericht erklärte auf Grund eines Gutachtens, wonach die gelieferten Hölzer bereits verarbeitet und als Dachgeschoß zur Herstellung des Gebäudes eingefügt waren, die einstweilige Verfügung für rechtsmäßig. Auf die Berufung der Beklagten wurde diese aufgehoben. Der Revision des Klägers wurde stattgegeben, und die Berufung der Beklagten zurückgewiesen aus folgenden

Gründen:

„Das Berufungsgericht nimmt nach Lage der Sache nicht an, daß das Dachgebälk zur Herstellung des fraglichen Neubaues bereits eingefügt sei. Die Balken seien zwar auf das Mauerwerk gelegt und untereinander zu einem Dachgeschosse verbunden worden; sie lägen aber ohne jede Verbindung nur lose auf der glatten oberen Kante auf dem Mauerwerk. Es sei weder behauptet noch glaubhaft gemacht, daß die unmittelbar auf dem Mauerwerke ruhenden Balken in Vertiefungen des Mauerwerks eingelassen seien. Das Dachgebälk könne abgenommen werden, ohne daß das Mauerwerk zerstört oder in seinem Wesen verändert werde. Ob hierbei das Gebälk wieder auseinander genommen werden müsse, sei unerheblich.

Welche Zweifel der Bestandteilsbegriff in der Praxis hervorruft, zeigen die beiden in der zur Entscheidung stehenden Angelegenheit ergangenen Urteile zweier Senate desselben Oberlandesgerichts. Während durch das hier in Frage stehende Urteil vom 16. August 1905 die Wegnahme des Dachgebälks nicht untersagt ist, weil dieses nicht Bestandteil des Gebäudes sei, ist durch das Urteil vom 6. September 1905 der Antrag des Beklagten zu 2, ihm die Wegnahme des Dachgebälks zu gestatten, abgewiesen, weil dieses als wesentlicher Bestandteil des Gebäudes anzusehen sei.

Das Reichsgericht tritt der letzteren Entscheidung bei.

Auf der vorgelegten photographischen Abbildung des im Bau begriffenen Hauses des Beklagten zu 1 erscheint das Dachgebälk, welches auf dem Mauerwerk zu dem ersichtlichen Zwecke aufgerichtet ist, als Unterlage für die Bedachung des Hauses zu dienen, als ein Teil des Neubaues.

Das streitige Dachgebälk ist für einen bestimmten Neubau, ein dreistöckiges Gebäude mit neun Fenstern Front, so wie es für diesen erforderlich ist, hergestellt und auf das Mauerwerk gesetzt, indem die einzelnen Balken, aus denen es besteht, durch ihre Verbindung miteinander zum Dachstuhl gemacht sind. Wird die Verbindung gelöst, das Dachgebälk auseinandergenommen und vom Mauerwerk entfernt, so ist es nicht mehr das für den bestimmten Neubau angefertigte und zusammengesetzte Dachgebälk, sondern es fällt in eine Menge einzelner Balken auseinander, die vielleicht für ein anderes ähnliches Haus Verwendung finden können, aber als Dachgebälk für den Neubau, für den sie hergestellt sind, erst wieder gelten können, wenn sie an die Stelle, an der sie sich jetzt befinden, zurückgebracht und durch ihre Verbindung wieder zum Dachgebälk gemacht werden. Wird das Dachgebälk auseinander- und vom Neubau weggenommen, so wird einerseits der Neubau eines zu seiner Herstellung notwendigen und bereits verwendeten Teiles beraubt und insoweit zerstört, andererseits das Dachgebälk zu einem Haufen Balken gemacht, also in seinem Wesen verändert. Ist schon deshalb das Dachgebälk nach § 93 BGB. wesentlicher Bestandteil des mit dem Grund und Boden festverbundenen Gebäudes, so kommt hinzu, daß das Dachgebälk bereits endgültig zur Herstellung des Neubaues als Baumaterial verwendet und in das Gebäude eingefügt ist (BGB. § 94 Abs. 2). Wann eine Sache als zur Herstellung eines Gebäudes „eingefügt" anzusehen ist, bestimmt das Gesetz nicht, sondern läßt dem Ermessen des Richters einen gewissen Spielraum. Es wird im Einzelfalle wesentlich darauf ankommen, um welche Sache es sich handelt, und wie diese mit dem Gebäude verbunden ist. Ist z. B. in einem Kunstmühlengebäude ein Elektrizitätswerk, insbesondere eine Akkumulatorenbatterie, zur Erzeugung von Licht und Kraft errichtet, aber durch bloßes Aufstellen auf einem Balken mit dem Gebäude in Verbindung gebracht, ohne daß eine feste Verbindung mit den es umschließenden Stücken des Gebäudes hergestellt ist, so kann das Werk, welches jederzeit ohne Schaden von dem Gebäude losgelöst werden kann, nicht als zur Herstellung des Gebäudes eingefügt im Sinne des § 94 Abs. 2 BGB. angesehen werden (vgl. Entsch. des RG.s in Zivils. Bd. 56 S. 288).

Handelt es sich dagegen um Fensterläden, mit denen ein Gebäude als einer bleibenden Einrichtung ausgestattet ist, und die mit dem Gebäude in der Weise verbunden sind, wie Zweck und Art der Einrichtung sie fordern, so bedarf es einer festen Verbindung mit den umschließenden Stücken nicht, damit dem Erfordernisse der Einfügung genügt sei (vgl. Entsch. des RG.s in Zivils. Bd. 60 S. 421).

Ähnlich verhält es sich mit dem streitigen Dachgebälk. Es ist zwar nicht mit dem unterliegenden Mauerwerke durch Einmauern und Verankern in Verbindung gebracht; es ist aber auf das Mauerwerk als Dachstuhl, bestehend aus den miteinander verbundenen Balken, gesetzt, nicht etwa zu dem vorübergehenden Zwecke, es dem Mauerwerk anzupassen und dann vorläufig wieder davon wegzunehmen, sondern damit es dort dauernd verbleibe und zur Fertigstellung des Gebäudes sowie zu dessen größerer Haltbarkeit diene. Da bedarf es nicht noch besonderer Bindemittel, um das Dachgebälk als in das Gebäude eingefügt erscheinen zu lassen. Ob die Schwerkraft, mit welcher das Gebälk auf das Mauerwerk wirkt, als Bindemittel in Betracht kommt (vgl. Tobias, in Archiv f. d. Civilist. Praxis Bd. 94 S. 390flg.), kann dahingestellt bleiben. Es genügt, daß das Dachgebälk zur Herstellung des Gebäudes verwendet und zur dauernden Bildung desselben als eines in sich vollendeten wirtschaftlichen Ganzen bestimmt ist (vgl. Motive z. BGB. Bd. 3 S. 44)."

RGZ. 63, 416

1. Unter welchen Voraussetzungen sind Maschinen wesentliche Bestandteile des Fabrikgrundstücks?

BGB. §§ 93, 94, 97, 98.

2. Wirkungslosigkeit eines Eigentumsvorbehalts, falls die Maschinen nicht bloß zu einem vorübergehenden Zwecke in das Fabrikgebäude eingefügt sind.

BGB. § 946.

3. Begriff der Einfügung zu nur vorübergehenden Zwecken.

BGB. § 95 Abs. 2.

4. Kollision des Wegnahmerechts aus §§ 951 Abs. 2 u. 997 und des Bereicherungsanspruchs aus § 951 Abs. 1 BGB. mit dem Rechte der Hypothekengläubiger.

V. Zivilsenat. Urt. v. 23. Juni 1906.

I. Landgericht Dresden. II. Oberlandesgericht daselbst.

Die Klägerin lieferte der Aktiengesellschaft Sebnitzer Papierfabrik in Jahre 1902 eine elektrische Kraftübertragungs- und Lichtanlage. In dem hierüber geschlossenen Vertrag war die Überlassung der Anlage als eine mietweise bezeichnet. Das Ende der Mietzeit war auf den 1. Juli 1905 bestimmt. Die „Kosten der Anlage" waren auf 77010,25 M. veranschlagt. Im Vertrag war weiter bestimmt: „Der Mietpreis ist in 36 mit dem 30. Juni 1902 beginnenden Monatsraten postnumerando zu entrichten und wird in der Weise berechnet, daß unter Zugrundelegung des tatsächlichen Verbrauchs und Anwendung der Anschlagspreise auf Grund der üblichen Amortisationstabellen mit 5 %iger Verzinsung die 36 Mietraten dem Anschlagspreise nebst Zinsen gleichkommen. Bleibt der Mieter ... mit einer Mietrate im Verzuge, so ist die Vermieterin berechtigt, die ... Anlage ... zu entfernen und zurückzunehmen, oder auch den gesamten Mietzins für die Folgezeit . . . abzüglich der nicht weiter zu zahlenden Zinsen . . . sofort zu verlangen. Nach Beendigung des Mietvertrags und vollständiger Zahlung der Mietraten geht das Eigentum der Anlage auf die Mieterin über." Im September 1903 wurde über das Vermögen der Sebnitzer Fabrik das Konkursverfahren eröffnet, und im November auf Antrag der Beklagten, für welche auf dem Fabrikgrundstück eine Hypothek von 1000000 M. haftete, das Grundstück zur Zwangsversteigerung gebracht. Die Klägerin machte Eigentumsansprüche an der von ihr gelieferten Anlage geltend und verlangte insoweit Einstellung der Zwangsvollstreckung, wurde aber mit ihren Anträgen abgewiesen. Im Zwangsversteigerungsverfahren wurden die gesamten Versteigerungsgegenstände auf 2711201 M., die streitige Anlage auf 76130 M. geschätzt. Der ganze Versteigerungserlös wurde der Beklagten, die Meistbietende geblieben war und den Zuschlag erhalten hatte, überwiesen, reichte aber zur Deckung ihrer Hypothek lange nicht aus. Die Klägerin widersprach dieser Überweisung in Höhe von 19697,28 M., indem sie ihr angebliches Eigentum an der Anlage nunmehr gegen den Erlös geltend machte und herausrechnete, daß diese Summe bei verhältnismäßiger Verteilung auf die Anlage entfalle. Diesen Anspruch verfolgte sie im Rechtsstreite, indem sie ihn für den Fall, daß die Anlage als Bestandteil des Fabrikgrundstücks anzusehen sein sollte, auf ungerechtfertigte Bereicherung der Beklagten (§ 951 BGB.) gründete. Die Beklagte verlangte Abweisung der Klage, weil die Anlage durch Einfügung in das Fabrikgebäude dessen wesentlicher Bestandteil geworden und dadurch das frühere Eigentum der Klägerin untergegangen sei.

Der erste Richter wies die Klage ab. Die Berufung der Klägerin wurde zurückgewiesen, desgleichen ihre Revision.

Aus den Gründen:

„Das Berufungsgericht nimmt die Eigenschaft der in Rede stehenden elektrischen Anlagen als wesentlicher Bestandteile des Fabrikgrundstücks an auf Grund von Erwägungen, die durchweg mit der jetzt feststehenden Rechtsprechung des Reichsgerichts im Einklange stehen. Von dieser Rechtsprechung abzugehen, bieten die in der Literatur, insbesondere in zwei auf Veranlassung von Maschinenfabrikanten veröffentlichten Rechtsgutachten, die übrigens in den, in den Entsch. Bd. 62 S. 406 und 410 abgedruckten, Urteilen des VII. Zivilsenats des Reichsgerichts bereits berücksichtigt worden sind, keinen Anlaß.

Nach der in einem Urteile des erkennenden Senats (Jurist. Wochenschr. 1906 S. 346 Nr. 2)*) gegebenen Begriffsbestimmung sind Bestandteile einer Sache diejenigen Gegenstände (also Sachen), die entweder von Natur eine Einheit bilden, oder durch Verbindung miteinander ihre Selbständigkeit derart verloren haben, daß sie fortan, solange die Verbindung dauert, als eine einheitliche Sache erscheinen. Wesentlich sind Bestandteile, die von-

*) Abgedruckt RGZ. Bd. 63, S. 171 ff.

einander nicht getrennt werden können, ohne daß der eine oder der andere zerstört, oder in seinem Wesen verändert wird (§ 93 BGB.); daneben aber auch die mit dem Grund und Boden fest verbundenen und die in ein Gebäude zu dessen Herstellung eingefügten Sachen (§ 94), gleichviel, ob die Voraussetzungen des § 93 zutreffen (Planck, Bem. 1 zu § 94; Turnau u. Förster, Bem. 2 zu § 93 und Bem. 2 zu § 94; Gierke, Sachenrecht S. 42, 43). Von Zubehörstücken unterscheiden sich die Bestandteile (besonders die wesentlichen) dadurch, daß sie zur Vollendung einer einheitlichen Sache dienen, während jene einer Sache — unter Wahrung ihrer Selbständigkeit — nur hinzugefügt werden, um diese wirtschaftlich ausnutzen zu können (Motive Bd. 3 S. 62). Im Einzelfalle kann es zweifelhaft sein, ob eine Sache diesem, oder jenem Zwecke dient. Treffen die Voraussetzungen der §§ 93, 94 zu, dann ist die Sache nicht Zubehör, sondern wesentlicher Bestandteil. Dies drückt der § 97 mit den Worten aus: „Zubehör sind bewegliche Sachen, die, ohne Bestandteile der Hauptsache zu sein, dem wirtschaftlichen Zweck der Hauptsache zu dienen bestimmt sind." Wenn § 98 vorschreibt: „Dem wirtschaftlichen Zwecke der Hauptsache sind zu dienen bestimmt: 1. bei einem Gebäude, das für einen gewerblichen Betrieb dauernd eingerichtet ist, insbesondere bei ... einer Fabrik die zum Betriebe bestimmten Maschinen", so ist damit offensichtlich nicht gesagt, daß die Maschinen unter allen Umständen Zubehörstücke seien, sondern nur festgestellt, daß bei ihnen eine der beiden Voraussetzungen des § 97, nämlich die Bestimmung, dem wirtschaftlichen Zwecke der Hauptsache zu dienen, stets zutrifft. Daneben muß noch die negative Voraussetzung vorhanden sein, daß die Maschinen nicht Bestandteile sind. Damit wird der Zubehörbegriff dem Bestandteilsbegriffe nicht untergeordnet, sondern nur darauf hingewiesen, daß beide Begriffe streng auseinander gehalten werden müssen. Ist eine Maschine in ein Fabrikgebäude eingefügt, so ist sie — abgesehen von den Ausnahmefällen des § 95 — nach § 94 Abs. 2 wesentlicher Bestandteil, nicht Zubehör des Gebäudes (so auch in Übereinstimmung mit dem Reichsgerichte Gierke, Sachenrecht S. 81). Die Frage, ob eine Sache zur Herstellung eines Gebäudes eingefügt ist, ist wesentlich tatsächlicher Natur. Der Berufungsrichter bejaht sie für den vorliegenden Fall mit einer Begründung, die einen Rechtsirrtum nicht erkennen läßt. Die wesentlichen Bestandteile eines Gebäudes sind auch wesentliche Bestandteile des Grundstücks, wenn das Gebäude dessen wesentlicher Bestandteil ist. Bei der Einfügung (§ 94 Abs. 2) kommt es nicht, wie im Falle des § 94 Abs. 1, auf die Art der Verbindung, sondern auf den Zweck der Einfügung an. (Gierke, Sachenrecht S. 43 Anm. 20). Die Einfügung braucht insbesondere keine feste zu sein. Türen, Fenster und dergleichen Sachen, die zur Herstellung eines Gebäudes gehören, werden schon mit dem Einhängen, also durch eine ganz lose Verbindung, wesentliche Bestandteile des Gebäudes. Ob der Zweck der Einfügung, nämlich die Herstellung des Gebäudes, vorliegt, ist wieder im wesentlichen Tatfrage, die nicht allgemein, sondern nur nach Lage des Einzelfalls beurteilt werden kann. Es kommt sehr wesentlich auf die Art des Gebäudes und dessen Zweckbestimmung an. Zur Herstellung eines großstädtischen sog. herrschaftlichen Gebäudes gehören andere und mehr Sachen als zur Herstellung einer Kate für die ländlichen Instleute, oder einer Scheune; zur Herstellung eines Fabrikgebäudes wieder andere Sachen als zur Herstellung der genannten Gebäude. Die Fabrikgebäude sind aber wieder untereinander je nach ihrer Zweckbestimmung verschieden, und danach ist auch die Frage verschieden zu beantworten, was zur Herstellung dieser oder jener Fabrik gehört. In den schon erwähnten Rechtsgutachten wird behauptet, daß Maschinen niemals Bestandteile eines Fabrikgebäudes seien. Diese Behauptung beruht teils auf einer Verkennung der oben gekennzeichneten Bedeutung des § 98 Ziff. 1, teils wird sie damit begründet, daß der Baumeister, der mit der Herstellung eines Fabrikgebäudes beauftragt ist, sich wundern würde, wenn von ihm auch die Beschaffung und Einfügung der Maschinen verlangt werden sollte. Diese Begründung ist fehlsam. Auch bei einem Wohnhause braucht nicht die ganze Herstellung einer einzigen Person übertragen zu werden, und gerade wegen der elektrischen Anlagen pflegt der Bauherr direkt mit den Elektrizitätswerken in Verbindung zu treten, die dann auch die Einfügung übernehmen. Jene Ansicht beruht aber auch auf Verkennung des Wortes Fabrikgebäude. Ein Gebäude, das nur aus Mauern, Fenstern, Türen und dem Dache besteht, ist kein Fabrikgebäude, sondern kann zu einem solchen nur dadurch werden, daß es Einrichtungen erhält, die den Fabrikbetrieb ermöglichen. Dazu gehören aber die Beleuchtungsanlage und die treibende Kraft, die für jeden Fabrikbetrieb erforderlich sind, und die nach dem heutigen Stande der Technik mit dem Gebäude verbunden, in dieses eingefügt werden. Außer den erwähnten Anlagen gehören aber zu den zur Herstellung eingefügten Sachen die Maschinen, durch deren Einfügung das Gebäude ein bestimmtes Gepräge, das Gepräge eines bestimmten Fabrikbetriebes erhält, was das Reichsgericht in feststehender Praxis angenommen hat. Im vorliegenden Falle handelt es sich um eine Kraftübertragungs- und Lichtanlage, also um eine Anlage, die jedes Gebäude enthalten muß, wenn es ein Fabrikgebäude darstellen soll. Ob die Maschine durch Elektrizität oder Dampfkraft getrieben wird, ist für die Frage nach ihrer wesentlichen Bestandteilseigenschaft ebenso unerheblich, wie der Umstand, daß eine andere weniger kostspielige Maschine dieselben Dienste leisten würde, und daß das Gebäude durch Ersetzung der kostspieligen durch eine wohlfeile Maschine seine Eigenschaft als Fabrikgebäude nicht verlieren würde. Die Frage des Ersatzes muß völlig ausgeschieden werden. Dies ist besonders überzeugend in dem in den Entsch. Bd. 62 S. 406 mitgeteilten Urteile des VII. Zivilsenats des Reichsgerichts ausgeführt, durch das auch im übrigen die in dem von der Revision angezogenen Urteile (Jurist. Wochenschr. 1905 S. 387 Nr. 2) von demselben Senat aufgestellten, etwa abweichenden Sätze aufgegeben sind.

Nach § 946 BGB. werden Maschinen, die in ein mit dem Grund und Boden fest und dauernd verbundenes Gebäude zu dessen Herstellung als

Fabrikgebäude eingefügt sind, Eigentum des Grundstückseigentümers. Sie werden durch die bloße Tatsache der Einfügung wesentliche Bestandteile des Gebäudes und damit des Grundstücks, und können nach § 93 nicht mehr Gegenstand besonderer Rechte sein; insbesondere geht das Eigentum ihres bisherigen Eigentümers mit der Einfügung unter. Dies sind notwendige Folgerungen aus gebietenden Gesetzesbestimmungen, die durch Vereinbarungen der Beteiligten, insbesondere durch Eigentumsvorbehalte, nicht abgewendet werden können. (Vgl. Entsch. des RG.s in Zivils. Bd. 26 S. 346, Bd. 62 S. 410, 411; Jurist. Wochenschr. 1897 S. 100 Nr. 67, 1899 S. 679 Nr. 22, 1901 S. 522 Nr. 13, 1902 Beil. S. 219, 1904 S. 138 Nr. 2; Gruchot, Beitr. Bd. 45 S. 1006, Rep. V. 80/04.) — Die mehrerwähnten Rechtsgutachten, die dies leugnen, stehen in Widerspruch mit dem klar ausgesprochenen Willen des Gesetzgebers.

Nach § 95 Abs. 2 gehören Sachen, die zu einem nur vorübergehenden Zwecke in ein Gebäude eingefügt sind, nicht zu den Bestandteilen des Gebäudes. Bei der Frage, ob die Einfügung zu einem nur vorübergehenden Zwecke geschehen ist, kommt es nicht sowohl auf die Zeitdauer, für die die Verbindung beabsichtigt ist, als vielmehr darauf an, ob der Wegfall der Verbindung von vornherein beabsichtigt, oder nach der Natur des Zwecks sicher ist. (Vgl. Entsch. des RG.s in Zivils. Bd. 47 S. 197flg., besonders S. 202.) — So kann die Einfügung einer gemieteten Sache, selbst wenn in dem Vertrag eine lange Dauer der Mietzeit vorgesehen ist, als zu einem vorübergehenden Zwecke geschehen angesehen werden, wenn beim Abschließen des Mietvertrags die Absicht kundgegeben ist, daß die Sache nach Ablauf der Mietzeit aus der Verbindung mit dem Gebäude gelöst und dem Vermieter zurückgegeben werden soll. So verhält es sich z. B. mit den Gasuhren, Wassermessern und dergleichen, die von den Städten oder sonstigen Unternehmern lediglich vermietet werden, ohne daß die Absicht einer Eigentumsübertragung gegenwärtig oder für die Zukunft besteht. So aber liegt, wie der Berufungsrichter richtig anerkannt hat, die Sache im vorliegenden Falle nicht. Die elektrischen Anlagen sollten nach dem Willen der Vertragschließenden Eigentum der Sebnitzer Papierfabrik werden. Nur für den nicht normalen Fall, daß diese den in 36 Mietraten zu entrichtenden Preis nicht erlegen sollte, war die Rückgabe jener Anlagen an die Klägerin vorgesehen, und ein auf Erhaltung ihres Eigentums gerichteter Vorbehalt gemacht. Einem solchen Vorbehalte versagt aber das Gesetz die Kraft. „Um einen vorübergehenden Zweck im Sinne des § 95 Abs. 2 BGB. anzunehmen, genügt es nicht, daß die Beteiligten die dingliche Rechtslage so zu gestalten suchen, daß der ins Auge gefaßte Erfolg des Eigentumsübergangs erst unter gewissen Voraussetzungen eintreten soll. Es kommt nur darauf an, daß eine bei normalem Verlaufe der Dinge als dauernd gedachte, nicht von vornherein zur Wiederaufhebung bestimmte Verbindung der Sachen hergestellt ist" (Entsch. des RG.s in Zivils. Bd. 62 S. 411). Darauf, ob die von der Revision bekämpfte Annahme des Berufungsrichters, die Beteiligten seien beim Abschließen des Vertrags des Willens gewesen, daß die elektrischen Anlagen auch an einem etwaigen Wechsel des Fabrikbesitzers teilnehmen sollten, begründet ist, kommt es nicht an, da diese Folge auch wider den Willen der Beteiligten kraft Gesetzes eingetreten wäre.

Rechtfertigt sich sonach die vom Berufungsrichter getroffene Entscheidung schon aus § 94 Abs. 2 BGB., so könnte von der Prüfung der Frage, ob der Eigentumsverlust sich auch aus § 93 ergibt, abgesehen werden. Indessen erscheint es zweckmäßig, wenigstens auszusprechen, daß das Reichsgericht diese Frage im Einklange mit seiner bisherigen feststehenden Rechtsprechung (vgl. besonders Entsch. des RG.s in Zivils. Bd. 50 S. 241, Bd. 62 S. 406 u. 410; Gruchot, Beitr. Bd. 49 S. 344; Jurist. Wochenschr. 1906 S. 346 Nr. 2) mit dem Berufungsrichter bejaht. Diese von der Revision bekämpfte Annahme entspricht dem Gesetz, und wenn dieses etwa mit den Verkehrsbedürfnissen nicht im Einklange stehen sollte, so kann nicht der Richter, sondern nur der Gesetzgeber Abhilfe schaffen. Übrigens aber stellen die einseitigen Interessen der Maschinenfabrikanten keineswegs das allgemeine Verkehrsinteresse dar.

In letzter Linie hat die Klägerin ihre Klage auf ihr Wegnahmerecht und auf ungerechtfertigte Bereicherung der Beklagten gegründet. Auch diesen Klagegrund hat jedoch der Berufungsrichter mit zutreffender Begründung verworfen. Allerdings stand der Klägerin unter den Voraussetzungen des §4 des Mietvertrags nach den §§ 951 Abs. 2 u. 997 BGB. ein Recht auf Wegnahme der eingefügten Maschinen zu; aber dieses Recht war lediglich persönlicher Natur und konnte dem dinglichen Rechte der Hypothekengläubiger (§ 1120 BGB.) gegenüber überhaupt nicht und namentlich nicht mehr geltend gemacht werden, nachdem das Grundstück für die Beklagte, die Hypothekengläubigerin war, zum Zwecke der Zwangsversteigerung mit Beschlag belegt war (§ 20 ZwVG.). Dem dinglichen Rechte der Beklagten mußte das persönliche der Klägerin weichen. Mithin ist die Rüge der Verletzung des § 951 Abs. 2 BGB. und des § 37 Ziff. 5 ZwVG. unbegründet. Nach § 951 Abs. 1 kann, wer infolge der Vorschrift des § 946 einen Rechtsverlust erleidet, von demjenigen, zu dessen Gunsten die Rechtsänderung eintritt, Vergütung in Geld nach den Vorschriften über die Herausgabe einer ungerechtfertigten Bereicherung fordern. Zutreffend hat der Berufungsrichter angenommen, daß die Klägerin sich der Beklagten gegenüber nicht auf diese Bestimmungen berufen kann. Nicht zugunsten der Beklagten, sondern zugunsten der damaligen Eigentümerin des Fabrikgrundstücks hat die Klägerin ihr Eigentum an der elektrischen Anlage verloren. Der Beklagten ist dieser Eigentumswechsel nur indirekt zugute gekommen, und nicht etwa auf Grund einer unentgeltlichen Zuwendung der damaligen Grundeigentümerin (§ 822 BGB.), sondern auf Grund des Gesetzes (§§ 1120flg. 946 BGB. § 20 ZwVG.). Demnach kann von einer ungerechtfertigten Bereicherung der Beklagten im Sinne der §§ 812 flg. und von der Anwendung des § 951 Abs. 1 nicht die Rede sein." . . .

RGZ. 66, 88

Bilden die Bestände in Baumschulen wesentliche Bestandteile des Baumschulgrundstückes, oder sind sie selbständige bewegliche Sachen?

BGB. § 95.

V. Zivilsenat. Urt. v. 27. April 1907.

I. Landgericht Dresden. II. Oberlandesgericht daselbst.

Die Parteien sind Eigentümer eines Grundstückes, auf dem sich eine Baumschule befindet. Die beiden Beklagten haben ihre Miteigentumsanteile von je $^1/_6$ im Jahre 1893 in der Zwangsversteigerung erstanden. Hierbei waren indessen die Bestände der Baumschule insoweit von dem Verfahren ausgeschlossen worden, als sie von den Klägern als ihnen gehörig beansprucht wurden, und als sie zu den wesentlichen Bestandteilen des Grundstückes zählten. Demnächst beantragten die Beklagten zum Zwecke der Aufhebung der Gemeinschaft die Zwangsversteigerung des ganzen Grundstückes, und nunmehr erhoben die Kläger Klage mit dem Antrage, die Beklagten zu verurteilen, einzuwilligen, daß das Zwangsversteigerungsverfahren in Ansehung der Baumschulbestände aufgehoben werde.

Die Beklagten beantragten dagegen widerklagend: festzustellen, daß ihnen das Eigentum an den Beständen zu je $^1/_6$ zustehe.

Die Klage wurde zurückgenommen; die Widerklage, der das Landgericht stattgegeben hatte, wurde vom Oberlandesgericht abgewiesen. Die Revision der Beklagten ist zurückgewiesen worden.

Gründe:

„Die Baumschulbestände waren, wenn und soweit sie wesentliche Bestandteile des Baumschulgrundstückes bildeten, von der Zwangsversteigerung ausgeschlossen, und insoweit daher nach §§ 90, 21 ZwVG. auch nicht Gegenstand des Zuschlagsurteils. Um wesentliche Bestandteile des Grundstücks aber handelt es sich bei den Beständen an Pflanzen, Sträuchern und Bäumen nicht. Dies würde dann, aber auch nur dann angenommen werden können, wenn die Verbindung mit dem Grund und Boden im Sinne des § 95 BGB. nicht „einem nur vorübergehenden Zwecke" gedient hätte.

Über den Begriff der bloß vorübergehenden, im Gegensatze zu der dauernden, Verbindung hat sich der jetzt erkennende Senat in dem Urteile in Entsch. Bd. 61 S. 188 flg., 191, 192 dahin ausgesprochen, daß

> „der Zweck der Verbindung nicht nur dann ein vorübergehender sei, wenn er sich in kurzer Zeit erreichen lasse, sondern in allen Fällen, in denen ihm eine zeitliche Begrenzung innewohne, möge auch das Ende erst nach Jahren oder Jahrzehnten eintreten. Dauernd sei der Zweck, für dessen Fortwirken, wenn nicht durch das Dazwischentreten unberechenbarer zufälliger Ereignisse Änderungen herbeigeführt werden, ein Endpunkt begrifflich nicht feststehe."

Das Berufungsgericht hat nun einwandfrei festgestellt, daß die streitigen Baumschulbestände von vornherein für den Verkauf bestimmt waren, und daß sie im Grund und Boden nur für eine gewisse Zeit, nämlich so lange bleiben sollten, bis sie verkaufsfähig geworden waren. Daß dies, wie die Revision geltend macht, je nach der Art der Gewächse drei oder selbst acht Jahre währen konnte, ist belanglos. Nicht ersichtlich ist auch, inwiefern aus der Art der Verbindung der Gewächse mit dem Grund und Boden Bedenken gegen die Feststellungen des Berufungsgerichts sich ergeben sollten; die zu jenem nur vorübergehenden Zwecke eingepflanzten Gewächse bedürfen der festen Verbindung mit dem Grund und Boden nicht minder als die sog. Standgewächse, wenn anders sie aus dem Boden die erforderliche Nahrung ziehen sollen. Der bloß vorübergehende Zweck der Einpflanzung ergibt sich bei Baumschulen auch schon äußerlich aus dem Zwecke der ganzen Anlage. Die Baumschulbestände bilden regelmäßig den Gegenstand eines Handelsbetriebes, und hiermit würde ihre Unterstellung unter die Grundsätze des Immobiliarsachenrechts kaum vereinbar sein. Daß die Vorschrift in § 95 Satz 1, im Gegensatze zu Satz 2, auf Pflanzungen (Baumschulen) Anwendung findet, ist auch bei der Beratung des Bürgerlichen Gesetzbuchs (Mugdan, Materialien S. 490, 491) anerkannt worden, und es ist dies auch in der Literatur nicht streitig. (Vgl. Planck, 2. Aufl. Bd. 1 S. 132; v. Staudinger, 2. Aufl. Bd. 1 S. 275; Turnau u. Förster, 3. Aufl. Bd. 1 S. 131; Enneccerus-Lehmann, 2. Aufl. Bd. 1 S. 242.) — Können hiernach die Baumschulbestände nicht zu den wesentlichen Bestandteilen des Grundstücks gezählt werden, so können sie ebensowenig als Zubehörstücke gelten. Auch dem steht entgegen, daß das räumliche Verhältnis zur Hauptsache (§ 97 Abs. 2 BGB.) nur vorübergehend ist; überdies aber handelt es sich um Sachen, die lediglich Ergebnisse, Erzeugnisse des Betriebes (vgl. Turnau u. Förster, Bd. 1 S. 31 Ziff. 2) sind, und auch als solche nicht die Zubehöreigenschaft haben. Eine Ausnahme macht hier das Bürgerliche Gesetzbuch in § 78 nur für landwirtschaftliche Erzeugnisse insoweit, als diese zur Fortführung der Wirtschaft erforderlich sind.

Nach dem allen handelt es sich bei den streitigen Baumschulbeständen um selbständige bewegliche Sachen, deren Eigentumsverhältnisse von dem dinglichen Rechtsgeschäfte über das Grundstück unberührt blieben. Die Beklagten mußten daher, um mit dem allein noch streitigen Widerklagantrage durchzudringen, den Nachweis führen, daß sie außer dem Miteigentume am Grund und Boden auch noch das Miteigentum an den Pflanzungen erworben haben. An diesem Nachweise fehlt es.“ ...

RGZ. 66, 356

Gehört bei einer Fabrik die sog. Materialreserve zum Zubehör?

BGB. §§ 97, 98.

V. Zivilsenat. Urt. v. 5. Oktober 1907.

I. Landgericht Freiberg. II. Oberlandesgericht Dresden.

Eine dem Gemeinschuldner gehörige Glashütte wurde samt Zubehör vom Konkursverwalter an die Beklagte veräußert. Die Beklagte nahm dann, als angeblich zum Zubehör gehörend, die in ihren einzelnen Teilen näher bezeichnete sog. Materialreserve in Anspruch. Der Konkursverwalter bestritt die Zubehöreigenschaft. Es kam dann eine Einigung dahin zustande, daß der Konkursverwalter die Sachen der Beklagten überließ, diese dagegen sich verpflichtete, den näher festgestellten Wert zu zahlen, falls die Zubehöreigenschaft durch rechtskräftiges Urteil festgestellt werde. Mit der Klage beanspruchte nun der Konkursverwalter Zahlung der festgesetzten Summe nebst Zinsen. Unstreitig war, daß die Sachen zur Zeit des Kaufabschlusses auf dem zur Glashütte gehörigen Grundstücke gelagert waren, und dem Gemeinschuldner gehört hatten.

Das Landgericht und das Berufungsgericht bejahten die Zubehöreigenschaft. Die Revision des Konkursverwalters wurde zurückgewiesen.

Gründe:

„Die Materialreserve lagerte zu der Zeit, als die Beklagte die Hütte erwarb, auf dem zu dieser gehörigen Grund und Boden, und sie diente zur Ausbesserung der Herde, Öfen und Wannen, oder auch zum Ersatz alter abgenutzter Teile durch neue. Das Berufungsgericht hat hieraus gefolgert, daß jene Gegenstände bestimmungsgemäß dem wirtschaftlichen Zwecke der Hauptsache, nämlich der Hütte, gedient haben, und es hat weiter auch festgestellt, daß es eines solchen Vorrats in dem vorhandenen Umfange bedurfte, falls die Hütte überhaupt als betriebsfähig gelten sollte. Bei dieser Sachlage liegt die von der Revision gerügte Verletzung des § 97 BGB. nicht vor. Hiernach gelten als „Zubehör solche bewegliche Sachen, die, ohne Bestandteile der Hauptsache zu sein, dem wirtschaftlichen Zwecke der Hauptsache zu dienen bestimmt sind, und zu ihr in einem dieser Bestimmung entsprechenden räumlichen Verhältnisse stehen."

Bestandteile wurden jene Ersatzstücke erst, nachdem sie in das Grundstück oder Gebäude eingebaut waren; vorher waren sie selbständige bewegliche Sachen und unterlagen als solche auch der Vorschrift des § 97. Richtig ist nun, daß, wie die Revision geltend macht, die größere Anzahl der Schriftsteller (vgl. bei Turnau u. Förster, 3. Aufl. Bd. 1 S. 36) die Ansicht vertritt, daß eine Sache, um als Zubehör gelten zu können, dazu bestimmt sein müsse, als bewegliche Sache dem wirtschaftlichen Zwecke der Hauptsache zu dienen, und daß dies ausgeschlossen sei, wenn sie bestimmungsgemäß Bestandteil werden und damit ihre Selbständigkeit verlieren solle. Allein dieser Auffassung kann nicht zugestimmt werden. Sie findet keine Stütze in dem Wortlaute des § 97, und es steht ihr entgegen die Vorschrift des § 98 Nr. 2. An der letzten Stelle wird der auf einem Landgute gewonnene Dünger, obgleich er durch die Verbindung mit dem Grundstücke Bestandteil wird, dennoch zum Zubehör gerechnet. Die Revision hält freilich diese im wesentlichen einer Bestimmung schon des römischen Rechts (l. 17 § 2 Dig. de act. emti vend. 19, 1) entsprechende Vorschrift für die Auslegung des § 97 für bedeutungslos, einerseits weil das Gesetz im § 98 lediglich für bestimmte Gegenstände die Zubehöreigenschaft festlege, und sodann weil auf landwirtschaftliche Grundstücke berechnete Vorschriften nicht auf Industriegrundstücke anwendbar seien. Dem ist indessen nicht beizupflichten. Das Gesetz hat (Prot. Bd. 3 S. 20) für die Entscheidung darüber, was als Zubehör anzusehen ist, dem richterlichen Ermessen für den Einzelfall weiten Spielraum lassen wollen, und hat (Prot. Bd. 3 S. 22; Gruchots Beitr., Bd. 41 S. 148) die Einzelvorschriften des jetzigen § 98 (früher § 791) gegeben, nicht um die Vorschrift des § 97 auf bestimmte Fälle zu „erweitern", sondern lediglich, um sie zu „erläutern und zu verdeutlichen". Es geschah dies in der ausgesprochenen Erwartung, damit der Praxis „gute Dienste zu leisten" und mithin ihr für die im Einzelfalle zu treffende Entscheidung eine Richtschnur zu bieten. Hiernach kann der von der Revision vertretenen einschränkenden Auslegung des § 97 nicht beigetreten, vielmehr muß angenommen werden, daß die Zuhörereigenschaft auch solchen Sachen zukommen kann, die dem wirtschaftlichen Zwecke der Hauptsache zu dienen bestimmt sind, wenn auch unter demnächstiger Aufhebung ihrer eigenen Selbständigkeit. Diese Ansicht wird unter Hinweis insbesondere auf die Vorschriften der §§ 88, 92 I. 2 ALR. geteilt von Dernburg, Bürgerl. Recht Bd. 3 S. 26 und Gierke, Bd. 2 S. 81.

Für den vorliegenden Fall kommt noch hinzu, daß es sich um Ersatzstücke für Herde, Öfen und Wannen handelt, die der gleichen rechtlichen Beurteilung unterliegen müssen, wie bei einer Fabrik die für den Betrieb bestimmten Maschinen und sonstigen Gerätschaften (§ 98 Abs. 1 BGB.). Dem Betriebe dienen auch jene Ersatzstücke, da ohne einen entsprechenden Vorrat an solchen die Hütte, wie festgestellt ist, überhaupt nicht betriebsfähig sein würde.

Die Zubehöreigenschaft ist daher mit Recht bejaht worden." ...

RGZ. 69, 150

Zur Frage der Wirksamkeit des Eigentumsvorbehalts an Maschinen.

BGB. §§ 97, 98.

VII. Zivilsenat. Urt. v. 29. Mai 1908.

I. Landgericht Kiel. II. Oberlandesgericht daselbst.

Die Klägerin verkaufte im Jahre 1901 an die inzwischen in Konkurs geratene Aktiengesellschaft, Schleswig-Holsteinsche Kokswerke in Rade, Maschinen und Gegenstände, die der Erzeugung und Verteilung von elektrischer Kraft und elektrischem Licht zu dienen bestimmt waren, mit der

Abmachung, daß bis zur vollständigen Bezahlung des Kaufpreises der Klägerin das Eigentum daran vorbehalten bleiben solle. Die verkauften Gegenstände wurden der Käuferin geliefert und von ihr in Benutzung genommen. Von dem Kaufpreis wurde nur ein verhältnismäßig kleiner Teil bezahlt. Die Beklagte betrieb als Hypothekengläubigerin die Zwangsversteigerung des früher der Käuferin gehörigen Grundbesitzes. Die von der Klägerin begehrte Freigabe der von ihr unter Eigentumsvorbehalt gelieferten Gegenstände wurde von der Beklagten abgelehnt, weil diese wesentliche Bestandteile des Grund und Bodens geworden seien. Die Klägerin beantragte darauf klagend, die von der Beklagten betriebene Zwangsvollstreckung in die in den Verzeichnissen A und B aufgeführten Maschinen und Materialien für unzulässig zu erklären und demgemäß die Beklagte zu verurteilen, diese Gegenstände der Klägerin freizugeben. Sie begründete diesen Anspruch mit der Behauptung, daß jene Gegenstände nicht Bestandteile der Fabrikgebäude und damit des Grund und Bodens, sondern nur Zubehörteile der Fabrik geworden seien; sie seien daher auf Grund des Eigentumsvorbehalts Eigentum der Klägerin geblieben. Die Beklagte beantragte Abweisung der Klage. Der erste Richter wies durch Teilurteil die Klage bezüglich der in dem Verzeichnis B aufgeführten Gegenstände auf Grund der Annahme ab, daß sie die Eigenschaft von wesentlichen Bestandteilen des Grundstücks erlangt hätten. Die Berufung und Revision der Klägerin blieben erfolglos, die Revision, aus folgenden

Gründen:

„I. Was zunächst die grundsätzliche Seite des vorliegenden Rechtsstreits angeht, so muß der erkennende Senat auch nach erneuter Prüfung der in der Literatur hervorgetretenen abweichenden Anschauungen im wesentlichen an dem Standpunkte festhalten, den er bezüglich der Frage des Eigentumsvorbehalts an Maschinen im Anschluß an die Rechtsprechung des V. Zivilsenats des Reichsgerichts in seinen früheren Entscheidungen eingenommen hat. Daß diese schwierige Frage verschiedener rechtlicher Beurteilung fähig ist, hat der erkennende Senat stets anerkannt; insbesondere hat er in der Entscheidung vom 2. Mai 1905 (Gruchot, Beitr. Bd. 50 S. 92) ausgesprochen, daß der entgegengesetzten Auffassung Erwägungen von nicht zu unterschätzender Bedeutung zur Seite ständen. Allein er hat sich nach wie vor nicht davon überzeugen können, daß diesen Erwägungen das überwiegende Gewicht beizumessen sei. Die ganze Frage hier wieder aufzurollen, ist kein Anlaß gegeben, da sie in den veröffentlichten Entscheidungen, insbesondere des V. Zivilsenats, so umfassend erörtert worden ist, wie solche Fragen überhaupt nur in gerichtlichen Entscheidungen, die keine wissenschaftlichen Abhandlungen darstellen sollen, erörtert werden können. Der erkennende Senat beschränkt sich daher hier darauf, im folgenden gewisse Grundlinien festzustellen, die für seine Auffassung maßgebend sind.

1. Es kann nicht der Ansicht beigepflichtet werden, daß im Bürgerlichen Gesetzbuch, insbesondere in den §§ 97, 98, der Wille des Gesetz-

gebers zum Ausdruck gebracht sei, daß Maschinen in der Regel als Zubehör der Fabrik („des für einen gewerblichen Betrieb dauernd eingerichteten Gebäudes"), also als bewegliche Sachen, und nur ausnahmsweise als Bestandteile, insbesondere als wesentliche Bestandteile, der Fabrik zu betrachten seien. Die Fassung des § 97, insonderheit das Verhältnis des Hauptsatzes „Zubehör sind bewegliche Sachen" zu dem Zwischensatz „ohne Bestandteile der Hauptsache zu sein", gibt keinen Grund zu der Annahme, daß hier Regel und Ausnahme aufgestellt seien. Ebensowenig bietet der Inhalt des § 98 jener Auffassung eine Stütze, da er nur in Unterordnung unter den allgemeinen Grundsatz des § 97 verstanden werden darf. Es kann aber weiter auch nicht anerkannt werden, daß der § 98 deshalb in dem oben erwähnten Sinne auszulegen sei, weil in den Motiven zum ersten Entwurfe des Bürgerlichen Gesetzbuchs jene Auffassung Vertretung gefunden habe. Wenn das Gesetz selbst einen solchen Grundsatz nicht zum Ausdruck gebracht hat, darf dieser nicht deshalb in das Gesetz hineingelegt werden, weil die Verfasser des ersten Entwurfs eine derartige Ansicht gehegt haben. Im übrigen ist es, wenn man auf die weiteren Grundlagen, insbesondere den Johowschen Teilentwurf und die Protokolle über die Beratungen der ersten Kommission, zurückgeht, jedenfalls nicht mit Sicherheit erweislich, daß bei dieser eine solche Meinung bezüglich des Verhältnisses der Bestandteilseigenschaft der Maschinen zu deren Zubehöreigenschaft bestanden hat. Da auch nicht etwa aus dem Wesen und Zweck der Maschinen ein Grundsatz des obigen Inhalts hergeleitet werden kann, so muß der erkennende Senat bei der Ansicht verharren, daß die Frage, ob Maschinen den Charakter von Bestandteilen oder von Zubehör tragen, an der Hand der Bestimmungen der §§ 93, 94, 97, 98 BGB. nur nach Maßgabe der Beschaffenheit des einzelnen Falles entschieden werden kann.

2. Die Bestandteilseigenschaft setzt das Vorhandensein einer Sache, d. h. eines einheitlichen körperlichen Gegenstandes, voraus, zu dessen Teilen (Bestandteilen) der betreffende Gegenstand gehört. Es genügt also nicht, wie beim Zubehör, ein gewisses räumliches Verhältnis, um einem Gegenstande die Eigenschaft des Bestandteiles einer Sache beizulegen; sondern es ist hierzu, sofern es sich um zusammengesetzte Sachen handelt, ein physischer oder mechanischer Zusammenhang, eine unmittelbare körperliche Verbindung erforderlich (Entsch. des RG.s in Zivils. Bd. 63 S. 173). Auf die Festigkeit dieser Verbindung kommt es nicht an; sie kann eine lose oder leicht lösliche sein. In den Fällen, in denen die Maschinen Bestandteilseigenschaft haben, ist nach Ansicht des erkennenden Senats das aus dem Grund und Boden, dem Gebäude und den Maschinen gebildete körperliche Ganze diejenige einheitliche Sache (Fabrik), als deren einer Bestandteil die Maschinen sich darstellen. Als Zubehör können die Maschinen nur dann gelten, wenn sie „ihre individuelle Selbständigkeit als bewegliche Sachen bewahrt haben" (Urteil des V. Zivilsenats des Reichsgerichts a. a. O.), d. h. also nur dann, wenn sie auch nach ihrer Verbringung in die Fabrik selbständige, bewegliche Sachen geblieben sind; das

ergibt die Begriffsbestimmung des Zubehörs in § 97 unbedingt. Bei der Frage, ob Maschinen auch weiterhin als selbständige, bewegliche Sachen, oder vielmehr als Bestandteile des oben bezeichneten einheitlichen körperlichen Ganzen, dieser einen Sache, zu betrachten sind, hat der Richter allerdings bestehende Verkehrsanschauungen zu berücksichtigen. Es ist hierbei indessen hervorzuheben, daß von Verkehrsanschauungen nur insoweit die Rede sein kann, als bei allen an dem betreffenden Zweige des Verkehrslebens beteiligten Kreisen sich einheitliche Anschauungen herausgebildet haben. Es kann daher nicht einseitig den Ansichten der Maschinenfabrikanten und der in den Bahnen dieser Ansichten sich bewegenden Sachverständigen maßgebliche Bedeutung beigemessen werden; sondern es erscheint ebenso wesentlich, welche Auffassung hinsichtlich dieser Fragen bei den Eigentümern der Fabriken und den Realberechtigten bestehen, da deren Ansichten bei der Feststellung, welche Anschauungen „der Verkehr" hegt, genau der gleiche Anspruch auf Beachtung zusteht, wie den Ansichten der Maschinenfabrikanten. Erweist sich, daß die Auffassung in den verschiedenen beteiligten Kreisen nicht übereinstimmt, so entfällt damit das Vorhandensein einer Verkehrsanschauung, der der Richter zu folgen hat.|

3. Was die Frage betrifft, ob und wann die Maschinen wesentliche Bestandteile der Fabrik sind, so wird in dieser Beziehung auf die früheren Entscheidungen des V. Zivilsenats und des erkennenden Senats, insbesondere auf das Urteil des V. Zivilsenats vom 2. März 1902 (Entsch. in Zivils. Bd. 50 S. 241 flg.) Bezug genommen.

4. Die Frage nach der Wirksamkeit des Eigentumsvorbehalts bei dem Verkauf von Maschinen ist nach Inkrafttreten des Bürgerlichen Gesetzbuchs deshalb eine so lebhaft umstrittene geworden, weil die Maschinenfabrikanten geltend machten, daß ihre wirtschaftlichen Interessen durch die Rechtsprechung, insbesondere die des Reichsgerichts, in starkem Maße geschädigt würden. Wirtschaftliche Interessen können nur im Rahmen der bestehenden Rechtsordnung Berücksichtigung heischen und finden. Das geltende Recht bietet keine Unterlage für die Aufstellung eines Rechtsgrundsatzes des Inhaltes, daß der Eigentumsvorbehalt bei der Veräußerung von Maschinen in der Regel wirksam sei und nur ausnahmsweise der Wirksamkeit entbehre. Es kann stets nur von Fall zu Fall darüber entschieden werden, ob die eingebrachten Maschinen die Eigenschaft von Zubehör, oder von unwesentlichen Bestandteilen, oder von wesentlichen Bestandteilen der Fabrik haben. Sollten berechtigte wirtschaftliche Interessen einen derartigen rechtlichen Normalzustand bezüglich des Eigentumsvorbehalts an Maschinen, wie die Maschinenfabrikanten ihn wünschen, erfordern, so kann ein solcher Zustand nur durch das Eingreifen der Gesetzgebung geschaffen werden. Das bestehende Recht kann ihn nicht gewährleisten. In diesem Sinne hat sich auch der Ausschuß des Deutschen Handelstages ausgesprochen, indem er den Antrag der Leipziger Handelskammer annahm, der dahin lautete: „in der Frage des Eigentumsvorbehalts an Maschinen

vermöge sich der Ausschuß des Deutschen Handelstages dem Vorgehen der Handelskammer zu Frankfurt a. M. insoweit nicht anzuschließen, als es sich gegen die Rechtsprechung des Reichsgerichts in rechtlicher und tatsächlicher Beziehung wende; dagegen erkenne er an, daß die zufolge der gegenwärtigen gesetzlichen Bestimmungen notwendige Entscheidung der Gültigkeit des Eigentumsvorbehalts von Fall zu Fall eine Rechtsunsicherheit hervorgerufen habe, die den Interessen der Maschinenindustrie, ebenso wie denjenigen der Grundeigentümer und Hypothekengläubiger zuwiderlaufe; eine Änderung der einschlägigen Gesetzgebung zur deutlichen Abgrenzung des rechtlichen Verhältnisses zwischen Eigentumsvorbehalt und Grund- und Hypothekenrechten, sowie zur Herbeiführung einer einheitlichen Rechtsprechung werde daher für notwendig gehalten". Im übrigen möge nicht unbemerkt bleiben, daß, während auf der einen Seite eine ganze Reihe von Handelskammern, an ihrer Spitze diejenige von Frankfurt a. M., den Standpunkt der Maschinenfabrikanten vertritt, auf der anderen Seite auch eine größere Zahl von Handelskammern (unter anderen die von Köln, Frankfurt a. O., Kassel, Stuttgart, Trier, Neuß, Lennep, Handel und Gewerbe Bd. 13 S. 643, 812, 813, Bd. 14 S. 33, 34, 49, 50, 111, 288) und ihnen voran die Ältesten der Berliner Kaufmannschaft (Korrespondenz der Ältesten der Kaufmannschaft Berlin 30. Jahrgang [1907] Nr. 9 S. 254) den von den Maschinenfabrikanten vorgebrachten wirtschaftlichen Rücksichten andere wirtschaftliche Erwägungen entgegengestellt haben, von denen sie zu der Ansicht geführt worden sind, daß eine Änderung der Rechtsprechung und Gesetzgebung zugunsten der Maschinenfabrikanten nicht gerechtfertigt sei.

5. Die in neuerer Zeit ergangenen Urteile des V. Zivilsenats des Reichsgerichts, insbesondere das vom 2. November 1907, Rep. V. 53/07, und die Urteile, die sich hieran angeschlossen haben, geben dem erkennenden Senat keinen Anlaß, gemäß § 137 GVG. eine Entscheidung der vereinigten Zivilsenate herbeizuführen; denn es sind in ihnen, wie der V. Zivilsenat am Schlusse des Urteils vom 2. November 1907 selbst bemerkt, neue Rechtsgrundsätze, die von der eigenen Rechtsprechung des V. Senats oder derjenigen des jetzt erkennenden Senats und des II. Zivilsenats abweichen, nicht aufgestellt worden. Ohne Anwendung der Bestimmung des § 137 a. a. O. hätte dies auch nicht geschehen können. Da der erkennende Senat sich von der bisherigen Rechtsprechung ebenfalls nicht entfernen will, liegt ein Zwiespalt nicht vor.

II. Die Sachlage ist im vorliegenden Falle die folgende.

Die R.er Kokswerke liegen am Audorfer See, durch den der Kaiser-Wilhelm-Kanal hindurchführt. Die Kohlen werden auf dem Wasserwege durch den Kanal angefahren. Die Entlöschung und die Förderung zur Kohlenwäsche geschieht mit elektrischer Kraft, ebenso wie die Trennung der Kohlen vom Schiefer in der Kohlenwäsche. Das hier, wie das sonst im Betriebe der R.er Werke erforderte Wasser wird durch elektrisch betriebene

Pumpen befördert. Von der Kohlenwäsche werden die Kohlen mittels Handbetriebs zu den Koksöfen geführt. Nach Verbrauch der Kohlen werden die Koks aus den Öfen mittels einer Dampfausdruckmaschine ausgestoßen und mit Wasser abgelöscht; der Teer wird mit einer durch Dampf betriebenen Pumpe weiter befördert. Die Verladung der Koks geschieht mit elektrischer Kraft, desgleichen ihre Zerkleinerung mittels eines elektrisch betriebenen Koksbrechers. Die mit der Verbrennung der Kohlen entstandenen Gase werden durch die mittels Dampfkraft betriebenen Pumpen in die Kühl- und Reinigungsbehälter geleitet. Nachdem die Gase gereinigt, gekühlt und von Ammoniak befreit sind, gehen sie zu einem Teile in die Öfen zur Heizung, zum anderen Teile in die elektrische Zentrale zum Antrieb der Gasmotoren. Die elektrische Zentrale ist ein für sich allein stehendes Gebäude, in dem die zum elektrischen Antrieb eines Teiles der Fabrikmaschinen dienenden elektrischen Maschinen aufgestellt sind. In einem großen Raume befinden sich die Gasmotore und die auf Achsen aufgesetzten Drehstromdynamomaschinen. An die Maschinenhalle schließt sich der sog. Schaltraum an, in dem sich die Transformatoren befinden. Von dieser Zentrale erfolgt die Verteilung der elektrischen Kraft teils durch Motore zu den Zwecken des Antriebs in den einzelnen Betrieben, teils durch Umformer zu Zwecken der Beleuchtung. Diese elektrische Beleuchtung wird für das gesamte Werk geliefert. Die Maschinen wie die Gasmotore, die Dynamos, die Umformer, die Drehstrom- und sonstigen Motore, die Anlaßwiderstände und Kuppelungen sind durch Schrauben mit den gemauerten und verputzten Fundamenten verbunden; die Schwungradvorrichtungen sind auf den Achsen der Motore eingebaut; die Schalttafeln sind mit den Mauern und die Sicherungen, Aus- und Umschalter, die Ampere- und Voltmeter, die Indikatoren, die Zähler mit den Tafeln durch Schrauben verbunden. Die Kabel sind mit den Maschinenfundamenten, die Isolatoren und Kappenschuhe mit der Schaltanlage und den Wänden, die Bogenlampenwiderstände, die Seillampen, Winden und sonstigen Teile der Beleuchtungsanlagen durch Rollen, Schrauben, Einfügungen mit den Wänden verbunden.

Wenn der Berufungsrichter unter diesen Umständen annimmt, daß die von der Klägerin gelieferten, für die Erzeugung und Verteilung der elektrischen Kraft und des elektrischen Lichtes erforderlichen Maschinen und sonstigen Teile, wie sie in dem Verzeichnis B Blatt 103 flg. der Prozeßakten im einzelnen näher aufgeführt sind, nicht Zubehör, sondern Bestandteile, und zwar wesentliche Bestandteile, der R.er Koksfabrik geworden seien, und daß damit das vorbehaltene Eigentum der Klägerin daran untergegangen sei, so ist ein Rechtsirrtum in dieser Auffassung nicht zu finden; vielmehr steht sie völlig in Einklang mit der Rechtsprechung des Reichsgerichts. Der Berufungsrichter hat hierbei keineswegs, wie die Revision meint, verkannt, daß es für die Frage der Bestandteilseigenschaft der Maschinen nicht auf das Fabrikunternehmen, die Fabrikanlage im ganzen ankommt; denn er betont ausdrücklich, die R.er Kokswerke kämen hier als die „körperliche Sache“, deren Bestandteile zu ermitteln seien, in Betracht. Demgemäß stellt der Berufungsrichter zunächst fest, daß die von der Klägerin gelieferten Maschinen und Gegenstände, die in dem Verzeichnis B aufgeführt sind, Bestandteile der R.er Koksfabrik in ihrer Eigenschaft als eines körperlichen Gegenstandes geworden seien. Das will ein Zweifaches besagen: erstens daß diese Maschinen und Gegenstände nach ihrer Verbindung mit der Koksfabrik nicht selbständige bewegliche Sachen geblieben sind, also nicht die Eigenschaft von bloßem Zubehör gewonnen haben; dem kann weder in rechtlicher noch in tatsächlicher Beziehung entgegengetreten werden. Zweitens daß die von der Klägerin gelieferten Maschinen und Gegenstände, soweit die Koksfabrik in einzelne selbständige Teile (Gebäude, Anlagen, Krane usw.) zerfällt, Bestandteile dieser einzelnen Teile geworden sind. Auch hiergegen ist nichts zu erinnern. Erst nach Festtellung der Bestandteilseigenschaft beschäftigt sich der Berufungsrichter mit der Frage, ob den streitigen Maschinen und sonstigen Gegenständen die Eigenschaft von wesentlichen Bestandteilen beiwohne, und in diesem Zusammenhange findet sich die von der Revision ganz besonders beanstandete Äußerung, die elektrische Anlage bilde mit den übrigen Anlagen eine wirtschaftliche Einheit.

Die Annahme der Revision, daß der Berufungsrichter hiermit gegen die Ausführungen verstoße, die in dem Urteil des V. Zivilsenats vom 19. April 1906 (Entsch. in Zivils. Bd. 63 S. 172, 173) enthalten seien, ist nicht gerechtfertigt. Der V. Zivilsenat legt hier dar, daß der Gesichtspunkt der wirtschaftlichen Einheit für sich allein unzureichend sei, um die Unterscheidung zwischen Bestandteilen und Zubehör zu begründen; die Herabsetzung der wirtschaftlichen Bedeutung könne für sich allein kein sicheres Merkmal für die Anwendung des § 93 BGB. bieten; erst müsse eine Sache Bestandteil sein, ehe entschieden werden könne, ob sie wesentlicher Bestandteil sei. Diesen Sätzen ist der Berufungsrichter nicht entgegengetreten. Er hat vielmehr zunächst die Bestandteilseigenschaft der in Streit befindlichen Maschinen und sonstigen Gegenstände festgestellt und ist dann erst zur Beantwortung der Frage nach der Beschaffenheit dieser Eigenschaft geschritten. Daß bei der Entscheidung dieser Frage die wirtschaftliche Seite mit zu berücksichtigen ist, kann nicht geleugnet werden; denn allerseits wird bei der Auslegung des § 93 BGB. gerade darauf verwiesen, daß in den Motiven zum ersten Entwurf bei § 93 (damals § 782) das entscheidende Gewicht für die Beantwortung der Frage nach der Wesentlichkeit der Bestandteile darauf gelegt ist, ob die Trennung das den volkswirtschaftlichen Interessen zuwiderlaufende Ergebnis habe, daß die zu gewinnenden Stücke entwertet oder in ihrem Werte gemindert würden. Das eigenartige, wirtschaftlich besondere Gepräge der R.er Koksfabrik besteht darin, daß ein Teil der Abgase aus den Koksöfen zur Erzeugung elektrischer Energie verwendet wird, die ihrerseits wieder dazu benutzt wird, sowohl die Beleuchtung für das ganze Werk als auch die Betriebskraft für eine ganze Anzahl wichtiger Teile der Fabrik zu liefern. Dieses

Ineinandergreifen der Erzeugung und Verwendung elektrischer Energie mit den übrigen Teilen des Werkes bildet das charakteristische Wesen der R.er Kokerei. Wenn hiernach die elektrische Anlage, die aus den von der Klägerin gelieferten Maschinen und Gegenständen hergestellt ist, mit den übrigen Anlagen der Fabrik eine wirtschaftliche Einheit bildet, so erscheint die Annahme des Berufungsrichters, daß eine Beseitigung der elektrischen Anlage eine Wesensänderung nicht nur des ganzen Werkes, sondern auch des übrigbleibenden Teiles herbeiführen würde, als unbestreitbar richtig. Diese wirtschaftliche Einheit der ganzen elektrischen Anlage mit dem ganzen anderen Werke erstreckt sich aber selbstverständlich und notwendig auch auf die einzelnen selbständigen körperlichen Teile (Gebäude usw.), aus denen das ganze Werk besteht. Soweit mit diesen Teilen Teile der elektrischen Anlage verbunden sind, bilden diese zusammen ein körperliches Ganzes, aus dem die einen wesentlichen Bestandteil desselben darstellenden, dem elektrischen Betriebe dienenden Maschinen und sonstigen Gegenstände nicht losgelöst werden können, ohne daß das, was übrig bleibt, in dem vom V. Zivilsenat des Reichsgerichts wiederholt dargelegten Sinne des § 93 BGB. sein Wesen verändert. Die Annahme des Berufungsrichters, daß die von der Klägerin gelieferte elektrische Anlage in dem in dem Verzeichnis B aufgeführten Umfange ein wesentlicher Bestandteil der R.er Koksfabrik geworden sei, ist hiernach wohl begründet.

Wenn der Berufungsrichter der Ersatzmöglichkeit für die Frage, was wesentlicher Bestandteil sei, keine Bedeutung eingeräumt hat, so ist er damit der Bahn gefolgt, die das Reichsgericht in dieser Beziehung bereits gewiesen hat (Entsch. in Zivils. Bd. 62 S. 409, Bd. 63 S. 420)."

Sachregister

(Die Ziffern bedeuten die Seitenzahlen dieses Bandes)

A

F

G

H

I

S

T

U

Sammlung der noch wichtigen Entscheidungen des Reichsgerichts in Zivilsachen

Die Sammlung wird nach folgenden Gesichtspunkten geordnet:

1. Gruppe: **Bürgerliches Recht**
   - Teil I Allgemeiner Teil
   - Teil II Recht der Schuldverhältnisse mit Nebengesetzen
   - Teil III Sachenrecht mit Grundbuchordnung
   - Teil IV Familienrecht, Erbrecht, Einführungsgesetz usw.

2. Gruppe: **Verfahrensrecht**
   - Teil I Zivilprozeßordnung
   - Teil II Konkursrecht und verfahrensrechtliche Nebengesetze

3. Gruppe: **Handelsrecht und verwandte Gebiete**
   - Teil I Handelsgesetzbuch, Versicherungsrecht, Seerecht und Binnenschiffahrtsgesetz, Wechsel- und Scheckrecht mit Bank- und Börsenwesen, Eisenbahnrecht
   - Teil II Gesellschaftsrecht mit Genossenschaftsrecht, Bergrecht

4. Gruppe: **Patentwesen, Urheber- und Erfinderrecht, Verlagswesen, Wettbewerbswesen, Gebrauchsmuster- und Geschmacksmusterschutz**

5. Gruppe: **Oeffentliches Recht**

*

Das Werk enthält die von namhaften Juristen zusammengestellte Sammlung der Entscheidungen des Reichsgerichts in Zivilsachen, die heute noch wichtig und von allgemeinerer Bedeutung sind.

Die Sammlung soll einen Ersatz für die im Kriege verlorengegangenen Bände der alten amtlichen Sammlung bieten. Infolge Wegfalls alles heute Unwichtigen stellt sie eine vorzügliche Uebersicht über die als abgeschlossen zu betrachtende Rechtsprechung des alten Reichsgerichts dar. Sie wird dem Juristen, der tiefer in die Materie eindringen will, genügen, da sie die wichtigen Entscheidungen des Reichsgerichts im vollen Wortlaut bringt; sie wird dem Praktiker, sei er nun Jurist, Kaufmann oder Techniker, ermöglichen, sich an Hand der nach Fachgebieten zusammengestellten Entscheidungen schnell über eine Frage zu unterrichten; und schließlich wird sie auch dem Lernenden, der sich mittels der Sammlung in die verschiedenen Rechtsgebiete vertiefen kann, gute Dienste leisten.

FSC
www.fsc.org
MIX
Papier | Fördert
gute Waldnutzung
FSC® C083411

Kolibri 360 GmbH
Ferdinand-Jühlke-Straße 7
99095 Erfurt, Deutschland
produktsicherheit@kolibri360.de